WPS Office
文字+表格+演示+PDF+云办公五合一

龙马高新教育 ◎ 编著

从入门到精通

北京大学出版社
PEKING UNIVERSITY PRESS

内 容 提 要

本书通过精选案例引导读者深入学习，系统地介绍了 WPS Office 的相关知识和应用方法。

全书分为 5 篇，共 16 章。第 1 篇“文字排版篇”主要介绍 WPS 文字的基本操作、使用图和表格美化文档及长文档的排版等；第 2 篇“表格制作篇”主要介绍 WPS 表格的基础操作、初级数据处理与分析、中级数据处理与分析及高级数据处理与分析等；第 3 篇“演示文稿设计篇”主要介绍演示文稿基本设计、演示文稿视觉呈现和放映幻灯片等；第 4 篇“PDF 等特色功能篇”主要介绍如何轻松编辑 PDF 文档、WPS Office 其他特色组件的应用及 WPS Office 实用功能等；第 5 篇“办公实战篇”主要介绍 WPS Office 办公应用实战和 WPS Office 云办公等。

本书不仅适合 WPS Office 初、中级用户学习，也可以作为各类院校相关专业学生和计算机培训班学员的教材或辅导用书。

图书在版编目（CIP）数据

WPS Office 文字 + 表格 + 演示 +PDF+ 云办公五合一从入门到精通 / 龙马高新教育编著 . —北京：北京大学出版社，2021.11

ISBN 978-7-301-32566-7

Ⅰ . ① W… Ⅱ . ①龙… Ⅲ . ①办公自动化 – 应用软件 Ⅳ . ① TP317.1

中国版本图书馆 CIP 数据核字 (2021) 第 200480 号

书　　名	WPS Office 文字 + 表格 + 演示 +PDF+ 云办公五合一从入门到精通 WPS Office WENZI + BIAOGE + YANSHI + PDF+YUNBANGONG WUHEYI CONG RUMEN DAO JINGTONG
著作责任者	龙马高新教育　编著
责任编辑	王继伟　刘羽昭
标准书号	ISBN 978-7-301-32566-7
出版发行	北京大学出版社
地　　址	北京市海淀区成府路 205 号　100871
网　　址	http://www.pup.cn　　新浪微博：@ 北京大学出版社
电子信箱	pup7@ pup.cn
电　　话	邮购部 010-62752015　发行部 010-62750672　编辑部 010-62570390
印 刷 者	北京溢漾印刷有限公司
经 销 者	新华书店
	787 毫米 ×1092 毫米　16 开本　22 印张　535 千字 2021 年 11 月第 1 版　2021 年 11 月第 1 次印刷
印　　数	1–4000 册
定　　价	79.00 元

通用软件连接技术与民生

1988年，计算机技术正逐渐在国内普及。当时主流计算机使用依靠英文命令执行操作的DOS系统。在DOS时代，没有即时通讯软件，电子邮件技术还未得到普及，会利用计算机制作文档更是一门稀有的技艺，但DOS系统对中文文字的排版并不友好，文字排版打印这个看似简单的任务，在当时也需要专业的操作员来执行，这在一定程度上限制了人们传播信息的能力。

是年，一位名叫求伯君的年轻人加入金山公司，并在一年后单枪匹马敲出12万行代码，WPS 1.0横空出世，不仅填补了当时中文文字处理软件的空白，也激发了许多普通人对计算机的兴趣。在当时许多用户的眼里，文字处理软件WPS甚至一度成为计算机的代名词。

从红头文件到契约合同，从商业企划到个人简历，一份份承载着人们希望和梦想的文件，被打印机飞速吐出。

如今，互联网、通信技术不断发展，已深入到各行各业，大数据、云计算、AI等技术日渐成熟，技术的变革让信息传递更加通畅，也为社会的精细化分工培育了沃土。不同角色、不同组织之间的信息互通逐渐变得多维而复杂，信息的流动也更注重效率与实时性，人们主动获取信息的意愿变得更加强烈。在这样的科技背景与时代要求下，人们对办公软件的需求和想象也在与时俱进。

从文字打印驱动到多格式通用办公软件，从台式电脑到全平台全设备，从本地文档工具到云办公服务，WPS 30余年的发展史，亦是信息技术发展在用户需求侧的投影。

2021年3月，《WPS Office高级应用与设计》加入全国计算机等级考试二级考试科目，广大考生可以报考熟悉的软件，通过Office技能认证。这同时也代表一场长达32年的考试公布了成绩，作为当代金山办公人，我们感到无比自豪，也誓将前沿技术的革新继续带到寻常工作生活中。技术一路向善，技术连接民生。

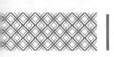

在推动技术发展的过程中，我们有幸遇到一些志同道合的伙伴。由北京大学出版社出版的《WPS Office 文字 + 表格 + 演示 + PDF + 云办公五合一从入门到精通》一书，其编者与我们心有灵犀地发现了我们有关办公、有关效率的细微之处的思考。不同于市场上其他书目，这本书完备地介绍了 WPS Office 的功能，并有创造性地应用多种现代教学手段，线上线下结合，让 Office 知识更易懂，更能满足实际需求，是一本适用于新手从入门到 Office 实战的绝佳指导书。

金山办公软件　助理总裁　朱云峰

WPS Office很神秘吗?

不神秘!

学习WPS Office难吗?

不难!

阅读本书能掌握WPS Office的使用方法吗?

能!

为什么要阅读本书

WPS Office是日常办公中不可或缺的工具，主要包括文字、表格、演示、PDF、流程图、脑图及表单等组件，被广泛应用于财务、行政、人事、统计和金融等众多领域。本书从实用的角度出发，结合应用案例，模拟真实的办公环境，介绍WPS Office的使用方法与技巧，旨在帮助读者全面、系统地掌握WPS Office在办公中的应用。

本书内容导读

本书分为5篇，共16章，内容如下。

第1篇（第1～4章）为文字排版篇，主要介绍WPS文字的排版技巧。通过对本篇内容的学习，读者可以掌握WPS Office的安装与设置，在WPS文字中进行文字输入、文字调整、图文混排及在文档中添加表格和图表等操作。

第2篇（第5～8章）为表格制作篇，主要介绍WPS表格的制作技巧。通过对本篇内容的学习，读者可以掌握如何在WPS表格中输入内容和编辑工作表、美化工作表，以及WPS表格的数据处理与分析等。

第3篇（第9～11章）为演示文稿设计篇，主要介绍WPS演示的设计技巧。通过对本篇内容的学习，读者可以掌握WPS演示的基本操作、图形和图表的应用、动画和切换效果的应用及幻灯片的放映与控制等。

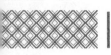

第 4 篇（第 12 ~ 14 章）为 PDF 等特色功能篇，主要介绍 WPS Office 特色功能的使用方法和技巧。通过对本篇内容的学习，读者可以掌握 PDF 文档的编辑处理，流程图、脑图、图片设计和表单等特色组件的应用，WPS Office 中文字、表格及演示文档特色功能的使用方法。

第 5 篇（第 15 ~ 16 章）为办公实战篇，主要介绍办公应用案例及云办公。通过对本篇内容的学习，读者可以将前面所学内容进行综合运用，以提升使用 WPS Office 的熟练程度；同时掌握文档云同步、多人实时协作编辑同一个文档、创建共享文件夹及使用 WPS Office 发起会议等功能。

选择本书的 N 个理由

❶ 简单易学，案例为主

以案例为主线，贯穿知识点，实操性强，与读者的需求紧密结合，模拟真实的工作与学习环境，帮助读者解决在工作中遇到的问题。

❷ 高手支招，高效实用

本书的“高手支招”板块提供了大量实用技巧，既能满足读者的阅读需求，也能解决在工作、学习中遇到的一些常见问题。

❸ 举一反三，巩固提高

本书的“举一反三”板块提供与本章知识点有关或类型相似的综合案例，帮助读者巩固和提高所学内容。

❹ 海量资源，实用至上

赠送大量实用的模板、实用技巧及学习辅助资料等，便于读者结合赠送资料学习。

超值资源

❶ 10 小时名师指导视频

教学视频涵盖本书所有知识点，详细讲解每个实例及实战案例的操作过程和关键点。读者可以更轻松地掌握 WPS Office 的使用方法和技巧，而且扩展性讲解部分可使读者获得更多的知识。

❷ 超多、超值资源大奉送

赠送本书同步教学视频、素材结果文件、通过互联网获取的学习资源和解题方法、办公类手机 APP 索引、WPS Office 常用快捷键查询手册、十大实战应用技巧、1000 个办公常用模板、函数查询手册、Windows 10 操作教学视频、《微信高手技巧随身查》电子书、《QQ 高手技巧随身查》电子书、《高效能人士效率倍增手册》电子书等超值资源，以方便读者扩展学习。

配套资源下载

为了方便读者学习，本书配备了多种学习方式，供读者选择。

❶ 下载地址

扫描左下方二维码关注微信公众号，输入图书 77 页的资源提取码获取下载地址及密码，或扫描右下方二维码，即可下载本书配套资源。

❷ 使用方法

下载配套资源到电脑端，打开相应的文件夹即可查看对应的资源。每一章所用到的素材文件均在“素材结果文件 \ 素材、结果 \ch*”文件夹中，读者在操作时可随时取用。

本书读者对象

1. 没有任何 WPS Office 应用基础的初学者。
2. 有一定应用基础，想精通 WPS Office 应用的人员。
3. 有一定应用基础，没有实战经验的人员。
4. 大专院校及培训学校的教师和学生。

创作者说

本书由吕廷勤主编。如果读者读完本书后惊奇地发现“我已经是 WPS Office 办公达人了”，就是让编者最欣慰的结果。

在本书编写过程中，我们竭尽所能地为您呈现最好、最全的实用功能，但仍难免有疏漏和不妥之处，敬请广大读者不吝指正。若您在学习过程中产生疑问或有任何建议，可以通过 E-mail 与我们联系。

我们的电子邮箱是：pup7@pup.cn。

目 录
CONTENTS

第 1 篇 文字排版篇

第 1 章 快速上手——WPS Office 的安装与设置

使用 WPS Office 办公之前，首先要掌握 WPS Office 的安装与基本设置。本章主要介绍 WPS Office 的安装与卸载、启动与退出、WPS 账号、软件的设置等操作。

高手支招

第 2 章 WPS 文字的基本操作——个人年终工作总结

使用 WPS 文字可以方便地记录文本内容，并能根据需要设置文字的样式，制作工作总结、租赁协议、请假条、邀请函、思想汇报等各类说明性文档。本章主要介绍输入文本、编辑文本、设置字体格式、设置段落格式及审阅文档等内容。

高手支招

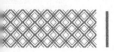

第 3 章 使用图和表格美化文档——个人求职简历

一篇图文并茂的文档，不仅看起来生动形象、充满活力，而且更加美观。在文档中可以通过插入艺术字、图片、自选图形、表格等展示文本或数据内容。本章以制作个人求职简历为例，介绍使用图和表格美化文档的操作。

高手支招

第 4 章 长文档的排版——公司内部培训资料

在工作与学习中，经常会遇到包含大量文字的长文档，如毕业论文、个人合同、公司合同、企业管理制度、公司内部培训资料、产品说明书等。使用 WPS 文字提供的创建和更改样式、插入页眉和页脚、插入页码、创建目录等操作，可以方便地对这些长文档进行排版。本章以排版公司内部培训资料为例，介绍长文档的排版技巧。

高手支招

第 2 篇 表格制作篇

第 5 章 WPS 表格的基础操作——客户联系信息表

WPS 表格提供了创建工作簿和工作表、输入和编辑数据、插入行与列、设置文本格式、页面设置等基础操作，可以方便地记录和管理数据。本章以制作客户联系信息表为例，介绍 WPS 表格的基础操作。

高手支招

第 6 章 初级数据处理与分析——员工销售报表

在工作中，经常需要对各种类型的数据进行统计和分析。WPS 表格具有处理各种数据的功能，使用排序功能可以将表格中的内容按照特定的规则排序；使用筛选功能可以将满足条件的数据单独显示；设置数据的有效性可以防止输入错误数据；使用条件格式功能可以直观地突出显示重要值；使用合并计算和分类汇总功能可以对数据进行分类或汇总。本章以处理员工销售报表为例，介绍如何使用 WPS 表格对数据进行处理和分析。

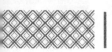

第 7 章 中级数据处理与分析——商品销售统计分析图表

在 WPS 表格中使用图表不仅能使数据的统计结果更直观、更形象，还能清晰地反映数据的变化规律和发展趋势。使用图表可以制作产品统计分析表、预算分析表、工资分析表、成绩分析表等。本章以制作商品销售统计分析图表为例，介绍图表的创建、编辑和美化等。

第 8 章 高级数据处理与分析——企业员工工资明细表

公式和函数是 WPS 表格的重要组成部分，有着强大的计算能力，为用户分析和处理工作表中的数据提供了很大的便利。使用公式和函数可以节省处理数据的时间，降低处理大量数据的出错率。本章通过制作企业员工工资明细表，介绍公式和函数的使用方法。

第 3 篇 演示文稿设计篇

第 9 章 演示文稿基本设计——个人述职报告演示文稿

在职业生涯中，会遇到很多包含文字、图片和表格的演示文稿，如个人述职报告演示文稿、公司管理培训演示文稿、论文答辩演示文稿、产品营销推广方案演示文稿等。

使用WPS演示提供的海量模板、设置文本格式、图文混排、添加数据表格、插入艺术字等操作，可以方便地对演示文稿进行设计制作。本章以制作个人述职报告演示文稿为例，介绍WPS演示的基本操作。

高手支招

第10章 演示文稿视觉呈现——市场季度报告演示文稿

动画是演示文稿的重要元素，在制作演示文稿的过程中，适当地添加动画可以使演示文稿更加精彩。WPS演示提供了多种动画样式，支持对动画效果和视频自定义播放。本章以制作市场季度报告演示文稿为例，介绍动画在演示文稿中的应用。

高手支招

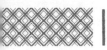

第 11 章 放映幻灯片——活动执行方案演示文稿的放映

幻灯片制作完成后就可以进行放映了，掌握幻灯片的放映方法与技巧并灵活使用，可以达到意想不到的效果。本章主要介绍演示文稿的放映方法，包括设置放映方式、放映开始位置及放映时的控制等内容。本章以活动执行方案演示文稿的放映为例，介绍如何放映幻灯片。

高手支招

第 4 篇 PDF 等特色功能篇

第 12 章 玩转 PDF——轻松编辑 PDF 文档

PDF 是一种便携式文档格式，可以更鲜明、准确、直观地展示文档内容，而且兼容性好，无法随意编辑，并支持多样化的格式转换，广泛应用于各种工作场景，如公司文件、学习资料、电子图书、产品说明、文章资讯等。本章主要介绍新建、编辑和处理 PDF 文档的操作技巧。

高手支招

第 13 章 WPS Office 其他特色组件的应用

WPS Office 除了可以满足用户对文字、表格和演示文档的处理需求外，还是一个“超级工作平台”，为用户提供了多种办公组件，如流程图、脑图、图片设计及表单等，能极大地提高办公效率，满足不同用户需求。本章将主要介绍这些特色组件的使用方法。

高手支招

第 14 章 WPS Office 实用功能让办公更高效

WPS Office 除了可以满足用户日常基本办公需求外，还针对一些常用的、复杂的工作，开发了相应的特色功能，以解决工作中遇到的棘手问题，使用户可以更高效地解决和完成工作。本章将对 WPS Office 中一些常用的特色功能进行介绍，其中部分功能需要付费会员方可使用，非付费会员也可以通过本章内容对 WPS Office 有更深一步的了解。

第 5 篇 办公实战篇

第 15 章 WPS Office 办公应用实战

本章通过几个具有代表性的案例，将前面所学内容进行综合运用，以提升运用 WPS Office 的熟练程度。

第 16 章 WPS Office 云办公——在家高效办公的技巧

使用移动设备可以随时随地进行办公，及时完成工作。依托于云存储，WPS Office 开启了跨平台移动办公时代。

电脑中存储的文档，通过云文档同步成在线协同文档，可以随时随地使用多个设备打开该协同文档进行编辑，大大提高了工作效率。

第1篇

文字排版篇

第1章

快速上手——WPS Office的安装与设置

本章导读

使用 WPS Office 办公之前，首先要掌握 WPS Office 的安装与基本设置。本章主要介绍 WPS Office 的安装与卸载、启动与退出、WPS 账号、软件的设置等操作。

思维导图

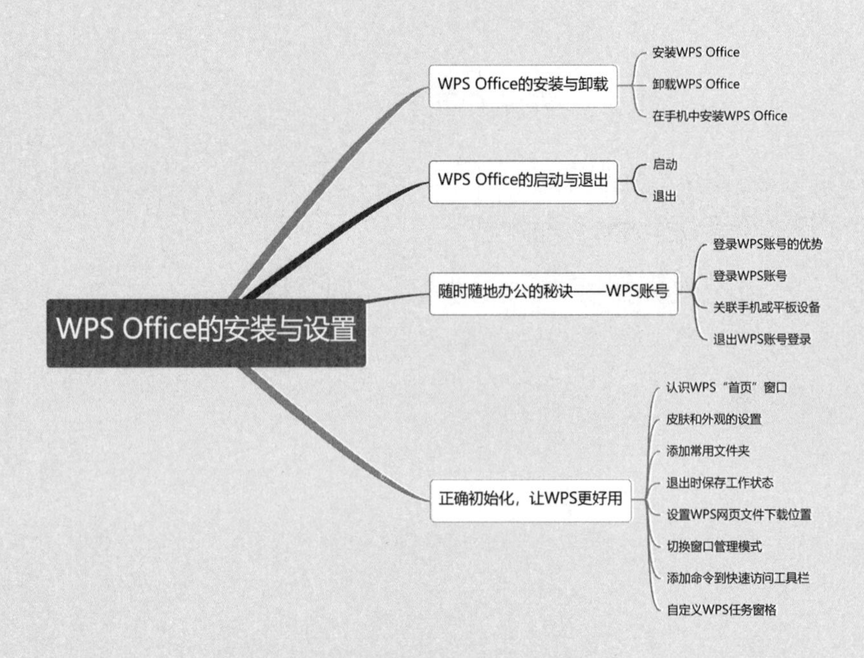

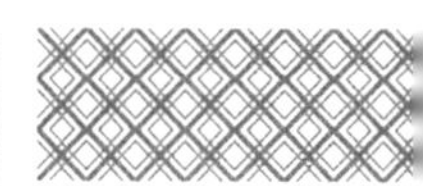

1.1 WPS Office 的安装与卸载

使用 WPS Office 之前，首先要将软件安装到计算机中，如果不再需要使用此软件，可以将软件从计算机中删除，即卸载 WPS Office。本节主要介绍 WPS Office 的安装与卸载。

1.1.1 安装 WPS Office

在计算机中安装 WPS Office 的具体操作步骤如下。

第 1 步 打开计算机中的浏览器，搜索并进入 WPS 官方网站，单击首页导航栏中的【所有产品】超链接，在展开的列表中，单击【WPS Office】区域下的软件版本，这里单击【Windows】超链接，如下图所示。

第 2 步 进入下载页面，单击【立即下载】按钮，在弹出的下拉列表中，单击【Windows 版】选项，即可开始下载该版本的安装文件，如下图所示。

提示

上述步骤中使用的浏览器是 Windows 10 操作系统内置的 Microsoft Edge 浏览器。不同的浏览器这一步骤会有些差异，部分浏览器会弹出【下载】对话框，提示用户对文件名和保存位置进行设置，然后下载文件，用户根据提示操作即可。

第 3 步 下载完成后，运行 WPS Office 安装文件，弹出软件安装界面。勾选【已阅读并同意金山办公软件许可协议和隐私政策】复选框，并根据需求进行自定义设置，然后单击【立即安装】按钮，如下图所示。

第 4 步 软件即会开始自动安装，并显示安装进度，直至安装完成，如下图所示。

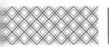

1.1.2 卸载 WPS Office

如果用户希望卸载 WPS Office 或进行重装时，可以按照以下步骤卸载软件。

第 1 步 单击电脑桌面左下角的【开始】按钮，在弹出的程序列表中，展开【WPS Office】文件夹，单击其中的【卸载】选项，如下图所示。

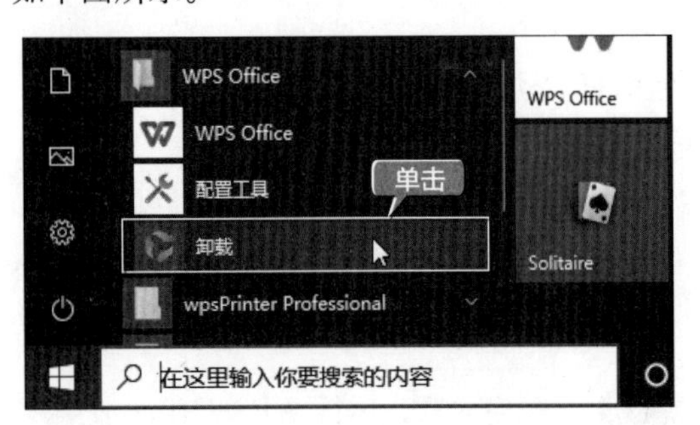

第 2 步 弹出【卸载向导】对话框，单击【直接卸载】按钮，如下图所示。

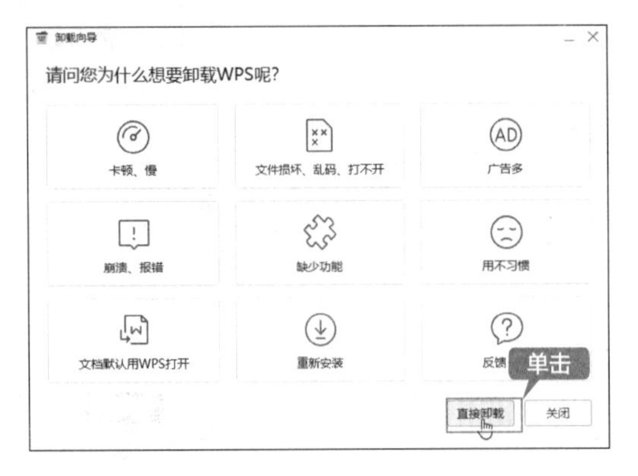

第 3 步 进入如下图所示的界面，单击【立即卸载】按钮。

第 4 步 弹出【卸载时要清除数据吗？】提示框，根据需要进行选择，这里选中【卸载后打算重装，暂不清除】单选按钮，然后单击【确定】按钮，如下图所示。

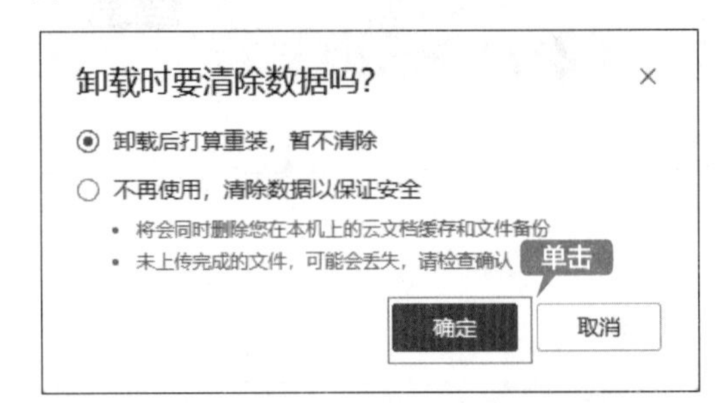

第 5 步 此时，执行卸载操作，并显示卸载进度，直至卸载完成，如下图所示。

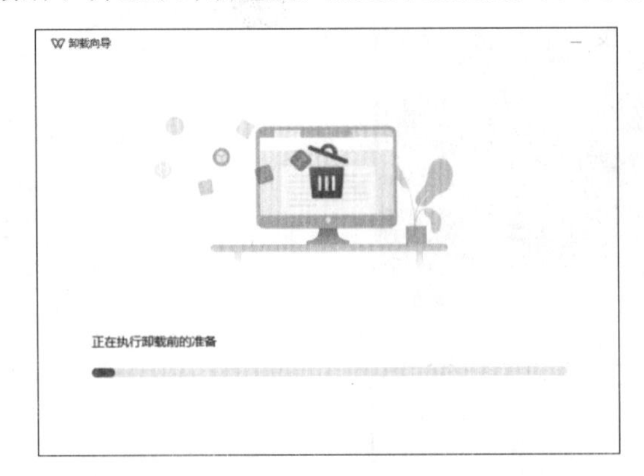

1.1.3 在手机中安装 WPS Office

WPS Office 手机版可以帮助用户随时随地查看和处理办公文件，已是手机办公必不可少的软件之一，安装方法和安装其他 APP 一样，只需在手机的应用商店中搜索并下载即可。在安卓系统与 iOS 系统的手机中安装 WPS Office 的方法大致相同，下面以安卓系统为例进行简单介绍。

第 1 步 打开手机中的应用商店，搜索“WPS Office”，在搜索结果界面点击应用右侧的【安装】按钮，如下图所示。

第 2 步 即可开始自动安装该软件，并在右侧显示安装进度，如下图所示。安装完成后，【安装】按钮会显示为【打开】按钮，点击该按钮即可启动 WPS Office。

1.2 WPS Office 的启动与退出

使用 WPS Office 软件编辑文档之前，首先需要启动软件，使用完毕后还需要退出软件。

1.2.1 启动

启动 WPS Office 软件的具体操作步骤如下。

第 1 步 双击电脑桌面上的“WPS Office”图标，如下图所示。

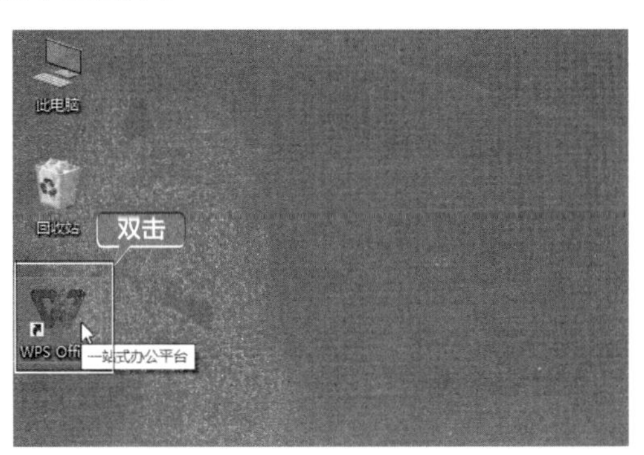

提示

如果电脑桌面上没有该图标，可按【Windows】键，在弹出的程序列表中，展开【WPS Office】文件夹，单击其中的【WPS Office】选项。

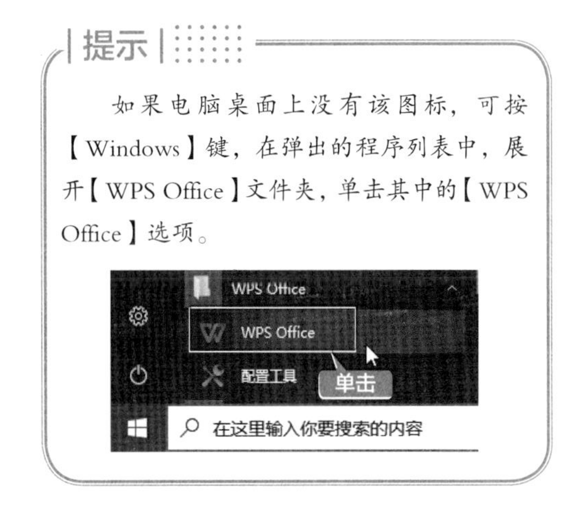

第 2 步 即可启动软件，进入 WPS Office 首页。此时，可在该界面中进行新建、打开等操作，如下图所示。

提示

另外，打开 WPS Office 支持和关联格式的文档，也可以快速启动软件，并进入相应的文档页面。

1.2.2 退出

在不使用 WPS Office 时，可以将其退出，方法和退出其他软件一样，均为单击软件右上角的【关闭】按钮☒，即可关闭软件窗口，如下图所示。

另外，直接按【Alt+F4】组合键，可以快速关闭软件窗口。

如果希望关闭某个文档，建议先保存好该文档，然后单击文档窗口上的【关闭】按钮，即可将其关闭，如下图所示。

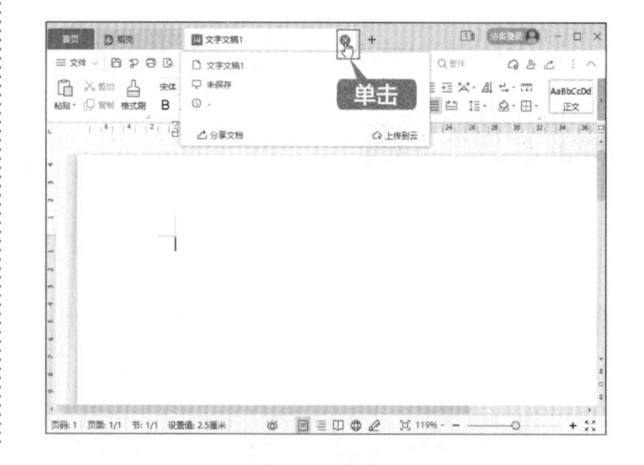

1.3 随时随地办公的秘诀——WPS 账号

在使用 WPS Office 时，注册并登录 WPS 账号，可以获得更多的权益和软件功能，尤其是强大的云文档及特色应用，可以让你随时随地实现远程办公。

1.3.1 登录 WPS 账号的优势

登录 WPS 账号，用户可以更好地使用 WPS Office 并发挥其一站式办公的优势。

1. 多设备的文档同步

注册 WPS 账号后，即会获得 1GB 容量的云空间，用户开启文档云同步后，文档就会自动存储在云空间内，不管是使用手机，还是使用家中的电脑，都无须拷贝和传输文件，只要登录该账号，即可访问编辑过的每一份文档。如下图所示为【我的云文档】界面。

2. 口袋中的办公助手

随着智能设备和网络的快速发展，远程办公已经成为一种趋势，而手机办公是其中最为便利的方式，用户可以随时随地查看和编辑工作文档。使用 WPS 账号登录 APP 或小程序后，可以使用其中的很多特色功能，如图片制作、文档处理、PDF 工具等，处理各种各样的工作场景。如下图所示为 WPS Office 手机端的【应用】界面。

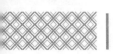

3. 多人协作编辑

登录 WPS 账号后，可进入多人协作模式，将文档通过链接、微信或 QQ 等形式分享给协作者，实现多人同时编辑文档，无须反复传文件，使工作更加便捷。如下图所示为【分享】界面。

4. 开启远程会议

WPS Office 支持远程会议功能，登录账号后，可以轻松开启会议，不仅支持多人在线，而且还可以一边开会，一边编辑文档。即便在家中或外地，也可以随时随地接入远程会议，让你的工作不被耽误。如下图所示为【金山会议】界面。

除了上面介绍的功能，WPS Office 还有很多强大的功能与便利之处，在此不一一列举。另外，成为 WPS 会员或超级会员，可以获得更多的增值权益，支持 75 种格式转换和 65 项办公特权，可以全面覆盖办公场景，提高办公效率，用户可以根据自身需求决定是否开通付费会员。一般情况下，新注册的 WPS 账号可以获取免费会员体验时间。

1.3.2 登录 WPS 账号

下面简单介绍如何登录 WPS 账号。

第 1 步 首次打开 WPS Office 软件时，会弹出【WPS 账号登录】对话框，如下图所示，对话框中包含【微信登录】【手机验证登录】和【手机 WPS 扫码】三种方式，其中，【微信登录】是通过微信账号登录 WPS，使用微信扫码可以完成注册和登录；【手机验证登录】是通过手机号注册并登录；【手机 WPS 扫码】适用于 WPS Office 手机版 APP 已登录账号，扫描界面中的二维码可直接登录。

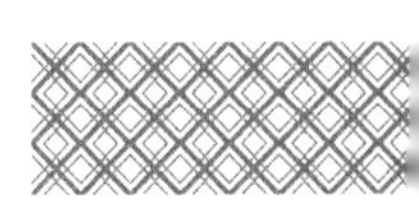

提示

单击【其他登录方式】选项，可以选择账号密码、QQ 账号、钉钉账号和第三方企业码等方式登录，用户根据情况进行选择即可。本节采用【微信登录】的方式进行讲解。

第 2 步 使用手机微信扫描界面中的二维码，首次登录会弹出如下图所示的公众号界面，点击【关注】按钮。

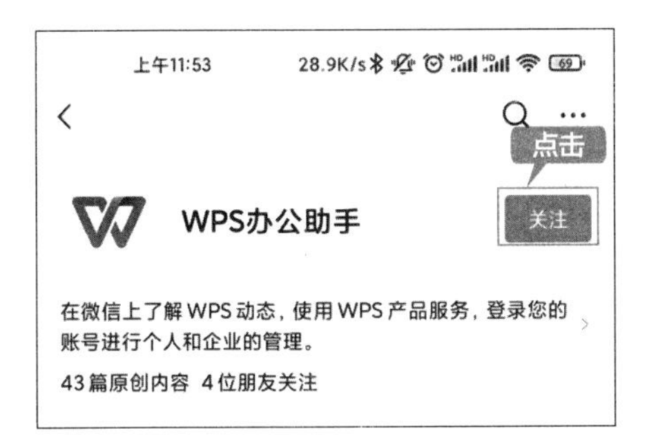

第 3 步 关注后进入该公众号，弹出【登录通知】信息，如下图所示。

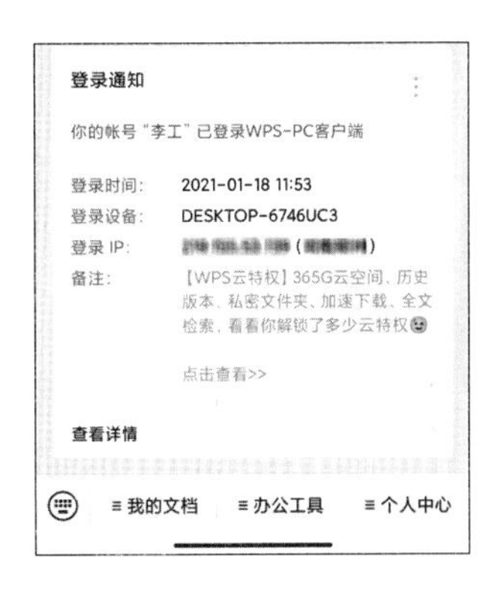

第 4 步 电脑端的 WPS Office 软件界面右上角及【新建】窗口中，都会显示已登录的账号头像及信息，表示已登录账号，如下图所示。

1.3.3 关联手机或平板设备

若要进行多设备的文档同步，需将账号关联到手机或平板等设备终端，本节以关联手机为例进行介绍，具体操作步骤如下。

第 1 步 单击软件窗口右上角的头像，在弹出的账号信息框中，单击【在线设备】选项，如下图所示。

第 2 步 弹出【关联您的手机设备】对话框，如下图所示。

第 3 步 打开 WPS Office 手机版 APP，点击首页搜索框右侧的 图标，如下图所示，调

用“扫一扫”功能，扫描电脑端软件中的二维码。

第 4 步 扫码完成后，进入【扫码登录】界面，点击【确认登录】按钮，如下图所示。

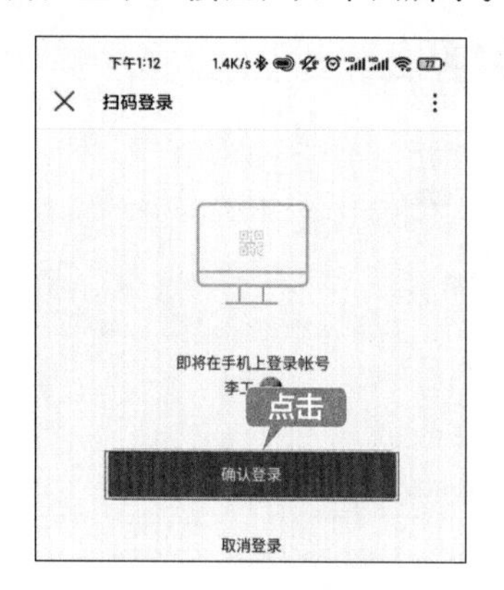

第 5 步 返回 WPS Office 手机版界面，即可看到登录的账号信息，如下图所示。

第 6 步 此时，WPS Office 电脑端窗口中即会弹出【关联您的手机设备】对话框，提示手机关联成功，单击【完成】按钮即可，如下图所示。

另外，使用同一账号直接登录 WPS Office 手机版 APP，也可以关联设备。

1.3.4 退出 WPS 账号登录

如果在公共电脑上登录了 WPS 账号，使用完毕后，应退出登录，避免个人文档外泄，具体操作步骤如下。

第 1 步 单击软件窗口右上角的头像，在弹出的账号信息框中，单击【退出登录】按钮，如下图所示。

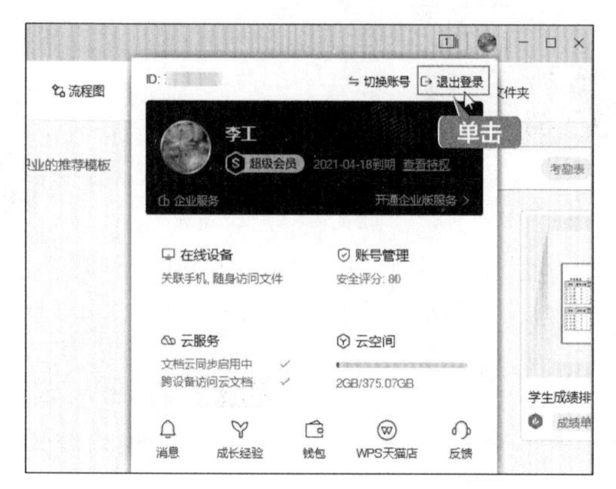

第 2 步 弹出【即将退出账号】对话框，如果不希望保留数据，则选中【清除数据并删除登录记录】单选按钮；如果要保留数据，则选中【保留数据以供下次使用】单选按钮，然后单击【确定退出】按钮即可，如下图所示。

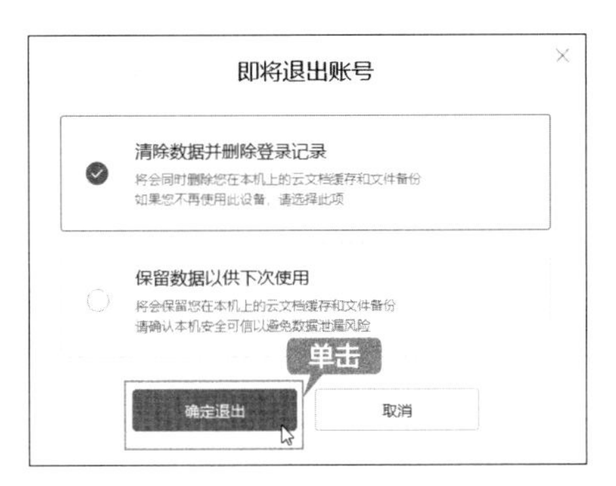

1.4 正确初始化，让 WPS 更好用

WPS Office 界面设计简洁、布局清晰，用户如果能够清晰地掌握各功能的分布，并根据需求进行适当的设置，将更方便使用，并能大大提高使用效率。

1.4.1 认识 WPS“首页”窗口

WPS Office 经过多次版本更迭，已经成为一个超级工作平台，其“首页”集成了文档、搜索、应用等，并整合了多端交互操作流，大大提升了用户的操作体验。在设置软件之前，对软件的界面及布局进行了解，一定程度上可以提高操作软件的效率，本小节首先对“首页”窗口进行介绍。

在启动 WPS Office 软件后，首先进入“首页”窗口，如下图所示。

1. 窗口标签

窗口标签位于 WPS Office 软件界面顶部，包含了【首页】【稻壳】和【新建】标签，默认选择【首页】标签，单击【新建】标签，可以新建文字、表格及演示等文档，打开的文档、在线文档、网页等都会显示在窗口标签中，单击可以进行窗口切换，如下图所示。

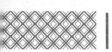

2. 搜索框

搜索框位于窗口标签下方，用于搜索文件、模板、应用、技巧或直接输入网址等，如下图所示。

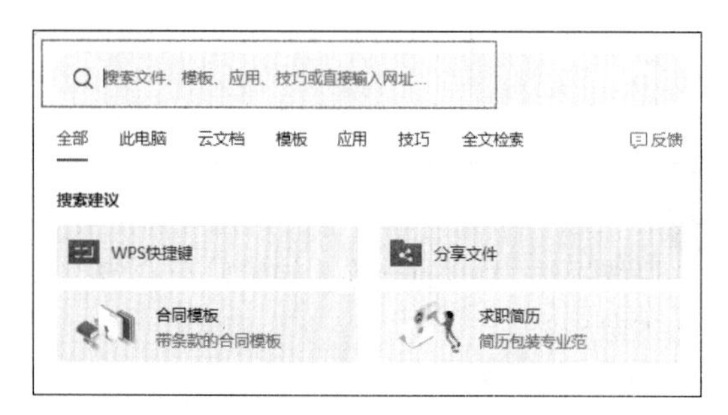

3. 侧栏

侧栏中显示了主要功能按钮和固定的应用图标。

（1）【新建】按钮

【新建】按钮主要用于新建文档，单击【新建】按钮，进入如下图所示的界面，其中包含【我的】【文字】【表格】和【演示】4个选项，单击选项即可新建相应类型的文档，其作用和窗口标签中的【新建】相似。

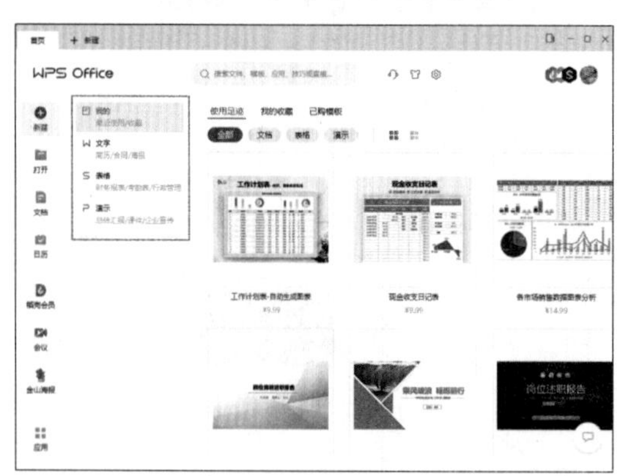

（2）【打开】按钮

单击【打开】按钮，弹出【打开文件】对话框，可以打开最近文档、云文档及电脑中的文档，如下图所示。

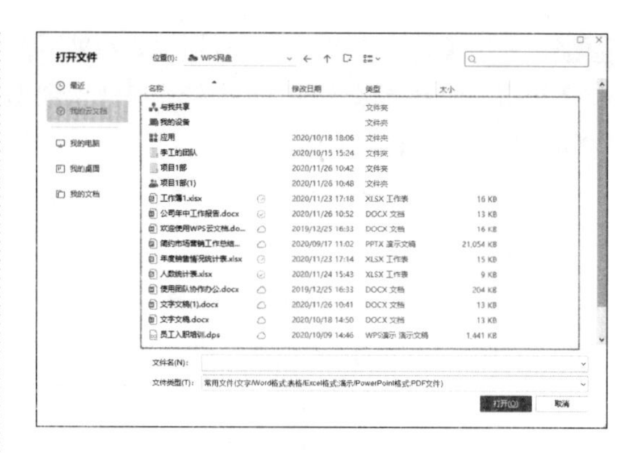

（3）【文档】按钮

WPS Office 默认选择【文档】按钮，其界面中左侧栏显示常用文档和文件夹列表，中间栏显示相应文件夹内的文档列表，右侧栏显示最新的工作状态和进度更新通知。

（4）【日历】按钮

单击【日历】按钮，进入如下图所示的界面，用户可以查看日历，也可以添加待办事项。

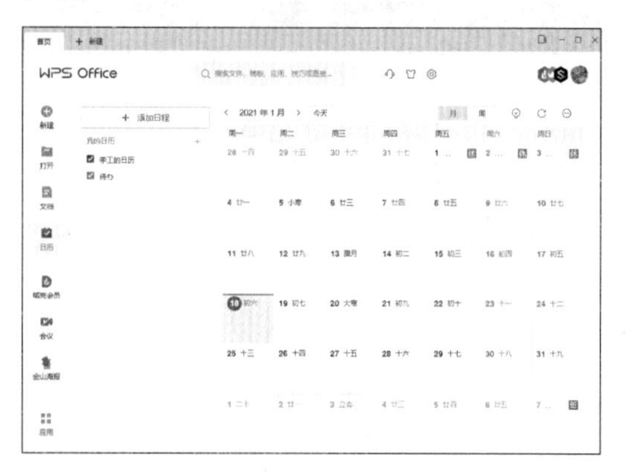

（5）应用列表

应用列表中默认包含【稻壳会员】【会议】【金山海报】3个应用图标和【应用】功能按钮，单击图标或按钮即可进入相应界面。用户可以根据需求添加和移除图标。另外，单击【应用】按钮，可以查看和使用更多功能。

第1步 右击应用图标，在弹出的快捷菜单中单击【移除】选项，即可将应用图标从侧栏中移除，如下图所示。

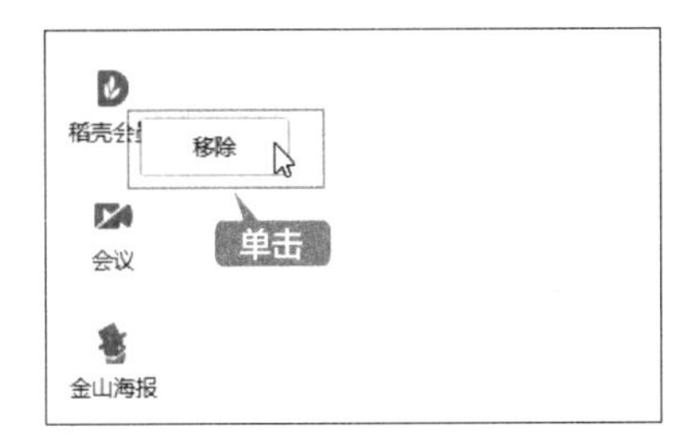

第 2 步 单击【应用】按钮，即可打开【应用中心】对话框，可以看到其中丰富的应用。如果希望将某个应用固定到侧栏，可将鼠标指针移至该应用图标上，单击【添加到侧栏】按钮☆，如下图所示。

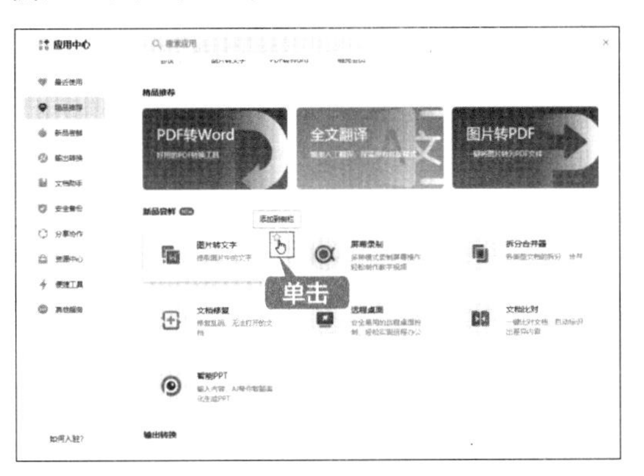

第 3 步 即可将其固定到侧栏中，如下图所示。

4. 常用文档和文件夹列表

在选择【文档】按钮时，侧栏的右侧将显示常用文档和文件夹列表，包括【最近】【星标】【共享】【我的云文档】及常用文档区域，可以方便用户快速打开文档。

（1）【最近】选项

第 1 步 单击【最近】选项，显示最近文档列表，单击列表上方的【筛选】按钮，可以对文件类型、访问设备及显示进行筛选，如下图所示。

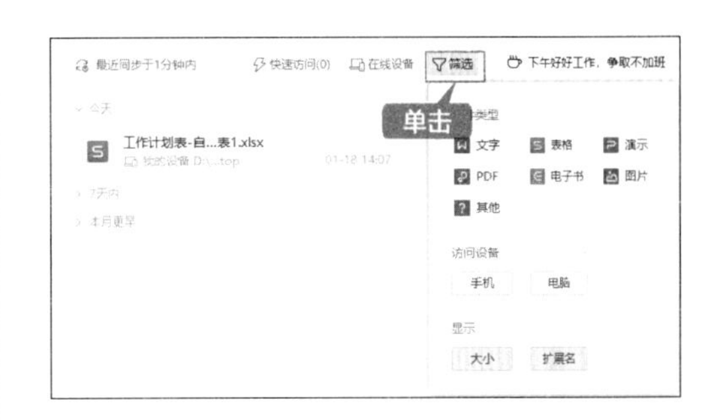

第 2 步 单击列表中的文档，右侧栏会显示文档的状态，如历史版本情况，也可以进行一些快捷操作，如【进入多人编辑】【分享】等，如下图所示。

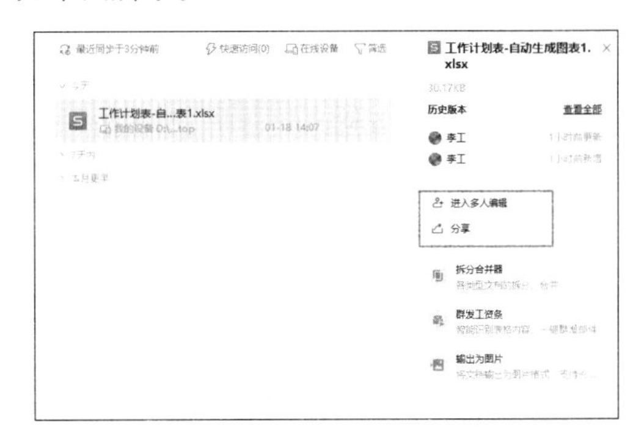

第 3 步 右击列表中的文档，会弹出如下图所示的快捷菜单，单击菜单命令，即可进行相关操作。

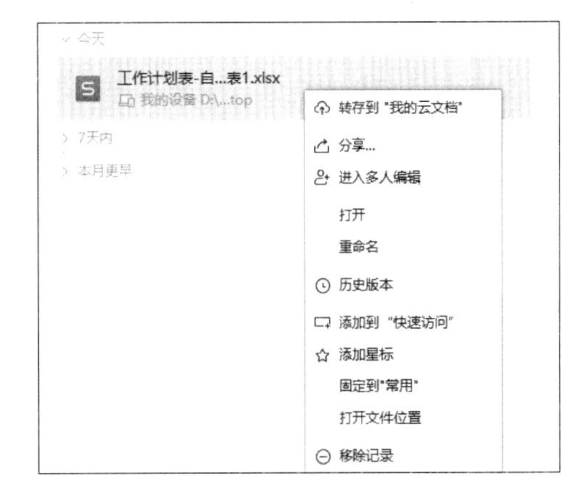

（2）【星标】选项

单击【星标】选项，可以查看添加星标的文档，也就是常说的收藏文档。用户可以将常用或重要的文档添加星标，便于在该列表中快速查找常用或重要的文档，如下图所示。

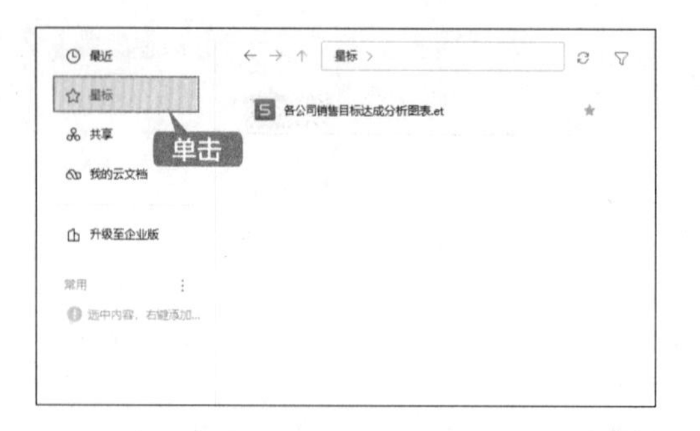

（3）【共享】选项

单击【共享】选项，可以创建共享文件夹，如下图所示。

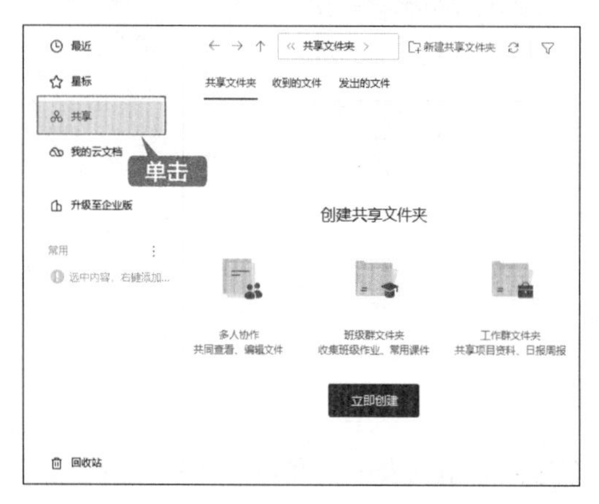

（4）【我的云文档】选项

单击【我的云文档】选项，可以查看云文档列表，该列表和 WPS Office 移动版中的【云文档】列表是对应的，主要用于查看保存在云空间中的文档，如下图所示。

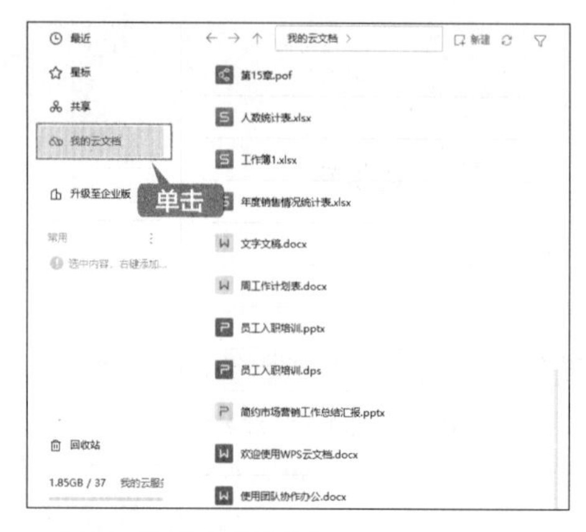

（5）常用文档区域

主要显示常用文档和文件夹，方便快速访问，用户可以根据需求进行添加。

（6）回收站

回收站可以将删除的文档保留 90 天，之后将被永久删除，主要用于防止用户误删文档，用户可以在回收站中对文档进行还原操作，也可以将文档从回收站中彻底删除，如下图所示。

1.4.2 皮肤和外观的设置

用户可以根据自己的喜好，对 WPS Office 的皮肤和外观进行设置。

第 1 步 启动 WPS Office，单击搜索框右侧的【全局设置】按钮 ⚙，在弹出的菜单中选择【皮肤中心】选项，如下图所示。

第 2 步 弹出【皮肤中心】对话框，在【皮肤】选项卡下显示了皮肤列表，可单击分类标签进行筛选，在合适的皮肤缩略图上单击，即可应用该皮肤。

第 3 步 单击【图标】选项卡，可以设置【桌面图标】和【文件图标】，如下图所示。

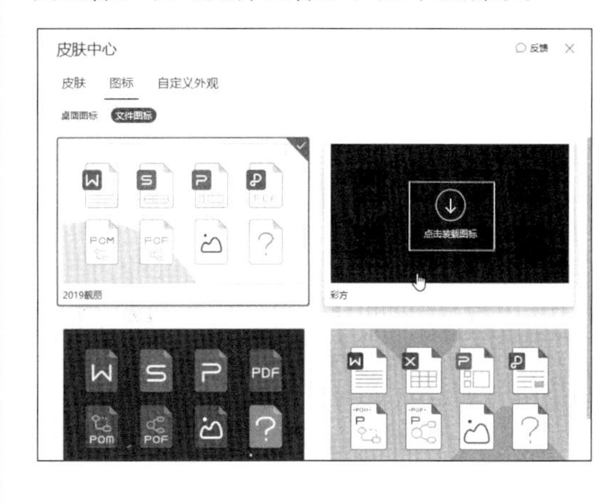

第 4 步 单击【自定义外观】选项卡，可以自定义窗口的背景颜色，也可以将图片应用为背景图片，还可以设置界面的字体字号。单击【重置设置】按钮，皮肤和外观将恢复初始设置，如下图所示。

1.4.3 添加常用文件夹

用户可以将常用文档或常用文件夹固定到【常用】区域，以便快速访问，本小节以添加常用文件夹为例进行介绍。

第 1 步 启动 WPS Office，在首页界面单击【常用】区域中的【添加位置】按钮⋮，在弹出的下拉菜单中，可以选择【我的电脑】【我的桌面】【我的文档】及【我的设备】中的文件夹，也可以单击【其他位置】选项，指定文件夹，如下图所示。

第2步 弹出【添加位置】对话框，选择要添加的文件夹，然后单击【确定】按钮，如下图所示。

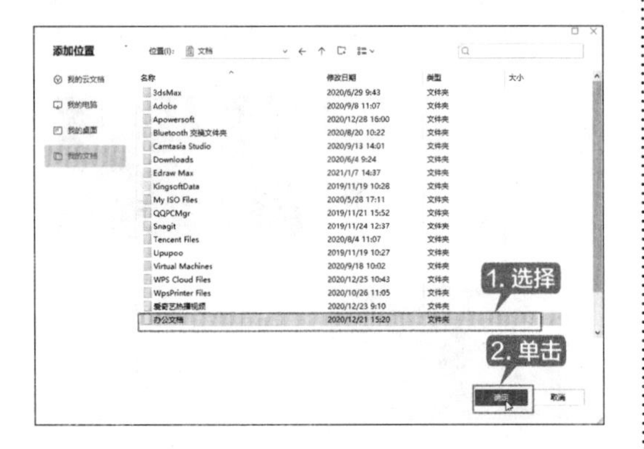

第3步 即可将选择的文件夹添加至【常用】区域，单击该文件夹图标，可显示文件夹下的文件和文件夹列表，如下图所示。

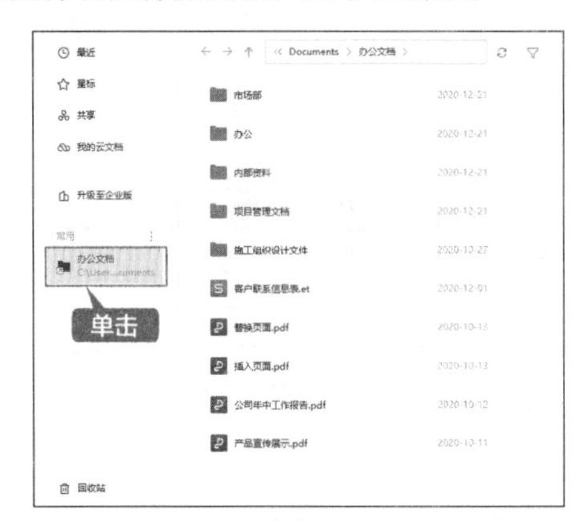

第4步 使用同样的方法，可以添加其他文档至该区域。如果要将某个文档或文件夹移除，则可右击该文档或文件夹，在弹出的菜单中选择【移除】选项，即可将其移除，如下图所示。

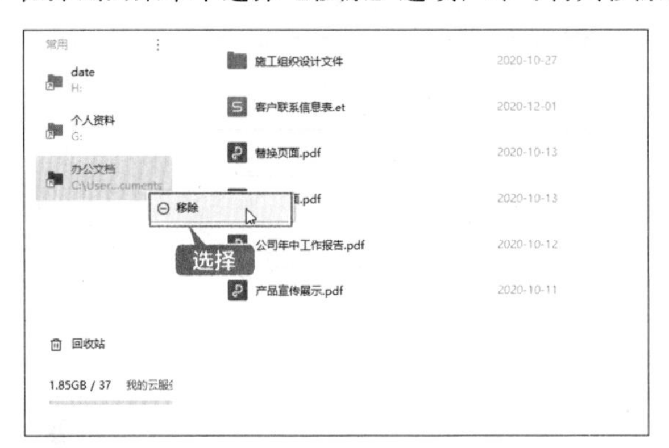

1.4.4 退出时保存工作状态

退出时保存工作状态是指 WPS Office 可以记录当前打开的标签和编辑状态，下次启动软件时，会自动进入之前的打开和编辑状态，可以大大提高工作的连接性。WPS Office 在默认设置下，该功能处于关闭状态，用户可以设置将该功能打开。

第1步 启动 WPS Office，单击搜索框右侧的【全局设置】按钮 ⚙，在弹出的菜单中选择【设置】选项，如下图所示。

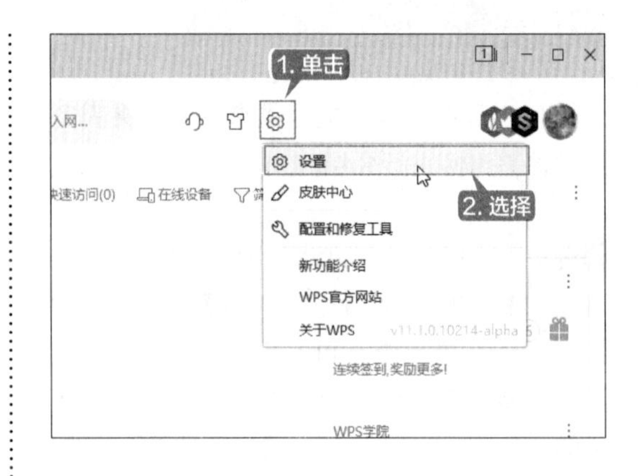

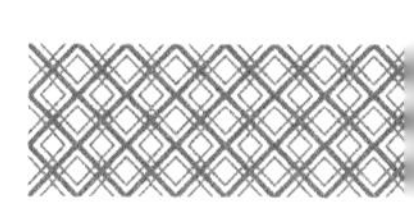

第 2 步 进入【设置中心】窗口，在【工作环境】区域下，将【退出时保存工作状态】右侧的开关设置为“打开” 即可，如下图所示。

1.4.5 设置 WPS 网页文件下载位置

WPS Office 软件支持浏览网页，从网页中下载的文件会被默认保存在 C 盘中。如果希望将下载的文件保存在指定文件夹，可以对默认保存位置进行修改，具体操作步骤如下。

第 1 步 在 WPS Office 首页界面，单击搜索框右侧的【全局设置】按钮 ，在弹出的菜单中选择【设置】选项，如下图所示。

第 2 步 进入【设置中心】窗口，在【工作环境】区域中，单击【网页浏览设置】选项，如下图所示。

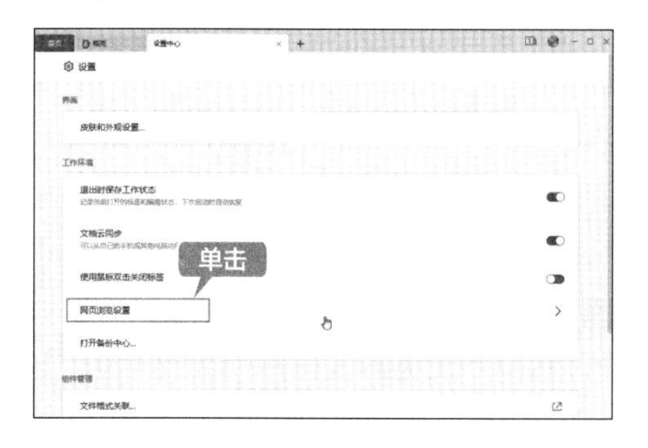

第 3 步 进入【网页浏览设置】界面，单击【下载】区域中【文件下载默认保存位置】右侧的【选择文件夹】按钮，如下图所示。

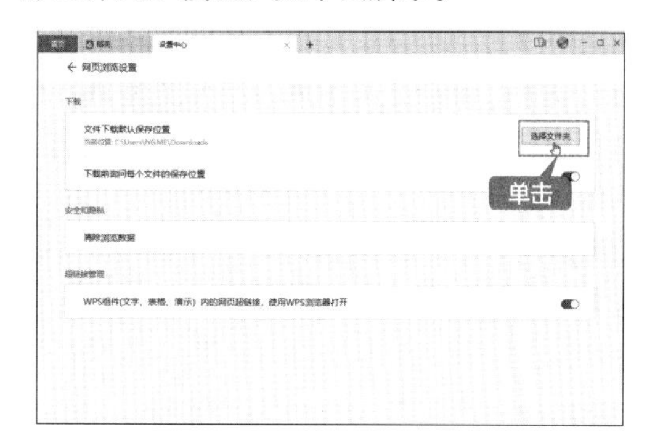

第 4 步 弹出【选择文件夹】对话框，选择要设置的文件夹，然后单击【选择文件夹】按钮，如下图所示。

第 5 步 返回【网页浏览设置】界面，可以看到【文件下载默认保存位置】下方显示修改后的路径，如下图所示。

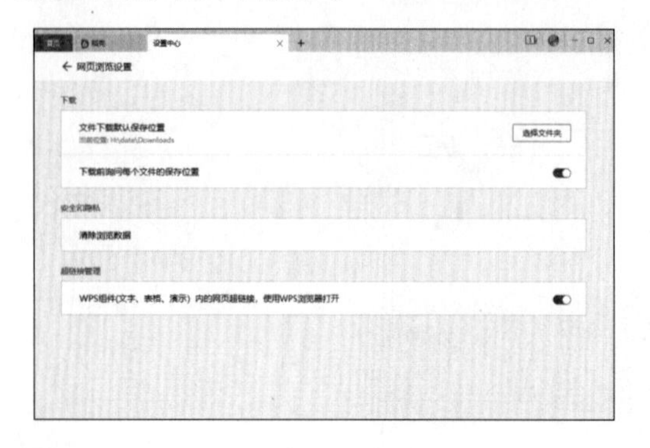

第 6 步 单击【安全和隐私】区域中的【清除浏览数据】选项，弹出【清除浏览器数据】对话框，可以对浏览记录、Cookie 及其他网站数据、缓存的图片和文件及下载完成记录进行清除。勾选要清除的选项，单击【清除数据】按钮，即可清除，如下图所示。

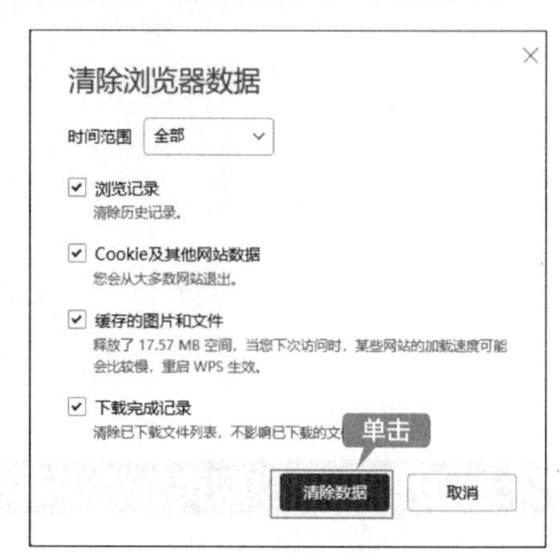

1.4.6 切换窗口管理模式

WPS Office 在默认设置下，文字、表格、演示及 PDF 等文档打开后，它们的标签都集中在一个工作区中，可以直接单击标签进行窗口切换。用户如果习惯按文件类型进行分窗口显示，则需对窗口管理模式进行设置，具体操作步骤如下。

第 1 步 打开【设置中心】窗口，单击【其他】区域中的【切换窗口管理模式】选项，如下图所示。

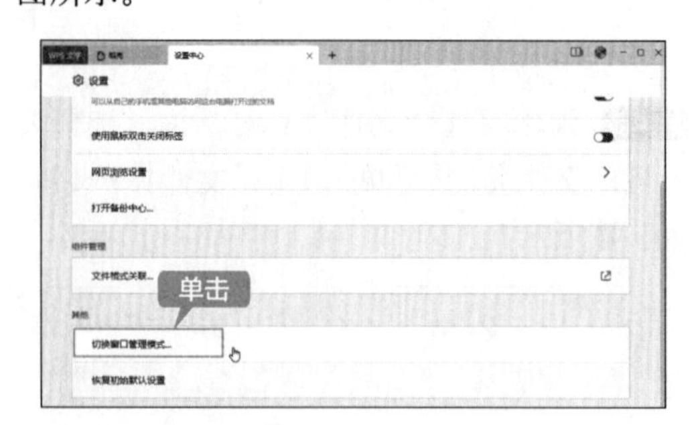

第 2 步 弹出【切换窗口管理模式】对话框，选中【多组件模式】单选按钮，然后单击【确定】按钮，如下图所示。

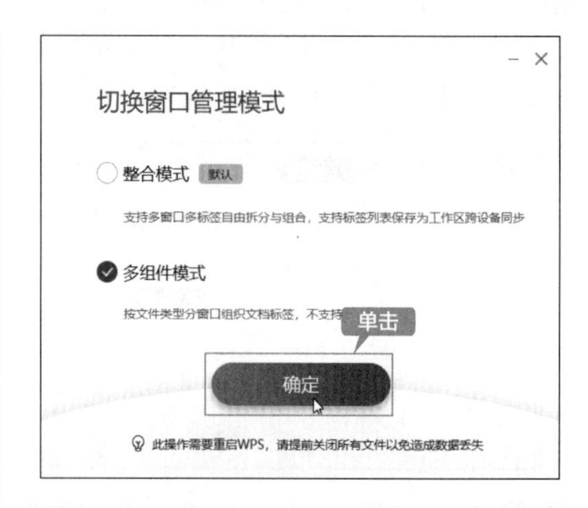

第 3 步 弹出【重启 WPS 使设置生效】提示框，单击【确定】按钮，如下图所示。

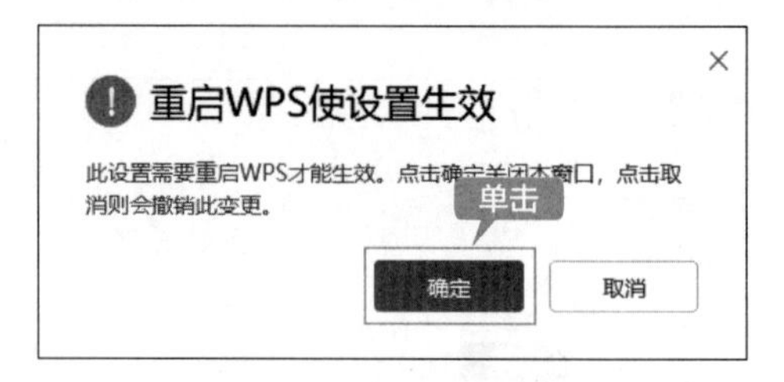

第 4 步 当前窗口即会关闭，此时桌面上的 WPS Office 快捷方式图标变为 WPS 文字、

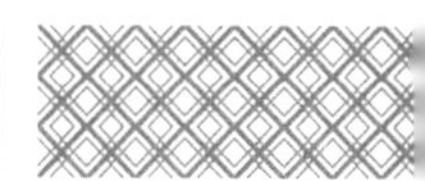

WPS 表格、WPS 演示和 WPS PDF 四个图标，双击图标即可进入相应组件界面，如下图所示。

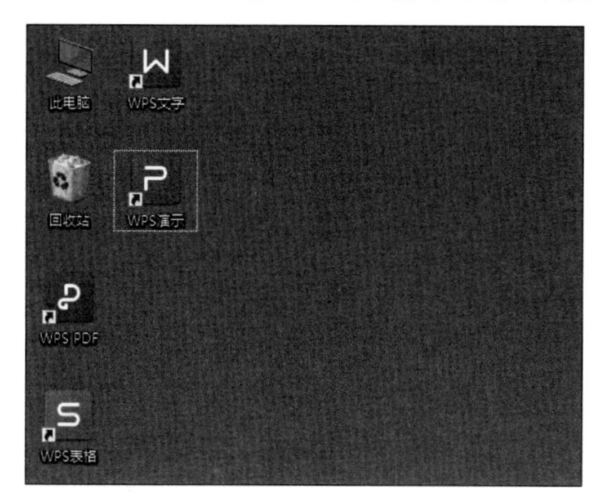

1.4.7 添加命令到快速访问工具栏

快速访问工具栏是一个可以自定义命令按钮的工具栏，位于各组件功能区的左上角，默认情况下包含【新建】【保存】【输出为PDF】【打印】及【打印预览】等常用命令按钮。用户可以根据需要将命令按钮添加至快速访问工具栏，具体操作步骤如下。

第 1 步 启动 WPS Office，在【新建】标签下单击【文字】选项，然后单击【新建空白文档】选项，如下图所示。

第 2 步 打开【文字文稿 1】窗口，可以看到功能区左上角快速访问工具栏中的命令按钮，单击工具栏右侧的【自定义快速访问工具栏】按钮，在弹出的下拉菜单中选择【其他命令】选项，如下图所示。

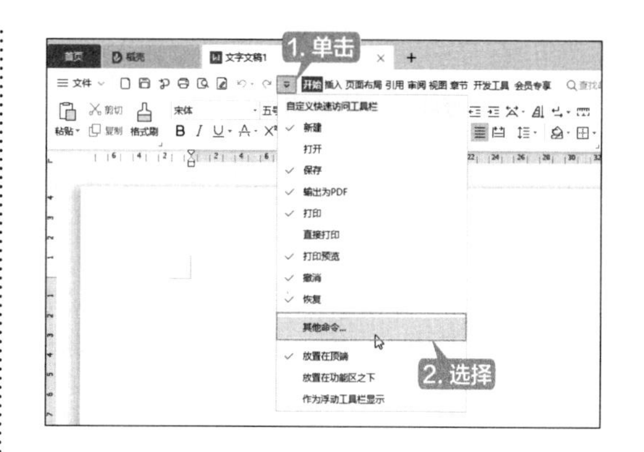

第 3 步 弹出【选项】对话框，选择【快速访问工具栏】选项，其右侧【从下列位置选择命令】列表框中默认显示【常用命令】选项对应的命令列表，用户可以选择要添加的命令，然后单击【添加】按钮，如下图所示。

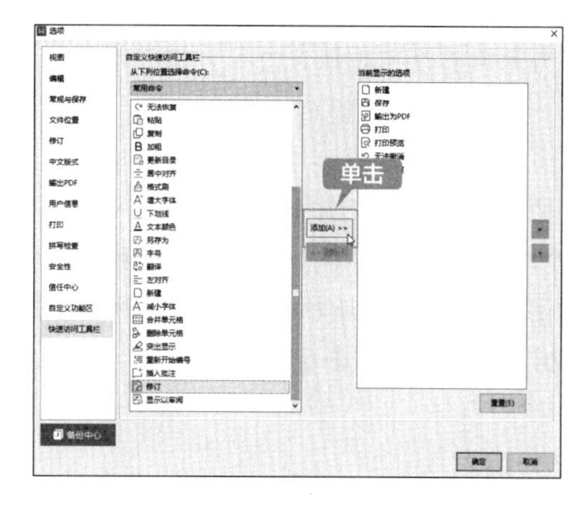

提示

单击【常用命令】选项的下拉按钮，在弹出的列表中，还可以选择【宏】选项，用于设置【宏】的命令。

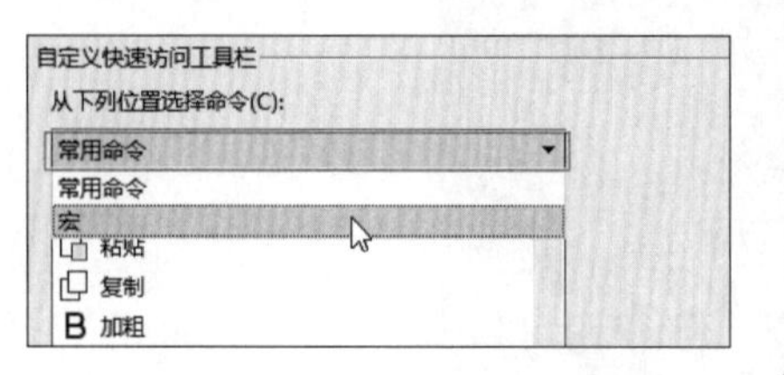

第 4 步 即可将该命令添加至【当前显示的选项】列表框的末尾位置，此时用户可以单击右侧的 按钮将其上移，也可以单击【删除】按钮，从列表框中删除。设置完成后，单击【确定】按钮，如下图所示。

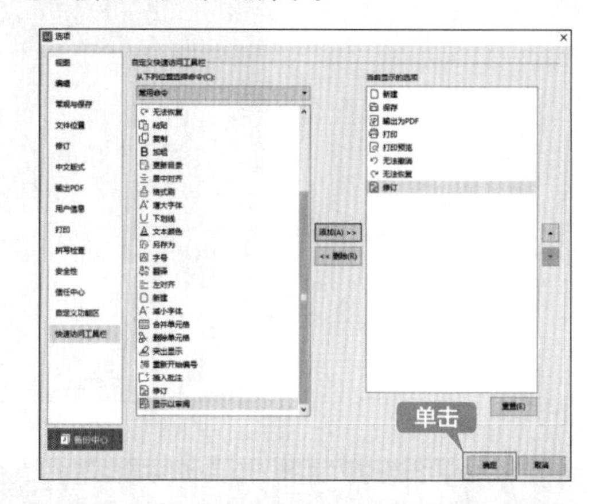

第 5 步 返回【文字文稿 1】窗口，即可看到快捷访问工具栏中显示了添加的命令按钮，如下图所示。

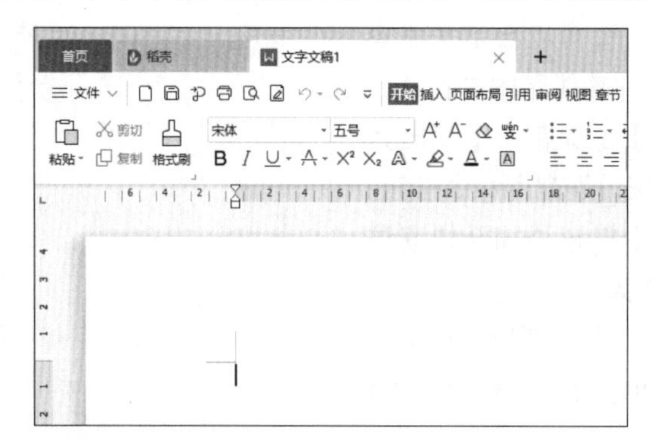

1.4.8 自定义 WPS 任务窗格

任务窗格是 WPS Office 中的一个特色功能，位于界面右侧边栏，WPS 文字、WPS 表格、WPS 演示和 WPS PDF 各组件都包含该窗格，它为用户提供了应用入口，方便用户快速完成一些操作，大大提高了操作效率。

例如，WPS 文字中的任务窗格中默认包含了样式和格式、选择窗格、属性和帮助中心四个应用图标，单击任一图标，即可打开相应窗格，如下图所示，单击【样式和格式】图标 ，即可打开该窗格。

用户可以根据需求自定义任务窗格，添加和删除其中的应用入口图标，也可以取消显示任务窗格。本小节以 WPS 文字为例进行

介绍，其他组件操作方法相同。

第 1 步 在 WPS 文字界面中，单击任务窗格下方的【管理任务窗格】按钮 ···，如下图所示。

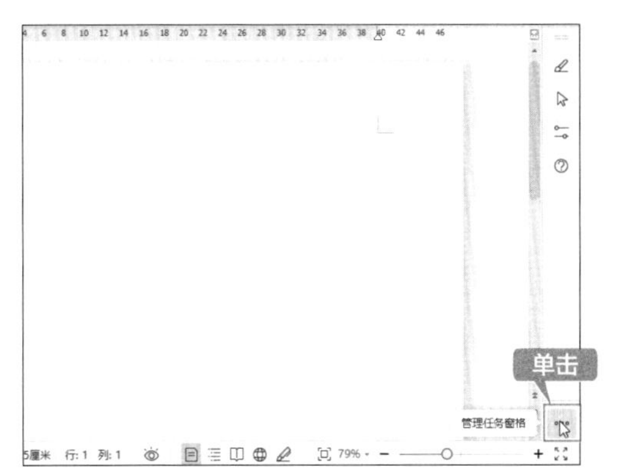

第 2 步 弹出【任务窗格设置中心】对话框，其中包含【基础功能】【在线素材】【增值应用】【便捷助手】四个分类，可以单击分类选项进行查看和添加。选择【基础功能】分类选项，可以看到【基础功能入口管理】区域中的【样式】【选择】【属性】和【帮助】为“开启”状态，其余为“关闭”状态，如下图所示。

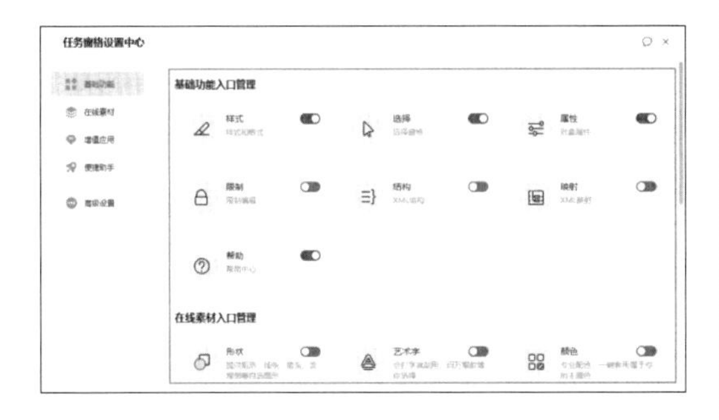

第 3 步 例如，将【模板】应用添加到窗格中，单击【在线素材入口管理】区域中的【模板】右侧的开关即可，如下图所示。

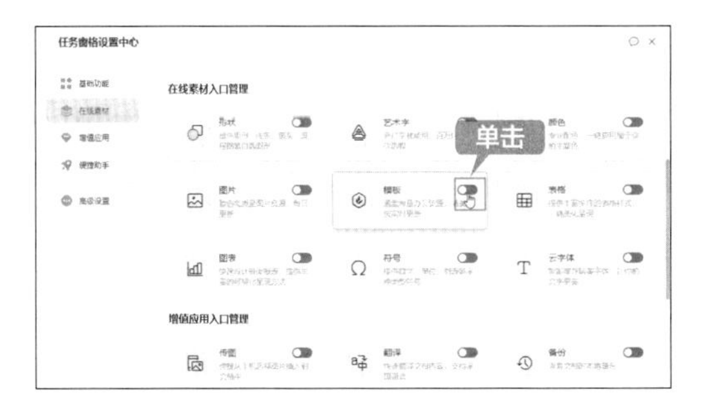

第 4 步 此时，该开关变为“开启”状态 ，并提示【应用入口添加成功】信息，如下图所示。

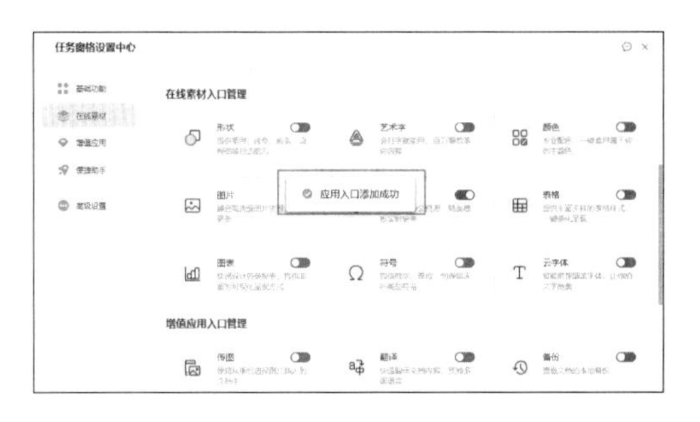

提示

如果要将应用图标从窗口中移除，再次单击该开关，使其为“关闭”状态 即可。

第 5 步 单击【任务窗格设置中心】对话框右上角的【关闭】按钮 ，如下图所示。

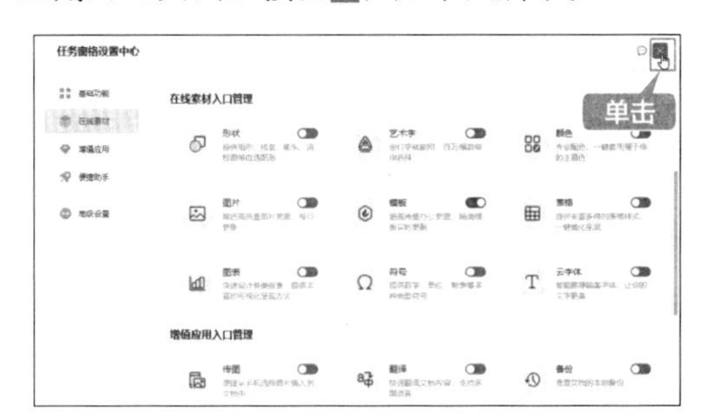

第 6 步 返回 WPS 文字界面，即可看到任务窗格中添加的应用图标，如下图所示。

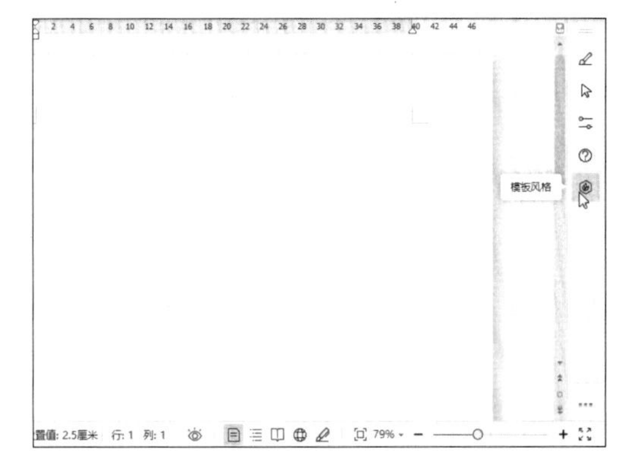

第 7 步 如果要取消显示【任务窗格】，则单击【视图】选项卡，可以看到【任务窗格】

前的复选框为勾选状态，单击取消勾选，如下图所示。

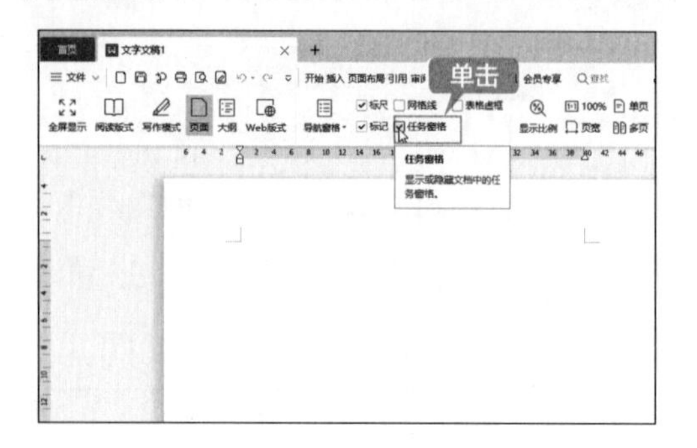

第 8 步 此时，即可取消显示【任务窗格】，如下图所示。如果要重新显示【任务窗格】，勾选该复选框即可。

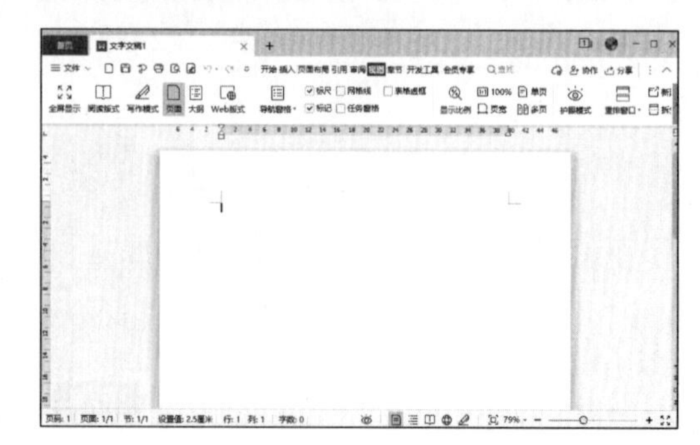

◇ 关闭 WPS 中的广告

虽然 WPS Office 会弹出一些广告信息，但是软件支持关闭广告的弹窗信息，且无须使用插件或卸载，只需进行简单的设置即可，具体操作步骤如下。

第 1 步 在 WPS Office 首页界面，单击搜索框右侧的【全局设置】按钮 ，在弹出的菜单中选择【配置和修复工具】选项，如下图所示。

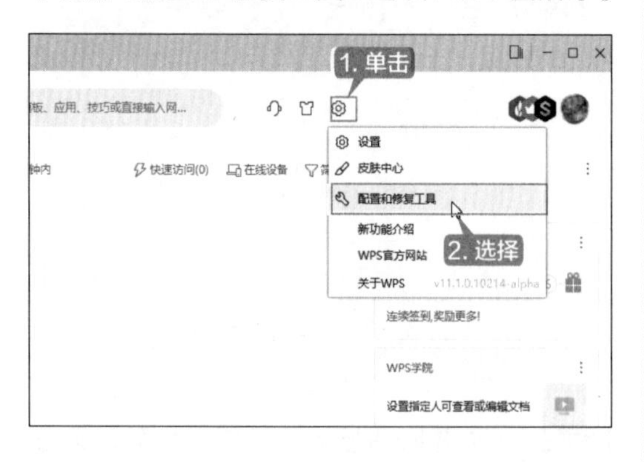

第 2 步 弹出【WPS Office 综合修复 / 配置工具】对话框，单击【高级】按钮，如下图所示。

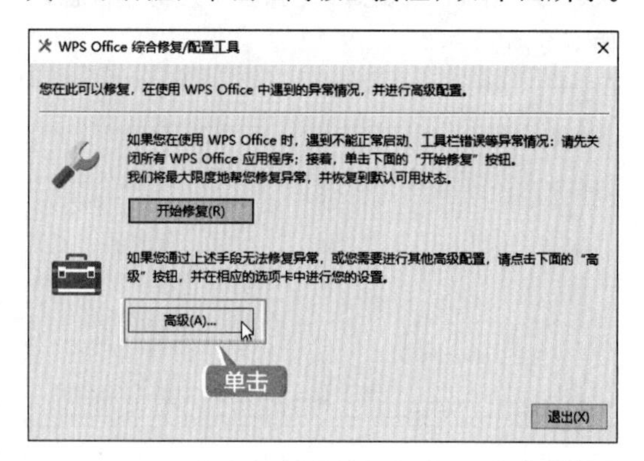

提示

如果 WPS Office 出现异常，如不能启动、工具栏出错等，可以在该对话框中单击【开始修复】按钮进行修复。

第 3 步 弹出【WPS Office 配置工具】对话框，如下图所示。

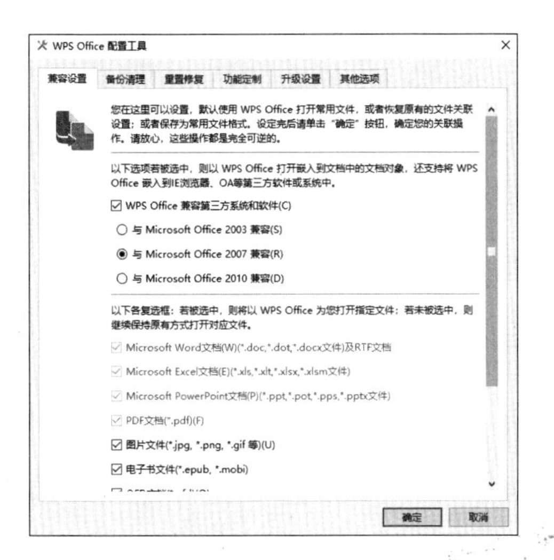

第 4 步 单击【其他选项】选项卡，在【WPS热点及广告推送】区域中，勾选【关闭 WPS热点】和【关闭广告弹窗推送】复选框，单击【确定】按钮即可完成设置。

◇ 远程下线 WPS 账号

如果外出办公电脑不在身边，或登录了公共电脑，忘记退出 WPS 账号，又担心文件的安全，可以通过关联设备远程将 WPS 账号退出，保护文件的安全。

1. 使用电脑端设置

第 1 步 单击软件窗口右上角的头像，在弹出的账号信息框中，单击【在线设备】选项，如下图所示。

第 2 步 弹出【在线设备】对话框，单击【管理设备】按钮，如下图所示。

第 3 步 弹出【设备管理】页面，在【设备管理】区域中，显示了当前账号登录的设备列表。在需要下线的设备名称后单击【下线】按钮，如下图所示。

第 4 步 弹出如下图所示的对话框，单击【确定】按钮，即可完成远程下线。

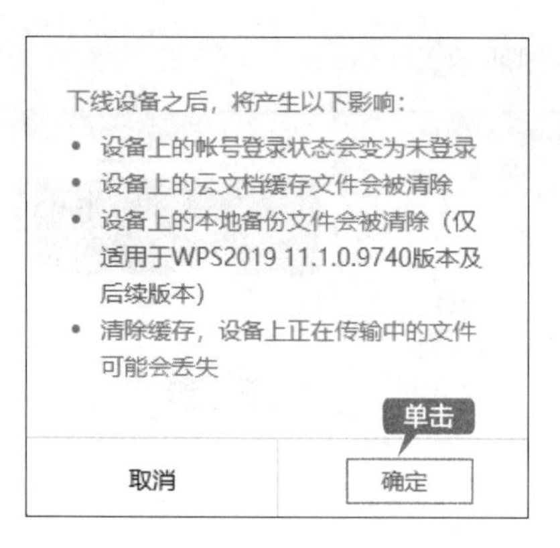

2. 使用手机端设置

第 1 步 启动 WPS Office 手机端 APP，点击底部的【我】图标，进入【我】界面，点击【账号与安全】选项，如下图所示。

第 2 步 进入【账号与安全】界面，点击【登录设备管理】选项，如下图所示。

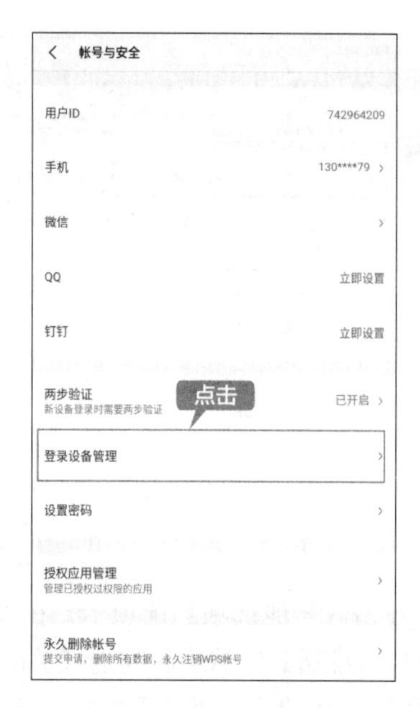

第 3 步 进入【登录设备管理】界面，在要下线的设备名称右侧点击【下线】按钮，如下图所示。

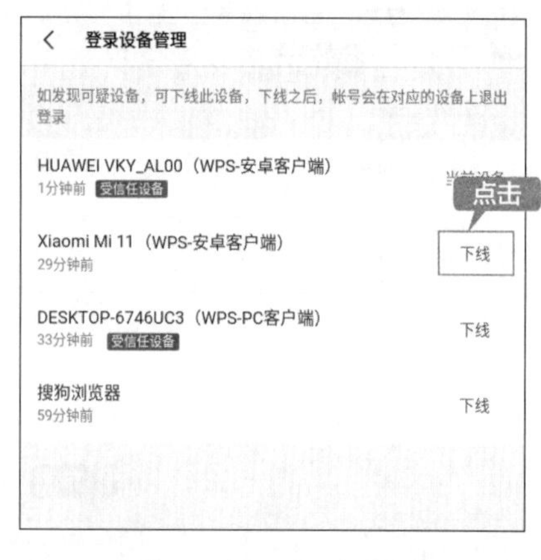

第 4 步 弹出如下图所示的对话框，勾选【我已知晓以上影响，并确认下线】复选框，然后点击【确认】按钮即可将该设备下线。

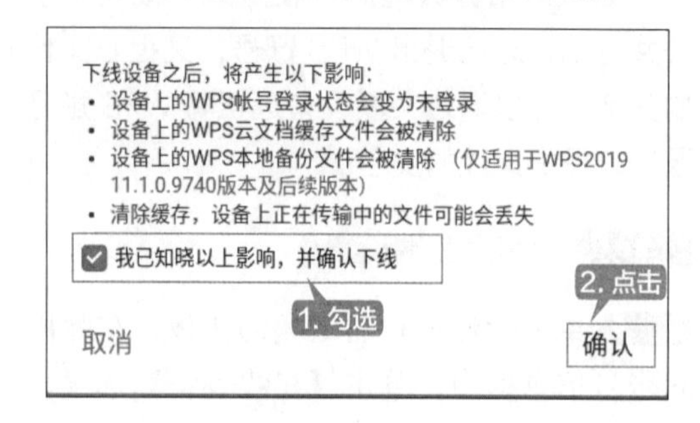

第 2 章

WPS 文字的基本操作——个人年终工作总结

本章导读

使用 WPS 文字可以方便地记录文本内容，并能根据需要设置文字的样式，制作工作总结、租赁协议、请假条、邀请函、思想汇报等各类说明性文档。本章主要介绍输入文本、编辑文本、设置字体格式、设置段落格式及审阅文档等内容。

思维导图

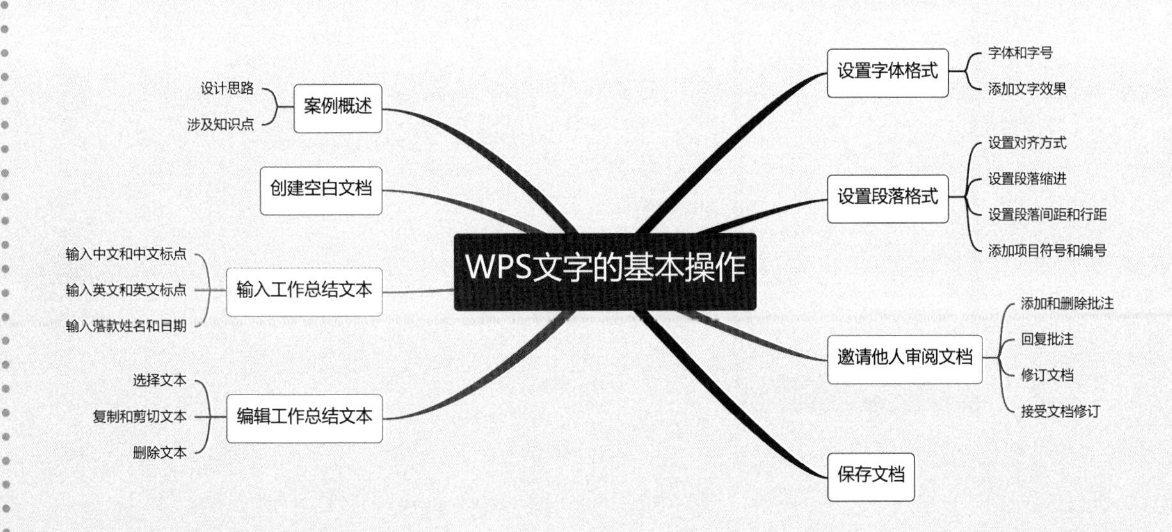

2.1 案例概述

个人年终工作总结用于对过去一年的工作加以总结、分析和研究，肯定成绩，找出问题，得出经验教训，并制订未来的工作计划。本章以排版个人年终工作总结为例介绍 WPS 文字的基本操作。

本章素材结果文件		
	素材	素材 \ch02\ 工作总结内容 .wps
	结果	结果 \ch02\ 个人年终工作总结 .wps

2.1.1 设计思路

制作个人年终工作总结可以按照以下思路进行。

① 制作文档，包含标题、工作内容、成绩与总结等。

② 为相关内容修改字体格式、添加字体效果等。

③ 设置段落格式、添加项目符号和编号等。

④ 邀请他人帮助自己审阅并批注文档、修订文档等。

⑤ 根据需要设计封面，并保存文档。

2.1.2 涉及知识点

本案例主要涉及的知识点如下图所示（脑图见“素材结果文件 \ 脑图 \ 2.pos”）。

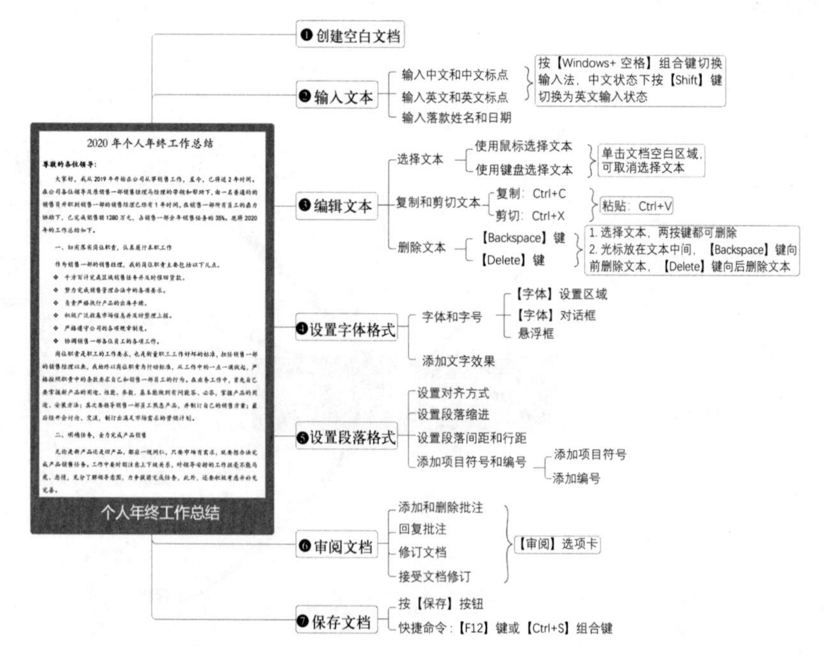

2.2 创建空白文档

在使用 WPS Office 制作个人年终工作总结文档之前，首先需要创建一个空白文档。

第 1 步 单击电脑桌面左下角的【开始】按钮，在弹出的程序列表中选择【WPS Office】选项，如下图所示。

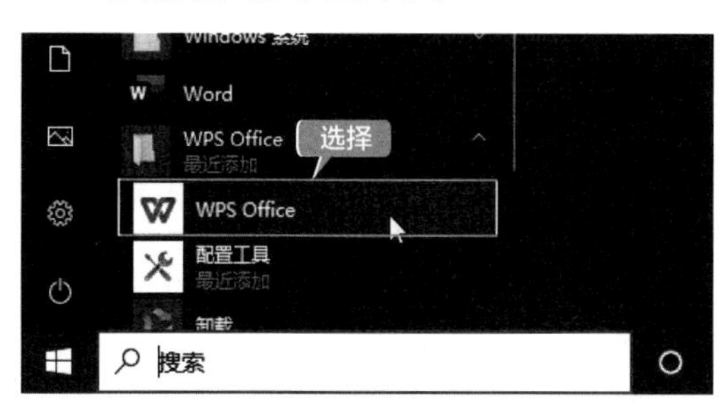

第 2 步 即可启动 WPS Office，进入 WPS 首页，单击左侧或顶部的【新建】按钮，如下图所示。

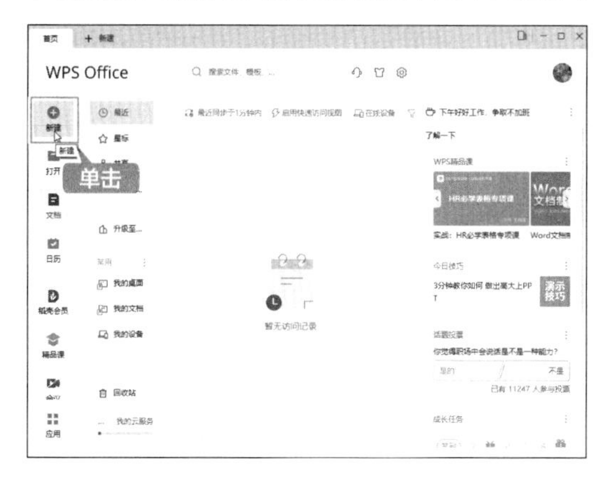

第 3 步 进入如下图所示的界面，单击【文字】按钮，并在显示的【推荐模板】区域中，单击【新建空白文档】选项。

第 4 步 即可新建一个名称为“文字文稿 1”的空白文档，如下图所示。

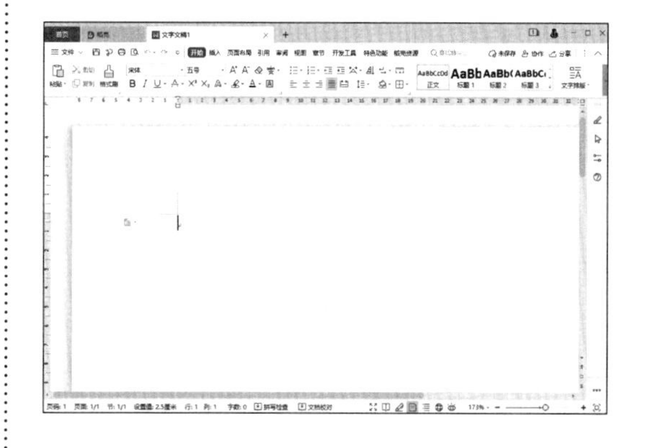

2.3 输入工作总结文本

WPS 文字中文本的输入非常简便，只要会使用键盘打字，就可以在文档的编辑区域输入文本内容。

2.3.1 输入中文和中文标点

Windows 系统的默认语言是英文，语言栏显示的是英文键盘图标英，如果不进行中 / 英文切换，在文档中输入的文本就是英文。

在 WPS 文字文档中，输入数字时不需要切换中 / 英文输入法，但输入中文时，需要先将英文输入法切换为中文输入法，再进行中文输入。输入中文和中文标点的具体操作步骤如下。

第 1 步 在文档中输入数字“2020”，然后单击任务栏中的输入法图标，在弹出的菜单中选择中文输入法，这里选择“微软拼音”输入法，如下图所示。

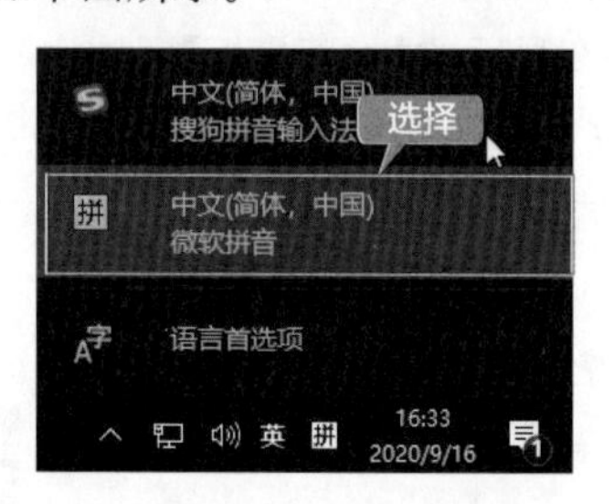

提示

另外，在 Windows 10 系统中可以按【Ctrl+Shift】或【Windows+ 空格】组合键快速切换输入法。

第 2 步 此时，用户即可在文档中使用拼音输入中文内容，如下图所示。

第 3 步 在输入的过程中，当文本到达一行的最右端时，输入的文本将自动跳转到下一行。如果在未输入完一行时想要换行输入，则可以按【Enter】键结束一个段落，这样会产生一个段落标记符号“↵”，如下图所示。

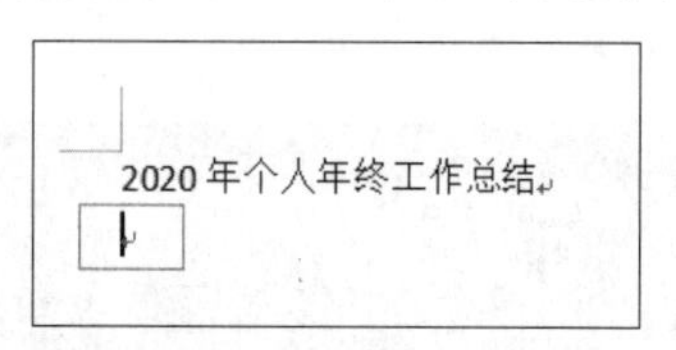

第 4 步 输入第 2 行文本，并将光标定位在第 2 行文本的句末，按【Shift+；】组合键即可在文档中输入一个中文的全角冒号“：”，如下图所示。

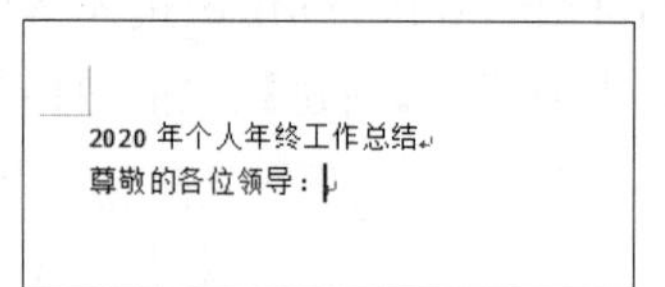

提示

单击【插入】选项卡下【符号】按钮 Ω，在弹出的下拉列表中的【符号大全】区域，单击【符号】→【标点】，也可以将标点符号插入文档中。

2.3.2 输入英文和英文标点

在编辑文档时，有时也需要输入英文和英文标点，按【Shift】键即可在中文和英文输入法之间切换。下面以使用搜狗拼音输入法为例，介绍输入英文和英文标点的方法，具体操作步骤如下。

第 1 步 在中文输入法状态下，按【Shift】键，即可切换至英文输入法状态，然后在键盘上按相应的字母键，即可输入英文，如下图所示。

第 2 步 输入英文标点和输入中文标点的方法相同，如按【Shift+1】组合键，即可在文档中输入一个英文的感叹号“!”，如下图所示。

2020 年个人年终工作总结
尊敬的各位领导：
WPS Office!

提示

本小节输入的英文内容不是工作总结的内容，示范后将其删除。

2.3.3 输入落款姓名和日期

在文档的最后，可以输入报告人和日期，具体操作步骤如下。

第 1 步 打开“素材\ch02\工作总结内容.wps”文档，将光标定位在最后一行，按【Enter】键执行换行操作，然后在文档结尾处输入报告人的姓名，如下图所示。

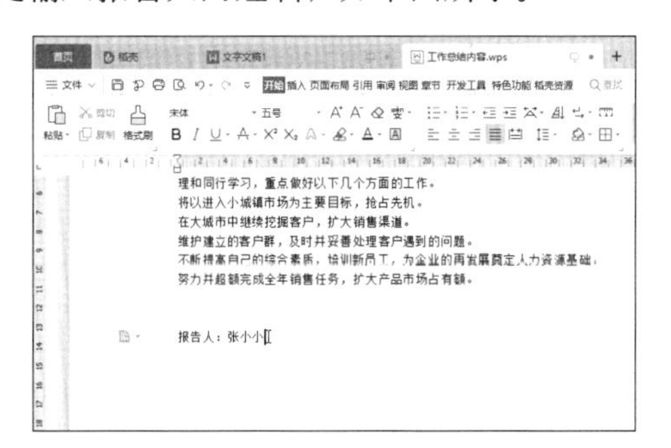

第 2 步 按【Enter】键另起一行，使用数字键和中文输入法配合输入日期，如下图所示。

在大城市中继续挖掘客户，扩大销售渠道。
维护建立的客户群，及时并妥善处理客户遇到的问题。
不断提高自己的综合素质，培训新员工，为企业的再发
努力并超额完成全年销售任务，扩大产品市场占有额。

报告人：张小小
2021 年 1 月 5 日

2.4 编辑工作总结文本

用户可以对文档中的内容进行编辑，如选择文本、复制和剪切文本及删除文本等。本节主要介绍编辑文本的基本操作。

2.4.1 选择文本

选择文本时既可以选择单个字符，也可以选择整篇文档。选择文本的方法主要有以下几种。

1. 使用鼠标选择文本

使用鼠标选择文本是最常见的一种选择文本的方法，具体操作步骤如下。

第 1 步 将鼠标指针移动到要选择的文本之前，如下图所示。

大家好，我从 2019 年开始在公司从事销售工作
及原销售一部销售经理马经理的带领和帮助下
经理已经有 1 年时间，在销售一部所有员工的
售一部全年销售任务的 35%。现将 2020 年的工
一、切实落实岗位职责，认真履行本职工作

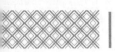

第 2 步 按住鼠标左键同时拖曳鼠标，直到第一段文本全部被选中后释放鼠标左键，即可选择文本内容，如下图所示。

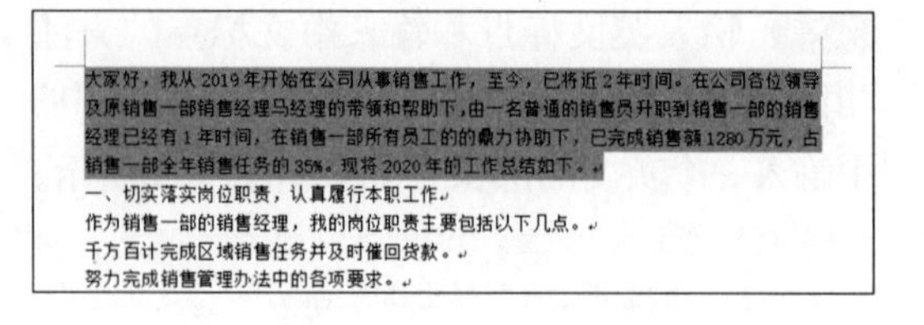

提示

单击文档的空白区域，即可取消文本的选择。

2. 使用键盘选择文本

在不使用鼠标的情况下，用户也可以利用键盘的组合键来选择文本。使用键盘选择文本时，需先将光标移动到待选文本的开始位置，然后按相关的组合键即可。如表 2-1 所示为使用键盘选择文本的组合键。

表 2-1 使用键盘选择文本的组合键

组合键	功能
Shift+ ←	选择光标左侧的一个字符
Shift+ →	选择光标右侧的一个字符
Shift+ ↑	选择至光标上一行同一位置之间的所有字符
Shift+ ↓	选择至光标下一行同一位置之间的所有字符
Shift+ Home	选择至当前行的开始位置
Shift+ End	选择至当前行的结束位置
Ctrl+A	选择全部文本
Ctrl+Shift+ ↑	选择至当前段落的开始位置
Ctrl+Shift+ ↓	选择至当前段落的结束位置
Ctrl+Shift+Home	选择至文档的开始位置
Ctrl+Shift+End	选择至文档的结束位置

2.4.2 复制和剪切文本

复制文本和剪切文本的不同之处在于，前者是把一个文本内容放到剪贴板中以复制出更多文本内容，原来的文本内容还在原来的位置；后者是把一个文本内容放到剪贴板中以复制出更多文本内容，但原来的文本内容不在原来的位置。

1. 复制文本

当需要多次输入同样的文本时，通过复制文本可以快速完成，比多次输入同样的文本更为方便，具体操作步骤如下。

第 1 步 选中文档中第一段文本并右击，在弹出的快捷菜单中选择【复制】命令，如下图所示。

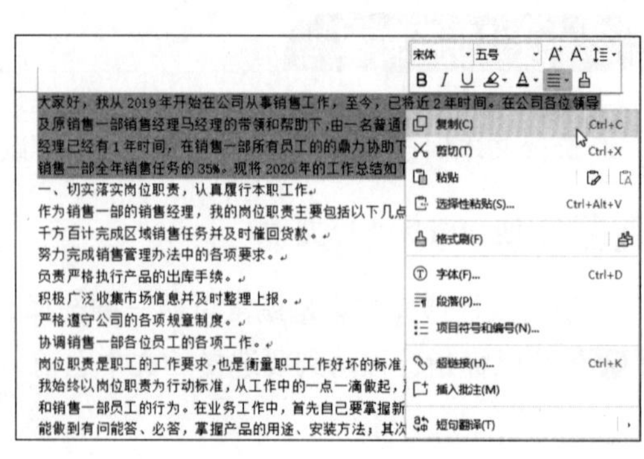

第 2 步 切换至创建的文档“文字文稿 1”，将光标定位至要粘贴的位置，单击【开始】选项卡下的【粘贴】按钮，如下图所示。

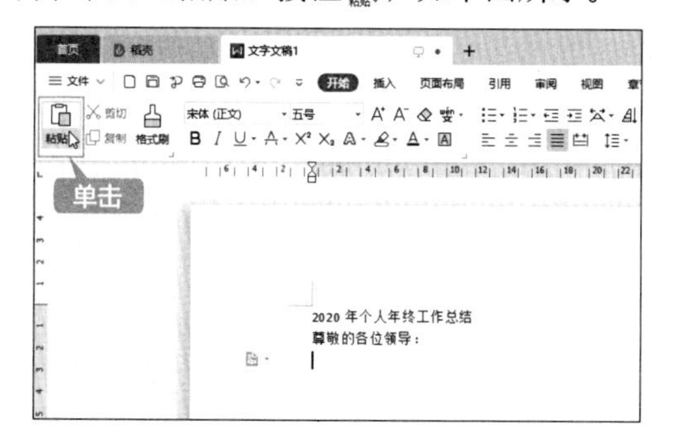

第 3 步 此时文档中插入了复制的内容，但原来的文本内容还在原来的位置，如下图所示。

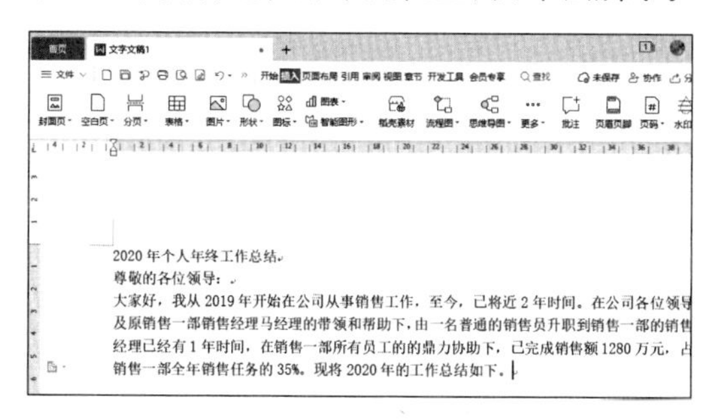

> **提示**
>
> 用户可以按【Ctrl+C】组合键复制内容，按【Ctrl+V】组合键粘贴内容。

2. 剪切文本

如果用户需要修改文本的位置，可以通过剪切文本来完成，具体操作步骤如下。

第 1 步 切换至“工作总结内容 .wps”文档，按【Ctrl+A】组合键选择所有文本，然后单击【开始】选项卡下的【剪切】按钮，如下图所示。

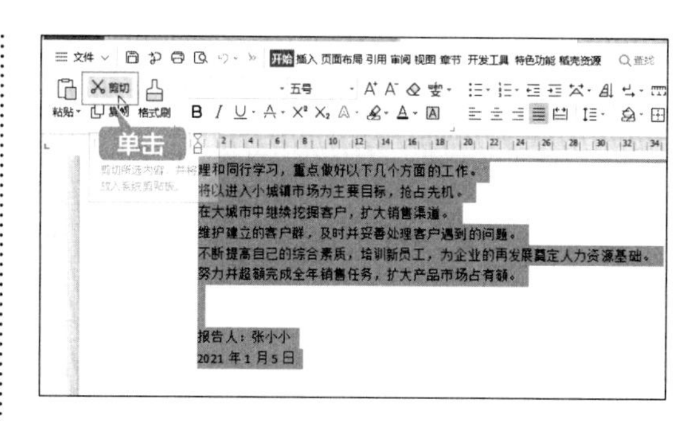

第 2 步 切换至“文字文稿 1”文档，将光标定位至要粘贴的位置，单击【开始】选项卡下的【粘贴】按钮，如下图所示。

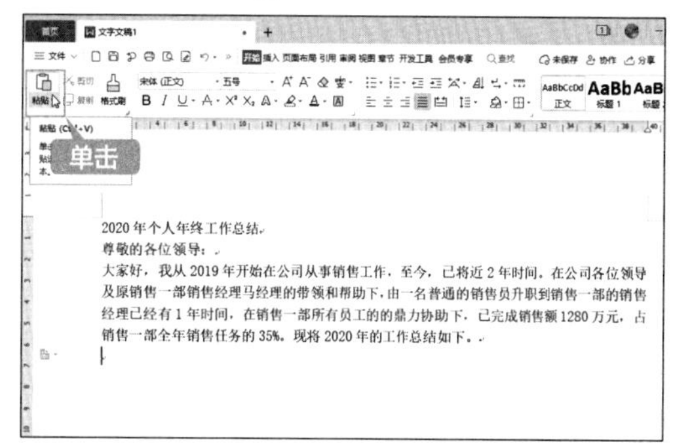

第 3 步 此时，剪切的内容被粘贴到目标文档中，原来位置的内容已经不存在，如下图所示。

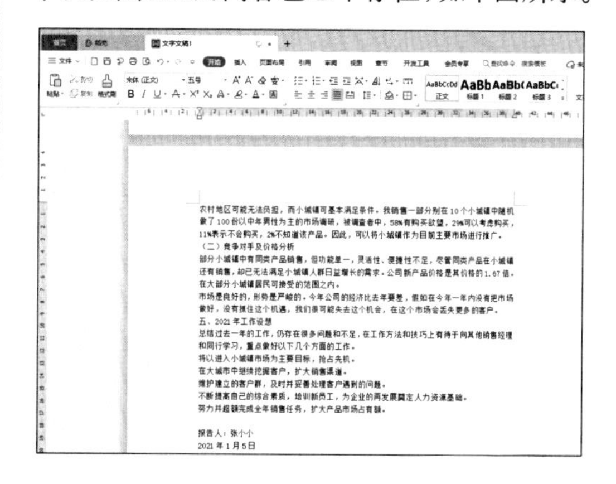

> **提示**
>
> 用户可以按【Ctrl+X】组合键剪切内容，按【Ctrl+V】组合键粘贴内容。

2.4.3 删除文本

如果输入了错误或多余的内容，可以删除文本，具体操作步骤如下。

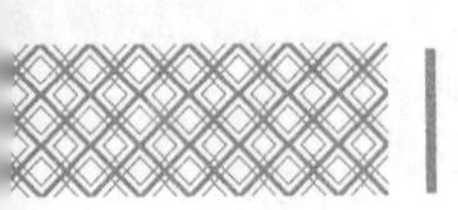

第 1 步 按住鼠标左键并拖曳鼠标，选择需要删除的文本，如下图所示。

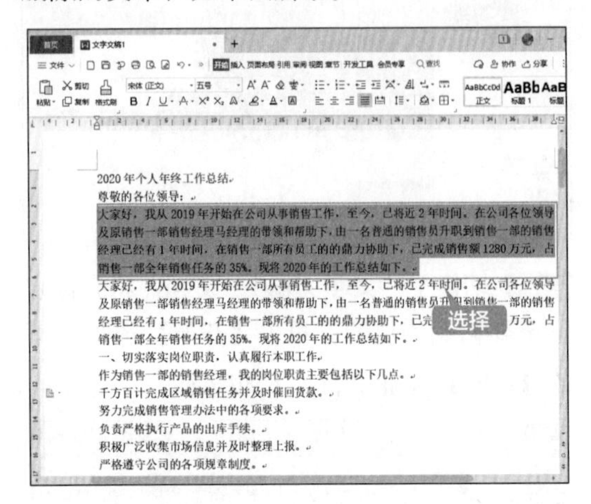

第 2 步 按【Backspace】键，即可将选择的文本删除，如下图所示。

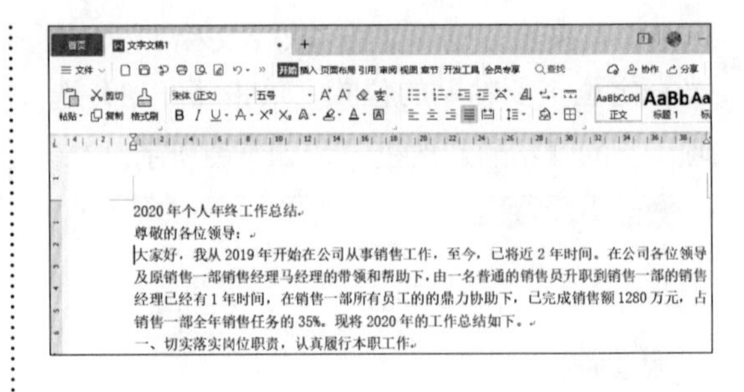

提示

当输入错误时，选中错误的文本，然后按【Delete】键即可将其删除。或将光标定位在要删除的文本内容前面，按【Delete】键即可将错误的文本删除。另外，如果文本删除错误，可按【Ctrl+Z】组合键撤销操作，恢复至上一步。

2.5 设置字体格式

在输入所有文本内容之后，用户可以设置文档中的字体格式，并给文字添加效果，从而使文档看起来层次分明、结构工整。

2.5.1 字体和字号

在 WPS 文字中，文本的字体和字号默认为宋体、五号、黑色。用户可以根据需要对字体和字号进行设置，具体操作步骤如下。

第 1 步 选中文档中的标题，单击【开始】选项卡下的【字体】对话框按钮 ⌟，如下图所示。

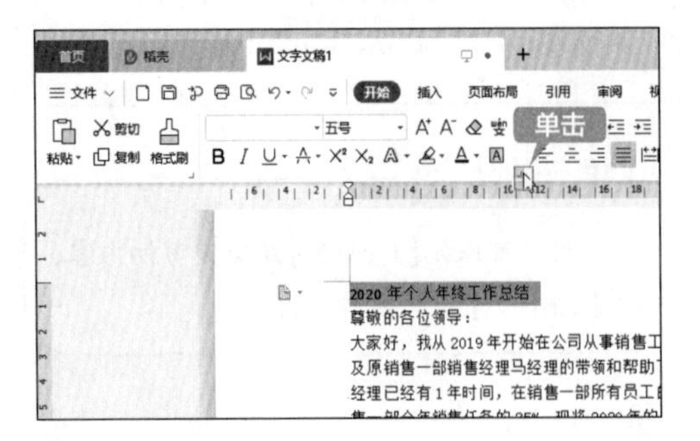

第 2 步 在弹出的【字体】对话框中选择【字体】选项卡，单击【中文字体】下拉按钮，在弹出的下拉列表中选择“华文楷体”；选择【字形】列表框中的“加粗”，再选择【字号】列表框中的“二号”，单击【确定】按钮，如下图所示。

第 3 步 选择“尊敬的各位领导：”文本，单击【开始】选项卡下【字体】组中的【字体】下拉按钮，在弹出的下拉列表中选择“华文楷体”，如下图所示。

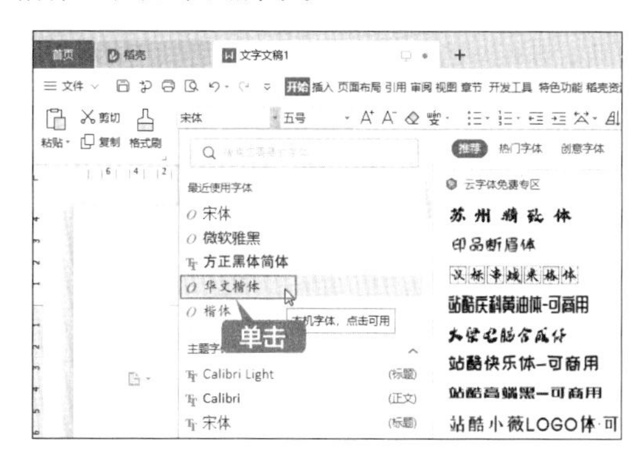

第 4 步 保持文本的选中状态，单击【字体】组中的【字号】下拉按钮，在弹出的下拉列表中选择合适的字号，如选择“四号”，如下图所示。

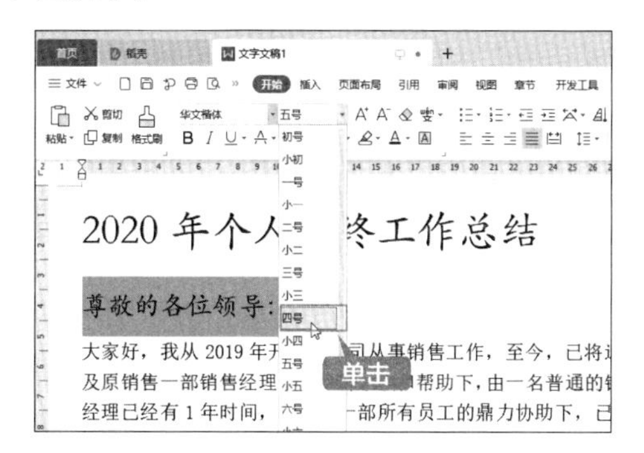

第 5 步 保持文本的选中状态，单击【字体】组中的【加粗】按钮 B，设置后效果如下图所示。

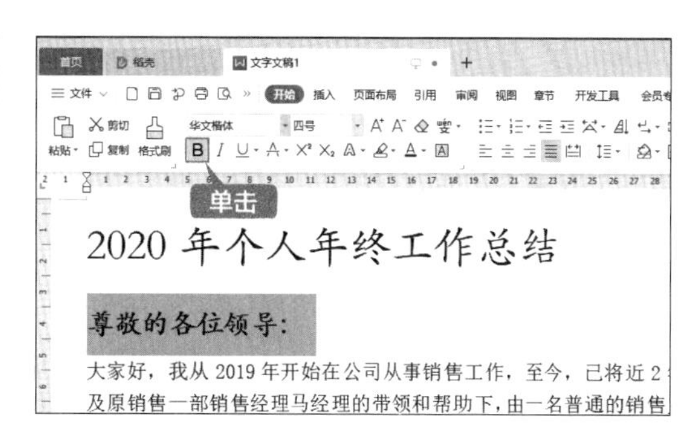

第 6 步 设置正文字体为“楷体”、字号为“小四”，设置完成后效果如下图所示。

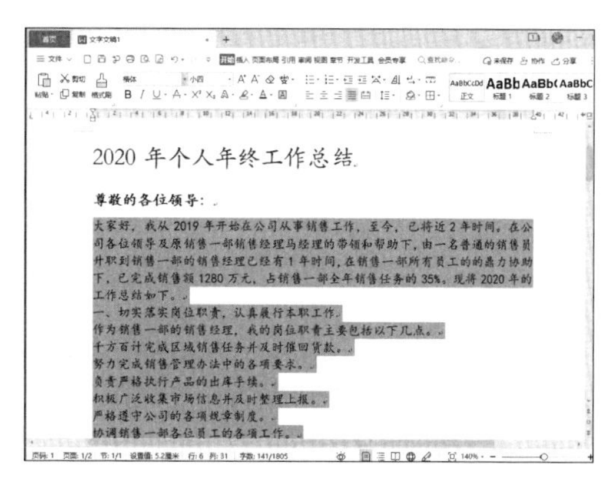

提示

选择要设置字体格式的文本后，选中的文本区域右上角会弹出一个浮动工具栏，单击相应的按钮即可修改字体格式。

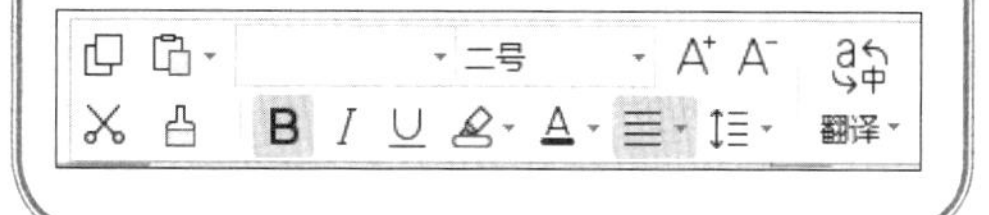

2.5.2 添加文字效果

如果需要突出文档标题，可以给文字添加效果，具体操作步骤如下。

第 1 步 选中文档中的标题，单击【开始】选项卡下的【文字效果】按钮，在弹出的下拉菜单中，可以选择艺术字、阴影、倒影、发光等文字效果，这里选择【阴影】→【右下斜偏移】选项，如下图所示。

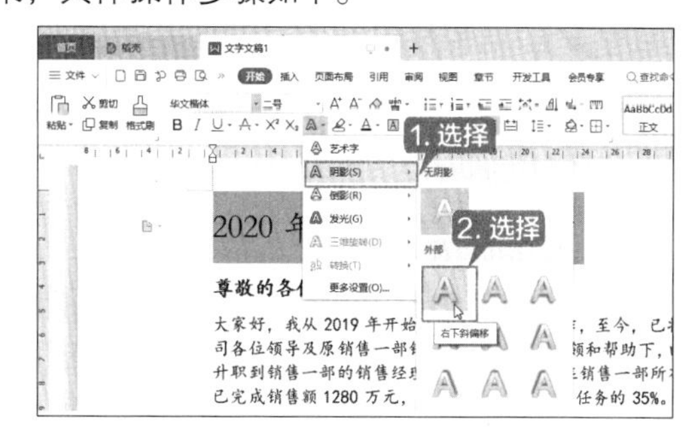

第 2 步 即可看到文档中的标题被添加了文字效果，如下图所示。

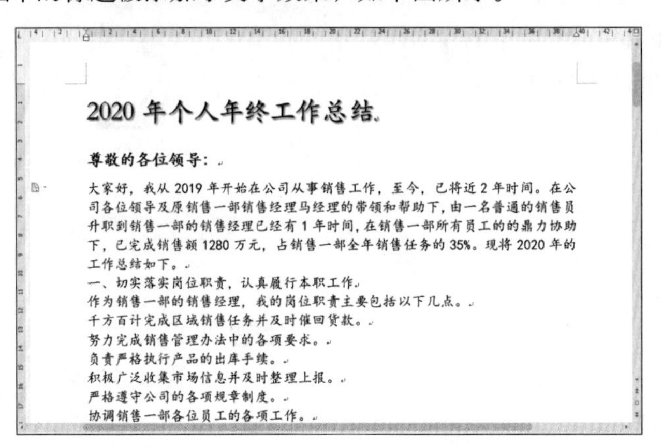

2.6 设置段落格式

段落格式是指以段落为单位的格式设置。设置段落格式主要包括设置段落的对齐方式、段落缩进及段落间距等。

2.6.1 设置对齐方式

对齐方式就是段落中文本的排列方式，整齐的排列效果可以使文档更美观。WPS 文字提供了 5 种常用的对齐方式，分别为左对齐、居中对齐、右对齐、两端对齐和分散对齐，如下图所示。

设置段落对齐方式的具体操作步骤如下。

第 1 步 将光标定位在要设置对齐方式段落中的任意位置，单击【开始】选项卡下的【段落】对话框按钮 ⌟，如下图所示。

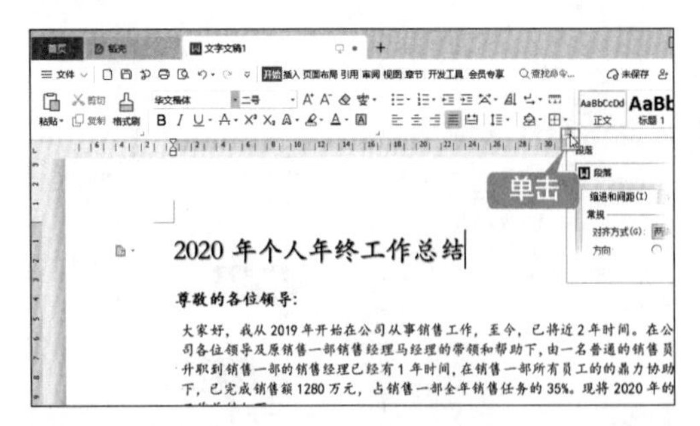

第 2 步 在弹出的【段落】对话框中选择【缩进和间距】选项卡，在【常规】区域中单击【对齐方式】右侧的下拉按钮，在弹出的下拉列表中选择【居中对齐】选项，如下图所示。

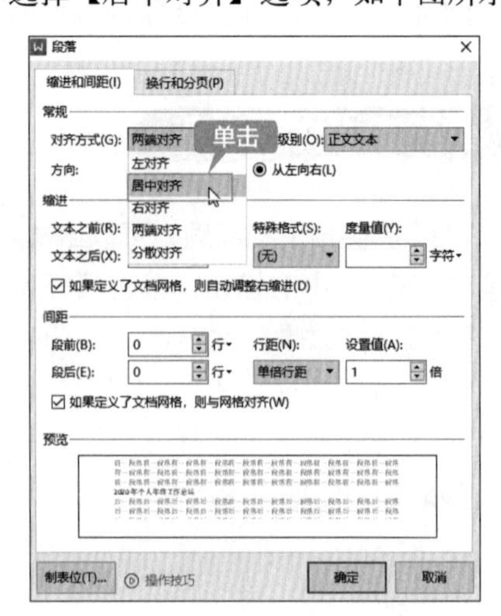

第 3 步 单击【确定】按钮，即可将标题设置为居中对齐，效果如下图所示。

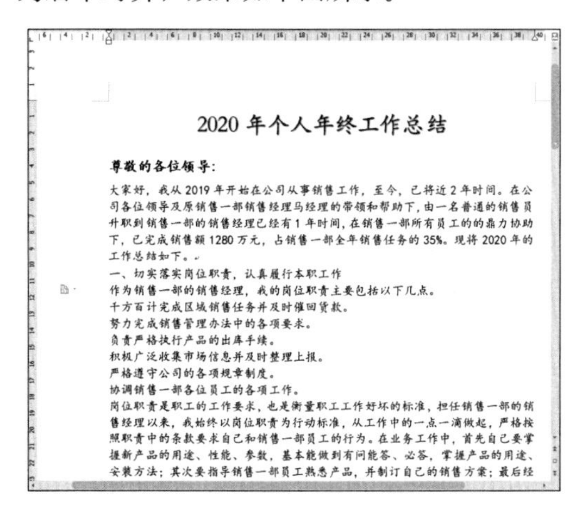

第 4 步 选择文档最后的落款，单击【开始】选项卡下【段落】组中的【右对齐】按钮 ≡，如下图所示。

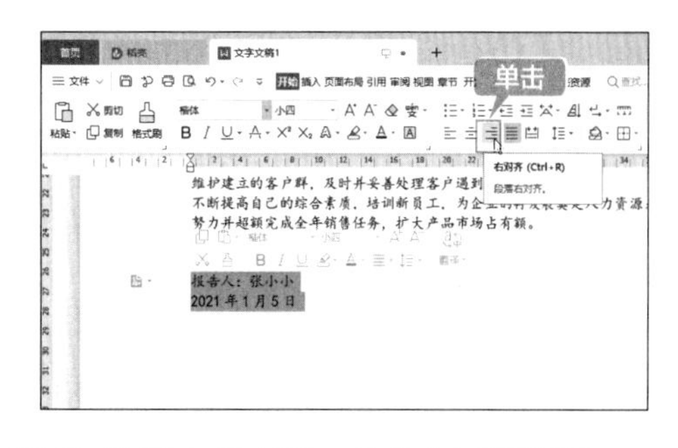

第 5 步 设置右对齐后，效果如下图所示。

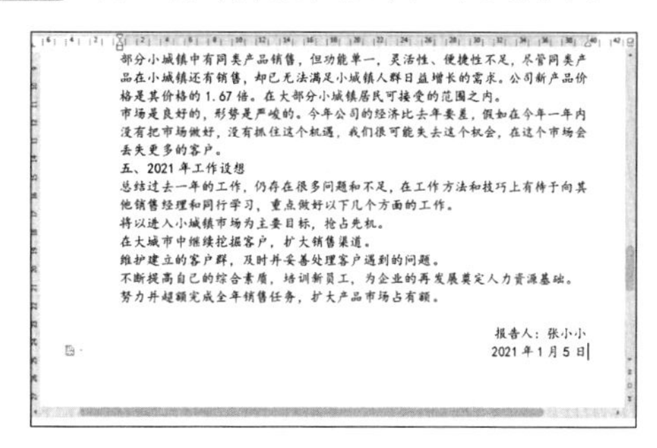

2.6.2 设置段落缩进

段落缩进是指段落到左右页边界的距离。根据中文的书写习惯，通常情况下，正文中的每个段落都会首行缩进 2 个字符。设置段落缩进的具体操作步骤如下。

第 1 步 选择正文的第一段内容，单击【开始】选项卡下的【段落】对话框按钮 ⌟，如下图所示。

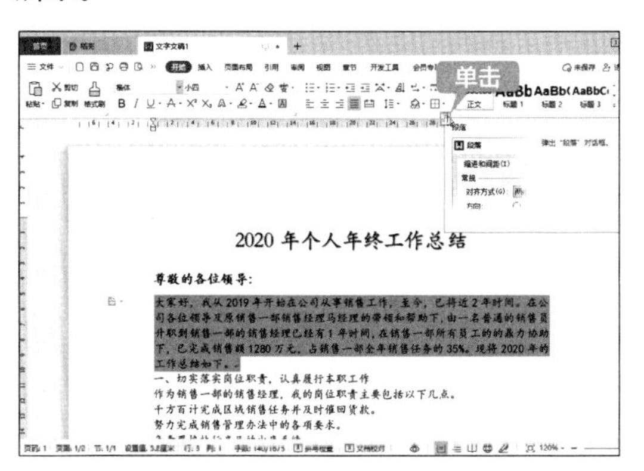

提示

在【开始】选项卡下【段落】组中单击【减少缩进量】按钮和【增加缩进量】按钮也可以调整缩进。

第 2 步 在弹出的【段落】对话框【缩进和间距】选项卡下【缩进】区域中单击【特殊格式】下方的下拉按钮，在弹出的下拉列表中选择【首行缩进】选项，在【度量值】文本框中输入“2”，单击【确定】按钮，如下图所示。

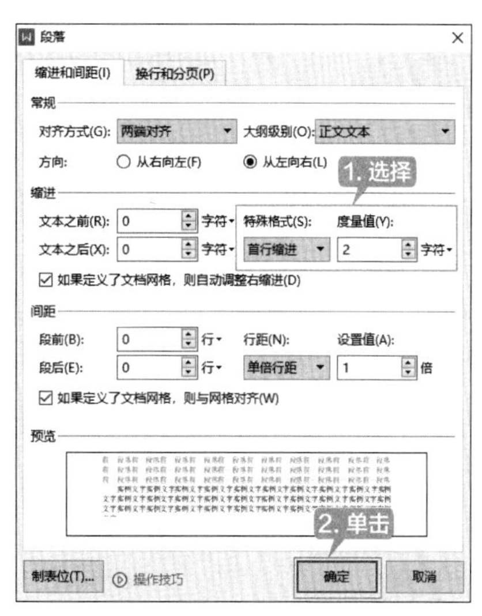

第 3 步 设置首行缩进 2 字符后的效果如下图所示。

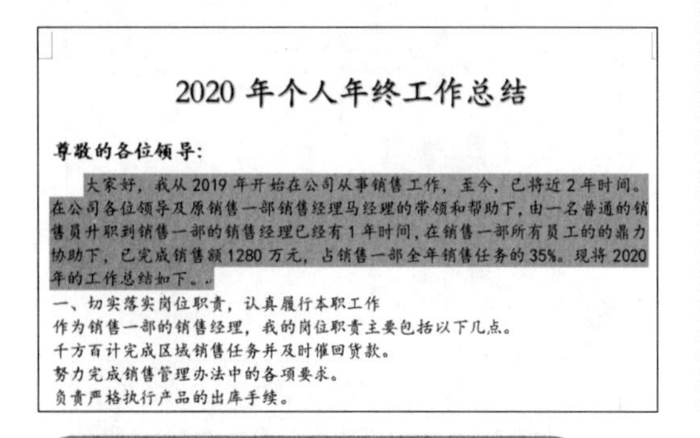

第 4 步 使用同样的方法，为其他正文内容设置首行缩进 2 字符，如下图所示。

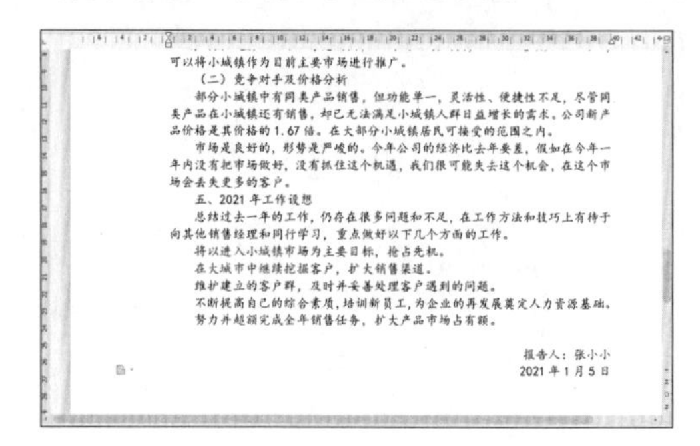

2.6.3 设置段落间距和行距

段落间距是指文档中段落与段落之间的距离，行距是指行与行之间的距离。

第 1 步 选中要设置间距和行距的文本并右击，在弹出的快捷菜单中选择【段落】命令，如下图所示。

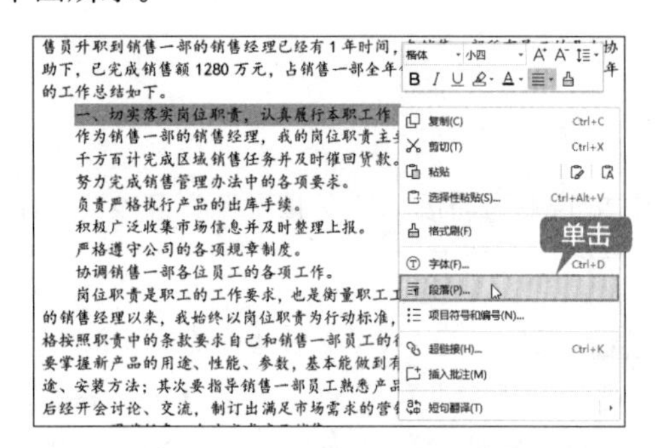

第 2 步 弹出【段落】对话框，选择【缩进和间距】选项卡，在【间距】区域中分别设置【段前】和【段后】为“0.5”行，在【行距】下拉列表中选择“1.5 倍行距”选项，单击【确定】按钮，如下图所示。

第 3 步 即可看到设置间距和行距后的效果，如下图所示。

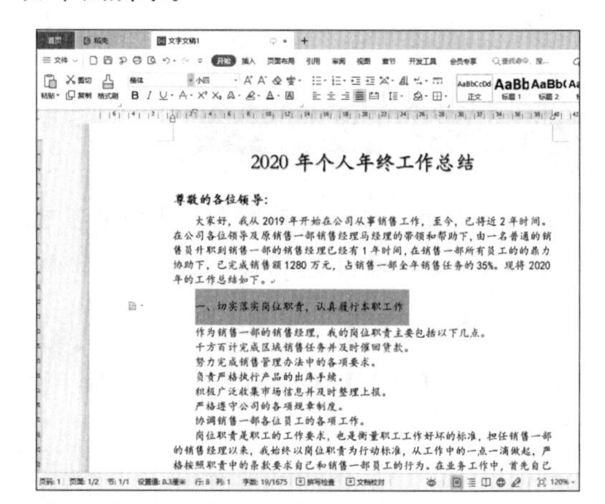

第 4 步 设置正文内容行距为“1.5 倍行距”，并根据需要设置其他标题的间距和行距，效果如下图所示。

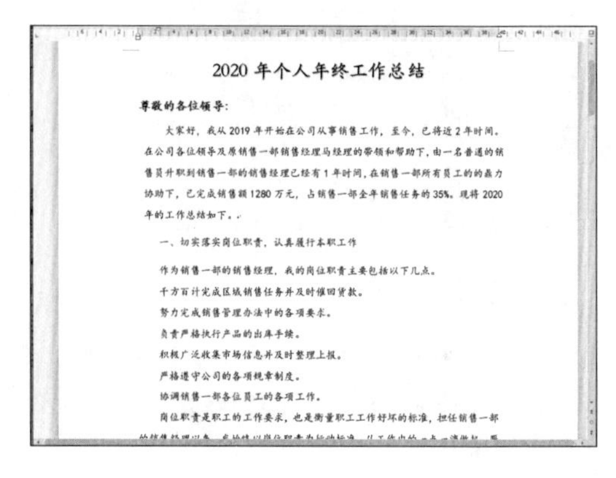

2.6.4 添加项目符号和编号

在文档中添加项目符号和编号，可以使文档中的重点内容突出显示。

1. 添加项目符号

在一些段落前面添加项目符号，可以起到强调作用。添加项目符号的具体操作步骤如下。

第 1 步 选中需要添加项目符号的内容，单击【开始】选项卡下的【项目符号】下拉按钮 ☰ ，在弹出的下拉列表中选择项目符号的样式，如下图所示。

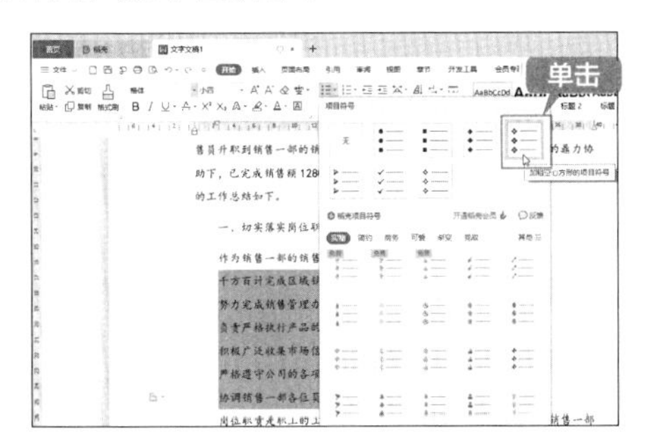

第 2 步 即可为所选内容添加项目符号，并可以根据情况调整缩进，效果如下图所示。

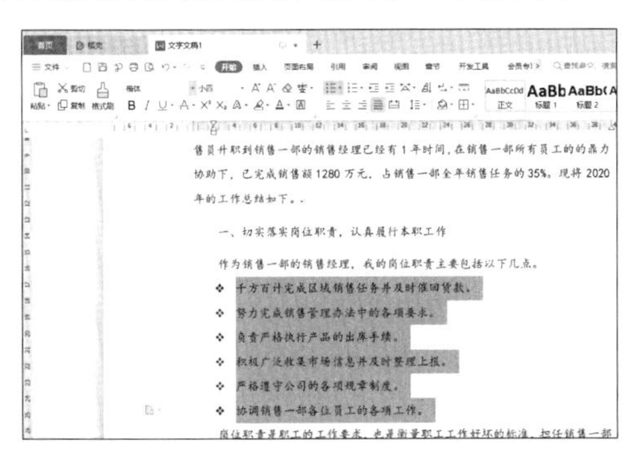

2. 添加编号

在 WPS 文字中可以按照数字大小顺序为文档中的段落添加编号。添加编号的具体操作步骤如下。

第 1 步 选中需要添加编号的段落，单击【开始】选项卡下的【编号】下拉按钮 ☰ ，在弹出的下拉列表中选择一种编号样式，如下图所示。

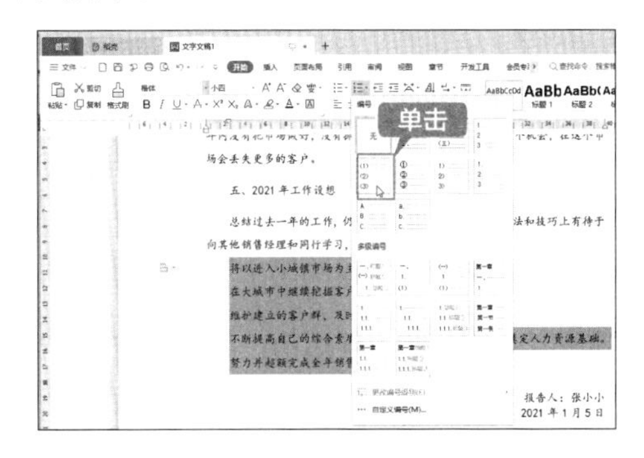

第 2 步 根据需求调整段落缩进，添加编号后的效果如下图所示。

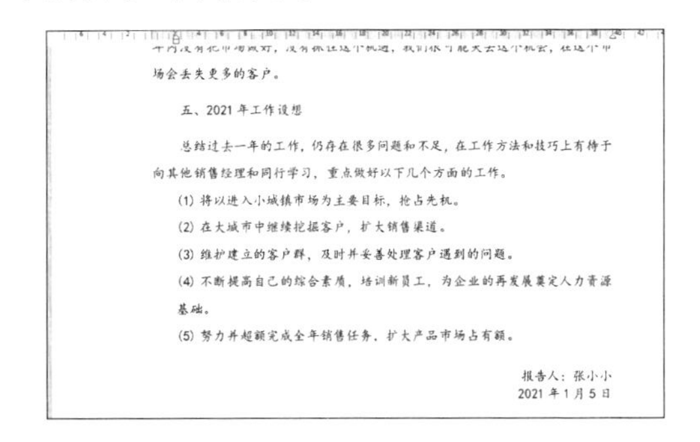

2.7 邀请他人审阅文档

使用 WPS 文字编辑文档之后，可以通过审阅功能邀请他人协助修改，以交出一份更完善的工作报告。

2.7.1 添加和删除批注

批注是文档的审阅者为文档添加的注释、说明、建议和意见等信息。

1. 添加批注

添加批注的具体操作步骤如下。

第 1 步 在文档中选择需要添加批注的文本，单击【审阅】选项卡下的【批注】按钮，如下图所示。

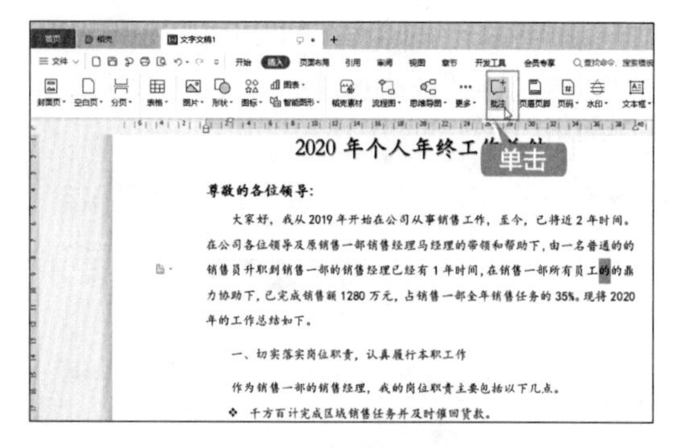

第 2 步 在文档右侧的批注框中输入批注的内容，如下图所示。

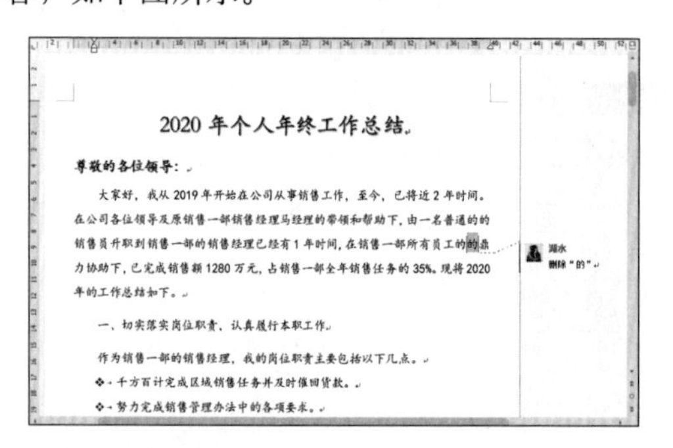

第 3 步 使用同样的方法，在文档中的其他位置添加批注内容，如下图所示。

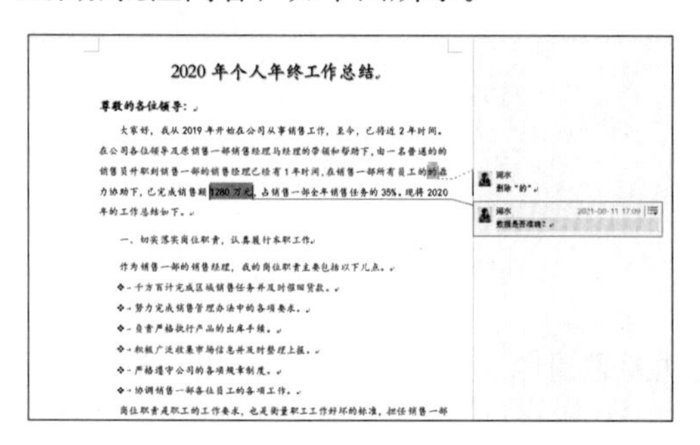

2. 删除批注

当不需要文档中的批注时，可以将其删除，删除批注的具体操作步骤如下。

第 1 步 将光标定位在文档中需要删除的批注内的任意位置，即可选中要删除的批注，如下图所示。

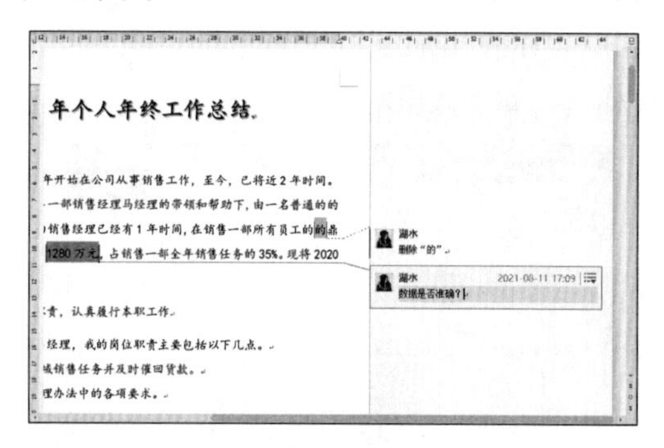

第 2 步 此时【审阅】选项卡下的【删除】按钮处于可用状态，单击【删除】下拉按钮，在弹出的下拉列表中选择【删除批注】选项，即可将该批注删除，如下图所示。

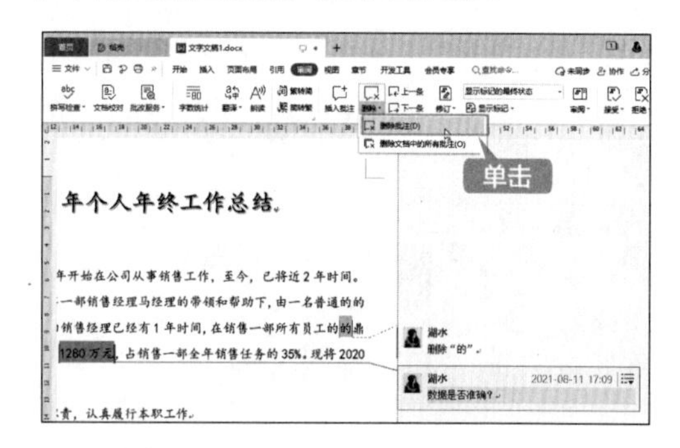

> **提示**
>
> 如果要删除所有批注，在下拉列表中选择【删除文档中的所有批注】选项即可将所有批注删除。

2.7.2 回复批注

如果需要对批注内容进行回复，可以直接在文档中答复，具体操作步骤如下。

第 1 步 选择需要回复的批注，单击批注框右上角的【编辑批注】按钮，在弹出的菜单中单击【答复】选项，如下图所示。

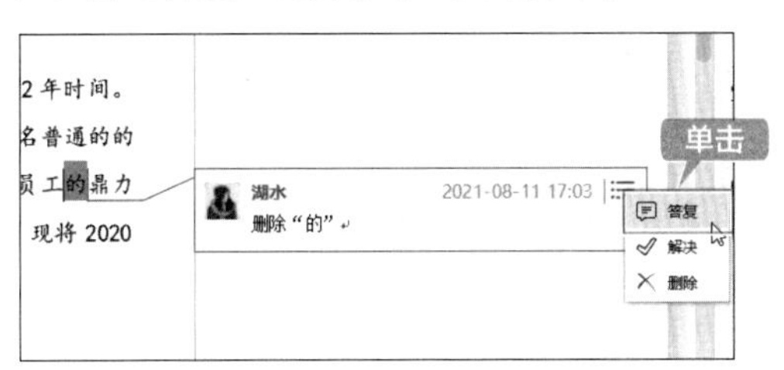

第 2 步 在批注内容下方输入回复内容，单击空白处即可确认，如下图所示。

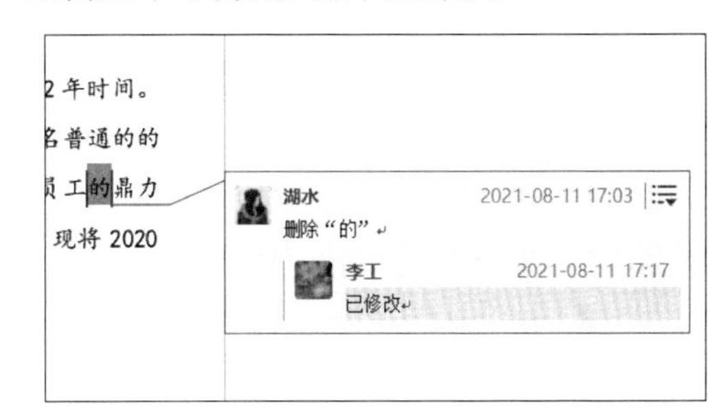

2.7.3 修订文档

修订时文档中会显示删除、插入或其他编辑更改的标记，具体操作步骤如下。

第 1 步 单击【审阅】选项卡下的【修订】下拉按钮，在弹出的下拉菜单中选择【修订】选项，如下图所示。

第 2 步 即可进入修订状态，此时文档中所做的所有修改将被记录下来，如下图所示。

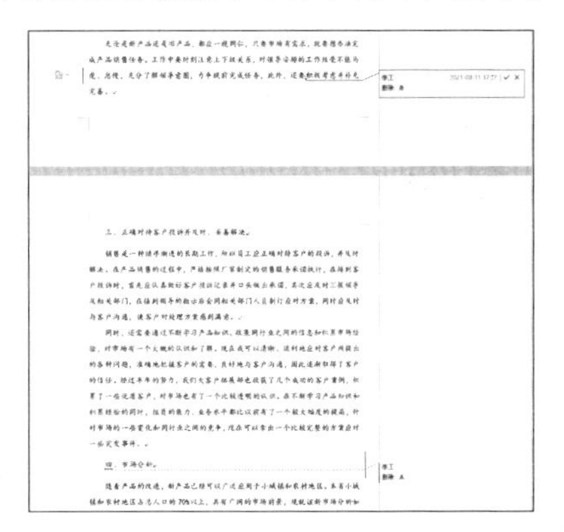

2.7.4 接受文档修订

如果修订的内容是正确的，可以接受修订。接受修订的具体操作步骤如下。

第 1 步 将光标定位在要接受修订的批注内的任意位置，单击【审阅】选项卡下的【接受】按钮，如下图所示。

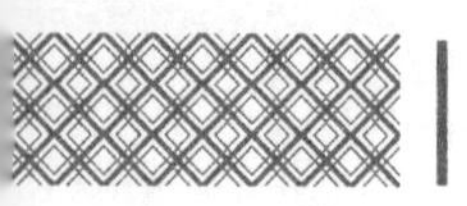

第 2 步 即可看到接受修订后的效果，如下图所示。

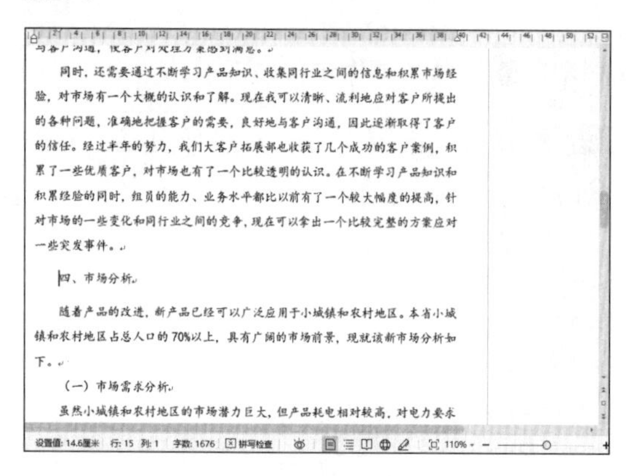

提示

如果所有修订内容都是正确的，可全部接受。单击【审阅】选项卡下的【接受】下拉按钮，在弹出的下拉列表中选择【接受对文档所做的所有修订】选项即可，如下图所示。

2.8 保存文档

文档创建或修改完成后，如果不保存，该文档就不能被再次使用，因此应养成随时保存文档的好习惯。

第 1 步 单击快速访问工具栏中的【保存】按钮或按【Ctrl+S】组合键，如下图所示。

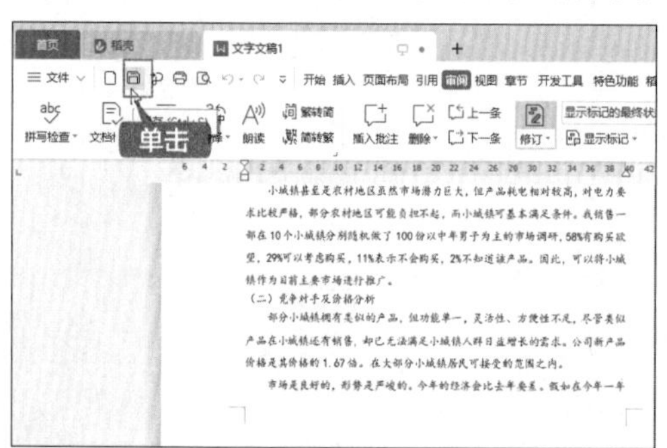

第 2 步 如果是首次创建的文档，将会弹出【另存文件】对话框。在对话框中，选择文件保存的位置，在【文件名】文本框中输入要保存的文档名称，单击【保存】按钮，即可完成保存文档的操作，如下图所示。

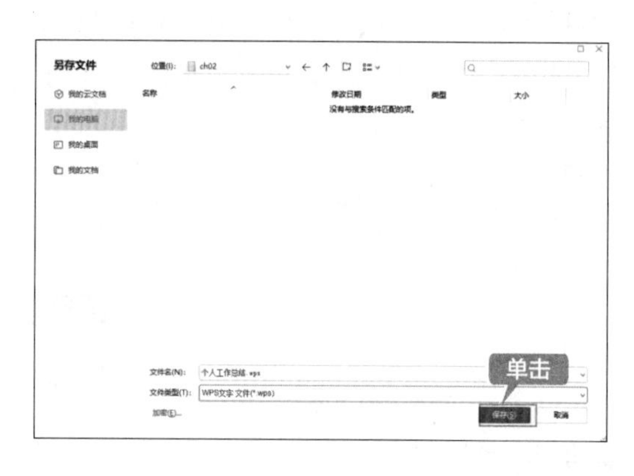

提示

如果是对已有文档修改的保存，则不会弹出【另存文件】对话框，而是自动保存修改后的文档版本。如果要另外保存修改后的版本，可以按【F12】键或按【Ctrl+Shift+S】组合键，打开【另存文件】对话框，另存文档。

制作公司聘用协议

与个人年终工作总结类似的文档还有公司聘用协议、房屋租赁合同、公司合同、产品转让协议等。制作这类文档时，除了要求内容准确，没有歧义外，还要保证条理清晰，最好能以列表的形式表明双方应承担的义务及享有的权利，以方便查看。下面就以制作公司聘用协议为例进行介绍。

本节素材结果文件		
	素材	素材 \ch02\ 公司聘用协议 .wps
	结果	结果 \ch02\ 公司聘用协议 .wps

1. 创建并保存文档

新建空白文档，并将其保存为“公司聘用协议 .wps”，根据需求输入公司聘用协议的内容，如下图所示。

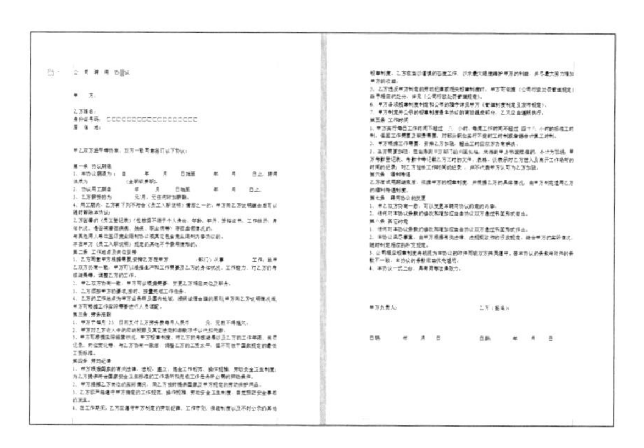

2. 设置字体格式

根据需求调整文本内容的字体和字号，并在需要填写内容的位置添加下划线，如下图所示。

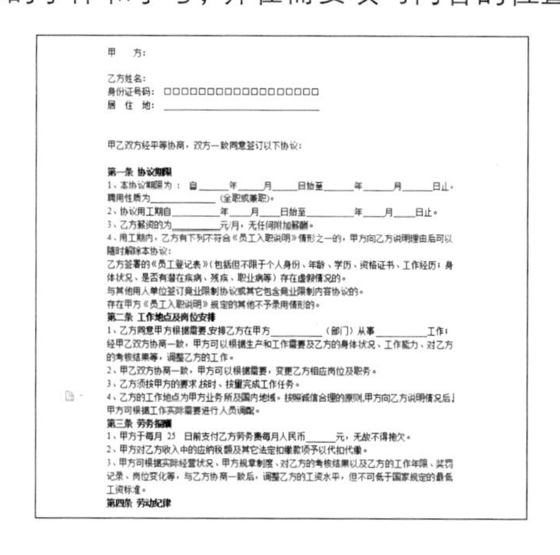

甲　　方:

乙方姓名:
身份证号码: □□□□□□□□□□□□□□□□□□□
居 住 地: ________________

甲乙双方经平等协商，双方一致同意签订以下协议:

第一条 协议期限
1、本协议期限为 : 自______年_____月_____日始至______年______月______日止，聘用性质为____________(全职或兼职)。
2、协议用工期自__________年_____月____日始至__________年____月____日止。
3、乙方薪资的为__________元/月，无任何附加薪酬。
4、用工期内，乙方有下列不符合《员工入职说明》情形之一的，甲方向乙方说明理由后可以随时解除本协议:
乙方签署的《员工登记表》(包括但不限于个人身份、年龄、学历、资格证书、工作经历；身体状况、是否有潜在疾病、残疾、职业病等) 存在虚假情况的。
与其他用人单位签订竟业限制协议或其它包含竟业限制内容协议的。
存在甲方《员工入职说明》规定的其他不予录用情形的。
第二条 工作地点及岗位安排
1、乙方同意甲方根据需要,安排乙方在甲方__________(部门) 从事__________工作；经甲乙双方协商一致，甲方可以根据生产和工作需要及乙方的身体状况、工作能力、对乙方的考核结果等，调整乙方的工作。
2、甲乙双方协商一致，甲方可以根据需要，变更乙方相应岗位及职务。
3、乙方须按甲方的要求,按时、按量完成工作任务。
4、乙方的工作地点为甲方业务所及国内地域。按照诚信合理的原则,甲方向乙方说明情况后，甲方可根据工作实际需要进行人员调配。
第三条 劳务报酬
1、甲方于每月 25 日前支付乙方劳务费每月人民币______元，无故不得拖欠。
2、甲方对乙方收入中的应纳税额及其它法定扣缴款项予以代扣代缴。
3、甲方可根据实际经营状况、甲方规章制度、对乙方的考核结果以及乙方的工作年限、奖罚记录、岗位变化等，与乙方协商一致后，调整乙方的工资水平，但不可低于国家规定的最低工资标准。
第四条 劳动纪律

3. 设置段落格式

设置段落对齐方式、段落缩进、行间距等格式，并添加编号，如下图所示。

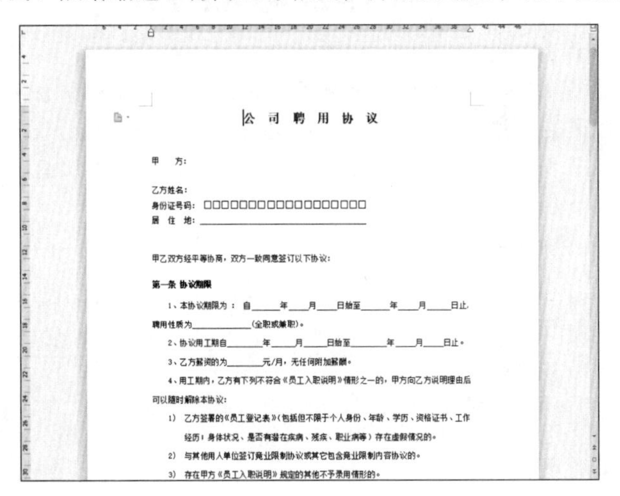

公 司 聘 用 协 议

甲　方：

乙方姓名：
身份证号码：□□□□□□□□□□□□□□□□□□□□
居 住 地：

甲乙双方经平等协商，双方一致同意签订以下协议：

第一条 协议期限

1、本协议期限为：自____年____月____日始至____年____月____日止，聘用性质为______（全职或兼职）。

2、协议用工期自____年____月____日始至____年____月____日止。

3、乙方薪资的为____元/月，无任何附加薪酬。

4、用工期内，乙方有下列不符合《员工入职说明》情形之一的，甲方向乙方说明理由后可以随时解除本协议：

1) 乙方签署的《员工登记表》（包括但不限于个人身份、年龄、学历、资格证书、工作经历、身体状况、是否有潜在疾病、残疾、职业病等）存在虚假情况的。
2) 与其他用人单位签订竞业限制协议或其它包含竞业限制内容协议的。
3) 存在甲方《员工入职说明》规定的其他不予录用情形的。

4. 审阅文档并保存

将制作完成的公司聘用协议发给其他人审阅，并根据需要批注修订文档，确保内容无误后，保存文档，如下图所示。

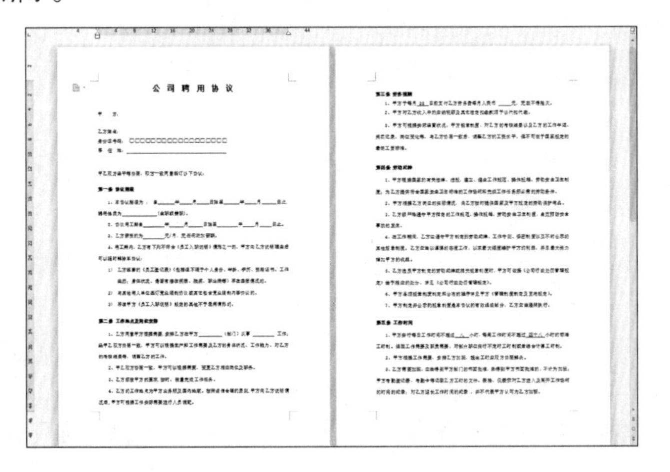

◇ 输入上标和下标

在编辑文档的过程中，输入一些公式、单位或数学符号时，经常需要输入上标或下标。下面介绍输入上标和下标的方法。

1. 输入上标

输入上标的具体操作步骤如下。

第 1 步 在文档中输入“A2+B=C”，选中数字“2”，单击【开始】选项卡下的【上标】按钮 X^2，如下图所示。

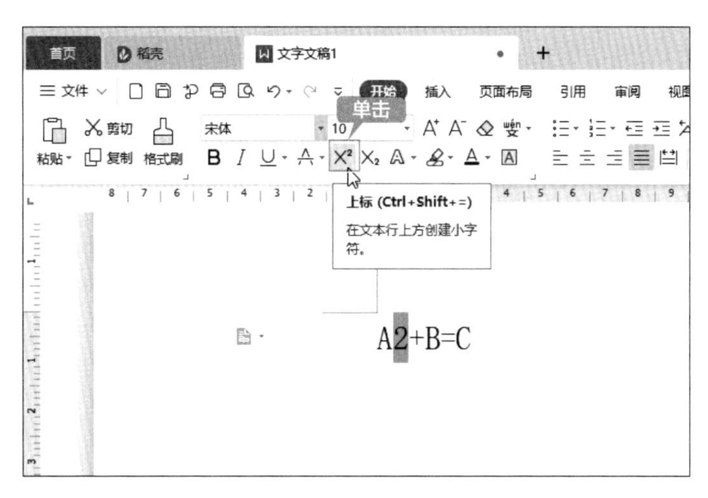

第 2 步 即可将数字“2”设置为上标格式，如下图所示。

$$A^2+B=C$$

2. 输入下标

输入下标的方法与输入上标的方法类似，具体操作步骤如下。

第 1 步 在文档中输入“H2O”，选中数字“2”，单击【开始】选项卡下的【下标】按钮 X_2，如下图所示。

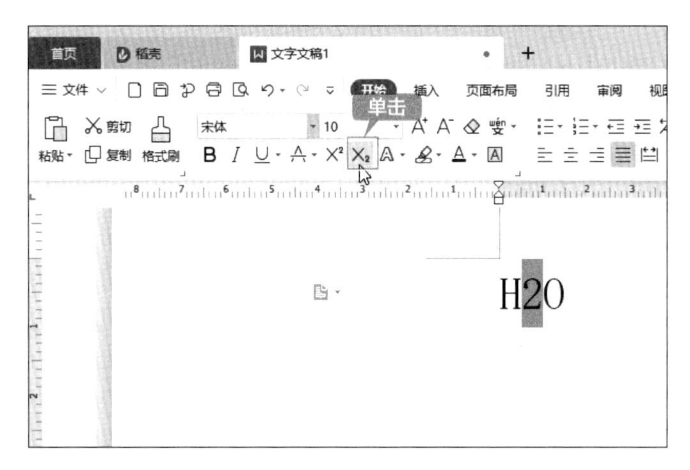

第2步 即可将数字“2”设置为下标格式，如下图所示。

H_2O

◇ 批量删除文档中的空白行

如果文档中包含大量不连续的空白行，手动删除既麻烦又浪费时间。下面介绍批量删除空白行的方法，具体操作步骤如下。

第1步 单击【开始】选项卡下的【查找替换】下拉按钮，在弹出的下拉菜单中选择【替换】选项，如下图所示。

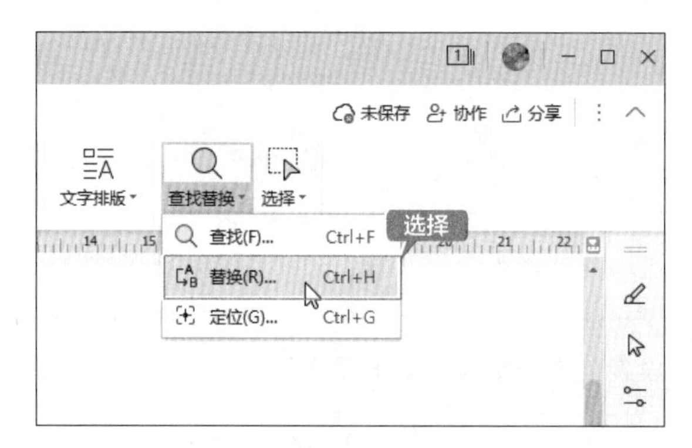

第2步 在弹出的【查找和替换】对话框中选择【替换】选项卡，在【查找内容】文本框中输入“^p^p”，在【替换为】文本框中输入“^p”，单击【全部替换】按钮即可，如下图所示。

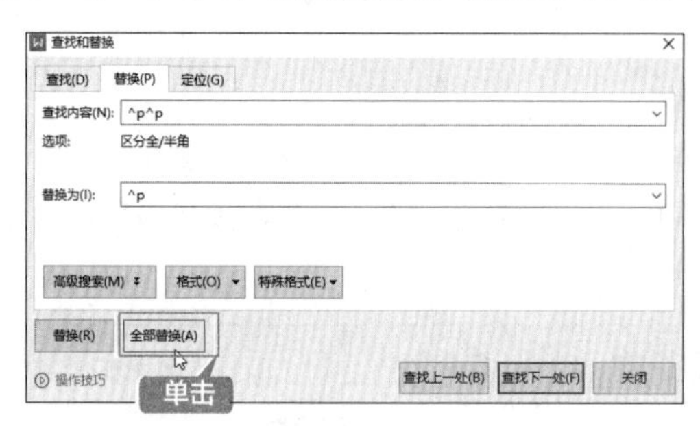

第 3 章

使用图和表格美化文档——个人求职简历

本章导读

一篇图文并茂的文档，不仅看起来生动形象、充满活力，而且更加美观。在文档中可以通过插入艺术字、图片、自选图形、表格等展示文本或数据内容。本章以制作个人求职简历为例，介绍使用图和表格美化文档的操作。

思维导图

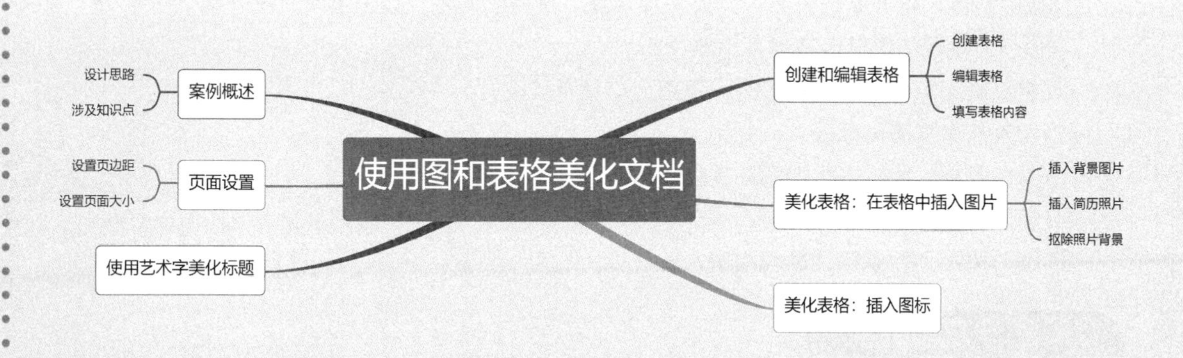

3.1 案例概述

制作个人求职简历要求做到格式统一、排版整齐、简洁大方，以便给 HR 留下深刻的印象，赢得面试机会。

本章素材结果文件

	素材	素材 \ch03\ 背景 .png、图像 .jpg
	结果	结果 \ch03\ 个人求职简历 .docx

3.1.1 设计思路

在制作个人求职简历时，不仅要进行页面设置，还要使用艺术字美化标题，在主体部分要插入表格、照片、图标等完善个人信息，在制作时需要注意以下几点。

1. 格式要统一

① 相同级别的文本内容要使用相同的字体和字号。

② 段落间距要恰当，避免内容太拥挤。

2. 图文结合

图形是人类通用的视觉符号，可以吸引观者的注意。图片、图形运用恰当，可以为简历增添个性化色彩。

3. 编排简洁

确定简历的页面大小是进行编排的前提。

排版的整体风格要简洁大方，给人一种认真、严肃的感觉，切记不可过于花哨。

制作个人求职简历可以按以下思路进行。

① 制作简历页面，设置页边距、页面大小及背景图片。

② 插入艺术字美化标题。

③ 添加表格，编辑表格内容并美化表格。

④ 插入在线图标。

⑤ 插入照片，并对照片进行编辑。

3.1.2 涉及知识点

本案例主要涉及的知识点如下图所示（脑图见“素材结果文件 \ 脑图 \ 3.pos”）。

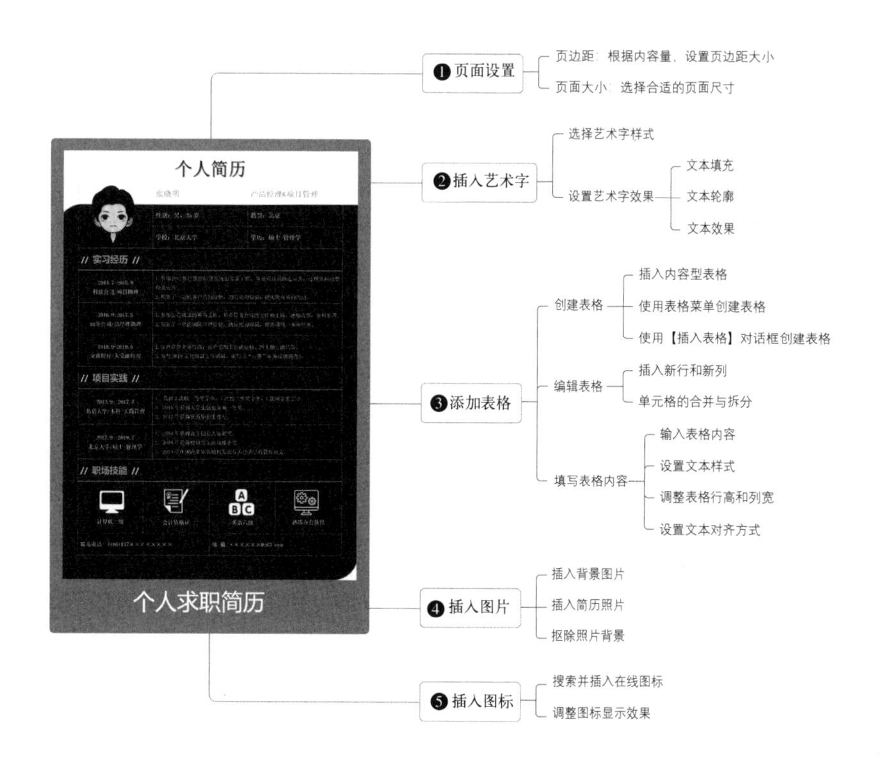

3.2 页面设置

在制作个人求职简历时，首先要设置简历页面的页边距和页面大小，并插入背景图片来确定简历的色彩主题。

3.2.1 设置页边距

设置页边距可以使简历更加美观。设置页边距包括上、下、左、右边距及页眉和页脚距页边界的距离。

第 1 步 打开 WPS Office，新建一个空白文档，并将其保存为“个人求职简历 .docx”，如下图所示。

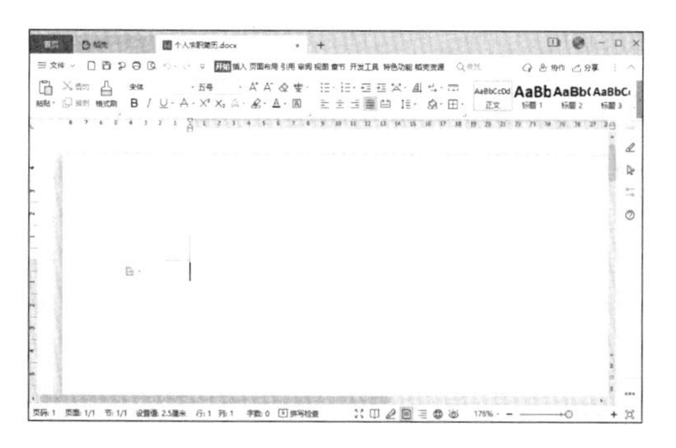

第 2 步 单击【页面布局】选项卡下的【页边距】下拉按钮，在弹出的下拉列表中选择【自定义页边距】选项，如下图所示。

第 3 步 在弹出的【页面设置】对话框中对上、下、左、右页边距进行自定义设置，然后单击【确定】按钮，如下图所示。

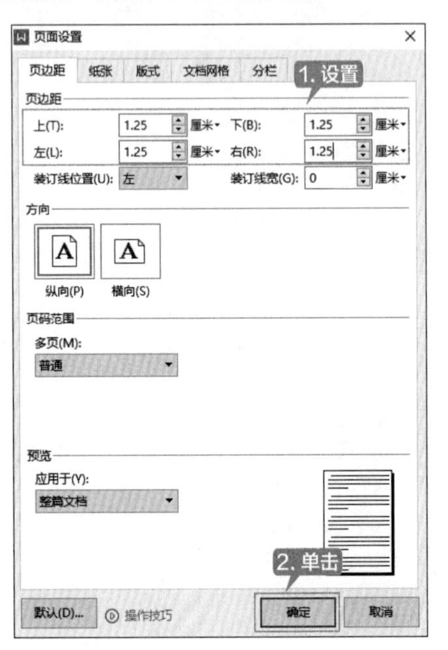

第 4 步 即可完成页边距的设置，效果如下图所示。

提示

页边距太窄会影响纸质文档的装订，而太宽不仅影响美观还浪费纸张。一般情况下，如果使用 A4 纸打印，可以采用 WPS 文字提供的默认值；如果使用 B5 或 6K 纸，上、下页边距在 2.4 厘米左右为宜，左、右页边距在 2 厘米左右为宜。具体数值可以根据用户的需求设定。

3.2.2 设置页面大小

设置好页边距后，还可以根据需要设置页面大小和纸张方向，使页面满足个人求职简历的格式要求，最后再插入背景图片，具体操作步骤如下。

第 1 步 单击【页面布局】选项卡下的【纸张方向】下拉按钮，在弹出的下拉列表中可以设置纸张方向为【横向】或【纵向】，WPS 文字默认的纸张方向是【纵向】，如下图所示。

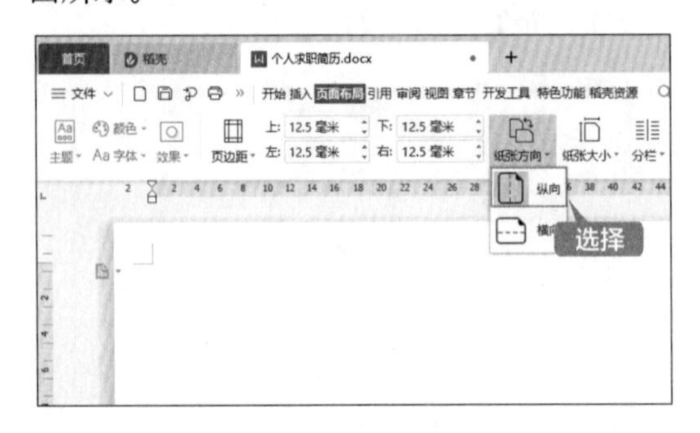

提示

也可以在【页面设置】对话框的【页边距】选项卡中，在【方向】区域设置纸张的方向。

第 2 步 单击【页面布局】选项卡下的【纸张大小】下拉按钮，在弹出的下拉列表中选择【A4】选项，即可调整页面大小，如下图所示。

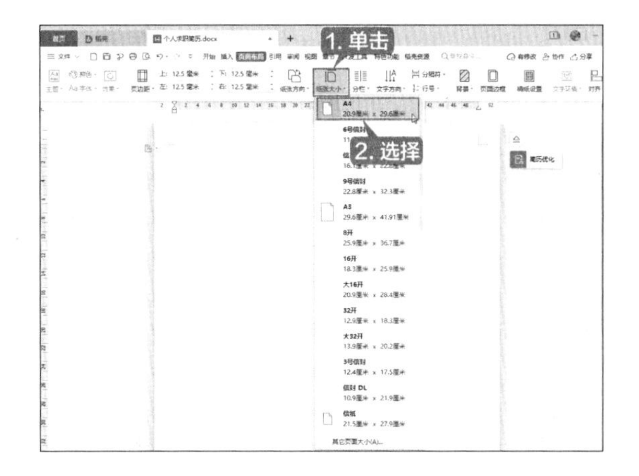

提示

用户还可以在【纸张大小】下拉列表中选择【其它页面大小】选项，打开【页面设置】对话框，在【纸张】选项卡中选择【纸张大小】下拉列表中的【自定义大小】选项，自定义纸张大小。

3.3 使用艺术字美化标题

使用 WPS 文字提供的艺术字功能，可以制作出精美的艺术字，丰富简历的内容，使个人求职简历更加醒目，具体操作步骤如下。

第 1 步 单击【插入】选项卡下的【艺术字】按钮，在弹出的下拉列表中选择一种艺术字样式，如下图所示。

第 2 步 文档中即会插入文本框并提示“请在此放置您的文字”，如下图所示。

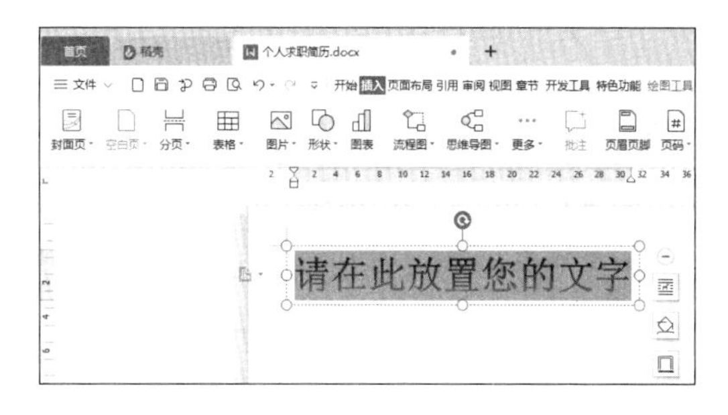

第 3 步 输入标题内容“个人简历”，如下图所示。

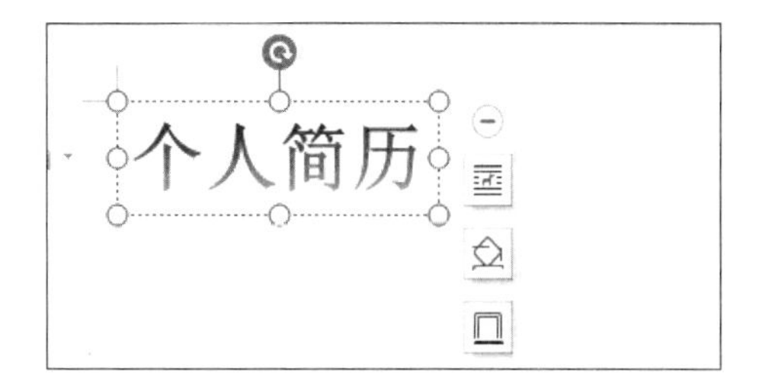

第 4 步 选中艺术字文本，单击【文本工具】选项卡下的【文本效果】按钮，在弹出的

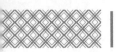

下拉菜单中选择【阴影】→【外部】中的【右下斜偏移】选项，如下图所示。

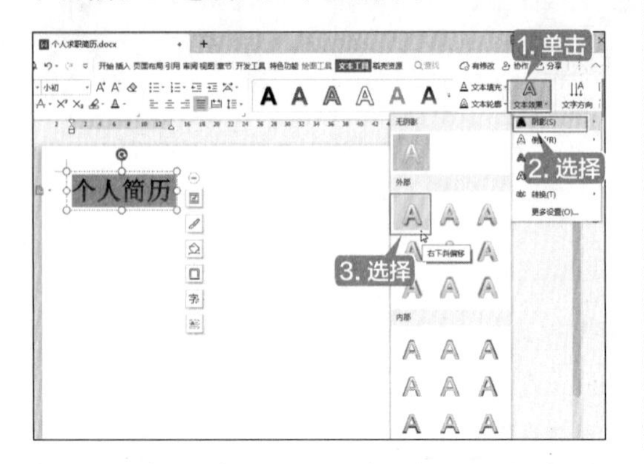

第 5 步 选中艺术字，将鼠标指针放在艺术字边框的控制点上，当鼠标指针变为↖形状时拖曳鼠标，即可改变文本框的大小。将艺术字调整到文档的正中位置，如下图所示。

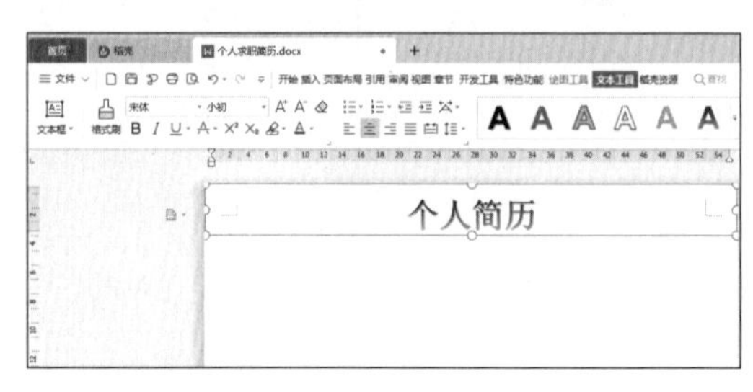

3.4 创建和编辑表格

表格由多个行或列的单元格组成，用户在使用 WPS 文字制作个人求职简历时，可以使用表格编排简历内容，通过对表格的编辑、美化，提高个人求职简历的质量。

3.4.1 创建表格

WPS 文字提供了多种创建表格的方法，用户可以根据需要选择。

1. 插入内容型表格

WPS 文字中内置了多种表格类型，如汇报表、统计表、物资表等，用户可以直接套用，具体操作步骤如下。

第 1 步 将光标定位至需要插入表格的位置，单击【插入】选项卡下的【表格】下拉按钮，在弹出的下拉菜单中可以看到【插入内容型表格】区域中有多种表格类型，这里选择【通用表】选项，如下图所示。

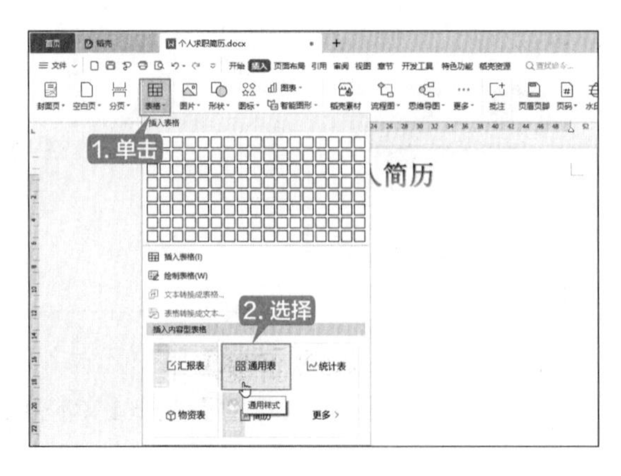

第 2 步 弹出如下图所示的对话框，选择【在线表格】→【通用样式】选项，然后选择要插入的表格样式，单击其缩略图右下角的【插入】按钮。

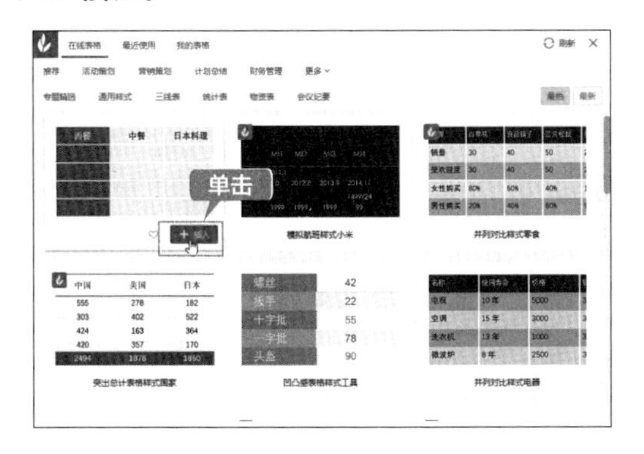

> **提示**
>
> 缩略图左上角有图标，表示该表格样式为付费样式，WPS 超级会员或稻壳会员可以免费使用。单击图标，可以收藏该表格样式，收藏后可在【我的表格】→【我的收藏】中查看并使用。

第 3 步 即可插入选择的表格样式，用户可以根据需要替换模板中的数据，如下图所示。

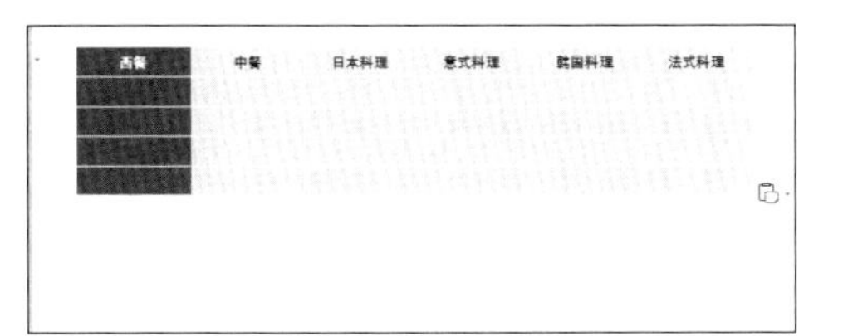

第 4 步 插入表格后，单击表格左上角的按钮选择整个表格并右击，在弹出的快捷菜单中选择【删除表格】命令，即可将表格删除，如下图所示。

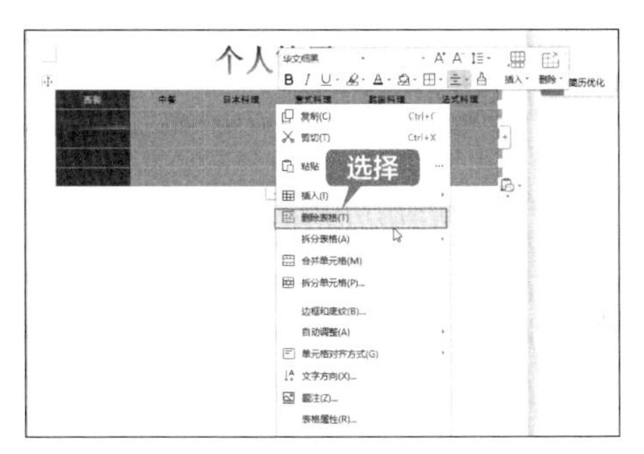

2. 使用表格菜单创建表格

使用表格菜单适合创建规则的、行数和列数较少的表格，最多可以创建 8 行 17 列的表格。将光标定位在需要插入表格的位置，单击【插入】选项卡下的【表格】按钮，在【插入表格】区域中选择要插入表格的行数和列数，即可在指定位置插入表格。选中的单元格将以橙色显示，并在上方显示选中的行数和列数，如下图所示。

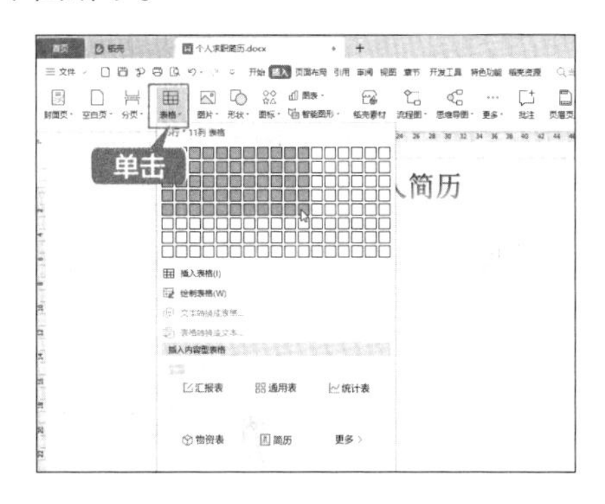

3. 使用【插入表格】对话框创建表格

使用表格菜单创建表格固然方便，可是由于表格菜单所提供的单元格数量有限，只能创建有限的行数和列数。而使用【插入表格】对话框，可以自定义行数和列数，并可以对表格的宽度进行调整。在本例的个人求职简历中，使用【插入表格】对话框创建表格，具体操作步骤如下。

第 1 步 将光标定位至需要插入表格的位置，单击【插入】选项卡下的【表格】下拉按钮，在下拉菜单中选择【插入表格】选项，如下图所示。

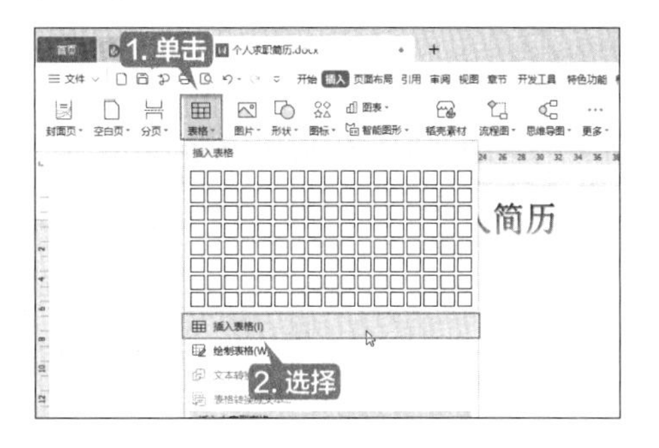

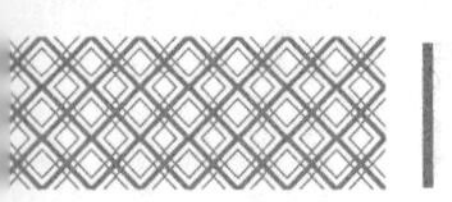

第 2 步 在弹出的【插入表格】对话框中设置【列数】为“4”，【行数】为“13”，单击【确定】按钮，如下图所示。

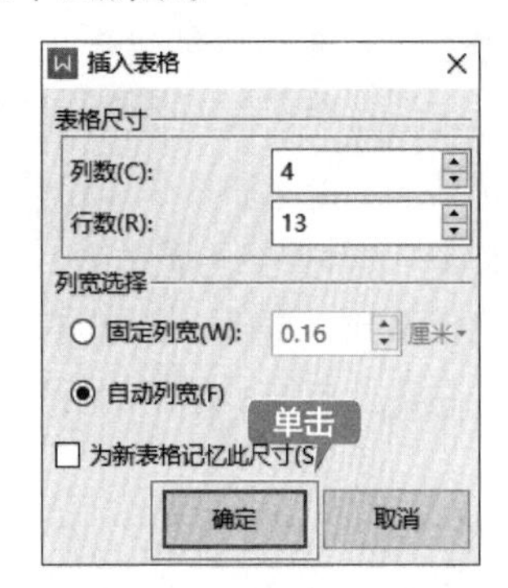

提示

【列宽选择】区域中各选项的含义如下。

【固定列宽】单选按钮：设定列宽的具体数值，单位默认为厘米。

【自动列宽】单选按钮：表格将自动在文档中填满整行，并平均分配各列为固定值。

【为新表格记忆此尺寸】复选框：勾选该复选框，再次创建表格时会使用该尺寸。

第 3 步 即可插入一个 4 列 13 行的表格，效果如下图所示。

3.4.2 编辑表格

表格创建完成后，可以根据需要对表格进行编辑，这里主要是根据内容调整表格的布局，如插入新行和新列、单元格的合并和拆分等。

1. 插入新行和新列

有时在文档中插入表格后，发现表格少了一行或一列，如何快速插入一行或一列呢？下面介绍具体操作步骤。

第 1 步 选择表格中要插入新列的左侧列的任意一个单元格，在【表格工具】选项卡中单击【在右侧插入列】选项，如下图所示。

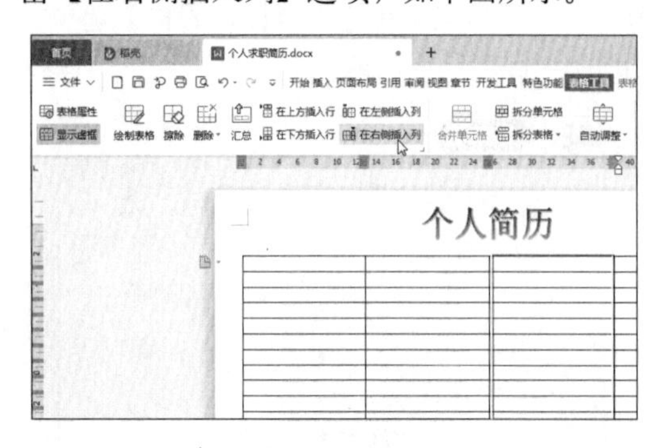

第 2 步 即可在右侧插入新的列，如下图所示。

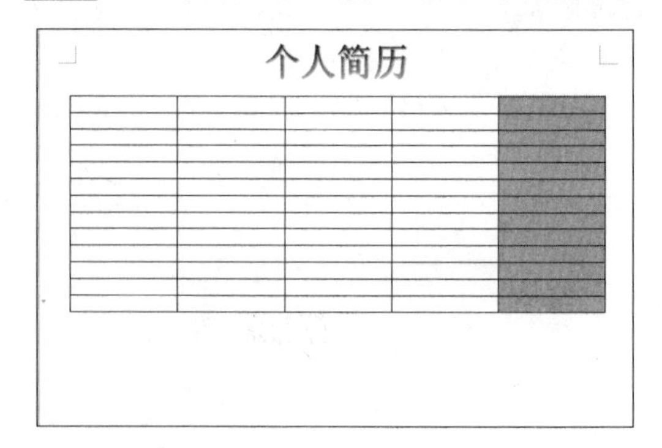

第 3 步 若要删除列，可以先选中要删除的列并右击，在弹出的快捷菜单中选择【删除列】

命令，如下图所示。

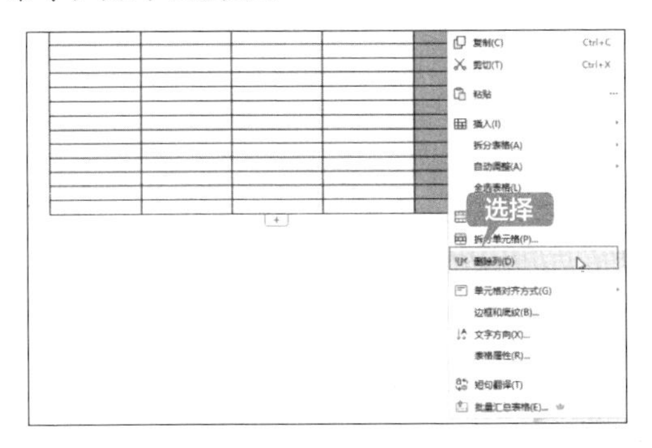

第 4 步 即可将选择的列删除，如下图所示。

提示

选择要删除列中的任意一个单元格并右击，在弹出的快捷栏中单击【删除】按钮，在弹出的下拉列表中选择【删除列】选项，同样可以删除列，如下图所示。

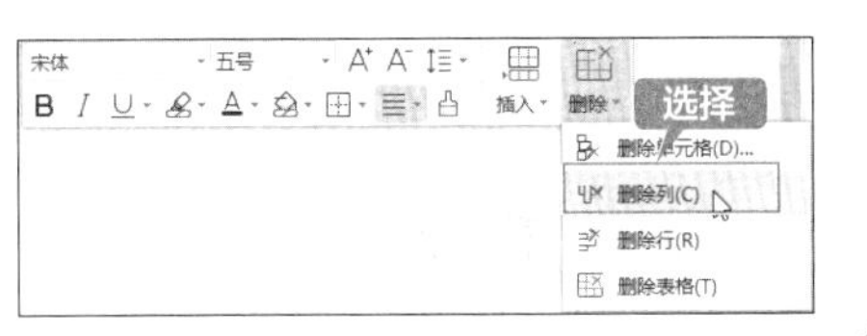

第 5 步 选中表格，将鼠标指针移至右下角的图标上，此时鼠标指针变为形状，如下图所示。

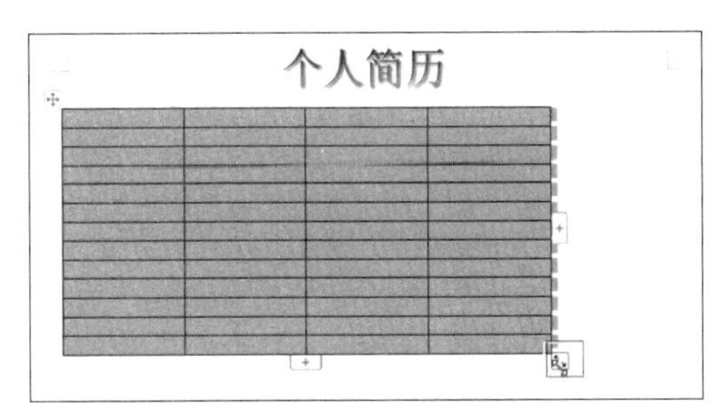

第 6 步 按住鼠标左键并拖曳鼠标，即可调整表格整体宽度，如下图所示。

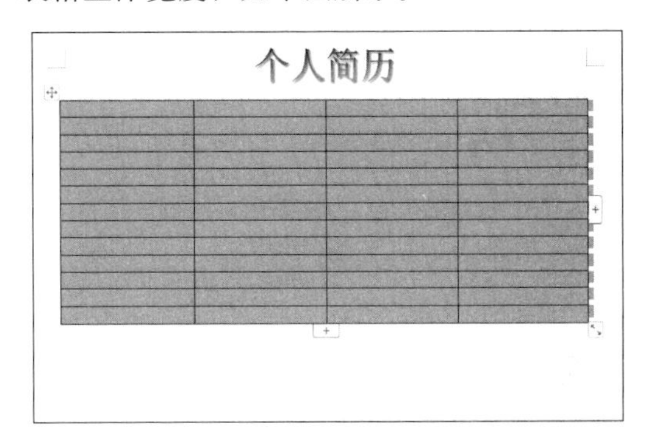

2. 单元格的合并与拆分

插入表格后，在输入表格内容之前，可以先根据内容，对单元格进行合并或拆分，调整表格的布局。

第 1 步 选择要合并的单元格，单击【表格工具】选项卡下的【合并单元格】按钮 合并单元格，如下图所示。

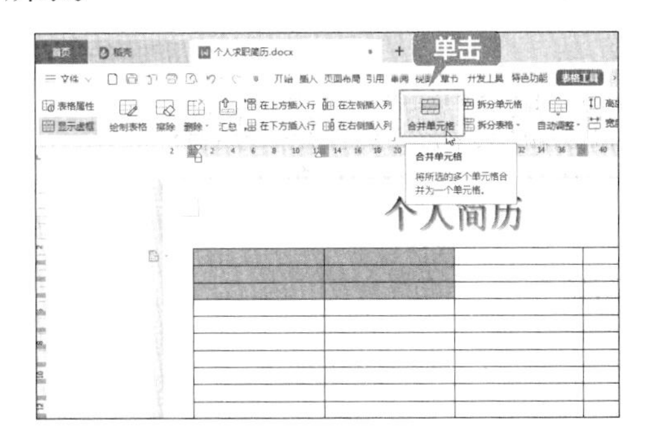

第 2 步 即可将选中的单元格合并，如下图所示。

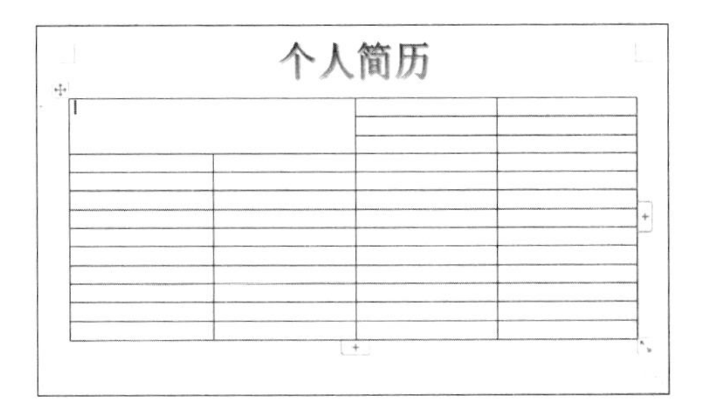

第 3 步 若要拆分单元格，可以先选中要拆分的单元格，单击【表格工具】选项卡下的【拆分单元格】按钮 拆分单元格，如下图所示。

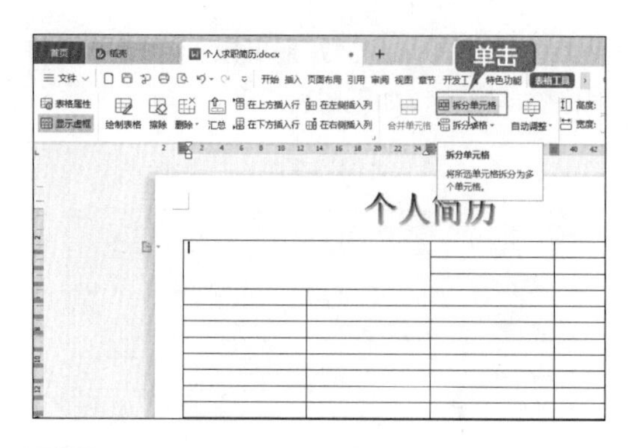

第 4 步 弹出【拆分单元格】对话框，设置要拆分的【列数】和【行数】，单击【确定】按钮，如下图所示。

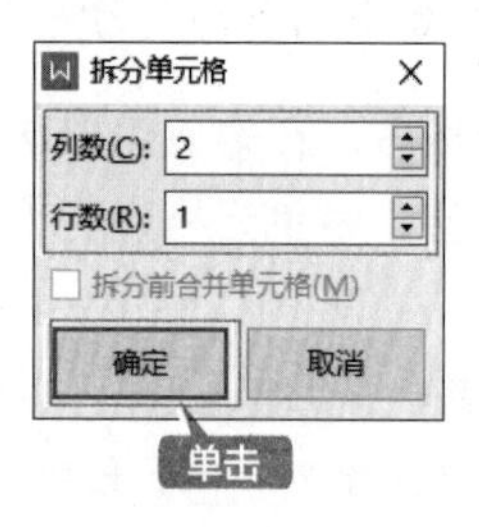

第 5 步 即可按指定的列数和行数拆分单元格，如下图所示。

第 6 步 使用同样的方法，将其他需要调整的单元格进行合并或拆分，最终效果如下图所示。

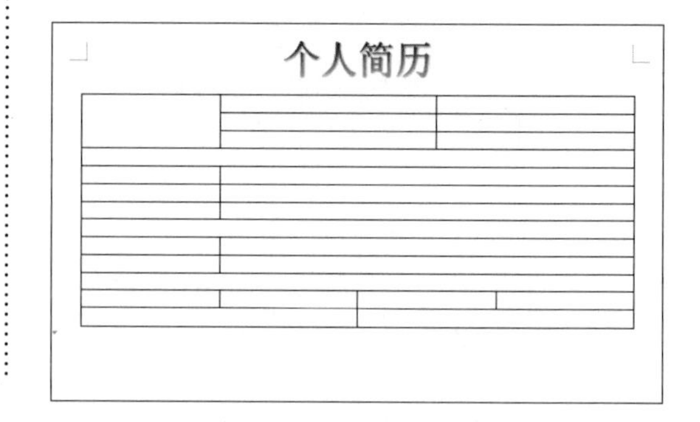

3.4.3 填写表格内容

表格布局调整完成后，即可根据个人实际情况，输入简历内容。

第 1 步 输入简历内容，如下图所示。

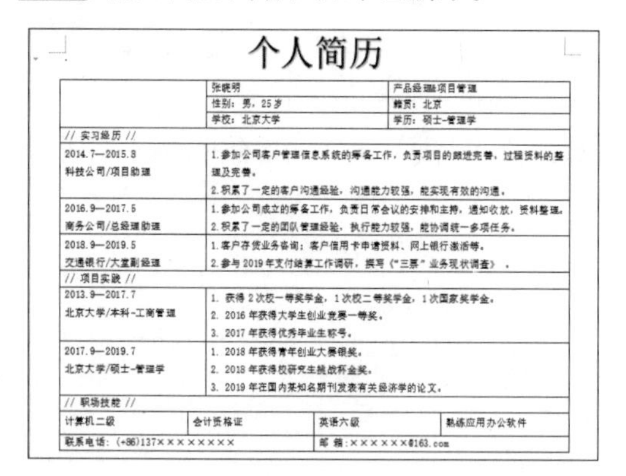

个人简历

	张晓明	产品经理&项目管理	
	性别：男，25 岁	籍贯：北京	
	学校：北京大学	学历：硕士-管理学	
// 实习经历 //			
2014.7—2015.8 科技公司/项目助理	1.参加公司客户管理信息系统的筹备工作，负责项目的跟进完善，过程资料的整理及完善。 2.积累了一定的客户沟通经验，沟通能力较强，能实现有效的沟通。		
2016.9—2017.5 商务公司/总经理助理	1.参加公司成立的筹备工作，负责日常会议的安排和主持，通知收放，资料整理。 2.积累了一定的团队管理经验，执行能力较强，能协调统一多项任务。		
2018.9—2019.5 交通银行/大堂副经理	1.客户存贷业务咨询；客户信用卡申请资料、网上银行激活等。 2.参与 2019 年支付结算工作调研，撰写《"三票"业务现状调查》。		
// 项目实践 //			
2013.9—2017.7 北京大学/本科-工商管理	1. 获得 2 次校一等奖学金，1 次校二等奖学金，1 次国家奖学金。 2. 2016 年获得大学生创业竞赛一等奖。 3. 2017 年获得优秀毕业生称号。		
2017.9—2019.7 北京大学/硕士-管理学	1. 2018 年获得青年创业大赛银奖。 2. 2018 年获得校研究生挑战杯金奖。 3. 2019 年在国内某知名期刊发表有关经济学的论文。		
// 职场技能 //			
计算机二级	会计资格证	英语六级	熟练应用办公软件
联系电话：(+86)137××××××××		邮 箱：××××××@163.com	

第 2 步 简历内容输入完成后，单击表格左上角的 按钮，选中表格所有内容，单击【开始】选项卡下【字体】组中的【字体】下拉按钮，在弹出的下拉列表中选择"宋体"，如下图所示。

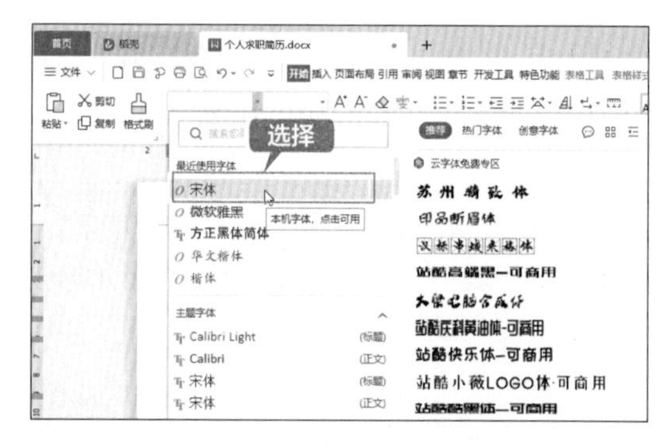

第 3 步 将"实习经历""项目实践""职场技能"3 个标题字体设置为"微软雅黑"，字号设置为"小二"，并设置【加粗】效果，如下图所示。

第 4 步 根据内容设置其他文本的字号，并为部分文本设置加粗效果，如下图所示。

第 5 步 文本字号调整完成后，会发现表格内容整体看起来比较拥挤，这时可以适当调整表格的行高。选中要调整行高的行，选择【表格工具】选项卡，在【高度】文本框中输入行高，或单击文本框两侧的微调按钮调整行高。这里输入“1.5 厘米”，按【Enter】键确认，如下图所示。

第 6 步 即可调整选中行的行高，如下图所示。

个人简历

	张晓明	产品经理&项目经理
	性别：男	籍贯：北京
	学校：北京大学	学历：硕士-管理学

第 7 步 使用同样的方法，为表格中的其他行调整行高。调整后的效果如下图所示。

第 8 步 设置文本内容的对齐方式。选择要设置对齐方式的单元格，单击【表格工具】选项卡下的【对齐方式】下拉按钮，在弹出的下拉菜单中选择【中部两端对齐】选项，如下图所示。

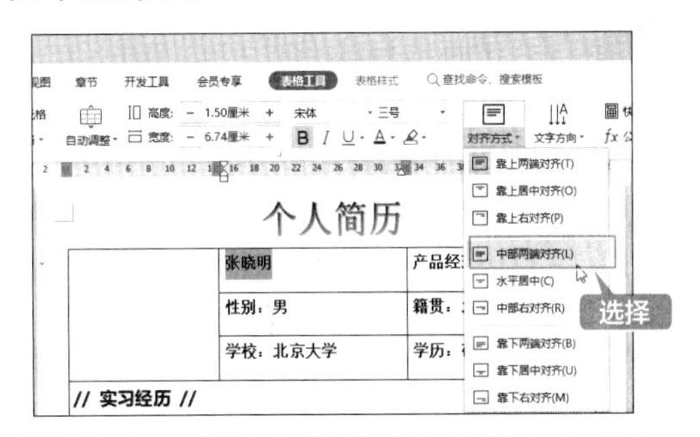

第 9 步 即可将选中的单元格中的内容对齐，如下图所示。

个人简历

	张晓明	产品经理&项目经理
	性别：男	籍贯：北京
	学校：北京大学	学历：硕士-管理学

// 实习经历 //

第 10 步 使用同样的方法，为其他文本内容设置对齐方式，效果如下图所示。

个人简历

	张晓明	产品经理&项目管理
	性别：男，25 岁	籍贯：北京
	学校：北京大学	学历：硕士-管理学
// 实习经历 //		
2014.7—2015.8 科技公司/项目助理	1.参加公司客户管理信息系统的筹备工作，负责项目的跟进完善，过程资料的整理及完善。 2.积累了一定的客户沟通经验，沟通能力较强，能实现有效的沟通。	
2016.9—2017.5 商务公司/总经理助理	1.参加公司成立的筹备工作，负责日常会议的安排和主持，通知收放，资料整理。 2.积累了一定的团队管理经验，执行能力较强，能协调统一多项任务。	
2018.9—2019.5 交通银行/大堂副经理	1.客户存贷业务咨询；客户信用卡申请资料、网上银行激活等。 2.参与 2019 年支付结算工作调研，撰写《"三票"业务现状调查》。	
// 项目实践 //		
2013.9—2017.7 北京大学/本科-工商管理	1. 获得 2 次校一等奖学金，1 次校二等奖学金，1 次国家奖学金。 2. 2016 年获得大学生创业竞赛一等奖。 3. 2017 年获得优秀毕业生称号。	
2017.9—2019.7 北京大学/硕士-管理学	1. 2018 年获得青年创业大赛银奖。 2. 2018 年获得校研究生挑战杯金奖。 3. 2019 年在国内某知名期刊发表有关经济学的论文。	
// 职场技能 //		

计算机二级	会计资格证	英语六级	熟练应用办公软件
联系电话：(+86)137××××××××		邮 箱:××××××@163.com	

3.5 美化表格：在表格中插入图片

本节通过插入背景图片、照片及设置表格的边框类型来美化表格，具体操作步骤如下。

3.5.1 插入背景图片

通过插入背景图片美化表格的具体操作步骤如下。

第 1 步 单击【插入】选项卡下的【图片】下拉按钮，在弹出的下拉菜单中单击【本地图片】按钮，如下图所示。

第 2 步 弹出【插入图片】对话框，选择要插入的图片，单击【打开】按钮，如下图所示。

第 3 步 即可将图片插入文档中。选中图片，单击【图片工具】选项卡下的【环绕】下拉按钮，在弹出的下拉菜单中选择【衬于文字下方】选项，如下图所示。

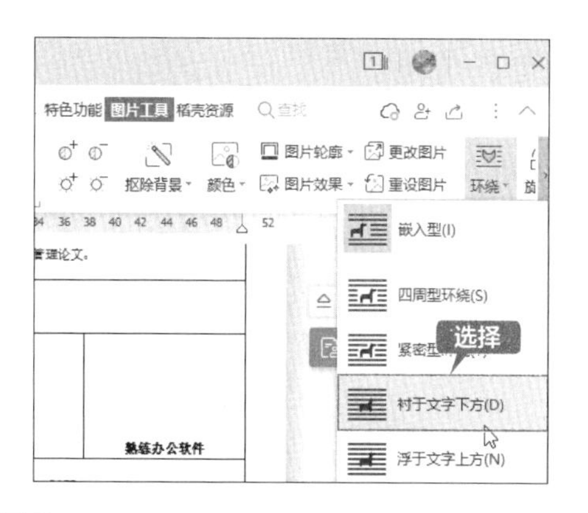

第4步 调整图片大小，使其覆盖整个表格，然后全选表格，将字体颜色设置为“白色”，效果如下图所示。

第5步 选中“实习经历”“项目实践”“职场技能”文本所在的单元格，单击【开始】选项卡下【字体】组中的【字体颜色】下拉按钮，在弹出的下拉列表中选择“橙色”，如下图所示。

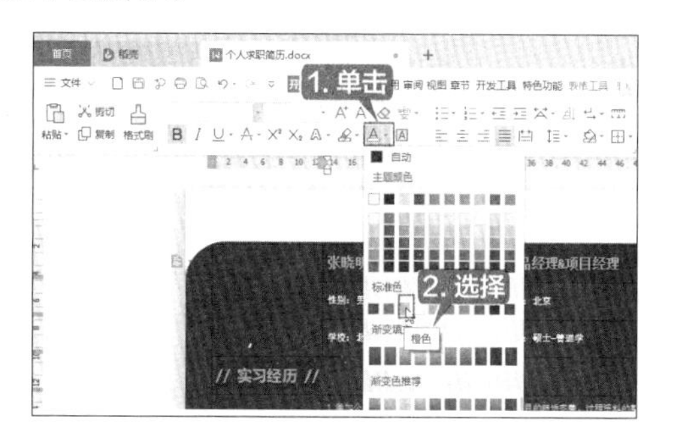

第6步 设置表格第一行文字的颜色为“橙色”，然后调整背景图片的位置，效果如下图所示。

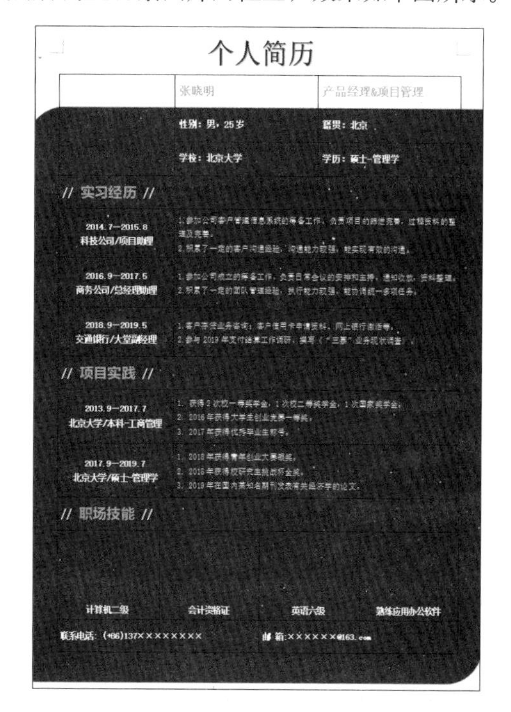

第7步 选中“实习经历”文本所在的单元格，单击【开始】选项卡下的【边框】下拉按钮，在弹出的下拉列表中选择【边框和底纹】选项，如下图所示。

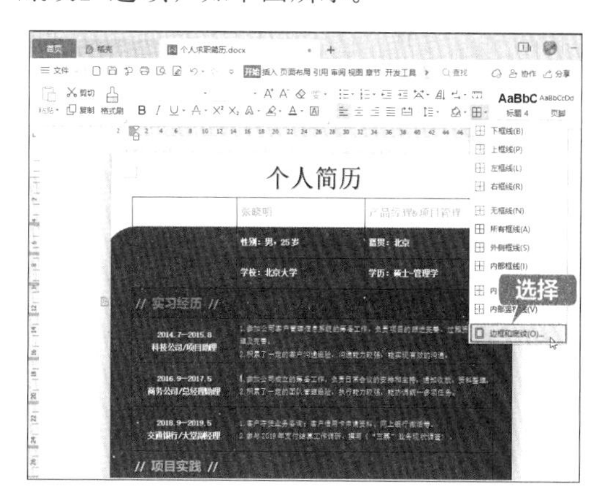

第8步 弹出【边框和底纹】对话框，选择【边框】选项卡，在【设置】区域中选择【自定义】选项，在【线型】列表框中选择一种线型，将其【颜色】设置为“白色”，【宽度】设置为“0.5磅”，在【预览】区域中选择边框应用的位置，然后单击【确定】按钮，如下图所示。

第 9 步 即可看到添加的边框效果，如下图所示。

第 10 步 使用同样的方法，为表格中的其他单元格添加边框，效果如下图所示。

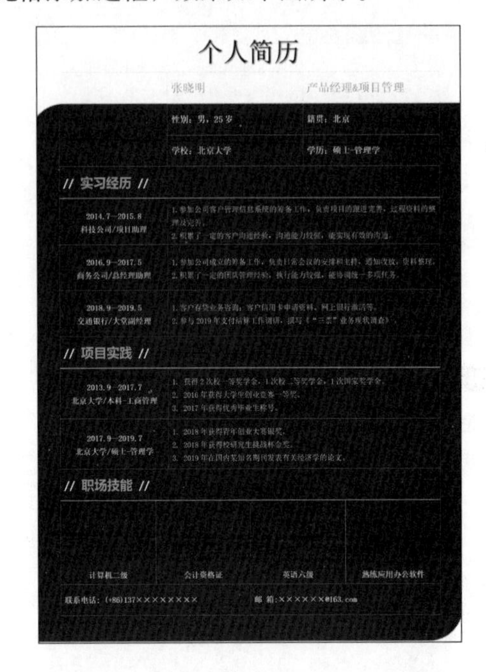

3.5.2 插入简历照片

在个人求职简历中插入照片的具体操作步骤如下。

第 1 步 将光标定位至要插入照片的位置，单击【插入】选项卡下的【图片】下拉按钮，在弹出的菜单中单击【本地图片】按钮，如下图所示。

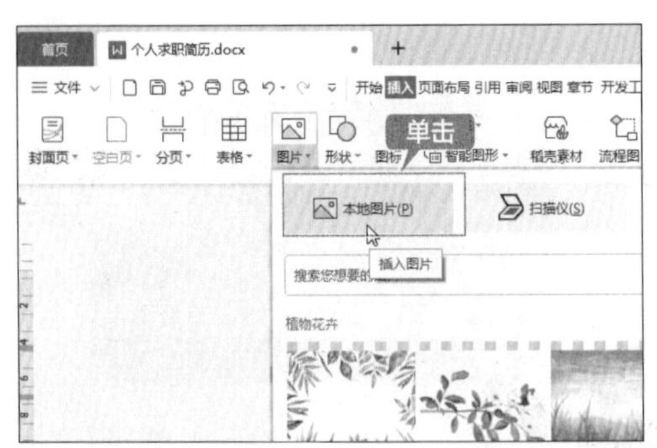

第 2 步 弹出【插入图片】对话框，选择要插入的图片，单击【打开】按钮，如下图所示。

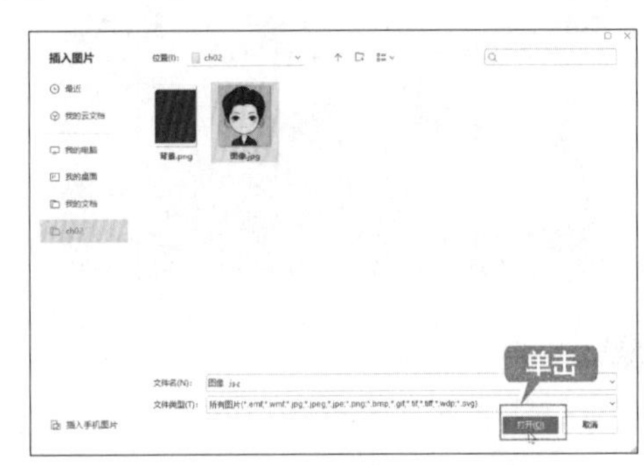

第 3 步 即可将照片插入简历中，如下图所示。

第 4 步 将鼠标指针放置在图片的 4 个角中任一角上，当鼠标指针变为双向箭头形状时，按住鼠标左键进行拖曳，即可缩放图片，将图片的环绕方式设置为【浮于文字上方】，效果如下图所示。

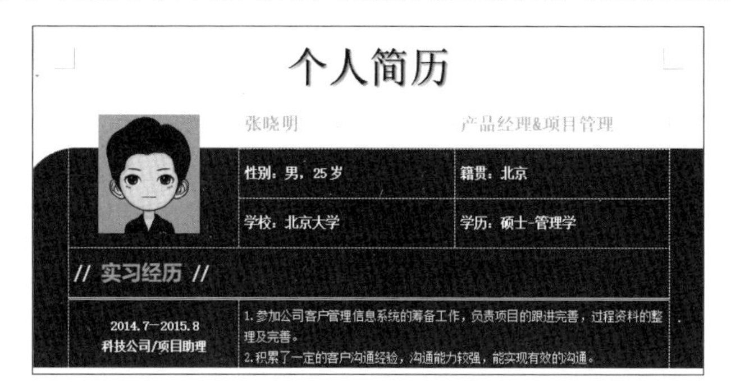

3.5.3 抠除照片背景

WPS 文字支持将插入的图片的背景抠除，具体操作步骤如下。

第 1 步 选择插入的简历照片，单击【图片工具】选项卡下的【抠除背景】下拉按钮，在弹出的菜单中选择【抠除背景】选项，如下图所示。

第 2 步 弹出【抠除背景】窗口，选择右侧的【智能抠图】选项卡，单击【保留】按钮，在照片需要保留的区域上涂抹，如下图所示。

第 3 步 单击【抠除】按钮，在需要抠除的背景区域进行涂抹，抠除的背景区域会自动被红色遮罩标记出来，调整完毕后，单击【完成抠图】按钮，如下图所示。

第 4 步 即可得到抠除背景后的图片，并替换文档中的原图片，如下图所示。

3.6 美化表格：插入图标

在制作简历时，可以插入图标，使其更加美观。下面根据需要在“职场技能”栏中插入 4 个图标，具体操作步骤如下。

第 1 步 将光标定位至“计算机二级”文本前，单击【插入】选项卡下的【图标】下拉按钮，在弹出的【稻壳图标】区域下的搜索框中输入“计算机”，按【Enter】键确认，如下图所示。

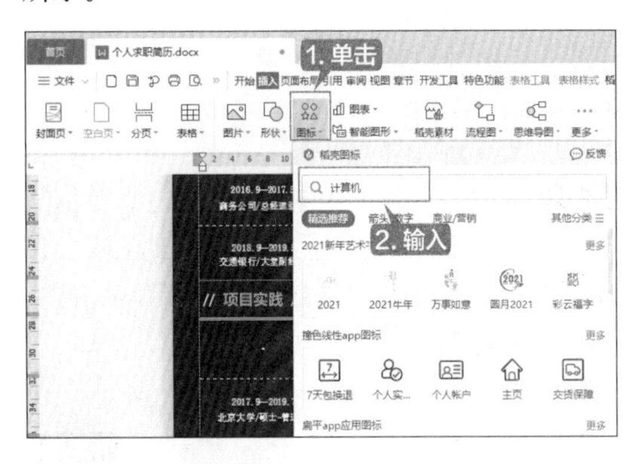

第 2 步 在搜索结果中，选择要插入的图标，如选择“计算机水平”图标，单击下方显示的【立即使用】按钮，如下图所示。

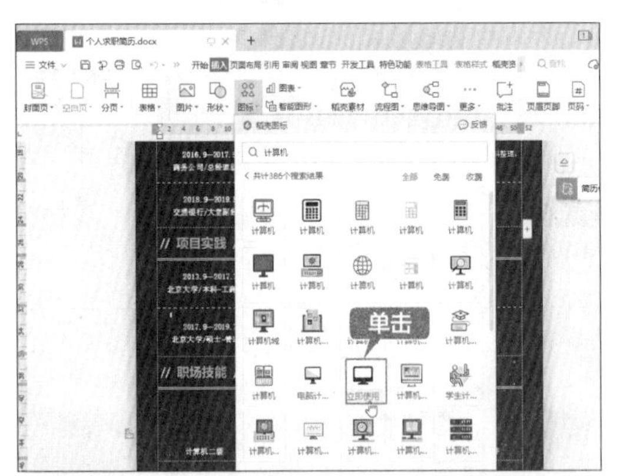

第 3 步 即可插入该图标，调整图标的大小，并设置【文字环绕】为【上下型环绕】，如下图所示。

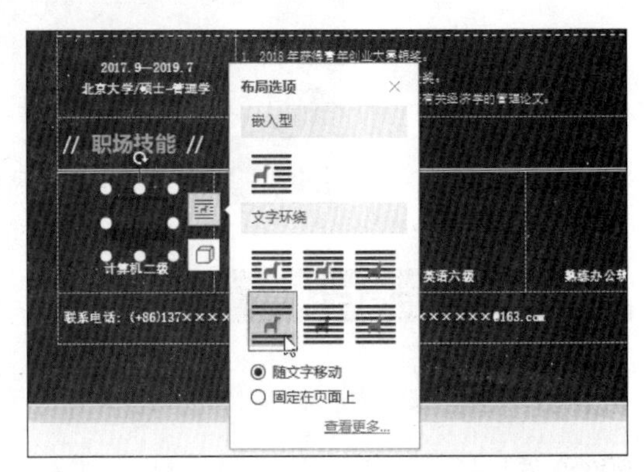

第 4 步 选中图标，单击【图形工具】选项卡下的【图形填充】按钮，在弹出的颜色列表中选择“白色，背景 1”，如下图所示。

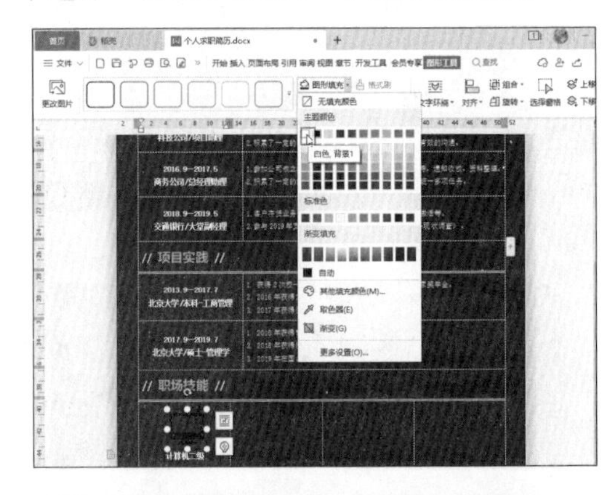

第 5 步 设置颜色后的图标效果如下图所示。

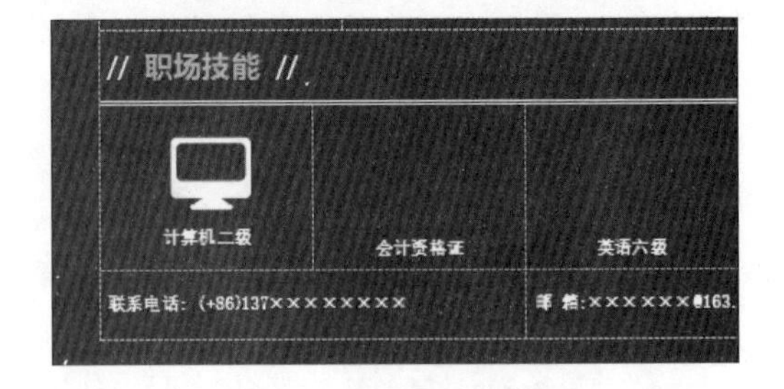

第 6 步 使用同样的方法插入其他 3 个图标，并设置图标效果，个人求职简历的最终效果如下图所示。

制作报价单

与个人求职简历类似的文档还有报价单、企业宣传单、培训资料、产品说明书等。制作这类文档时，都要求做到色彩统一、图文结合、编排简洁，使读者能把握重点并快速获取需要的信息。下面就以制作报价单为例进行介绍。

本节素材结果文件		
	素材	无
	结果	结果 \ch03\ 报价单 .wps

1. 设置页面

新建空白文档，设置页边距、页面大小等，并将文档保存为“报价单 .WPS”，如下图所示。

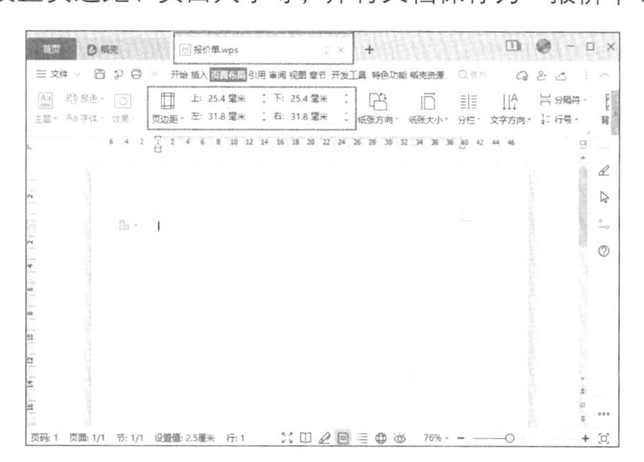

2. 插入表格并合并单元格

单击【插入】选项卡下【表格】组中的【插入表格】按钮，调用【插入表格】对话框，插入 8 列 31 行的表格。根据需要对单元格进行合并和拆分，如下图所示。

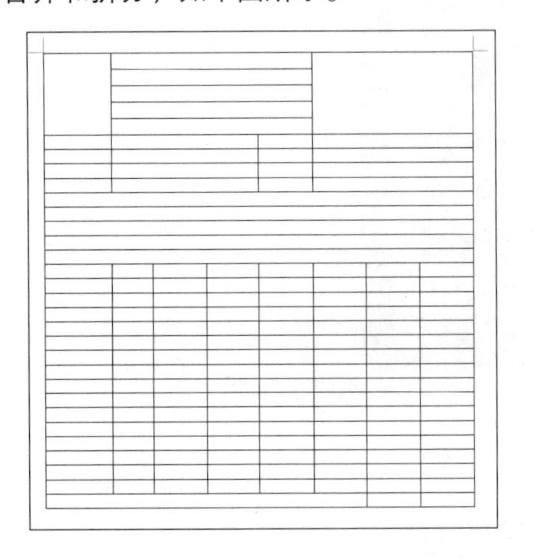

3. 输入表格内容，并设置字体效果

输入报价单内容，并根据需要设置字体效果，调整行高和列宽，如下图所示。

企业 LOGO
公司名称：
公司地址：
Tel 固定电话：
Fax 传真：
E-mail：

报价单

客户名称： 报价单号：
客户电话： 开单日期：
联系人： 列印日期：
客户地址： 更改日期：
1.报价事项说明
2.报价事项说明
3.报价事项说明
4.报价事项说明
5.报价事项说明

序号	物品名称	规格	单位	数量	单价	总价	币别
1	手机	A1586	部	20	4888	97760	RMB
2	笔记本电脑	KU025	台	10	7860	78600	RMB
3	打印机	BO224	台	15	3800	57000	RMB
4	A4 纸	WD102	箱	40	150	6000	RMB
					总价	239360	RMB

4. 美化表格

对表格进行底纹填充等操作，美化表格，如下图所示。

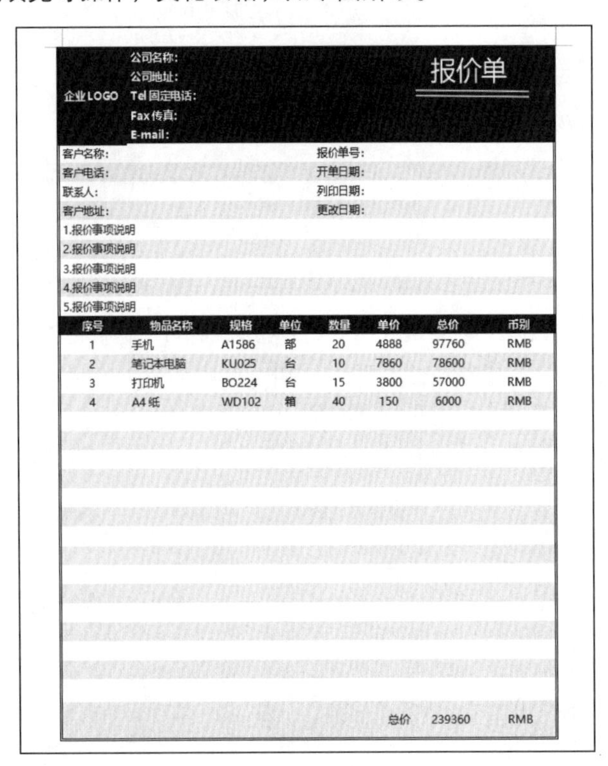
企业 LOGO
公司名称：
公司地址：
Tel 固定电话：
Fax 传真：
E-mail：

报价单

客户名称： 报价单号：
客户电话： 开单日期：
联系人： 列印日期：
客户地址： 更改日期：
1.报价事项说明
2.报价事项说明
3.报价事项说明
4.报价事项说明
5.报价事项说明

序号	物品名称	规格	单位	数量	单价	总价	币别
1	手机	A1586	部	20	4888	97760	RMB
2	笔记本电脑	KU025	台	10	7860	78600	RMB
3	打印机	BO224	台	15	3800	57000	RMB
4	A4 纸	WD102	箱	40	150	6000	RMB
					总价	239360	RMB

◇ 从文档中导出清晰的图片

文档中的图片可以单独导出并保存到计算机中，方便用户使用，具体操作步骤如下。

第 1 步 打开“素材 \ch03\ 企业宣传单 .wps”文档，选中文档中的图片并右击，在弹出的快捷菜单中选择【另存为图片】→【另存选中的图片】选项，如下图所示。

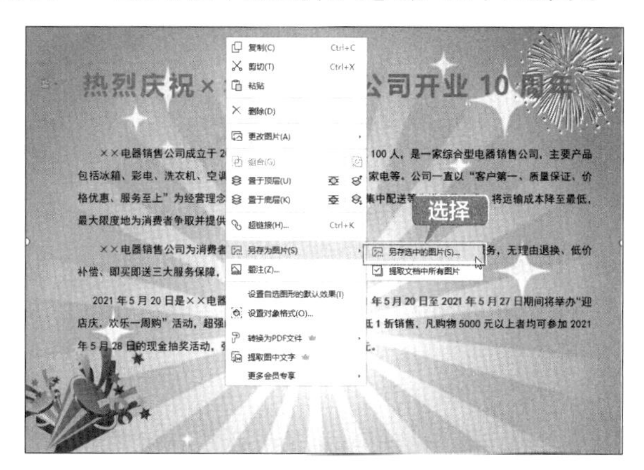

提示

选择【提取文档中所有图片】选项，可以提取文档中的全部图片。

第 2 步 弹出【另存为图片】对话框，在【文件名】文本框中输入名称并设置【文件类型】，单击【保存】按钮，如下图所示。

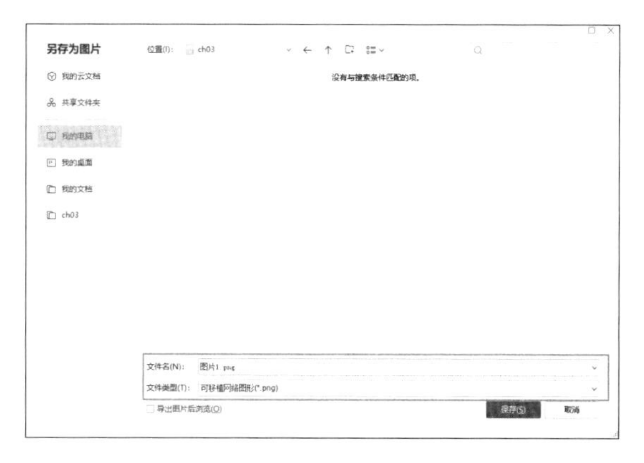

◇ 给跨页表格添加表头

如果表格的内容较多，会自动在下一页显示表格内容，但是表头却不会自动在下一页显示，可以通过设置使表格跨页时自动在下一页添加表头，具体操作步骤如下。

第 1 步 打开“素材 \ch03\ 跨页表格 .wps”文档，选中表格的表头，单击【表格工具】选项卡下的【标题行重复】按钮 标题行重复，如下图所示。

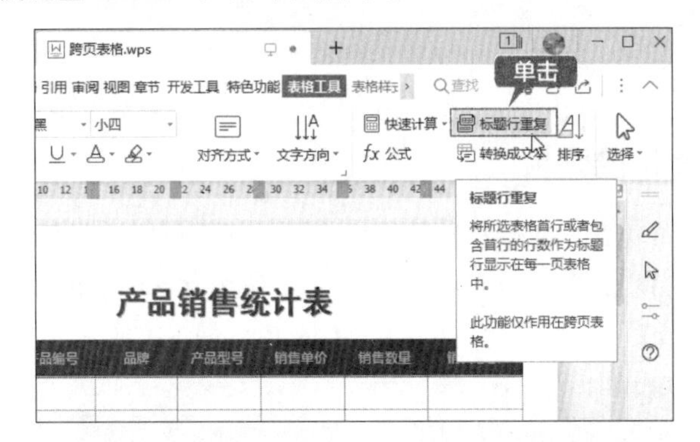

第 2 步 此时即可看到跨页表格的每一页均添加了表头，如下图所示。

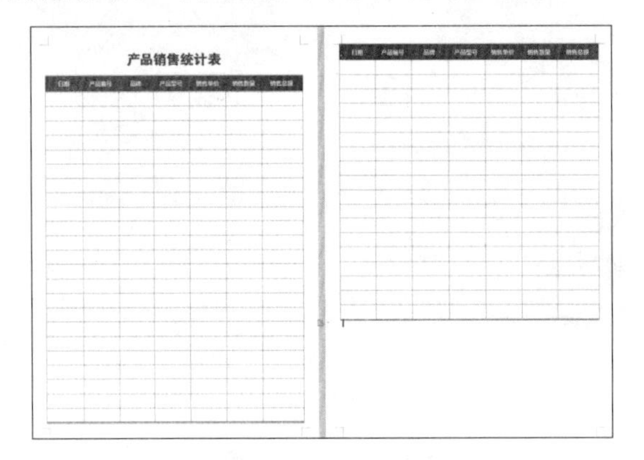

第 4 章

长文档的排版——公司内部培训资料

本章导读

在工作与学习中，经常会遇到包含大量文字的长文档，如毕业论文、个人合同、公司合同、企业管理制度、公司内部培训资料、产品说明书等。使用 WPS 文字提供的创建和更改样式、插入页眉和页脚、插入页码、创建目录等操作，可以方便地对这些长文档进行排版。本章以排版公司内部培训资料为例，介绍长文档的排版技巧。

思维导图

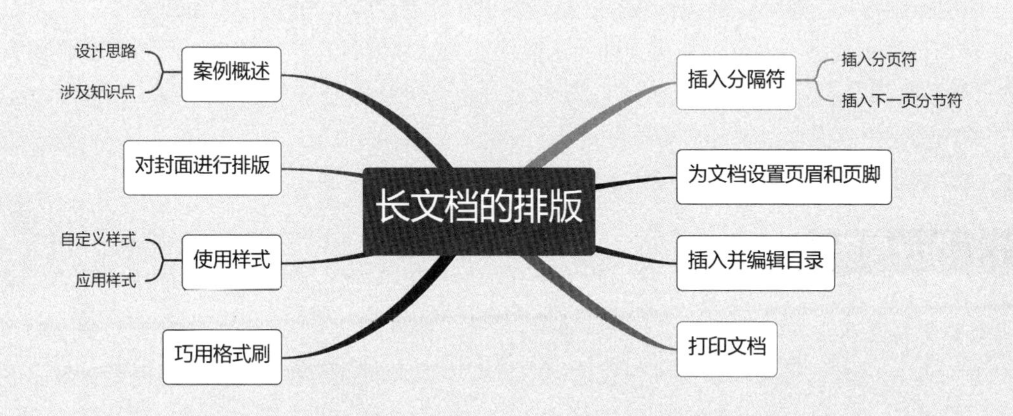

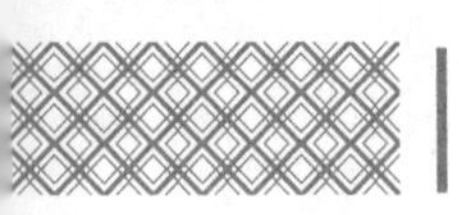

4.1 案例概述

员工良好的礼仪能使客户对公司有一个积极的印象，公司内部培训资料的版面也需要赏心悦目。制作一份格式统一、工整的公司内部培训资料，不仅能使培训资料更美观，还方便阅读，使阅读者可以把握培训重点并快速掌握培训内容，起到事半功倍的效果。

本章素材结果文件

	素材	素材 \ch04\ 公司内部培训资料 .wps
	结果	结果 \ch04\ 公司内部培训资料 .wps

公司内部培训资料的排版需要注意以下几点。

1. 格式统一

① 公司内部培训资料内容分为若干等级，相同等级的标题要使用相同的字体样式（包括字体、字号、颜色等），不同等级的标题之间字体样式要有明显的区别，通常按照等级高低将字号由大到小设置。

② 正文字号最小且需要统一所有正文样式，否则文档将显得杂乱。

2. 层次结构区别明显

① 可以根据需要设置标题的段落格式，为不同标题设置不同的段间距和行间距，使不同标题等级之间或标题和正文之间结构区分更明显，便于阅读者查阅。

② 使用分页符将公司内部培训资料中需要单独显示的页面另起一页显示。

3. 提取目录便于阅读

① 根据标题等级设置对应的大纲级别是提取目录的前提。

② 添加页眉和页脚不仅可以美化文档，还能快速向阅读者传递文档信息，可以设置奇偶页不同的页眉和页脚。

③ 插入页码也是提取目录的必备条件之一。

④ 提取目录后可以根据需要设置目录的样式，使目录格式工整、层次分明。

4.1.1 设计思路

排版公司内部培训资料时可以按以下思路进行。

① 制作公司内部培训资料封面，包含培训项目名称、培训时间等，可以根据需要对封面进行美化。

② 设置培训资料的标题、正文格式，根据需要设计培训资料的标题及正文样式，包括文本样式及段落格式等，并根据需要设置标题的大纲级别。

③ 使用分隔符或分页符设置文本格式，将重要内容另起一页显示。

④ 插入页码、页眉和页脚并提取目录。

4.1.2 涉及知识点

本案例主要涉及的知识点如下图所示（脑图见“素材结果文件\脑图\4.pos”）。

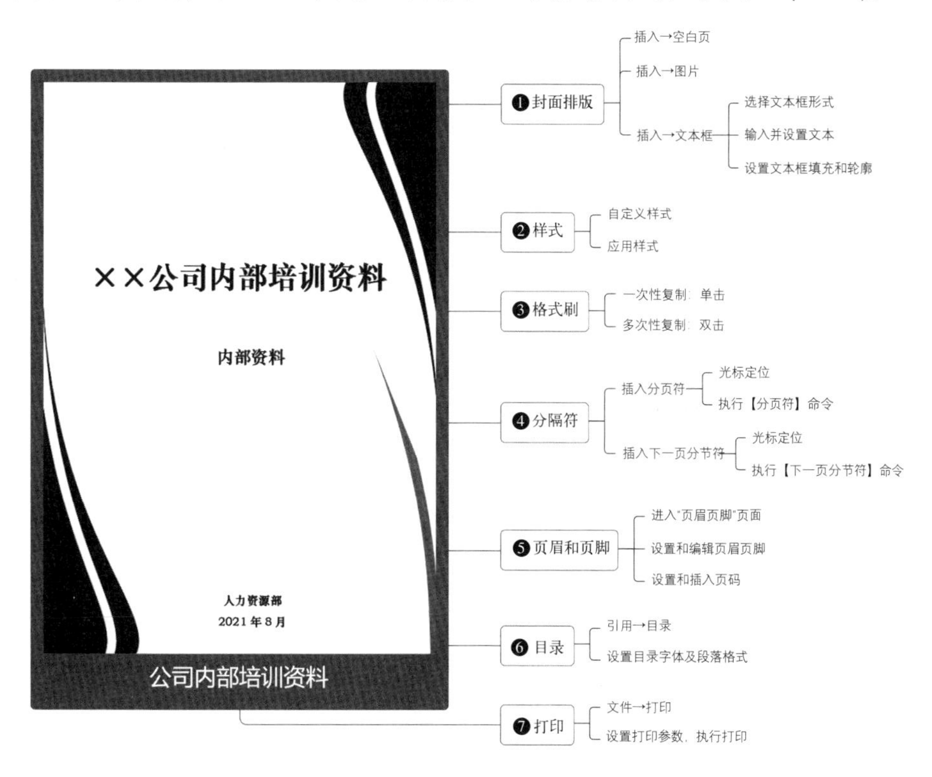

4.2 对封面进行排版

首先为公司内部培训资料添加封面，具体操作步骤如下。

第 1 步 打开素材文件，将光标定位至文档最前面的位置，单击【插入】选项卡下的【空白页】按钮 空白页，如下图所示。

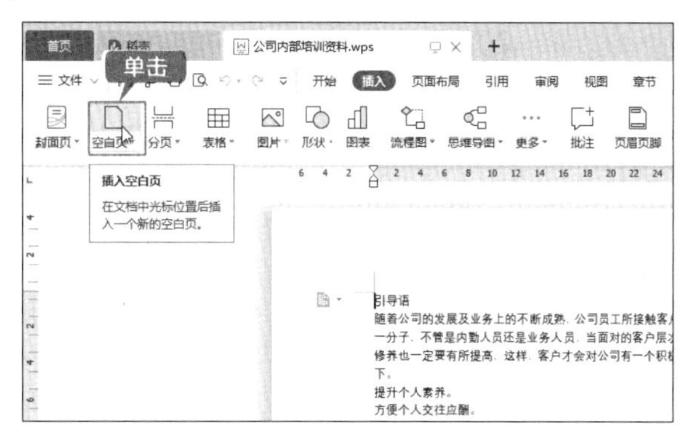

第 2 步 即可在文档中插入一个空白页面，并将光标定位于页面最开始的位置，如下图所示。

第 3 步 单击【插入】选项卡下的【图片】按钮，在弹出的下拉菜单中，单击【来自文件】选项，如下图所示。

第 4 步 弹出【插入图片】对话框，选择“素材 \ch04\ 背景 .png”文件，单击【打开】按钮，如下图所示。

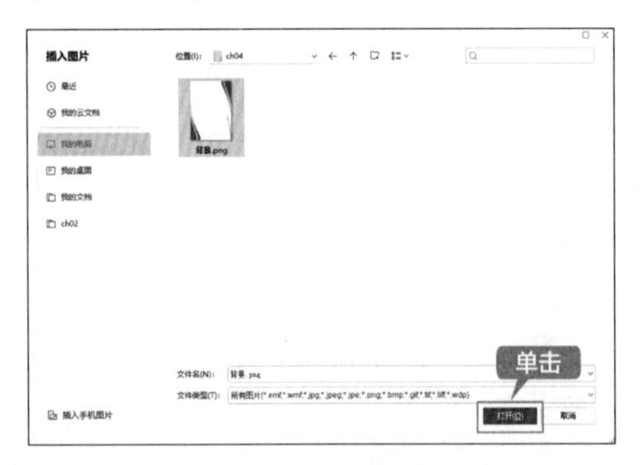

第 5 步 将图片的环绕方式设置为【衬于文字下方】，调整图片大小使其铺满空白页，如下图所示。

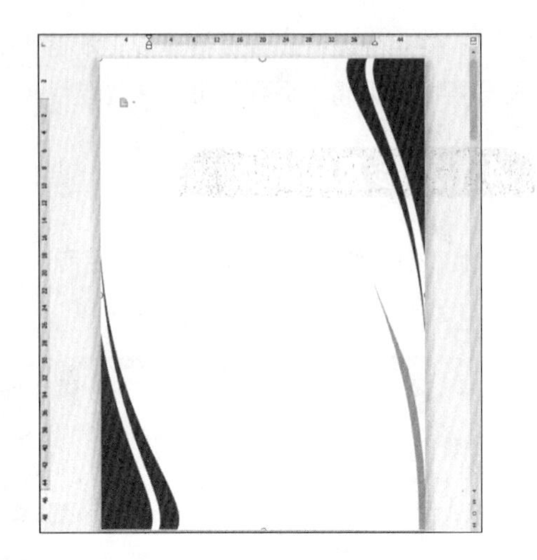

第 6 步 单击【插入】选项卡下的【文本框】下拉按钮 文本框，在弹出的菜单中，选择【横向】选项，如下图所示。

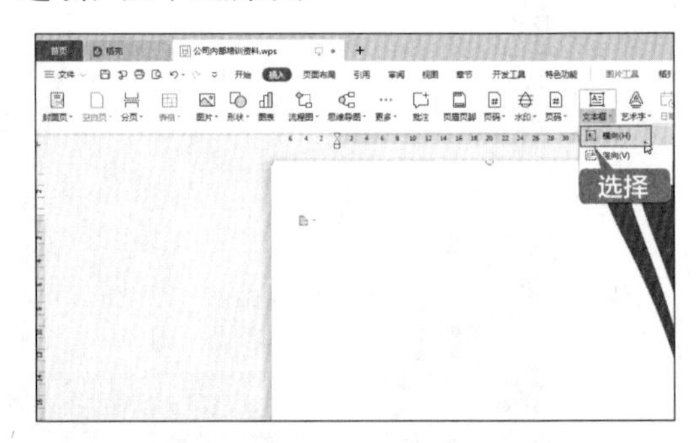

第 7 步 拖曳鼠标在封面页面中绘制一个矩形文本框，如下图所示。

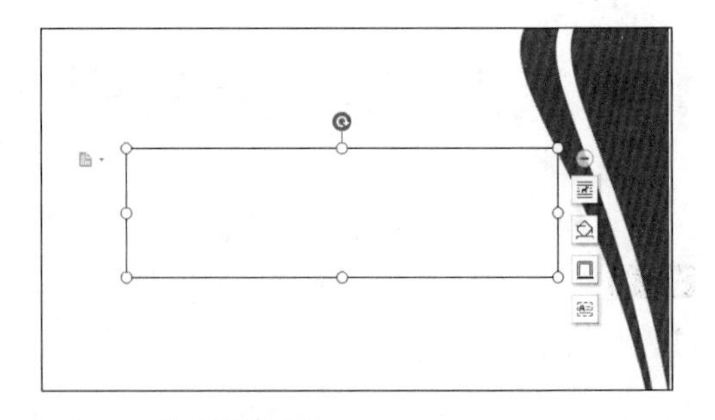

第 8 步 在文本框中输入“× × 公司内部培训资料”，设置字体为“华文中宋”，字号为“45”，调整文本框的位置，效果如下图所示。

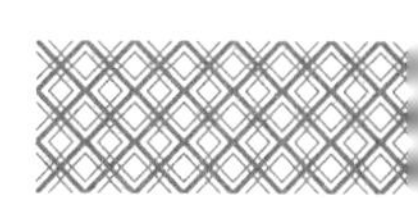

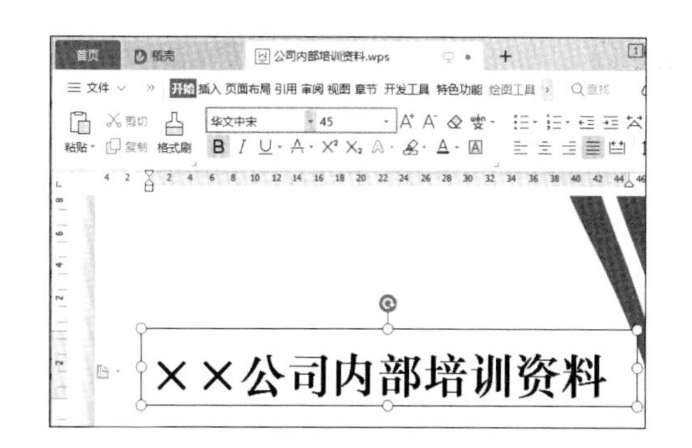

第 9 步 选中文本框，选择【绘图工具】选项卡，分别单击【填充】和【轮廓】下拉按钮，并分别设置为“无填充颜色”和“无线条颜色”，将文本框设置为透明，如下图所示。

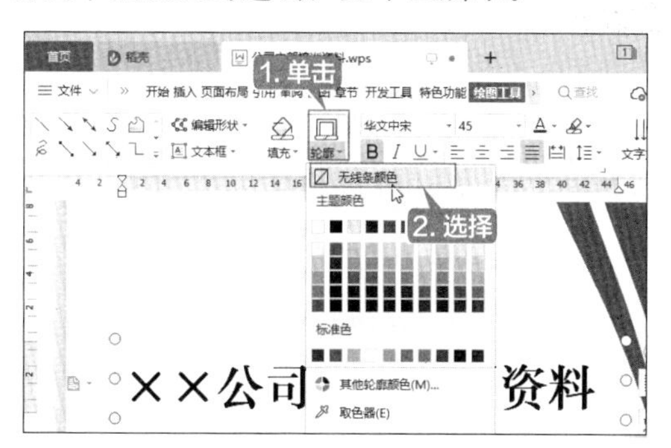

第 10 步 选中文本框，按住【Ctrl】键并向下拖曳鼠标，即可复制一个文本框，输入文本“内部资料”，设置字体和字号，调整其位置。使用同样的方法设置其他封面文字，最终效果如下图所示。

4.3 使用样式

样式是字体格式和段落格式的集合。在对长文档的排版中，可以对相同性质的文本套用特定样式，以提高排版效率。

4.3.1 自定义样式

在对公司内部培训资料这类长文档排版时，相同级别的文本一般会使用统一的样式，具体操作步骤如下。

第 1 步 在【开始】选项卡下的“标题 1”样式上右击，在弹出的快捷菜单中选择【修改样式】命令，如下图所示。

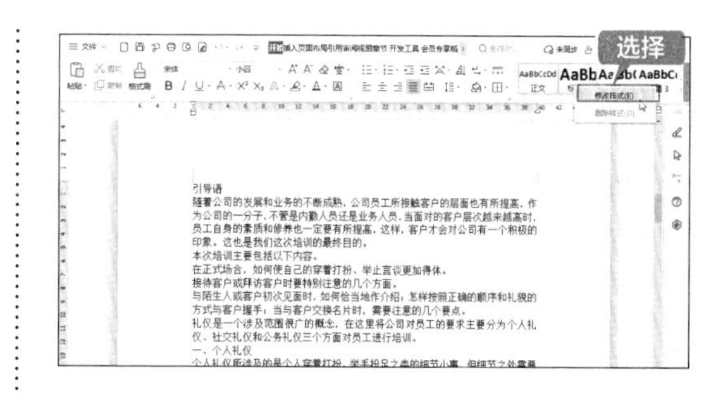

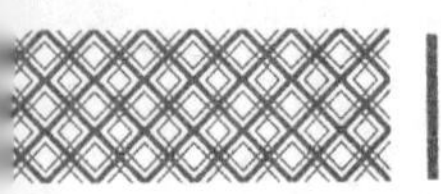

第 2 步 弹出【修改样式】对话框，设置【样式基于】为“无样式”，在【格式】区域中设置【字体】为“等线”，【字号】为“三号”，并设置【加粗】效果，如下图所示。

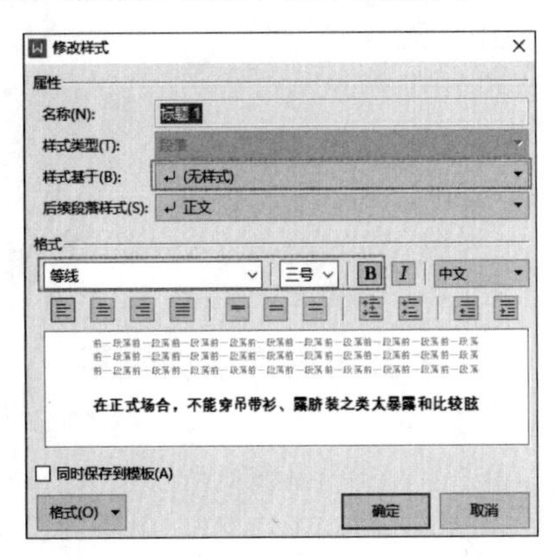

第 3 步 单击【格式】下拉按钮，在弹出的下拉菜单中选择【段落】选项，如下图所示。

第 4 步 打开【段落】对话框，设置【段前】为“0.5”行，【段后】为“1”行，【行距】为“1.5 倍行距”，单击【确定】按钮，如下图所示。

第 5 步 返回【修改样式】对话框，单击【确定】按钮，完成“标题 1”样式的修改，如下图所示。

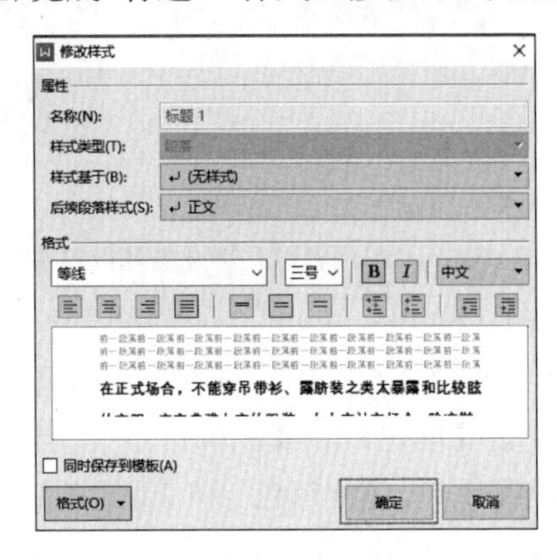

第 6 步 使用同样的方法，修改“标题 2”样式，设置【样式基于】为“无样式”，【字体】为“等线”，【字号】为“小三”，并设置【加粗】效果；设置【段前】为“0.5”行，【段后】为“0.5”行，【行距】为“多倍行距”，【设置值】为“1.2”倍，如下图所示。

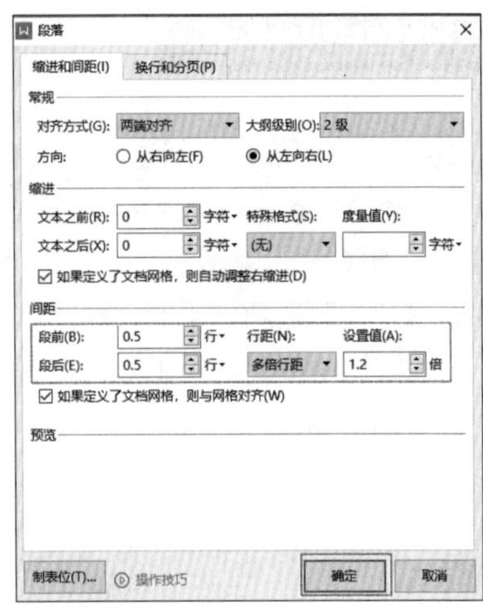

第 7 步 修改“正文”样式，设置【字体】为“微软雅黑”，【字号】为“小四”；设置【缩进】的【特殊格式】为“首行缩进”，【度量值】为“2”字符，【行距】为“多倍行距”，【设置值】为“1.2”倍，如下图所示。

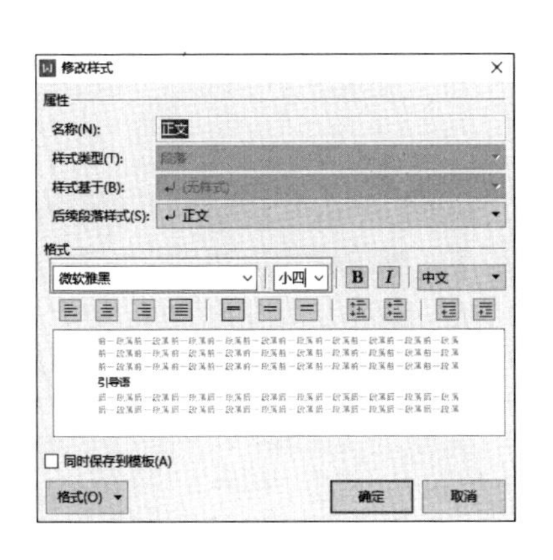

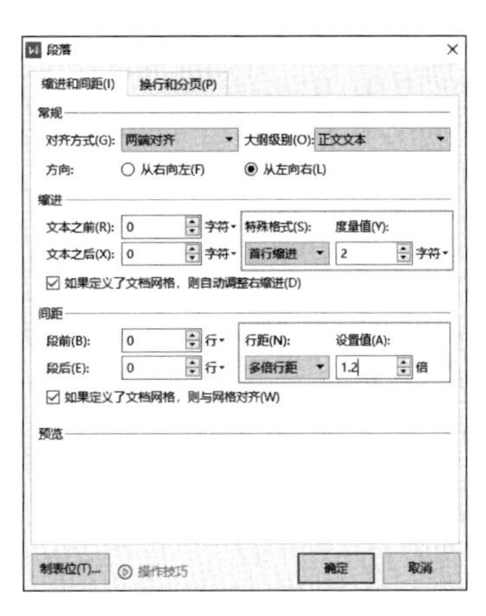

4.3.2 应用样式

定义好样式后可以对需要设置相同样式的文本套用样式。

第 1 步 选择“引导语”文本所在段落，单击【开始】选项卡下的“标题 1”按钮，应用“标题 1”样式，效果如下图所示。

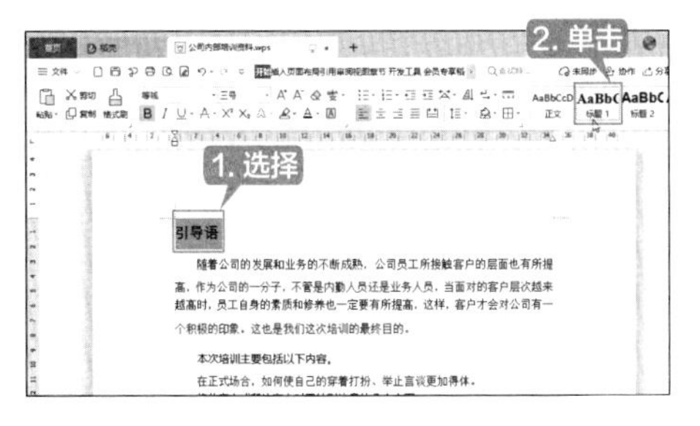

第 2 步 使用同样的方法，为其他相同级别的段落应用“标题 1”样式，效果如下图所示。

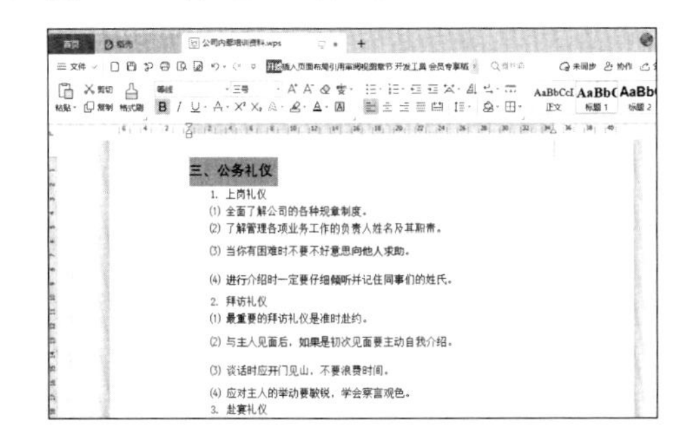

第 3 步 选择“1. 面容仪表”文本所在段落，单击【开始】选项卡下的“标题 2”按钮，应用“标题 2”样式，并为其他相同级别的段落应用“标题 2”样式，效果如下图所示。

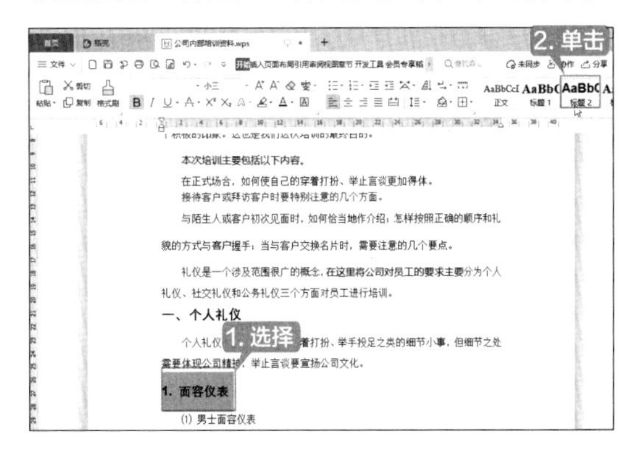

第 4 步 依次选择其他正文内容，单击【开始】选项卡中下的“正文”按钮，应用“正文”样式，效果如下图所示。

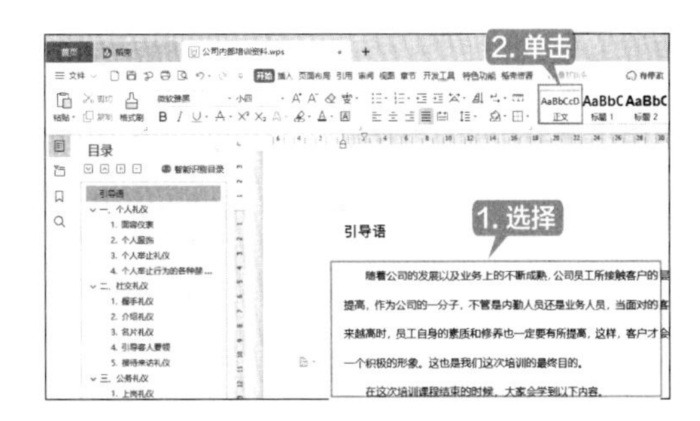

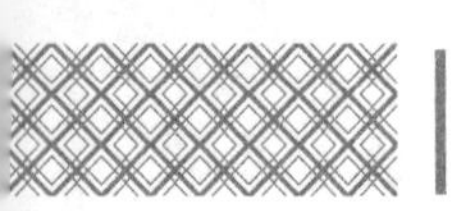

4.4 巧用格式刷

除了对文本应用样式外，还可以使用格式刷工具对相同级别的文本进行格式的设置。使用格式刷的具体操作步骤如下。

第 1 步 选择“(1) 男士面容仪表”文本，单击【开始】选项卡下的【加粗】按钮 B，为文本应用“加粗”样式，效果如下图所示。

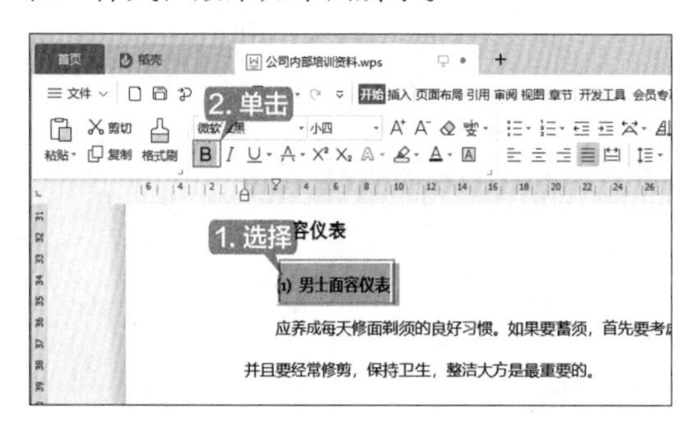

第 2 步 将光标定位在“(1) 男士面容仪表”段落内，双击【开始】选项卡下的【格式刷】按钮，可以看到鼠标指针变为刷子形状，如下图所示。

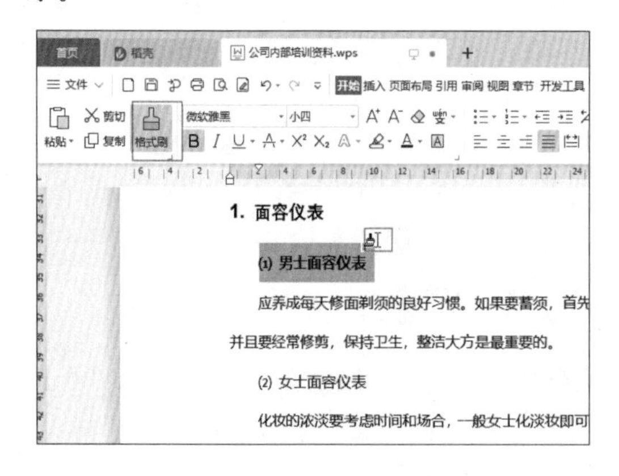

提示

单击【格式刷】按钮，仅可应用一次复制的样式，双击【格式刷】按钮，可重复多次应用复制的样式，直至按【Esc】键结束。

第 3 步 在要应用该样式的段落前单击，即可将复制的样式应用到所选段落，效果如下图所示。

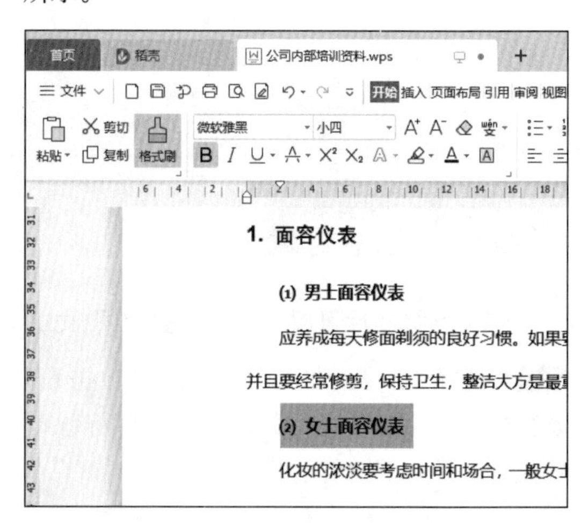

第 4 步 重复第 3 步操作，将复制的样式通过格式刷应用至所有需要应用该样式的段落后，按【Esc】键结束格式刷命令，效果如下图所示。

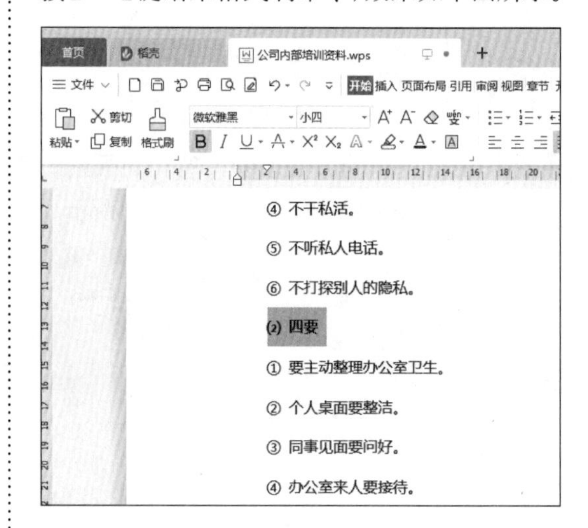

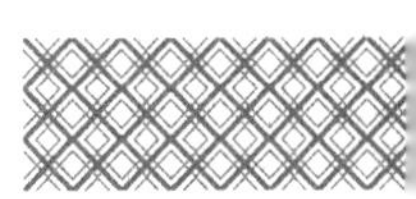

4.5 插入分隔符

WPS 文字提供了分页符、分栏符、换行符、下一页分节符、连续分节符、偶数页分节符、奇数页分节符 7 种分隔符号。排版长文档时，如果要设置不同的页眉、页脚，可以通过分节符控制；如果需要另起一页显示后面的内容，页眉、页脚等格式不变时，可以插入分页符。

4.5.1 插入分页符

本例需要将引导语内容单独显示在一页，引导语和后面的培训内容有相同的页眉页脚，因此，可以通过插入分页符实现。插入分页符的具体操作步骤如下。

第 1 步 将光标定位至要分页显示的文本前，这里将光标定位在“一、个人礼仪”文本前，单击【页面布局】选项卡下的【分隔符】按钮，在弹出的下拉列表中选择【分页符】命令，如下图所示。

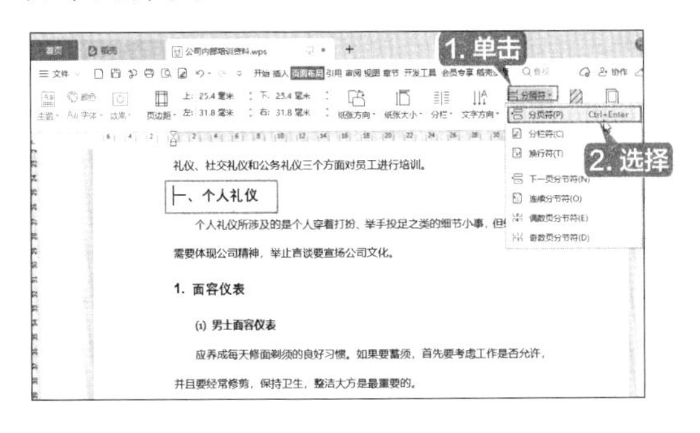

提示

也可以直接按【Ctrl+Enter】组合键实现分页操作。

第 2 步 即可在光标所在位置上方插入分页符，分页后效果如下图所示。

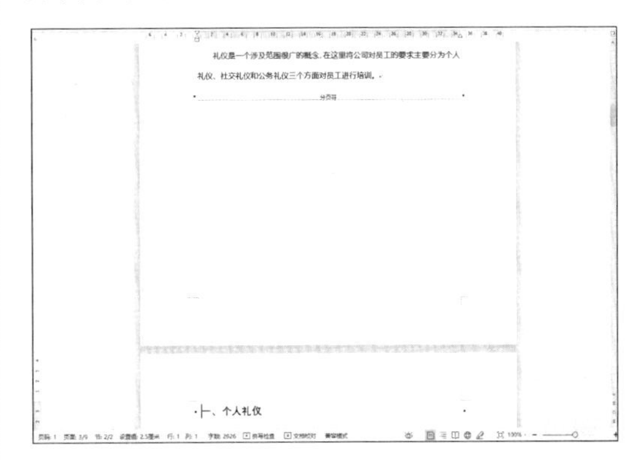

4.5.2 插入下一页分节符

本例需要在引导语上方预留显示目录的页面，插入目录的操作将在 4.7 节介绍，这里首先需要插入一页空白页，在目录页面中不需要显示页眉和页码，即前后内容有不同的页眉页脚，因此，这里需要通过分节符实现，具体操作步骤如下。

第 1 步 将光标定位在“引导语”文本所在段落前方，单击【页面布局】选项卡下的【分隔符】按钮，在弹出的下拉列表中选择【下一页分节符】命令，如下图所示。

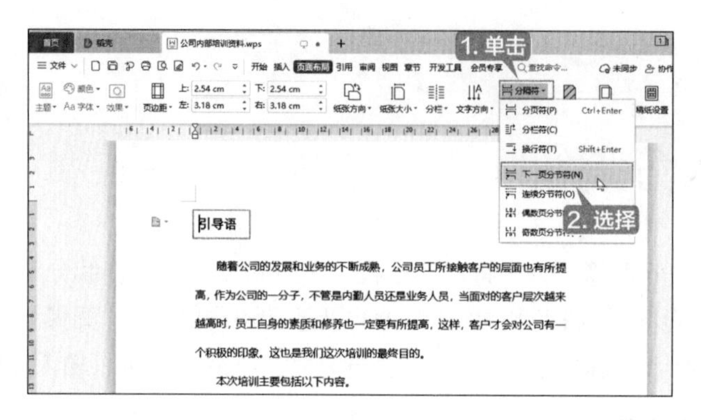

第 2 步 在“引导语”页面上方即会插入一页空白页面，效果如下图所示。

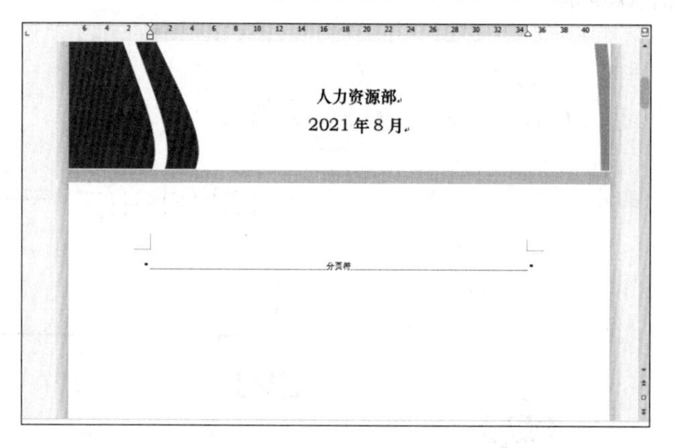

4.6 为文档设置页眉和页脚

在 4.5 节中插入了分隔符，用于实现插入不同的页眉和页脚。封面页和目录页中不显示页眉和页脚。引导语页面和培训正文内容页面有相同的页眉和页脚。在设置页眉前首先要取消分节符下方内容的【同前节】功能，这样才能为后面的页面单独设置页眉和页脚，否则会延续前一节的页眉和页脚。为文档设置页眉和页脚的具体操作步骤如下。

第 1 步 将光标定位在引导语页面，单击【插入】选项卡下的【页眉页脚】按钮 页眉页脚，如下图所示。

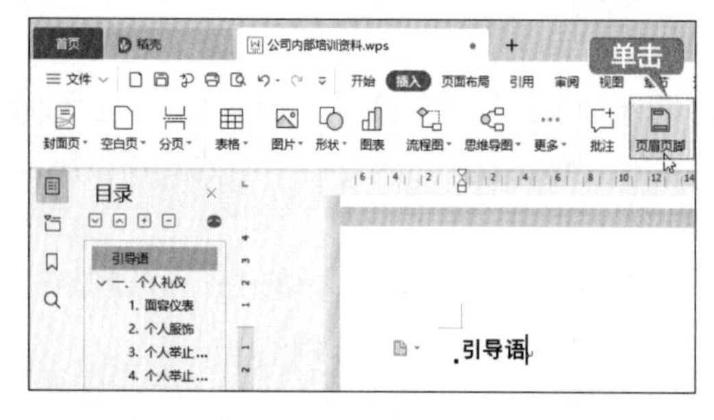

第 2 步 光标会自动显示在引导语页面的页眉位置，可以看到【页眉页脚】选项卡下【同前节】按钮的背景颜色显示为灰色，并在页眉右下方位置显示“与上一节相同”的提示，如下图所示。

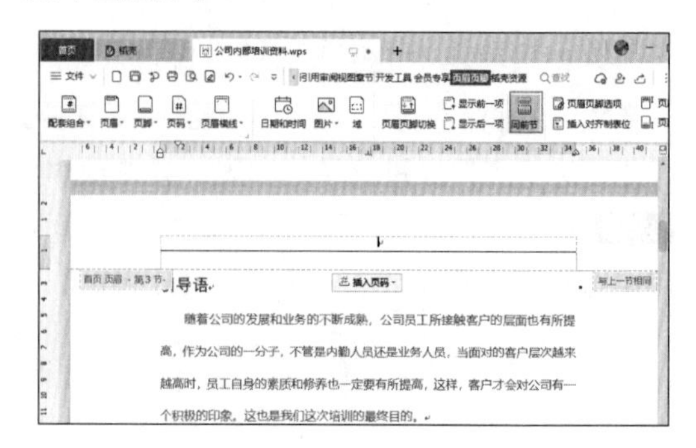

第 3 步 单击【页眉页脚】选项卡下的【同前节】按钮，当按钮背景显示为白色时，表示已关闭了【同前节】功能，页眉右下方位置“与上一节相同”提示消失，如下图所示。

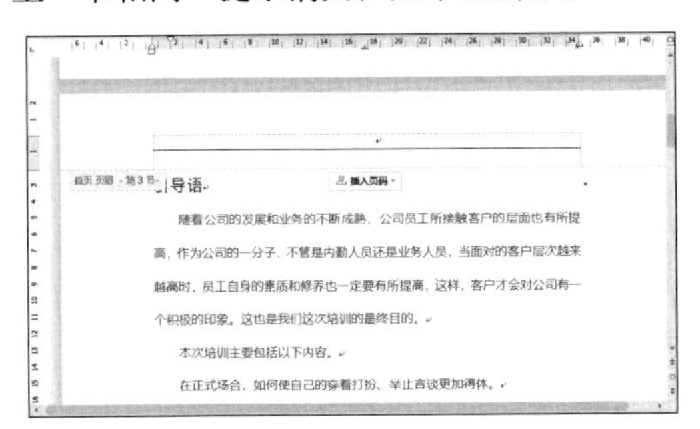

第 4 步 单击【页眉页脚】选项卡下的【页眉页脚切换】按钮，切换至页脚位置，单击【同前节】按钮，取消页脚与上一节的关联，如下图所示。

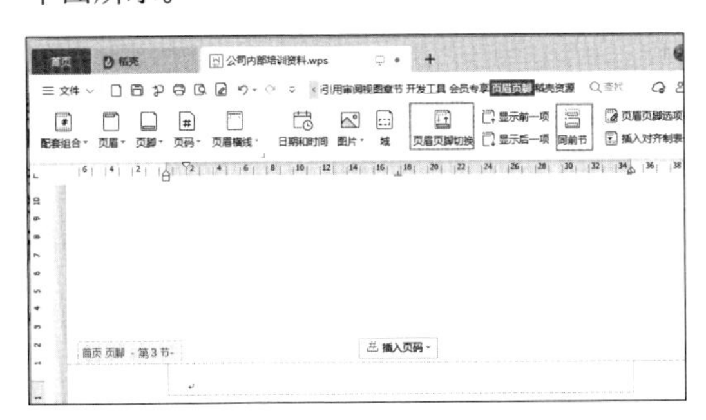

第 5 步 返回至引导语页面页眉位置，单击【页眉页脚】选项卡下的【页眉页脚选项】按钮，如下图所示。

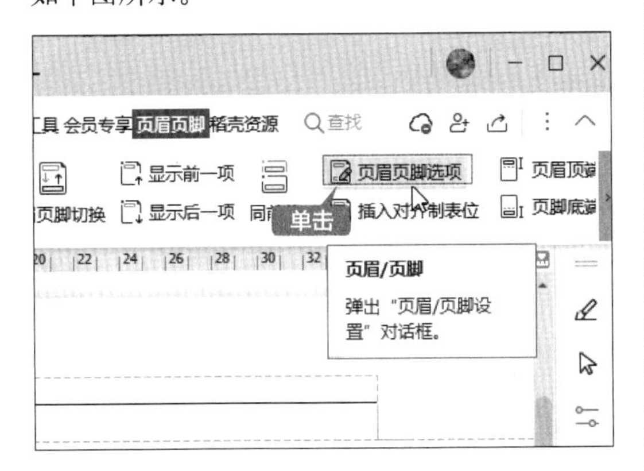

第 6 步 打开【页眉 / 页脚设置】对话框，仅勾选【奇偶页不同】复选框，单击【确定】按钮，如下图所示。

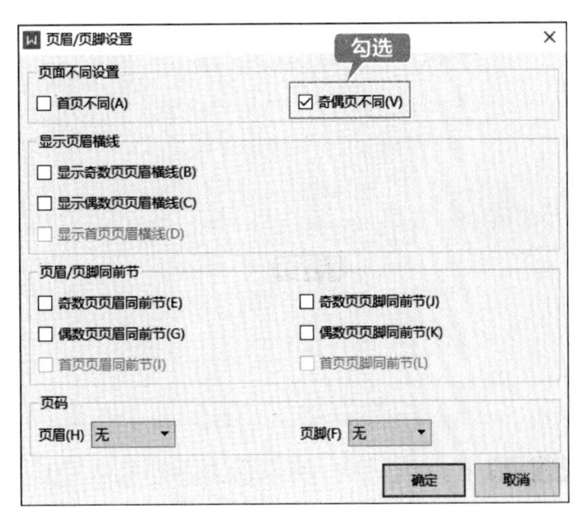

第 7 步 在引导语页面页眉位置输入“× × 咨询公司”，并根据需要设置字体样式，效果如下图所示。

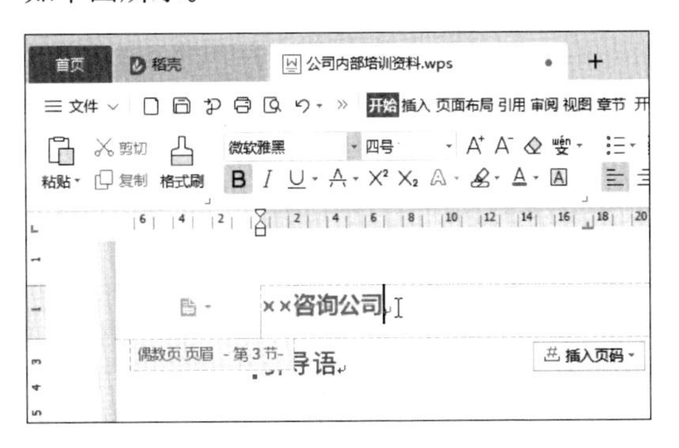

第 8 步 在奇数页页眉输入“公司内部培训资料”，并根据需要设置字体样式，效果如下图所示。

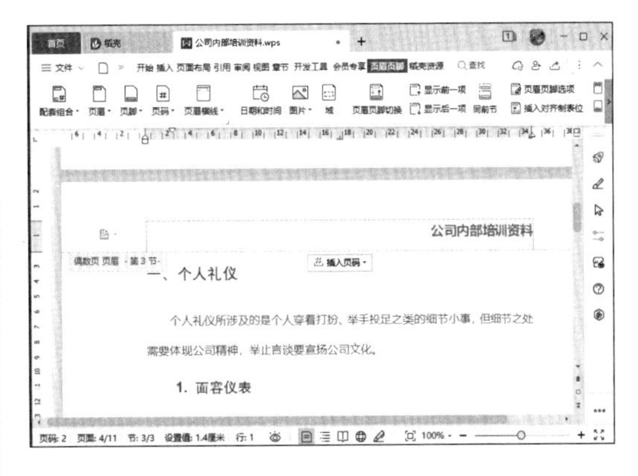

第 9 步 将光标定位在引导语页面页脚位置，单击【页眉页脚】选项卡下的【页码】按钮，在弹出的下拉列表中选择【页脚】→【页脚中间】选项，如下图所示。

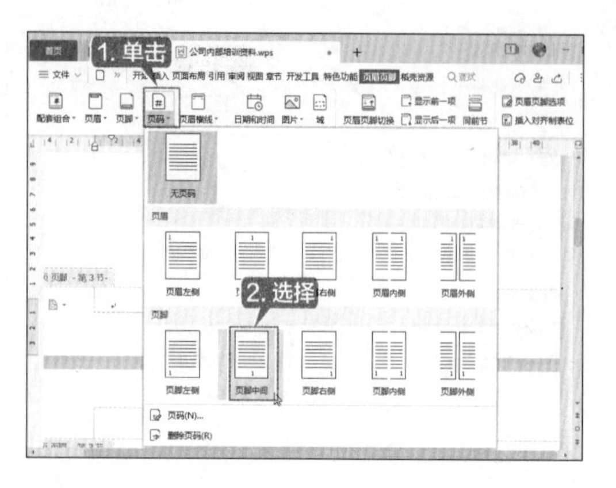

第10步 插入页码后，可以看到页码是从“0”开始的，此处需要设置起始页码为“1”，单击【重新编号】按钮，如下图所示。

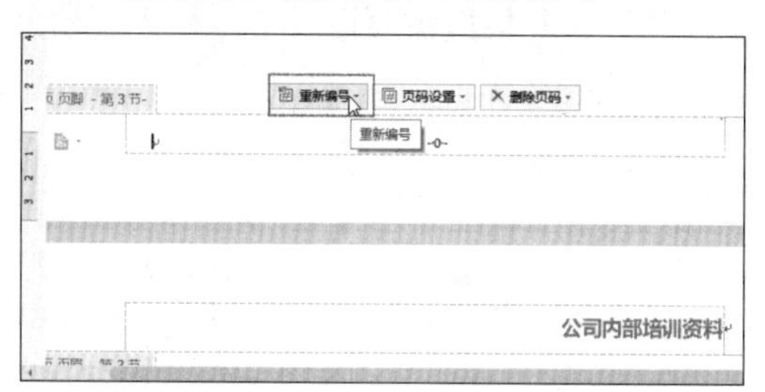

第11步 在弹出的下拉列表中将页码编号设为“1”，单击后方的✓按钮，如下图所示。

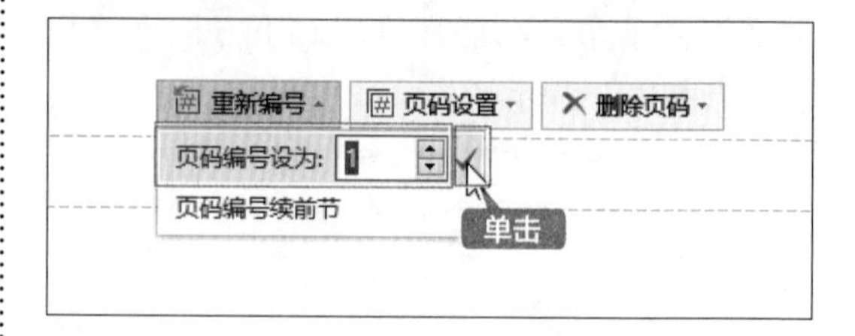

第12步 完成页眉及页码的设置，单击【页眉页脚】选项卡下的【关闭】按钮，完成页眉页脚设置，最终效果如下图所示。

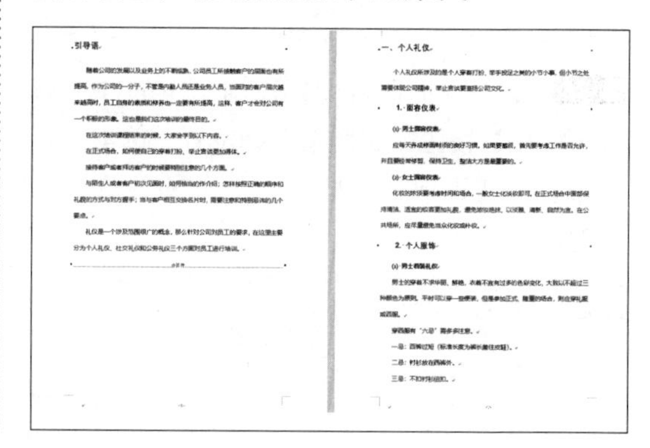

4.7 插入并编辑目录

目录是公司内部培训资料的重要组成部分，可以帮助阅读者更方便地阅读资料，使阅读者更快地找到自己想要阅读的内容。插入并编辑目录的具体操作步骤如下。

第1步 选择目录页，在“分节符（下一页）”前按【Enter】键新增一行，并清除当前格式，输入“目录”文本，并根据需要设置文本样式，效果如下图所示。

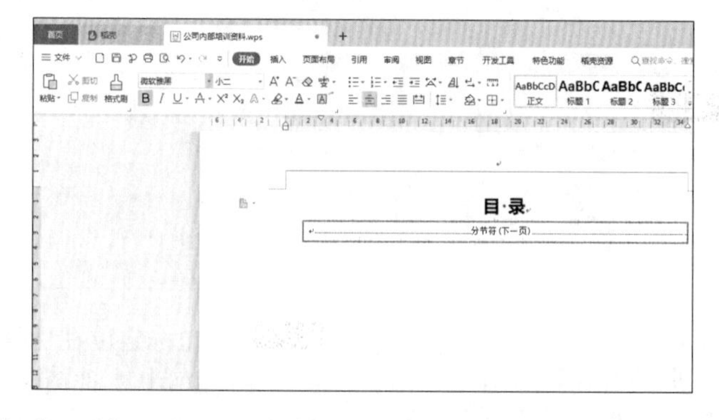

第2步 将光标定位在“目录”文本下一行，并清除当前格式。单击【引用】选项卡下的【目录】

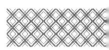

按钮，在弹出的下拉列表中选择【自定义目录】选项，如下图所示。

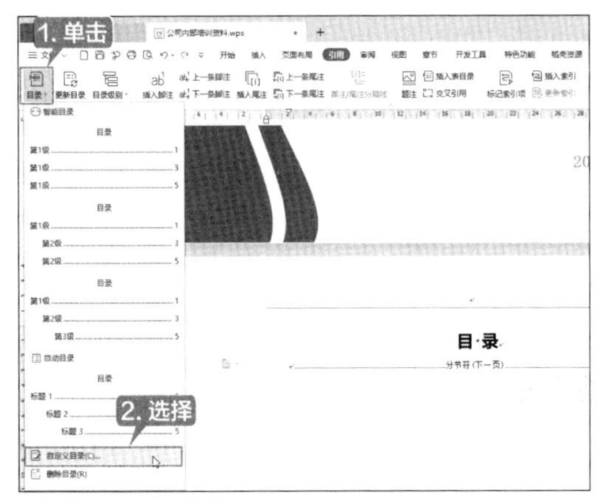

第 3 步 弹出【目录】对话框，设置【显示级别】为“2”，其他选项不变，单击【确定】按钮，如下图所示。

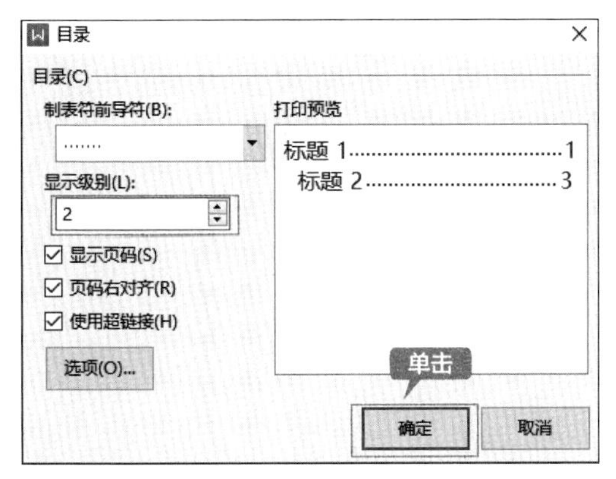

第 4 步 完成提取目录的操作，如下图所示。

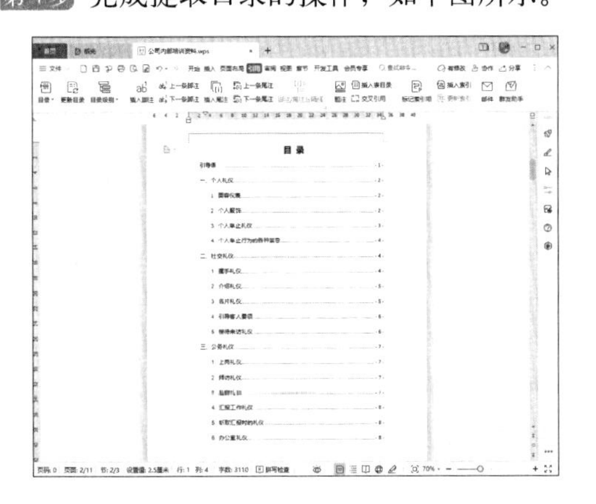

第 5 步 根据需要调整目录的字体和段落格式，完成插入并编辑目录的操作，最终效果如下图所示。

目 录

提示

如果修改了文档内容，标题位置发生改变，需要更新目录，可以在目录上右击，在弹出的快捷菜单中选择【更新域】选项，打开【更新目录】对话框，选中【更新整个目录】单选按钮，单击【确定】按钮，完成目录的更新操作，如下图所示。

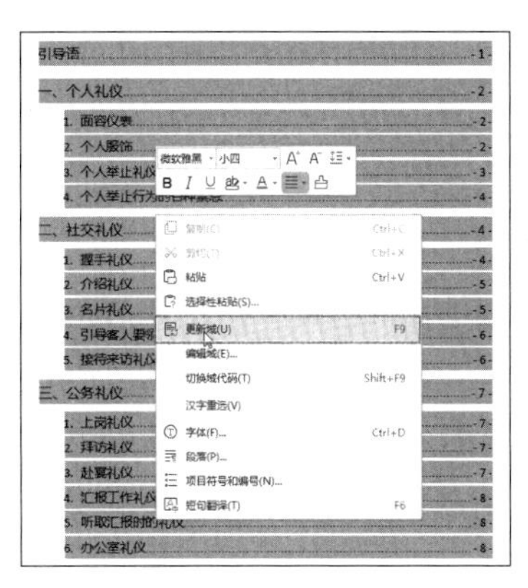

更新目录

WPS文字 正在更新目录，请选择下列选项之一：

○ 只更新页码(P)

● 更新整个目录(E)

单击

确定　取消

提示

按住【Ctrl】键并单击目录标题，可快速定位至该标题所在的位置。

资源提取码：wps5h1

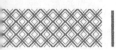

4.8 打印文档

公司内部培训资料排版完成后，就可以查看预览或将资料打印出来发放给员工，预览及打印公司内部培训资料的具体操作步骤如下。

第 1 步 单击【文件】→【打印】→【打印预览】命令，如下图所示。

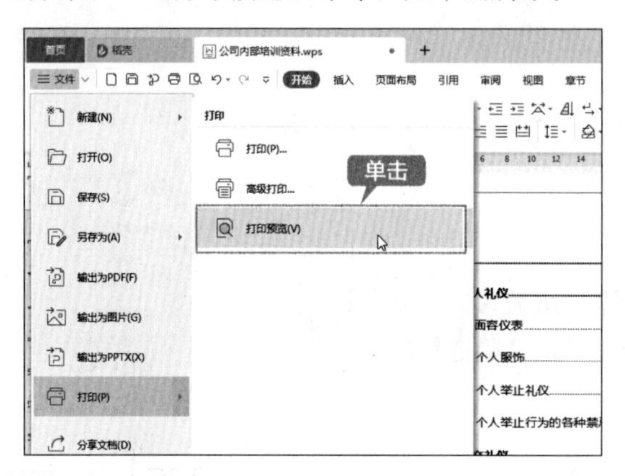

第 2 步 进入打印预览界面，如下图所示。

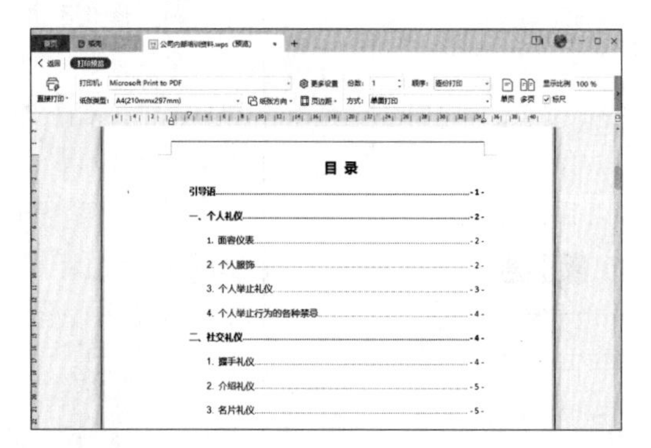

第 3 步 如果打印预览时没有发现文档有需要修改的问题，可以打印文档，在【打印机】下方选择打印机，设置【份数】为参与培训人员的数量，如输入“25”，在【方式】下拉列表中可以选择打印方式，如单面打印或双面打印等，设置完成后，单击【直接打印】按钮，即可打印公司内部培训资料，如下图所示。

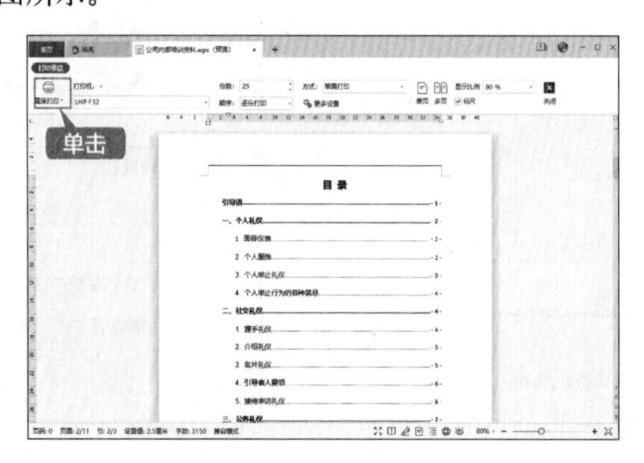

排版毕业论文

排版毕业论文时需要注意的是文档中同一类别的文本的格式要统一，层次要有明显的区分，要对同一级别的段落设置相同的格式，还要将需要单独显示的页面单独显示。毕业论文主要由首页、正文、目录等组成，因此，在排版毕业论文时，首先需要设计好论文的首页；然后根据论文要求设置正文的字体和段落格式；最后提取目录。

本节素材结果文件		
	素材	素材 \ch04\ 毕业论文 .wps
	结果	结果 \ch04\ 毕业论文 .wps

1. 设计毕业论文首页

在制作毕业论文时，首先需要为论文添加首页，来展示个人信息。

第 1 步 打开素材文件，将光标定位至文档最前面的位置，按【Ctrl+Enter】组合键插入空白页面。在新插入的空白页面中输入学校信息、个人信息和指导教师等，如下图所示。

××××××学院

毕 业 论 文

基于 Java 的公司信息管理系统的设计与实现

学 院（系）：计算机科学与工程学院
专　　业：计算机科学与技术
学 生 姓 名：周　佳
学　　号：2017081227
指 导 教 师：李老师
评 阅 教 师：王老师
完 成 日 期：2021 年 6 月 25 日

第 2 步 根据需要分别为不同的文本设置不同的样式，如下图所示。

××××××学院

毕 业 论 文

基于 Java 的公司信息管理系统的设计与实现

学 院（系）：计算机科学与工程学院
专　　业：计算机科学与技术
学 生 姓 名：周　佳
学　　号：2017081227
指 导 教 师：李老师
评 阅 教 师：王老师
完 成 日 期：2021 年 6 月 25 日

2. 设计毕业论文标题及正文样式

在撰写毕业论文时，学校会统一毕业论文的格式，学生需要根据规定的格式设置样式。对于一些特殊的格式，如表注、图注等，可以根据学校的要求，单独创建新样式。

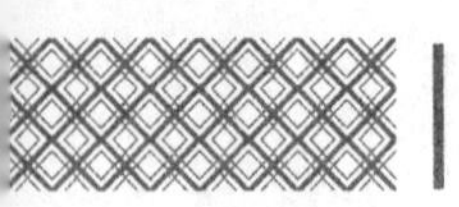

第 1 步 在“正文”样式上右击，在弹出的快捷菜单中选择【修改样式】选项，打开【修改样式】对话框。设置【字体】为“宋体”，【字号】为“小四”，如下图所示。

第 2 步 单击【格式】按钮，选择【段落】选项，打开【段落】对话框。设置【特殊格式】为“首行缩进”，【度量值】为“2”字符，设置【行距】为“多倍行距”，【设置值】为“1.25”倍，单击【确定】按钮，返回【修改样式】对话框，单击【确定】按钮完成设置，如下图所示。

第 3 步 在“标题 1”样式上右击，选择【修改样式】选项，在【修改样式】对话框中设置【样式基于】为“无样式”，设置【字体】为“黑体”，【字号】为“小三”，设置对齐方式为“居中”。单击【格式】按钮，选择【段落】选项，在【段落】对话框中设置【特殊格式】为“无”，【段前】为“0.5”行，【段后】为“1”行，【行距】为“1.5 倍行距”，如下图所示。

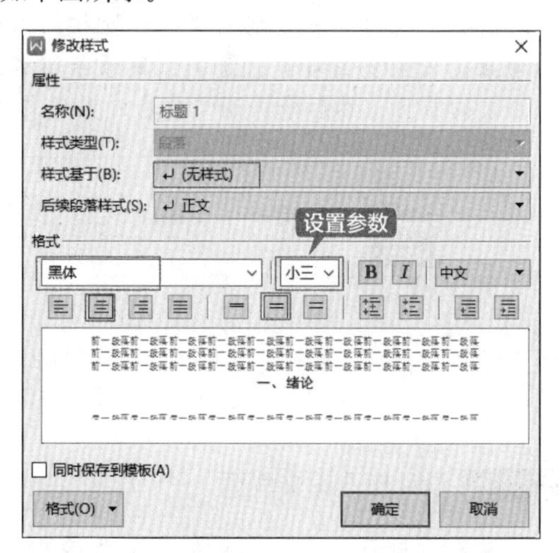

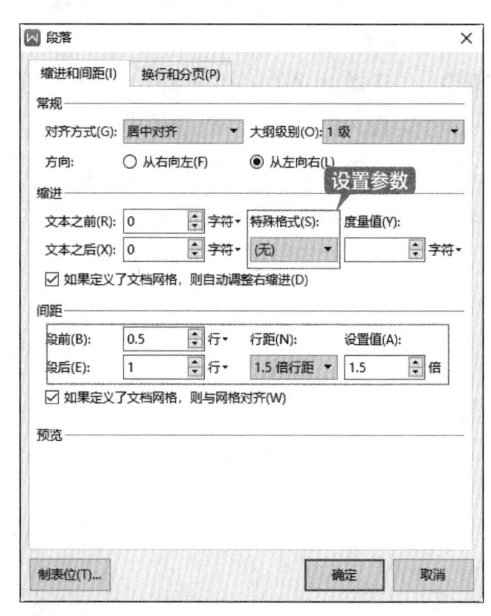

第 4 步 使用同样的方法设置“标题 2”样式。设置【字体】为“黑体”，【字号】为“四号”；在【段落】对话框中设置【特殊格式】为“无”，【段前】为“0.5”行，【段后】为“0.5”行，【行距】为“1.5 倍行距”，如下图所示。

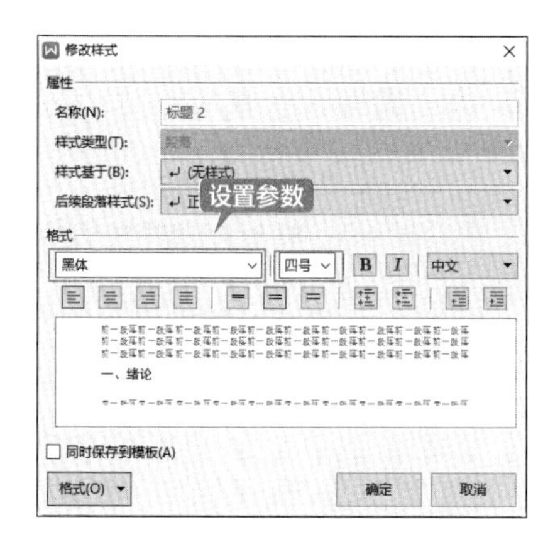

第 5 步 修改“标题 3”样式。设置【字体】为“黑体”，【字号】为“小四”；在【段落】对话框中设置【特殊格式】为“无”，【段前】为“0.5”行，【段后】为“0”行，【行距】为“1.5 倍行距”，如下图所示。

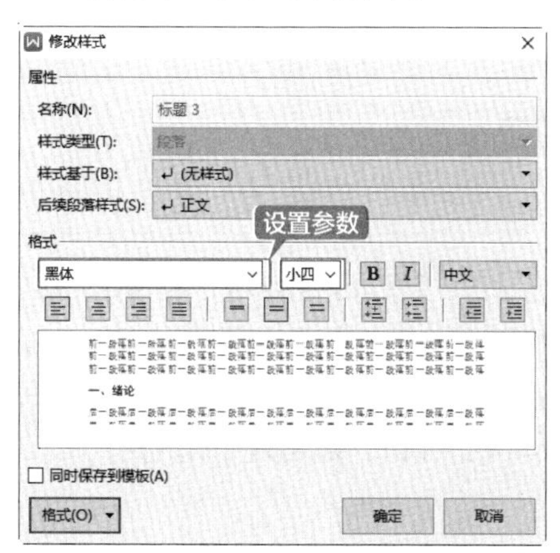

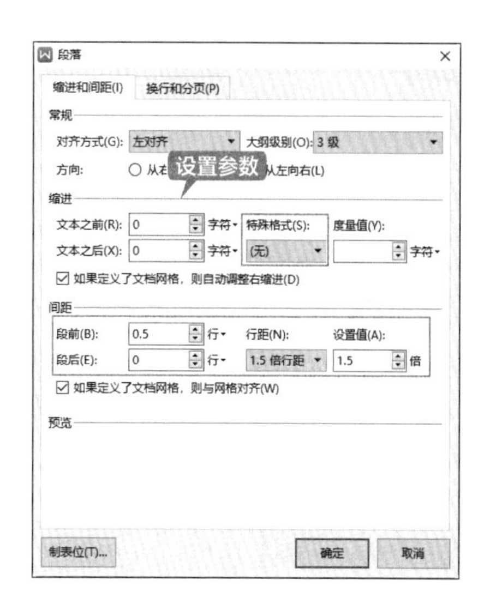

3. 应用论文标题及正文样式

设置标题及正文样式后，即可逐个应用样式至标题或正文段落，应用样式后的毕业论文效果如下图所示。

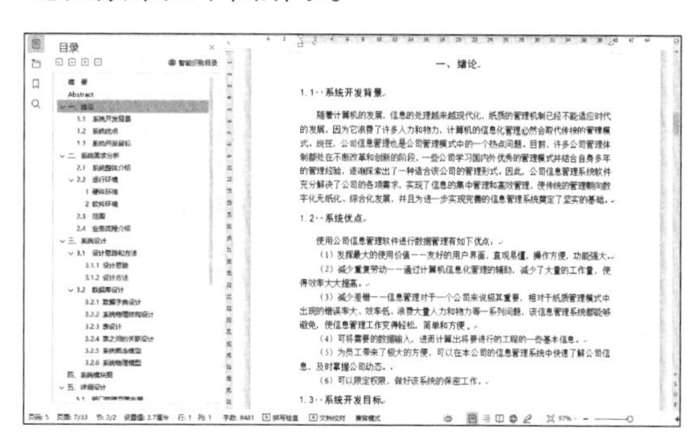

4. 设置分页

在毕业论文中，中英文摘要、结论、参考文献、致谢等内容需要在单独的页面显示，可以按【Ctrl+Enter】组合键插入分页符，效果如下图所示。

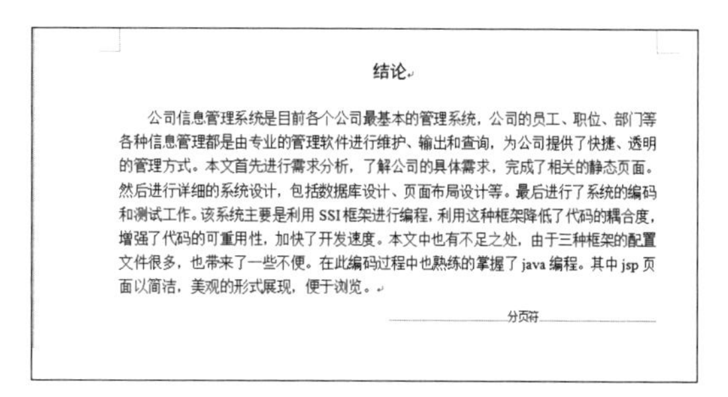

结论

公司信息管理系统是目前各个公司最基本的管理系统，公司的员工、职位、部门等各种信息管理都是由专业的管理软件进行维护、输出和查询，为公司提供了快捷、透明的管理方式。本文首先进行需求分析，了解公司的具体需求，完成了相关的静态页面。然后进行详细的系统设计，包括数据库设计、页面布局设计等。最后进行了系统的编码和测试工作。该系统主要是利用 SSI 框架进行编程，利用这种框架降低了代码的耦合度，增强了代码的可重用性，加快了开发速度。本文中也有不足之处，由于三种框架的配置文件很多，也带来了一些不便。在此编码过程中也熟练的掌握了 java 编程。其中 jsp 页面以简洁，美观的形式展现，便于浏览。

分页符

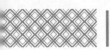

5. 设置页眉并插入页码

在毕业论文中需要根据学校要求插入页眉，页眉通常设置为奇偶页不同，奇数页页眉显示学校名称，偶数页页眉则显示毕业论文名称，使文档看起来更美观，在页脚中还需要插入页码。

第 1 步 单击【插入】选项卡下的【页眉页脚】按钮，进入页眉页脚编辑状态，单击【页眉页脚】→【页眉页脚选项】按钮，打开【页眉／页脚设置】对话框，勾选【奇偶页不同】复选框，单击【确定】按钮，如下图所示。

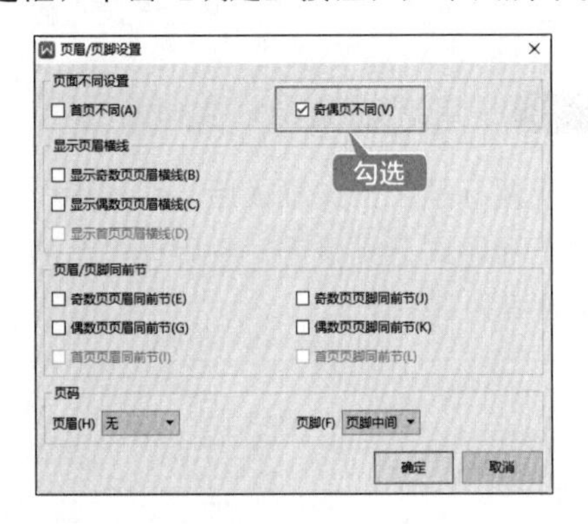

第 2 步 在摘要页面的页脚位置插入页码，并设置页码从“1”开始，如下图所示。

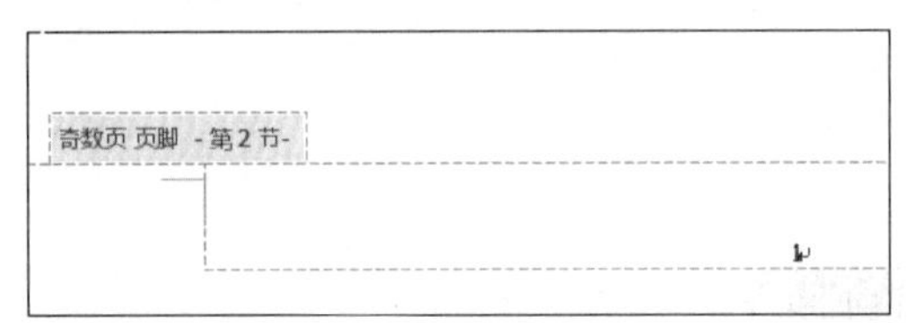

第 3 步 在奇数页页眉中输入文本，并根据需要设置字体样式，如下图所示。

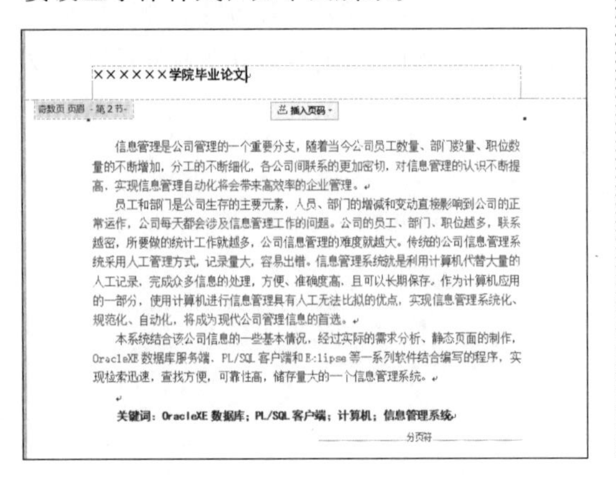

××××××学院毕业论文

奇数页 页眉 - 第 2 节-　插入页码

信息管理是公司管理的一个重要分支，随着当今公司员工数量、部门数量、职位数量的不断增加，分工的不断细化，各公司间联系的更加密切，对信息管理的认识不断提高，实现信息管理自动化将会带来高效率的企业管理。

员工和部门是公司生存的主要元素，人员、部门的增减和变动直接影响到公司的正常运作，公司每天都会涉及信息管理工作的问题。公司的员工、部门、职位越多，联系越密，所要做的统计工作就越多，公司信息管理的难度就越大。传统的公司信息管理系统采用人工管理方式，记录量大，容易出错。信息管理系统就是利用计算机代替大量的人工记录，完成众多信息的处理，方便、准确度高，且可以长期保存。作为计算机应用的一部分，使用计算机进行信息管理具有人工无法比拟的优点，实现信息管理系统化、规范化、自动化，将成为现代公司管理信息的首选。

本系统结合该公司信息的一些基本情况，经过实际的需求分析、静态页面的制作，OracleXE 数据库服务端、PL/SQL 客户端和 Eclipse 等一系列软件结合编写的程序，实现检索迅速，查找方便，可靠性高，储存量大的一个信息管理系统。

关键词：OracleXE 数据库；PL/SQL 客户端；计算机；信息管理系统

分页符

第 4 步 在偶数页页眉中输入文本，并设置字体样式，如下图所示。

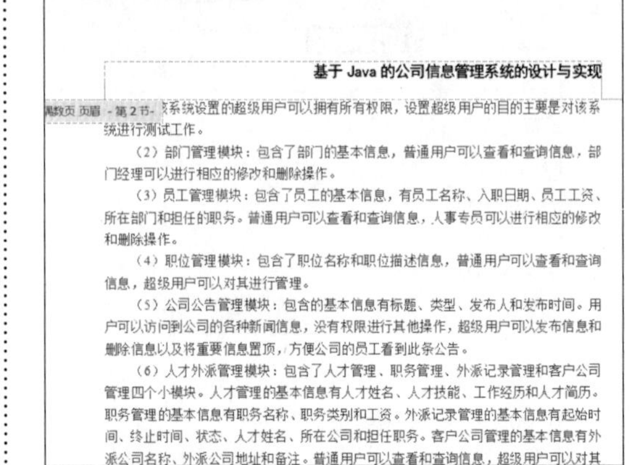

基于 Java 的公司信息管理系统的设计与实现

偶数页 页眉 - 第 2 节-

该系统设置的超级用户可以拥有所有权限，设置超级用户的目的主要是对该系统进行测试工作。

（2）部门管理模块：包含了部门的基本信息，普通用户可以查看和查询信息，部门经理可以进行相应的修改和删除操作。

（3）员工管理模块：包含了员工的基本信息，有员工名称、入职日期、员工工资、所在部门和担任的职务。普通用户可以查看和查询信息，人事专员可以进行相应的修改和删除操作。

（4）职位管理模块：包含了职位名称和职位描述信息，普通用户可以查看和查询信息，超级用户可以对其进行管理。

（5）公司公告管理模块：包含的基本信息有标题、类型、发布人和发布时间。用户可以访问到公司的各种新闻信息，没有权限进行其他操作，超级用户可以发布信息和删除信息以及将重要信息置顶，方便公司的员工看到此条公告。

（6）人才外派管理模块：包含了人才管理、职务管理、外派记录管理和客户公司管理四个小模块。人才管理的基本信息有人才姓名、人才技能、工作经历和人才简历。职务管理的基本信息有职务名称、职务类别和工资。外派记录管理的基本信息有起始时间、终止时间、状态、人才姓名、所在公司和担任职务。客户公司管理的基本信息有外派公司名称、外派公司地址和备注。普通用户可以查看和查询信息，超级用户可以对其

6. 提取目录

第 1 步 将光标定位至“绪论”文本前方的位置，新建空白页，输入“目录”文本，设置其【大纲级别】为“1 级”。单击【引用】→【目录】按钮，在弹出的下拉列表中，单击【自定义目录】选项，如下图所示。

第 2 步 打开【目录】对话框，在【显示级别】微调框中输入或选择显示级别为“3”，在【打印预览】区域中可以看到设置后的效果，单击【确定】按钮，如下图所示。

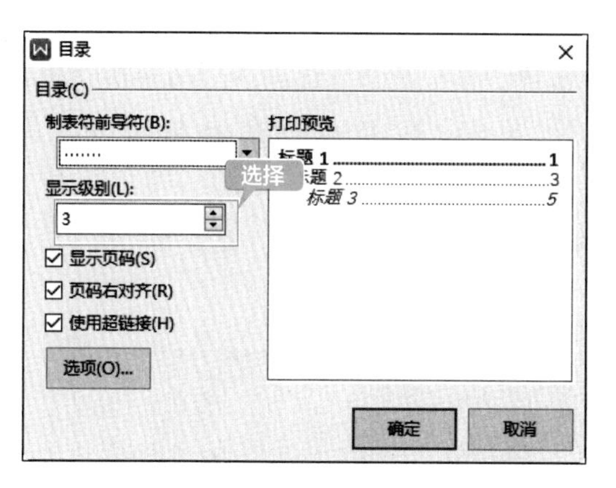

第 3 步 即会在指定位置建立目录。根据需要设置目录的字体大小和段落间距，至此就完成了毕业论文的排版，如下图所示。

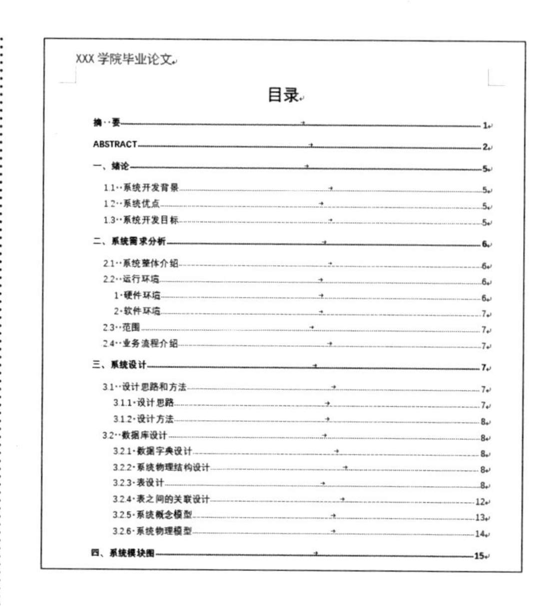

XXX 学院毕业论文

目录

◇ 删除页眉横线

在编辑文档的页眉时，经常会遇到页眉处自带横线的问题，即使页眉中没有内容，横线仍然会显示，打印时也会显示在页面的最顶端，下面介绍删除页眉横线的方法。

第 1 步 打开“素材 \ch04\ 高手支招 1.wps”文档，可以看到奇数页页眉位置显示有横线，如下图所示。

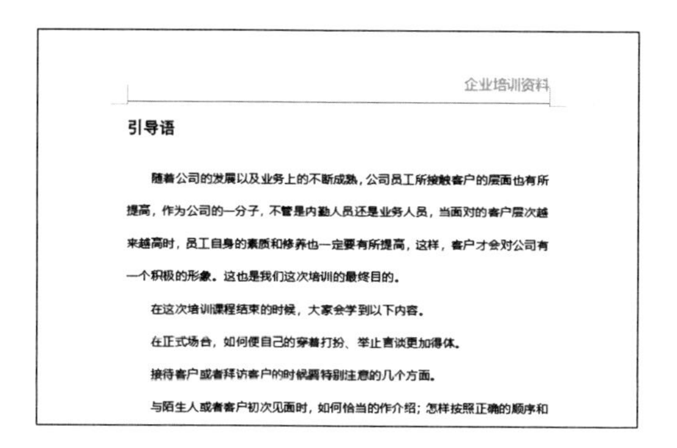

企业培训资料

引导语

随着公司的发展以及业务上的不断成熟，公司员工所接触客户的层面也有所提高，作为公司的一分子，不管是内勤人员还是业务人员，当面对的客户层次越来越高时，员工自身的素质和修养也一定要有所提高，这样，客户才会对公司有一个积极的形象。这也是我们这次培训的最终目的。

在这次培训课程结束的时候，大家会学到以下内容。

在正式场合，如何使自己的穿着打扮、举止言谈更加得体。

接待客户或者拜访客户的时候需要特别注意的几个方面。

与陌生人或者客户初次见面时，如何恰当的作介绍；怎样按照正确的顺序和

第 2 步 双击页眉处，进入页眉编辑状态，单击【页眉页脚】选项卡下的【页眉横线】下拉按钮，在弹出的下拉列表中选择【删除横线】选项，如下图所示。

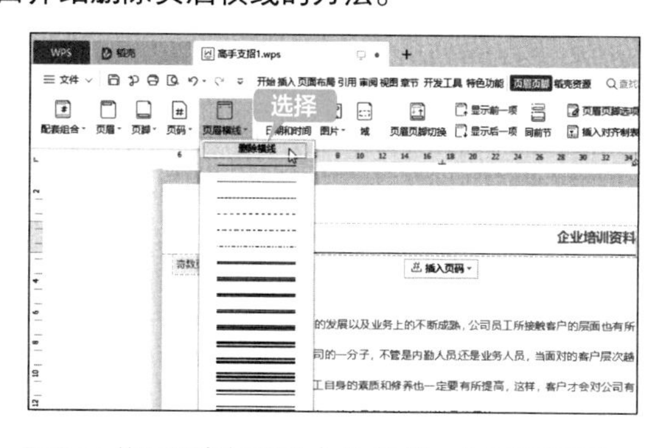

第 3 步 即可删除页眉中的横线，如下图所示。

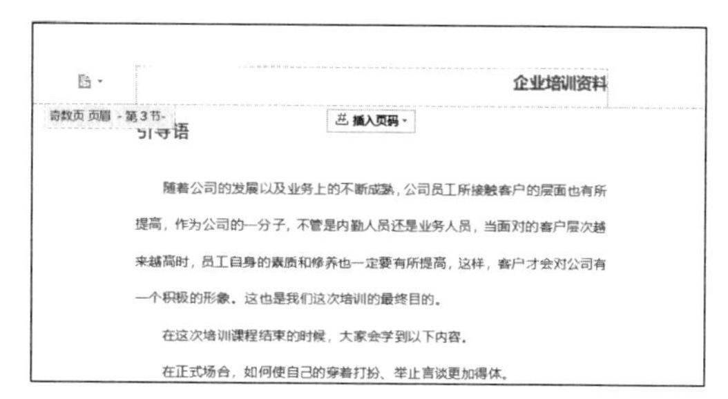

企业培训资料

奇数页 页眉 - 第 3 节 -

插入页码

引导语

随着公司的发展以及业务上的不断成熟，公司员工所接触客户的层面也有所提高，作为公司的一分子，不管是内勤人员还是业务人员，当面对的客户层次越来越高时，员工自身的素质和修养也一定要有所提高，这样，客户才会对公司有一个积极的形象。这也是我们这次培训的最终目的。

在这次培训课程结束的时候，大家会学到以下内容。

在正式场合，如何使自己的穿着打扮、举止言谈更加得体。

提示

进入页眉编辑状态，并将光标置于页眉处，单击【开始】→“正文”样式，或单击【开始】→【新样式】→【清除格式】选项，也可以删除页眉处的横线，但同时会改变页眉文字的样式，需要重新设置页眉样式。

◇ 为样式设置快捷键

创建样式后，可以为样式设置快捷键，选择要应用样式的段落，直接按快捷键即可应用样式，提高工作效率，具体操作步骤如下。

第 1 步 打开“素材 \ch04\ 高手支招 2.wps”文档，在“标题 1”样式上右击，在弹出的快捷菜单中选择【修改样式】选项，打开【修改样式】对话框。单击【格式】下拉按钮，选择【快捷键】选项，如下图所示。

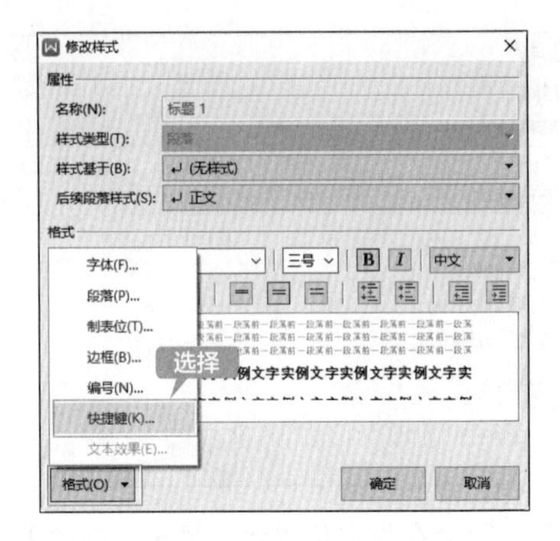

第 2 步 弹出【快捷键绑定】对话框，在键盘上按下要设置的快捷键，这里按【Ctrl+Alt+1】组合键，单击【指定】按钮，如下图所示，返回【修改样式】对话框，单击【确定】按钮。选择要应用样式的段落，按【Ctrl+Alt+1】组合键即可应用“标题 1”样式。

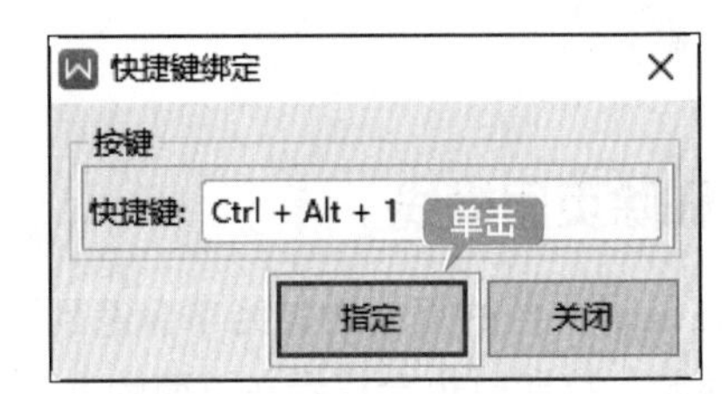

第2篇

表格制作篇

第 5 章

WPS 表格的基础操作——客户联系信息表

本章导读

WPS 表格提供了创建工作簿和工作表、输入和编辑数据、插入行与列、设置文本格式、页面设置等基础操作，可以方便地记录和管理数据。本章以制作客户联系信息表为例，介绍 WPS 表格的基础操作。

思维导图

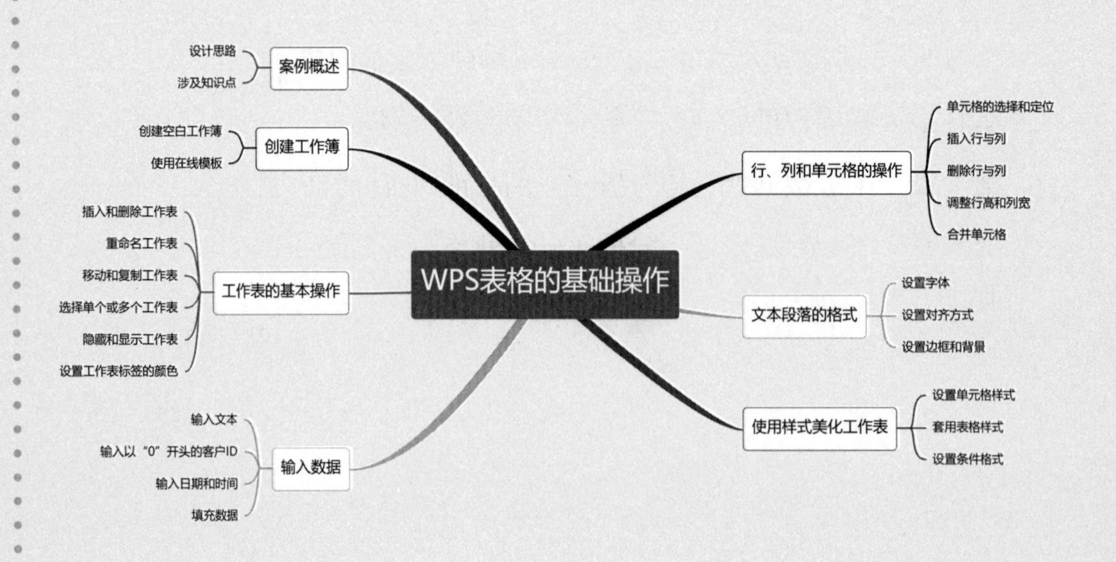

5.1 案例概述

制作客户联系信息表要做到数据记录准确、层次分明、重点突出，便于公司快速统计客户信息。

本章素材结果文件		
	素材	素材 \ch05\ 客户联系信息表 .et
	结果	结果 \ch05\ 客户联系信息表 .et

客户联系信息表记录了客户的编号、公司名称、联系人姓名、性别、城市、电话号码、通信地址等数据，制作客户联系信息表时，需要注意以下几点。

1. 数据准确

① 制作客户联系信息表时，选择单元格要准确，合并单元格时要安排好合并的位置，插入的行和列要定位准确，以确保客户联系信息表中数据的准确性。

② WPS 表格中的数据分为数字型、文本型、日期型、时间型、逻辑型等，要分清客户联系信息表中的数据的类型。

2. 重点突出

① 将客户联系信息表的内容在 WPS 表格中用边框和背景区分开，使阅读者的注意力集中到客户联系信息表上。

② 使用条件格式将职务高的联系人突出显示，可以使信息表更加完善。

3. 分类简洁

① 确定客户联系信息表的布局，减少多余数据。

② 合并需要合并的单元格，为单元格内容保留合适的位置。

③ 字体不宜过大，表格的标题行可以适当加大、加粗字体，以快速传达表格的内容。

5.1.1 设计思路

制作客户联系信息表可以按照以下思路进行。

① 创建空白工作簿，并将工作簿命名和保存。

② 合并单元格，并调整行高和列宽。

③ 在工作簿中输入文本与数据，并设置文本格式。

④ 设置单元格样式。

⑤ 设置条件格式。

⑥ 保存工作簿。

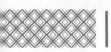

5.1.2 涉及知识点

本案例主要涉及的知识点如下图所示（脑图见“素材结果文件 \ 脑图 \ 5.pos”）。

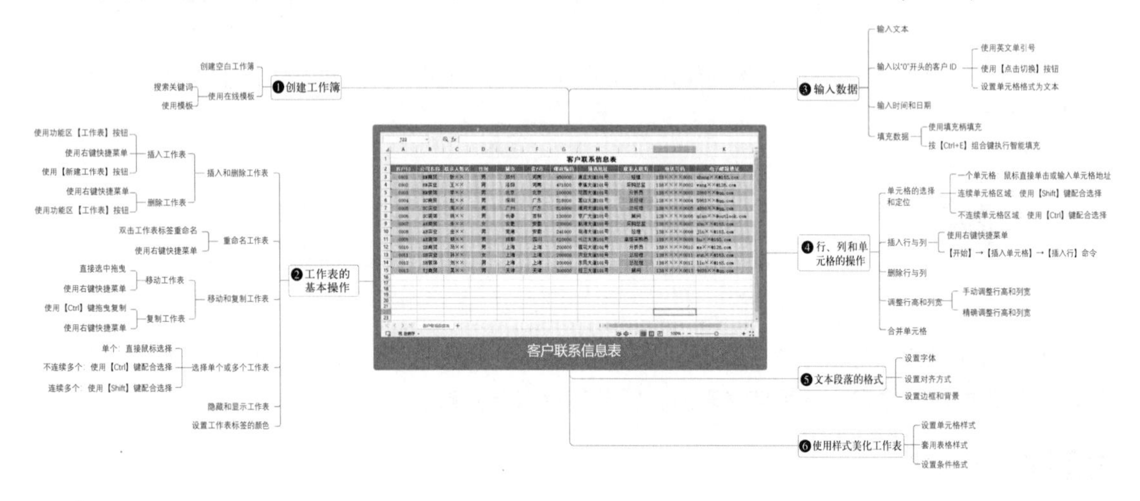

5.2 创建工作簿

在制作客户联系信息表时，首先要创建空白工作簿，并对创建的工作簿进行保存与命名。

5.2.1 创建空白工作簿

工作簿是在 WPS 表格中用来存储并处理数据的文件，通常所说的 WPS 表格文件指的就是工作簿文件。在使用 WPS 表格时，首先需要创建一个工作簿，具体操作步骤如下。

第 1 步 在【新建】窗口选择【表格】选项，进入【推荐模板】界面，单击【新建空白文档】选项，如下图所示。

第 2 步 系统会自动创建一个名称为“工作簿 1”的工作簿，如下图所示。

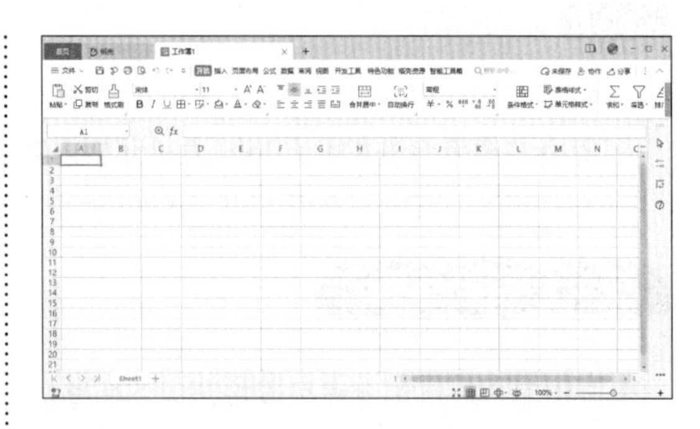

第 3 步 按【Ctrl+S】组合键，在打开的【另存文件】对话框中选择文件要保存的位置，并在【文件名】文本框中输入“客户联系信息表”，选择文件类型为“WPS 表格文件（*.et）”单击【保存】按钮即可保存工作簿，如下图所示。

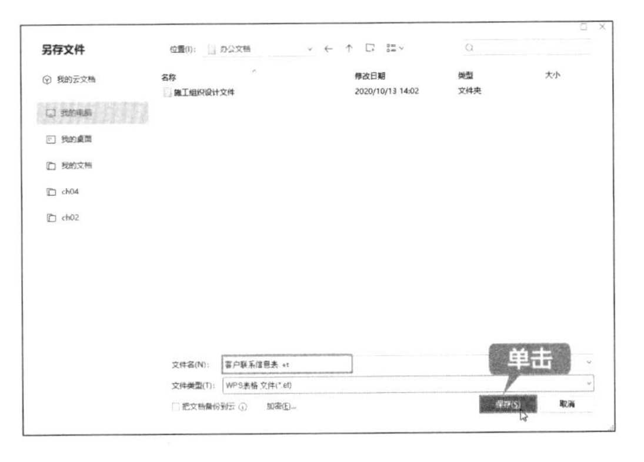

第 4 步 工作簿被保存为“客户联系信息表 .et”，如下图所示。

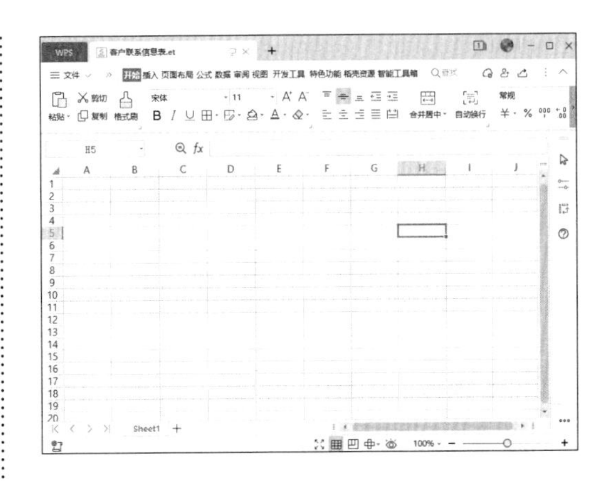

5.2.2 使用在线模板

WPS Office 提供了丰富、海量、优质的原创素材模板，用户可以根据需求下载模板，提高工作效率，下面介绍使用在线模板的方法。

第 1 步 启动 WPS Office，在【新建】窗口中选择【表格】选项，进入【推荐模板】界面，在搜索框中输入“客户联系信息表”，按【Enter】键确认，如下图所示。

第 2 步 即可搜索相关的工作簿模板。用户可以通过预览缩略图，选择需要的模板，然后单击缩略图右下角显示的【使用模板】按钮，如下图所示。

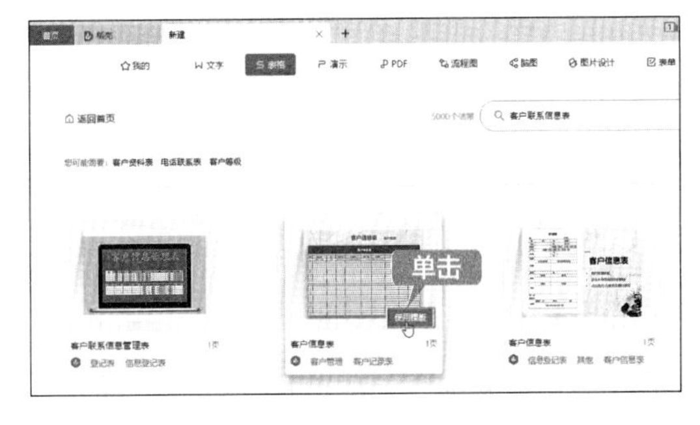

第 3 步 即可使用该模板，如下图所示。

5.3 工作表的基本操作

工作表是工作簿中的一个表。WPS 表格的工作簿中默认有一个工作表，用户可以根据需要添加工作表。在工作表的标签上显示了系统默认的工作表名称 Sheet1、Sheet2、Sheet3……本节主要介绍客户联系信息表中工作表的基本操作。

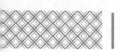

5.3.1 插入和删除工作表

除了新建工作簿外，还可以插入新的工作表来满足多表的需求。下面介绍插入和删除工作表的方法。

1. 插入工作表

方法 1：通过功能区

第 1 步 在打开的工作簿中，单击【开始】选项卡下的【工作表】下拉按钮，在弹出的下拉菜单中选择【插入工作表】选项，如下图所示。

第 2 步 弹出【插入工作表】对话框，设置插入的数目及位置，单击【确定】按钮，如下图所示。

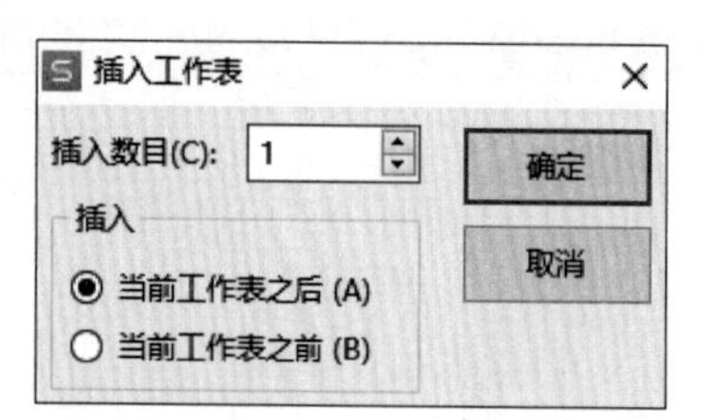

第 3 步 即可在当前工作表的后面插入一个新的工作表“Sheet2”，如下图所示。

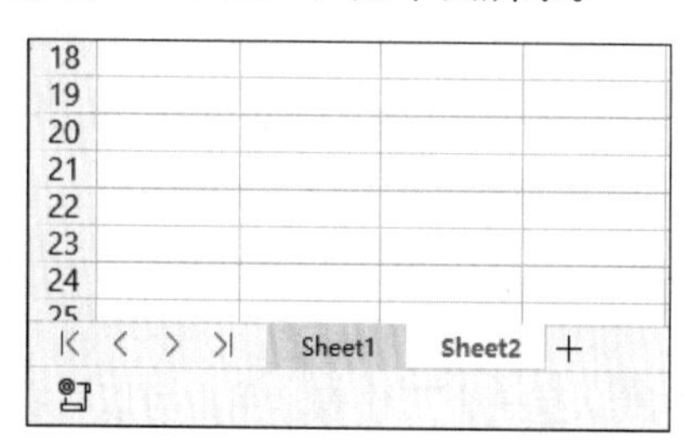

方法 2：通过快捷菜单

第 1 步 在工作表标签上右击，在弹出的快捷菜单中选择【插入工作表】选项，如下图所示。

第 2 步 弹出【插入工作表】对话框，设置插入的数目及位置，单击【确定】按钮，如下图所示。

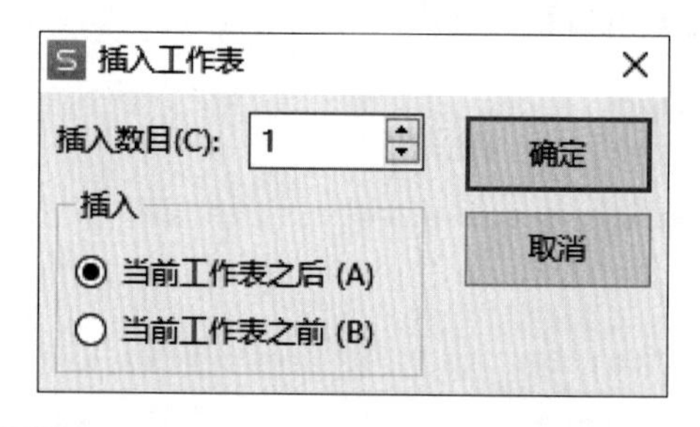

第 3 步 即可在“Sheet2”工作表后插入新工作表“Sheet3”，如下图所示。

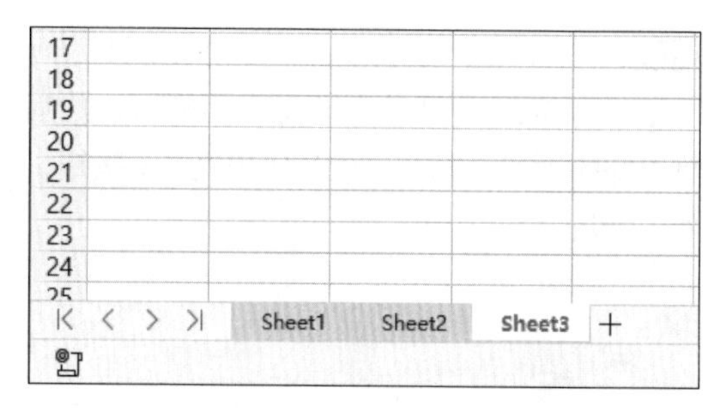

方法 3：通过【新建工作表】按钮

第 1 步 单击工作表标签右侧的【新建工作表】按钮+，如下图所示。

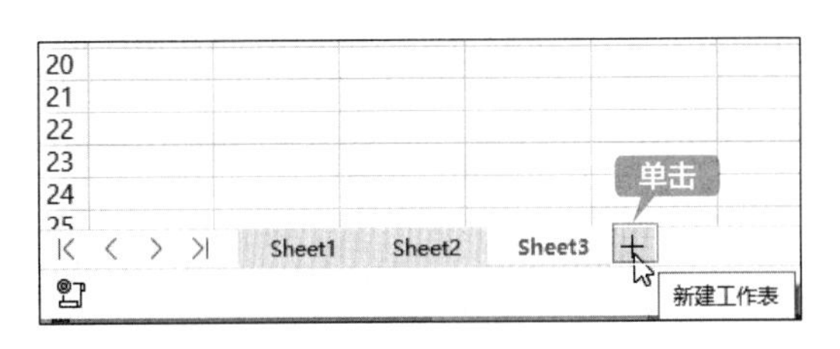

第 2 步 即可在“Sheet3”工作表后插入新工作表“Sheet4”，如下图所示。

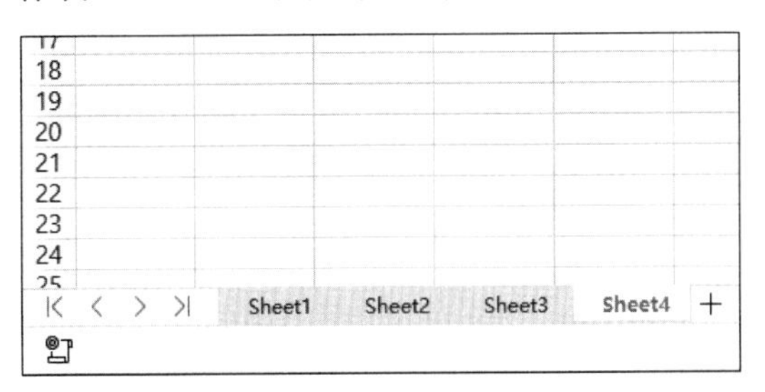

2. 删除工作表

方法 1：通过快捷菜单

第 1 步 在要删除的工作表标签上右击，在弹出的快捷菜单中选择【删除工作表】选项，如下图所示。

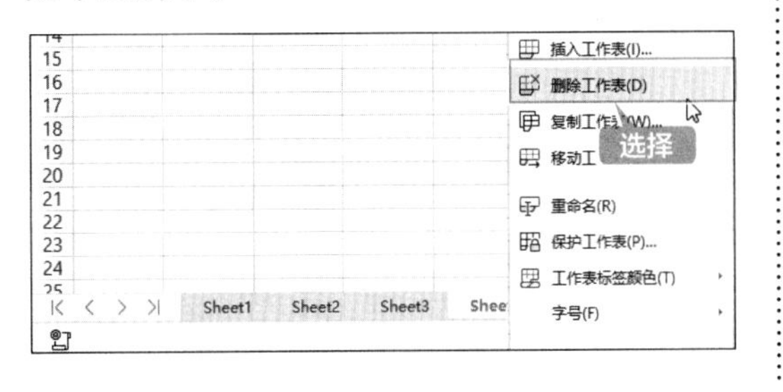

第 2 步 即可看到删除工作表后的效果，如下图所示。

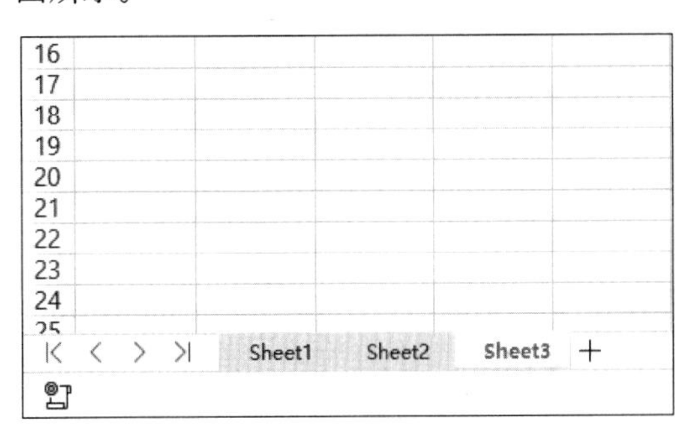

方法 2：通过功能区命令

选择要删除的工作表，单击【开始】选项卡下的【工作表】下拉按钮，在弹出的下拉菜单中选择【删除工作表】选项，即可将选择的工作表删除，如下图所示。

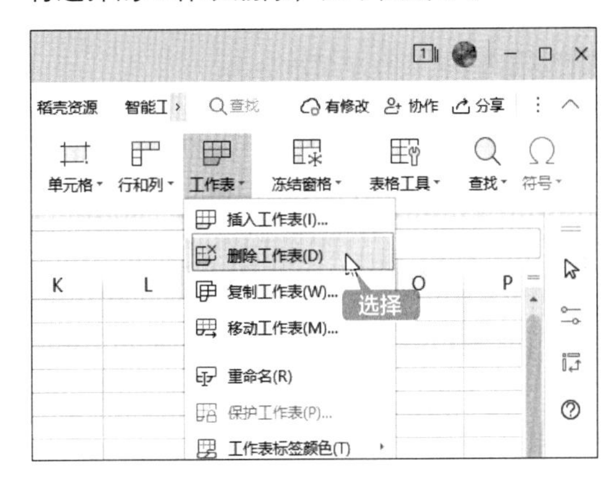

5.3.2 重命名工作表

每个工作表都有自己的名称，WPS 表格默认以 Sheet1、Sheet2、Sheet3……命名工作表。用户可以对工作表进行重命名操作，以便更好地管理工作表。

重命名工作表的方法有以下两种。

1. 在标签上直接重命名

第 1 步 双击要重命名的工作表标签“Sheet1”，此时标签以高亮显示，进入可编辑状态，如下图所示。

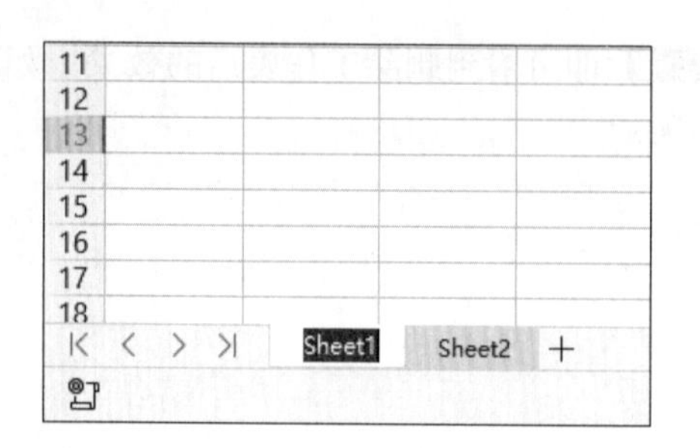

第 2 步 输入新的工作表名，按【Enter】键即可完成对该工作表的重命名，如下图所示。

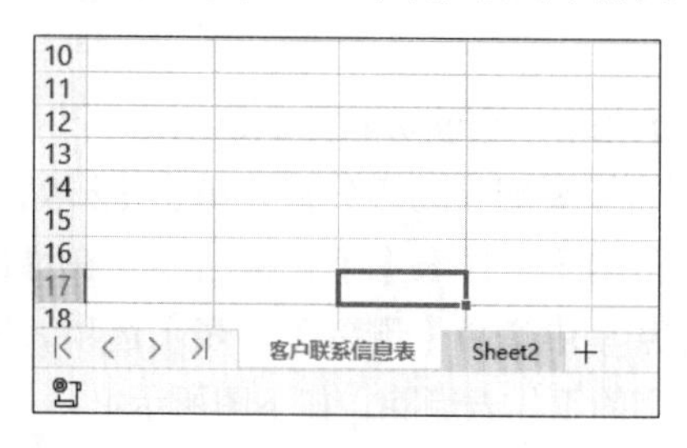

2. 通过快捷菜单重命名

第 1 步 在工作表标签上右击，在弹出的快捷菜单中选择【重命名】选项，如下图所示。

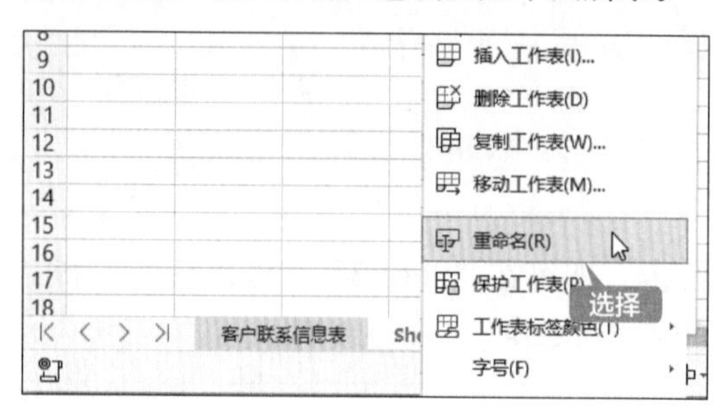

第 2 步 此时工作表标签会高亮显示，输入新的工作表名，即可完成工作表的重命名，如下图所示。

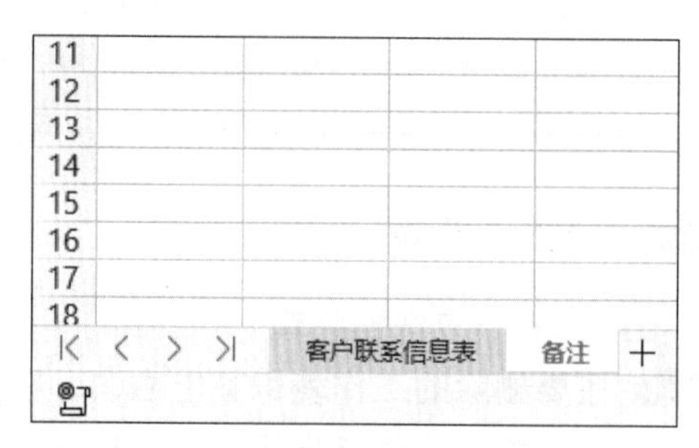

5.3.3 移动和复制工作表

在 WPS 表格中插入多个工作表后，可以复制和移动工作表。

1. 移动工作表

移动工作表最简单的方法是使用鼠标操作，在同一个工作簿中移动工作表的方法有以下两种。

方法 1：直接拖曳

第 1 步 选择要移动的工作表标签，按住鼠标左键，将工作表标签拖曳到新位置，黑色倒三角形表示移动的目标位置，如下图所示。

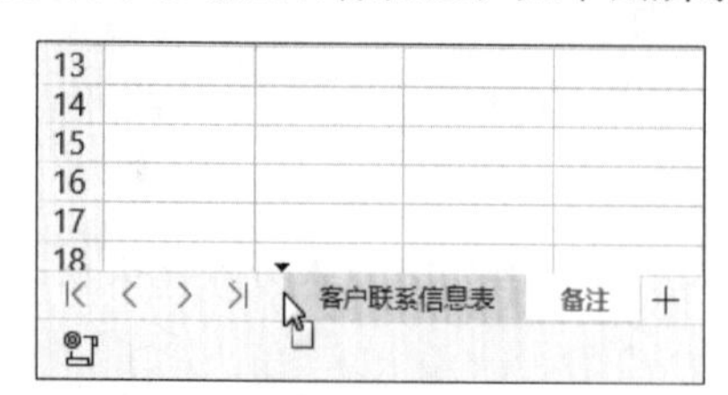

第 2 步 释放鼠标左键，工作表即会被移动到新的位置，如下图所示。

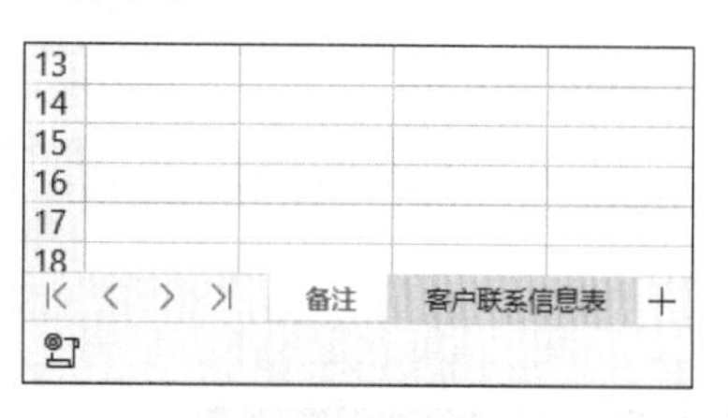

方法 2：通过快捷菜单

第 1 步 在要移动的工作表标签上右击，在弹出的快捷菜单中选择【移动工作表】选项，如下图所示。

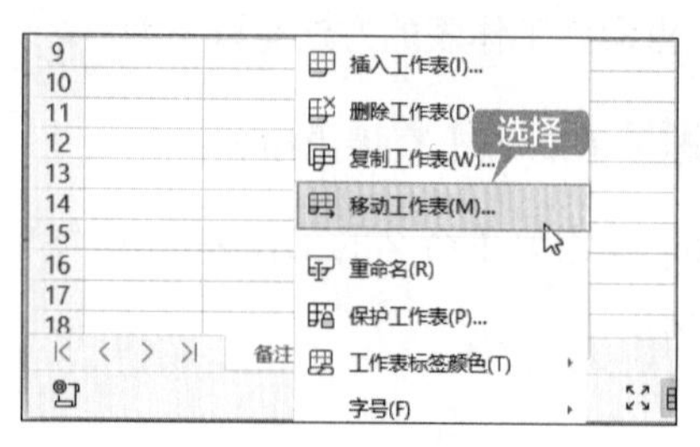

第 2 步 在弹出的【移动或复制工作表】对话

框中，选择要移动的位置，单击【确定】按钮，如下图所示。

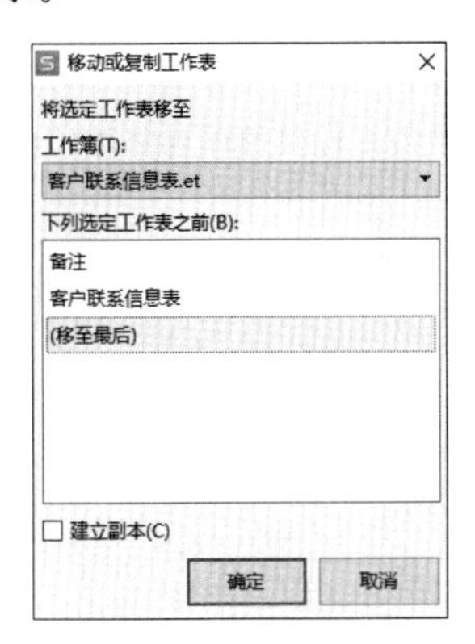

第 3 步 即可将当前工作表移动到指定的位置，如下图所示。

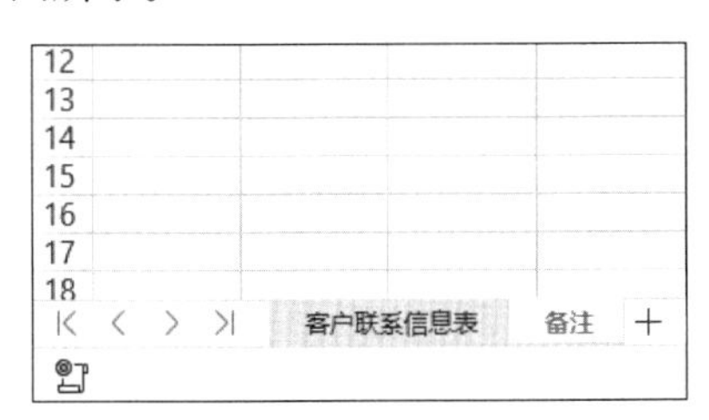

提示

工作表不但可以在同一个工作簿中移动，还可以在不同的工作簿中移动。若要在不同的工作簿中移动工作表，则要求这些工作簿必须是打开状态。调出【移动或复制工作表】对话框，在【工作簿】下拉列表中选择要移动到的工作簿，然后在【下列选定工作表之前】列表框中选择要移动的目标位置，单击【确定】按钮，即可将当前工作表移动到指定的位置。

2. 复制工作表

用户可以在一个或多个工作簿中复制工作表，有以下两种方法。

方法 1：通过鼠标拖曳复制

通过鼠标拖曳复制工作表的步骤与移动工作表的步骤相似，在拖曳鼠标的同时按住【Ctrl】键即可。

第 1 步 选择要复制的工作表，按住【Ctrl】键的同时按住鼠标左键拖曳选中的工作表至新位置，黑色倒三角形表示移动的目标位置，如下图所示。

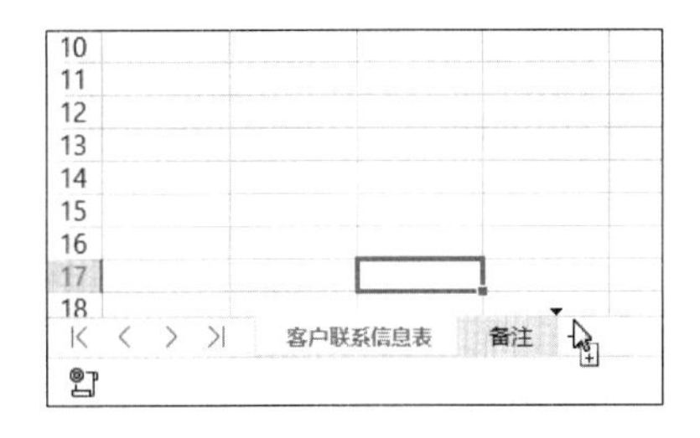

第 2 步 释放鼠标左键，工作表即会被复制到新的位置，如下图所示。

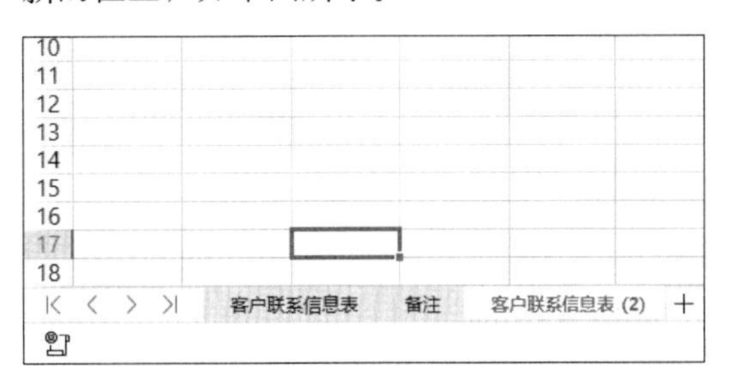

方法 2：通过快捷菜单复制

第 1 步 选择要复制的工作表，在工作表标签上右击，在弹出的快捷菜单中选择【复制工作表】选项，如下图所示。

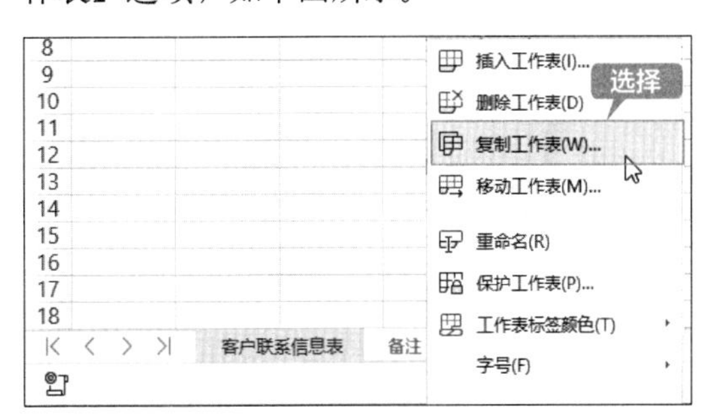

第 2 步 即可在该工作簿中复制选择的工作表，如下图所示。

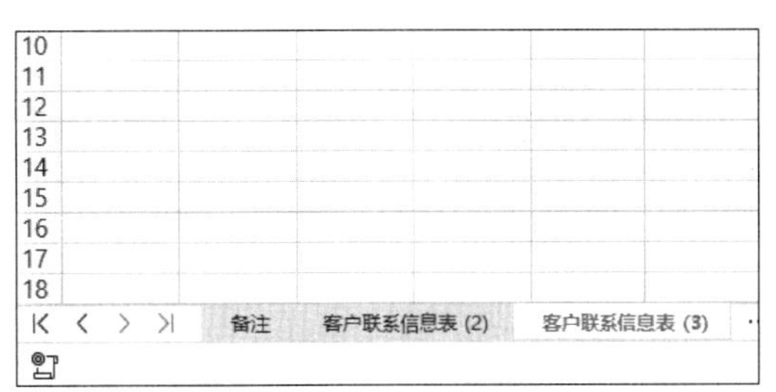

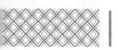

提示

如果要将选中的工作表复制到其他工作簿中，可以调出【移动或复制工作表】对话框，在【工作簿】下拉列表中选择要移动到的工作簿，然后在【下列选定工作表之前】列表框中选择要移动的目标位置，并勾选【建立副本】复选框，单击【确定】按钮，即可将当前工作表复制到所选工作簿的指定位置，如下图所示。

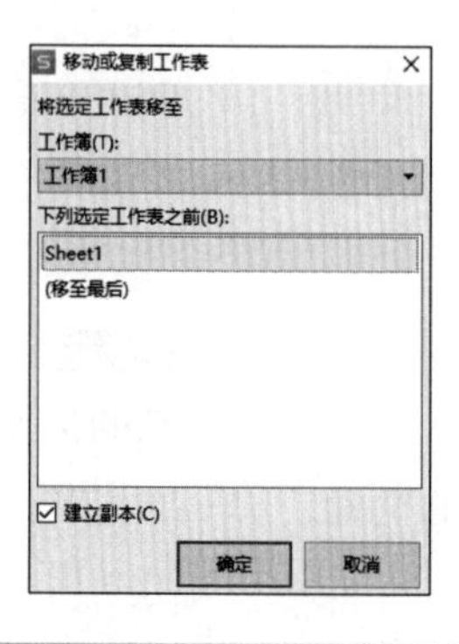

5.3.4 选择单个或多个工作表

在编辑工作表之前首先要选择工作表。

1. 选择单个工作表

选择单个工作表只需要在要选择的工作表标签上单击，即可选择该工作表。例如，在“备注”工作表标签上单击，即可选择“备注”工作表，如下图所示。

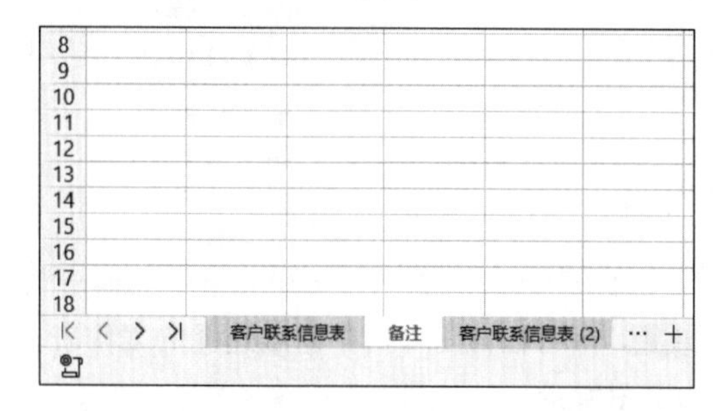

如果工作表太多，标签显示不完整，可以使用下面的方法快速选择工作表，具体操作步骤如下。

第1步 单击工作表标签左侧的切换按钮进行选择，包含“第一个”“上一个”“下一个”“最后一个”四个按钮，如下图所示。

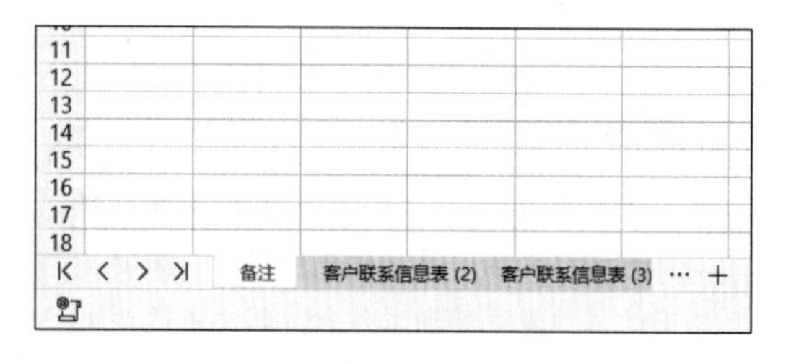

提示

按【Ctrl+Page UP/Page Down】组合键，也可以快速切换工作表。

第2步 如果工作表较多，则会显示【切换工作表】按钮…，单击该按钮，如下图所示。

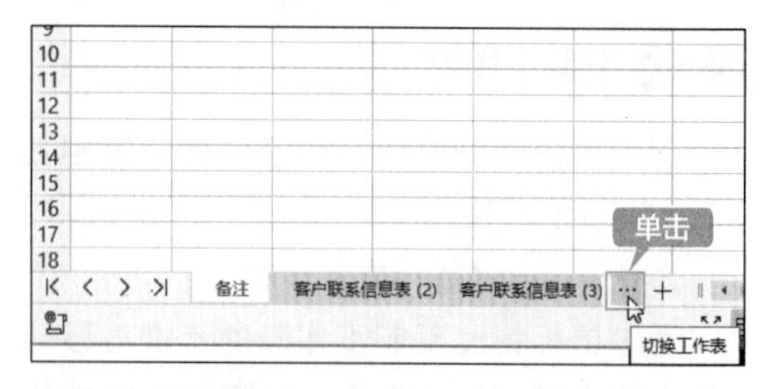

第3步 在弹出的对话框中，可以在【活动文档】右侧的文本框中输入关键词检索，也可以在

列表中直接选择要切换的工作表，如下图所示。

第 4 步 即可快速切换至该工作表，如下图所示。

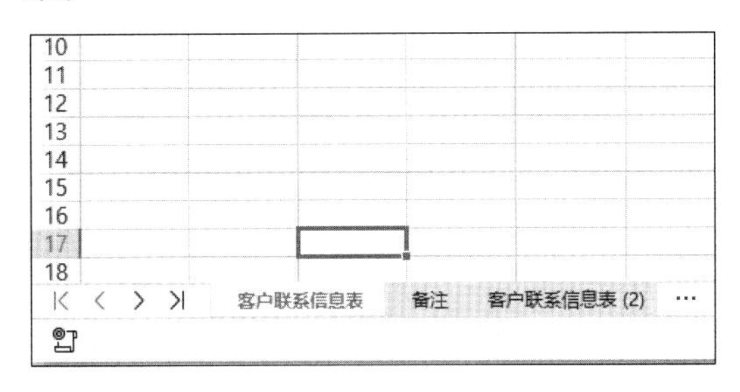

2. 选择多个不连续的工作表

如果要同时选择多个不连续的工作表，可以在按住【Ctrl】键的同时，单击要选择的多个不连续工作表，释放【Ctrl】键即可完成多个不连续工作表的选择，如下图所示。

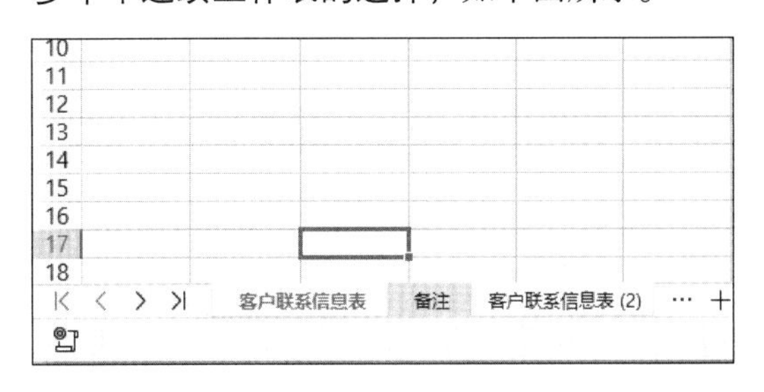

3. 选择多个连续的工作表

在按住【Shift】键的同时，单击要选择的多个连续工作表的第一个工作表和最后一个工作表，释放【Shift】键即可完成多个连续工作表的选择，如下图所示。

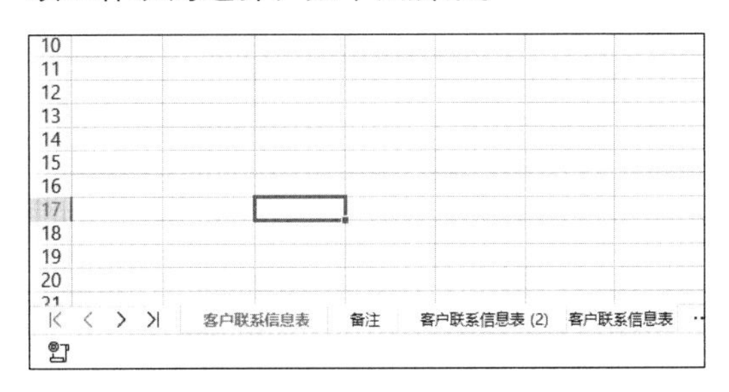

5.3.5 隐藏和显示工作表

用户可以对工作表进行隐藏和显示操作，以便更好地管理工作表，具体操作步骤如下。

第 1 步 选择要隐藏的工作表，在工作表标签上右击，在弹出的快捷菜单中选择【隐藏工作表】选项，如下图所示。

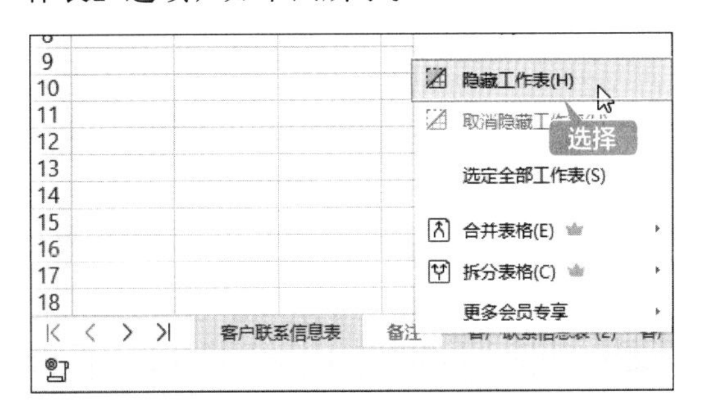

第 2 步 即可看到所选工作表已被隐藏，如下图所示。

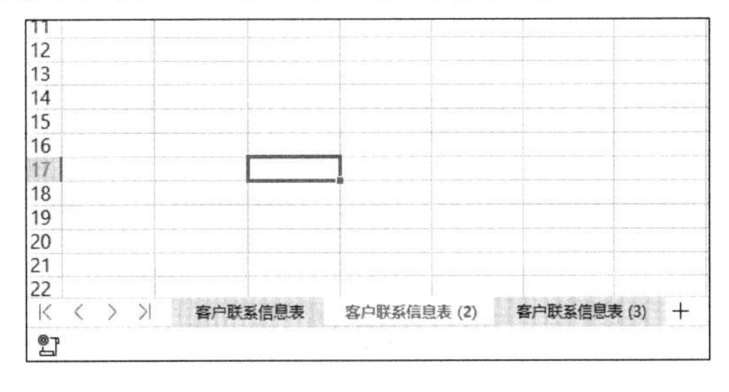

第 3 步 在任意一个工作表标签上右击，在弹出的快捷菜单中选择【取消隐藏工作表】选项，如下图所示。

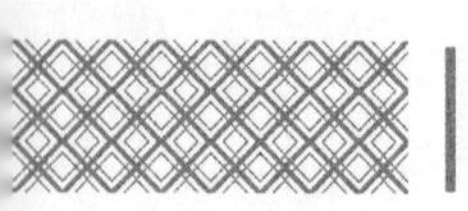

第 4 步 弹出【取消隐藏】对话框，选择要取消隐藏的工作表，单击【确定】按钮，如下图所示。

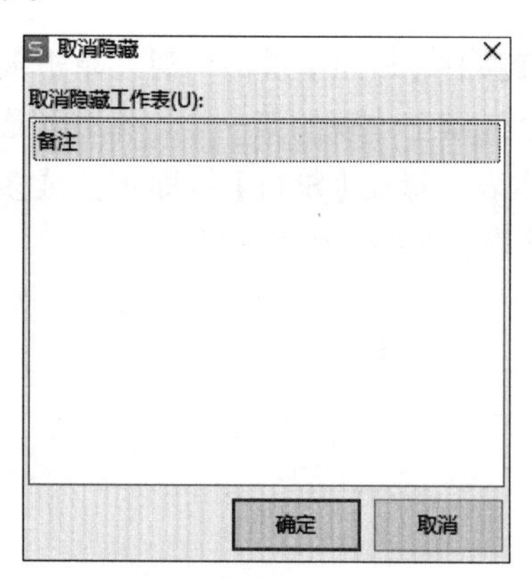

第 5 步 即可看到“备注”工作表已重新显示，如下图所示。

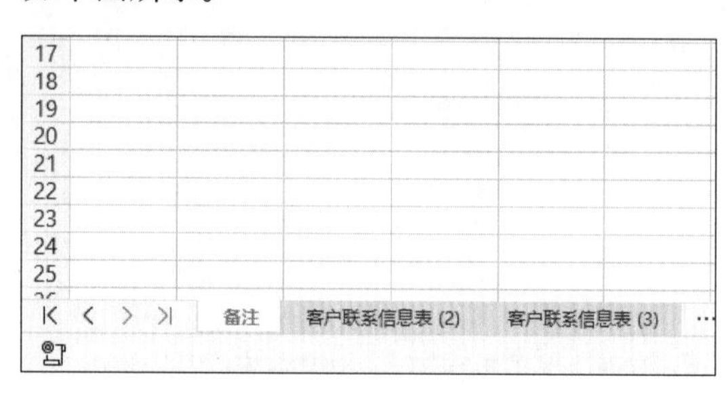

5.3.6 设置工作表标签的颜色

在 WPS 表格中可以对工作表的标签设置颜色，使工作表标签更醒目，以便用户更好地管理工作表，具体操作步骤如下。

第 1 步 选择要设置标签颜色的工作表，在工作表标签上右击，在弹出的快捷菜单中选择【工作表标签颜色】选项，在弹出的子菜单中选择【标准色】区域中的【绿色】选项，如下图所示。

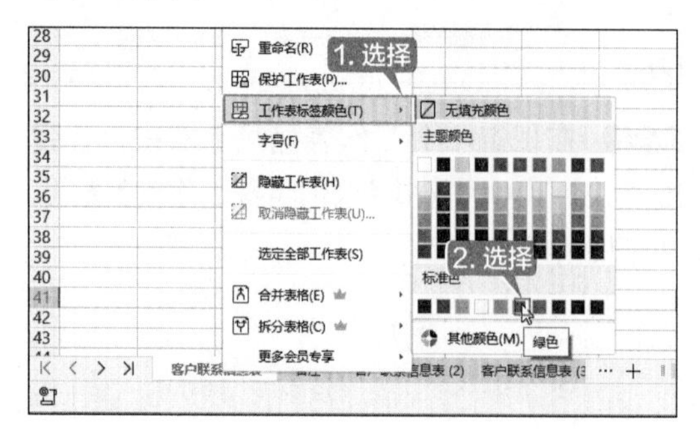

第 2 步 即可看到工作表的标签颜色已经更改为绿色，如下图所示。

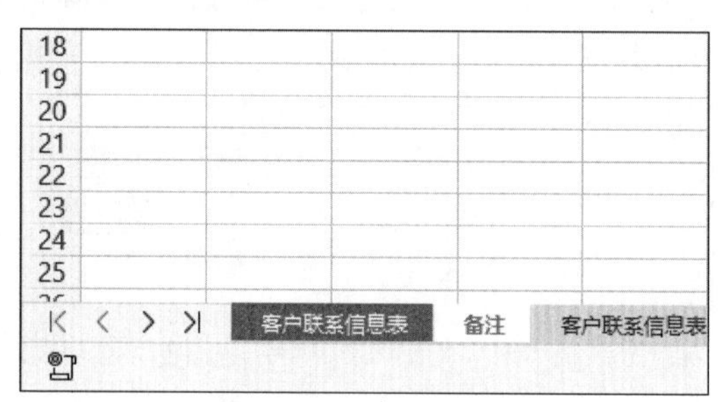

第 3 步 如果要取消标签颜色，可以在工作表标签上右击，在弹出的快捷菜单中选择【工作表标签颜色】→【无填充颜色】，即可取消标签颜色，如下图所示。

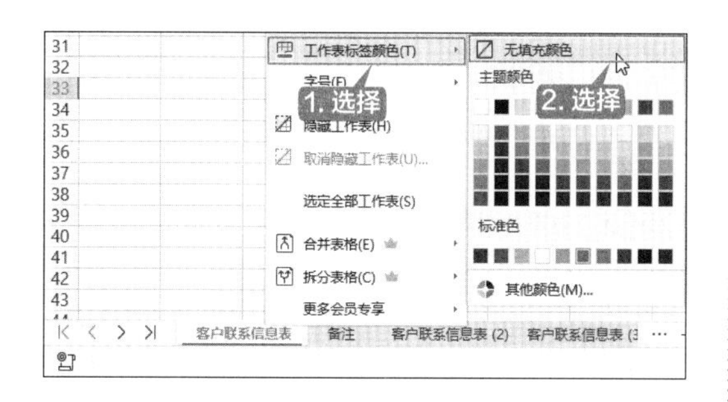

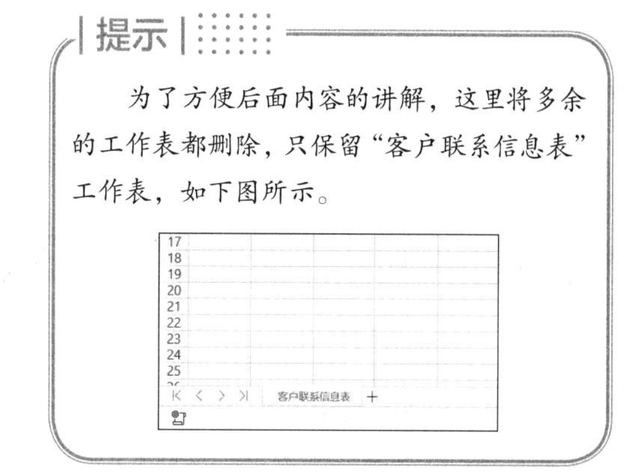

提示
为了方便后面内容的讲解，这里将多余的工作表都删除，只保留“客户联系信息表”工作表，如下图所示。
客户联系信息表

5.4 输入数据

在单元格中输入数据时，WPS 表格会自动根据数据的特征进行处理并显示。本节将介绍在客户联系信息表中如何输入和编辑数据。

5.4.1 输入文本

单元格中的文本包括汉字、英文字母、数字和符号等。每个单元格中最多可包含 32 767 个字符。在单元格中输入文字和数字，WPS 表格会将它们显示为文本形式；若输入文字，会将文字作为文本处理，若输入数字，会将数字作为数值处理。

选择要输入数据的单元格，输入数据后按【Enter】键，WPS 表格会自动识别数据类型，并将单元格对齐方式默认设置为“左对齐”。如果单元格的列宽无法容纳文本字符串，多余字符串会在相邻的单元格中显示，若相邻的单元格中已有数据，则会截断显示，如下图所示。

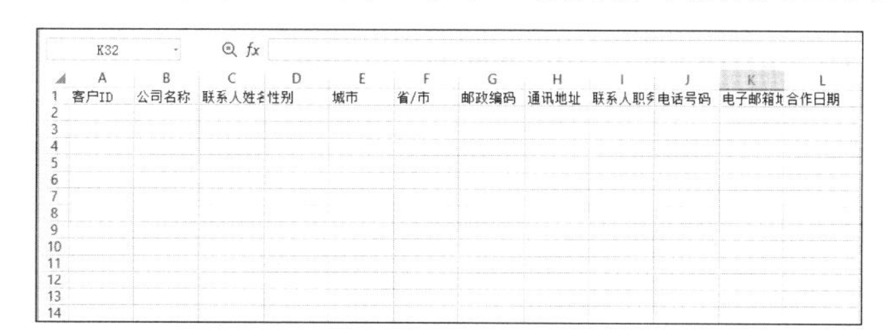

在客户联系信息表中输入数据，如下图所示。

	A	B	C	D	E	F	G	H	I	J	K	L
1	客户ID	公司名称	联系人姓名	性别	城市	省/市	邮政编码	通讯地址	联系人职务	电话号码	电子邮箱地址	合作日期
2		HN商贸	张××	男	郑州	河南	450000	康庄大道101号	经理	138××××0001	zhang××@163.com	
3		HN实业	王××	男	洛阳	河南	471000	幸福大道101号	采购总监	138××××0002	wang××@126.com	
4		HN装饰	李××	男	北京	北京	100000	花园大道101号	分析员	138××××0003	2860××@qq.com	
5		SC商贸	赵××	男	深圳	广东	518000	嵩山大道101号	总经理	138××××0004	5963××@qq.com	
6		SC实业	周××	男	广州	广东	510000	淮河大道101号	总经理	138××××0005	4890××@qq.com	
7		SC装饰	钱××	男	长春	吉林	130000	京广大道101号	顾问	138××××0006	qian××@outlook.com	
8		AH商贸	朱××	女	合肥	安徽	230000	航海大道101号	采购总监	138××××0007	zhu××@163.com	
9		AH实业	金××	男	芜湖	安徽	241000	陇海大道101号	经理	138××××0008	jin××@163.com	
10		AH装饰	胡××	男	成都	四川	610000	长江大道101号	高级采购员	138××××0009	hu××@163.com	
11		SH商贸	马××	男	上海	上海	200000	莲花大道101号	分析员	138××××0010	ma××@126.com	
12		SH实业	孙××	女	上海	上海	200000	农业大道101号	总经理	138××××0011	sun××@163.com	
13		SH装饰	刘××	男	上海	上海	200000	东风大道101号	总经理	138××××0012	liu××@163.com	
14		TJ商贸	吴××	男	天津	天津	300000	经三大道101号	顾问	138××××0013	9836××@qq.com	
15												
16												

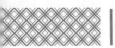

> **提示**
>
> 如果在单元格中输入的是多行数据，在需要换行处按【Alt+Enter】组合键，可以实现换行。换行后在一个单元格中将显示多行文本，行高也会自动增大。

5.4.2 输入以“0”开头的客户 ID

在客户联系信息表中，输入以“0”开头的客户 ID，可以对客户联系信息表进行规范管理。输入以“0”开头的数字有以下三种方法。

1. 使用英文单引号

第 1 步 如果输入以数字“0”开头的数字串，WPS 表格将自动省略“0”。如果要保持输入的内容不变，可以先输入英文单引号“'”，再输入以“0”开头的数字，如下图所示。

A2 | fx '0001

	A	B	C	D
1	客户ID	公司名称	联系人姓名	性别
2	'0001	HN商贸	张××	男
3		HN实业	王××	男
4		HN装饰	李××	男
5		SC商贸	赵××	男
6		SC实业	周××	男

第 2 步 按【Enter】键，即可确认输入的数字内容，如下图所示。

A11 | fx

	A	B	C
1	客户ID	公司名称	联系人姓名
2	0001	HN商贸	张××
3		HN实业	王××

2. 使用【点击切换】按钮

第 1 步 在 A3 单元格中输入“0002”后自动省略“0”，变为“2”，该单元格右侧会显示【点击切换】按钮，单击该按钮，如下图所示。

A4 | fx

	A	B	C	D	E
1	客户ID	公司名称	联系人姓名	性别	城市
2	0001	HN商贸	张××	男	郑州
3	2	0002	王××	男	洛阳
4		HN装饰	李××	男	北京
5		SC	××	男	深圳
6		SC实业	××	男	广州
7		SC装饰	钱××	男	长春

单击　点击切换

第 2 步 即可将数据的显示切换为“0002”，如下图所示。

A4 | fx

	A	B	C	D
1	客户ID	公司名称	联系人姓名	性别
2	0001	HN商贸	张××	男
3	0002	HN实业	王××	男
4		HN装饰	李××	男
5		SC商贸	赵××	男
6		SC实业	周××	男

3. 设置单元格格式为文本

第 1 步 选中 A4 单元格，单击【开始】选项卡下【数字格式】下拉按钮，在弹出的下拉列表中选择【文本】选项，如下图所示。

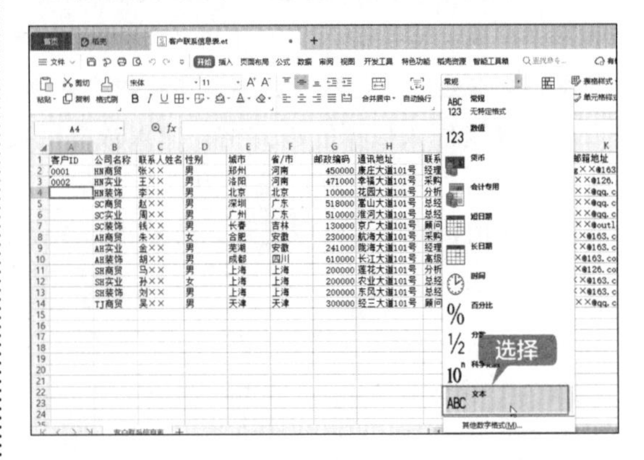

第 2 步 输入“0003”，按【Enter】键确认输入数据后，数字串前的“0”没有消失，如下图所示。

A5 | fx

	A	B	C	D	E
1	客户ID	公司名称	联系人姓名	性别	城市
2	0001	HN商贸	张××	男	郑州
3	0002	HN实业	王××	男	洛阳
4	0003	HN装饰	李××	男	北京
5		SC商贸	赵××	男	深圳
6		SC实业	周××	男	广州
7		SC装饰	钱××	男	长春

5.4.3 输入日期和时间

在客户联系信息表中输入日期或时间时，需要使用特定的单元格格式。WPS 表格内置了一些日期与时间的格式，当输入的数据与这些格式相匹配时，会自动将它们识别为日期或时间数据。

1. 输入日期

在客户联系信息表中需要输入合作日期，以便归档管理客户联系信息表。在输入日期时，可以用斜杠或短横线分隔日期的年、月、日。例如，要输入 2021 年 1 月可以输入“2021/1”或“2021-1”，具体操作步骤如下。

第 1 步 将光标定位至要输入日期的单元格，输入“2021/1”，如下图所示。

L2 | × ✓ fx 2021/1

	K	L	M
1	电子邮箱地址	合作日期	
2	zhang××@163.com	2021/1	
3	wang××@126.com		
4	2860××@qq.com		
5	5963××@qq.com		
6	4890××@qq.com		

第 2 步 按【Enter】键确认，单元格中的内容变为“2021/1/1”，如下图所示。

L2 | fx 2021/1/1

	K	L	M
1	电子邮箱地址	合作日期	
2	zhang××@163.com	2021/1/1	
3	wang××@126.com		
4	2860××@qq.com		
5	5963××@qq.com		

第 3 步 如果要更改日期类型，可以按【Ctrl+1】组合键，打开【单元格格式】对话框，选择【数字】选项卡下的【日期】选项，并在右侧的【类型】列表框中选择日期类型，单击【确定】按钮，如下图所示。

第 4 步 即可看到日期变为如下图所示的类型，继续在 L3:L14 单元格区域中输入日期。

Q22 | fx

	I	J	K	L	M
1	联系人职务	电话号码	电子邮箱地址	合作日期	
2	经理	138×××0001	zhang××@163.com	2021年1月1日	
3	采购总监	138×××0002	wang××@126.com	2021年1月1日	
4	分析员	138×××0003	2860××@qq.com	2021年1月2日	
5	总经理	138×××0004	5963××@qq.com	2021年1月3日	
6	总经理	138×××0005	4890××@qq.com	2021年1月3日	
7	顾问	138×××0006	qian××@outlook.com	2021年1月6日	
8	采购总监	138×××0007	zhu××@163.com	2021年1月6日	
9	经理	138×××0008	jin××@163.com	2021年1月8日	
10	高级采购员	138×××0009	hu××@163.com	2021年1月9日	
11	分析员	138×××0010	ma××@126.com	2021年1月10日	
12	总经理	138×××0011	sun××@163.com	2021年1月10日	
13	总经理	138×××0012	liu××@163.com	2021年1月10日	
14	顾问	138×××0013	9836××@qq.com	2021年1月12日	
15					
16					

提示

如果要输入当前的日期，按【Ctrl +；】组合键即可。

2. 输入时间

输入时间的方法如下。

第 1 步 在输入时间时，时、分、秒之间用冒号“：”作为分隔符。例如，输入“8:40”，如下图所示。

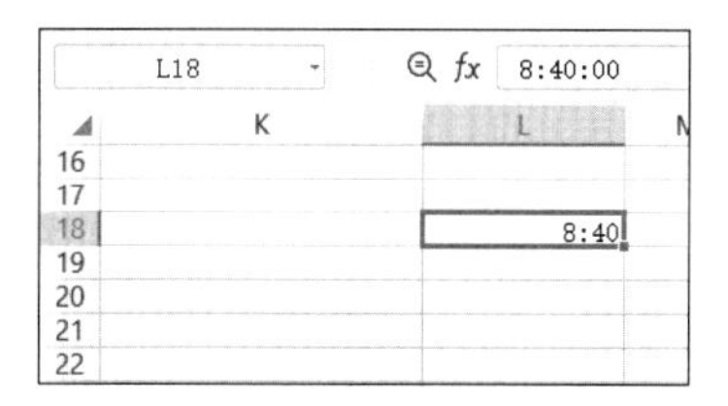
L18 | fx 8:40:00

	K	L
16		
17		
18		8:40
19		
20		
21		
22		

第 2 步 如果按 12 小时制输入时间，需要在时间的后面空一格再输入字母 AM（上午）或 PM（下午）。例如，输入“5:00 PM”，按【Enter】键确认，如下图所示。

L19 | fx 17:00:00

	K	L
16		
17		
18		8:40
19		5:00 PM
20		
21		

第 3 步 如果要输入当前的时间，按【Ctrl+

Shift+；】组合键即可，如下图所示。

第 4 步 如果要更改时间类型，可以按【Ctrl+1】组合键，打开【单元格格式】对话框，在【数字】选项卡下的【时间】选项右侧的【类型】列表框中，可以更改时间类型，如下图所示。

5.4.4 填充数据

在客户联系信息表中，用 WPS 表格的自动填充功能可以方便快捷地输入有规律的数据。有规律的数据是指等差、等比、系统预定义的数据填充序列和用户自定义的序列。

如表 5-1 所示汇总了序列填充示例，帮助读者理解和扩展。

表 5-1 填充数据的初始选择和扩展序列

初始选择	扩展序列
1，2，3	4，5，6，…
9：00	10：00，11：00，12：00，…
周一	周二，周三，周四，…
星期一	星期二，星期三，星期四，…
1 月	2 月，3 月，4 月，…
1 月，4 月	7 月，10 月，1 月，…
2021 年 1 月，2021 年 4 月	2021 年 7 月，2021 年 10 月，2022 年 1 月，…
1 月 15 日，4 月 15 日	7 月 15 日，10 月 15 日，…
2021，2022	2023，2024，2025，…
1 月 1 日，3 月 1 日	5 月 1 日，7 月 1 日，9 月 1 日，…
第 3 季度（或 Q3、季度 3）	第 4 季度，第 1 季度，第 2 季度，…
文本 1，文本 A	文本 2，文本 A，文本 3，文本 A，…
第 1 期	第 2 期，第 3 期，…
项目 1	项目 2，项目 3，…

（1）提取功能

使用填充功能可以提取单元格中的信息，如提取身份证号码中的出生日期，提取字符串中的姓名、手机号等。

提取出生日期的示例如下图所示。

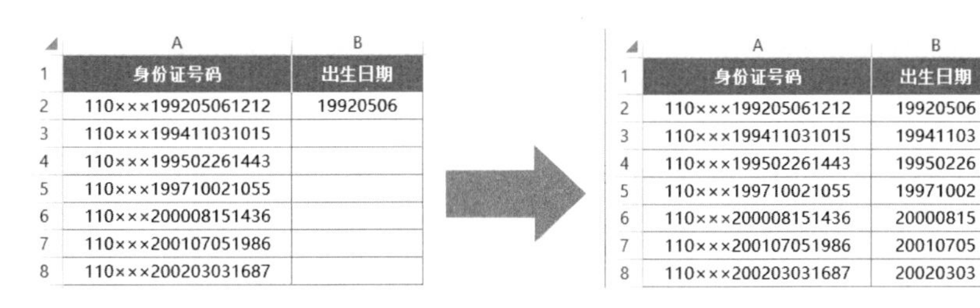

	A	B
1	身份证号码	出生日期
2	110×××199205061212	19920506
3	110×××199411031015	
4	110×××199502261443	
5	110×××199710021055	
6	110×××200008151436	
7	110×××200107051986	
8	110×××200203031687	

	A	B
1	身份证号码	出生日期
2	110×××199205061212	19920506
3	110×××199411031015	19941103
4	110×××199502261443	19950226
5	110×××199710021055	19971002
6	110×××200008151436	20000815
7	110×××200107051986	20010705
8	110×××200203031687	20020303

提取姓名及手机号的示例如下图所示。

	A	B	C
1	联系人	姓名	手机
2	刘一 1301235××××	刘一	1301235××××
3	陈二 1311246××××		
4	张三 1321257××××		
5	李四 1351268××××		
6	王五 1301239××××		

	A	B	C
1	联系人	姓名	手机
2	刘一 1301235××××	刘一	1301235××××
3	陈二 1311246××××	陈二	1311246××××
4	张三 1321257××××	张三	1321257××××
5	李四 1351268××××	李四	1351268××××
6	王五 1301239××××	王五	1301239××××

（2）信息合并功能，如下图所示。

	A	B	C
1	姓	名	名字
2	刘	一	刘一
3	陈	二	
4	张	三	
5	李	四	
6	王	五	

	A	B	C
1	姓	名	名字
2	刘	一	刘一
3	陈	二	陈二
4	张	三	张三
5	李	四	李四
6	王	五	王五

（3）插入功能，如下图所示。

	A	B	C
1	姓名	手机	手机号码三段显示
2	刘一	1301235××22	130-1235-××22
3	陈二	1311246××33	
4	张三	1321257××44	
5	李四	1351268××55	
6	王五	1301239××66	

	A	B	C
1	姓名	手机	手机号码三段显示
2	刘一	1301235××22	130-1235-××22
3	陈二	1311246××33	131-1246-××33
4	张三	1321257××44	132-1257-××44
5	李四	1351268××55	135-1268-××55
6	王五	1301239××66	130-1239-××66

（4）加密功能，如下图所示。

	A	B	C
1	姓名	手机	手机号码三段显示
2	刘一	1301235××22	130-****-××22
3	陈二	1311246××33	
4	张三	1321257××44	
5	李四	1351268××55	
6	王五	1301239××66	

	A	B	C
1	姓名	手机	手机号码三段显示
2	刘一	1301235××22	130-****-××22
3	陈二	1311246××33	131-****-××33
4	张三	1321257××44	132-****-××44
5	李四	1351268××55	135-****-××55
6	王五	1301239××66	130-****-××66

（5）位置互换功能，如下图所示。

	A	B	C
1	序号	参会名单	参会名单
2	1	小刘市场部	市场部小刘
3	2	小陈人力部	
4	3	小张技术部	
5	4	小李行政部	
6	5	小王网络部	

	A	B	C
1	序号	参会名单	参会名单
2	1	小刘市场部	市场部小刘
3	2	小陈人力部	人力部小陈
4	3	小张技术部	技术部小张
5	4	小李行政部	行政部小李
6	5	小王网络部	网络部小王

除了上面列举的功能外，填充功能还可以在很多场景应用，在此不一一列举。对于有规律的序列，都可以尝试使用填充功能，以提高效率。

使用填充柄可以快速填充客户 ID，具体操作步骤如下。

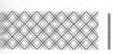

第 1 步 选中 A2:A4 单元格区域，将鼠标指针移至 A4 单元格的右下角，可以看到鼠标指针变为+形状，如下图所示。

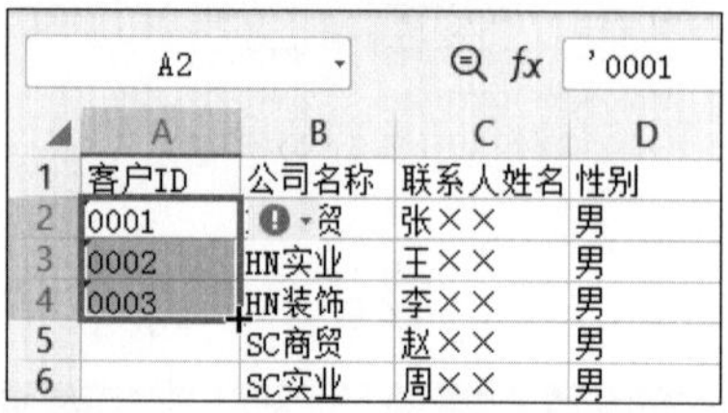

	A	B	C	D
1	客户ID	公司名称	联系人姓名	性别
2	0001	贸	张××	男
3	0002	HN实业	王××	男
4	0003	HN装饰	李××	男
5		SC商贸	赵××	男
6		SC实业	周××	男

第 2 步 按住鼠标左键向下拖曳填充至 A14 单元格，效果如下图所示。

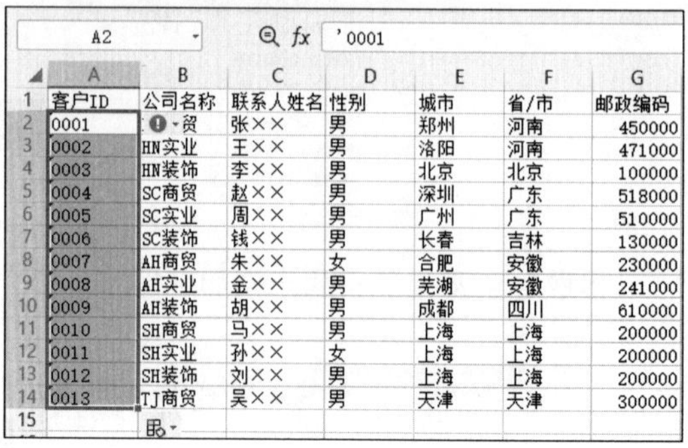

	A	B	C	D	E	F	G
1	客户ID	公司名称	联系人姓名	性别	城市	省/市	邮政编码
2	0001	贸	张××	男	郑州	河南	450000
3	0002	HN实业	王××	男	洛阳	河南	471000
4	0003	HN装饰	李××	男	北京	北京	100000
5	0004	SC商贸	赵××	男	深圳	广东	518000
6	0005	SC实业	周××	男	广州	广东	510000
7	0006	SC装饰	钱××	男	长春	吉林	130000
8	0007	AH商贸	朱××	女	合肥	安徽	230000
9	0008	AH实业	金××	男	芜湖	安徽	241000
10	0009	AH装饰	胡××	男	成都	四川	610000
11	0010	SH商贸	马××	男	上海	上海	200000
12	0011	SH实业	孙××	女	上海	上海	200000
13	0012	SH装饰	刘××	男	上海	上海	200000
14	0013	TJ商贸	吴××	男	天津	天津	300000
15							

提示

另外，选中 A2:A14 单元格区域，按【Ctrl+E】组合键执行智能填充，也可以填充单元格区域。

5.5 行、列和单元格的操作

单元格是工作表中行列交叉处的区域，它可以保存数值、文字和声音等数据。在 WPS 表格中，单元格是编辑数据的基本元素。下面介绍客户联系信息表中行、列、单元格的基本操作。

5.5.1 单元格的选择和定位

对客户联系信息表中的单元格进行编辑操作，首先要选择单元格或单元格区域（创建新的工作表时，A1 单元格处于自动选定状态）。

1. 选择一个单元格

单击某一单元格，若单元格的边框线变成绿色粗线，则表示此单元格处于选定状态。在名称框中输入目标单元格的地址，如“B22”，按【Enter】键即可选定 B22 单元格。此时，在工作表表格区域内鼠标指针会呈✚形状，如下图所示。

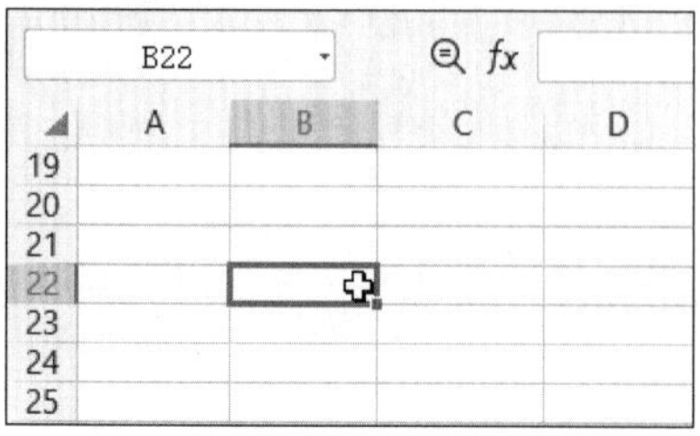

	A	B	C	D
19				
20				
21				
22				
23				
24				
25				

提示

此外，使用键盘上的上、下、左、右 4 个方向键，也可以选定单元格。

2. 选择连续的单元格区域

在客户联系信息表中，若要对多个单元格进行相同的操作，可以先选择单元格区域。

单击 A2 单元格，按住【Shift】键的同时单击 C6 单元格，即可选定 A2:C6 单元格区域，如下图所示。

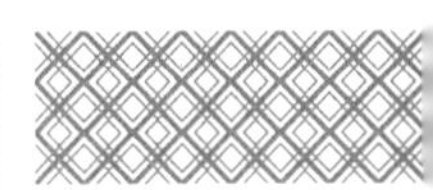

A2 | ’0001

	A	B	C	D
1	客户ID	公司名称	联系人姓名	性别
2	0001	HN商贸	张××	
3	0002	HN实业	王××	男
4	0003	HN装饰	李××	男
5	0004	SC商贸	赵××	男
6	0005	SC实业	周××	男
7	0006	SC装饰	钱××	男

提示

将鼠标指针移到目标区域左上角的 A2 单元格上，按住鼠标左键并向该区域右下角的 C6 单元格拖曳，或在名称框中输入单元格区域名称“A2:C6”并按【Enter】键确认，均可选定 A2:C6 单元格区域。

3. 选择不连续的单元格区域

选择不连续的单元格区域也就是选择不相邻的单元格或单元格区域，具体操作步骤如下。

第 1 步 选择第 1 个单元格区域 A2:C3，如下图所示。

A2 | ’0001

	A	B	C	D
1	客户ID	公司名称	联系人姓名	性别
2	0001	HN商贸	张××	
3	0002	HN实业	王××	男
4	0003	HN装饰	李××	男

第 2 步 按住【Ctrl】键并拖曳鼠标选择第 2 个单元格区域 C6:E8，如下图所示。

C6 | 周××

	A	B	C	D	E	F
1	客户ID	公司名称	联系人姓名	性别	城市	省/市
2	0001	HN商贸	张××	男	郑州	河南
3	0002	HN实业	王××	男	洛阳	河南
4	0003	HN装饰	李××	男	北京	北京
5	0004	SC商贸	赵××	男	深圳	广东
6	0005	SC实业	周××	男	广州	广东
7	0006	SC装饰	钱××	男	长春	吉林
8	0007	AH商贸	朱××	女	合肥	安徽
9	0008	AH实业	金××	男	芜湖	安徽

第 3 步 使用同样的方法可以选择多个不连续的单元格区域，选择完成后释放【Ctrl】键即可，如下图所示。

A11 | 0010

	A	B	C	D	E	F	G	H
1	客户ID	公司名称	联系人姓名	性别	城市	省/市	邮政编码	通讯地址
2	0001	HN商贸	张××	男	郑州	河南	450000	康庄大道101号
3	0002	HN实业	王××	男	洛阳	河南	471000	幸福大道101号
4	0003	HN装饰	李××	男	北京	北京	100000	花园大道101号
5	0004	SC商贸	赵××	男	深圳	广东	518000	嵩山大道101号
6	0005	SC实业	周××	男	广州	广东	510000	淮河大道101号
7	0006	SC装饰	钱××	男	长春	吉林	130000	京广大道101号
8	0007	AH商贸	朱××	女	合肥	安徽	230000	航海大道101号
9	0008	AH实业	金××	男	芜湖	安徽	241000	陇海大道101号
10	0009	AH装饰	胡××	男	成都	四川	610000	长江大道101号
11	0010	SH商贸	马××	男	上海	上海	200000	莲花大道101号
12	0011	SH实业	孙××	女	上海	上海	200000	农业大道101号
13	0012	SH装饰	刘××	男	上海	上海	200000	东风大道101号
14	0013	TJ商贸	吴××	男	天津	天津	300000	经三大道101号
15								
16								

4. 选择所有单元格

选择所有单元格，即选择整个工作表的方法有以下两种。

方法 1：单击工作表左上角行号与列标相交处的三角形按钮 ◢，即可选择整个工作表，如下图所示。

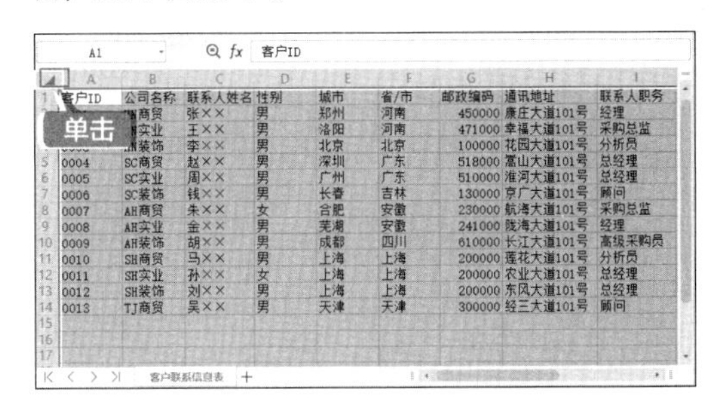

A1 | 客户ID

	A	B	C	D	E	F	G	H	I
1	客户ID	公司名称	联系人姓名	性别	城市	省/市	邮政编码	通讯地址	联系人职务
2	[illegible]	[illegible]商贸	张××	男	郑州	河南	450000	康庄大道101号	经理
3	[illegible]	[illegible]实业	王××	男	洛阳	河南	471000	幸福大道101号	采购总监
4	[illegible]	[illegible]装饰	李××	男	北京	北京	100000	花园大道101号	分析员
5	0004	SC商贸	赵××	男	深圳	广东	518000	嵩山大道101号	总经理
6	0005	SC实业	周××	男	广州	广东	510000	淮河大道101号	总经理
7	0006	SC装饰	钱××	男	长春	吉林	130000	京广大道101号	顾问
8	0007	AH商贸	朱××	女	合肥	安徽	230000	航海大道101号	采购总监
9	0008	AH实业	金××	男	芜湖	安徽	241000	陇海大道101号	经理
10	0009	AH装饰	胡××	男	成都	四川	610000	长江大道101号	高级采购员
11	0010	SH商贸	马××	男	上海	上海	200000	莲花大道101号	分析员
12	0011	SH实业	孙××	女	上海	上海	200000	农业大道101号	总经理
13	0012	SH装饰	刘××	男	上海	上海	200000	东风大道101号	总经理
14	0013	TJ商贸	吴××	男	天津	天津	300000	经三大道101号	顾问
15									
16									
17									

客户联系信息表

方法 2：按【Ctrl+A】组合键即可选择整个工作表。

提示

选择空白区域中的任意一个单元格，按【Ctrl+A】组合键选中的是整个工作表；选择数据区域中的任意一个单元格，按【Ctrl+A】组合键选中的是所有包含数据的连续单元格区域。

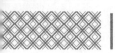

5.5.2 插入行与列

在客户联系信息表中可以根据需要插入行与列。下面以在第 1 行上方插入标题行为例，介绍操作方法。

第 1 步 选中 A1 单元格并右击，在弹出的快捷菜单中选择【插入】选项，并在其子菜单中【插入行】右侧的微调框中输入要插入的行数，如“1”，然后单击【插入行】命令，如下图所示。

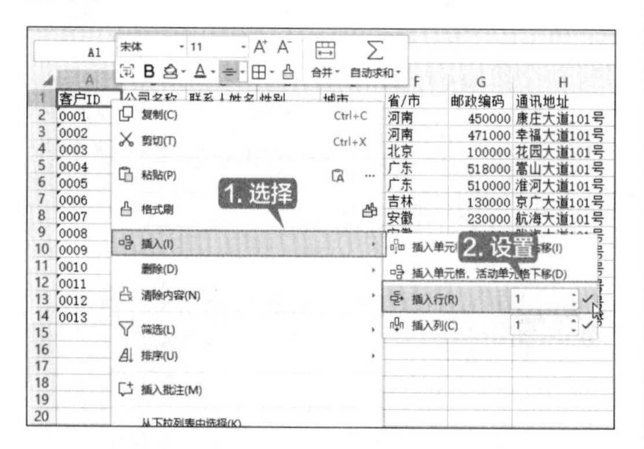

> **提示**
>
> 如果要插入列，可以在【插入列】命令的微调框中进行设置。

第 2 步 即可在 A1 单元格上方插入新的一行，如下图所示。

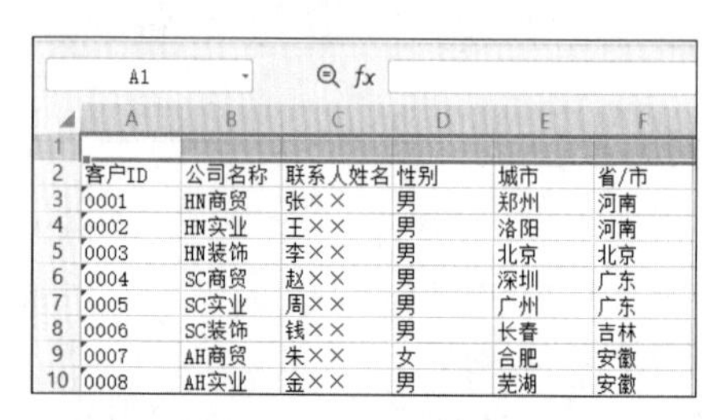

另外，用户也可以通过功能区中的【行和列】按钮进行插入操作。选中目标单元格，单击【开始】→【行和列】→【插入单元格】→【插入行】命令，执行插入操作，如下图所示。

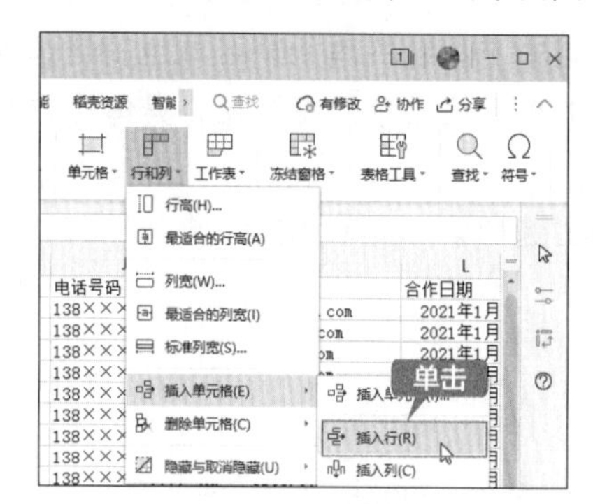

5.5.3 删除行与列

删除多余的行与列可以使客户联系信息表更加美观、准确。删除行与列的具体操作步骤如下。

第 1 步 选中要删除的行或列，这里选择第 2 行，单击鼠标右键，在弹出的快捷菜单中单击【删除】命令，如下图所示。

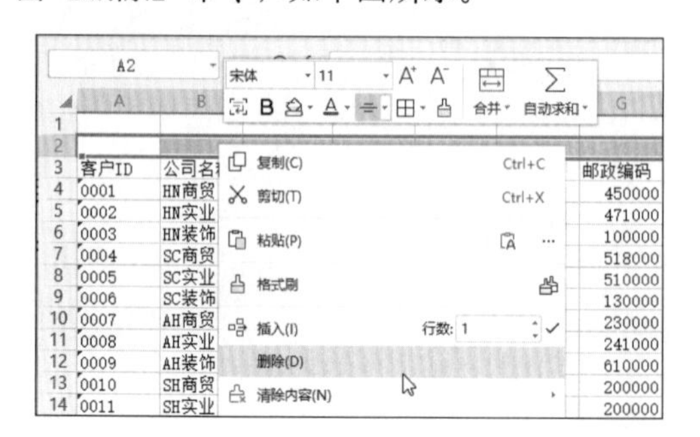

第 2 步 即可将选择的行删除，如下图所示。

5.5.4 调整行高和列宽

在客户联系信息表中，当单元格的宽度或高度不足时，会导致数据显示不完整。这时就需要调整行高和列宽，使客户联系信息表的布局更加合理、美观，具体操作步骤如下。

1. 手动调整行高和列宽

如果要调整行高，可以将鼠标指针移动到两行的行号之间，当鼠标指针变成✣形状时，按住鼠标左键向上拖动可使行变窄，向下拖动则可使行变宽。如果要调整列宽，可以将鼠标指针移动到两列的列标之间，当鼠标指针变成✛形状时，按住鼠标左键向左拖动可使列变窄，向右拖动则可使列变宽，如下图所示。

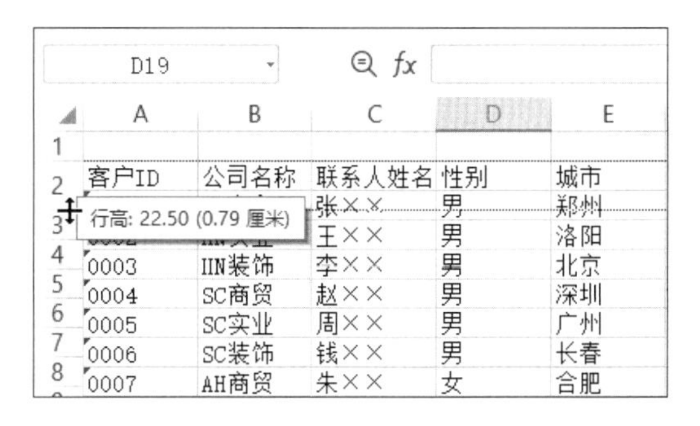

D19　列宽: 12.13 (2.70 厘米)

	A	B	C	D	E
1					
2	客户ID	公司名称	联系人姓名	性别	城市
3	0001	HN商贸	张××	男	郑州
4	0002	HN实业	王××	男	洛阳
5	0003	HN装饰	李××	男	北京
6	0004	SC商贸	赵××	男	深圳
7	0005	SC实业	周××	男	广州

2. 精确调整行高和列宽

使用鼠标可以快速调整行高或列宽，但是精确度不高，如果需要调整行高或列宽为固定值，可以使用【行高】或【列宽】命令进行调整。

第 1 步 选择第 1 行，在行号上右击，在弹出的快捷菜单中选择【行高】命令，如下图所示。

第 2 步 弹出【行高】对话框，在【行高】文本框中输入“28”可以单击【确定】按钮，如下图所示。

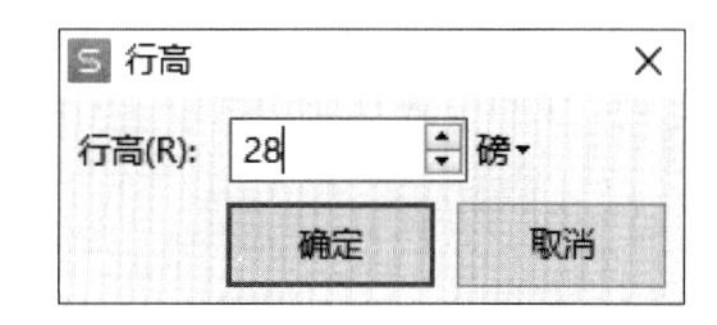

> **提示**
>
> 单击【磅】下拉按钮磅▾，在弹出的下拉菜单中可以选择其他长度单位。

第 3 步 第 1 行的行高即会被精确调整为 28 磅，效果如下图所示。

	A	B	C	D	E	F
1						
2	客户ID	公司名称	联系人姓名	性别	城市	省/市
3	0001	HN商贸	张××	男	郑州	河南
4	0002	HN实业	王××	男	洛阳	河南
5	0003	HN装饰	李××	男	北京	北京
6	0004	SC商贸	赵××	男	深圳	广东
7	0005	SC实业	周××	男	广州	广东
8	0006	SC装饰	钱××	男	长春	吉林
9	0007	AH商贸	朱××	女	合肥	安徽
10	0008	AH实业	金××	男	芜湖	安徽
11	0009	AH装饰	胡××	男	成都	四川
12	0010	SH商贸	马××	男	上海	上海

第 4 步 使用同样的方法，设置第 2 行【行高】为“20”磅，第 3 ~ 16 行【行高】为“18”磅，并设置 A ~ G 列【列宽】为“10”磅，H、J 和 L 列【列宽】为“16”磅，I 列【列宽】

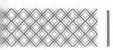

为“13”磅，K 列【列宽】为“22”磅，效果如下图所示。

客户ID	公司名称	联系人姓名	性别	城市	省/市	邮政编码	通讯地址	联系人职务	电话号码	电子邮箱地址	合作日期
0001	HN商贸	张××	男	郑州	河南	450000	康庄大道101号	经理	138××××0001	zhang××@163.com	2021年1月1日
0002	HN实业	王××	男	洛阳	河南	471000	幸福大道101号	采购总监	138××××0002	wang××@126.com	2021年1月1日
0003	HN装饰	李××	男	北京	北京	100000	花园大道101号	分析员	138××××0003	2860××@qq.com	2021年1月2日
0004	SC商贸	赵××	男	深圳	广东	518000	富山大道101号	总经理	138××××0004	5963××@qq.com	2021年1月3日
0005	SC实业	周××	男	广州	广东	510000	淮河大道101号	总经理	138××××0005	4890××@qq.com	2021年1月3日
0006	SC装饰	钱××	男	长春	吉林	130000	京广大道101号	顾问	138××××0006	qian××@outlook.com	2021年1月6日
0007	AH商贸	朱××	女	合肥	安徽	230000	航海大道101号	采购总监	138××××0007	zhu××@163.com	2021年1月6日
0008	AH实业	金××	男	芜湖	安徽	241000	陇海大道101号	经理	138××××0008	jin××@163.com	2021年1月8日
0009	AH装饰	胡××	男	成都	四川	610000	长江大道101号	高级采购员	138××××0009	hu××@163.com	2021年1月9日
0010	SH商贸	马××	男	上海	上海	200000	莲花大道101号	分析员	138××××0010	ma××@126.com	2021年1月10日
0011	SH实业	孙××	女	上海	上海	200000	农业大道101号	总经理	138××××0011	sun××@163.com	2021年1月10日
0012	SH装饰	刘××	男	上海	上海	200000	东风大道101号	总经理	138××××0012	liu××@163.com	2021年1月10日
0013	TJ商贸	吴××	男	天津	天津	300000	经三大道101号	顾问	138××××0013	9836××@qq.com	2021年1月12日

5.5.5 合并单元格

合并单元格是最常用的单元格操作之一。将两个或多个选定的相邻单元格合并为一个单元格，不仅可以满足用户编辑表格中数据的需求，也可以使工作表整体更加美观。

第1步 在 A1 单元格中输入“客户联系信息表”，然后选择 A1:L1 单元格区域，单击【开始】选项卡下【合并居中】下拉按钮，在弹出的下拉列表中选择【合并单元格】选项，如下图所示。

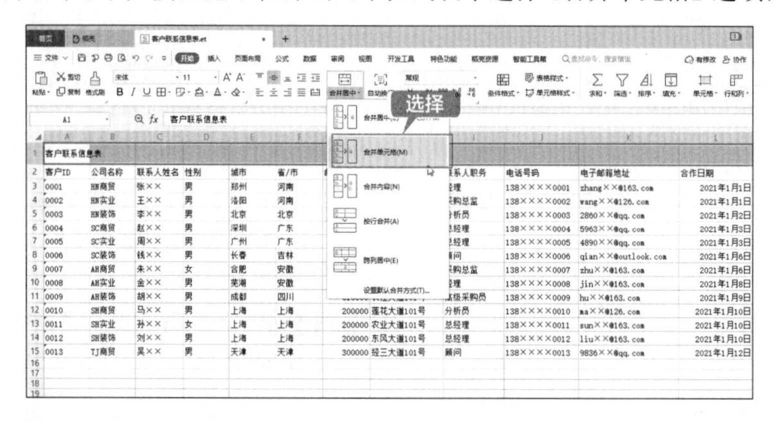

第2步 即可将选择的单元格区域合并为一个单元格，且单元格内的文本左对齐显示，如下图所示。

客户联系信息表											
客户ID	公司名称	联系人姓名	性别	城市	省/市	邮政编码	通讯地址	联系人职务	电话号码	电子邮箱地址	合作日期
0001	HN商贸	张××	男	郑州	河南	450000	康庄大道101号	经理	138××××0001	zhang××@163.com	2021年1月1日
0002	HN实业	王××	男	洛阳	河南	471000	幸福大道101号	采购总监	138××××0002	wang××@126.com	2021年1月1日
0003	HN装饰	李××	男	北京	北京	100000	花园大道101号	分析员	138××××0003	2860××@qq.com	2021年1月2日
0004	SC商贸	赵××	男	深圳	广东	518000	富山大道101号	总经理	138××××0004	5963××@qq.com	2021年1月3日
0005	SC实业	周××	男	广州	广东	510000	淮河大道101号	总经理	138××××0005	4890××@qq.com	2021年1月3日
0006	SC装饰	钱××	男	长春	吉林	130000	京广大道101号	顾问	138××××0006	qian××@outlook.com	2021年1月6日
0007	AH商贸	朱××	女	合肥	安徽	230000	航海大道101号	采购总监	138××××0007	zhu××@163.com	2021年1月6日
0008	AH实业	金××	男	芜湖	安徽	241000	陇海大道101号	经理	138××××0008	jin××@163.com	2021年1月8日
0009	AH装饰	胡××	男	成都	四川	610000	长江大道101号	高级采购员	138××××0009	hu××@163.com	2021年1月9日
0010	SH商贸	马××	男	上海	上海	200000	莲花大道101号	分析员	138××××0010	ma××@126.com	2021年1月10日
0011	SH实业	孙××	女	上海	上海	200000	农业大道101号	总经理	138××××0011	sun××@163.com	2021年1月10日
0012	SH装饰	刘××	男	上海	上海	200000	东风大道101号	总经理	138××××0012	liu××@163.com	2021年1月10日
0013	TJ商贸	吴××	男	天津	天津	300000	经三大道101号	顾问	138××××0013	9836××@qq.com	2021年1月12日

如果要取消单元格合并，可以选择合并后的单元格，单击【开始】选项卡下的【合并居中】下拉按钮，在弹出的列表中选择【取消合并单元格】选项，该单元格即会取消合并，恢复成合并前的单元格，如下图所示。

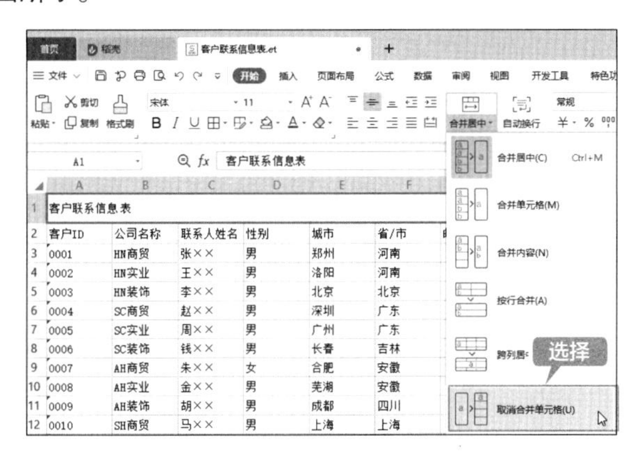

5.6 文本段落的格式

在 WPS 表格中，设置字体格式、对齐方式及边框和背景等，可以美化工作表。

5.6.1 设置字体

客户联系信息表制作完成后，可以对字体进行大小、加粗、颜色等设置，使客户联系信息表看起来更加美观，具体操作步骤如下。

第 1 步 选择 A1 单元格，单击【开始】选项卡下的【字体】下拉按钮，在弹出的下拉列表中选择“黑体”，如下图所示。

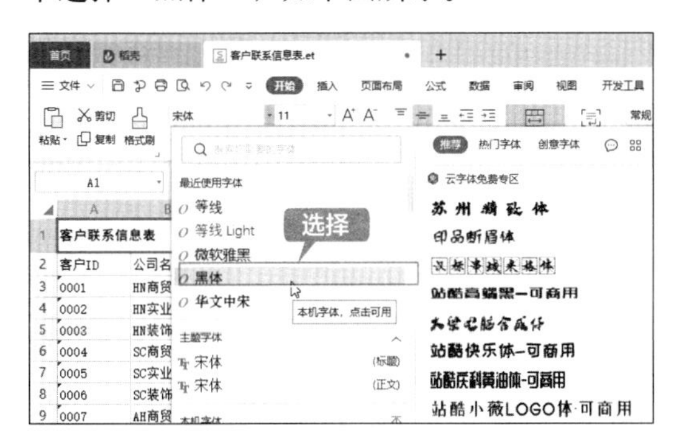

第 2 步 单击【开始】选项卡下的【字号】下拉按钮，在弹出的下拉列表中选择“16”，如下图所示。

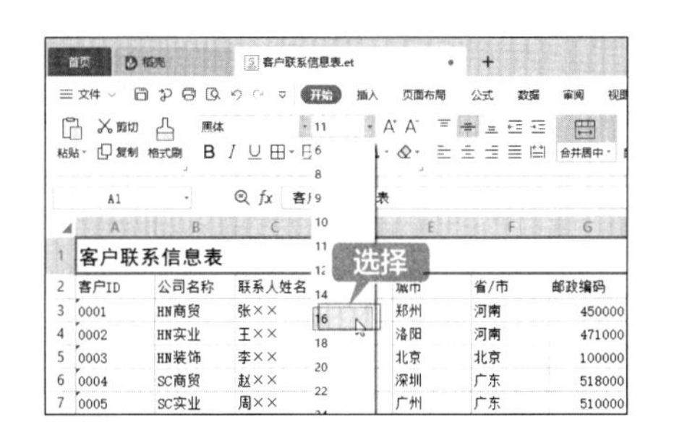

第 3 步 单击【开始】选项卡下的【加粗】按钮，可为字体设置加粗效果，如下图所示。

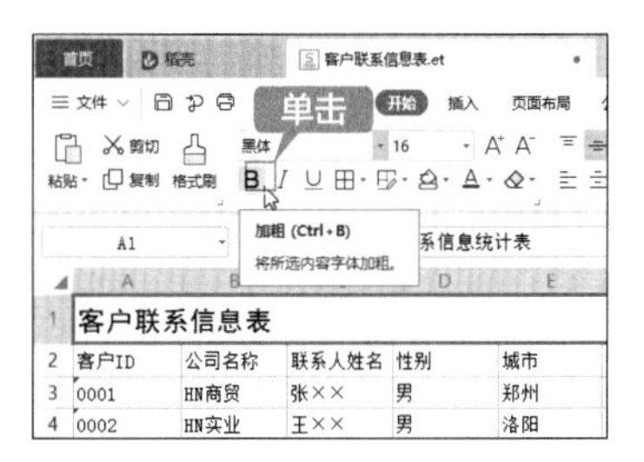

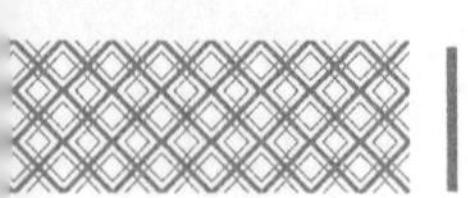

第 4 步 使用同样的方法，选择 A2:L2 单元格区域，设置【字体】为“黑体”，【字号】为“12”；选择 A3:L15 单元格区域，设置【字体】为“仿宋”，【字号】为“11”，设置完成后效果如下图所示。

客户联系信息表											
客户ID	公司名称	联系人姓名	性别	城市	省/市	邮政编码	通讯地址	联系人职务	电话号码	电子邮箱地址	合作日期
0001	HN商贸	张××	男	郑州	河南	450000	康庄大道101号	经理	138×××0001	zhang××@163.com	2021年1月1日
0002	HN实业	王××	男	洛阳	河南	471000	幸福大道101号	采购总监	138×××0002	wang××@126.com	2021年1月1日
0003	HN装饰	李××	男	北京	北京	100000	花园大道101号	分析员	138×××0003	2860××@qq.com	2021年1月2日
0004	SC商贸	赵××	男	深圳	广东	518000	嵩山大道101号	总经理	138×××0004	5963××@qq.com	2021年1月3日
0005	SC实业	周××	男	广州	广东	510000	淮河大道101号	总经理	138×××0005	4890××@qq.com	2021年1月3日
0006	SC装饰	钱××	男	长春	吉林	130000	京广大道101号	顾问	138×××0006	qian××@outlook.com	2021年1月6日
0007	AH商贸	朱××	女	合肥	安徽	230000	航海大道101号	采购总监	138×××0007	zhu××@163.com	2021年1月6日
0008	AH实业	金××	男	芜湖	安徽	241000	陇海大道101号	经理	138×××0008	jin××@163.com	2021年1月8日
0009	AH装饰	胡××	男	成都	四川	610000	长江大道101号	高级采购员	138×××0009	hu××@163.com	2021年1月9日
0010	SH商贸	马××	男	上海	上海	200000	莲花大道101号	分析员	138×××0010	ma××@126.com	2021年1月10日
0011	SH实业	孙××	女	上海	上海	200000	农业大道101号	总经理	138×××0011	sun××@163.com	2021年1月10日
0012	SH装饰	刘××	男	上海	上海	200000	东风大道101号	总经理	138×××0012	liu××@163.com	2021年1月10日
0013	TJ商贸	吴××	男	天津	天津	300000	经三大道101号	顾问	138×××0013	9836××@qq.com	2021年1月12日

5.6.2 设置对齐方式

在 WPS 表格中可以为单元格数据设置的对齐方式有左对齐、右对齐和水平居中等。在本例中将设置垂直、水平居中对齐，使客户联系信息表更加有序、美观。

【开始】选项卡下【对齐方式】组中对齐按钮的分布及名称如下图所示，单击对应按钮即可应用相应设置，具体操作步骤如下。

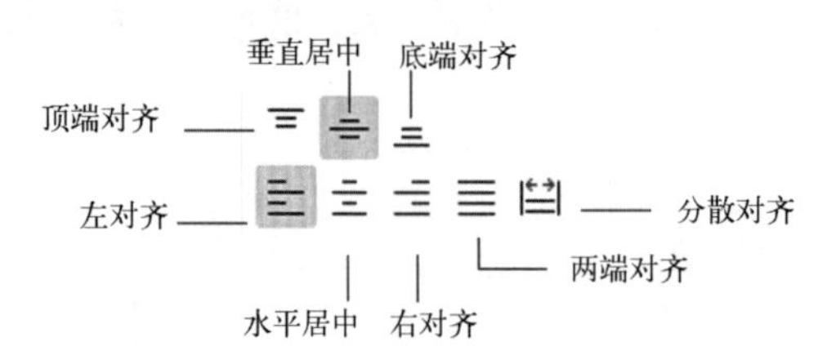

第 1 步 选择 A1:L1 单元格区域，分别单击【开始】选项卡下的【垂直居中】按钮和【水平居中】按钮，文本内容将垂直和水平居中对齐，如下图所示。

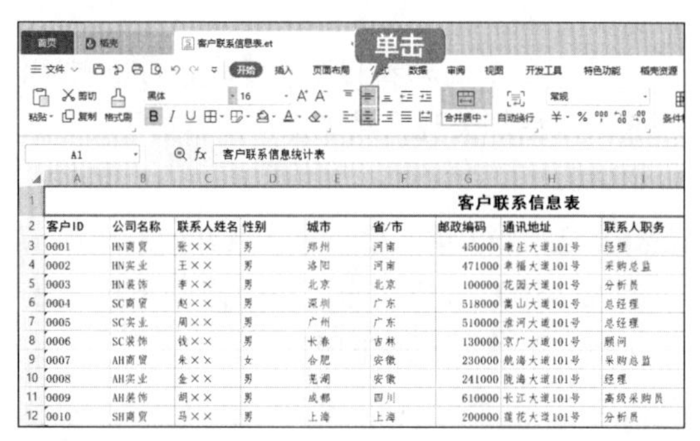

客户联系信息表								
客户ID	公司名称	联系人姓名	性别	城市	省/市	邮政编码	通讯地址	联系人职务
0001	HN商贸	张××	男	郑州	河南	450000	康庄大道101号	经理
0002	HN实业	王××	男	洛阳	河南	471000	幸福大道101号	采购总监
0003	HN装饰	李××	男	北京	北京	100000	花园大道101号	分析员
0004	SC商贸	赵××	男	深圳	广东	518000	嵩山大道101号	总经理
0005	SC实业	周××	男	广州	广东	510000	淮河大道101号	总经理
0006	SC装饰	钱××	男	长春	吉林	130000	京广大道101号	顾问
0007	AH商贸	朱××	女	合肥	安徽	230000	航海大道101号	采购总监
0008	AH实业	金××	男	芜湖	安徽	241000	陇海大道101号	经理
0009	AH装饰	胡××	男	成都	四川	610000	长江大道101号	高级采购员
0010	SH商贸	马××	男	上海	上海	200000	莲花大道101号	分析员

第 2 步 使用同样的方法，根据需要设置其他单元格的对齐方式，效果如下图所示。

客户联系信息表											
客户ID	公司名称	联系人姓名	性别	城市	省/市	邮政编码	通讯地址	联系人职务	电话号码	电子邮箱地址	合作日期
0001	HN商贸	张××	男	郑州	河南	450000	康庄大道101号	经理	138×××0001	zhang××@163.com	2021年1月1日
0002	HN实业	王××	男	洛阳	河南	471000	幸福大道101号	采购总监	138×××0002	wang××@126.com	2021年1月1日
0003	HN装饰	李××	男	北京	北京	100000	花园大道101号	分析员	138×××0003	2860××@qq.com	2021年1月2日
0004	SC商贸	赵××	男	深圳	广东	518000	嵩山大道101号	总经理	138×××0004	5963××@qq.com	2021年1月3日
0005	SC实业	周××	男	广州	广东	510000	淮河大道101号	总经理	138×××0005	4890××@qq.com	2021年1月3日
0006	SC装饰	钱××	男	长春	吉林	130000	京广大道101号	顾问	138×××0006	qian××@outlook.com	2021年1月6日
0007	AH商贸	朱××	女	合肥	安徽	230000	航海大道101号	采购总监	138×××0007	zhu××@163.com	2021年1月6日
0008	AH实业	金××	男	芜湖	安徽	241000	陇海大道101号	经理	138×××0008	jin××@163.com	2021年1月8日
0009	AH装饰	胡××	男	成都	四川	610000	长江大道101号	高级采购员	138×××0009	hu××@163.com	2021年1月9日
0010	SH商贸	马××	男	上海	上海	200000	莲花大道101号	分析员	138×××0010	ma××@126.com	2021年1月10日
0011	SH实业	孙××	女	上海	上海	200000	农业大道101号	总经理	138×××0011	sun××@163.com	2021年1月10日
0012	SH装饰	刘××	男	上海	上海	200000	东风大道101号	总经理	138×××0012	liu××@163.com	2021年1月10日
0013	TJ商贸	吴××	男	天津	天津	300000	经三大道101号	顾问	138×××0013	9836××@qq.com	2021年1月12日

5.6.3 设置边框和背景

在 WPS 表格中，单元格四周的灰色网格线默认是不被打印的。为了使客户联系信息表更加规范、美观，可以为表格设置边框和背景。

第 1 步 选择 A2:L15 单元格区域，按【Ctrl+1】组合键，打开【单元格格式】对话框，如下图所示。

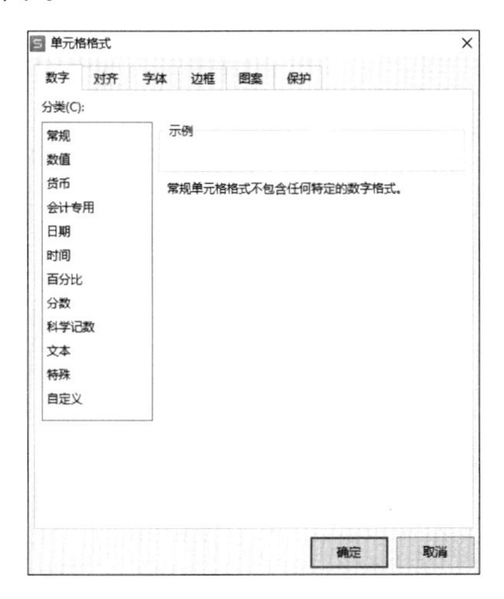

第 2 步 选择【边框】选项卡，在【样式】列表框中选择一种边框样式，然后在【颜色】下拉列表中选择“绿色”，在【预置】区域中单击【外边框】按钮，此时在预览区域中可以看到设置的外边框的边框样式，如下图所示。

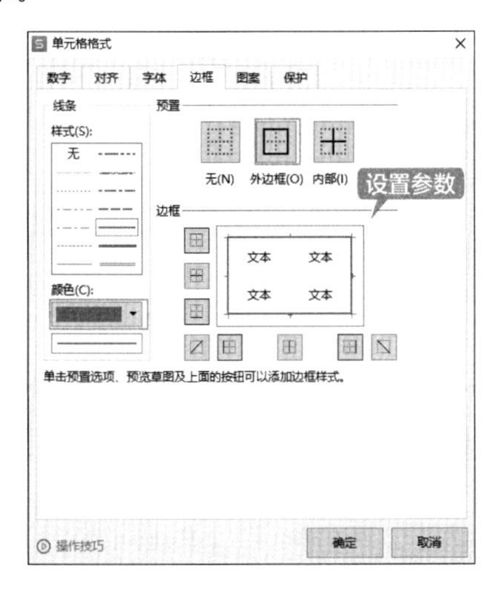

第 3 步 在【样式】列表框中选择另一种边框样式，并设置颜色，然后在【预置】区域中单击【内部】按钮，此时在预览区域中可以看到设置的内部边框样式，单击【确定】按钮，如下图所示。

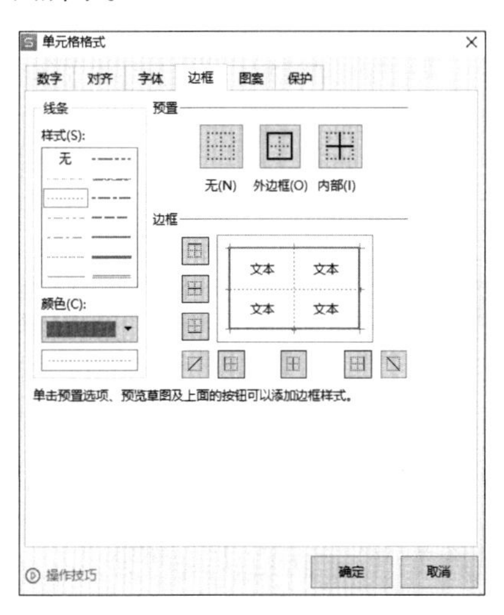

第 4 步 即可看到设置的边框效果，如下图所示。

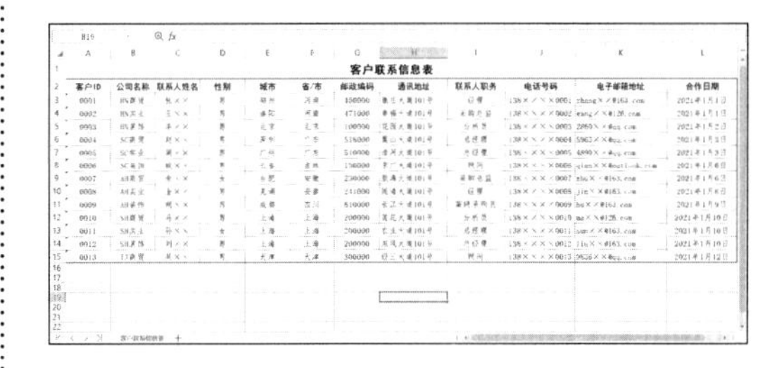

第 5 步 选择 A2:L2 单元格区域，单击【开始】选项卡下的【填充颜色】按钮，在弹出的颜色列表中选择“绿色”，如下图所示。

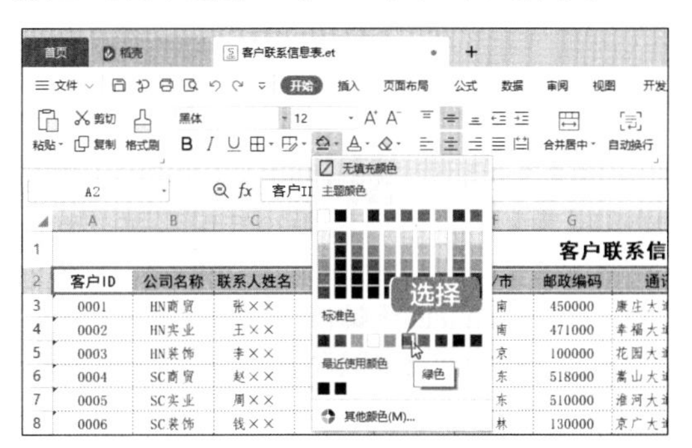

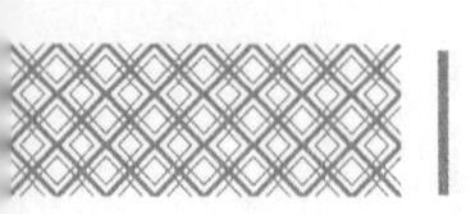

第 6 步 即可将该单元格区域填充为绿色，并将字体颜色设置为“白色”，效果如下图所示。

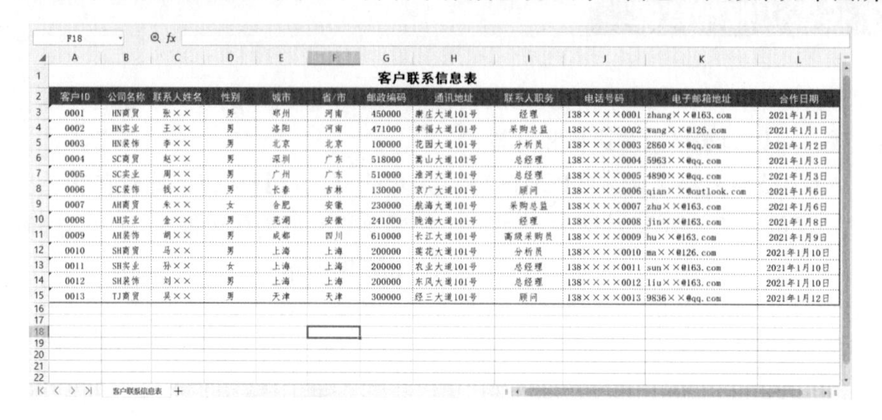

客户联系信息表

客户ID	公司名称	联系人姓名	性别	城市	省/市	邮政编码	通讯地址	联系人职务	电话号码	电子邮箱地址	合作日期
0001	HN商贸	张××	男	郑州	河南	450000	康庄大道101号	经理	138××××0001	zhang××@163.com	2021年1月1日
0002	HN实业	王××	男	洛阳	河南	471000	幸福大道101号	采购总监	138××××0002	wang××@126.com	2021年1月1日
0003	HN装饰	李××	男	北京	北京	100000	花园大道101号	分析员	138××××0003	2860××@qq.com	2021年1月2日
0004	SC商贸	赵××	男	深圳	广东	518000	嵩山大道101号	总经理	138××××0004	5963××@qq.com	2021年1月3日
0005	SC实业	周××	男	广州	广东	510000	淮河大道101号	总经理	138××××0005	4890××@qq.com	2021年1月3日
0006	SC装饰	钱××	男	长春	吉林	130000	京广大道101号	顾问	138××××0006	qian××@outlook.com	2021年1月6日
0007	AH商贸	朱××	女	合肥	安徽	230000	航海大道101号	采购总监	138××××0007	zhu××@163.com	2021年1月6日
0008	AH实业	金××	男	芜湖	安徽	241000	陇海大道101号	经理	138××××0008	jin××@163.com	2021年1月8日
0009	AH装饰	胡××	男	成都	四川	610000	长江大道101号	高级采购员	138××××0009	hu××@163.com	2021年1月9日
0010	SH商贸	马××	男	上海	上海	200000	莲花大道101号	分析员	138××××0010	ma××@126.com	2021年1月10日
0011	SH实业	孙××	女	上海	上海	200000	农业大道101号	总经理	138××××0011	sun××@163.com	2021年1月10日
0012	SH装饰	刘××	男	上海	上海	200000	东风大道101号	总经理	138××××0012	liu××@163.com	2021年1月10日
0013	TJ商贸	吴××	男	天津	天津	300000	经三大道101号	顾问	138××××0013	9836××@qq.com	2021年1月12日

5.7 使用样式美化工作表

WPS 表格中内置了多种单元格样式及表格样式，以满足用户对工作表的美化需求。另外，还可以设置条件格式，突出显示重点关注的信息。

5.7.1 设置单元格样式

单元格样式是一组已定义的格式特征，使用 WPS 表格内置的单元格样式可以快速更改文本样式、标题样式、背景样式和数字样式等。在客户联系信息表中设置单元格样式的具体操作步骤如下。

第 1 步 选择要设置单元格样式的区域，这里选择 A3:L15 单元格区域，单击【开始】选项卡下的【单元格样式】下拉按钮，在弹出的下拉列表中选择“20%– 强调文字颜色 3”样式，如下图所示。

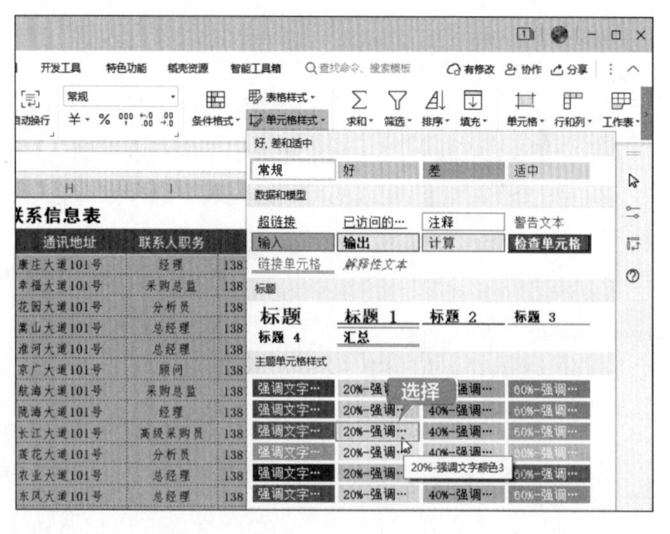

第 2 步 即可更改单元格样式，效果如下图所示。

客户联系信息表

客户ID	公司名称	联系人姓名	性别	城市	省/市	邮政编码	通讯地址	联系人职务	电话号码	电子邮箱地址	合作日期
0001	HN商贸	张××	男	郑州	河南	450000	康庄大道101号	经理	138×××0001	zhang××@163.com	2021年1月1日
0002	HN实业	王××	男	洛阳	河南	471000	幸福大道101号	采购总监	138×××0002	wang××@126.com	2021年1月1日
0003	HN装饰	李××	男	北京	北京	100000	花园大道101号	分析员	138×××0003	2860××@qq.com	2021年1月2日
0004	SC商贸	赵××	男	深圳	广东	518000	嵩山大道101号	总经理	138×××0004	5963××@qq.com	2021年1月3日
0005	SC实业	周××	男	广州	广东	510000	淮河大道101号	总经理	138×××0005	4890××@qq.com	2021年1月3日
0006	SC装饰	钱××	男	长春	吉林	130000	京广大道101号	顾问	138×××0006	qian××@outlook.com	2021年1月6日
0007	AH商贸	朱××	女	合肥	安徽	230000	航海大道101号	采购总监	138×××0007	zhu××@163.com	2021年1月6日
0008	AH实业	金××	男	芜湖	安徽	241000	陇海大道101号	经理	138×××0008	jin××@163.com	2021年1月8日
0009	AH装饰	胡××	男	成都	四川	610000	长江大道101号	高级采购员	138×××0009	hu××@163.com	2021年1月9日
0010	SH商贸	马××	男	上海	上海	200000	莲花大道101号	分析员	138×××0010	ma××@126.com	2021年1月10日
0011	SH实业	孙××	女	上海	上海	200000	农业大道101号	总经理	138×××0011	sun××@163.com	2021年1月10日
0012	SH装饰	刘××	男	上海	上海	200000	东风大道101号	总经理	138×××0012	liu××@163.com	2021年1月10日
0013	TJ商贸	吴××	男	天津	天津	300000	经三大道101号	顾问	138×××0013	9836××@qq.com	2021年1月12日

5.7.2 套用表格样式

WPS 表格中内置了多种表格样式，可以满足多样化的需求，用户可以一键套用内置的表格样式，方便快捷，使工作表更加赏心悦目。套用表格样式的具体操作步骤如下。

第 1 步 选择 A2:L15 单元格区域，单击【开始】选项卡下的【表格样式】下拉按钮，在弹出的下拉列表中选择一种样式，这里选择【中色系】中的“表样式中等深浅 14”样式，如下图所示。

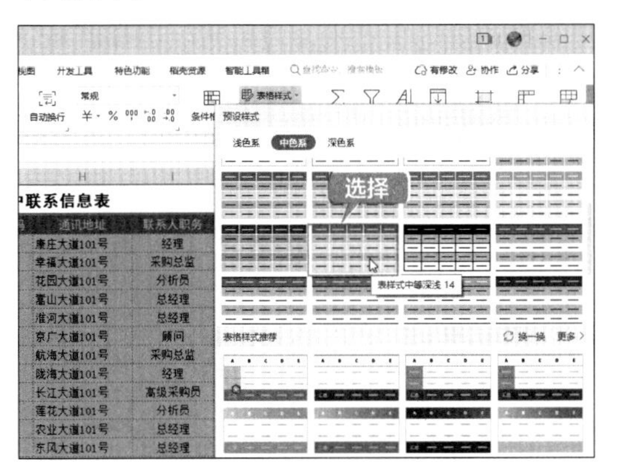

第 2 步 弹出【套用表格样式】对话框，单击【确定】按钮，如下图所示。

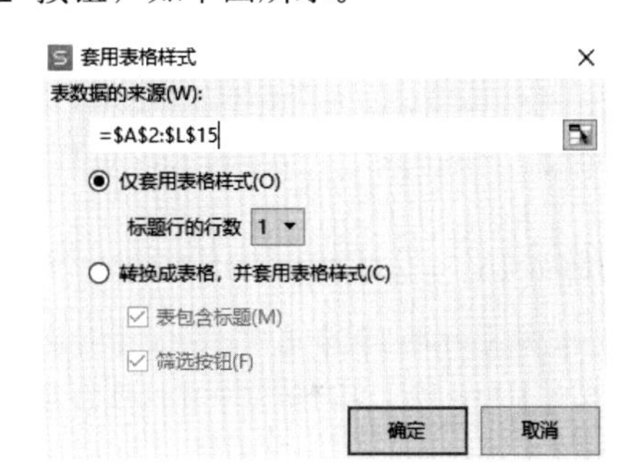

第 3 步 即可为表格套用此样式，如下图所示。

客户联系信息表

客户ID	公司名称	联系人姓名	性别	城市	省/市	邮政编码	通讯地址	联系人职务	电话号码	电子邮箱地址	合作日期
0001	HN商贸	张××	男	郑州	河南	450000	康庄大道101号	经理	138×××0001	zhang××@163.com	2021年1月1日
0002	HN实业	王××	男	洛阳	河南	471000	幸福大道101号	采购总监	138×××0002	wang××@126.com	2021年1月1日
0003	HN装饰	李××	男	北京	北京	100000	花园大道101号	分析员	138×××0003	2860××@qq.com	2021年1月2日
0004	SC商贸	赵××	男	深圳	广东	518000	嵩山大道101号	总经理	138×××0004	5963××@qq.com	2021年1月3日
0005	SC实业	周××	男	广州	广东	510000	淮河大道101号	总经理	138×××0005	4890××@qq.com	2021年1月3日
0006	SC装饰	钱××	男	长春	吉林	130000	京广大道101号	顾问	138×××0006	qian××@outlook.com	2021年1月6日
0007	AH商贸	朱××	女	合肥	安徽	230000	航海大道101号	采购总监	138×××0007	zhu××@163.com	2021年1月6日
0008	AH实业	金××	男	芜湖	安徽	241000	陇海大道101号	经理	138×××0008	jin××@163.com	2021年1月8日
0009	AH装饰	胡××	男	成都	四川	610000	长江大道101号	高级采购员	138×××0009	hu××@163.com	2021年1月9日
0010	SH商贸	马××	男	上海	上海	200000	莲花大道101号	分析员	138×××0010	ma××@126.com	2021年1月10日
0011	SH实业	孙××	女	上海	上海	200000	农业大道101号	总经理	138×××0011	sun××@163.com	2021年1月10日
0012	SH装饰	刘××	男	上海	上海	200000	东风大道101号	总经理	138×××0012	liu××@163.com	2021年1月10日
0013	TJ商贸	吴××	男	天津	天津	300000	经三大道101号	顾问	138×××0013	9836××@qq.com	2021年1月12日

5.7.3 设置条件格式

在 WPS 表格中可以设置条件格式，将符合条件的数据突出显示。为单元格区域设置条件格式的具体操作步骤如下。

第 1 步 选择要设置条件格式的区域，这里选择 I3:I15 单元格区域，单击【开始】选项卡下的【条件格式】下拉按钮，在弹出的下拉列表中选择【突出显示单元格规则】→【文本包含】选项，如下图所示。

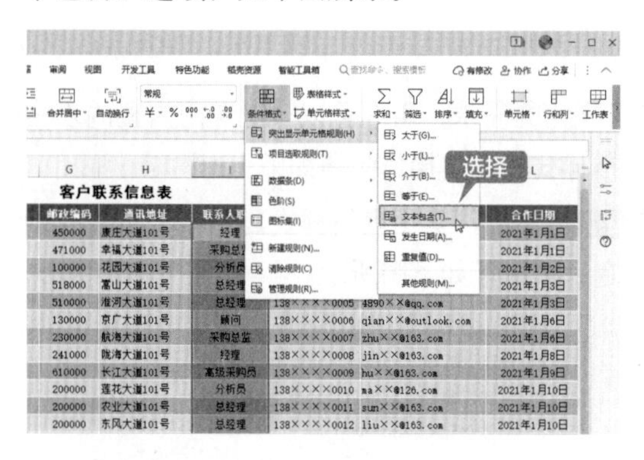

> **提示**
>
> 选择【新建规则】选项，弹出【新建格式规则】对话框，在对话框中可以根据需要来设定条件规则。

第 2 步 弹出【文本中包含】对话框，在文本框中输入“总经理”，在【设置为】下拉列表中选择【浅红填充色深红色文本】选项，单击【确定】按钮，如下图所示。

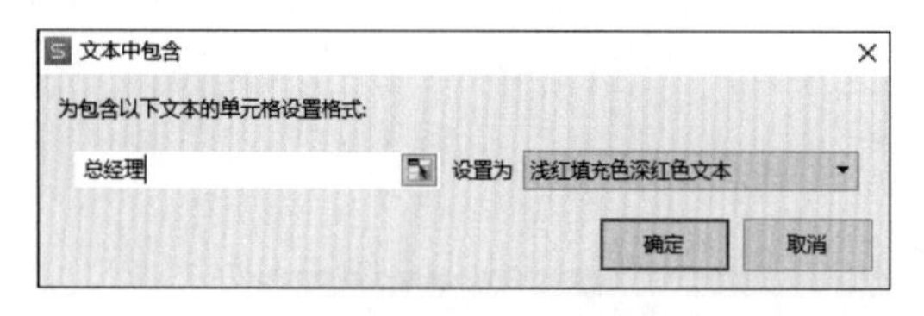

第 3 步 设置条件格式后的效果如下图所示。

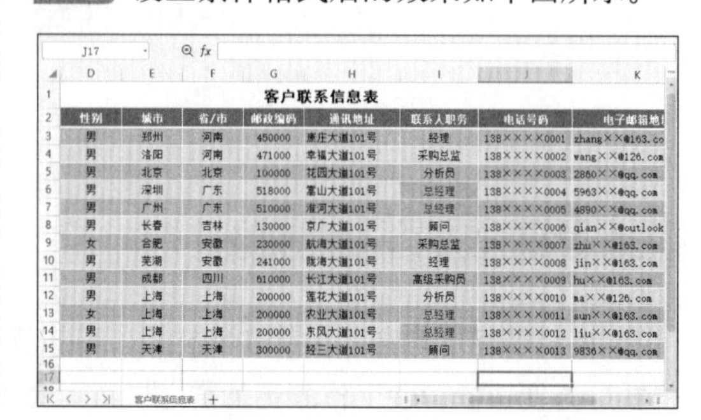

设置条件格式后，可以管理和清除设置的条件格式。

选择设置条件格式的区域，单击【开始】选项卡下的【条件格式】下拉按钮，在弹出的列表中选择【清除规则】→【清除所选单元格的规则】选项，即可清除选择区域中的条件格式，如下图所示。

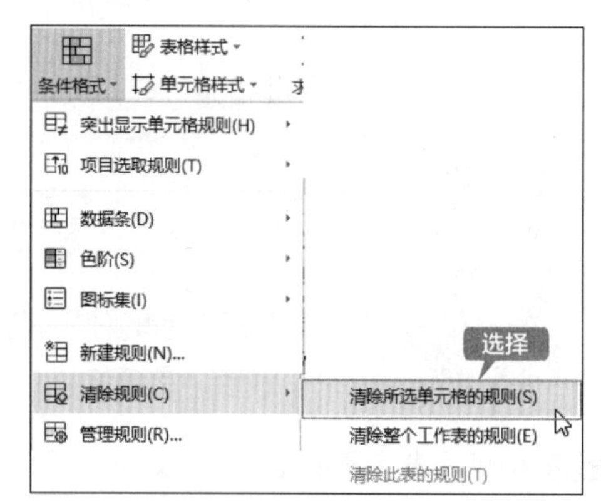

至此，客户联系信息表制作完成，按【Ctrl+S】组合键保存当前工作簿即可。

制作员工信息表

与客户联系信息表类似的表格还有员工信息表、包装材料采购明细表、成绩表等。制作这类表格时，要做到数据准确、重点突出、分类简洁，使阅读者可以快速获取表格信息。下面就以制作员工信息表为例进行介绍。

本节素材结果文件		
	素材	素材\ch05\员工信息表.et
	结果	结果\ch05\员工信息表.et

1. 创建空白工作簿

新建空白工作簿并保存，重命名工作表并设置工作表标签的颜色等，如下图所示。

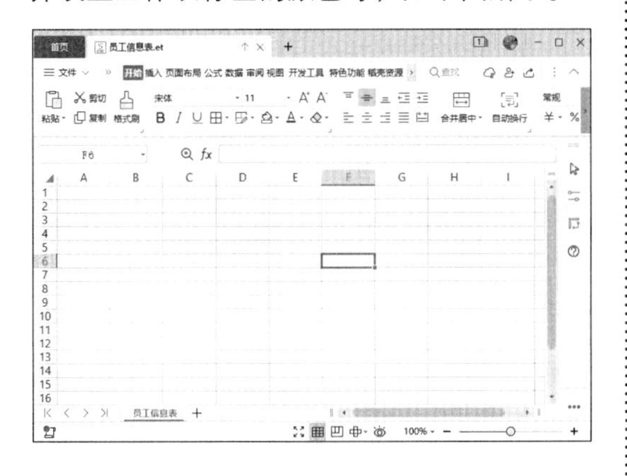

2. 输入数据

输入员工信息表中的各项数据，对数据列进行填充，并调整行高与列宽，如下图所示。

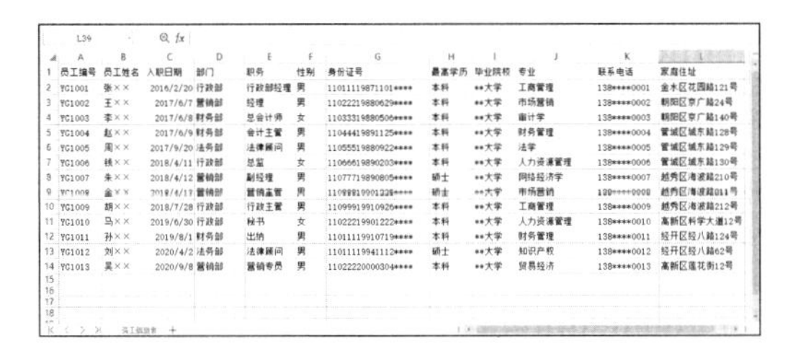

员工编号	员工姓名	入职日期	部门	职务	性别	身份证号	最高学历	毕业院校	专业	联系电话	家庭住址
YG1001	张××	2016/2/20	行政部	行政部经理	男	11011119871101****	本科	**大学	工商管理	138****0001	金水区花园路121号
YG1002	王××	2017/6/7	营销部	经理	男	11022219880629****	本科	**大学	市场营销	138****0002	朝阳区京广路24号
YG1003	李××	2017/6/8	财务部	总会计师	女	11033319880506****	本科	**大学	审计学	138****0003	朝阳区京广路140号
YG1004	赵××	2017/6/9	财务部	会计主管	男	11044419891125****	本科	**大学	财务管理	138****0004	管城区城东路128号
YG1005	周××	2017/9/20	法务部	法律顾问	男	11055519880922****	本科	**大学	法学	138****0005	管城区城东路129号
YG1006	钱××	2018/4/11	行政部	总监	女	11066619890203****	本科	**大学	人力资源管理	138****0006	管城区城东路130号
YG1007	朱××	2018/4/12	营销部	副经理	男	11077719890805****	硕士	**大学	网络经济学	138****0007	越秀区海波路210号
YG1008	金××	2018/4/13	营销部	营销主管	男	11088819901225****	硕士	**大学	市场营销	138****0008	越秀区海波路211号
YG1009	胡××	2018/7/28	行政部	行政主管	男	11099919910926****	本科	**大学	工商管理	138****0009	越秀区海波路212号
YG1010	马××	2019/6/30	行政部	秘书	女	11022219901222****	本科	**大学	人力资源管理	138****0010	高新区科学大道12号
YG1011	孙××	2019/8/1	财务部	出纳	男	11011119910719****	本科	**大学	财务管理	138****0011	经开区经八路124号
YG1012	刘××	2020/4/2	法务部	法律顾问	男	11011119941112****	硕士	**大学	知识产权	138****0012	经开区经八路62号
YG1013	吴××	2020/9/8	营销部	营销专员	男	11022220000304****	本科	**大学	贸易经济	138****0013	高新区莲花街12号

3. 设置文本和段落格式

设置工作表中文本的字体、字号和对齐方式，如下图所示。

4. 设置表格的样式

为表格添加样式，美化表格，效果如下图所示。

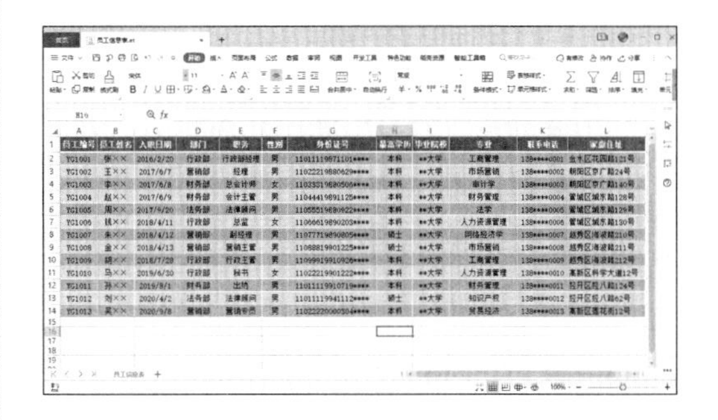

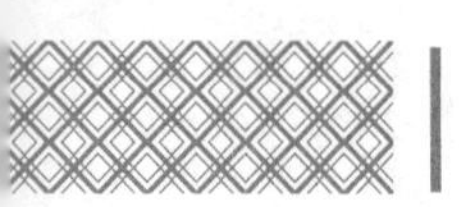

◇ 将表格的行和列互换

在 WPS 表格中使用【转置】功能，可以轻松实现表格的行列互换，具体操作步骤如下。

第 1 步 打开"素材 \ch05\ 表格行列互换 .et"文档，选中 A1:F3 单元格区域，按【Ctrl+C】组合键复制，然后选中 A6 单元格，单击【开始】选项卡下的【粘贴】下拉按钮，在弹出的下拉菜单中单击【转置】选项，如下图所示。

第 2 步 即可完成表格的行列互换，如下图所示。

◇ 使用【Ctrl+Enter】组合键批量输入相同数据

在 WPS 表格中，如果要输入大量相同的数据，为了提高输入效率，除了使用填充功能外，还可以使用【Ctrl+Enter】组合键，一键快速录入多个单元格数据。

第 1 步 在工作表中，选择要输入数据的单元格，并在选择的任一单元格中输入数据，如下图所示。

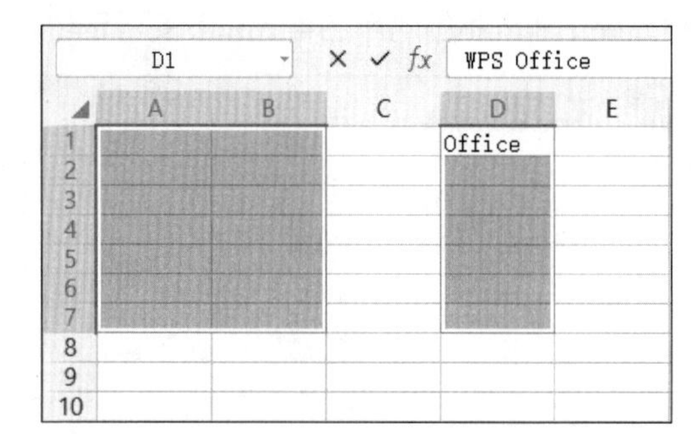

第 2 步 按【Ctrl+Enter】组合键，即可在所选单元格中输入同一数据，如下图所示。

第 6 章

初级数据处理与分析——员工销售报表

本章导读

在工作中，经常需要对各种类型的数据进行统计和分析。WPS 表格具有处理各种数据的功能，使用排序功能可以将表格中的内容按照特定的规则排序；使用筛选功能可以将满足条件的数据单独显示；设置数据的有效性可以防止输入错误数据；使用条件格式功能可以直观地突出显示重要值；使用合并计算和分类汇总功能可以对数据进行分类或汇总。本章以处理员工销售报表为例，介绍如何使用 WPS 表格对数据进行处理和分析。

思维导图

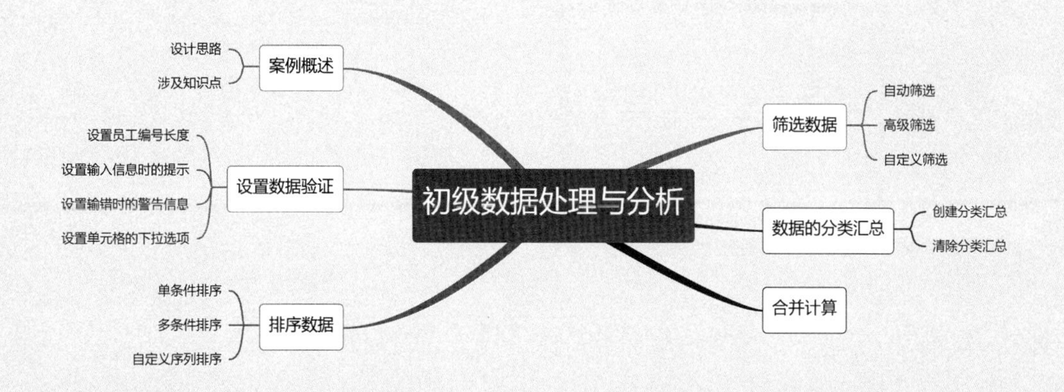

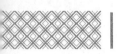

6.1 案例概述

员工销售报表是记录员工销售情况的统计表。员工销售报表中商品种类较多，手动统计不仅费时费力，而且容易出错，使用 WPS 表格则可以快速对这类工作表进行分析统计，得出详细而准确的数据。

本章素材结果文件		
	素材	素材 \ch06\ 员工销售报表 .et
	结果	结果 \ch06\ 员工销售报表 .et

6.1.1 设计思路

对员工销售报表的处理和分析可以按照以下思路进行。

① 设置员工编号和商品类别的数据验证。

② 通过对销售数量排序进行数据分析处理。

③ 通过筛选对关注员工的销售情况进行分析。

④ 通过分类汇总对商品销售情况进行分析。

⑤ 通过合并计算将两个工作表中的数据进行合并。

6.1.2 涉及知识点

本案例主要涉及的知识点如下图所示（脑图见“素材结果文件 \ 脑图 \ 6.pos”）。

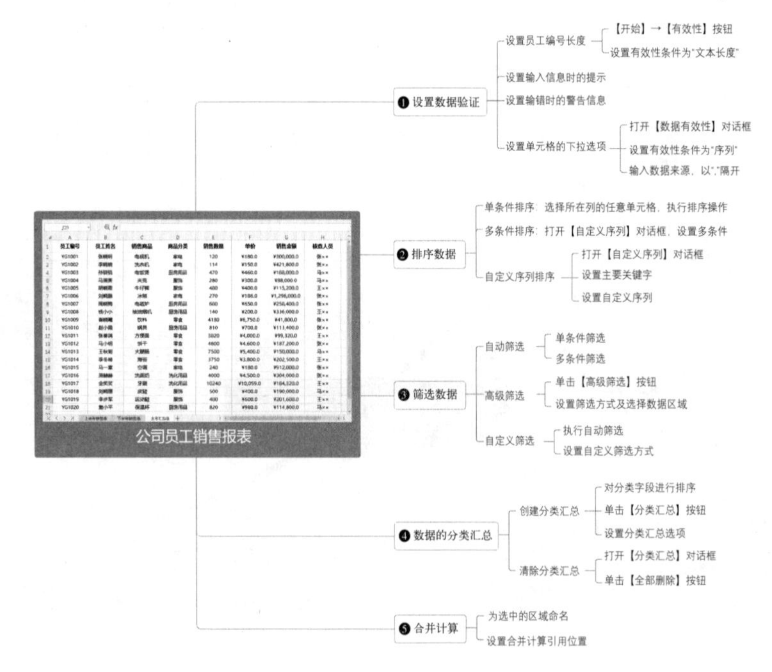

6.2 设置数据验证

在员工销售报表中，数据的类型和格式都有严格要求。因此，需要在输入数据时对数据有效性进行验证。

6.2.1 设置员工编号长度

在员工销售报表中需要输入员工编号，以便更好地进行统计。员工编号的长度是固定的，因此可以对输入数据的长度进行限制，以避免输入错误数据，具体操作步骤如下。

第 1 步 打开素材文件，选中“上半年销售表”工作表中的 A2:A21 单元格区域，单击【数据】选项卡下的【有效性】下拉按钮，在弹出的下拉菜单中单击【有效性】选项，如下图所示。

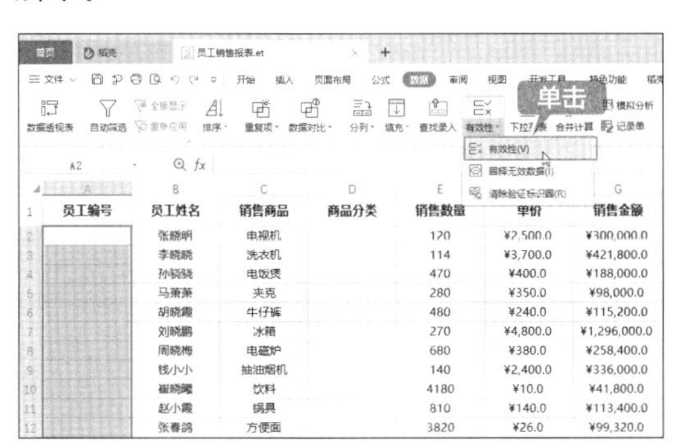

第 2 步 弹出【数据有效性】对话框，选择【设置】选项卡，单击【有效性条件】区域中的【允许】下拉按钮，在弹出的下拉列表中选择【文本长度】选项，如下图所示。

第 3 步 【数据】选项变为可编辑状态，在【数据】下拉列表中选择【等于】选项，在【数值】文本框中输入“6”，勾选【忽略空值】复选框，单击【确定】按钮，如下图所示。

数据有效性
设置 输入信息 出错警告
有效性条件
允许(A):
文本长度
设置参数
空值(B)
数据(D):
等于
数值(V):
6
对所有同样设置的其他所有单元格应用这些更改(P)
操作技巧 全部清除(C) 确定 取消

第 4 步 即可完成设置输入长度数据验证的操作，当输入的文本长度不为 6 时，则会弹出错误提示信息，如下图所示。

A2 YG100

	A	B	C	D
1	员工编号	员工姓名	销售商品	商品分类
2	YG100	张晓明	电视机	
3			洗衣机	
4			电饭煲	
5			夹克	
6		胡晓霞	牛仔裤	
7		刘晓鹏	冰箱	

错误提示
您输入的内容，不符合限制条件。

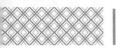

6.2.2 设置输入信息时的提示

完成对单元格中输入数据长度的限制设置后，可以设置输入信息时的提示信息，具体操作步骤如下。

第 1 步 选中 A2:A21 单元格区域，单击【数据】选项卡下的【有效性】下拉按钮，在弹出的下拉菜单中单击【有效性】选项，如下图所示。

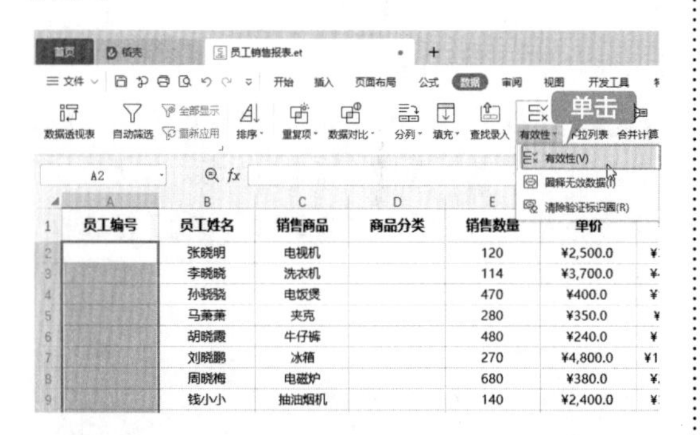

第 2 步 弹出【数据有效性】对话框，选择【输入信息】选项卡，在【标题】文本框中输入“输入员工编号”，在【输入信息】文本框中输入“请输入 6 位员工编号”，单击【确定】按钮，如下图所示。

第 3 步 返回工作表，选中设置了提示信息的单元格时，即会显示提示信息，效果如下图所示。

6.2.3 设置输错时的警告信息

在 WPS 表格中，可以设置出错警告信息，及时提示用户输入了错误数据，具体操作步骤如下。

第 1 步 选中 A2:A21 单元格区域，单击【数据】选项卡下的【有效性】下拉按钮，在弹出的下拉菜单中单击【有效性】选项，如下图所示。

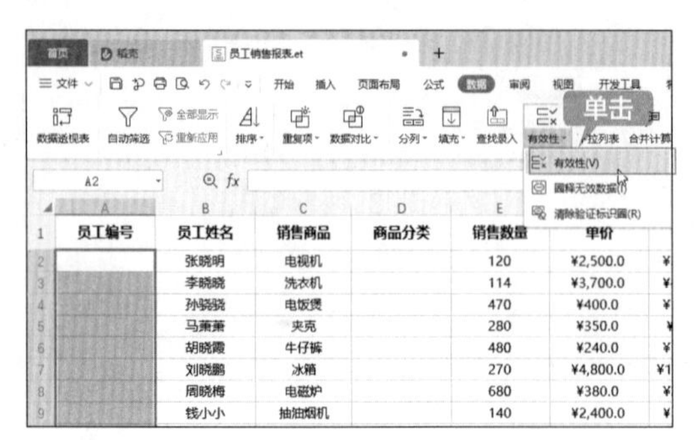

第 2 步 弹出【数据有效性】对话框，选择【出错警告】选项卡，在【样式】下拉列表中选择【停止】选项，在【标题】文本框中输入“输入错误”，在【错误信息】文本框中输入“员工编号长度为 6 位！”，单击【确定】按钮，如下图所示。

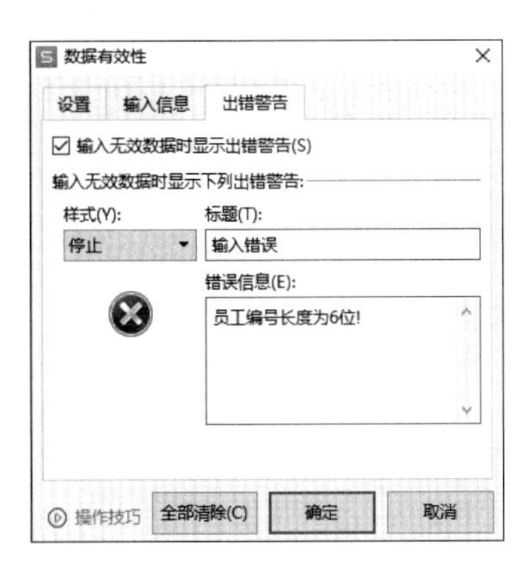

第 3 步 设置完成后可以对效果进行测试。在 A2 单元格中输入“2”，按【Enter】键，则会弹出输入错误信息，如下图所示。

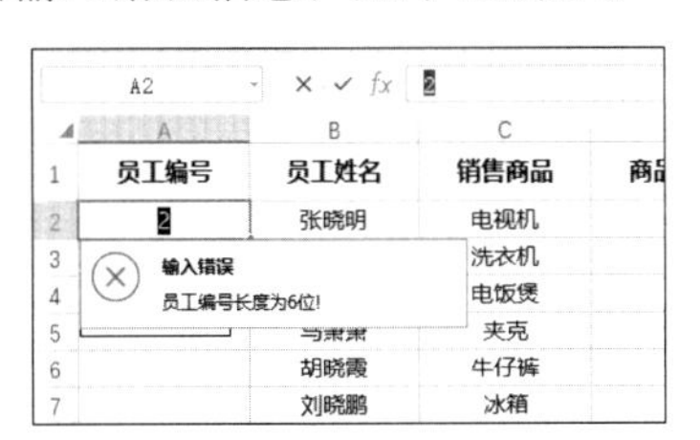

第 4 步 在 A2 单元格中输入“YG1001”，按【Enter】键确认，即可完成输入，如下图所示。

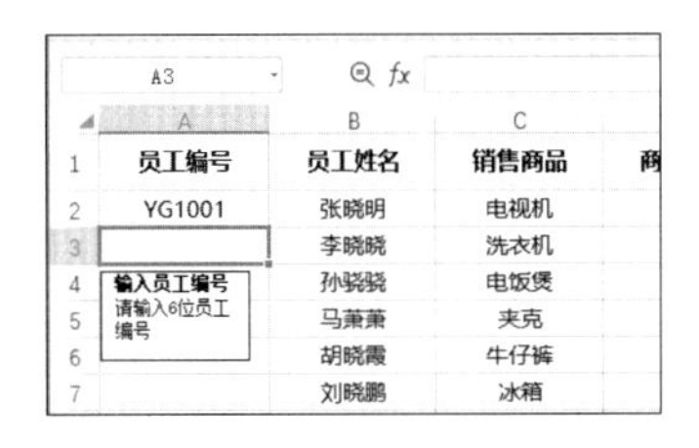

第 5 步 使用快速填充功能填充 A3:A21 单元格区域，效果如下图所示。

员工编号	员工姓名	销售商品	商品分类	销售数量	单价	销售金额	核查人员
YG1001	张晓明	电视机		120	¥2,500.0	¥300,000.0	张××
YG1002	李晓晓	洗衣机		114	¥3,700.0	¥421,800.0	张××
YG1003	孙晓晓	电饭煲		470	¥400.0	¥188,000.0	马××
YG1004	马萧萧	夹克		280	¥350.0	¥98,000.0	马××
YG1005	胡晓霞	牛仔裤		480	¥240.0	¥115,200.0	王××
YG1006	刘晓鹏	冰箱		270	¥4,800.0	¥1,296,000.0	张××
YG1007	周晓梅	电磁炉		680	¥380.0	¥258,400.0	张××
YG1008	钱小小	抽油烟机		140	¥2,400.0	¥336,000.0	王××
YG1009	崔晓曦	饮料		4180	¥10.0	¥41,800.0	张××
YG1010	赵小霞	锅具		810	¥140.0	¥113,400.0	张××
YG1011	张春娟	方便面		3820	¥26.0	¥99,320.0	王××
YG1012	马小明	饼干		4800	¥39.0	¥187,200.0	张××
YG1013	王秋菊	火腿肠		7500	¥20.0	¥150,000.0	马××
YG1014	李冬梅	海苔		3750	¥54.0	¥202,500.0	王××
YG1015	马一章	空调		240	¥3,800.0	¥912,000.0	张××
YG1016	萧赫赫	洗面奶		4000	¥76.0	¥304,000.0	张××
YG1017	金笑笑	牙刷		10240	¥18.0	¥184,320.0	王××
YG1018	刘晓丽	皮鞋		500	¥380.0	¥190,000.0	马××
YG1019	李步军	运动鞋		480	¥420.0	¥201,600.0	王××
YG1020	鲁小平	保温杯		820	¥140.0	¥114,800.0	马××

6.2.4 设置单元格的下拉选项

单元格中需要输入特定的字符时，如输入商品分类，可以设置下拉选项方便输入，具体操作步骤如下。

第 1 步 选中 D2:D21 单元格区域，单击【数据】选项卡下的【有效性】下拉按钮，在弹出的下拉菜单中单击【有效性】选项，如下图所示。

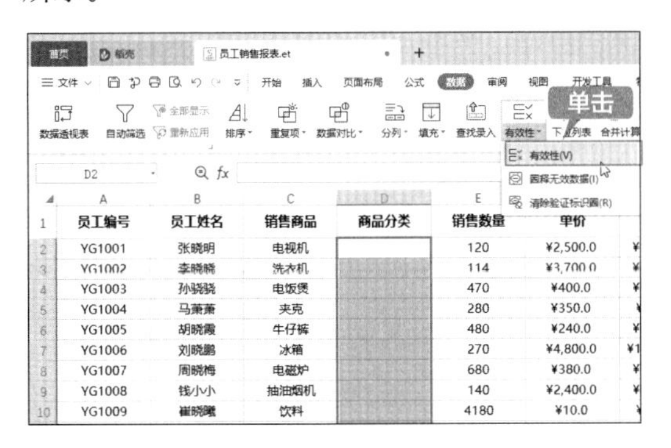

第 2 步 弹出【数据有效性】对话框，选择【设置】选项卡，单击【有效性条件】区域中的【允许】下拉按钮，在弹出的下拉列表中选择【序列】选项，如下图所示。

第 3 步 即可显示【来源】文本框，在文本框中输入“家电，厨房用品，服饰，零食，洗化用品”（用英文输入法状态下的逗号隔开），

并勾选【忽略空值】和【提供下拉箭头】复选框，单击【确定】按钮，如下图所示。

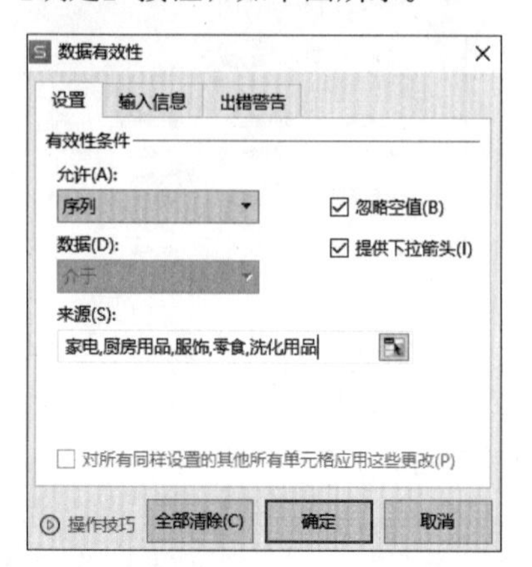

第 4 步 即可使“商品分类”列的单元格被选中时其右侧显示下拉按钮，单击下拉按钮，即可在下拉列表中选择商品分类，如下图所示。

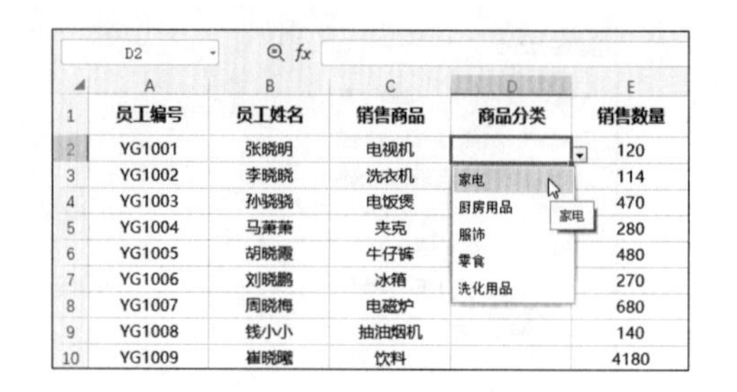

	A	B	C	D	E
1	员工编号	员工姓名	销售商品	商品分类	销售数量
2	YG1001	张晓明	电视机		120
3	YG1002	李晓晓	洗衣机	家电	114
4	YG1003	孙晓骁	电饭煲	厨房用品	470
5	YG1004	马萧萧	夹克	服饰	280
6	YG1005	胡晓霞	牛仔裤	零食	480
7	YG1006	刘晓鹏	冰箱	洗化用品	270
8	YG1007	周晓梅	电磁炉		680
9	YG1008	钱小小	抽油烟机		140
10	YG1009	崔晓曦	饮料		4180

第 5 步 在 D3:D21 单元格区域中选择商品分类，如下图所示。

	A	B	C	D	E	F	G	H
1	员工编号	员工姓名	销售商品	商品分类	销售数量	单价	销售金额	核查人员
2	YG1001	张晓明	电视机	家电	120	¥2,500.0	¥300,000.0	张××
3	YG1002	李晓晓	洗衣机	家电	114	¥3,700.0	¥421,800.0	张××
4	YG1003	孙晓骁	电饭煲	厨房用品	470	¥400.0	¥188,000.0	马××
5	YG1004	马萧萧	夹克	服饰	280	¥350.0	¥98,000.0	马××
6	YG1005	胡晓霞	牛仔裤	服饰	480	¥240.0	¥115,200.0	王××
7	YG1006	刘晓鹏	冰箱	家电	270	¥4,800.0	¥1,296,000.0	张××
8	YG1007	周晓梅	电磁炉	厨房用品	680	¥380.0	¥258,400.0	张××
9	YG1008	钱小小	抽油烟机	厨房用品	140	¥2,400.0	¥336,000.0	王××
10	YG1009	崔晓曦	饮料	零食	4180	¥10.0	¥41,800.0	张××
11	YG1010	赵小霞	锅具	厨房用品	810	¥140.0	¥113,400.0	张××
12	YG1011	张春鸽	方便面	零食	3820	¥26.0	¥99,320.0	王××
13	YG1012	马小明	饼干	零食	4800	¥39.0	¥187,200.0	张××
14	YG1013	王秋菊	火腿肠	零食	7500	¥20.0	¥150,000.0	马××
15	YG1014	李冬梅	海苔	零食	3750	¥54.0	¥202,500.0	王××
16	YG1015	马一章	空调	家电	240	¥3,800.0	¥912,000.0	张××
17	YG1016	萧赫赫	洗面奶	洗化用品	4000	¥76.0	¥304,000.0	张××
18	YG1017	金笑笑	牙刷	洗化用品	10240	¥18.0	¥184,320.0	王××
19	YG1018	刘晓丽	皮鞋	服饰	500	¥380.0	¥190,000.0	马××
20	YG1019	李步军	运动鞋	服饰	480	¥420.0	¥201,600.0	王××
21	YG1020	詹小平	保温杯	厨房用品	820	¥140.0	¥114,800.0	马××

6.3 排序数据

在对员工销售报表中的数据进行统计时，需要对数据进行排序，以更好地对数据进行分析和处理。

6.3.1 单条件排序

WPS 表格可以根据某个条件对数据进行排序，如在员工销售报表中根据销售数量进行排序，具体操作步骤如下。

第 1 步 选中 E 列中的任意一个单元格，单击【数据】选项卡下的【排序】下拉按钮 ，在弹出的下拉菜单中单击【降序】选项，如下图所示。

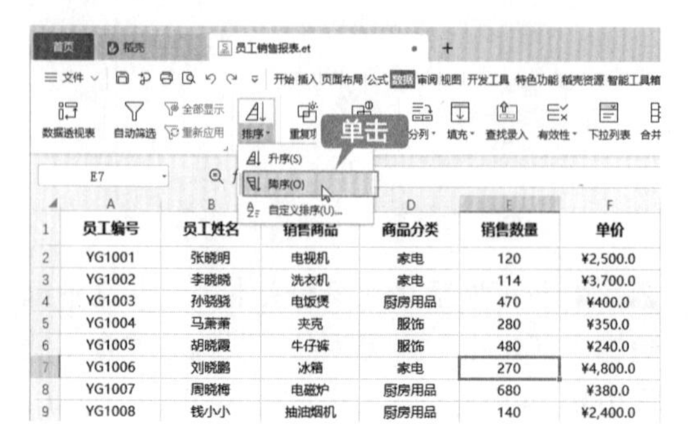

	A	B	C	D	E	F
1	员工编号	员工姓名	销售商品	商品分类	销售数量	单价
2	YG1001	张晓明	电视机	家电	120	¥2,500.0
3	YG1002	李晓晓	洗衣机	家电	114	¥3,700.0
4	YG1003	孙晓骁	电饭煲	厨房用品	470	¥400.0
5	YG1004	马萧萧	夹克	服饰	280	¥350.0
6	YG1005	胡晓霞	牛仔裤	服饰	480	¥240.0
7	YG1006	刘晓鹏	冰箱	家电	270	¥4,800.0
8	YG1007	周晓梅	电磁炉	厨房用品	680	¥380.0
9	YG1008	钱小小	抽油烟机	厨房用品	140	¥2,400.0

第 2 步 即可将数据按“销售数量”从大到小进行排序，效果如下图所示。

	A	B	C	D	E	F	G	H
1	员工编号	员工姓名	销售商品	商品分类	销售数量	单价	销售金额	核查人员
2	YG1017	金笑笑	牙刷	洗化用品	10240	¥18.0	¥184,320.0	王××
3	YG1013	王秋菊	火腿肠	零食	7500	¥20.0	¥150,000.0	马××
4	YG1012	马小明	饼干	零食	4800	¥39.0	¥187,200.0	张××
5	YG1009	崔晓曦	饮料	零食	4180	¥10.0	¥41,800.0	张××
6	YG1016	萧赫赫	洗面奶	洗化用品	4000	¥76.0	¥304,000.0	张××
7	YG1011	张春鸽	方便面	零食	3820	¥26.0	¥99,320.0	王××
8	YG1014	李冬梅	海苔	零食	3750	¥54.0	¥202,500.0	王××
9	YG1020	詹小平	保温杯	厨房用品	820	¥140.0	¥114,800.0	马××
10	YG1010	赵小霞	锅具	厨房用品	810	¥140.0	¥113,400.0	张××
11	YG1007	周晓梅	电磁炉	厨房用品	680	¥380.0	¥258,400.0	张××
12	YG1018	刘晓丽	皮鞋	服饰	500	¥380.0	¥190,000.0	马××
13	YG1005	胡晓霞	牛仔裤	服饰	480	¥240.0	¥115,200.0	王××
14	YG1019	李步军	运动鞋	服饰	480	¥420.0	¥201,600.0	王××
15	YG1003	孙晓骁	电饭煲	厨房用品	470	¥400.0	¥188,000.0	马××
16	YG1004	马萧萧	夹克	服饰	280	¥350.0	¥98,000.0	马××
17	YG1006	刘晓鹏	冰箱	家电	270	¥4,800.0	¥1,296,000.0	张××
18	YG1015	马一章	空调	家电	240	¥3,800.0	¥912,000.0	张××
19	YG1008	钱小小	抽油烟机	厨房用品	140	¥2,400.0	¥336,000.0	王××
20	YG1001	张晓明	电视机	家电	120	¥2,500.0	¥300,000.0	张××
21	YG1002	李晓晓	洗衣机	家电	114	¥3,700.0	¥421,800.0	张××

6.3.2 多条件排序

如果需要对同一商品分类的销售金额进行排序，可以使用多条件排序，具体操作步骤如下。

第 1 步 选中数据区域中的任意一个单元格，单击【数据】选项卡下的【排序】下拉按钮，在弹出的下拉菜单中单击【自定义排序】选项，如下图所示。

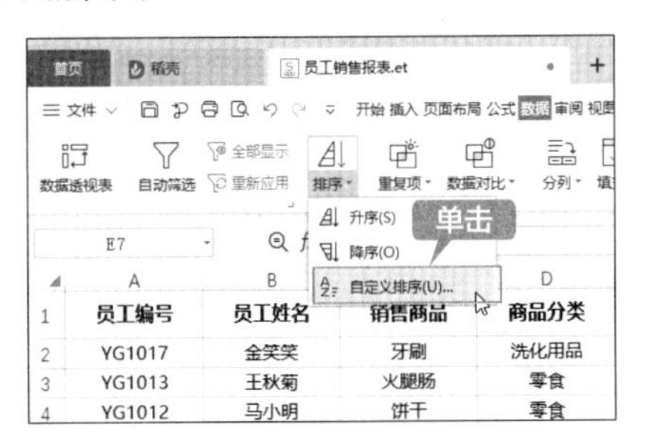

第 2 步 弹出【排序】对话框，设置【主要关键字】为“商品分类”，【排序依据】为“数值”，【次序】为“升序”，如下图所示。

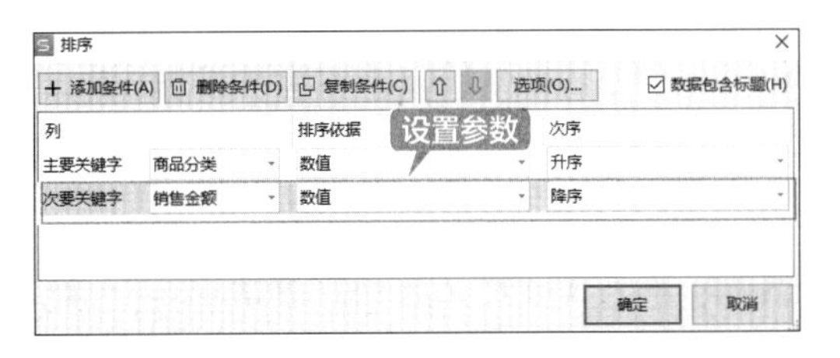

第 3 步 单击【添加条件】按钮，设置【次要关键字】为“销售金额”，【排序依据】为“数值”，【次序】为“降序”，单击【确定】按钮，如下图所示。

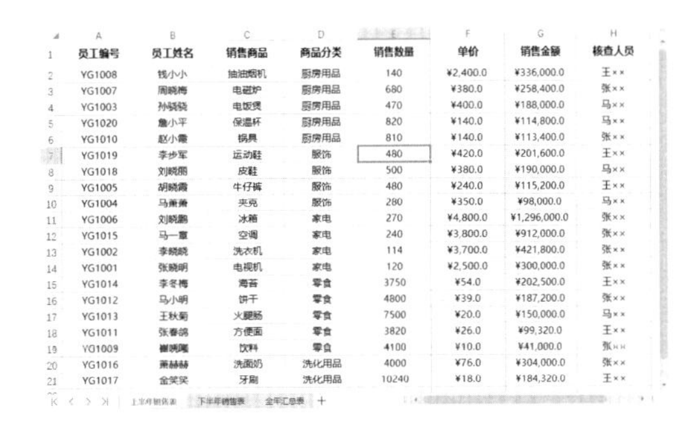

	A	B	C	D	E	F	G	H
1	员工编号	员工姓名	销售商品	商品分类	销售数量	单价	销售金额	核查人员
2	YG1008	钱小小	抽油烟机	厨房用品	140	¥2,400.0	¥336,000.0	王××
3	YG1007	周晓梅	电磁炉	厨房用品	680	¥380.0	¥258,400.0	张××
4	YG1003	孙晓晓	电饭煲	厨房用品	470	¥400.0	¥188,000.0	马××
5	YG1020	詹小平	保温杯	厨房用品	820	¥140.0	¥114,800.0	马××
6	YG1010	赵小霞	锅具	厨房用品	810	¥140.0	¥113,400.0	张××
7	YG1019	李步军	运动鞋	服饰	480	¥420.0	¥201,600.0	王××
8	YG1018	刘晓丽	皮鞋	服饰	500	¥380.0	¥190,000.0	马××
9	YG1005	胡晓霞	牛仔裤	服饰	480	¥240.0	¥115,200.0	王××
10	YG1004	马兼兼	夹克	服饰	280	¥350.0	¥98,000.0	马××
11	YG1006	刘晓鹏	冰箱	家电	270	¥4,800.0	¥1,296,000.0	张××
12	YG1015	马一章	空调	家电	240	¥3,800.0	¥912,000.0	张××
13	YG1002	李晓晓	洗衣机	家电	114	¥3,700.0	¥421,800.0	张××
14	YG1001	张晓明	电视机	家电	120	¥2,500.0	¥300,000.0	张××
15	YG1014	李冬梅	海苔	零食	3750	¥54.0	¥202,500.0	王××
16	YG1012	马小明	饼干	零食	4800	¥39.0	¥187,200.0	张××
17	YG1013	王秋菊	火腿肠	零食	7500	¥20.0	¥150,000.0	马××
18	YG1011	张春鸽	方便面	零食	3820	¥26.0	¥99,320.0	王××
19	YG1009	[illegible]	饮料	零食	4100	¥10.0	¥41,000.0	张××
20	YG1016	萧赫赫	洗面奶	洗化用品	4000	¥76.0	¥304,000.0	张××
21	YG1017	金笑笑	牙刷	洗化用品	10240	¥18.0	¥184,320.0	王××

第 4 步 即可对数据进行多条件排序，效果如下图所示。

在多条件排序中，数据区域首先按主要关键字排序，主要关键字相同时按次要关键字排序，如果次要关键字也相同则按第三关键字排序。

6.3.3 自定义序列排序

如果需要按某一特定序列排列员工销售报表，如商品分类序列，可以将其自定义为排序序列，具体操作步骤如下。

第 1 步 选中数据区域中的任意一个单元格，单击【数据】选项卡下的【排序】下拉按钮，在弹出的下拉菜单中单击【自定义排序】选项，如下图所示。

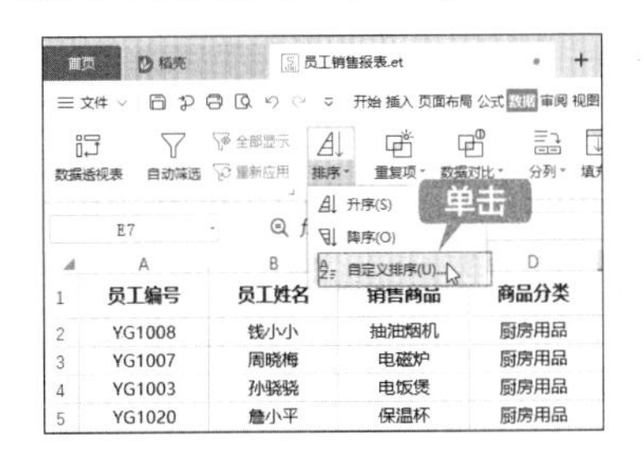

第 2 步 弹出【排序】对话框，删除原有的条件，设置【主要关键字】为“商品分类”，在【次序】下拉列表中选择【自定义序列】选项，如下图所示。

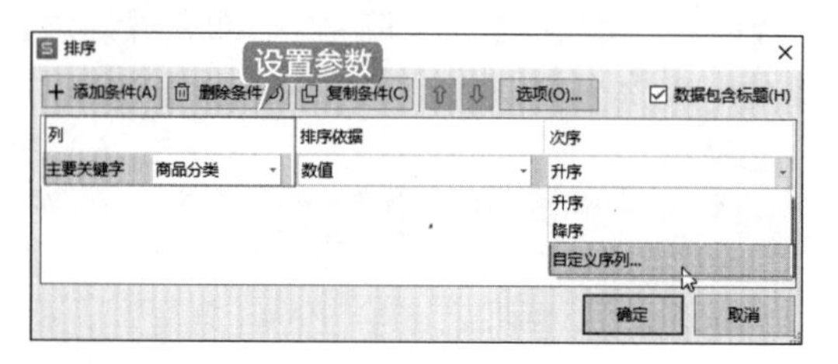

第 3 步 弹出【自定义序列】对话框，在【输入序列】文本框中输入“家电”“服饰”“零食”“洗化用品”“厨房用品”，单击【确定】按钮，如下图所示。

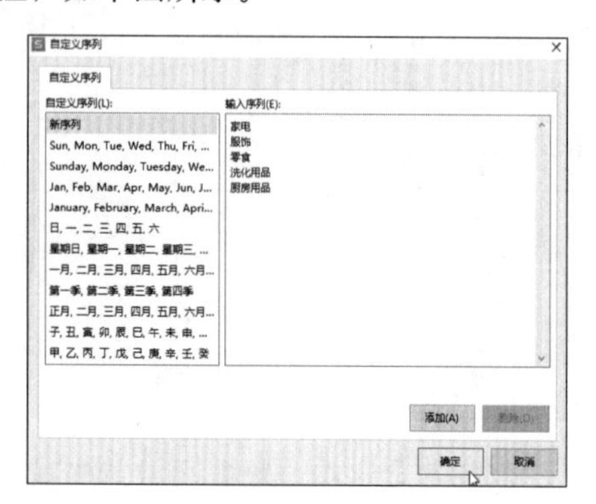

第 4 步 返回【排序】对话框，即可看到自定义的次序，单击【确定】按钮，如下图所示。

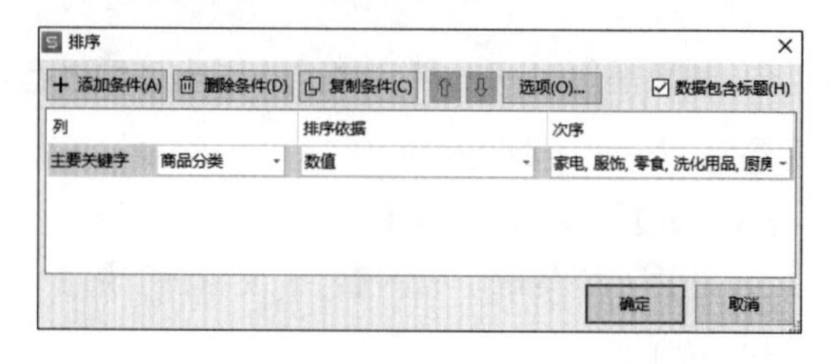

第 5 步 即可将数据按照自定义的序列进行排序，效果如下图所示。

	A	B	C	D	E	F	G	H
1	员工编号	员工姓名	销售商品	商品分类	销售数量	单价	销售金额	核查人员
2	YG1006	刘晓鹏	冰箱	家电	270	¥4,800.0	¥1,296,000.0	张××
3	YG1015	马一章	空调	家电	240	¥3,800.0	¥912,000.0	张××
4	YG1002	李晓晓	洗衣机	家电	114	¥3,700.0	¥421,800.0	张××
5	YG1001	张晓明	电视机	家电	120	¥2,500.0	¥300,000.0	张××
6	YG1019	李步军	运动鞋	服饰	480	¥420.0	¥201,600.0	王××
7	YG1018	刘晓丽	皮鞋	服饰	500	¥380.0	¥190,000.0	马××
8	YG1005	胡晓霞	牛仔裤	服饰	480	¥240.0	¥115,200.0	王××
9	YG1004	马萧萧	夹克	服饰	280	¥350.0	¥98,000.0	马××
10	YG1014	李冬梅	海苔	零食	3750	¥54.0	¥202,500.0	王××
11	YG1012	马小明	饼干	零食	4800	¥39.0	¥187,200.0	张××
12	YG1013	王秋菊	火腿肠	零食	7500	¥20.0	¥150,000.0	马××
13	YG1011	张春鸽	方便面	零食	3820	¥26.0	¥99,320.0	王××
14	YG1009	崔晓曦	饮料	零食	4180	¥10.0	¥41,800.0	张××
15	YG1016	萧赫赫	洗面奶	洗化用品	4000	¥76.0	¥304,000.0	张××
16	YG1017	金笑笑	牙刷	洗化用品	10240	¥18.0	¥184,320.0	王××
17	YG1008	钱小小	抽油烟机	厨房用品	140	¥2,400.0	¥336,000.0	王××
18	YG1007	周晓梅	电磁炉	厨房用品	680	¥380.0	¥258,400.0	张××
19	YG1003	孙晓晓	电饭煲	厨房用品	470	¥400.0	¥188,000.0	马××
20	YG1020	詹小平	保温杯	厨房用品	820	¥140.0	¥114,800.0	马××
21	YG1010	赵小霞	锅具	厨房用品	810	¥140.0	¥113,400.0	张××

6.4 筛选数据

在对员工销售报表的数据进行处理时，如果需要查看一些特定的数据，可以使用筛选功能筛选出需要的数据。

6.4.1 自动筛选

通过自动筛选功能，可以筛选出符合条件的数据。自动筛选包括单条件筛选和多条件筛选。

1. 单条件筛选

单条件筛选就是将符合一种条件的数据筛选出来。例如，筛选出员工销售报表中商品分类为“家电”的商品，具体操作步骤如下。

第 1 步 选中数据区域中的任意一个单元格，单击【数据】选项卡下的【自动筛选】按钮，如下图所示。

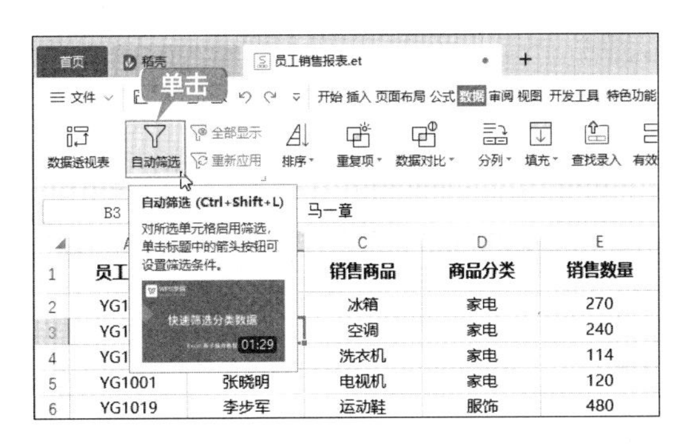

第 2 步 工作表进入筛选状态，每列的表头右下角会出现一个下拉按钮▼，如下图所示。

	员工编号	员工姓名	销售商品	商品分类	销售数量	单价	销售金额	核查人员
2	YG1006	刘晓鹏	冰箱	家电	270	¥4,800.0	¥1,296,000.0	张××
3	YG1015	马一章	空调	家电	240	¥3,800.0	¥912,000.0	张××
4	YG1002	李晓晓	洗衣机	家电	114	¥3,700.0	¥421,800.0	张××
5	YG1001	张晓明	电视机	家电	120	¥2,500.0	¥300,000.0	张××
6	YG1019	李步军	运动鞋	服饰	480	¥420.0	¥201,600.0	王××
7	YG1018	刘晓丽	皮鞋	服饰	500	¥380.0	¥190,000.0	马××
8	YG1005	胡晓霞	牛仔裤	服饰	480	¥240.0	¥115,200.0	王××
9	YG1004	马萧萧	夹克	服饰	280	¥350.0	¥98,000.0	马××
10	YG1014	李冬梅	海苔	零食	3750	¥54.0	¥202,500.0	王××
11	YG1012	马小明	饼干	零食	4800	¥39.0	¥187,200.0	张××
12	YG1013	王秋菊	火腿肠	零食	7500	¥20.0	¥150,000.0	马××
13	YG1011	张春鸽	方便面	零食	3820	¥26.0	¥99,320.0	王××
14	YG1009	崔晓曦	饮料	零食	4180	¥10.0	¥41,800.0	张××
15	YG1016	萧赫赫	洗面奶	洗化用品	4000	¥76.0	¥304,000.0	张××
16	YG1017	金笑笑	牙刷	洗化用品	10240	¥18.0	¥184,320.0	王××
17	YG1008	钱小小	抽油烟机	厨房用品	140	¥2,400.0	¥336,000.0	王××
18	YG1007	周晓梅	电磁炉	厨房用品	680	¥380.0	¥258,400.0	张××
19	YG1003	孙骁骁	电饭煲	厨房用品	470	¥400.0	¥188,000.0	马××
20	YG1020	詹小平	保温杯	厨房用品	820	¥140.0	¥114,800.0	马××
21	YG1010	赵小霞	锅具	厨房用品	810	¥140.0	¥113,400.0	张××

第 3 步 单击 D1 单元格的下拉按钮，在弹出的下拉列表中取消勾选【全选】复选框，然后勾选【家电】复选框，如下图所示。

	员工编号	销售数量	单价	销售金额
2	YG1006	270	¥4,800.0	¥1,296,000.0
3	YG1015	240	¥3,800.0	¥912,000.0
4	YG1002	114	¥3,700.0	¥421,800.0
5	YG1001	120	¥2,500.0	¥300,000.0
6	YG1019	480	¥420.0	¥201,600.0
7	YG1018	500	¥380.0	¥190,000.0
8	YG1005	480	¥240.0	¥115,200.0
9	YG1004	280	¥350.0	¥98,000.0
10	YG1014	3750	¥54.0	¥202,500.0
11	YG1012	4800	¥39.0	¥187,200.0
12	YG1013	7500	¥20.0	¥150,000.0
13	YG1011	3820	¥26.0	¥99,320.0
14	YG1009	4180	¥10.0	¥41,800.0
15	YG1016	4000	¥76.0	¥304,000.0
16	YG1017	10240	¥18.0	¥184,320.0
17	YG1008	140	¥2,400.0	¥336,000.0
18	YG1007	680	¥380.0	¥258,400.0
19	YG1003	470	¥400.0	¥188,000.0
20	YG1020	820	¥140.0	¥114,800.0

第 4 步 即可将商品分类为“家电”的商品筛选出来，效果如下图所示。

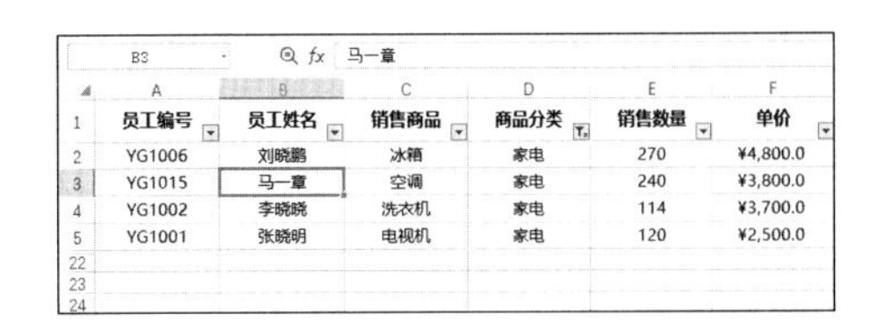

	员工编号	员工姓名	销售商品	商品分类	销售数量	单价
2	YG1006	刘晓鹏	冰箱	家电	270	¥4,800.0
3	YG1015	马一章	空调	家电	240	¥3,800.0
4	YG1002	李晓晓	洗衣机	家电	114	¥3,700.0
5	YG1001	张晓明	电视机	家电	120	¥2,500.0

2. 多条件筛选

多条件筛选就是将符合多个条件的数据筛选出来。例如，将员工销售报表中“崔晓曦”“金笑笑”“李晓晓”的销售情况筛选出来，具体操作步骤如下。

第 1 步 按【Ctrl+Z】组合键撤销对“家电”分类的筛选，然后单击 B1 单元格的下拉按钮，在弹出的下拉列表中勾选【崔晓曦】【金笑笑】【李晓晓】复选框，单击【确定】按钮，如下图所示。

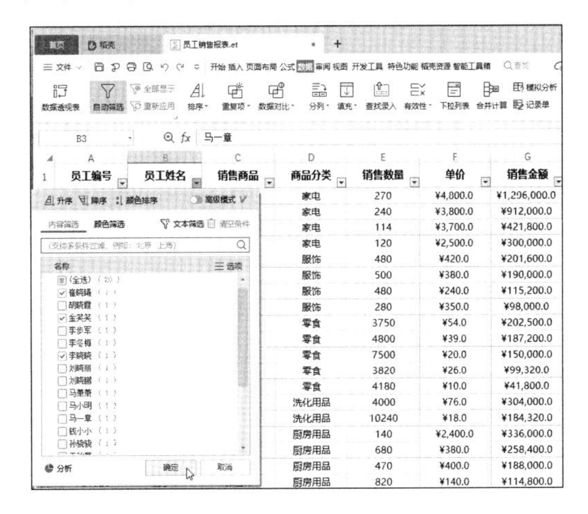

第 2 步 即可将“崔晓曦”“金笑笑”“李晓晓”的销售情况筛选出来，效果如下图所示。

	员工编号	员工姓名	销售商品	商品分类	销售数量
4	YG1002	李晓晓	洗衣机	家电	114
14	YG1009	崔晓曦	饮料	零食	4180
16	YG1017	金笑笑	牙刷	洗化用品	10240

6.4.2 高级筛选

如果要将员工销售报表中“王 ××”核查的商品单独筛选出来，可以使用高级筛选功能设置多个复杂筛选条件实现，具体操作步骤如下。

第1步 单击【自动筛选】按钮，取消自动筛选，然后在F24和F25单元格中分别输入“核查人员”和“王××”，在G24单元格中输入“销售商品”，如下图所示。

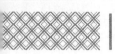

F25 fx 王××

	E	F	G	H
19	470	¥400.0	¥188,000.0	马××
20	820	¥140.0	¥114,800.0	马××
21	810	¥140.0	¥113,400.0	张××
22				
23				
24		核查人员	销售商品	
25		王××		
26				
27				

第2步 选中数据区域中的任意一个单元格，单击【数据】选项卡下的【高级筛选】对话框按钮，如下图所示。

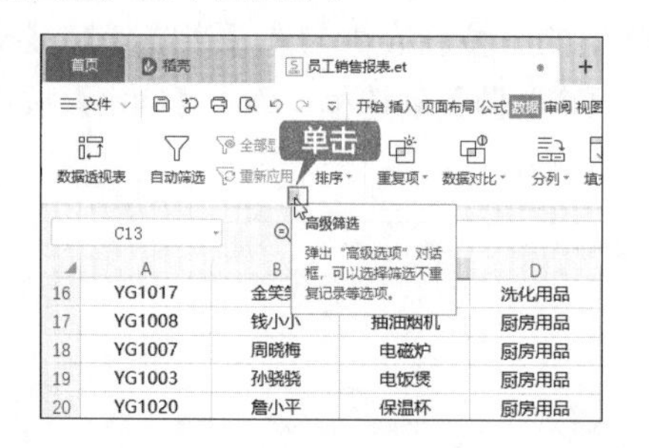

第3步 弹出【高级筛选】对话框，在【方式】区域中选中【将筛选结果复制到其它位置】单选按钮，在【列表区域】文本框中输入“$A$1:$H$21”，单击【条件区域】右侧的【折叠】按钮，如下图所示。

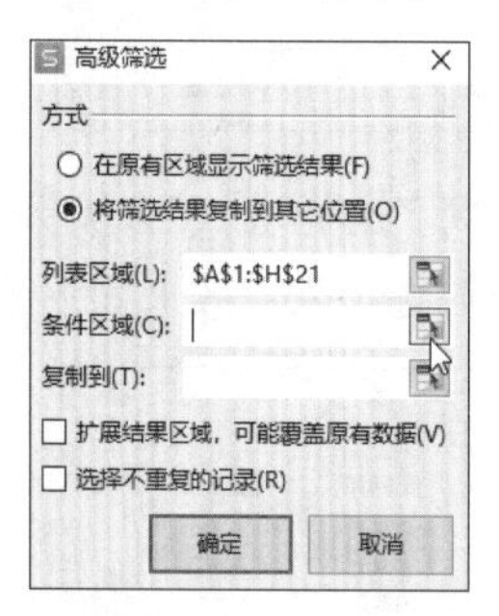

第4步 选择F24:F25单元格区域，单击【展开】按钮，如下图所示

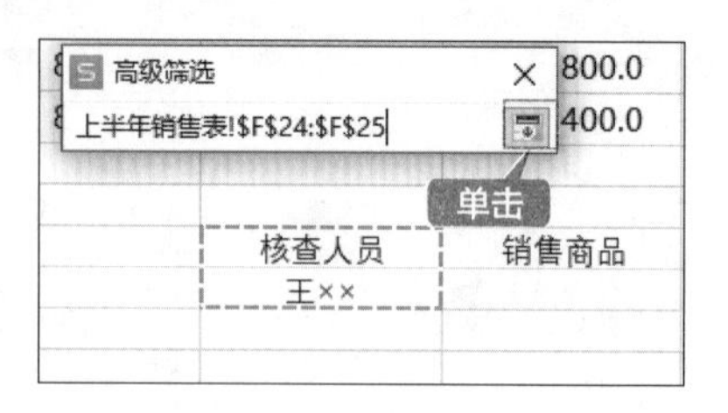

第5步 返回【高级筛选】对话框，使用同样的方法选择【复制到】单元格为G24单元格，单击【确定】按钮，如下图所示。

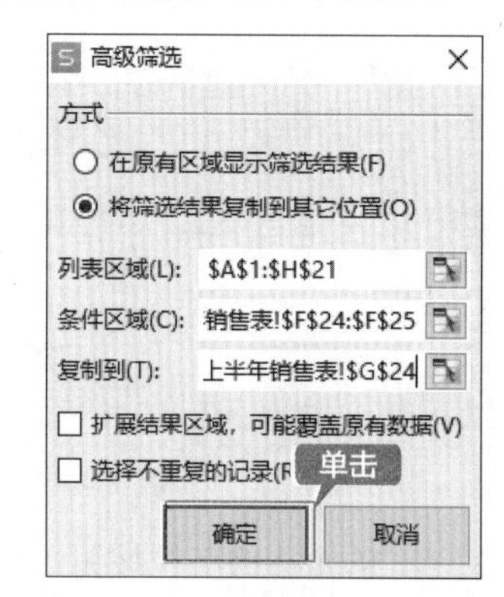

第6步 即可将员工销售报表中“王××”核查的商品单独筛选出来并复制到指定位置，效果如下图所示。

核查人员	销售商品	
王××	运动鞋	
	牛仔裤	
	海苔	
	方便面	
	牙刷	
	抽油烟机	

提示

输入的筛选条件文字需要和数据表中的文字保持一致。

6.4.3 自定义筛选

除了根据需要执行自动筛选和高级筛选外，WPS表格还提供了自定义筛选功能，帮助用户快速筛选出满足条件的数据。自定义筛选的具体操作步骤如下。

第 1 步 选中数据区域中的任意一个单元格，单击【数据】选项卡下的【自动筛选】按钮 ，如下图所示。

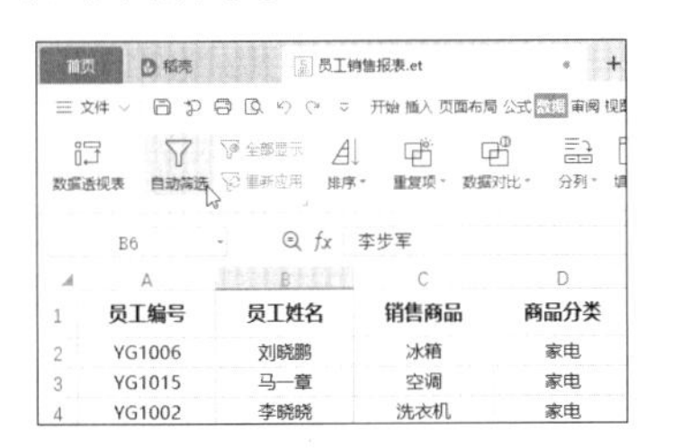

第 2 步 即可进入筛选模式，单击“销售数量”筛选按钮，在弹出的下拉列表中选择【数字筛选】→【介于】选项，如下图所示。

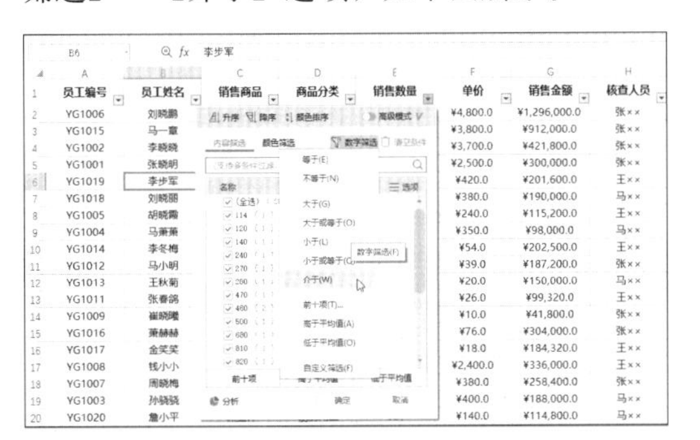

第 3 步 弹出【自定义自动筛选方式】对话框，在【显示行】区域中第一个文本框左侧的下拉列表中选择【大于或等于】选项，在右侧设置数值为“100”，选中【与】单选按钮，在下方的下拉列表中选择【小于或等于】选项，将数值设置为“500”，单击【确定】按钮，如下图所示。

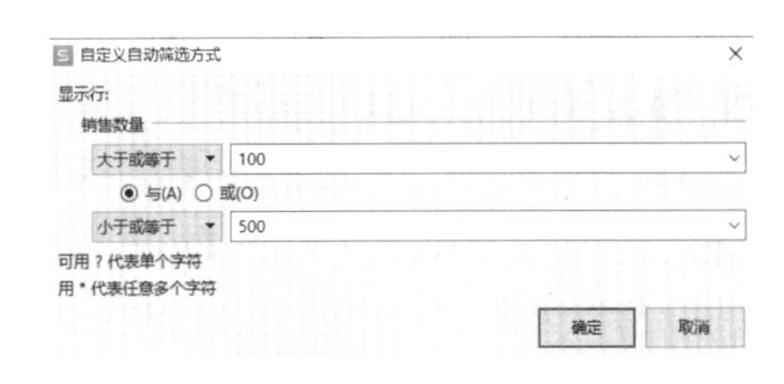

第 4 步 即可将销售数量在 100 至 500 之间的商品筛选出来，效果如下图所示。

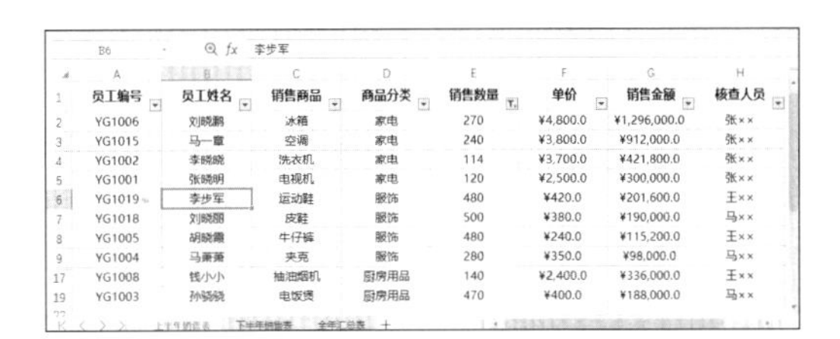

6.5 数据的分类汇总

在员工销售报表中需要对不同分类的商品进行分类汇总，使工作表更加有条理。

6.5.1 创建分类汇总

将员工销售报表以“商品分类”为类别对“销售金额”进行分类汇总，具体操作步骤如下。

第 1 步 取消 6.4 节的筛选，然后选中“商品分类”列中的任意一个单元格，单击【数据】选项卡下的【排序】下拉按钮 ，在弹出的下拉菜单中单击【升序】选项，如下图所示。

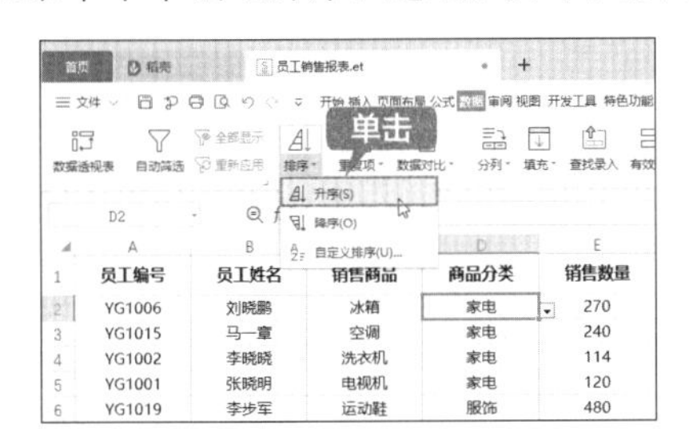

第 2 步 即可将数据按“商品分类”进行升序排序，效果如下图所示。

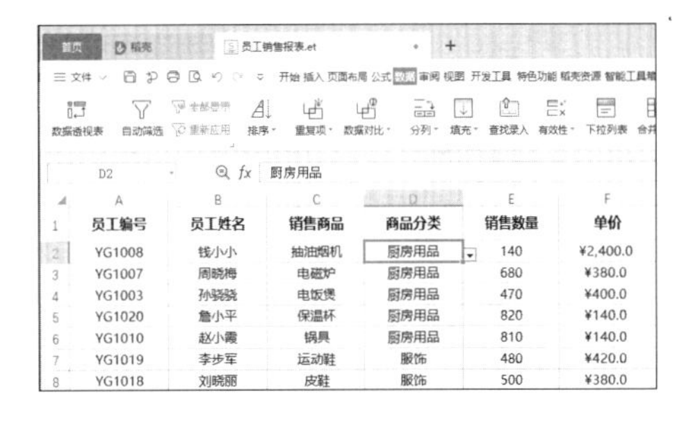

第 3 步 单击【数据】选项卡下的【分类汇总】

按钮，如下图所示。

	B	C	D	E	F
1	员工姓名	销售商品	商品分类	销售数量	单价
2	钱小小	抽油烟机	厨房用品	140	¥2,400.0
3	周晓梅	电磁炉	厨房用品	680	¥380.0
4	孙骁骁	电饭煲	厨房用品	470	¥400.0
5	詹小平	保温杯	厨房用品	820	¥140.0
6	赵小霞	锅具	厨房用品	810	¥140.0

第 4 步 弹出【分类汇总】对话框，设置【分类字段】为“商品分类”，【汇总方式】为“求和”，在【选定汇总项】列表框中勾选【销售金额】复选框，单击【确定】按钮，如下图所示。

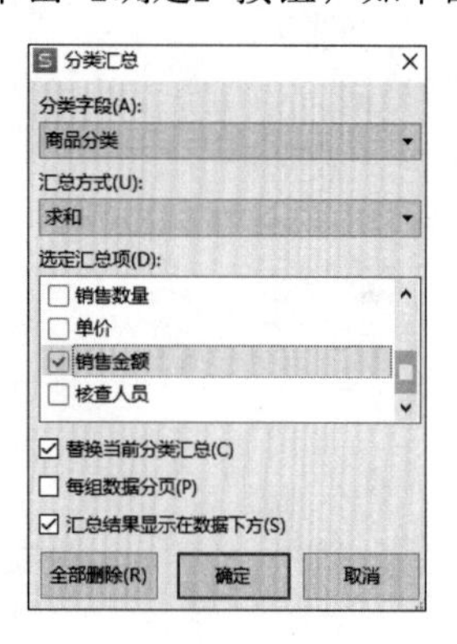

第 5 步 即可将工作表以“商品分类”为类别对“销售金额”进行分类汇总，效果如下图所示。

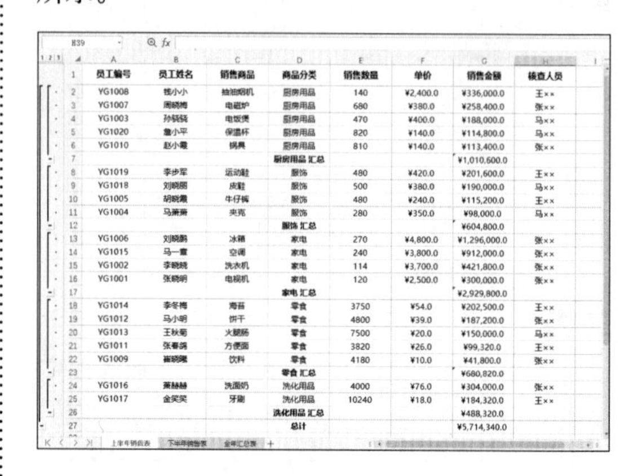

	员工编号	员工姓名	销售商品	商品分类	销售数量	单价	销售金额	核查人员
2	YG1008	钱小小	抽油烟机	厨房用品	140	¥2,400.0	¥336,000.0	王××
3	YG1007	周晓梅	电磁炉	厨房用品	680	¥380.0	¥258,400.0	张××
4	YG1003	孙骁骁	电饭煲	厨房用品	470	¥400.0	¥188,000.0	马××
5	YG1020	詹小平	保温杯	厨房用品	820	¥140.0	¥114,800.0	马××
6	YG1010	赵小霞	锅具	厨房用品	810	¥140.0	¥113,400.0	张××
7				厨房用品 汇总			¥1,010,600.0	
8	YG1019	李步军	运动鞋	服饰	480	¥420.0	¥201,600.0	王××
9	YG1018	刘晓丽	皮鞋	服饰	500	¥380.0	¥190,000.0	马××
10	YG1005	胡晓霞	牛仔裤	服饰	480	¥240.0	¥115,200.0	王××
11	YG1004	马萧萧	夹克	服饰	280	¥350.0	¥98,000.0	马××
12				服饰 汇总			¥604,800.0	
13	YG1006	刘晓鹏	冰箱	家电	270	¥4,800.0	¥1,296,000.0	张××
14	YG1015	马一章	空调	家电	240	¥3,800.0	¥912,000.0	张××
15	YG1002	李晓晓	洗衣机	家电	114	¥3,700.0	¥421,800.0	张××
16	YG1001	张晓明	电视机	家电	120	¥2,500.0	¥300,000.0	张××
17				家电 汇总			¥2,929,800.0	
18	YG1014	李冬梅	海苔	零食	3750	¥54.0	¥202,500.0	王××
19	YG1012	马小明	饼干	零食	4800	¥39.0	¥187,200.0	张××
20	YG1013	王秋菊	火腿肠	零食	7500	¥20.0	¥150,000.0	马××
21	YG1011	张春鸽	方便面	零食	3820	¥26.0	¥99,320.0	王××
22	YG1009	崔晓曦	饮料	零食	4180	¥10.0	¥41,800.0	张××
23				零食 汇总			¥680,820.0	
24	YG1016	萧赫赫	洗面奶	洗化用品	4000	¥76.0	¥304,000.0	张××
25	YG1017	金笑笑	牙刷	洗化用品	10240	¥18.0	¥184,320.0	王××
26				洗化用品 汇总			¥488,320.0	
27				总计			¥5,714,340.0	

> **提示**
>
> 在进行分类汇总之前，需要对分类字段进行排序，使其符合分类汇总的条件，这样才能达到最佳的效果。

6.5.2 清除分类汇总

如果不再需要对数据进行分类汇总，可以清除分类汇总，具体操作步骤如下。

第 1 步 接 6.5.1 小节操作，选中数据区域中的任意一个单元格，单击【数据】选项卡下的【分类汇总】按钮，在弹出的【分类汇总】对话框中单击【全部删除】按钮，如下图所示。

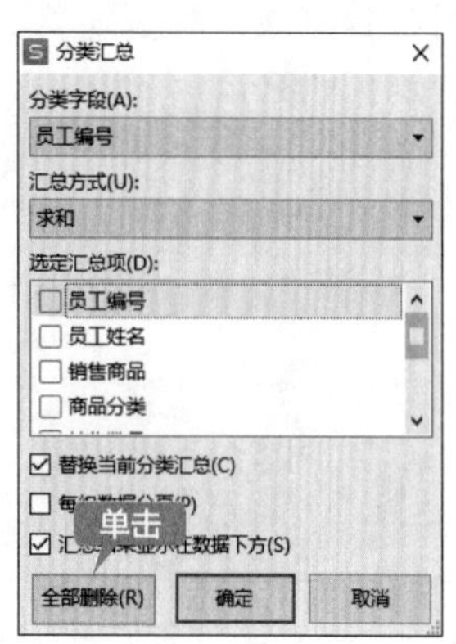

第 2 步 即可将分类汇总清除，清除后重新按照“员工编号”对数据进行升序排列，效果如下图所示。

	员工编号	员工姓名	销售商品	商品分类	销售数量	单价	销售金额	核查人员
2	YG1001	张晓明	电视机	家电	120	¥2,500.0	¥300,000.0	张××
3	输入员工编号 请输入6位员工编号	李晓晓	洗衣机	家电	114	¥3,700.0	¥421,800.0	张××
4		孙骁骁	电饭煲	厨房用品	470	¥400.0	¥188,000.0	马××
5	[illegible]	马萧萧	夹克	服饰	280	¥350.0	¥98,000.0	马××
6	YG1005	胡晓霞	牛仔裤	服饰	480	¥240.0	¥115,200.0	王××
7	YG1006	刘晓鹏	冰箱	家电	270	¥4,800.0	¥1,296,000.0	张××
8	YG1007	周晓梅	电磁炉	厨房用品	680	¥380.0	¥258,400.0	张××
9	YG1008	钱小小	抽油烟机	厨房用品	140	¥2,400.0	¥336,000.0	王××
10	YG1009	崔晓曦	饮料	零食	4180	¥10.0	¥41,800.0	张××
11	YG1010	赵小霞	锅具	厨房用品	810	¥140.0	¥113,400.0	张××
12	YG1011	张春鸽	方便面	零食	3820	¥26.0	¥99,320.0	王××
13	YG1012	马小明	饼干	零食	4800	¥39.0	¥187,200.0	张××
14	YG1013	王秋菊	火腿肠	零食	7500	¥20.0	¥150,000.0	马××
15	YG1014	李冬梅	海苔	零食	3750	¥54.0	¥202,500.0	王××
16	YG1015	马一章	空调	家电	240	¥3,800.0	¥912,000.0	张××
17	YG1016	萧赫赫	洗面奶	洗化用品	4000	¥76.0	¥304,000.0	张××
18	YG1017	金笑笑	牙刷	洗化用品	10240	¥18.0	¥184,320.0	王××
19	YG1018	刘晓丽	皮鞋	服饰	500	¥380.0	¥190,000.0	马××
20	YG1019	李步军	运动鞋	服饰	480	¥420.0	¥201,600.0	王××
21	YG1020	詹小平	保温杯	厨房用品	820	¥140.0	¥114,800.0	马××

6.6 合并计算

合并计算可以将多个工作表中的数据合并到一个工作表中，以便对数据进行更新和汇总。在员工销售报表中，“上半年销售表”工作表和“下半年销售表”工作表的内容可以汇总到一个工作表中，具体操作步骤如下。

第 1 步 单击【公式】选项卡下的【名称管理器】按钮，如下图所示。

第 2 步 弹出【名称管理器】对话框，单击【新建】按钮，如下图所示。

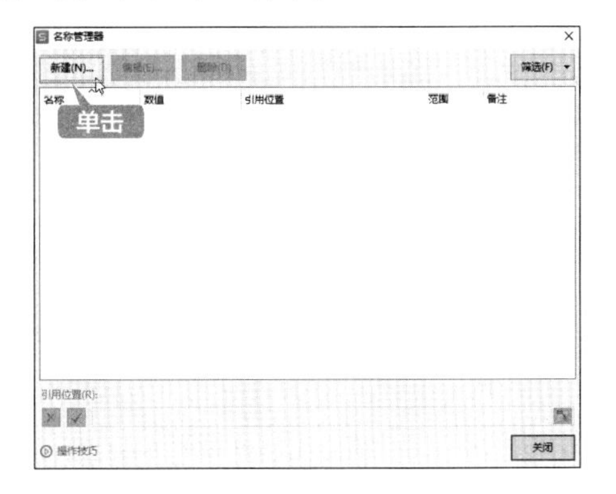

第 3 步 弹出【新建名称】对话框，在【名称】文本框中输入“上半年销售数量”，【引用位置】选择“上半年销售表”工作表中的 E2:E21 单元格区域，单击【确定】按钮，如下图所示。

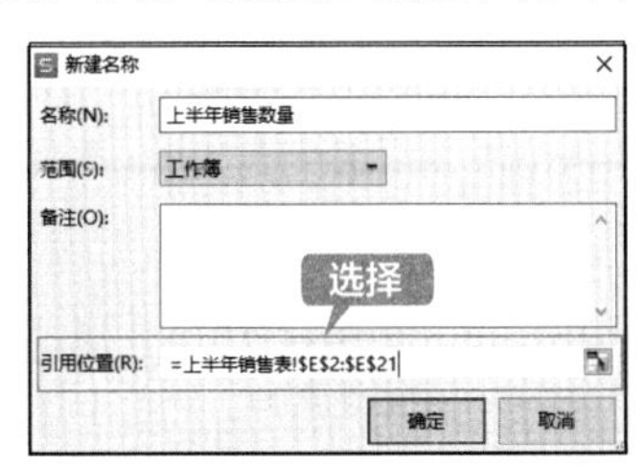

第 4 步 返回【名称管理器】对话框，再次单击【新建】按钮，如下图所示。

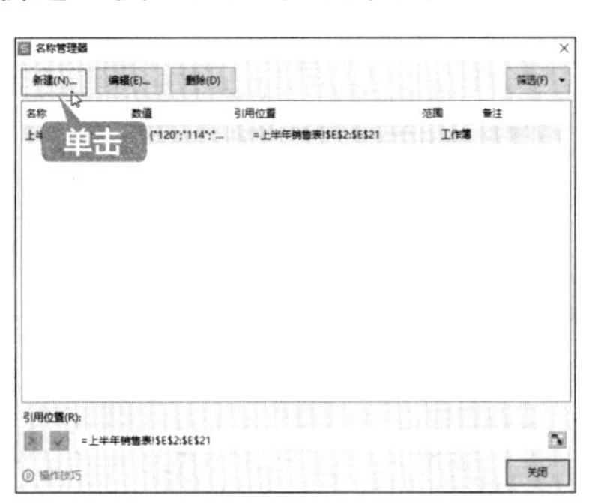

第 5 步 弹出【新建名称】对话框，将【名称】设置为“下半年销售数量”，【引用位置】选择“下半年销售表”工作表中的 E2:E21 单元格区域，单击【确定】按钮，如下图所示。

第 6 步 返回【名称管理器】对话框，单击【关闭】按钮关闭该对话框，然后在“全年汇总表”工作表中选中 E2 单元格，单击【数据】选项卡下的【合并计算】按钮，如下图所示。

第 7 步 弹出【合并计算】对话框，在【函数】下拉列表中选择【求和】选项，在【引用位置】文本框中输入“上半年销售数量”，单击【添加】按钮，如下图所示。

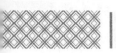

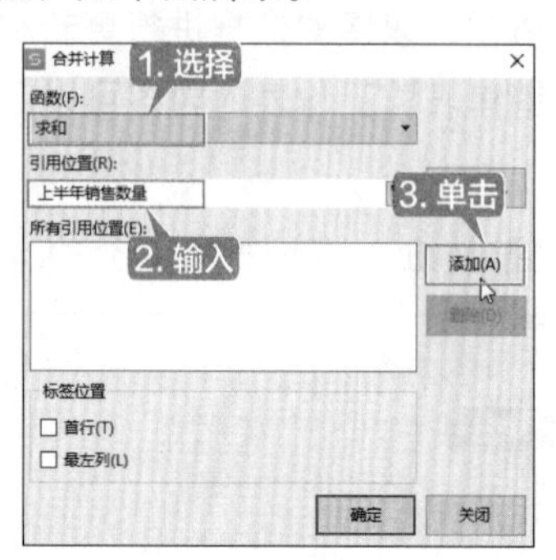

第 8 步 将“上半年销售数量”添加至【所有引用位置】列表框中。使用同样的方法添加“下半年销售数量”，并勾选【首行】复选框，单击【确定】按钮，如下图所示。

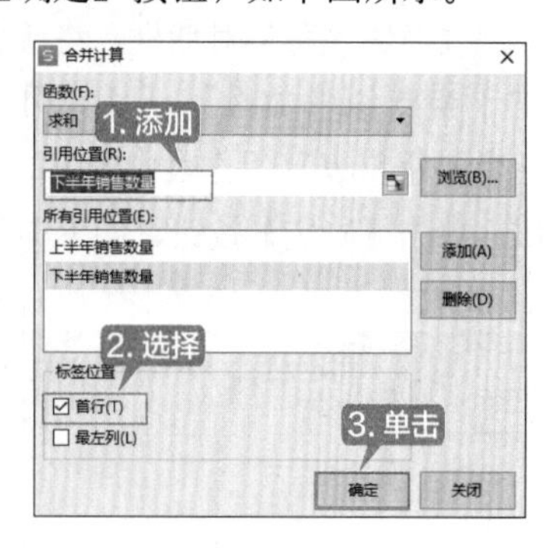

第 9 步 即可将“上半年销售数量”和“下半年销售数量”合并在“全年汇总表”工作表中，效果如下图所示。

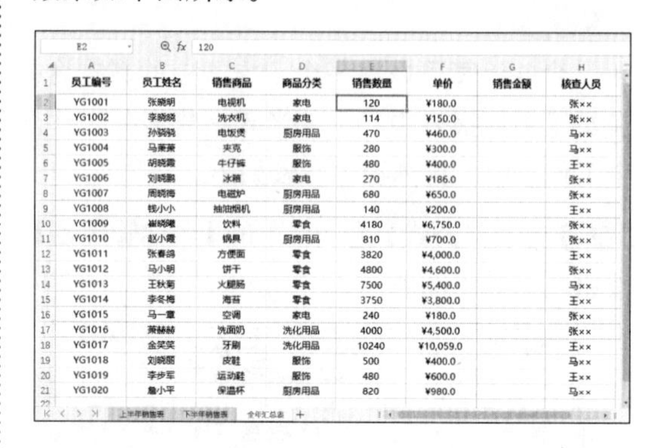

员工编号	员工姓名	销售商品	商品分类	销售数量	单价	销售金额	核查人员
YG1001	张晓明	电视机	家电	120	¥180.0		张××
YG1002	李晓晓	洗衣机	家电	114	¥150.0		张××
YG1003	孙骁骁	电饭煲	厨房用品	470	¥460.0		马××
YG1004	马萧萧	夹克	服饰	280	¥300.0		马××
YG1005	胡晓霞	牛仔裤	服饰	480	¥400.0		王××
YG1006	刘晓鹏	冰箱	家电	270	¥186.0		张××
YG1007	周晓梅	电磁炉	厨房用品	680	¥650.0		张××
YG1008	钱小小	抽油烟机	厨房用品	140	¥200.0		王××
YG1009	崔晓曦	饮料	零食	4180	¥6,750.0		张××
YG1010	赵小霞	锅具	厨房用品	810	¥700.0		张××
YG1011	张春鸽	方便面	零食	3820	¥4,000.0		王××
YG1012	马小明	饼干	零食	4800	¥4,600.0		张××
YG1013	王秋菊	火腿肠	零食	7500	¥5,400.0		马××
YG1014	李冬梅	海苔	零食	3750	¥3,800.0		王××
YG1015	马一章	空调	家电	240	¥180.0		张××
YG1016	萧赫赫	洗面奶	洗化用品	4000	¥4,500.0		张××
YG1017	金笑笑	牙刷	洗化用品	10240	¥10,059.0		王××
YG1018	刘晓丽	皮鞋	服饰	500	¥400.0		马××
YG1019	李步军	运动鞋	服饰	480	¥600.0		王××
YG1020	詹小平	保温杯	厨房用品	820	¥980.0		马××

第 10 步 使用同样的方法合并“上半年销售表”和“下半年销售表”工作表中的“销售金额”，最终效果如下图所示，完成后保存即可。

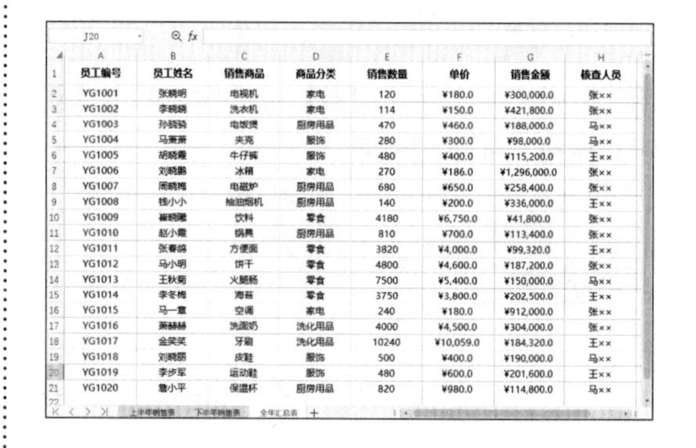

员工编号	员工姓名	销售商品	商品分类	销售数量	单价	销售金额	核查人员
YG1001	张晓明	电视机	家电	120	¥180.0	¥300,000.0	张××
YG1002	李晓晓	洗衣机	家电	114	¥150.0	¥421,800.0	张××
YG1003	孙骁骁	电饭煲	厨房用品	470	¥460.0	¥188,000.0	马××
YG1004	马萧萧	夹克	服饰	280	¥300.0	¥98,000.0	马××
YG1005	胡晓霞	牛仔裤	服饰	480	¥400.0	¥115,200.0	王××
YG1006	刘晓鹏	冰箱	家电	270	¥186.0	¥1,296,000.0	张××
YG1007	周晓梅	电磁炉	厨房用品	680	¥650.0	¥258,400.0	张××
YG1008	钱小小	抽油烟机	厨房用品	140	¥200.0	¥336,000.0	王××
YG1009	崔晓曦	饮料	零食	4180	¥6,750.0	¥41,800.0	张××
YG1010	赵小霞	锅具	厨房用品	810	¥700.0	¥113,400.0	张××
YG1011	张春鸽	方便面	零食	3820	¥4,000.0	¥99,320.0	王××
YG1012	马小明	饼干	零食	4800	¥4,600.0	¥187,200.0	张××
YG1013	王秋菊	火腿肠	零食	7500	¥5,400.0	¥150,000.0	马××
YG1014	李冬梅	海苔	零食	3750	¥3,800.0	¥202,500.0	王××
YG1015	马一章	空调	家电	240	¥180.0	¥912,000.0	张××
YG1016	萧赫赫	洗面奶	洗化用品	4000	¥4,500.0	¥304,000.0	张××
YG1017	金笑笑	牙刷	洗化用品	10240	¥10,059.0	¥184,320.0	王××
YG1018	刘晓丽	皮鞋	服饰	500	¥400.0	¥190,000.0	马××
YG1019	李步军	运动鞋	服饰	480	¥600.0	¥201,600.0	王××
YG1020	詹小平	保温杯	厨房用品	820	¥980.0	¥114,800.0	马××

举一反三

分析与汇总超市库存明细表

超市库存明细表是超市进出商品的详细统计清单，记录着一段时间内商品的消耗和剩余情况，对下一阶段相应商品的采购和使用计划有很重要的参考价值。分析与汇总超市库存明细表的思路如下。

本节素材结果文件

	素材	素材 \ch06\ 超市库存明细表 .et
	结果	结果 \ch06\ 超市库存明细表 .et

1. 设置数据验证

设置“商品编号”和“商品类别”的数据验证，并完成编号和类别的输入，如下图所示。

	A	B	C	D	E	F	G	H	I	J
1	序号	商品编号	商品名称	商品类别	上月剩余	本月入库	本月出库	本月结余	销售区域	审核人
2	1001	WP0001	方便面	方便食品	300	1000	980	320	食品区	张××
3	1002	请输入商品编号 商品编号为6位，请正确输入！	圆珠笔	书写工具	85	20	60	45	学生用品区	赵××
4	1003		汽水	饮品	400	200	580	20	食品区	刘××
5	1004		火腿肠	方便食品	200	170	208	162	食品区	刘××
6	1005	WP0005	笔记本	书写工具	52	20	60	12	学生用品区	王××
7	1006	WP0006	手帕纸	生活用品	206	100	280	26	日用品区	张××
8	1007	WP0007	面包	方便食品	180	150	170	160	食品区	张××
9	1008	WP0008	醋	调味品	70	50	100	20	食品区	王××
10	1009	WP0009	盐	调味品	80	65	102	43	食品区	张××
11	1010	WP0010	乒乓球	体育用品	40	30	50	20	体育用品区	赵××
12	1011	WP0011	羽毛球	体育用品	50	20	35	35	体育用品区	王××
13	1012	WP0012	拖把	生活用品	20	20	28	12	日用品区	张××
14	1013	WP0013	饼干	方便食品	160	160	200	120	食品区	王××
15	1014	WP0014	牛奶	乳制品	112	210	298	24	食品区	王××
16	1015	WP0015	雪糕	零食	80	360	408	32	食品区	李××
17	1016	WP0016	洗衣粉	洗涤用品	60	160	203	17	日用品区	张××
18	1017	WP0017	香皂	个护健康	50	60	98	12	日用品区	王××
19	1018	WP0018	洗发水	个护健康	60	40	82	18	日用品区	李××
20	1019	WP0019	衣架	生活用品	60	80	68	72	日用品区	王××
21	1020	WP0020	铅笔	书写工具	40	40	56	24	学生用品区	王××

2. 排序数据

对相同的“商品类别”按“本月结余”进行降序排序，如下图所示。

	A	B	C	D	E	F	G	H	I	J
1	序号	商品编号	商品名称	商品类别	上月剩余	本月入库	本月出库	本月结余	销售区域	审核人
2	1003	WP0003	汽水	饮品	400	200	580	20	食品区	刘××
3	1016	WP0016	洗衣粉	洗涤用品	60	160	203	17	日用品区	张××
4	1011	WP0011	羽毛球	体育用品	50	20	35	35	体育用品区	王××
5	1010	WP0010	乒乓球	体育用品	40	30	50	20	体育用品区	赵××
6	1002	WP0002	圆珠笔	书写工具	85	20	60	45	学生用品区	赵××
7	1020	WP0020	铅笔	书写工具	40	40	56	24	学生用品区	王××
8	1005	WP0005	笔记本	书写工具	52	20	60	12	学生用品区	王××
9	1019	WP0019	衣架	生活用品	60	80	68	72	日用品区	王××
10	1006	WP0006	手帕纸	生活用品	206	100	280	26	日用品区	张××
11	1012	WP0012	拖把	生活用品	20	20	28	12	日用品区	张××
12	1014	WP0014	牛奶	乳制品	112	210	298	24	食品区	王××
13	1015	WP0015	雪糕	零食	80	360	408	32	食品区	李××
14	1018	WP0018	洗发水	个护健康	60	40	82	18	日用品区	李××
15	1017	WP0017	香皂	个护健康	50	60	98	12	日用品区	王××
16	1001	WP0001	方便面	方便食品	300	1000	980	320	食品区	张××
17	1004	WP0004	火腿肠	方便食品	200	170	208	162	食品区	刘××
18	1007	WP0007	面包	方便食品	180	150	170	160	食品区	张××
19	1013	WP0013	饼干	方便食品	160	160	200	120	食品区	王××
20	1009	WP0009	盐	调味品	80	65	102	43	食品区	张××
21	1008	WP0008	醋	调味品	70	50	100	20	食品区	王××

3. 筛选数据

筛选出审核人“李 ××”审核的商品信息，如下图所示。

	A	B	C	D	E	F	G	H	I	J
1	序号	商品编号	商品名称	商品类别	上月剩余	本月入库	本月出库	本月结余	销售区域	审核人
13	1015	WP0015	雪糕	零食	80	360	408	32	食品区	李××
14	1018	WP0018	洗发水	个护健康	60	40	82	18	日用品区	李××

4. 对数据进行分类汇总

取消筛选，对“销售区域”进行升序排序，按“销售区域”对“本月结余”进行分类汇总，如下图所示。

	A	B	C	D	E	F	G	H	I	J
1	序号	商品编号	商品名称	商品类别	上月剩余	本月入库	本月出库	本月结余	销售区域	审核人
2	1016	WP0016	洗衣粉	洗涤用品	60	160	203	17	日用品区	张××
3	1019	WP0019	衣架	生活用品	60	80	68	72	日用品区	王××
4	1006	WP0006	手帕纸	生活用品	206	100	280	26	日用品区	张××
5	1012	WP0012	拖把	生活用品	20	20	28	12	日用品区	张××
6	1018	WP0018	洗发水	个护健康	60	40	82	18	日用品区	李××
7	1017	WP0017	香皂	个护健康	50	60	98	12	日用品区	王××
8								157	日用品区 汇总	
9	1003	WP0003	汽水	饮品	400	200	580	20	食品区	刘××
10	1014	WP0014	牛奶	乳制品	112	210	298	24	食品区	王××
11	1015	WP0015	雪糕	零食	80	360	408	32	食品区	李××
12	1001	WP0001	方便面	方便食品	300	1000	980	320	食品区	张××
13	1004	WP0004	火腿肠	方便食品	200	170	208	162	食品区	刘××
14	1007	WP0007	面包	方便食品	180	150	170	160	食品区	张××
15	1013	WP0013	饼干	方便食品	160	160	200	120	食品区	王××
16	1009	WP0009	盐	调味品	80	65	102	43	食品区	张××
17	1008	WP0008	醋	调味品	70	50	100	20	食品区	王××
18								901	食品区 汇总	
19	1011	WP0011	羽毛球	体育用品	50	20	35	35	体育用品区	王××
20	1010	WP0010	乒乓球	体育用品	40	30	50	20	体育用品区	赵××
21								55	体育用品区 汇总	
22	1002	WP0002	圆珠笔	书写工具	85	20	60	45	学生用品区	赵××
23	1020	WP0020	铅笔	书写工具	40	40	56	24	学生用品区	王××
24	1005	WP0005	笔记本	书写工具	52	20	60	12	学生用品区	王××
25								81	学生用品区 汇总	
26								1194	总计	

◇ 让表中的序号不参与排序

在对数据进行排序的过程中，某些情况下并不需要对序号排序，这时可以使用下面的方法，让表中的序号不参与排序，具体操作步骤如下。

第 1 步 打开“素材 \ch06\ 技巧 1.et”文档，选中 B2:C13 单元格区域，单击【数据】→【排序】→【自定义排序】选项，如下图所示。

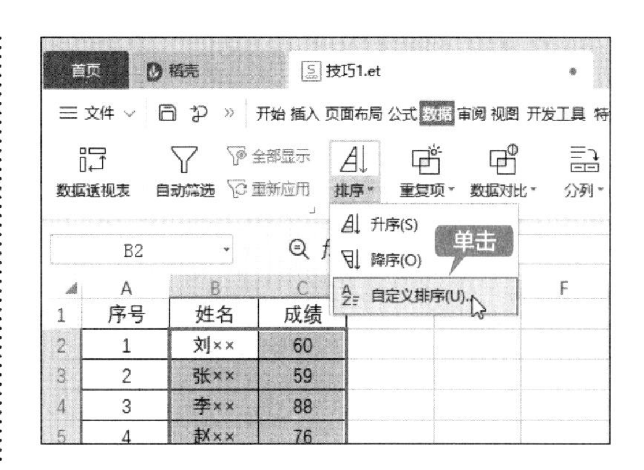

第 2 步 弹出【排序】对话框，将【主要关键字】设置为“成绩”，【排序依据】设置为“数值”，【次序】设置为“降序”，单击【确定】按钮，如下图所示。

第 3 步 排序后的效果如下图所示。

	A	B	C
1	序号	姓名	成绩
2	1	孙××	92
3	2	马××	90
4	3	李××	88
5	4	翟××	77
6	5	赵××	76
7	6	钱××	72
8	7	林××	68
9	8	郑××	65
10	9	徐××	63
11	10	刘××	60
12	11	张××	59
13	12	夏××	35

◇ 按颜色进行排序

在实际工作中，用户可能会通过为单元格设置背景颜色或字体颜色来标注表格中的特殊数据，在对数据排序时，WPS 表格可以识别单元格的背景颜色和字体颜色，从而帮助用户更灵活地整理数据。

第 1 步 打开“素材 \ch06\ 技巧 2.et”文档，选择 E 列中任意一个单元格，单击【数据】→【排序】→【自定义排序】选项，如下图所示。

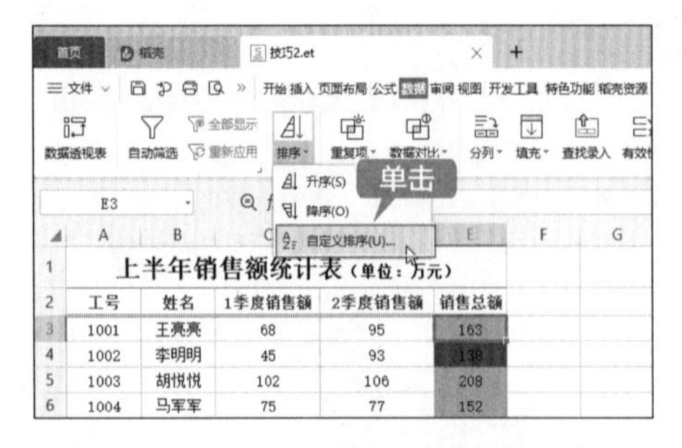

第 2 步 弹出【排序】对话框，将【主要关键字】设置为“销售总额”，【排序依据】设置为“单元格颜色”，【次序】设置为“橙色”，如下图所示。

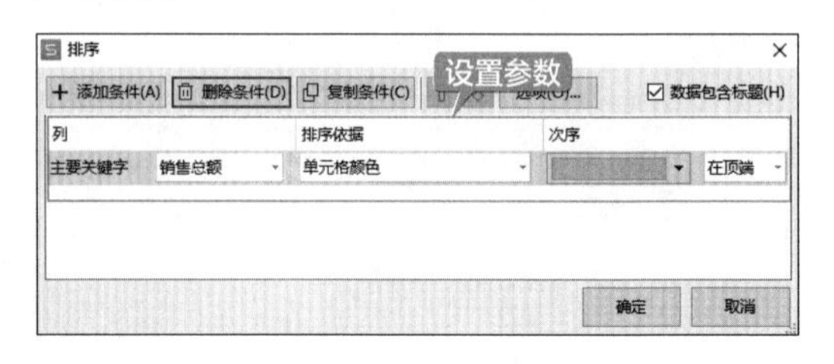

第 3 步 单击【复制条件】按钮，添加新条件，设置【次序】为“蓝色”，使用同样的方法添加新条件，设置【次序】为“红色”，单击【确定】按钮，如下图所示。

第 4 步 返回工作表，即可看到按背景颜色排序后的效果，如下图所示。

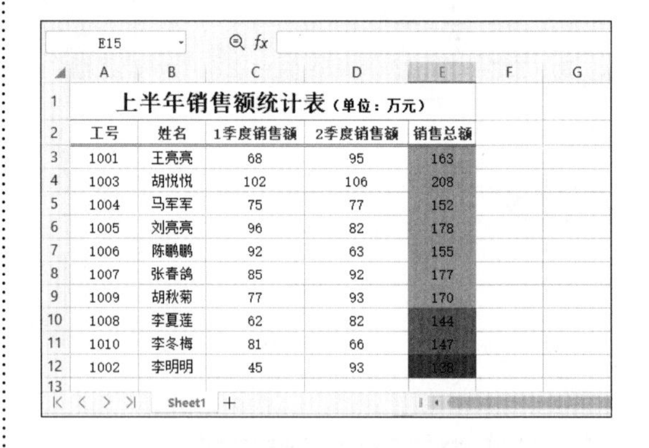

上半年销售额统计表（单位：万元）

工号	姓名	1季度销售额	2季度销售额	销售总额
1001	王亮亮	68	95	163
1003	胡悦悦	102	106	208
1004	马军军	75	77	152
1005	刘亮亮	96	82	178
1006	陈鹏鹏	92	63	155
1007	张春鸽	85	92	177
1009	胡秋菊	77	93	170
1008	李夏莲	62	82	144
1010	李冬梅	81	66	147
1002	李明明	45	93	138

第 7 章

中级数据处理与分析——商品销售统计分析图表

本章导读

在 WPS 表格中使用图表不仅能使数据的统计结果更直观、更形象，还能清晰地反映数据的变化规律和发展趋势。使用图表可以制作产品统计分析表、预算分析表、工资分析表、成绩分析表等。本章以制作商品销售统计分析图表为例，介绍图表的创建、编辑和美化等。

思维导图

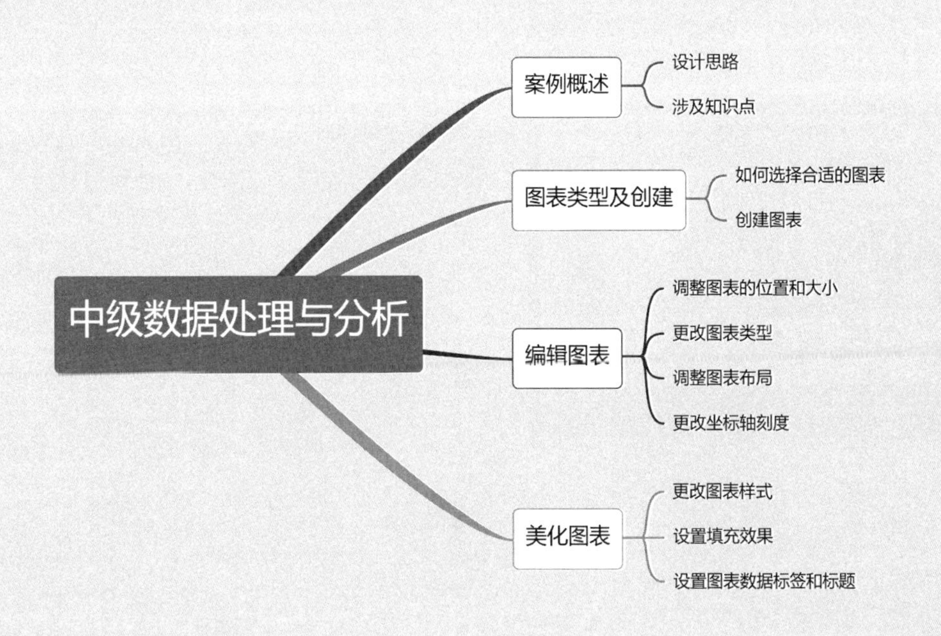

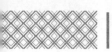

7.1 案例概述

制作商品销售统计分析图表时，表格内的数据类型、格式要一致，选择的图表类型要能恰当地反映数据的变化趋势。

本章素材结果文件		
	素材	素材 \ch07\ 商品销售统计分析图表 .xlsx
	结果	结果 \ch07\ 商品销售统计分析图表 .xlsx

7.1.1 设计思路

制作商品销售统计分析图表时可以按照以下思路进行。

① 设计要用于图表分析的数据表格。

② 为表格选择合适的图表类型并创建图表。

③ 设置并调整图表的位置、大小、布局、样式并美化图表。

④ 添加并设置图表标题、数据标签、数据表、网格线及图例等图表元素。

⑤ 为各种产品的销售情况创建迷你图。

7.1.2 涉及知识点

本案例主要涉及的知识点如下图所示（脑图见“素材结果文件 \ 脑图 \ 7.pos”）。

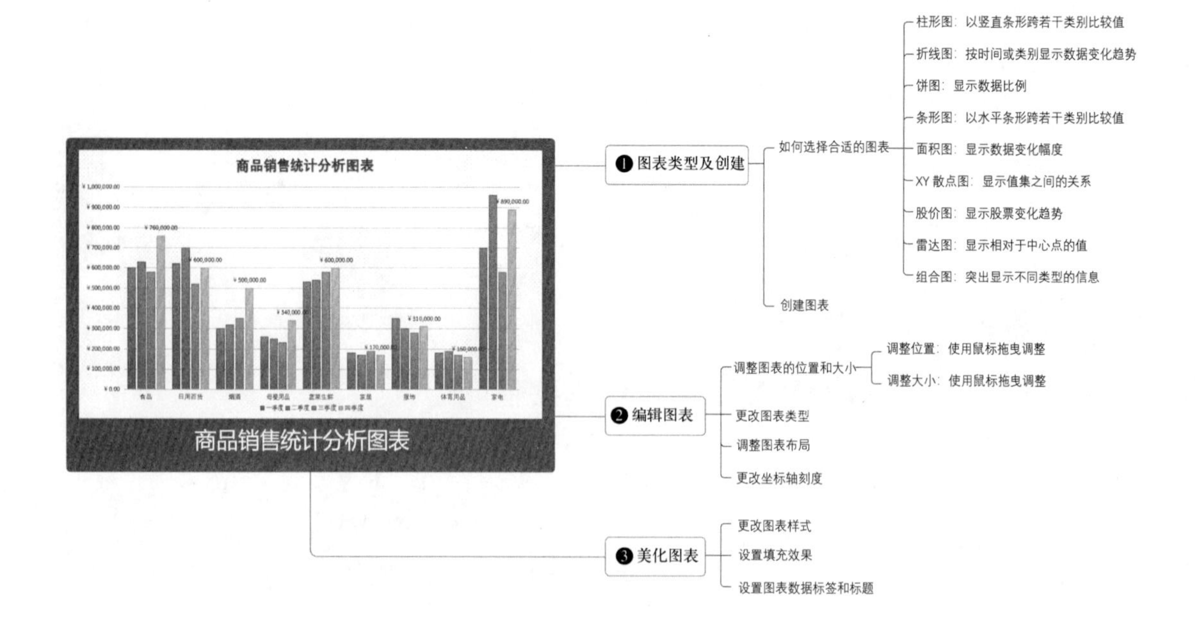

7.2 图表类型及创建

WPS 表格提供了包含组合图在内的 9 种图表类型，用户可以根据需求选择合适的图表类型，然后创建嵌入式图表或工作表图表来展示数据信息。

7.2.1 如何选择合适的图表

WPS 表格提供了多种图表类型，如何根据图表的特点选择合适的图表类型呢？首先需要了解各类图表的特点。

打开素材文件，在数据区域中选择任意一个单元格，单击【插入】选项卡下的【全部图表】按钮，打开【插入图表】对话框，左侧列表中列举了所有图表类型，如下图所示。

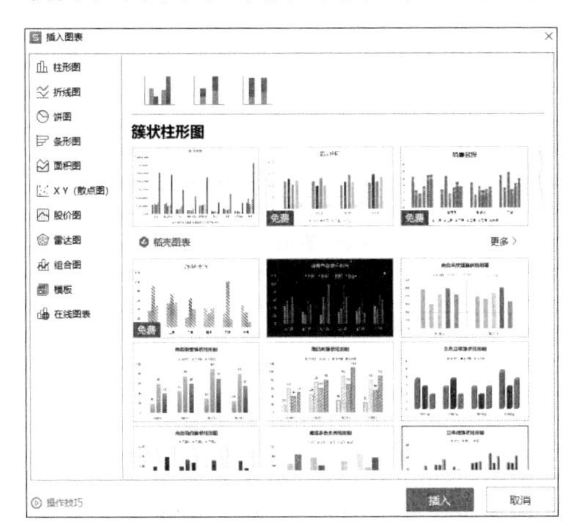

① 柱形图——以竖直条形跨若干类别比较值。

柱形图由一系列竖直条形组成，通常用于比较一段时间内两个或多个项目的数据，如不同产品季度或年销售量对比、几个项目中不同部门的经费分配情况、每年各类资料的数目等，如下图所示。

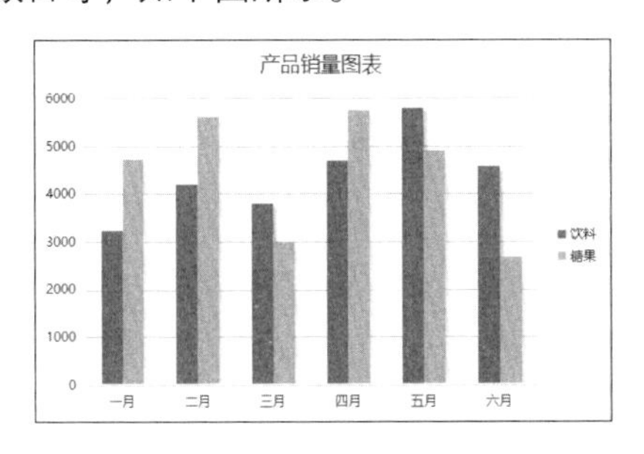

② 折线图——按时间或类别显示数据变化趋势。

折线图用于显示一段时间内的数据变化趋势。例如，数据在一段时间内呈增长趋势，在另一段时间内呈下降趋势，可以通过折线图展示趋势的变化，如下图所示。

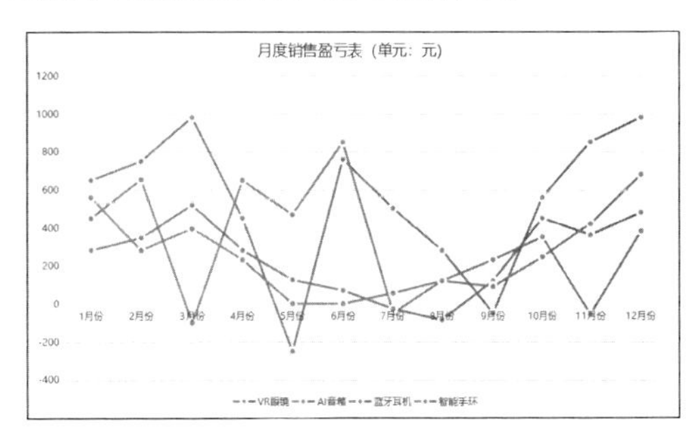

③ 饼图——显示数据比例。

饼图用于对比几个数据在数据总和中所占的比例。整个饼图代表数据总和，每一个扇形代表一个数据，如下图所示。

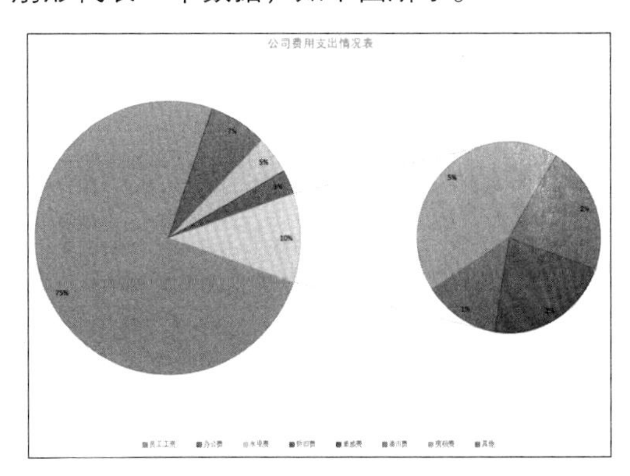

④ 条形图——以水平条形跨若干类别比较值。

条形图由一系列水平条形组成。这种图表使得在时间轴上某一点的两个或多个项目的相对长度具有可比性。条形图中的每个条形在工作表中都是一个单独的数据点或数，如下图所示。

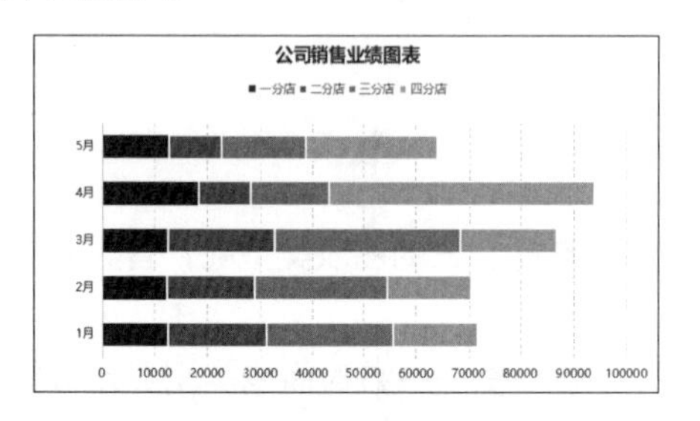

⑤ 面积图——显示数据变化幅度。

面积图用于显示一段时间内数据的变化幅度。当几个部分的数据都在变化时，可以选择显示需要的部分，在图表上既可以看到各部分的变化，也可以看到总体的变化，如下图所示。

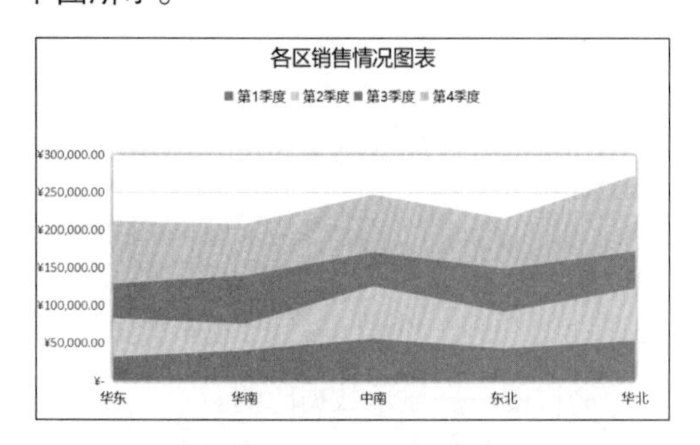

⑥ XY散点图——显示值集之间的关系。

XY 散点图用于展示成对的数据和它们所代表的趋势之间的关系。XY 散点图可以用于绘制函数曲线，从简单的三角函数、指数函数、对数函数到更复杂的混合型函数，都可以利用它快速、准确地绘制出曲线，因此在教学、科学计算中经常会用到这种图表，如下图所示。

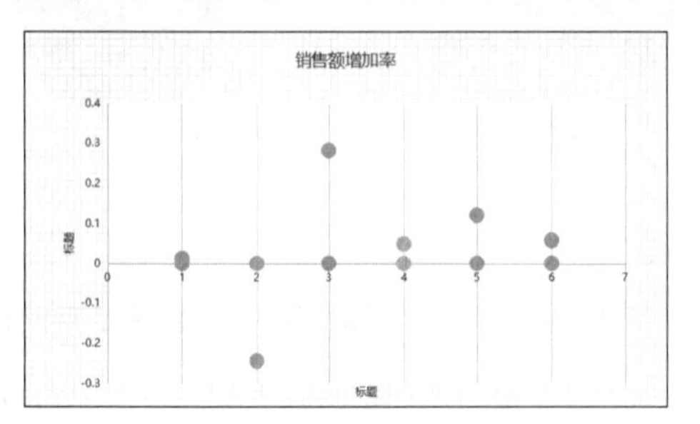

⑦ 股价图——显示股票变化趋势。

股价图是具有 3 个数据系列的折线图，用于展示在一段时间内一种股票的最高价、最低价和收盘价。股价图多用于金融、商贸等行业，可以描述商品价格、货币兑换率，也可以表现温度变化、压力测量等，如下图所示。

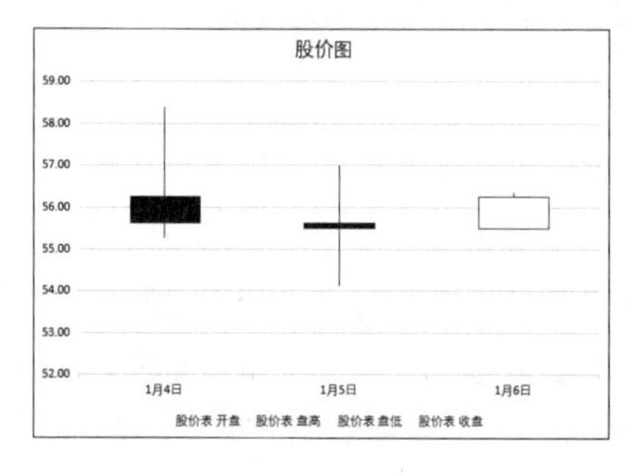

⑧ 雷达图——显示相对于中心点的值。

雷达图显示数据如何按中心点及相对于其他数据类别的变动。其中每一个分类都有自己的坐标轴，这些坐标轴由中心向外辐射，并用折线将同一系列中的数据值连接起来，如下图所示。

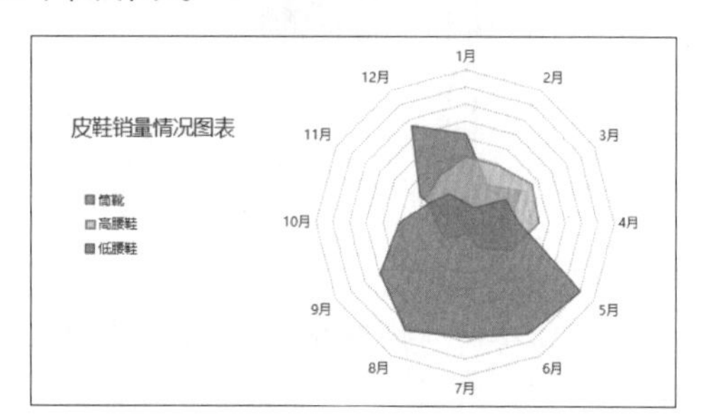

⑨组合图——突出显示不同类型的信息。

组合图将多个类型的图表集中显示在一个图表中，集合了各类图表的优点，更直观形象地展示数据，如下图所示。

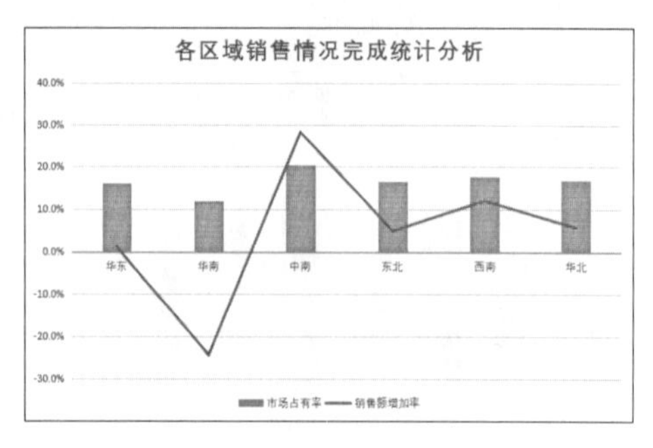

7.2.2 创建图表

创建图表时，不仅可以使用系统推荐的图表，还可以根据实际需要选择并创建合适的图表，下面介绍创建商品销售统计分析图表的方法。

第 1 步 打开素材文件，选择数据区域中的任意一个单元格，单击【插入】选项卡下的【全部图表】按钮 ，如下图所示。

第 2 步 弹出【插入图表】对话框，在左侧列表中选择图表类型，如选择【折线图】选项，在右侧区域上方选择一种折线图类型，如选择【折线图】选项，然后在下方选择一种图表样式，单击【插入】按钮，如下图所示。

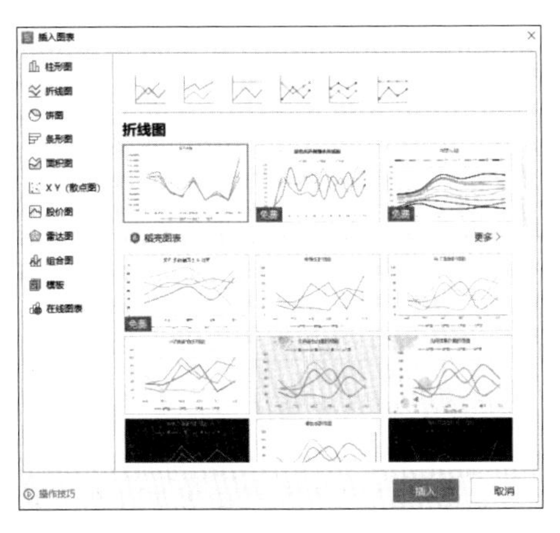

> **提示**
>
> 【稻壳图表】区域中，除标有"免费"标识的样式，其余图表样式均为付费样式，WPS 超级会员和稻壳会员可免费使用。

第 3 步 即可在该工作表中插入一个折线图表，如下图所示。

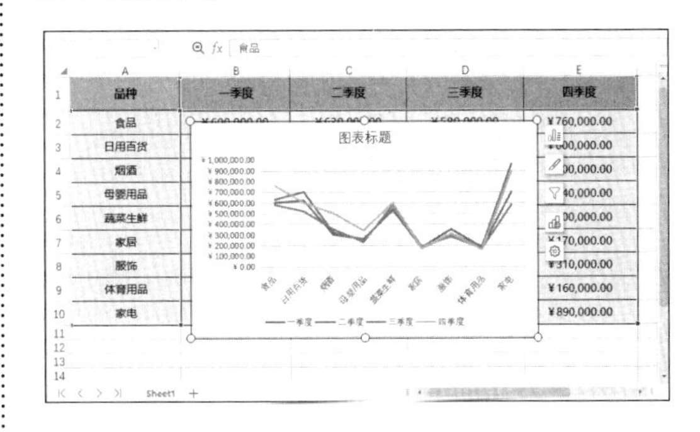

> **提示**
>
> 如果要删除创建的图表，只需要选中创建的图表，按【Delete】键即可。

7.3 编辑图表

创建商品销售统计分析图表后，可以根据需要调整图表的位置和大小，也可以更改图表的样式及类型。

7.3.1 调整图表的位置和大小

创建图表后如果对图表的位置和大小不满意，可以根据需要调整图表的位置和大小。

1. 调整图表的位置

第1步 选择创建的图表，将鼠标指针移动到图表上，当鼠标指针变为 ✥ 形状时，按住鼠标左键并拖曳，如下图所示。

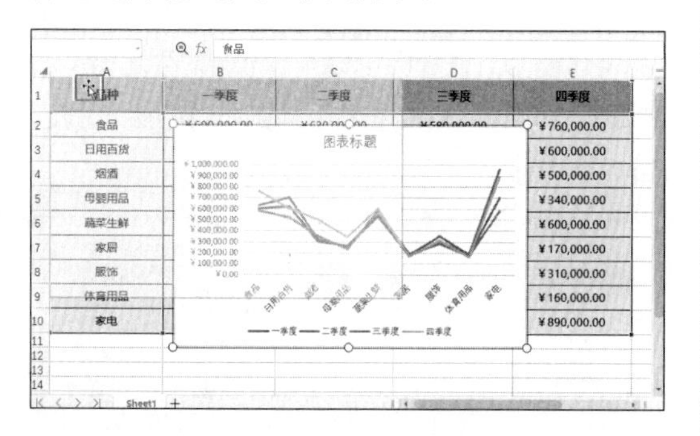

第2步 拖曳至合适位置处释放鼠标左键，即可完成调整图表位置的操作，如下图所示。

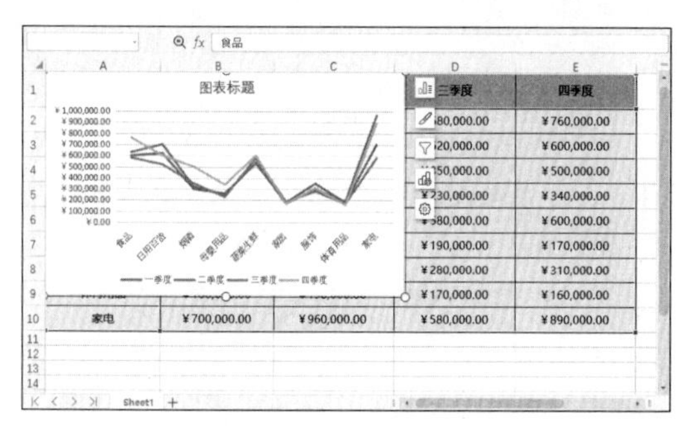

2. 调整图表的大小

调整图表的大小有两种方法，第一种方法是拖曳鼠标调整，第二种方法是通过【属性】窗格精确调整。

方法 1：拖曳鼠标调整

第1步 选择插入的图表，将鼠标指针放置在图表四周的控制点上，这里将鼠标指针放置在图表右下角的控制点上，当鼠标指针变为↘形状时，按住鼠标左键并拖曳，如下图所示。

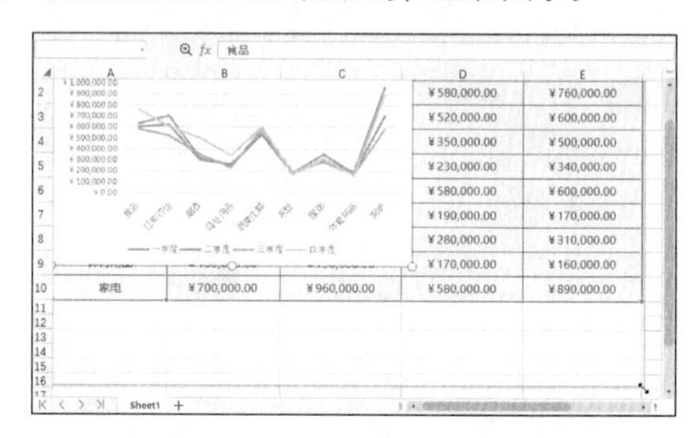

第2步 拖曳至合适大小时释放鼠标左键，即可完成调整图表大小的操作，如下图所示。

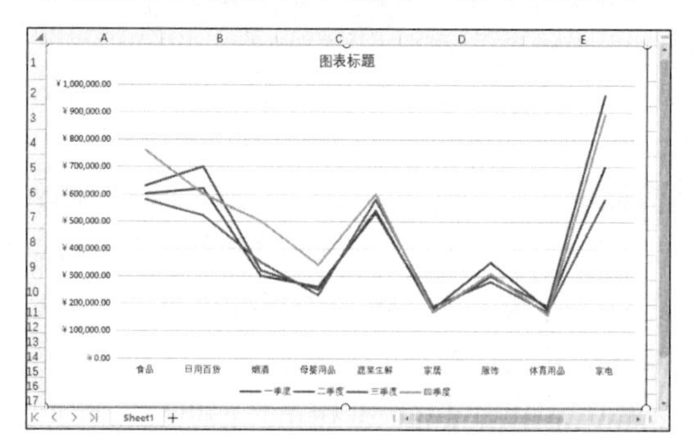

提示

将鼠标指针放置在四个角的控制点上可以同时调整图表的宽度和高度，将鼠标指针放置在左右边上可以调整图表的宽度，将鼠标指针放置在上下边上可以调整图表的高度。

方法 2：通过【属性】窗格精确调整

第1步 如果要精确调整图表的大小，可以选中图表，单击 WPS 表格右侧窗格中的【属性】按钮 ⚟，如下图所示。

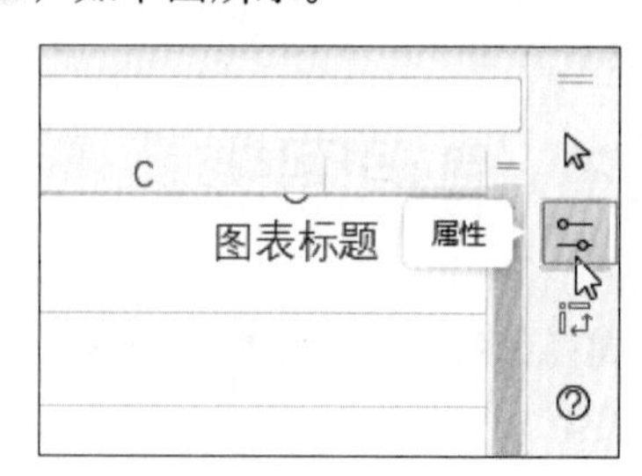

第 2 步 弹出【属性】窗格，选择【图表选项】→【大小与属性】选项卡，在【大小】区域中，可以通过设置【高度】和【宽度】数值来精确调整图表大小，如下图所示。

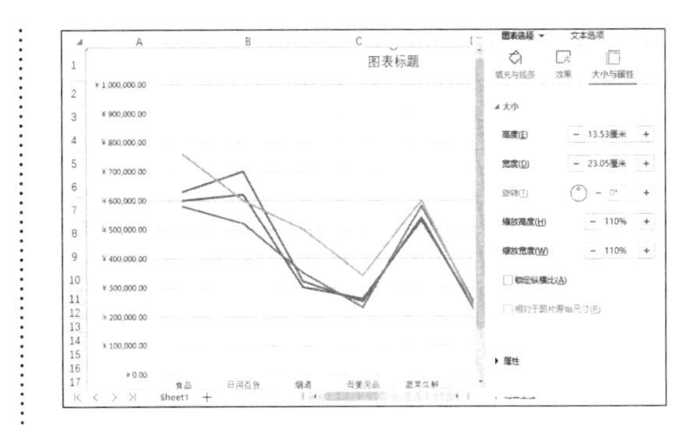

7.3.2 更改图表类型

如果创建图表时选择的图表类型不能直观地展示工作表中的数据，则可以更改图表的类型，具体操作步骤如下。

第 1 步 选择创建的图表，单击【图表工具】选项卡下的【更改类型】按钮，如下图所示。

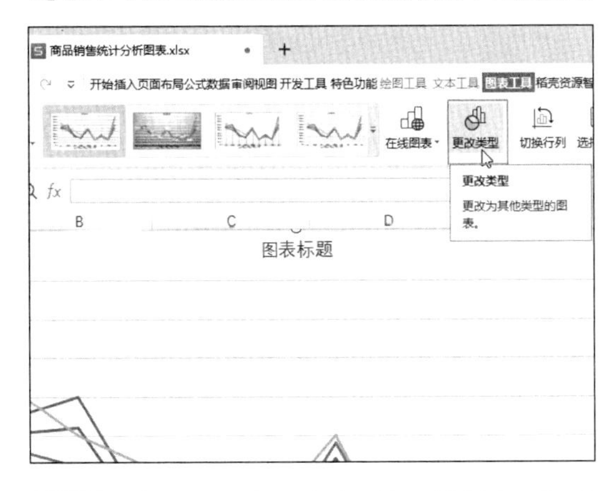

第 2 步 弹出【更改图表类型】对话框，在对话框中选择【柱形图】→【簇状柱形图】中的一种图表样式，单击【插入】按钮，如下图所示。

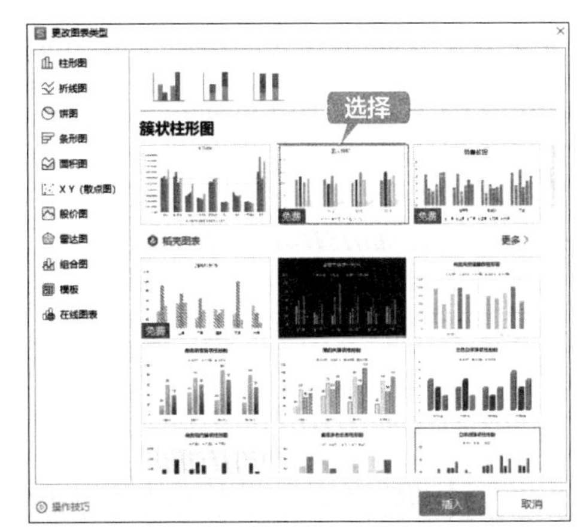

第 3 步 即可将折线图图表更改为柱形图图表，如下图所示。

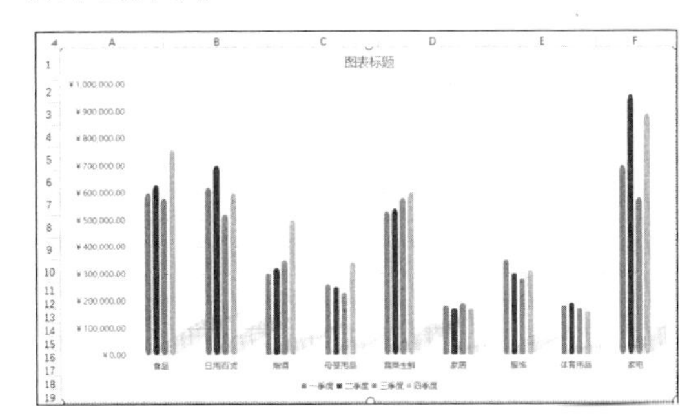

7.3.3 调整图表布局

创建图表后，可以根据需要调整图表的布局，具体操作步骤如下。

第 1 步 选择创建的图表，单击【图表工具】选项卡下的【快速布局】下拉按钮，在弹出的下拉列表中选择【布局 5】选项，如下图所示。

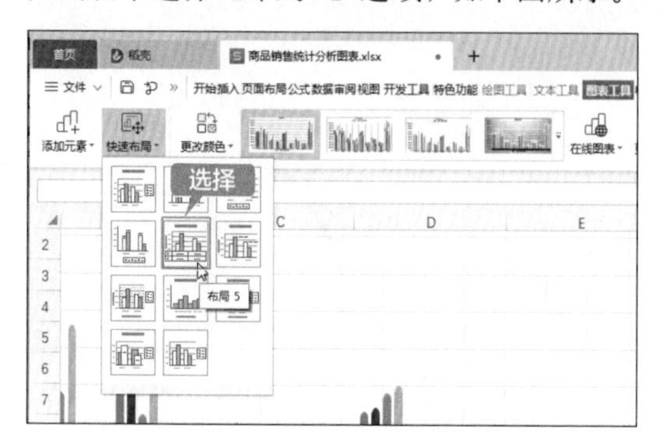

第 2 步 即可看到调整图表布局后的效果，如下图所示。

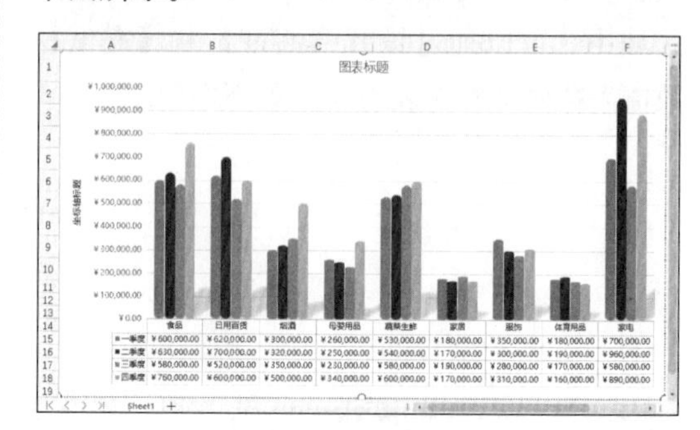

7.3.4 更改坐标轴刻度

如果默认的坐标轴刻度不合适，可以对其进行修改，具体操作步骤如下。

第 1 步 选中【垂直(值)轴】坐标轴数据并右击，在弹出的快捷菜单中选择【设置坐标轴格式】命令，如下图所示。

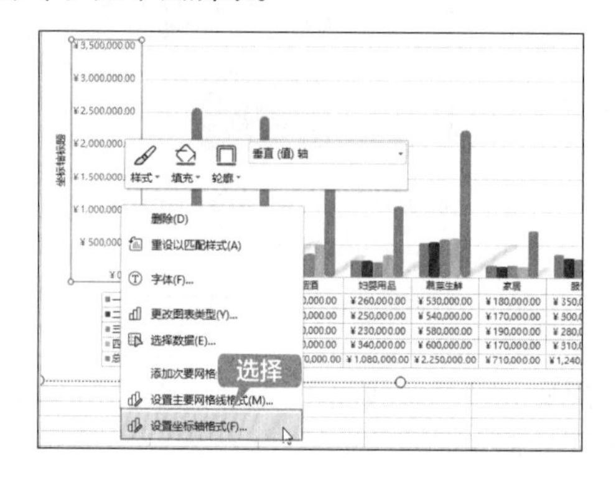

第 2 步 弹出【属性】窗格，在【坐标轴选项】→【坐标轴】选项卡下，选择【显示单位】下拉列表中的【10000】选项，如下图所示。

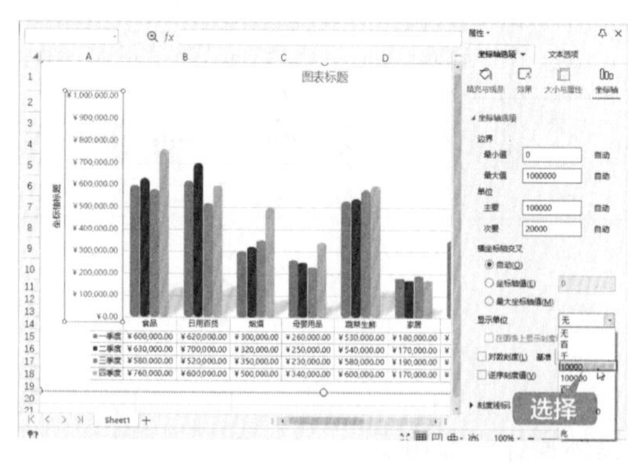

第 3 步 调整后的图表坐标轴刻度如下图所示。

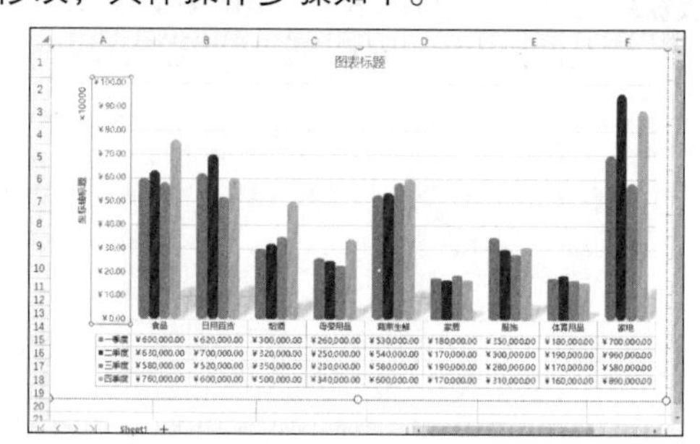

第 4 步 双击“坐标轴标题”文本框，如下图所示。

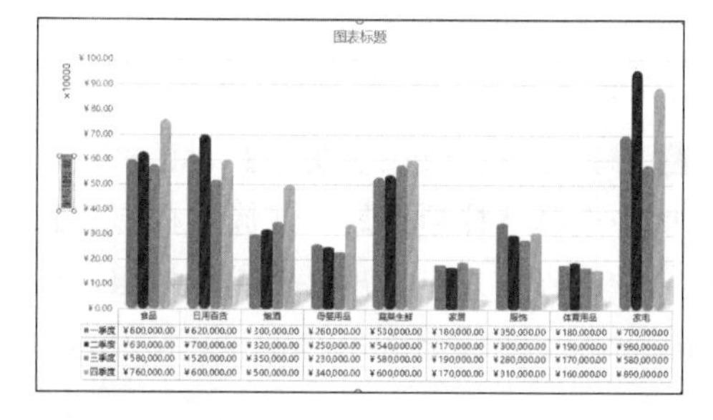

第 5 步 删除原文本内容，输入“销售额：万元”，如下图所示。

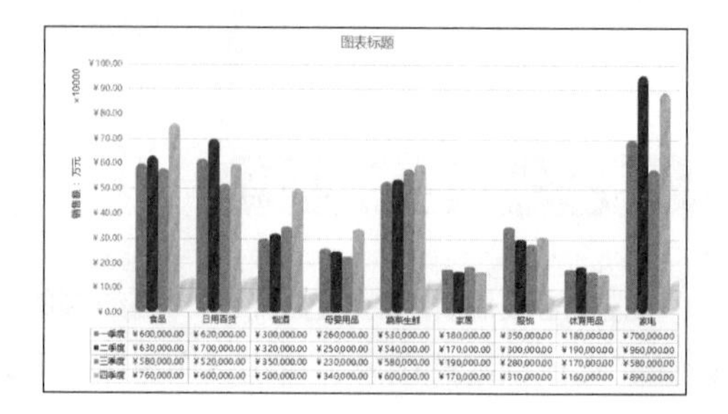

7.4 美化图表

为了使图表更加美观，可以设置图表的样式。WPS 表格提供了多种图表样式，直接套用即可快速美化图表。

7.4.1 更改图表样式

创建图表后，系统会根据创建的图表类型提供多种图表样式。

第 1 步 选择创建的图表，单击【图表工具】选项卡下【图表样式】组中的 按钮，在弹出的下拉列表中选择【样式 4】选项，如下图所示。

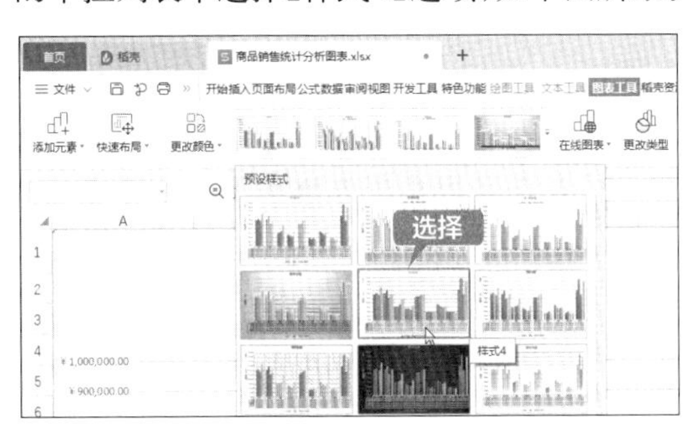

第 2 步 即可更改图表的样式，效果如下图所示。

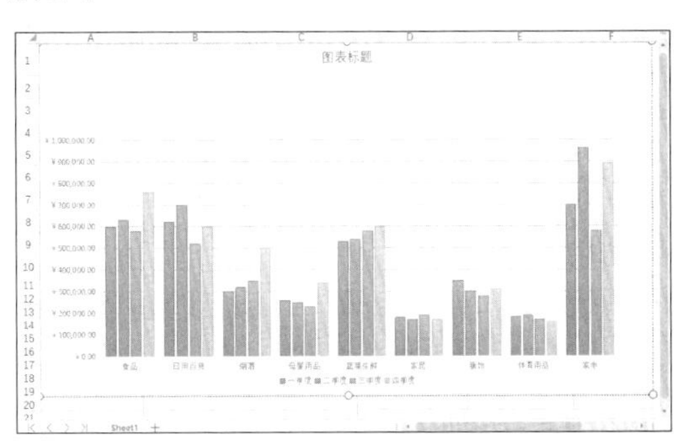

7.4.2 设置填充效果

设置填充效果的具体操作步骤如下。

第 1 步 选中创建的图表并右击，在弹出的快捷菜单中选择【设置图表区域格式】命令，如下图所示。

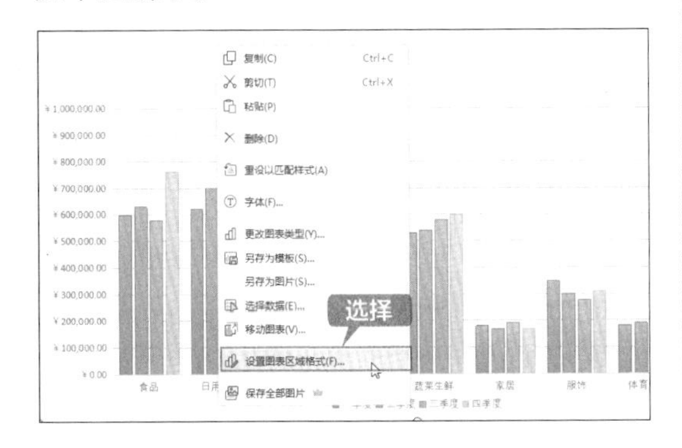

第 2 步 弹出【属性】窗格，在【图表选项】→【填充与线条】选项卡下，选择【填充】区域中的【图案填充】单选按钮，设置填充图案、前景和背景，如下图所示。

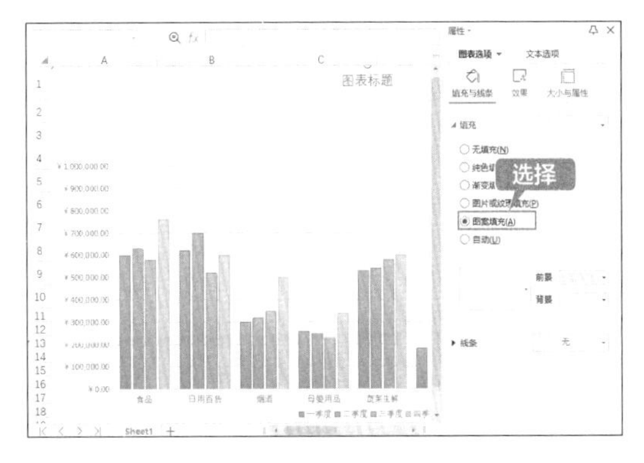

第 3 步 关闭【属性】窗格，设置填充后的效果如下图所示。

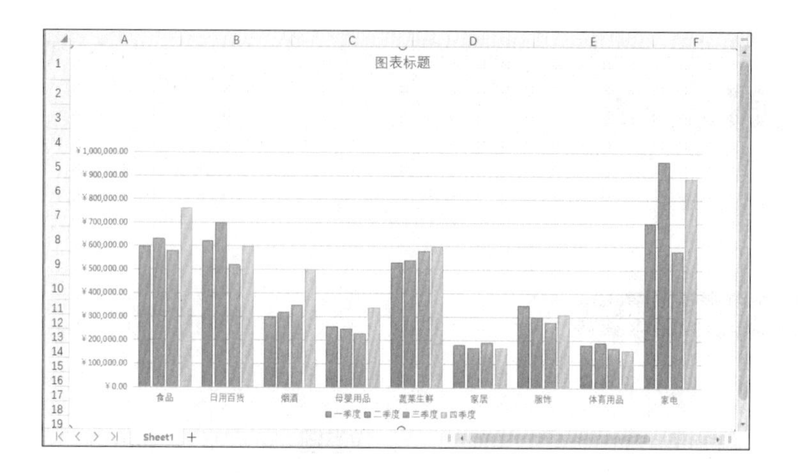

7.4.3 设置图表数据标签和标题

在设计图表的过程中，可以为图表添加数据标签和标题，使图表中的信息更加完整和清晰，具体操作步骤如下。

第 1 步 选择图表中“第四季度”数据系列，单击【图表工具】选项卡下的【添加元素】按钮，在弹出的下拉列表中，选择【数据标签】→【数据标签外】选项，如下图所示。

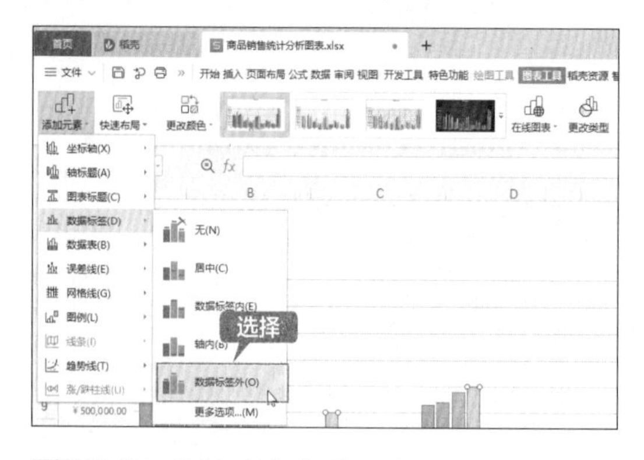

第 2 步 即可添加数据标签，如下图所示。

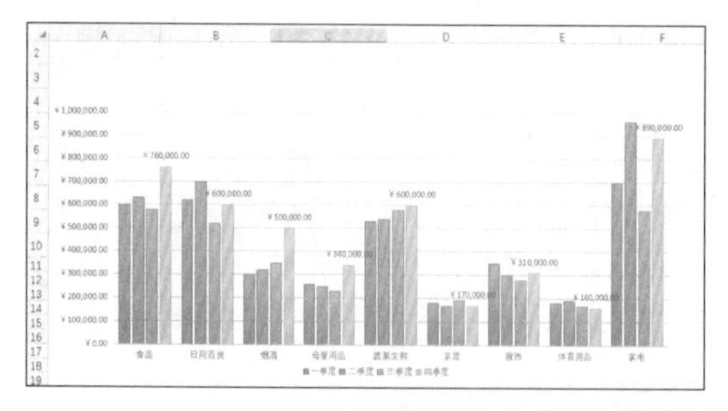

第 3 步 将图表标题文本修改为“商品销售统计分析图表”，如下图所示。

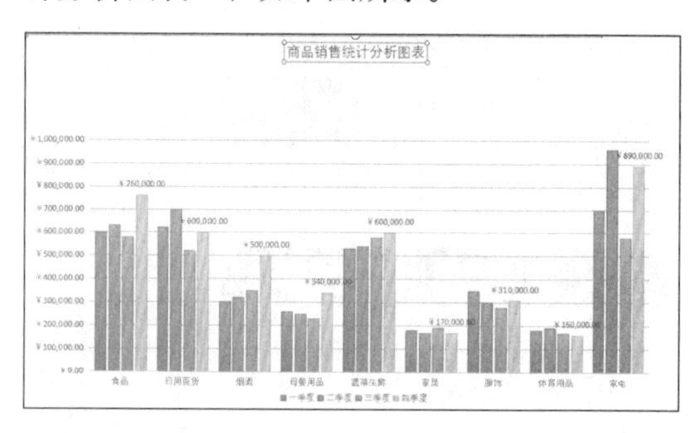

第 4 步 设置图表标题文本的字体样式和大小，然后适当调整绘图区大小，最终效果如下图所示。

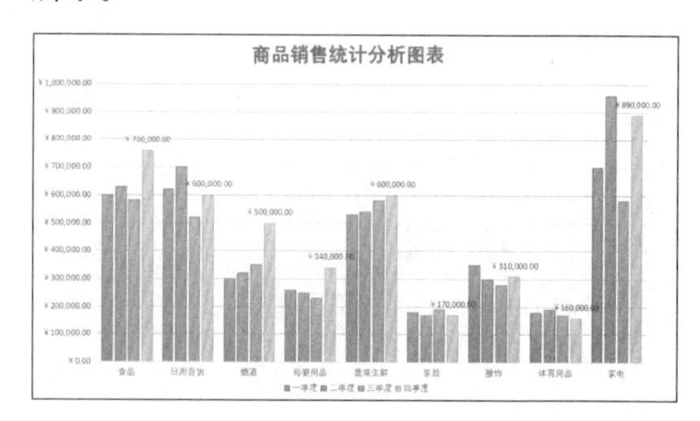

制作月度分析图表

与商品销售统计分析图表类似的文档还有月度分析图表、年产量统计图表、货物库存分析图表、成绩统计分析图表等。制作这类文档时，都要求做到数据格式统一，并且要选择合适的图表类型，以准确展示要传递的信息。下面就以制作月度分析图表为例进行介绍。

本节素材结果文件		
	素材	素材 \ch07\ 月度分析图表 .xlsx
	结果	结果 \ch07\ 月度分析图表 .xlsx

1. 创建图表

打开素材文件，创建组合图图表，如下图所示。

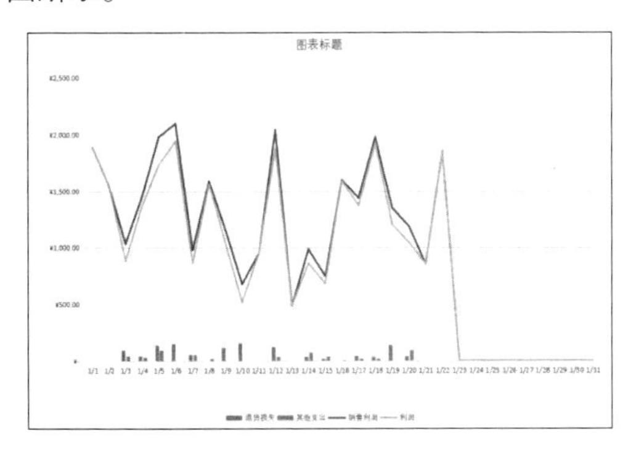

2. 应用图表样式

选择图表，为图表应用预设样式，如下图所示。

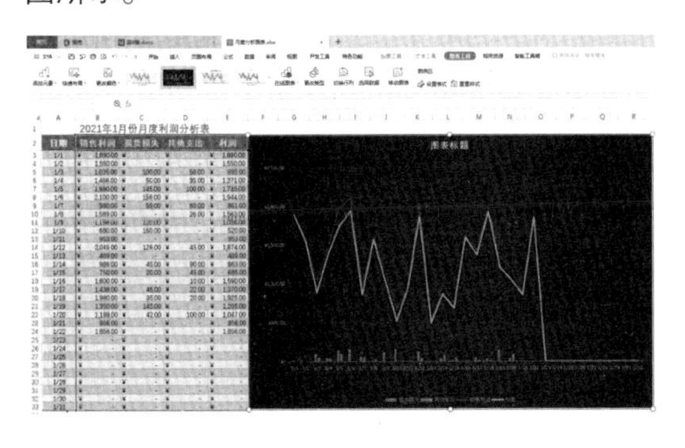

3. 设置图表标题

为图表添加并设置标题，效果如下图所示。

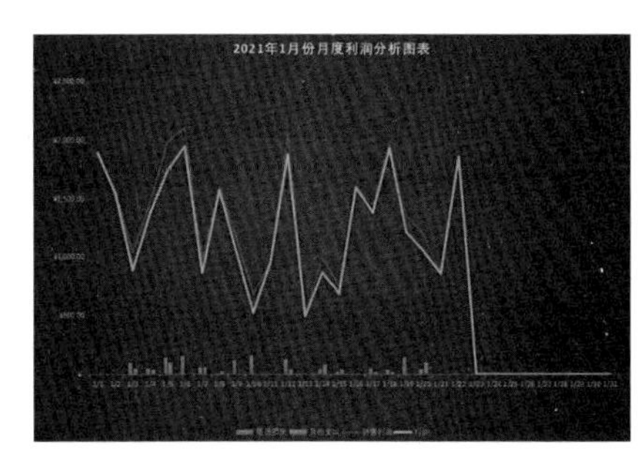

4. 添加趋势线

选择图表中的“利润”走势线，单击【图表工具】选项卡下的【添加元素】按钮，在弹出的下拉列表中选择【趋势线】→【线性】选项，并设置趋势线的线条类型及颜色，最终效果如下图所示。

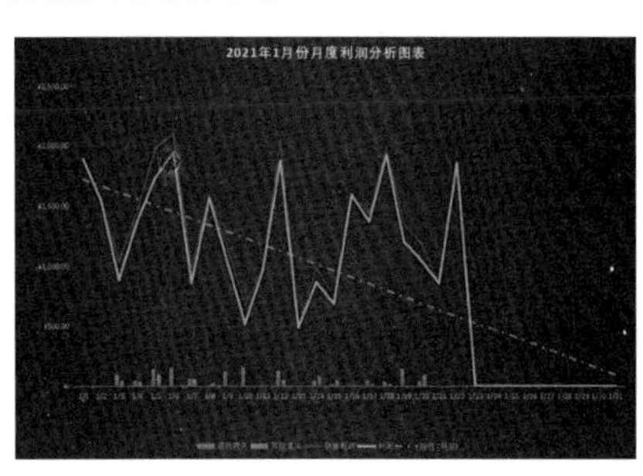

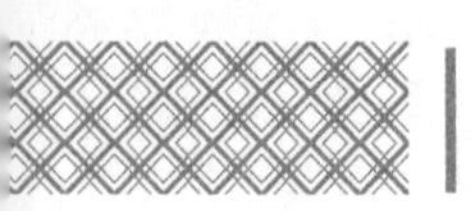

◇ 打印工作表时，不打印图表

用户可以设置在打印工作表时，不打印工作表中的图表。

双击图表区域的空白处，弹出【属性】窗格，在【图表选项】→【大小与属性】选项卡下展开【属性】区域，取消勾选【打印对象】复选框即可。打印该工作表时，将不打印图表，如下图所示。

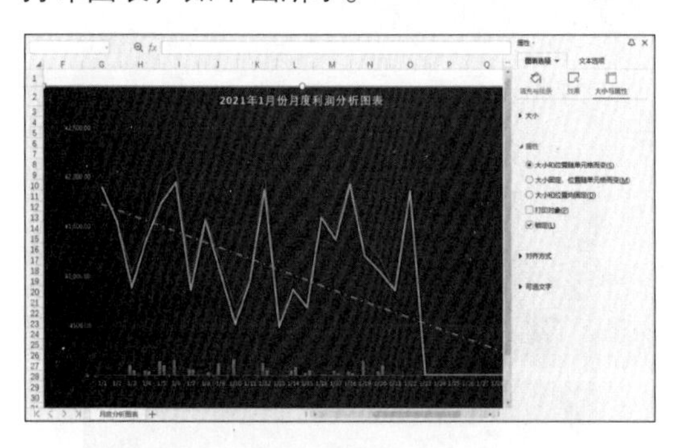

◇ 将图表转换为图片

将图表转换为图片或图形在某些情况下会有特殊的用途，如发布到网页上或粘贴到演示文稿中。

第 1 步 选择要转换的图表，按【Ctrl+C】组合键复制图表，如下图所示。

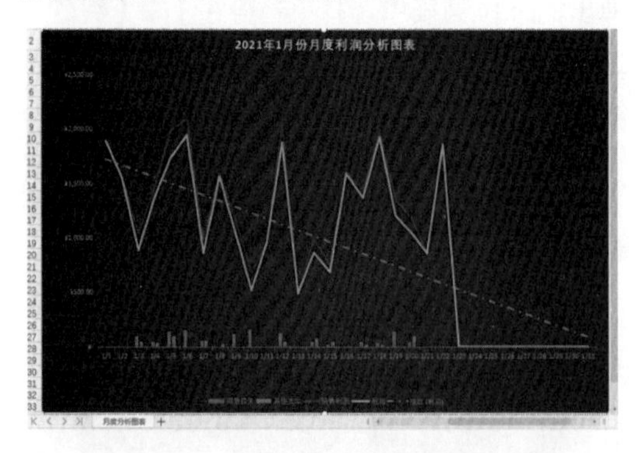

第 2 步 在目标工作表中，单击【开始】选项卡下的【粘贴】下拉按钮，在弹出的下拉菜单中选择【粘贴为图片】选项，如下图所示。

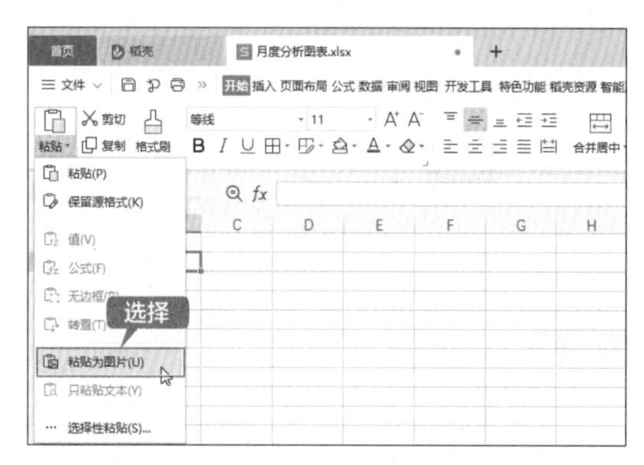

第 3 步 即可将图表以图片的形式粘贴到工作表中，如下图所示。

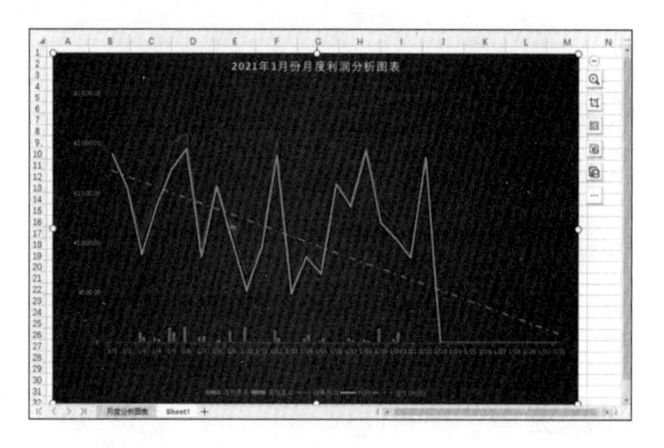

第 8 章

高级数据处理与分析——企业员工工资明细表

本章导读

公式和函数是 WPS 表格的重要组成部分，有着强大的计算能力，为用户分析和处理工作表中的数据提供了很大的便利。使用公式和函数可以节省处理数据的时间，降低处理大量数据的出错率。本章通过制作企业员工工资明细表，介绍公式和函数的使用方法。

思维导图

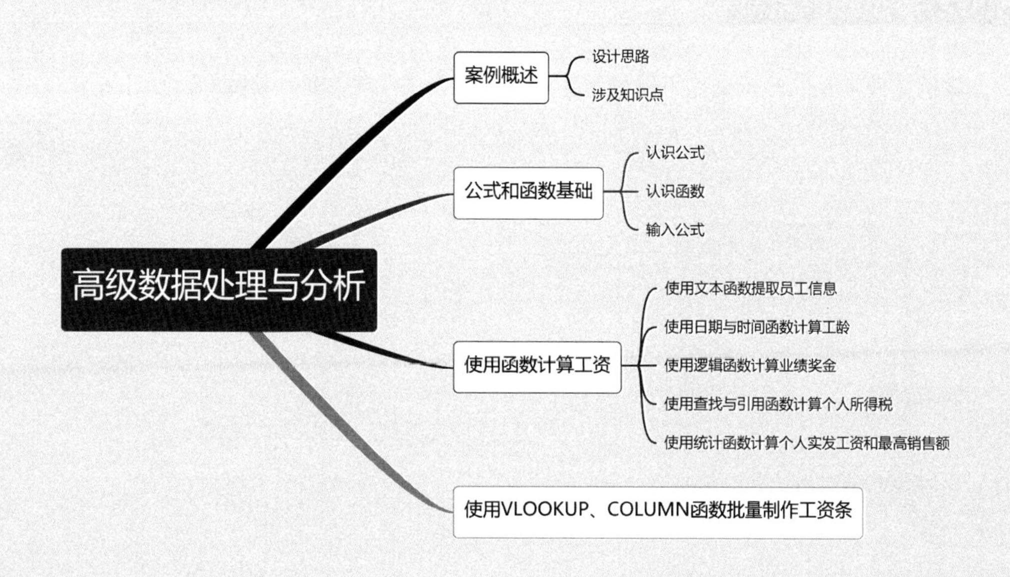

8.1 案例概述

企业员工工资明细表是最常用的工作表类型之一，工资明细表作为企业员工工资的发放凭证，是根据各项工资汇总而成的。企业员工工资明细表由工资表、员工基本信息表、销售奖金表、业绩奖金标准表和税率表组成，每个工作表中的数据都需要经过大量的运算，各工作表之间也需要使用函数相互调用，最后由各个工作表共同组成一个企业员工工资明细工作簿。该工作簿在制作过程中涉及很多函数的使用，通过制作企业员工工资明细表，可以掌握函数的使用方法。

本章素材结果文件		
	素材	素材 \ch08\ 企业员工工资明细表 .et
	结果	结果 \ch08\ 企业员工工资明细表 .et

8.1.1 设计思路

企业员工工资明细表由几个基本的工作表组成，各工作表之间存在调用关系，因此需要安排好工作表的制作顺序，设计思路如下。

① 完善员工基本信息表，计算出五险一金的缴纳金额。

② 计算员工工龄，得出员工工龄工资。

③ 根据奖金发放标准计算出员工奖金金额。

④ 汇总得出应发工资，计算个人所得税缴纳金额。

⑤ 汇总各项工资金额，得出实发工资，最后生成工资条。

8.1.2 涉及知识点

本案例主要涉及的知识点如下图所示（脑图见“素材结果文件 \ 脑图 \ 8.pos”）。

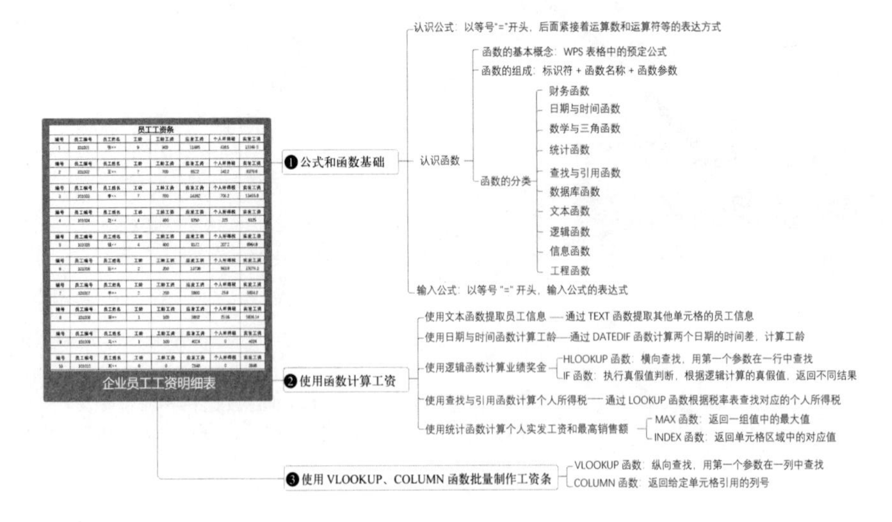

8.2 公式和函数基础

在表格中，使用公式和函数是数据计算的重要方式，可以使各类数据处理工作变得方便，下面介绍公式和函数的基础及使用方法。

8.2.1 认识公式

在如下图所示的案例中，要计算总支出金额，只需将各项支出金额相加即可。如果通过手动计算，或使用计算器计算，在面对大量数据时效率是非常低的，也无法保证数据的准确性。

	A	B	C	D
1	支出项目	支出金额		
2	水电费	￥ 139.65		
3	燃气费	￥ 72.63		
4	物业费	￥ 102.00		
5				
6	总支出			

在表格中，计算总支出金额用单元格表示为 B2+B3+B4，这就是一个表达式，如果使用等号“=”作为开头连接这个表达式，就形成了一个公式。在 WPS 表格中使用公式必须以等号“=”开头，后面紧接着操作数和运算符。为了方便理解，下面给出几个应用公式的例子。

=2020+1

=SUM（A1:A9）

= 现金收入 – 支出

上面的例子体现了公式的语法，即公式以等号“=”开头，后面紧接着操作数和运算符，操作数可以是常数、单元格引用、单元格名称或工作表函数等。

公式使用数学运算符来处理数值、文本、工作表函数及其他函数，在单元格或单元格区域中输入公式，可以对数据进行计算并返回结果。数值和文本可以位于其他单元格或单元格区域中，这样可以方便地更改数据，并赋予工作表动态特征。在更改工作表中数据的同时，让公式来做计算工作，用户可以快速地查看多种结果。

提示

函数是 WPS 表格中内置的一段程序，用于完成预定的计算功能，或者说是一种内置的公式。公式是用户根据数据统计、处理和分析的实际需要，利用函数、引用、常量等参数，通过运算符连接起来，完成用户需求的计算功能的一种表达式。

输入公式时单元格中的数据由以下几个元素组成。

（1）运算符，如“+”（相加）或“*”（相乘）。

（2）单元格引用（包含了定义名称的单元格和区域）。

（3）数值和文本。

（4）工作表函数（如 SUM 函数或 AVERAGE 函数）。

在单元格中输入公式后，按【Enter】键，单元格中会显示公式的计算结果。当选中单元格时，编辑栏中会显示公式。几个常见的公式类型如表 8-1 所示。

表 8-1 常见的公式类型及说明

公式	说明
=2021*0.5	公式只使用了数值，建议使用单元格与单元格相乘
=A1+A2	将 A1 和 A2 单元格中的值相加
=Income–Expenses	用单元格 Income（收入）的值减去单元格 Expenses（支出）的值
=SUM(A1:A12)	将 A1 至 A12 所有单元格中的值相加
=A1=C12	比较 A1 和 C12 单元格。如果相等，公式返回值为 TRUE；反之则为 FALSE

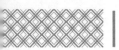

8.2.2 认识函数

函数是 WPS 表格的重要组成部分，有着非常强大的计算功能，为用户分析和处理工作表中的数据提供了很大的方便。

1. 函数的基本概念

表格中所提到的函数其实是一些预定义的公式，它们使用一些被称为参数的特定数值按特定的顺序或结构进行计算。每个函数描述都包括一个语法行，它是一种特殊的公式，所有的函数必须以等号“=”开始，必须按语法的特定顺序进行计算。

【插入函数】对话框为用户提供了一个使用半自动方式输入函数及其参数的方法。通过【插入函数】对话框可以保证正确的函数拼写，以及正确的参数顺序。

打开【插入函数】对话框的常用方法有以下 2 种。

① 在【公式】选项卡下，单击【函数库】组中的【插入函数】按钮 fx。

② 单击编辑栏中的【插入函数】按钮 fx。

【插入函数】对话框如下图所示。

如果要使用内置函数，【插入函数】对话框中有一个函数类别下拉列表，从中选择一种类别，该类别中的所有函数就会出现在【选择函数】列表框中。

如果不确定需要哪一类函数，可以通过对话框顶部的【查找函数】文本框搜索相应的函数。输入要查找的函数的名称或功能，即会自动显示相关函数列表。

选择函数后单击【确定】按钮，弹出【函数参数】对话框。通过【函数参数】对话框可以为函数设定参数，不同的函数有不同的参数。要使用单元格或区域引用作为参数，可以手动输入地址或单击参数选择框，选择单元格或区域。在设定所有的函数参数后，单击【确定】按钮即可，如下图所示。

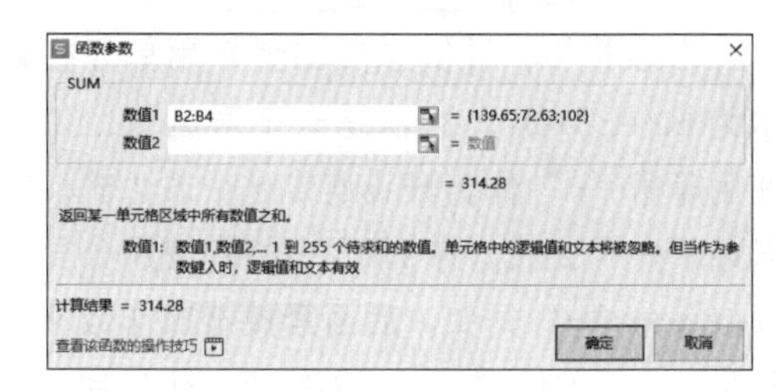

> **提示**
>
> 通过【插入函数】对话框可以向一个公式中插入函数，通过【函数参数】对话框可以修改公式中的参数。
>
> 单击【取消】按钮 ✕ 可以取消函数的输入。

2. 函数的组成

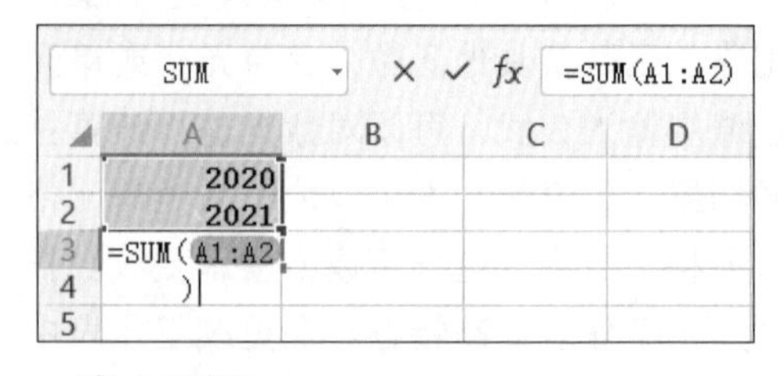

① 标识符

在单元格中输入计算函数时，必须先输

入“=”，称为函数的标识符。

提示

如果不输入“=”，通常输入的函数式将被作为文本处理，不返回运算结果。如果输入“+”或“-”，也可以返回函数式的运算结果，确认输入后，函数式前会自动添加标识符“=”。

② 函数名称

函数标识符后面的英文字母是函数名称。

提示

大多数函数名称是函数对应的英文单词的缩写。有些函数名称是由多个英文单词（或缩写）组合而成。例如，条件求和函数 SUMIF 是由求和函数 SUM 与条件函数 IF 组成的。

③ 函数参数

函数参数主要有以下几种类型。

- 常量。常量参数主要包括数值（如“123.45”）、文本（如“计算机”）和日期（如“2019-1-1”）等。
- 逻辑值。逻辑值参数主要包括逻辑真（TRUE）、逻辑假（FALSE）及逻辑判断表达式（如 A3 单元格不为空表示为“A3<>()”）的结果等。
- 单元格引用。单元格引用参数主要包括单个单元格的引用和单元格区域的引用等。
- 名称。在工作簿文档各个工作表中自定义的名称，可以作为本工作簿内的函数参数直接引用。
- 其他函数式。用户可以用一个函数式的返回结果作为另一个函数式的参数。这种形式的函数式通常称为函数嵌套。
- 数组参数。数组参数可以是一组常量（如 2、4、6），也可以是单元格区域的引用。

提示

如果一个函数中涉及多个参数，可用英文逗号将每个参数隔开。

3. 函数的分类

WPS 表格中提供了类型丰富的内置函数，按照功能可以分为财务函数、日期与时间函数、数学与三角函数、统计函数、查找与引用函数、数据库函数、文本函数、逻辑函数、信息函数和工程函数 10 类。用户可以在【插入函数】对话框中查看这 10 类函数。

各类型函数的作用如表 8-2 所示。

表 8-2 函数的类型和作用

函数类型	作用
财务函数	进行一般的财务计算
日期与时间函数	可以分析和处理日期及时间
数学与三角函数	可以在工作表中进行简单的计算
统计函数	对数据区域进行统计分析
查找与引用函数	在数据清单中查找特定数据或查找一个单元格引用
数据库函数	分析数据清单中的数值是否符合特定条件
文本函数	在公式中处理字符串
逻辑函数	进行逻辑判断或复合检验
信息函数	确定存储在单元格中数据的类型
工程函数	用于工程分析

8.2.3 输入公式

在 WPS 表格中运用公式进行数据计算，需要在单元格或编辑栏中输入相应的公式。在输入公式时，首先需要输入等号“=”作为开头，然后再输入公式的表达式，具体操作步骤如下。

第 1 步 打开素材文件，选择“员工基本信息”工作表，选中 E2 单元格，输入“=”，如下图所示。

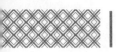

SUM | =

	A	B	C	D	E
1	员工编号	员工姓名	入职日期	基本工资	五险一金
2	101001	张××	2011/1/20	¥6,500.0	=
3	101002	王××	2013/5/10	¥5,800.0	
4	101003	李××	2013/6/25	¥5,800.0	
5	101004	赵××	2016/2/3	¥5,000.0	
6	101005	钱××	2016/8/5	¥4,800.0	
7	101006	孙××	2018/4/20	¥4,200.0	
8	101007	李××	2018/10/20	¥4,000.0	

第 2 步 单击 D2 单元格，单元格周围会显示一个虚线框，同时 D2 单元格会被引用至 E2 单元格中，如下图所示。

SUM | =D2

	A	B	C	D	E
1	员工编号	员工姓名	入职日期	基本工资	五险一金
2	101001	张××	2011/1/20	¥6,500.0	=D2
3	101002	王××	2013/5/10	¥5,800.0	
4	101003	李××	2013/6/25	¥5,800.0	
5	101004	赵××	2016/2/3	¥5,000.0	
6	101005	钱××	2016/8/5	¥4,800.0	
7	101006	孙××	2018/4/20	¥4,200.0	

第 3 步 输入乘号“*”，然后输入“11%”，如下图所示。

SUM | =D2*11%

	A	B	C	D	E
1	员工编号	员工姓名	入职日期	基本工资	五险一金
2	101001	张××	2011/1/20	¥6,500.0	=D2*11%
3	101002	王××	2013/5/10	¥5,800.0	
4	101003	李××	2013/6/25	¥5,800.0	
5	101004	赵××	2016/2/3	¥5,000.0	
6	101005	钱××	2016/8/5	¥4,800.0	
7	101006	孙××	2018/4/20	¥4,200.0	

第 4 步 按【Enter】键或单击编辑栏左侧【输入】按钮✓，即可计算公式结果，如下图所示。

E2 | =D2*11%

	A	B	C	D	E
1	员工编号	员工姓名	入职日期	基本工资	五险一金
2	101001	张××	2011/1/20	¥6,500.0	¥715.0
3	101002	王××	2013/5/10	¥5,800.0	
4	101003	李××	2013/6/25	¥5,800.0	
5	101004	赵××	2016/2/3	¥5,000.0	
6	101005	钱××	2016/8/5	¥4,800.0	
7	101006	孙××	2018/4/20	¥4,200.0	

第 5 步 将鼠标指针定位在 E2 单元格右下角，当鼠标指针变为+形状时，按住鼠标左键向下拖曳至 E11 单元格，即可快速填充公式，效果如下图所示。

E2 | =D2*11%

	A	B	C	D	E	F
1	员工编号	员工姓名	入职日期	基本工资	五险一金	
2	101001	张××	2011/1/20	¥6,500.0	¥715.0	
3	101002	王××	2013/5/10	¥5,800.0	¥638.0	
4	101003	李××	2013/6/25	¥5,800.0	¥638.0	
5	101004	赵××	2016/2/3	¥5,000.0	¥550.0	
6	101005	钱××	2016/8/5	¥4,800.0	¥528.0	
7	101006	孙××	2018/4/20	¥4,200.0	¥462.0	
8	101007	李××	2018/10/20	¥4,000.0	¥440.0	
9	101008	胡××	2019/6/5	¥3,800.0	¥418.0	
10	101009	马××	2019/7/20	¥3,600.0	¥396.0	
11	101010	刘××	2020/6/20	¥3,200.0	¥352.0	
12						
13						

8.3 使用函数计算工资

制作企业员工工资明细表需要运用多种类型的函数，这些函数为数据处理提供了很大帮助。

8.3.1 使用文本函数提取员工信息

员工信息是工资表中必不可少的一项，逐个输入数据不仅浪费时间还容易出现错误，文本函数则很擅长处理字符串类型的数据。使用文本函数可以快速准确地将员工信息输入工资表中，具体操作步骤如下。

第 1 步 选择“工资表”工作表，选中 B2 单元格，在编辑栏中输入公式“=TEXT(员工基本信息 !A2,0)”，如下图所示。

MAX　=TEXT(员工基本信息!A2,0)

编号	员工编号	员工姓名	工龄
1	=TEXT(员工基本信息!A2,0)		
2			
3			
4			
5			
6			

第 2 步 按【Enter】键确认，即可引用“员工基本信息”工作表中 A2 单元格的员工编号，如下图所示。

B2　=TEXT(员工基本信息!A2,0)

编号	员工编号	员工姓名	工龄
1	101001		
2			
3			
4			
5			
6			

第 3 步 使用快速填充功能将公式填充至 B3:B11 单元格区域，效果如下图所示。

B2　=TEXT(员工基本信息!A2,0)

编号	员工编号	员工姓名	工龄	工龄工资	应发工资	个人所得税
1	101001					
2	101002					
3	101003					
4	101004					
5	101005					
6	101006					
7	101007					
8	101008					
9	101009					
10	101010					

第 4 步 选中 C2 单元格，在编辑栏中输入“=TEXT(员工基本信息 !B2,0)”，如下图所示。

MAX　=TEXT(员工基本信息!B2,0)

编号	员工编号	员工姓名	工龄
1	101001	=TEXT(员工基本信息!B2,0)	
2	101002		
3	101003		
4	101004		
5	101005		
6	101006		
7	101007		
8	101008		

第 5 步 按【Enter】键确认，即可引用“员工基本信息”工作表中 B2 单元格的员工姓名，如下图所示。

C2　=TEXT(员工基本信息!B2,0)

编号	员工编号	员工姓名	工龄
1	101001	张××	
2	101002		
3	101003		
4	101004		
5	101005		
6	101006		
7	101007		

第 6 步 使用快速填充功能将公式填充至 C3:C11 单元格区域，效果如下图所示。

C2　=TEXT(员工基本信息!B2,0)

编号	员工编号	员工姓名	工龄	工龄工资
1	101001	张××		
2	101002	王××		
3	101003	李××		
4	101004	赵××		
5	101005	钱××		
6	101006	孙××		
7	101007	李××		
8	101008	胡××		
9	101009	马××		
10	101010	刘××		

8.3.2 使用日期与时间函数计算工龄

员工的工龄是计算员工工龄工资的依据。使用日期与时间函数可以准确地计算出员工工龄，根据工龄即可计算出工龄工资，具体操作步骤如下。

第 1 步 选择“工资表”工作表，选中 D2 单元格，输入公式“=DATEDIF(员工基本信息 !C2, TODAY(),"y")”，如下图所示。

SUM　=DATEDIF(员工基本信息!C2, TODAY(), "y")

DATEDIF（开始日期，终止日期，比较单位）

	A	B	C	D	E	F
1	编号	员工编号	员工姓名	工龄	工龄工资	应发
2	1	101001	张××	C2,TODAY(), y")		
3	2	101002	王××			
4	3	101003	李××			
5	4	101004	赵××			
6	5	101005	钱××			
7	6	101006	孙××			
8	7	101007	李××			
9	8	101008	胡××			
10	9	101009	马××			
11	10	101010	刘××			
12						

第 2 步 按【Enter】键确认，即可计算出员工的工龄，使用快速填充功能将公式填充至 D3:D11 单元格区域，即可快速计算出其他员工的工龄，效果如下图所示。

D2　=DATEDIF(员工基本信息!C2, TODAY(), "y")

	A	B	C	D	E	F
1	编号	员工编号	员工姓名	工龄	工龄工资	应
2	1	101001	张××	13		
3	2	101002	王××	12		
4	3	101003	李××	12		
5	4	101004	赵××	10		
6	5	101005	钱××	10		
7	6	101006	孙××	8		
8	7	101007	李××	7		
9	8	101008	胡××	6		
10	9	101009	马××	6		
11	10	101010	刘××	5		
12						

第 3 步 选中 E2 单元格，输入公式"=D2*100"，按【Enter】键，即可计算出对应员工的工龄工资，如下图所示。

E2　=D2*100

	A	B	C	D	E	F
1	编号	员工编号	员工姓名	工龄	工龄工资	应发
2	1	101001	张××	9	¥900.0	
3	2	101002	王××	7		
4	3	101003	李××	7		
5	4	101004	赵××	4		
6	5	101005	钱××	4		
7	6	101006	孙××	2		
8	7	101007	李××	2		
9	8	101008	胡××	1		
10	9	101009	马××	1		
11	10	101010	刘××	0		
12						

第 4 步 使用填充柄填充计算出其他员工的工龄工资，效果如下图所示。

E2　=D2*100

	A	B	C	D	E	F
1	编号	员工编号	员工姓名	工龄	工龄工资	应发工资
2	1	101001	张××	9	¥900.0	
3	2	101002	王××	7	¥700.0	
4	3	101003	李××	7	¥700.0	
5	4	101004	赵××	4	¥400.0	
6	5	101005	钱××	4	¥400.0	
7	6	101006	孙××	2	¥200.0	
8	7	101007	李××	2	¥200.0	
9	8	101008	胡××	1	¥100.0	
10	9	101009	马××	1	¥100.0	
11	10	101010	刘××	0	¥0.0	
12						

8.3.3 使用逻辑函数计算业绩奖金

业绩奖金是企业员工工资的重要构成部分，根据员工的业绩划分为几个等级，每个等级的奖金比例不同。逻辑函数可以用来进行复合检验，因此很适合计算这种类型的数据，具体操作步骤如下。

第 1 步 切换至"销售奖金表"工作表，选中 D2 单元格，输入公式"=HLOOKUP(C2, 业绩奖金标准 !$B$2:$F$3,2)"，按【Enter】键确认，即可得出奖金比例，如下图所示。

D2　=HLOOKUP(C2, 业绩奖金标准!$B$2:$F$3, 2)

	A	B	C	D	E	F
1	员工编号	员工姓名	销售额	奖金比例	奖金	
2	101001	张××	¥48,000.0	0.1		
3	101002	王××	¥38,000.0			
4	101003	李××	¥52,000.0			
5	101004	赵××	¥45,000.0			
6	101005	钱××	¥45,000.0			
7	101006	孙××	¥62,000.0			
8	101007	李××	¥30,000.0			
9	101008	胡××	¥34,000.0			

提示

HLOOKUP 函数是表格中的横向查找函数，公式"=HLOOKUP(C2, 业绩奖金标准 !$B$2:$F$3,2)"中第 3 个参数设置为"2"表示取满足条件的数据对应的"业绩奖金标准 !$B$2:$F$3"区域中的第 2 行。

第 2 步 使用填充柄将公式填充至 D3:D11 单元格区域，效果如下图所示。

D2 =HLOOKUP(C2,业绩奖金标准!$B$2:$F$3,2)

员工编号	员工姓名	销售额	奖金比例	奖金
101001	张××	¥48,000.0	0.1	
101002	王××	¥38,000.0	0.07	
101003	李××	¥52,000.0	0.15	
101004	赵××	¥45,000.0	0.1	
101005	钱××	¥45,000.0	0.1	
101006	孙××	¥62,000.0	0.15	
101007	李××	¥30,000.0	0.07	
101008	胡××	¥34,000.0	0.07	
101009	马××	¥24,000.0	0.03	
101010	刘××	¥8,000.0	0	

第 3 步 选中 E2 单元格，输入公式“=IF(C2<50000,C2*D2,C2*D2+500)”，按【Enter】键确认，即可计算出该员工的奖金金额，如下图所示。

E2 =IF(C2<50000,C2*D2,C2*D2+500)

员工编号	员工姓名	销售额	奖金比例	奖金
101001	张××	¥48,000.0	0.1	¥4,800.0
101002	王××	¥38,000.0	0.07	
101003	李××	¥52,000.0	0.15	
101004	赵××	¥45,000.0	0.1	
101005	钱××	¥45,000.0	0.1	
101006	孙××	¥62,000.0	0.15	
101007	李××	¥30,000.0	0.07	
101008	胡××	¥34,000.0	0.07	

提示

本例中，单月销售额大于 50000 元，则给予 500 元奖励。

第 4 步 使用快速填充功能计算出其他员工的奖金金额，效果如下图所示。

E2 =IF(C2<50000,C2*D2,C2*D2+500)

员工编号	员工姓名	销售额	奖金比例	奖金
101001	张××	¥48,000.0	0.1	¥4,800.0
101002	王××	¥38,000.0	0.07	¥2,660.0
101003	李××	¥52,000.0	0.15	¥8,300.0
101004	赵××	¥45,000.0	0.1	¥4,500.0
101005	钱××	¥45,000.0	0.1	¥4,500.0
101006	孙××	¥62,000.0	0.15	¥9,800.0
101007	李××	¥30,000.0	0.07	¥2,100.0
101008	胡××	¥34,000.0	0.07	¥2,380.0
101009	马××	¥24,000.0	0.03	¥720.0
101010	刘××	¥8,000.0	0	¥0.0

8.3.4 使用查找与引用函数计算个人所得税

个人所得税根据个人收入的不同实行阶梯形式的征收方式，因此直接计算比较复杂。而在 WPS 表格中，这类问题可以使用查找与引用函数来解决，具体操作步骤如下。

第 1 步 切换至“工资表”工作表，选中 F2 单元格，输入公式“= 员工基本信息 !D2- 员工基本信息 !E2+ 工资表 !E2+ 销售奖金表 !E2”，按【Enter】键确认，如下图所示。

F2 =员工基本信息!D2-员工基本信息!E2+工资表!E2+销售奖金表!E2

员工编号	员工姓名	工龄	工龄工资	应发工资	个人所得税	实发工资
101001	张××	9	¥900.0	¥11,485.0		
101002	王××	7	¥700.0			
101003	李××	7	¥700.0			
101004	赵××	4	¥400.0			
101005	钱××	4	¥400.0			
101006	孙××	2	¥200.0			
101007	李××	2	¥200.0			
101008	胡××	1	¥100.0			
101009	马××	1	¥100.0			
101010	刘××	0	¥0.0			

第 2 步 利用填充功能计算出其他员工应发工资，如下图所示。

F2 =员工基本信息!D2-员工基本信息!E2+工资表!E2+销售奖金表!E2

员工编号	员工姓名	工龄	工龄工资	应发工资	个人所得税	实发工资
101001	张××	9	¥900.0	¥11,485.0		
101002	王××	7	¥700.0	¥8,522.0		
101003	李××	7	¥700.0	¥14,162.0		
101004	赵××	4	¥400.0	¥9,350.0		
101005	钱××	4	¥400.0	¥9,172.0		
101006	孙××	2	¥200.0	¥13,738.0		
101007	李××	2	¥200.0	¥5,860.0		
101008	胡××	1	¥100.0	¥5,862.0		
101009	马××	1	¥100.0	¥4,024.0		
101010	刘××	0	¥0.0	¥2,848.0		

第 3 步 计算员工“张 × ×”的个人所得税，选中 G2 单元格，输入公式“=IF(F2<税率表 !E$2,0,LOOKUP(工资表 !F2- 税率表 !E$2, 税率表 !C$4:C$10,(工资表 !F2- 税率表 !E$2)* 税率表 !D$4:D$10- 税率表 !E$4:E$10))”，按【Enter】键确认，即可计算出员工“张 × ×”应缴纳的个人所得税，如下图所示。

G2　=IF(F2<税率表!E$2,0,LOOKUP(工资表!F2-税率表!E$2,税率表!C$4:C$10,(工资表!F2-税率表!E$2)*税率表!D$4:D$10-税率表!E$4:E$10))

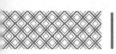

	B	C	D	E	F	G	H
1	员工编号	员工姓名	工龄	工龄工资	应发工资	个人所得税	实发工资
2	101001	张××	9	¥900.0	¥11,485.0	¥438.5	
3	101002	王××	7	¥700.0	¥8,522.0		
4	101003	李××	7	¥700.0	¥14,162.0		
5	101004	赵××	4	¥400.0	¥9,350.0		
6	101005	钱××	4	¥400.0	¥9,172.0		
7	101006	孙××	2	¥200.0	¥13,738.0		
8	101007	李××	2	¥200.0	¥5,860.0		
9	101008	胡××	1	¥100.0	¥5,862.0		
10	101009	马××	1	¥100.0	¥4,024.0		
11	101010	刘××	0	¥0.0	¥2,848.0		

工资表　员工基本信息　销售奖金表

提示

LOOKUP 函数用于根据税率表查找对应的个人所得税，使用 IF 函数可以返回低于起征点的员工所缴纳的个人所得税。

第 4 步　使用快速填充功能计算出其他员工应缴纳的个人所得税，效果如下图所示。

G2　=IF(F2<税率表!E$2,0,LOOKUP(工资表!F2-税率表!E$2,税率表!C$4:C$10,(工资表!F2-税率表!E$2)*税率表!D$4:D$10-税率表!E$4:E$10))

	B	C	D	E	F	G	H
1	员工编号	员工姓名	工龄	工龄工资	应发工资	个人所得税	实发工资
2	101001	张××	9	¥900.0	¥11,485.0	¥438.5	
3	101002	王××	7	¥700.0	¥8,522.0	¥142.2	
4	101003	李××	7	¥700.0	¥14,162.0	¥706.2	
5	101004	赵××	4	¥400.0	¥9,350.0	¥225.0	
6	101005	钱××	4	¥400.0	¥9,172.0	¥207.2	
7	101006	孙××	2	¥200.0	¥13,738.0	¥663.8	
8	101007	李××	2	¥200.0	¥5,860.0	¥25.8	
9	101008	胡××	1	¥100.0	¥5,862.0	¥25.9	
10	101009	马××	1	¥100.0	¥4,024.0	¥0.0	
11	101010	刘××	0	¥0.0	¥2,848.0	¥0.0	

工资表　员工基本信息　销售奖金表

8.3.5 使用统计函数计算个人实发工资和最高销售额

统计函数作为专门用于统计分析的函数，可以快速地在工作表中找到相应的数据。

第 1 步　选中 H2 单元格，输入公式“=F2-G2”，按【Enter】键确认，计算员工“张××”的实发工资。使用填充柄工具将公式填充至 H3:H11 单元格区域，计算出其他员工的实发工资，效果如下图所示。

H2　=F2-G2

	B	C	D	E	F	G	H
1	员工编号	员工姓名	工龄	工龄工资	应发工资	个人所得税	实发工资
2	101001	张××	9	¥900.0	¥11,485.0	¥438.5	¥11,046.5
3	101002	王××	7	¥700.0	¥8,522.0	¥142.2	¥8,379.8
4	101003	李××	7	¥700.0	¥14,162.0	¥706.2	¥13,455.8
5	101004	赵××	4	¥400.0	¥9,350.0	¥225.0	¥9,125.0
6	101005	钱××	4	¥400.0	¥9,172.0	¥207.2	¥8,964.8
7	101006	孙××	2	¥200.0	¥13,738.0	¥663.8	¥13,074.2
8	101007	李××	2	¥200.0	¥5,860.0	¥25.8	¥5,834.2
9	101008	胡××	1	¥100.0	¥5,862.0	¥25.9	¥5,836.1
10	101009	马××	1	¥100.0	¥4,024.0	¥0.0	¥4,024.0
11	101010	刘××	0	¥0.0	¥2,848.0	¥0.0	¥2,848.0

工资表　员工基本信息　销售奖金表

第 2 步　选择“销售奖金表”工作表，选中 G3 单元格，单击编辑栏左侧的【插入函数】按钮 *fx*，如下图所示。

G3　插入函数　单击

	B	C	D	E	F	G	H
1	员工姓名	[illegible]	[illegible]金比例	奖金		最高销售业绩	
2	张××	[illegible]	0.1	¥4,800.0		销售额	姓名
3	王××	¥38,000.0	0.07	¥2,660.0			
4	李××	¥52,000.0	0.15	¥8,300.0			
5	赵××	¥45,000.0	0.1	¥4,500.0			
6	钱××	¥45,000.0	0.1	¥4,500.0			
7	孙××	¥62,000.0	0.15	¥9,800.0			
8	李××	¥30,000.0	0.07	¥2,100.0			
9	胡××	¥34,000.0	0.07	¥2,380.0			
10	马××	¥24,000.0	0.03	¥720.0			
11	刘××	¥8,000.0	0	¥0.0			

员工基本信息　销售奖金表　业绩奖金标

第 3 步　弹出【插入函数】对话框，在【选择函数】列表框中选择 MAX 函数，单击【确定】按钮，如下图所示。

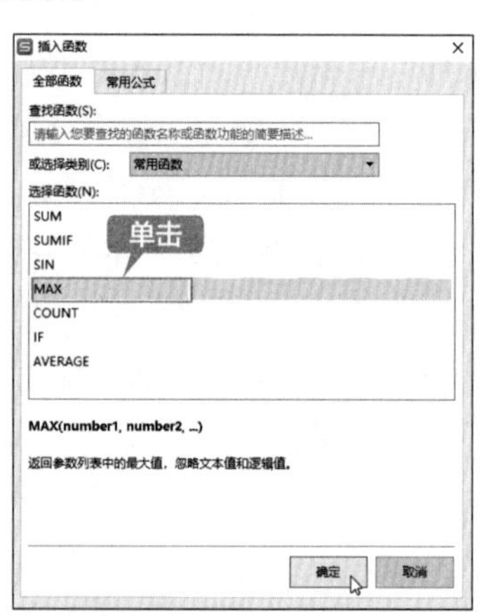

第 4 步　弹出【函数参数】对话框，单击【数值 1】右侧的按钮，选择 C2:C11 单元格区域，单击【确定】按钮，如下图所示。

函数参数　选择
MAX
数值1　C2:C11　= {48000;38000;52000;45000;45000;620...
数值2　= 数值
= 62000
返回参数列表中的最大值，忽略文本值和逻辑值。
数值1：数值1,数值2,... 准备从中求取最大值的 1 到 255 个数值、空单元格、逻辑值或文本数值
计算结果 = 62000
查看该函数的操作技巧
确定　取消

第 5 步 即可查找出最高销售额并显示在 G3 单元格中，如下图所示。

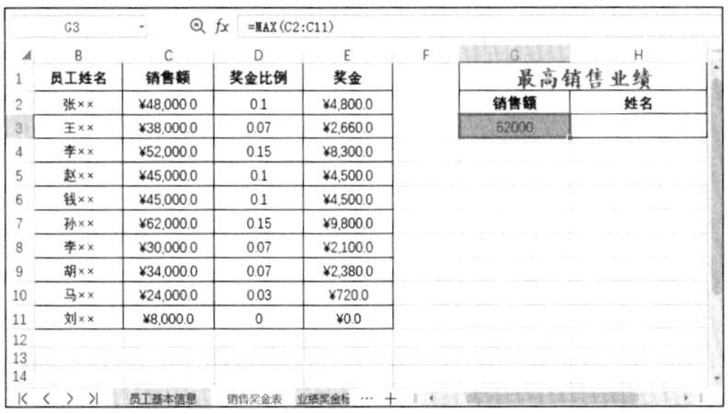

第 6 步 选中 H3 单元格，输入公式"=INDEX(B2:B11,MATCH(G3,C2:C11,))"，按【Enter】键确认，即可显示最高销售额对应的员工姓名，如下图所示。

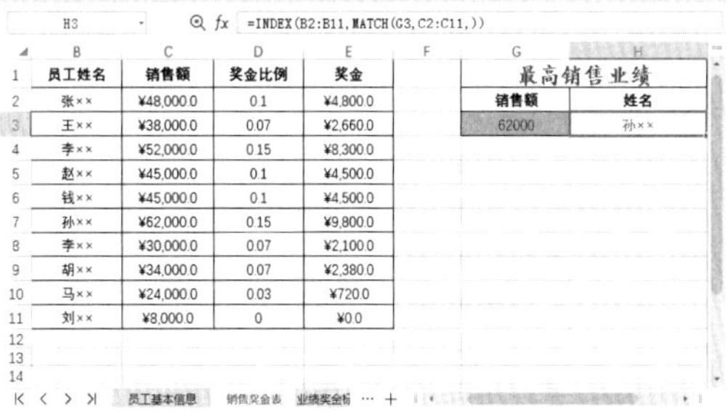

提示

公式"=INDEX(B2:B11,MATCH(G3,C2: C11,))"的含义为 G3 的值与 C2:C11 单元格区域中的值匹配时，返回 B2:B11 单元格区域中对应的值。

8.4 使用 VLOOKUP、COLUMN 函数批量制作工资条

工资条是发放给员工的工资凭证，可以使员工了解自己工资的详细情况，制作工资条的具体操作步骤如下。

第 1 步 新建工作表，并将其命名为"工资条"，选中 A1:H1 单元格区域，合并单元格，然后输入标题"员工工资条"，设置【字体】为"微软雅黑"，【字号】为"20"，如下图所示。

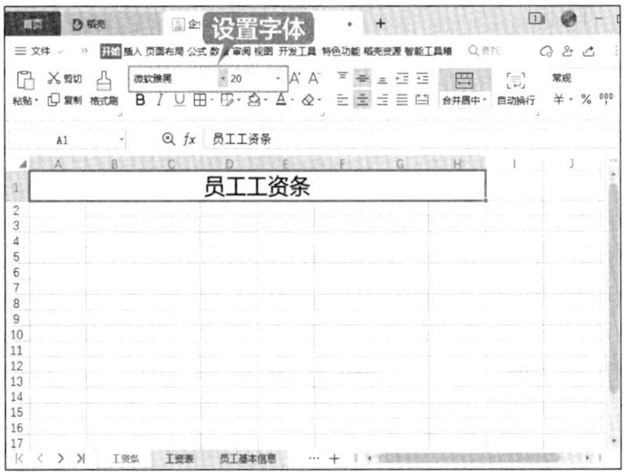

第 2 步 在 A2:H2 单元格区域中输入文本，并设置字体，然后适当调整列宽，将第 2 ~ 30 行的行高设置为"22"，A2:H30 单元格区域的【对齐方式】设置为"垂直居中"和"水平居中"，如下图所示。

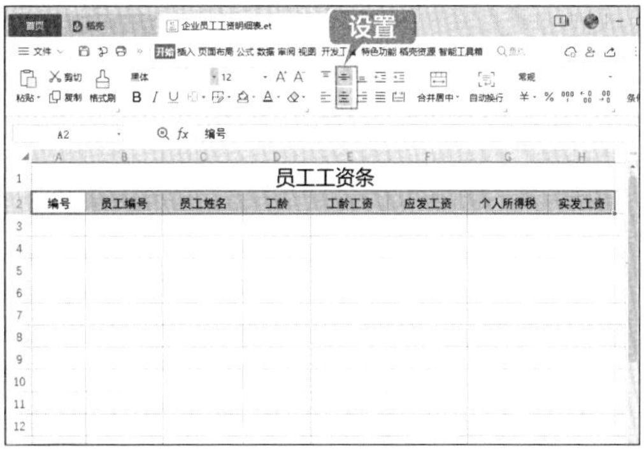

第 3 步 在 A3 单元格中输入编号"1"，在 B3 单元格中输入公式"=VLOOKUP($A3,工资表!$A$2:$H$11,COLUMN(),0)"，如下图所示。

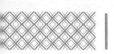

MAX　=VLOOKUP($A3,工资表!$A$2:$H$11,COLUMN(),0)

员工工资条					
编号	员工编号	员工姓名	工龄	工龄工资	应发工资
1	=VLOOKUP($A3,工资表!$A$2:$H$11,COLUMN(),0)				

提示

公式“=VLOOKUP($A3, 工资表 !$A$2:$H$11,COLUMN(),0)”表示在“工资表”工作表的 A2:H11 单元格区域中查找 A3 单元格的值，COLUMN( ) 用来计数，( ) 表示精确查找。

第 4 步 按【Enter】键确认，即可引用员工编号至 B3 单元格中，如下图所示。

B3　=VLOOKUP($A3,工资表!$A$2:$H$11,COLUMN(),0)

员工工资条					
编号	员工编号	员工姓名	工龄	工龄工资	应发工资
1	101001				

第 5 步 使用快速填充功能将公式填充至 C3:H3 单元格区域中，即可引用其余项目至对应单元格中，如下图所示。

B3　=VLOOKUP($A3,工资表!$A$2:$H$11,COLUMN(),0)

员工工资条							
编号	员工编号	员工姓名	工龄	工龄工资	应发工资	个人所得税	实发工资
1	101001	张××	9	900	11485	438.5	11046.5

第 6 步 选中 A2:H3 单元格区域，按【Ctrl+1】组合键，打开【单元格格式】对话框，在【边框】选项卡下为所选单元格区域添加框线，添加后效果如下图所示。

员工工资条							
编号	员工编号	员工姓名	工龄	工龄工资	应发工资	个人所得税	实发工资
1	101001	张××	9	900	11485	438.5	11046.5

第 7 步 选中 A2:H4 单元格区域，将鼠标指针放置在 H4 单元格右下角，当鼠标指针变为**+**形状时，按住鼠标左键拖曳至 H30 单元格，即可自动填充其他员工的工资条，效果如下图所示。

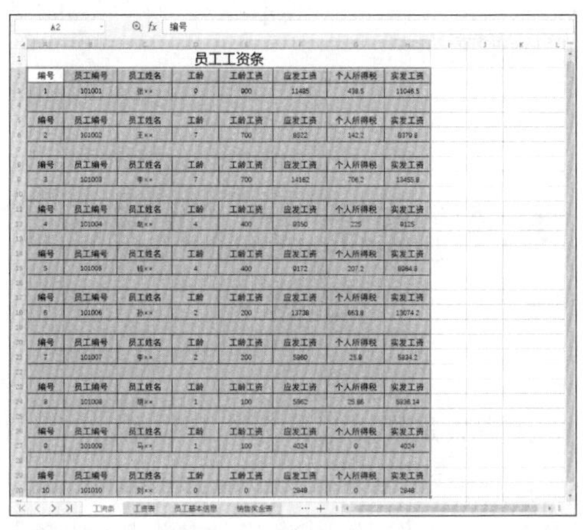

员工工资条							
编号	员工编号	员工姓名	工龄	工龄工资	应发工资	个人所得税	实发工资
1	101001	张××	9	900	11485	438.5	11046.5
编号	员工编号	员工姓名	工龄	工龄工资	应发工资	个人所得税	实发工资
2	101002	王××	7	700	8522	142.2	8379.8
编号	员工编号	员工姓名	工龄	工龄工资	应发工资	个人所得税	实发工资
3	101003	李××	7	700	14162	706.2	13455.8
编号	员工编号	员工姓名	工龄	工龄工资	应发工资	个人所得税	实发工资
4	101004	赵××	4	400	9350	225	9125
编号	员工编号	员工姓名	工龄	工龄工资	应发工资	个人所得税	实发工资
5	101005	钱××	4	400	9172	207.2	8964.8
编号	员工编号	员工姓名	工龄	工龄工资	应发工资	个人所得税	实发工资
6	101006	孙××	2	200	13738	663.8	13074.2
编号	员工编号	员工姓名	工龄	工龄工资	应发工资	个人所得税	实发工资
7	101007	李××	2	200	5860	25.8	5834.2
编号	员工编号	员工姓名	工龄	工龄工资	应发工资	个人所得税	实发工资
8	101008	胡××	1	100	5962	25.86	5936.14
编号	员工编号	员工姓名	工龄	工龄工资	应发工资	个人所得税	实发工资
9	101009	马××	1	100	4024	0	4024
编号	员工编号	员工姓名	工龄	工龄工资	应发工资	个人所得税	实发工资
10	101010	刘××	0	0	2948	0	2948

第 8 步 单击【文件】→【打印】→【打印预览】选项，即可预览打印效果，根据需求对表格进行调整，然后单击【直接打印】按钮进行打印，如下图所示。

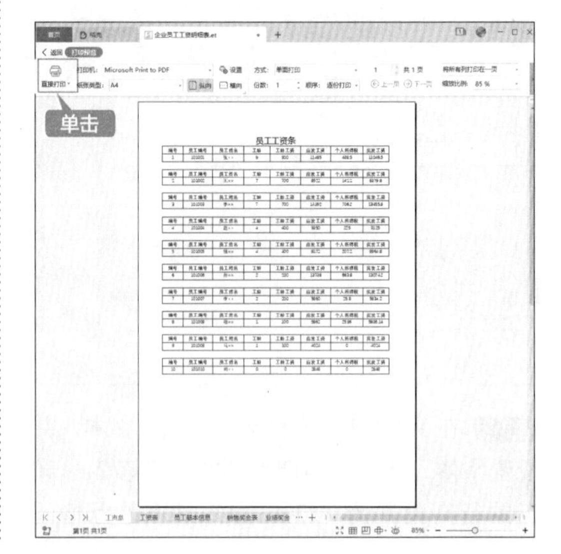

制作财务明细查询表

财务明细查询表是财务管理中最常用的表格，表格内包含多个项目的开支情况，并对开支情况进行详细的处理和分析，对公司本阶段工作进行总结，为公司更好地做出下一阶段的规划提供数据参考。下面将综合运用本章所学知识制作财务明细查询表，具体操作步骤如下。

本节素材结果文件		
	素材	素材 \ch08\ 财务明细查询表 .et
	结果	结果 \ch08\ 财务明细查询表 .et

1. 创建“数据源”工作表

打开素材文件，创建一个新的工作表，将该工作表重命名为“数据源”，并在工作表中输入如下图所示的内容。

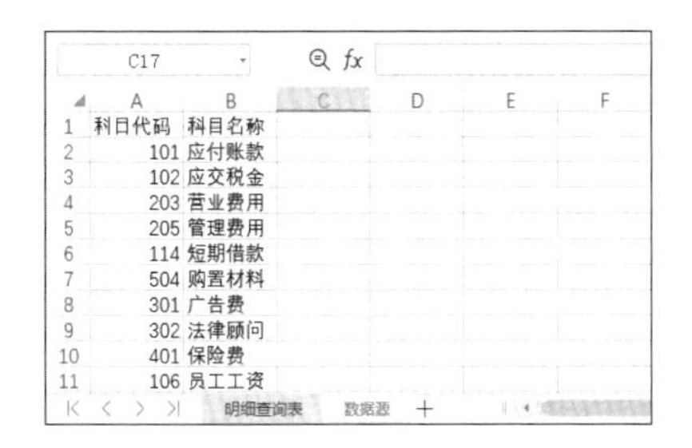

	A	B
1	科日代码	科目名称
2	101	应付账款
3	102	应交税金
4	203	营业费用
5	205	管理费用
6	114	短期借款
7	504	购置材料
8	301	广告费
9	302	法律顾问
10	401	保险费
11	106	员工工资

2. 使用函数

选择“明细查询表”工作表，在 E3 单元格中利用 VLOOKUP 函数返回科目代码对应的科目名称“应付账款”。将公式填充至 E4:E12 单元格区域，如下图所示。

3. 计算总支出金额

选中 F3:F12 单元格区域，设置【单元格格式】→【数字】为货币。在 F13 单元格中输入公式“=SUM（F3:F12）”，按【Enter】键确认，即可计算出总支出金额，如下图所示。

4. 查询财务明细

选中 B15 单元格，输入需要查询的凭证号，这里输入“6”，然后在 D15 单元格中输入公式“=LOOKUP(B15,A3:F12)”，按【Enter】键确认，即可检索出凭证号为“6”的支出金额，如下图所示。

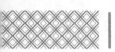

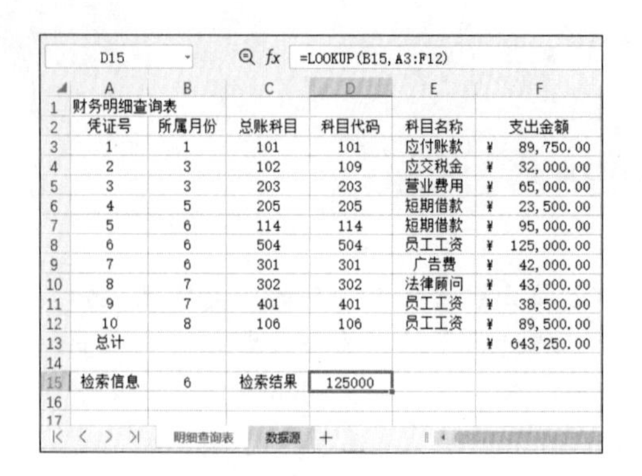

D15	=LOOKUP(B15,A3:F12)				
财务明细查询表					
凭证号	所属月份	总账科目	科目代码	科目名称	支出金额
1	1	101	101	应付账款	¥ 89,750.00
2	3	102	109	应交税金	¥ 32,000.00
3	3	203	203	营业费用	¥ 65,000.00
4	5	205	205	短期借款	¥ 23,500.00
5	6	114	114	短期借款	¥ 95,000.00
6	6	504	504	员工工资	¥ 125,000.00
7	6	301	301	广告费	¥ 42,000.00
8	7	302	302	法律顾问	¥ 43,000.00
9	7	401	401	员工工资	¥ 38,500.00
10	8	106	106	员工工资	¥ 89,500.00
总计					¥ 643,250.00
检索信息	6	检索结果	125000		

5. 美化报表

合并 A1:G1 单元格区域，设置标题文字效果和对齐方式，适当调整行高和列宽，设置表格样式，完成财务明细查询表的美化操作，效果如下图所示。

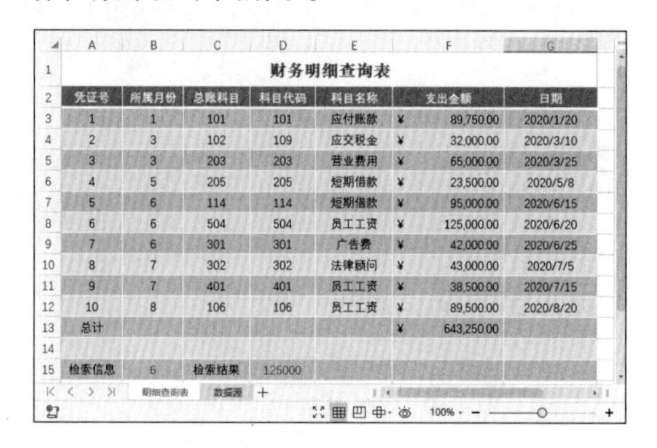

财务明细查询表						
凭证号	所属月份	总账科目	科目代码	科目名称	支出金额	日期
1	1	101	101	应付账款	¥ 89,750.00	2020/1/20
2	3	102	109	应交税金	¥ 32,000.00	2020/3/10
3	3	203	203	营业费用	¥ 65,000.00	2020/3/25
4	5	205	205	短期借款	¥ 23,500.00	2020/5/8
5	6	114	114	短期借款	¥ 95,000.00	2020/6/15
6	6	504	504	员工工资	¥ 125,000.00	2020/6/20
7	6	301	301	广告费	¥ 42,000.00	2020/6/25
8	7	302	302	法律顾问	¥ 43,000.00	2020/7/5
9	7	401	401	员工工资	¥ 38,500.00	2020/7/15
10	8	106	106	员工工资	¥ 89,500.00	2020/8/20
总计					¥ 643,250.00	
检索信息	6	检索结果	125000			

◇ 查看部分公式的运算结果

如果一个公式过于复杂，可以查看其中各部分公式的运算结果，具体操作步骤如下。

第1步 在工作表中输入数据，并在 A6 单元格中输入公式“=A1+A2−A3+A4”，按【Enter】键确认，即可在 A6 单元格中显示运算结果，如下图所示。

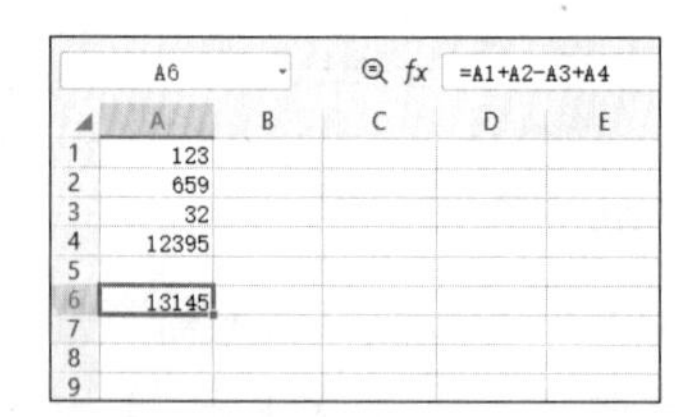

	A
1	123
2	659
3	32
4	12395
5	
6	13145

第2步 在编辑栏的公式中选择“A1+A2−A3”，按【F9】键，即可显示此公式的部分运算结果，如下图所示。

	A
1	123
2	659
3	32
4	12395
5	
6	=750+A4

◇ 随心所欲控制随机数

在抽签、排考场座位等情景中经常会用到随机数，WPS 表格中有两个可以产生随机数的函数，即 RAND 函数和 RANGBETWEEN 函数。

RAND 函数和 RANGBETWEEN 函数的区别在于，前者生成 0~1 的随机小数（可以取值到 0，但不能取值到 1），而后者则生成指定数字区间内的随机整数。

如果要生成 5~15 的随机整数，可以使用以下公式：

=RANDBETWEEN(5,15)

使用 RAND 函数也能满足此要求：

=ROUND(RAND()*10,0)+15

假设随机整数区间为 A 到 B，使用 RAND 函数生成随机整数的通用公式为：

=ROUND(RAND()*(B−A),0)+A

第
3
篇

演示文稿设计篇

第 9 章　演示文稿基本设计——个人述职报告演示文稿

第 10 章　演示文稿视觉呈现——市场季度报告演示文稿

第 11 章　放映幻灯片——活动执行方案演示文稿的放映

第 9 章

演示文稿基本设计——个人述职报告演示文稿

本章导读

在职业生涯中，会遇到很多包含文字、图片和表格的演示文稿，如个人述职报告演示文稿、公司管理培训演示文稿、论文答辩演示文稿、产品营销推广方案演示文稿等。使用 WPS 演示提供的海量模板、设置文本格式、图文混排、添加数据表格、插入艺术字等操作，可以方便地对演示文稿进行设计制作。本章以制作个人述职报告演示文稿为例，介绍 WPS 演示的基本操作。

思维导图

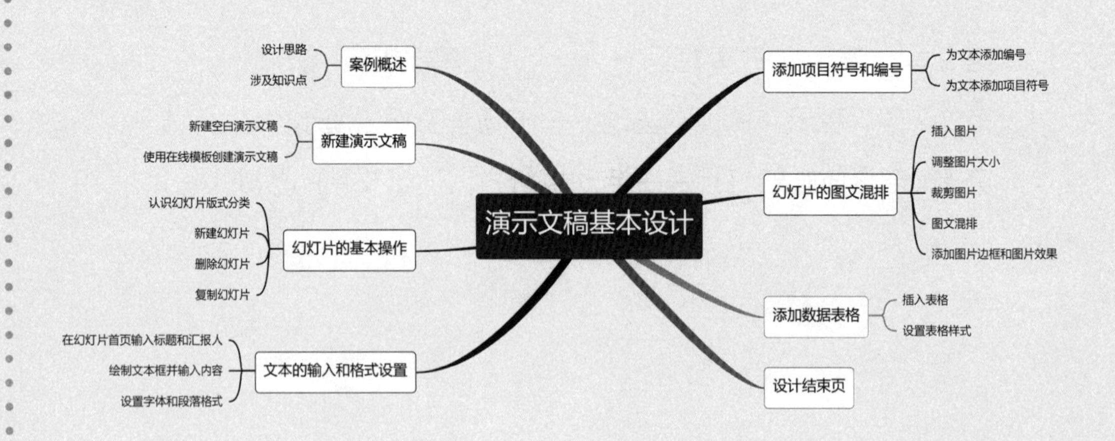

9.1 案例概述

制作个人述职报告演示文稿要做到表述清楚、内容客观、重点突出、个性鲜明，便于上级和下属了解工作情况。

本章素材结果文件

	素材	素材 \ch09\“述职报告”文件夹
	结果	结果 \ch09\ 述职报告 .pptx

9.1.1 设计思路

个人述职报告是任职者陈述个人任职情况、评价个人任职能力、接受上级领导考核和群众监督的一种文档。

个人述职报告从时间上分为任期述职报告、年度述职报告、临时述职报告等，从对象上分为个人述职报告、集体述职报告等。本章以制作个人述职报告演示文稿为例，介绍 WPS 演示的基本操作。

制作个人述职报告演示文稿时，需要注意以下几点。

1. 明确述职报告的作用

① 要围绕岗位职责和工作目标来陈述自己的工作。

② 要体现出个人特色。

2. 内容客观、重点突出

① 个人述职报告要特别强调个人部分，讲究摆事实、讲道理，以叙述说明为主。

② 个人述职报告要写事实，对收集来的数据、材料等进行归类、整理、分析、研究。个人述职报告的目的在于总结经验教训，使未来的工作能在前期工作的基础上有所进步、有所提高。因此，个人述职报告对以后的工作具有很强的指导作用。

③ 个人述职报告的内容应当是通俗易懂的，语言可以口语化。

④ 个人述职报告是工作业绩考核、评价和晋升的重要依据。述职者一定要真实、客观地陈述，力求全面、真实、准确地反映述职者在所在岗位履行职责的情况，对成绩和不足既不要夸大，也不要回避。

制作个人述职报告演示文稿可以按照以下思路进行。

① 新建演示文稿。

② 设置文本与段落的格式。

③ 为文本添加项目符号和编号。

④ 插入图片并设置图文混排。

⑤ 添加数据表格，并设置表格的样式。

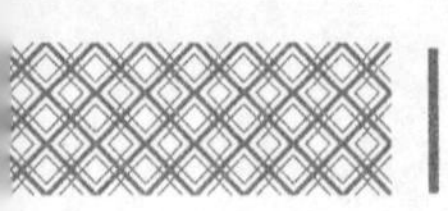

⑥ 设计结束页，保存演示文稿。

9.1.2 涉及知识点

本案例主要涉及的知识点如下图所示（脑图见“素材结果文件\脑图\9.pos”）。

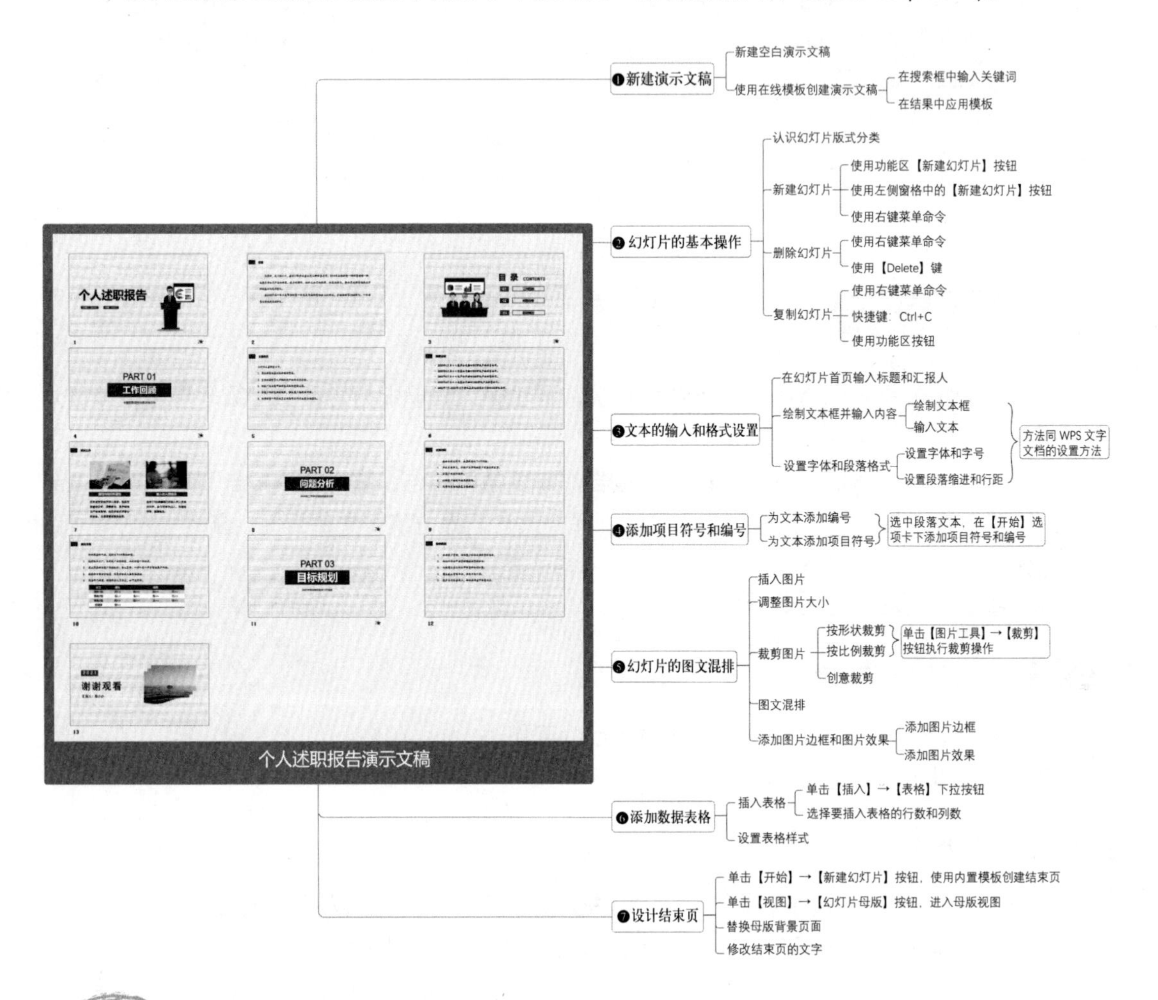

9.2 新建演示文稿

在制作个人述职报告时，首先要新建演示文稿，可以新建空白演示文稿，也可以使用在线模板创建演示文稿。

9.2.1 新建空白演示文稿

新建空白演示文稿的具体操作步骤如下。

第1步 启动 WPS Office，单击顶部的【新建标签】按钮＋，进入【新建】窗口，选择【演示】选项，进入【推荐模板】界面，单击【新建空白文档】选项，如下图所示。

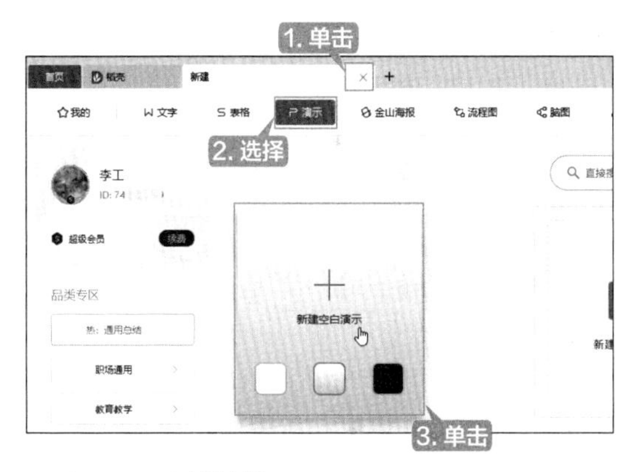

提示

新建空白文档的背景色默认为白色，用户可以在缩略图下方设置其他背景色，如灰色和黑色。

第 2 步 即可新建一个空白演示文稿“演示文稿 1”，如下图所示。

9.2.2 使用在线模板创建演示文稿

WPS Office 集成了稻壳办公资源平台，拥有海量模板资源，在制作演示文稿时不仅可以直接使用符合内容主题的模板，还可以使用图片、字体、图标、图表及图形等资源，帮助用户方便地制作出一份漂亮的演示文稿。本节介绍如何使用在线模板创建演示文稿，具体操作步骤如下。

第 1 步 启动 WPS Office，单击顶部的【新建标签】按钮+，进入【新建】窗口，选择【演示】选项，进入【推荐模板】界面，在搜索框中输入“述职报告”，按【Enter】键搜索，如下图所示。

第 2 步 即可搜索相关的演示文稿模板，如下图所示。

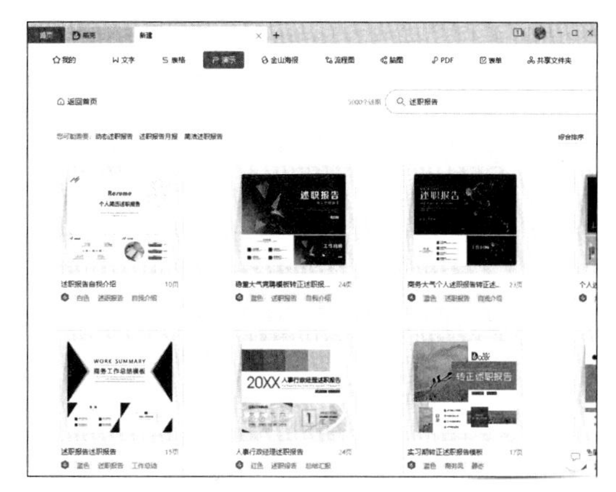

第 3 步 此时，用户可以预览缩略图，选择需要的模板，然后单击该缩略图右下角显示的【使用模板】按钮，如下图所示。

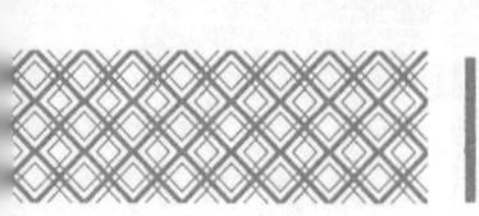

第 4 步 即可使用该模板创建一个演示文稿，如下图所示。

9.3 幻灯片的基本操作

使用 WPS 演示制作个人述职报告要先掌握幻灯片的基本操作。

9.3.1 认识幻灯片版式分类

在使用 WPS 演示制作幻灯片时，经常需要更改幻灯片的版式，以满足幻灯片不同内容的需要。幻灯片常用版式包括标题、标题和内容、节标题、两栏内容、比较、仅标题、空白、内容与标题、图片与标题等。

单击【开始】选项卡下的【版式】按钮，弹出版式列表，如下图所示，可以看到列表中包含多种版式，用户可以根据需求进行选择。

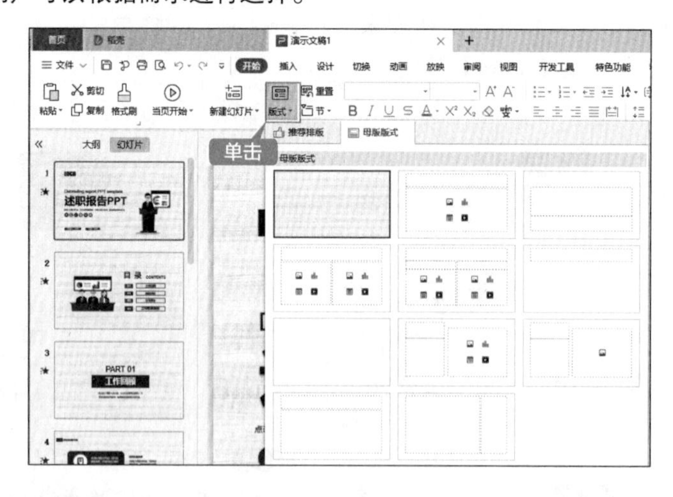

9.3.2 新建幻灯片

在制作演示文稿时，可以根据需要新建幻灯片，新建幻灯片主要有以下 3 种方法。

1. 使用功能区【新建幻灯片】按钮

第1步 在左侧【幻灯片】窗格中，选择要新建幻灯片的位置，如选择“幻灯片 1”，单击【开始】选项卡下的【新建幻灯片】按钮，在弹出的列表中选择【新建】选项，并在右侧区域中选择一种版式，如下图所示。

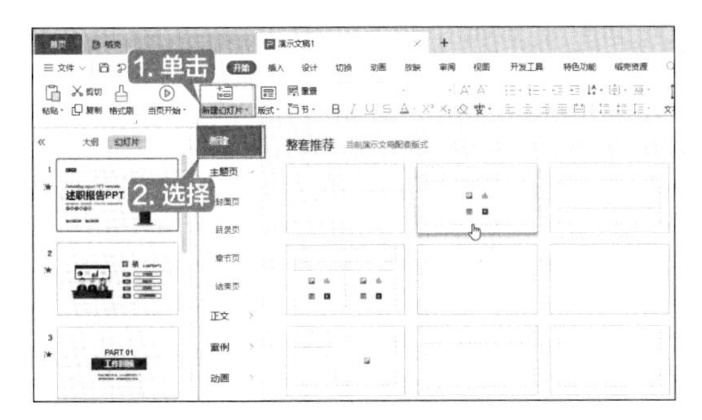

第2步 即可新建一页幻灯片，如下图所示。

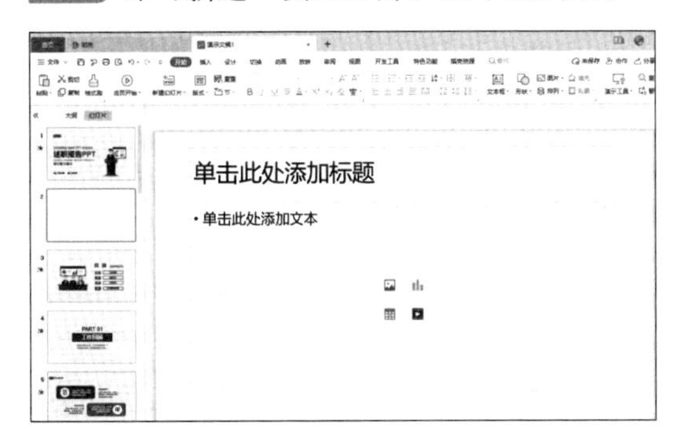

2. 使用【幻灯片】窗格中的【新建幻灯片】按钮

单击左侧【幻灯片】窗格中的【新建幻灯片】按钮，即可新建一页幻灯片，如下图所示。

3. 使用右键菜单命令

在【幻灯片】窗格中选择要新建幻灯片位置上方的幻灯片并右击，在弹出的快捷菜单中选择【新建幻灯片】命令，即可新建一页幻灯片，如下图所示。

另外，也可以将鼠标指针定位在两页幻灯片之间并右击，在弹出的快捷菜单中单击【新建幻灯片】命令，即可新建一页幻灯片，如下图所示。

9.3.3 删除幻灯片

删除幻灯片的常用方法有两种。

1. 使用右键菜单命令

选择要删除的幻灯片并右击，在弹出的快捷菜单中选择【删除幻灯片】命令，即可删除选择的幻灯片，如下图所示。

2. 使用【Delete】键

在【幻灯片】窗格中选择要删除的幻灯片，按【Delete】键，即可删除该页幻灯片。

9.3.4 复制幻灯片

如果要在两页幻灯片之间复制幻灯片的内容或版式等，可以通过复制幻灯片，提高演示文稿的制作效率，具体操作步骤如下。

第 1 步 在【幻灯片】窗格中选择要复制的幻灯片并右击，在弹出的快捷菜单中，单击【复制】命令，如下图所示。

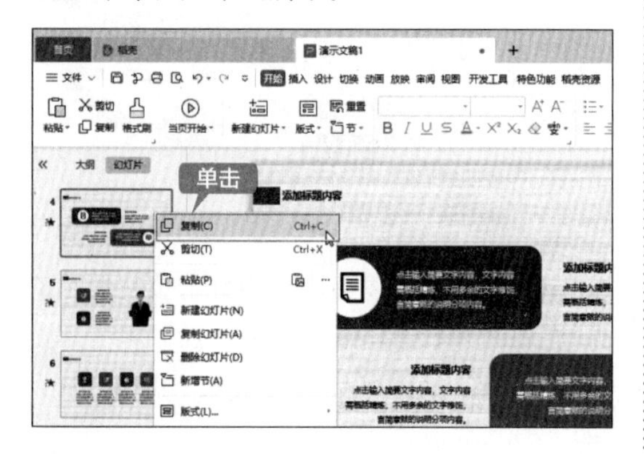

第 2 步 将鼠标指针移至要粘贴的位置并右击，在弹出的快捷菜单中单击【粘贴】命令，如下图所示。

第 3 步 即可将复制的幻灯片粘贴到目标位置，如下图所示。

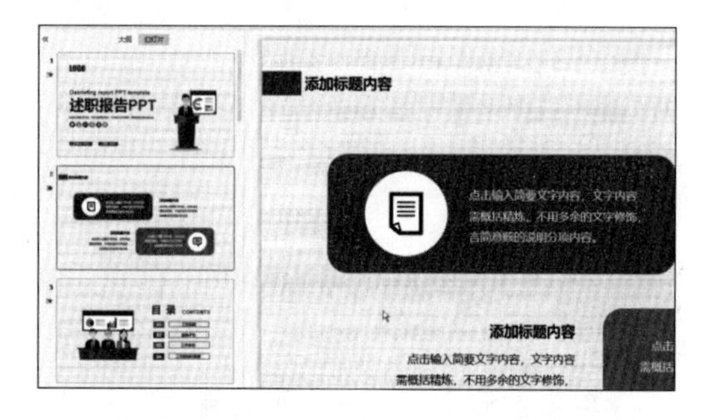

另外，也可以使用快捷键执行上述操作，按【Ctrl+C】组合键可以执行复制命令，按【Ctrl+V】组合键可以执行粘贴命令。

9.4 文本的输入和格式设置

在幻灯片中可以输入文本，并对文本进行字体、颜色、对齐方式、段落缩进等格式的设置。

9.4.1 在幻灯片首页输入标题和汇报人

个人述职报告演示文稿的首页主要显示标题与汇报人、时间等信息，本节通过在幻灯片首页输入这些信息介绍文本的输入方法，具体操作步骤如下。

第1步 选择幻灯片首页“幻灯片1”，选中标题文本框中的文本，如下图所示。

第2步 输入“个人述职报告”文本，如下图所示。

第3步 在幻灯片首页输入汇报人和日期信息，如下图所示。

第4步 删除多余的文本框及图标，然后将汇报人和日期文本框移至合适的位置，效果如下图所示。

9.4.2 绘制文本框并输入内容

在演示文稿中绘制文本框并输入内容的具体操作步骤如下。

第1步 拖曳鼠标选中第2页幻灯片中的文本和图形，然后按【Backspace】键，如下图所示。

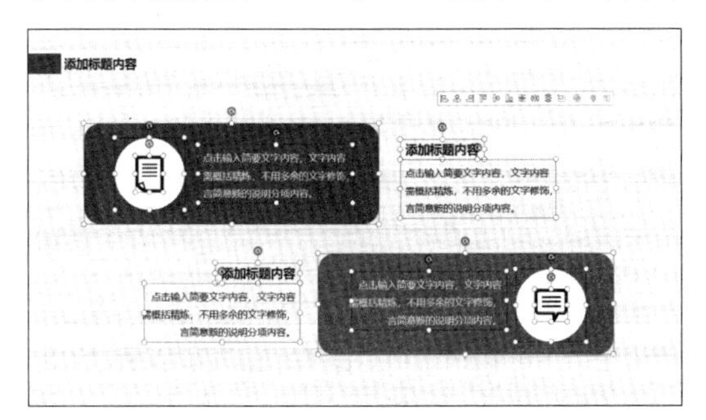

第2步 删除所选内容后，在幻灯片左上角输入标题“前言”，然后单击【插入】选项卡下的【文本框】下拉按钮，在弹出的下拉菜单中选择【横向文本框】选项，如下图所示。

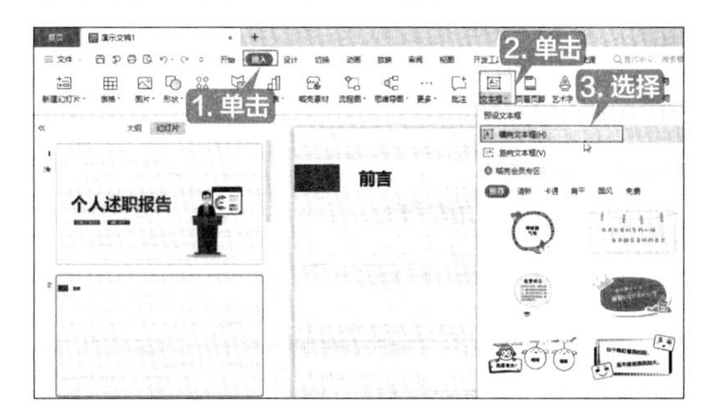

第3步 此时鼠标指针变为+形状，在页面上绘制一个矩形文本框，如下图所示。

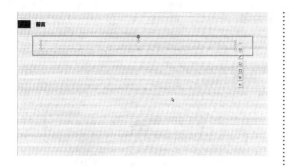

第 4 步 在文本框中输入文本，如下图所示。

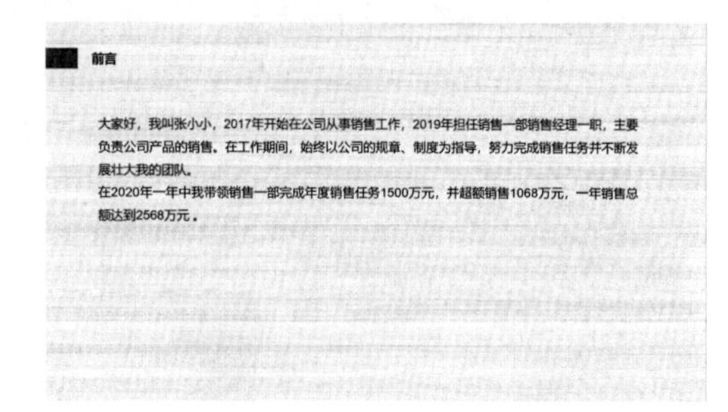

9.4.3 设置字体和段落格式

合适的字体和段落格式，可以使演示文稿更加美观，呈现出更好的视觉效果。文本输入完成后，可以根据需要设置字体和段落格式，具体操作步骤如下。

第 1 步 选择“前言”文本，单击【开始】选项卡下的【字体】下拉按钮，在弹出的下拉列表中选择“方正楷体简体”，如下图所示。

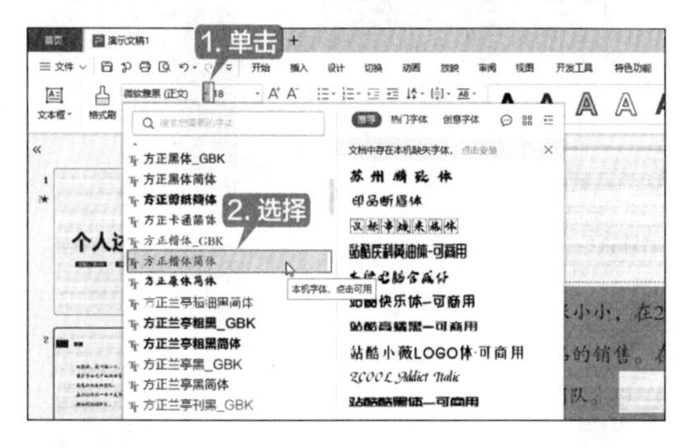

第 2 步 单击【开始】选项卡下的【字号】下拉按钮，在弹出的下拉列表中选择“18”，如下图所示。

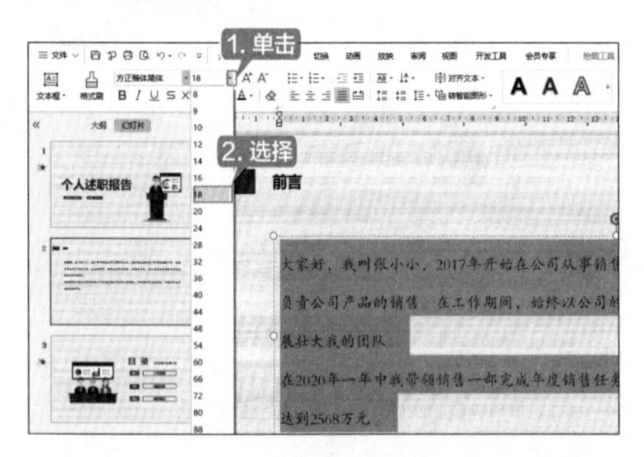

第 3 步 单击【开始】选项卡下的【段落】对话框按钮⌟，如下图所示。

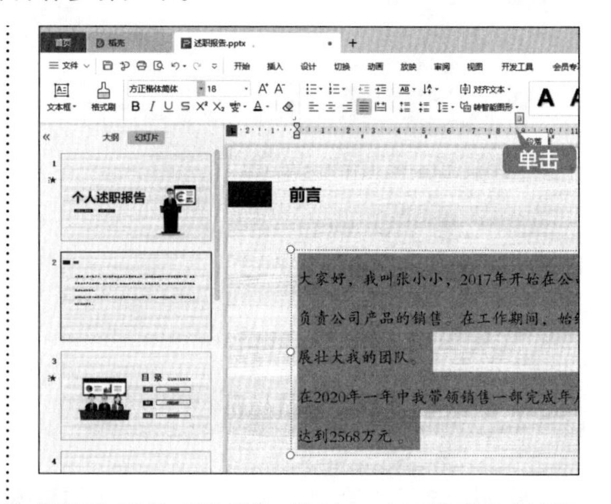

第 4 步 弹出【段落】对话框，在【缩进和间距】选项卡下，设置【对齐方式】为“两端对齐”，【特殊格式】为“首行缩进”，【度量值】为“2”字符，【行距】为“双倍行距”，单击【确定】按钮，如下图所示。

第 5 步 设置完成后效果如下图所示。

前言

大家好，我叫张小小，2017年开始在公司从事销售工作，2019年担任销售一部销售经理一职，主要负责公司产品的销售。在工作期间，始终以公司的规章、制度为指导，努力完成销售任务并不断发展壮大我的团队。

在2020年一年中我带领销售一部完成年度销售任务1500万元，并超额销售1068万元，一年销售总额达到2568万元。

9.5 添加项目符号和编号

添加项目符号和编号可以使文档层次更加分明，易于阅读。

9.5.1 为文本添加编号

编号是按照大小顺序为文档中的行或段落添加的，具体操作步骤如下。

第 1 步 选择“幻灯片 4”，输入“工作回顾”及下方概述文本，如下图所示。

PART 01
工作回顾
主要职责/销售业绩/其他工作

第 2 步 选择“幻灯片 5”，输入标题“主要职责”，删除原有文本和图形后输入文本，并设置字体和段落间距，如下图所示。

主要职责

工作的主要职责如下。
完成销售任务并及时催回货款。
负责并监督员工严格执行产品的出库手续。
积极广泛收集市场信息并及时整理上报。
与客户保持良好的联系，解决客户遇到的问题。
协调销售一部各位员工的各项工作并发展壮大团队。

第 3 步 选择要添加编号的文本，单击【开始】选项卡下的【编号】下拉按钮 ，在弹出的列表中选择编号的样式，如下图所示。

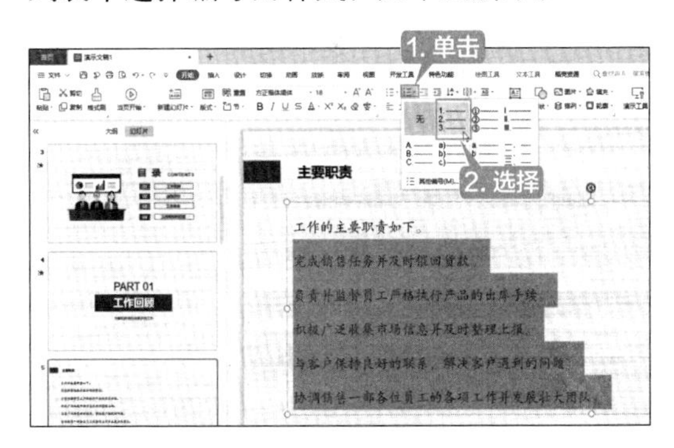

第 4 步 即可为所选段落添加编号，效果如下图所示。

主要职责

工作的主要职责如下。
1. 完成销售任务并及时催回货款。
2. 负责并监督员工严格执行产品的出库手续。
3. 积极广泛收集市场信息并及时整理上报。
4. 与客户保持良好的联系，解决客户遇到的问题。
5. 协调销售一部各位员工的各项工作并发展壮大团队。

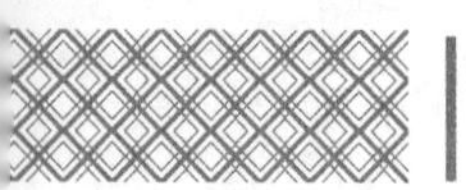

9.5.2 为文本添加项目符号

项目符号是添加在一些段落前面的相同的符号，具体操作步骤如下。

第1步 选择“幻灯片6”，输入标题“销售业绩”，删除原有文本和图形后输入文本，并设置字体和段落间距，如下图所示。

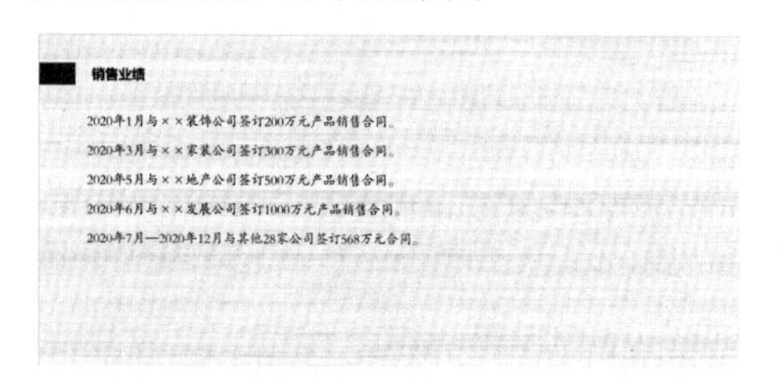

第2步 选择要添加项目符号的文本，单击【开始】选项卡下的【项目符号】下拉按钮☰，在弹出的列表中选择项目符号的样式，如下图所示。

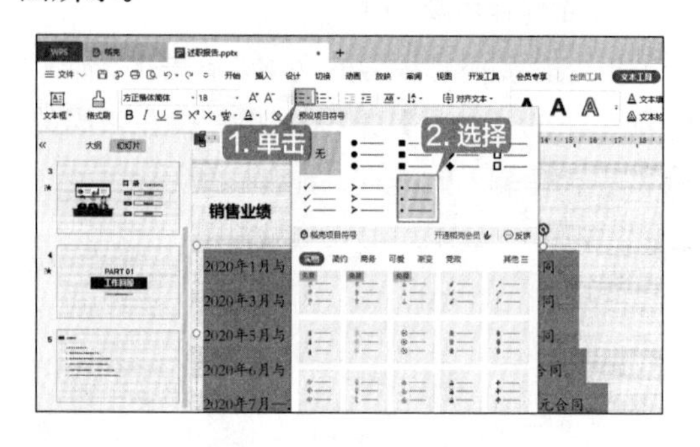

> **提示**
>
> 除了预设的7种项目符号外，用户也可以在【稻壳项目符号】区域中选择需要的项目符号。另外，还可以单击【其他项目符号】选项，打开【项目符号与编号】对话框，设置项目符号的大小和颜色，单击【图片】按钮，可以添加图片作为项目符号，单击【自定义】按钮，可以选择其他符号作为项目符号，如下图所示。
>
> 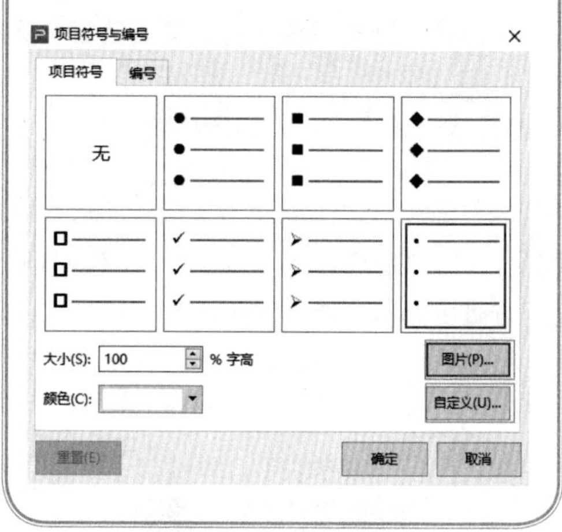
>

第3步 即可为所选段落添加项目符号，效果如下图所示。

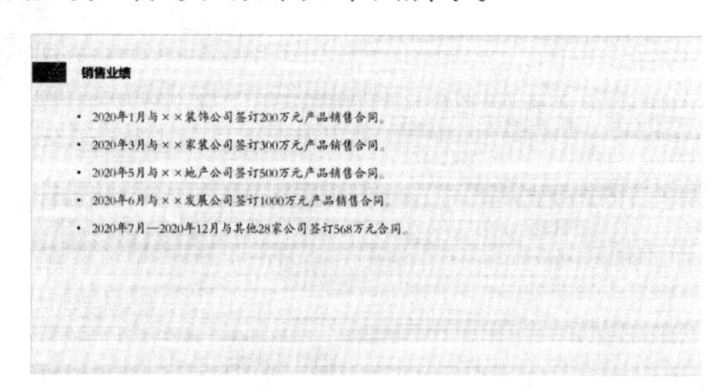

9.6 幻灯片的图文混排

在制作个人述职报告时插入合适的图片，并根据需要调整图片的大小，为图片设置样式与艺术效果，可以使幻灯片图文并茂。

9.6.1 插入图片

在制作个人述职报告时，插入合适的图片，可以对文本进行说明或强调，具体操作步骤如下。

第1步 选择“幻灯片 7”，输入标题“其他工作”，删除原有文本和图形后，单击【插入】选项卡下的【图片】下拉按钮，在弹出的下拉菜单中单击【本地图片】选项，如下图所示。

第2步 弹出【插入图片】对话框，选择需要插入的图片，单击【打开】按钮，如下图所示。

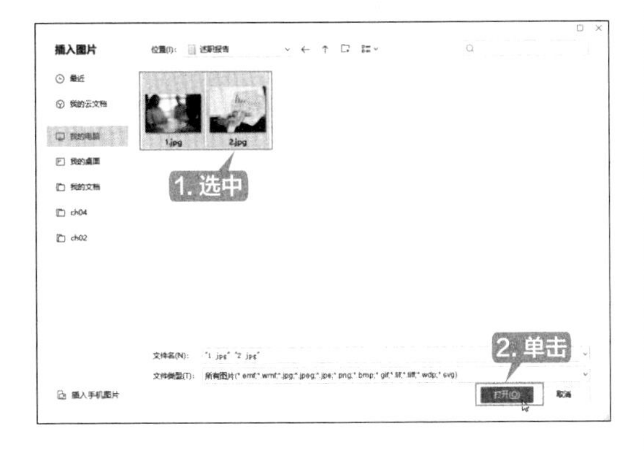

提示

单击对话框左下角的【插入手机图片】按钮，弹出【插入手机图片】对话框，可以使用手机微信扫描二维码，根据提示选择图片，插入手机中的图片，如下图所示。

第3步 即可将图片插入幻灯片中，如下图所示。

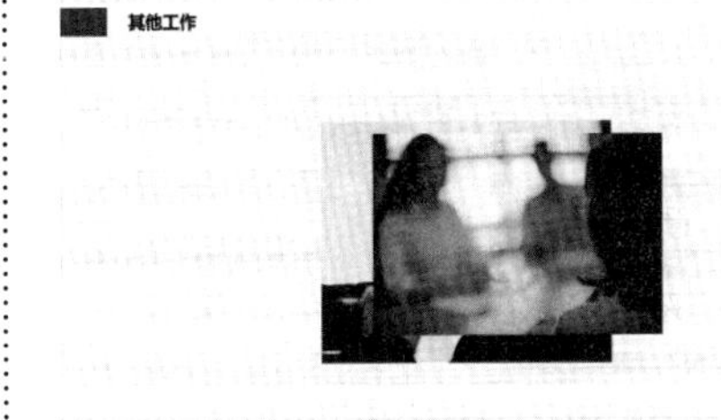

9.6.2 调整图片大小

在个人述职报告中插入图片后，可以调整图片的大小以适应幻灯片的页面，具体操作步骤如下。

第1步 选中要调整的图片，将鼠标指针放在图片 4 个角的控制点上，按住鼠标左键并拖曳，如下图所示。

第 2 步 即可调整图片的大小，如下图所示。

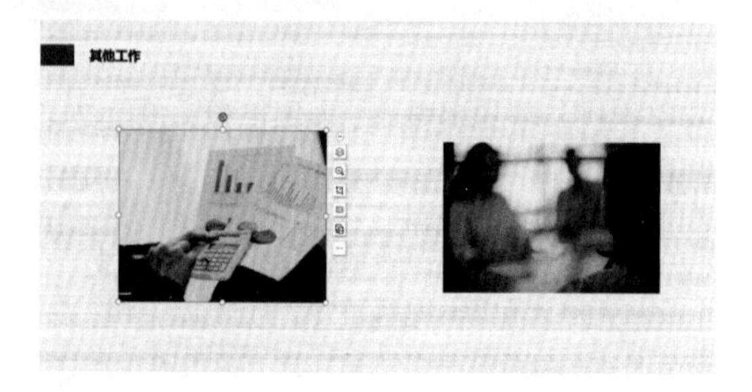

第 3 步 使用同样的方法，调整另一张图片的大小，如下图所示。

提示

如果要精确调整图片大小，可以单击右侧窗格中的【对象属性】按钮，在弹出的窗格中，选择【大小与属性】选项卡，在其中可以精确调整图片大小，如下图所示。

9.6.3 裁剪图片

裁剪图片通常用于隐藏或修整部分图片，以强调主体或删除不需要的部分。裁剪图片的具体操作步骤如下。

第 1 步 选择要裁剪的图片，单击【图片工具】选项卡下的【裁剪】下拉按钮，在弹出的下拉菜单中，选择【按比例裁剪】选项，并选择比例为“3∶2”，如下图所示。

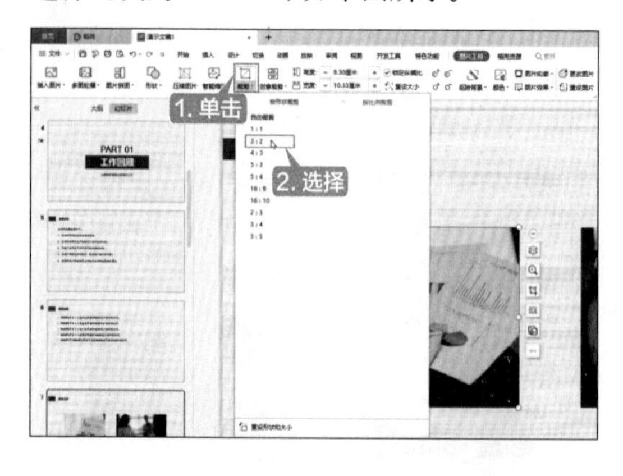

提示

【按形状裁剪】可以将图片裁剪为特定形状，并自动修整图片以填充形状的几何图形，同时会保持图片的比例。【按比例裁剪】可以将图片裁剪为通用比例大小，其中【自由裁剪】选项可以根据需要自由裁剪图片大小。

第 2 步 即可在图片中绘制比例为 3∶2 的裁剪区域，如下图所示。

第 3 步 将鼠标指针放在裁剪区域控制点上，可以拖动裁剪区域，如下图所示。

第 4 步 按【Enter】键即可裁剪图片，最终效果如下图所示。

第 5 步 使用同样的方法调整另一张图片，效果如下图所示。

另外，WPS Office 提供了创意裁剪功能，可以通过预设的创意形状，将图片裁剪为创意图形。选中要裁剪的图片，单击【图片工具】选项卡下的【创意裁剪】下拉按钮，在弹出的列表中选择一种预设创意形状，即可完成裁剪，如下图所示。

9.6.4 图文混排

在个人述职报告中插入图片后，可以对图片进行排列，使报告看起来更整洁、美观，具体操作步骤如下。

第 1 步 选择插入的图片，单击【图片工具】选项卡下的【对齐】下拉按钮，在弹出的列表中选择【靠上对齐】选项，如下图所示。

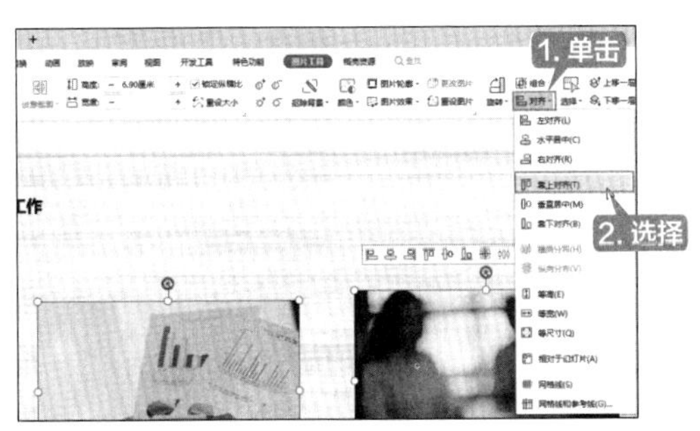

第 2 步 所选图片即可靠上对齐排列，效果如下图所示。

第 3 步 在图片下方绘制文本框，添加文本内容，效果如下图所示。

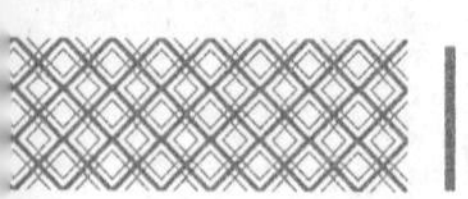

第 4 步 选择绘制的标题文本框，单击【绘图工具】选项卡下的【填充】下拉按钮，在弹出的颜色列表中选择一种颜色，如下图所示。

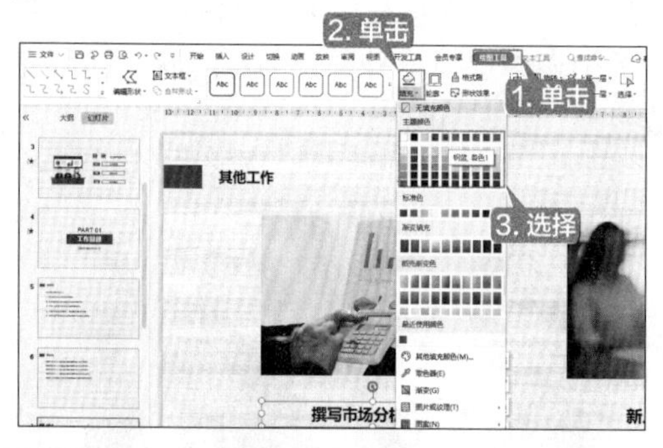

第 5 步 即可为文本框填充颜色，设置字体颜色为白色，效果如下图所示。

第 6 步 选中填充后的文本框，单击【文本工具】选项卡下的【格式刷】按钮，此时鼠标指针变为形状，将鼠标指针移至“新入职人员培训”文本框，单击该文本框，如下图所示。

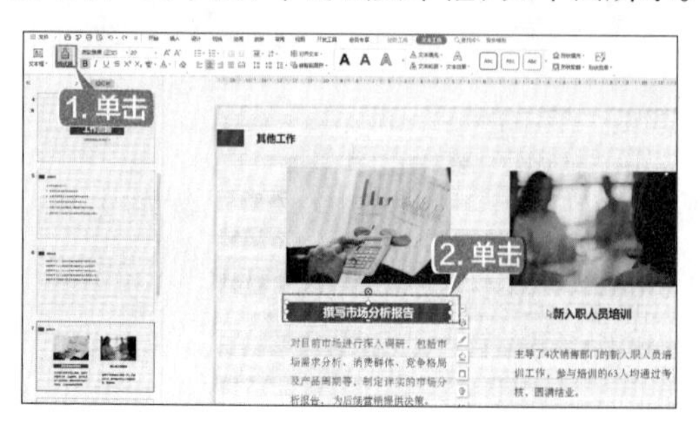

第 7 步 即可复制文本及填充样式，效果如下图所示。

第 8 步 选中页面中的标题文本框，单击【绘图工具】选项卡下的【对齐】下拉按钮，在弹出的列表中选择【靠上对齐】选项，所选文本框即可靠上对齐。使用同样的方法，调整其余文本框的对齐排列，效果如下图所示。

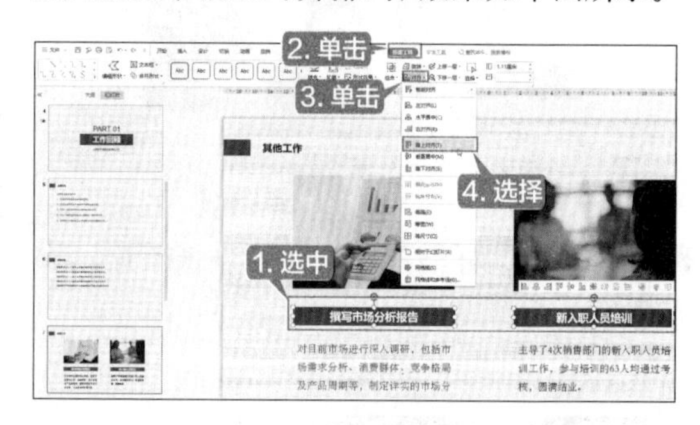

第 9 步 在对图片进行排列时，如果不清楚如何进行图文混排，可以单击视图下方的【一键美化】按钮，在弹出的窗格中智能识别并匹配了丰富的图文版式，单击即可一键套用，如下图所示。

另外，在新建幻灯片时，可以单击【开始】选项卡下的【新建幻灯片】按钮，在弹出的

下拉列表中，选择【正文】→【图文】选项，新建一个预设的图文混排版式，如下图所示。

9.6.5 添加图片边框和图片效果

用户可以为插入的图片添加边框和效果，使图片更加美观，具体操作步骤如下。

第 1 步 选择一张图片，单击【图片工具】选项卡下的【边框】下拉按钮，在弹出的列表中，单击【图片边框】选项，并在子列表中选择一种边框样式，如下图所示。

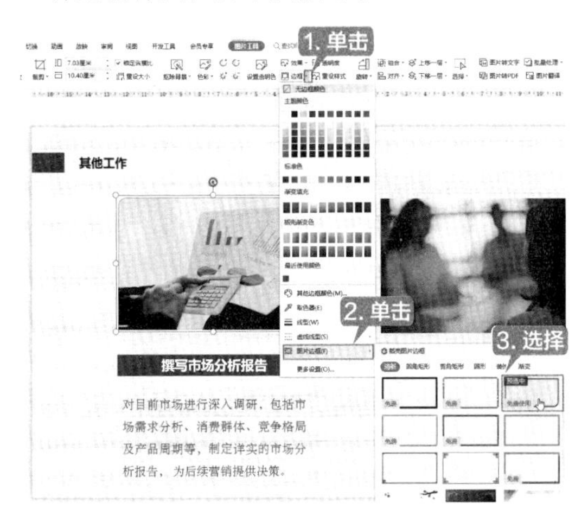

提示

也可以通过设置颜色和线型，添加纯色的图片边框。

第 2 步 即可为所选图片添加边框，如下图所示。

第 3 步 单击【图片工具】选项卡下的【效果】下拉按钮 效果，在弹出的列表中，选择【阴影】→【透视】→【右上对角透视】效果，如下图所示。

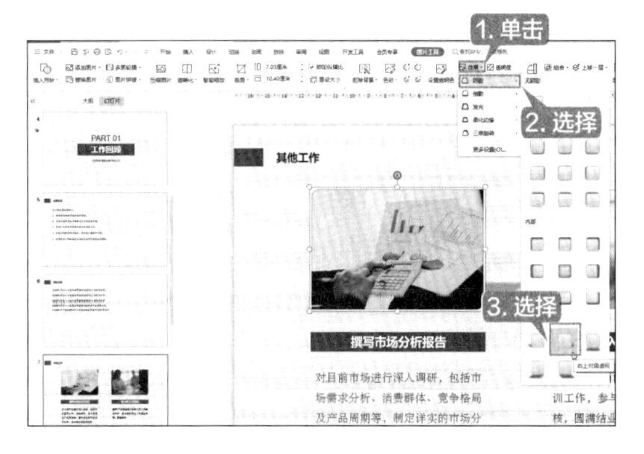

第 4 步 即可为所选图片添加效果，如下图所示。

第 5 步 使用同样的方法，为另一张图片添加边框和效果，如下图所示。

9.7 添加数据表格

在个人述职报告中可以插入表格，使要传达的信息更加直观，并可以为插入的表格设置表格样式。

9.7.1 插入表格

在 WPS 演示中插入表格的方法和在 WPS 文字中插入表格的方法基本一致，具体操作步骤如下。

第 1 步 删除“幻灯片 8”，修改第 2 部分的幻灯片首页中的文本，如下图所示。

第 2 步 在删减后的“幻灯片 9”中输入标题“主要问题”，删除原有文本和图形后，绘制文本框，输入文本内容，设置字体、段落格式并添加编号，效果如下图所示。

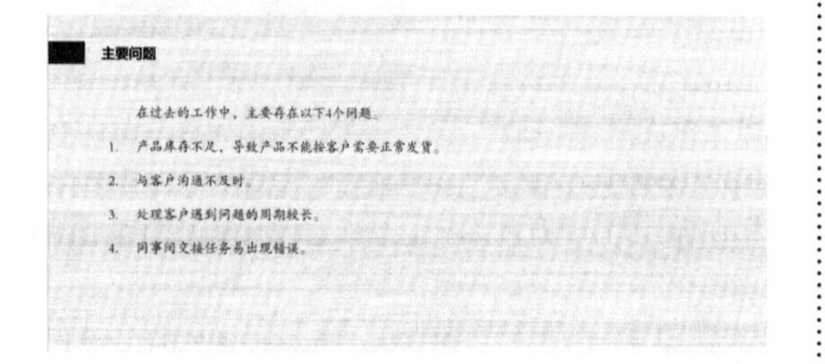

第 3 步 在“幻灯片 10”中输入标题“解决方案”，删除原有文本和图形后，绘制文本框，输入文本内容，设置字体、段落格式并添加编号，效果如下图所示。

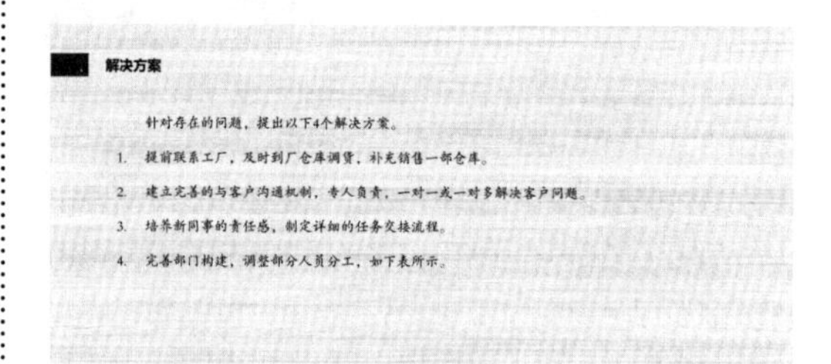

第 4 步 单击【插入】选项卡下的【表格】下拉按钮 ，在弹出的表格区域中，选择要插入的表格的行数和列数，这里选择“5 行 *5 列”，如下图所示。

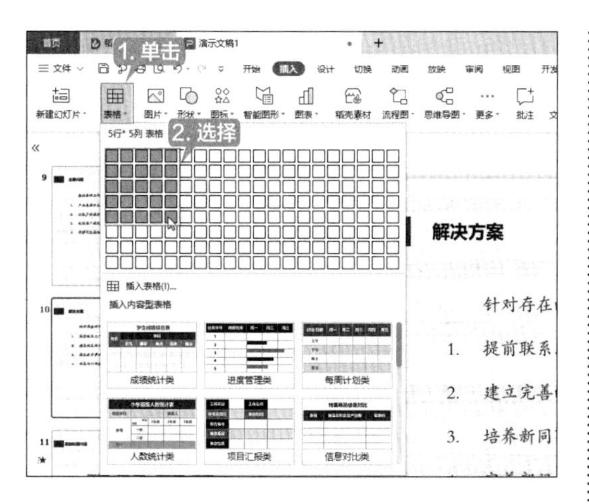

第 5 步 即可在幻灯片中插入所选行数和列数的表格，调整表格位置，如下图所示。

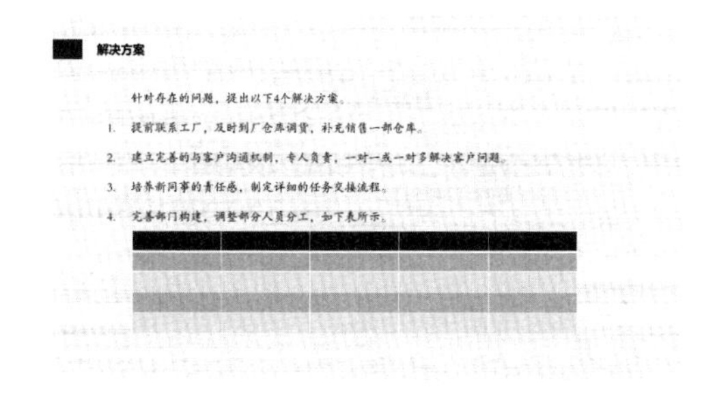

第 6 步 在表格中输入数据，如下图所示。

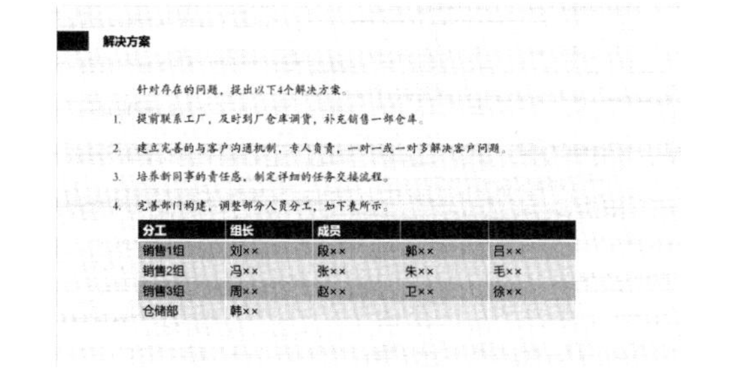

第 7 步 选中第 1 行第 3 列至第 5 列的单元格并右击，在弹出的快捷菜单中，选择【合并单元格】命令，如下图所示。

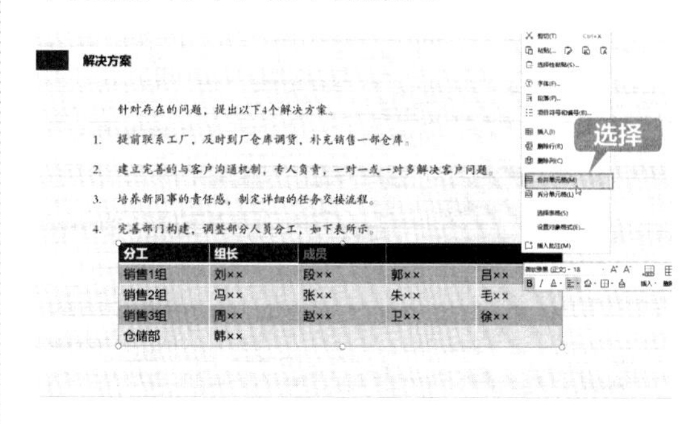

第 8 步 即可合并所选单元格区域。使用同样的方法，合并第 5 行第 2 列至第 5 列的单元格，然后设置文本的对齐方式，调整后效果如下图所示。

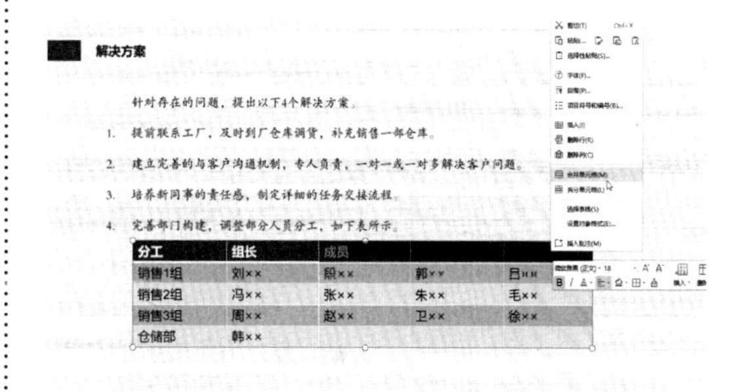

9.7.2 设置表格样式

插入表格后，可以设置表格的样式，使个人述职报告看起来更加美观，具体操作步骤如下。

第 1 步 选中表格，打开【表格样式】选项卡下的【预设样式】列表，选择一种表格样式，如下图所示。

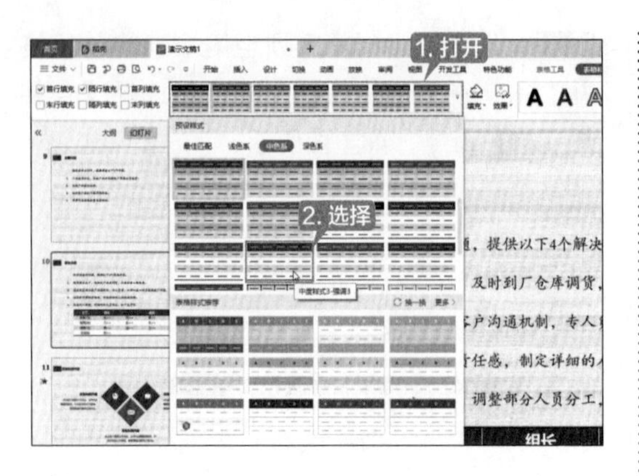

第 2 步　更改表格样式后的效果如下图所示。

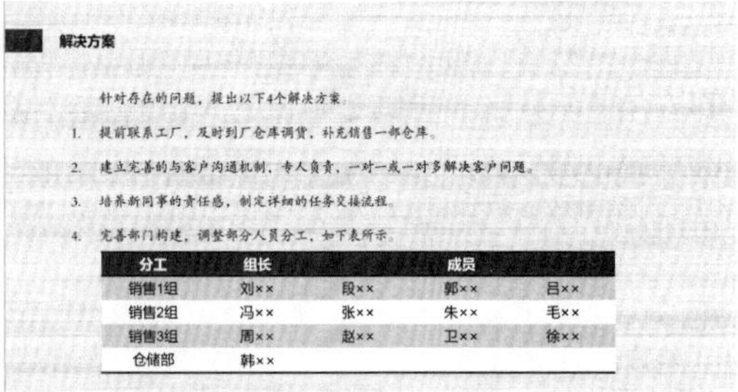

第 3 步　选中该表格，单击【表格样式】选项卡下的【效果】下拉按钮，在弹出的下拉列表中，选择【阴影】→【外部】→【右下斜偏移】效果，如下图所示。

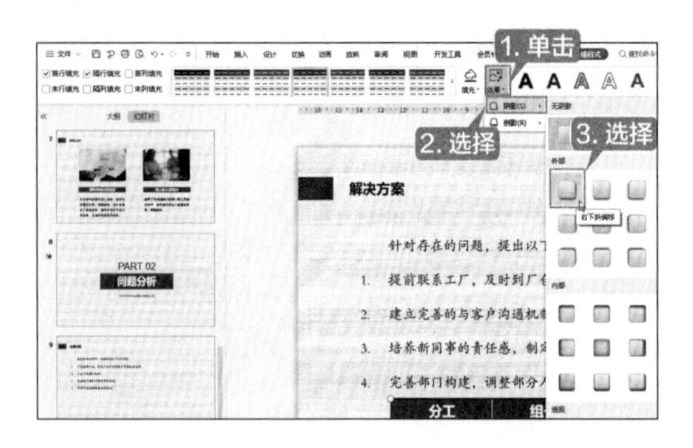

第 4 步　设置阴影后的效果如下图所示。

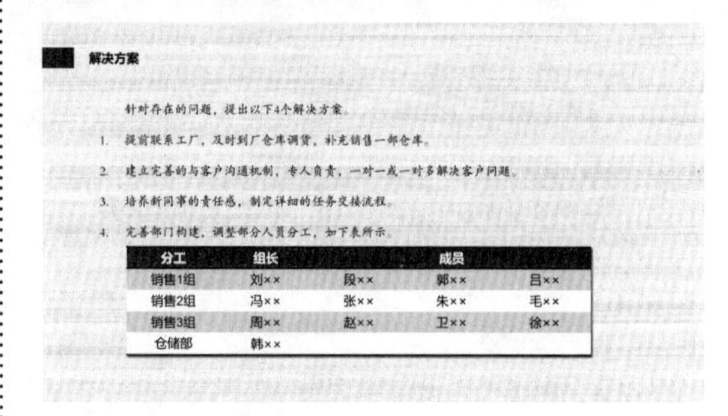

第 5 步　删除“幻灯片 11”和“幻灯片 12”，修改第 3 部分的幻灯片首页中的文本，如下图所示。

第 6 步　在删减后的“幻灯片 12”中输入标题“目标规划”，删除原有文本和图形后，绘制文本框，输入文本内容，设置字体、段落格式并添加编号，效果如下图所示。

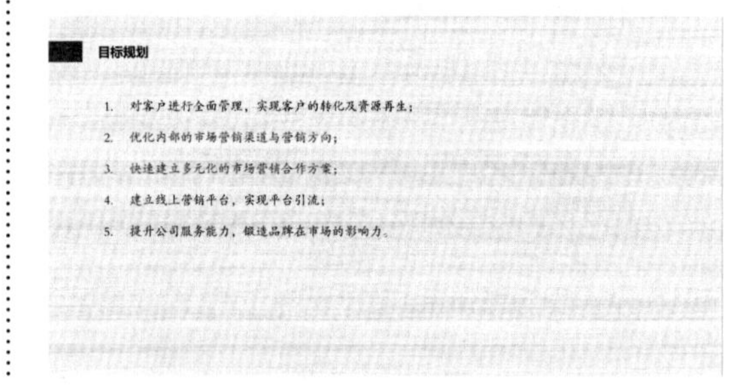

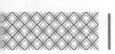

至此，个人述职报告的正文页面已设计完毕，删除后面多余的幻灯片页面即可。

9.8 设计结束页

在演示文稿中，结束页是极为重要的，主要包括感谢内容、联系方式、结尾抒情及问答方式等形式，本节介绍制作一个包含感谢内容的结束页的方法。

第1步 选择演示文稿中的最后一页幻灯片，单击【开始】选项卡下的【新建幻灯片】下拉按钮，在弹出的下拉列表中选择【结束页】选项，并设置【风格特征】为“商务”，在右侧列表中选择合适的结束页，单击【立即下载】按钮，如下图所示。

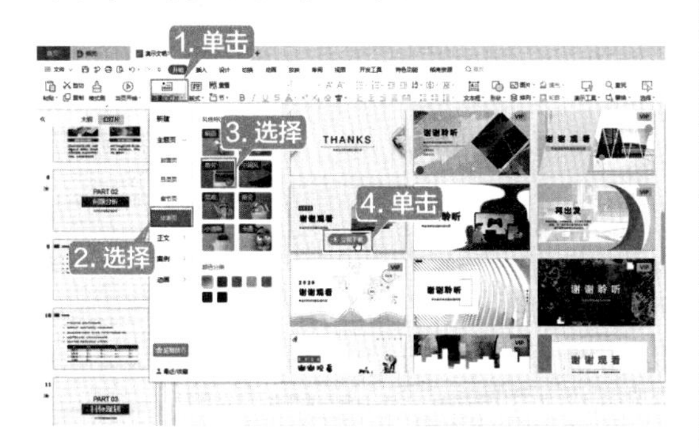

第2步 弹出如下图所示的窗口，单击【立即下载】按钮。

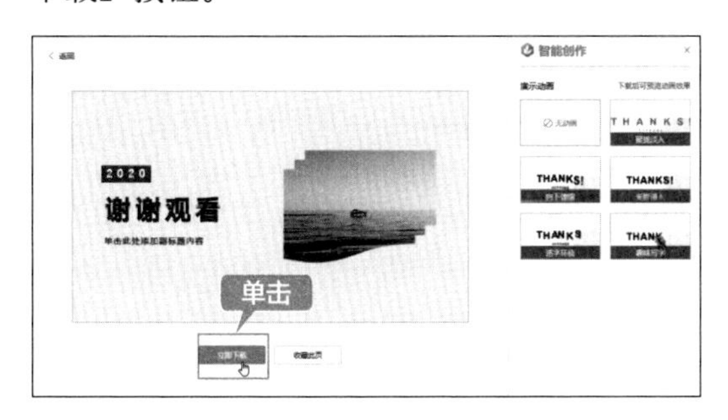

第3步 即可新建一个结束页。单击【视图】选项卡下的【幻灯片母版】按钮，如下图所示。

第4步 进入幻灯片母版视图，右击第1套母版样式中的背景图片，在弹出的快捷菜单中单击【复制】命令，如下图所示。

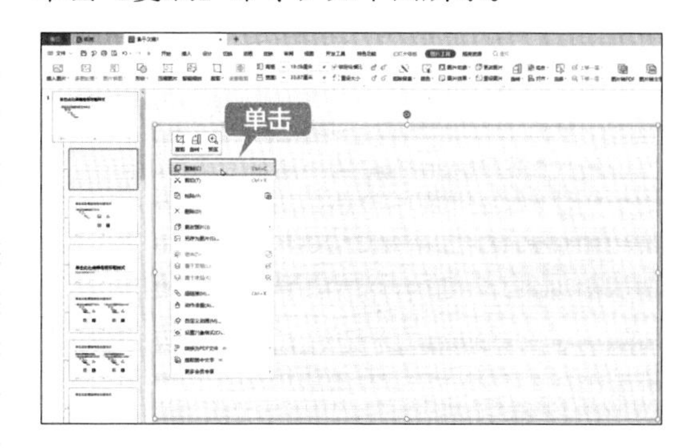

第5步 选中第2套母版样式中与结束页相同的版式页面，按【Ctrl+V】组合键，将背景图片粘贴至该页面中并右击，在弹出的快捷菜单中，单击【置于底层】命令，如下图所示。

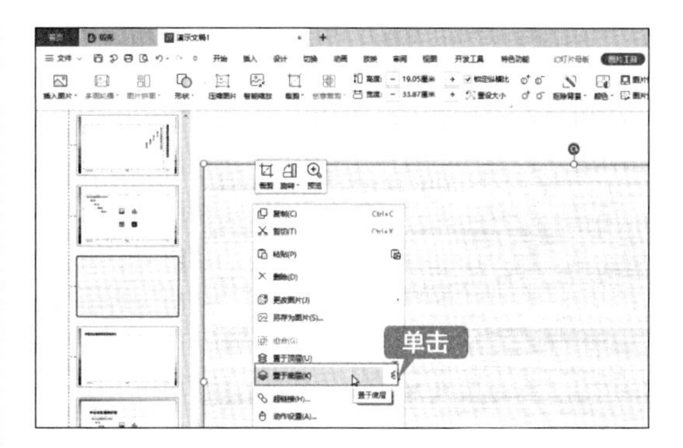

第6步 即可替换原结束页的背景图片，然后单击【幻灯片母版】选项卡下的【关闭】按钮，如下图所示。

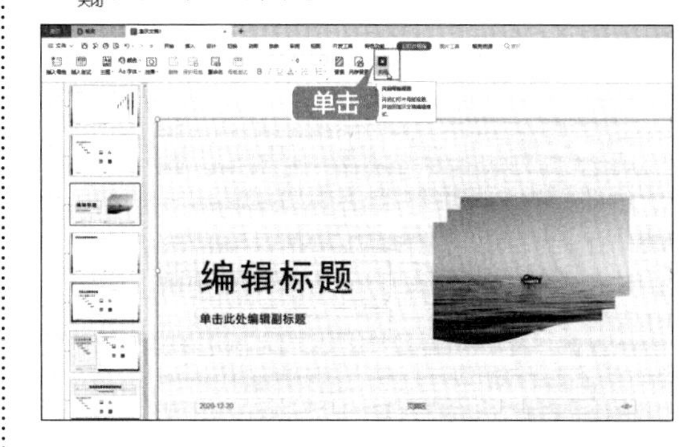

第7步 修改结束页的文本，效果如下图所示。

第 8 步 根据正文内容的章节标题修改目录，删除多余的图形，调整对齐方式，效果如下图所示。

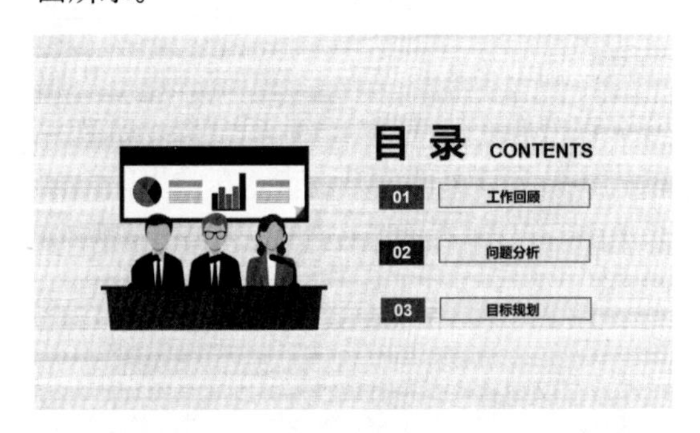

第 9 步 至此，个人述职报告演示文稿制作完毕，按【F12】键打开【另存文件】对话框，选择保存的位置并命名文件，单击【保存】按钮，如下图所示。

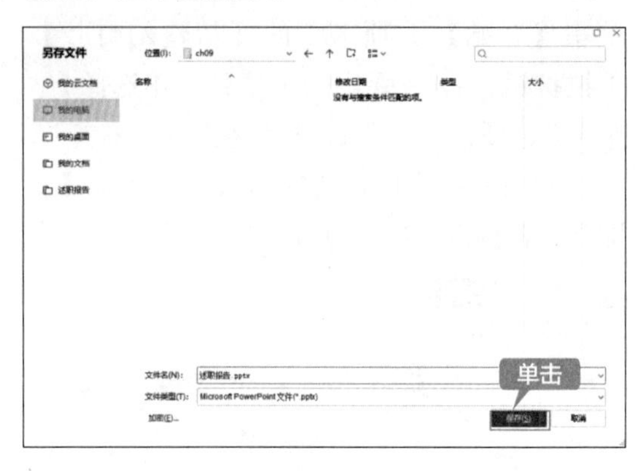

第 10 步 即可保存制作的个人述职报告演示文稿，如下图所示。

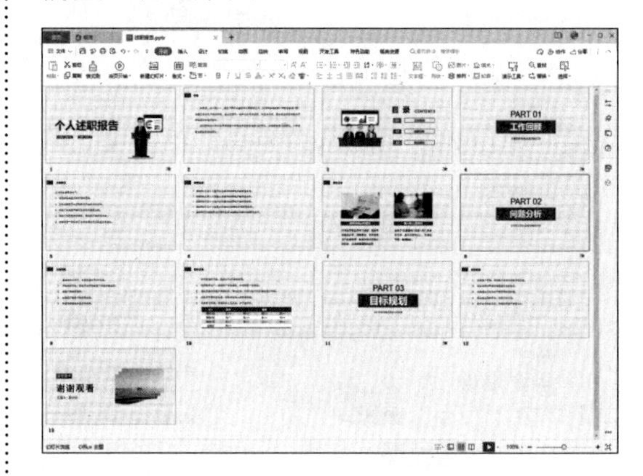

制作产品推广活动策划方案演示文稿

产品推广活动策划方案演示文稿和个人述职报告演示文稿都属于展示报告类的演示文稿，也是较为常用的演示文稿，它用于产品的推广和策划，指导产品进入市场的具体实施方案，为后续营销策略提供参考。本节以制作产品推广活动策划方案演示文稿为例，介绍 WPS 演示的基本操作技巧。

本节素材结果文件		
	素材	素材 \ch09\“举一反三”文件夹
	结果	结果 \ch09\ 产品推广活动策划方案 .dps

1. 下载在线模板

打开 WPS Office，搜索“活动策划方案”在线模板并下载模板，如下图所示。

> **提示**
>
> 本例模板为付费模板，WPS超级会员或稻壳会员可以免费使用，读者也可以下载免费模板进行后面的操作。

2. 修改封面、目录和过渡页

根据需要修改下载模板的封面、目录和过渡页，如下图所示。

3. 制作"活动概述"页面

新建幻灯片，插入6行2列的表格，输入并设置内容格式、表格边框，效果如下图所示。

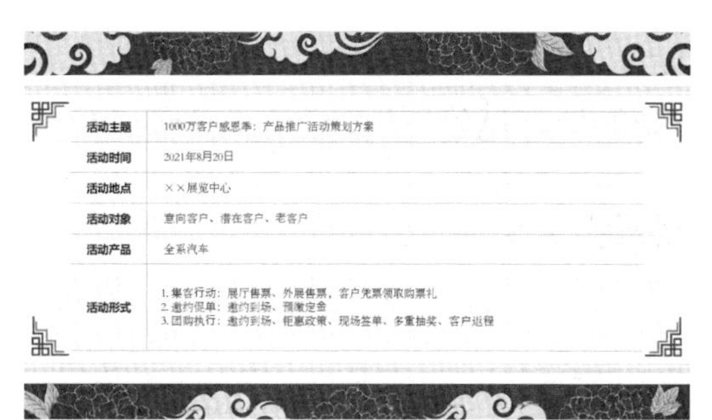

活动主题	1000万客户感恩季：产品推广活动策划方案
活动时间	2021年8月20日
活动地点	××展览中心
活动对象	意向客户、潜在客户、老客户
活动产品	全系汽车
活动形式	1. 集客行动：展厅售票、外展售票，客户凭票领取购票礼 2. 邀约促单：邀约到场、预缴定金 3. 团购执行：邀约到场、钜惠政策、现场签单、多重抽奖、客户返程

4. 制作"活动政策"部分幻灯片

制作"活动政策"过渡页，然后分别新建"内部政策"和"外部政策"幻灯片。在"内部政策"幻灯片中插入一个3行11列的表格，输入并设置相关内容的字体格式，然后设计和美化表格。在"外部政策"幻灯片中插入一个4行3列的表格，输入内容并美化表格后，插入素材图片，调整图片的对齐方式。"活动政策"部分幻灯片的效果如下图所示。

5. 制作“推进安排”部分幻灯片

制作“推进安排”过渡页，然后分别新建“启动会目的”“邀约”和“场地规划”幻灯片。在“启动会目的”幻灯片中输入文本内容，添加项目符号，在右侧使用【直线】形状工具，绘制一个六角星形状，设置线型和颜色，然后在形状周围插入 7 个文本框，输入并美化文本。在“邀约”幻灯片中插入一个流程关系图，填充与模板主题相关的颜色，输入文本内容。在“场地规划”幻灯片中输入和设置相关文本，插入素材图片，调整图片大小及位置。“推进安排”部分幻灯片的效果如下图所示。

6. 制作“活动执行”和“结束页”部分幻灯片

制作“活动执行”过渡页，然后分别新建“展厅布置”和“活动流程”幻灯片。在“展厅布置”幻灯片中输入和设置文本并添加项目符号；在右侧插入表格，设置表格内容和样式。在“活动流程”幻灯片中插入一个 10 行 5 列的表格，设置表格内容和样式。制作“结束页”页面，然后删除多余的幻灯片页面，保存演示文稿为“产品推广活动策划方案 .dps”，其中“活动执行”和“结束页”部分幻灯片的效果如下图所示。

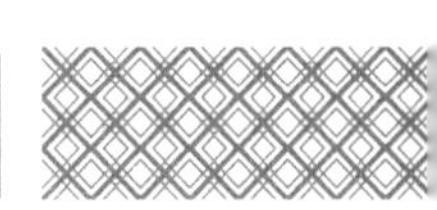

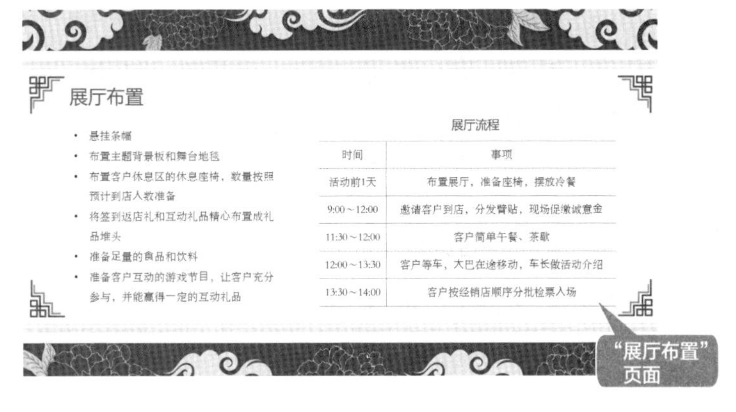

时间	事项
活动前1天	布置展厅，准备座椅，摆放冷餐
9:00～12:00	邀请客户到店，分发臂贴，现场促缴诚意金
11:30～12:00	客户简单午餐、茶歇
12:00～13:30	客户等车，大巴在途移动，车长做活动介绍
13:30～14:00	客户按经销店顺序分批检票入场

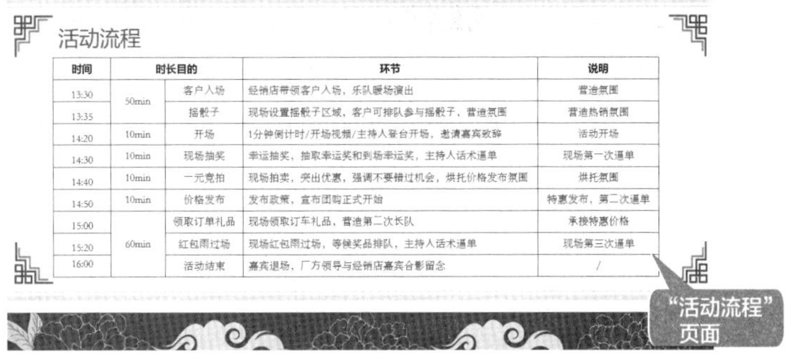

时间	时长目的		环节	说明
13:30	50min	客户入场	经销店带领客户入场，乐队暖场演出	营造氛围
13:35		摇骰子	现场设置摇骰子区域，客户可排队参与摇骰子，营造氛围	营造热销氛围
14:20	10min	开场	1分钟倒计时/开场视频/主持人登台开场，邀请嘉宾致辞	活动开场
14:30	10min	现场抽奖	幸运抽奖，抽取幸运奖和到场幸运奖，主持人话术逼单	现场第一次逼单
14:40	10min	一元竞拍	现场拍卖，突出优惠，强调不要错过机会，烘托价格发布氛围	烘托氛围
14:50	10min	价格发布	发布政策，宣布团购正式开始	特惠发布，第二次逼单
15:00	60min	领取订单礼品	现场领取订车礼品，营造第二次长队	承接特惠价格
15:20		红包雨过场	现场红包雨过场，等候奖品排队，主持人话术逼单	现场第三次逼单
16:00		活动结束	嘉宾退场，厂方领导与经销店嘉宾合影留念	/

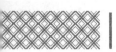

◇ 使用取色器为演示文稿配色

在 WPS 演示中可以对图片、形状等的任何颜色进行取色，以更好地搭配演示文稿的颜色，具体操作步骤如下。

第 1 步 在演示文稿中，选择要填充颜色的文本框、形状或文字等，这里选择一个形状，单击【绘图工具】选项卡下【填充】右侧的下拉按钮，在弹出的下拉列表中选择【取色器】选项，如下图所示。

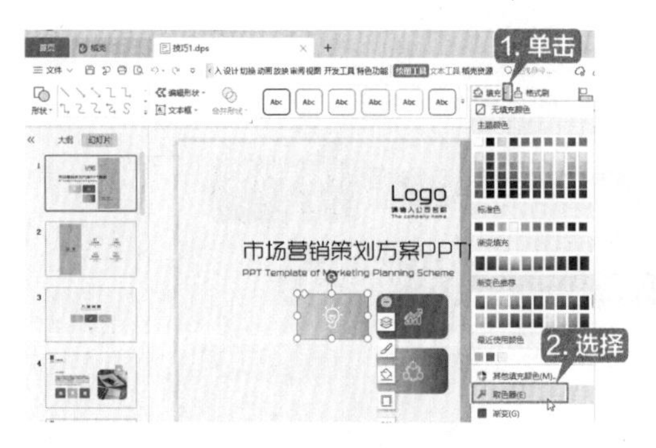

第 2 步 在幻灯片上单击任意一点，拾取该点的颜色，如下图所示。

第 3 步 即可将拾取的颜色填充到形状中，效果如下图所示。

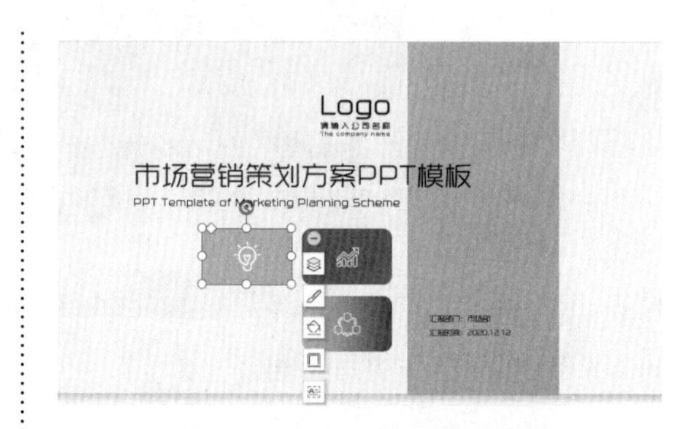

◇ 用【Shift】键绘制标准图形

在使用形状工具绘制图形时，经常会遇到绘制的直线不直、圆形不圆、正方形不正的问题，此时【Shift】键可以起到关键作用，解决绘图问题。

例如，单击【形状】按钮，选择【椭圆】工具，按住【Shift】键在幻灯片中进行绘制，即可绘制出标准的圆形，如下图所示。如果不按【Shift】键，则会绘制出椭圆形。

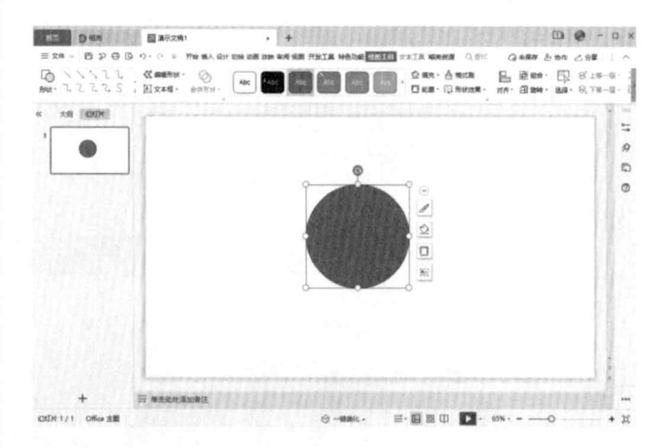

同样，按住【Shift】键可以绘制标准的正三角形、正方形、正多边形等。

第 10 章

演示文稿视觉呈现——市场季度报告演示文稿

本章导读

动画是演示文稿的重要元素，在制作演示文稿的过程中，适当地添加动画可以使演示文稿更加精彩。WPS 演示提供了多种动画样式，支持对动画效果和视频自定义播放。本章以制作市场季度报告演示文稿为例，介绍动画在演示文稿中的应用。

思维导图

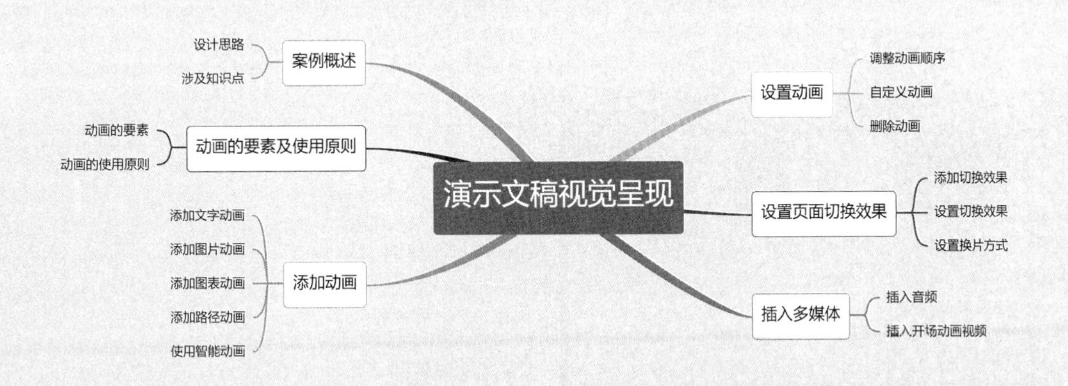

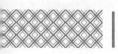

10.1 案例概述

市场季度报告演示文稿是较为常用的一种报告展示类演示文稿，主要用于反馈公司一个季度的市场情况，其演示文稿的设计质量直接影响着报告效果，因此，应注重每页幻灯片中的细节处理，在特定的页面添加合适的过渡动画，使幻灯片更加生动，也可以为重点内容设置相应的动画，吸引观众的注意力。

本章素材结果文件

	素材	素材 \ch10\ 市场季度报告 .dps
	结果	结果 \ch10\ 市场季度报告 .dps

10.1.1 设计思路

在制作演示文稿的时候，通过添加动画效果可以大大提高演示文稿的表现力，合适的动画可以起到画龙点睛的作用。本例添加动画的设计思路如下。

①为文本、图片添加动画。

②为图形、图表添加动画。

③设置添加的动画。

④为幻灯片添加切换效果。

10.1.2 涉及知识点

本案例主要涉及的知识点如下图所示（脑图见“素材结果文件 \ 脑图 \ 10.pos”）。

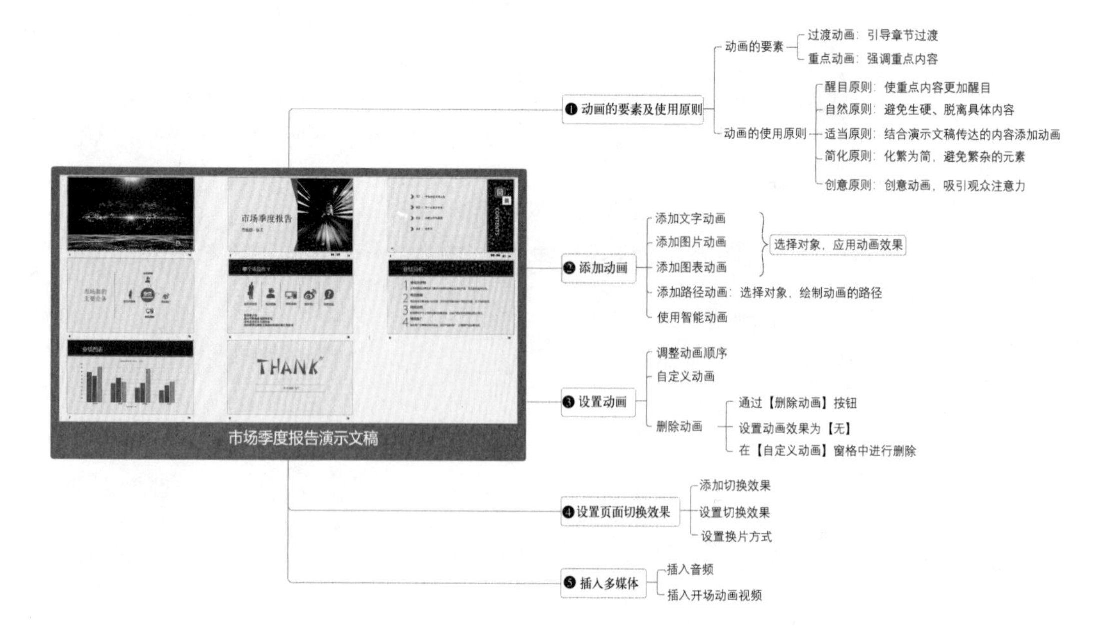

10.2 动画的要素及使用原则

在制作演示文稿的时候，通过添加动画效果可以大大提高演示文稿的表现力，合适的动画可以起到画龙点睛的作用。

10.2.1 动画的要素

动画可以给对象添加特殊视觉或声音效果。例如，动画可以使文本逐字从左侧飞入，或在显示图片时播放掌声。

1. 过渡动画

过渡动画可以提示观众幻灯片进入了新一章或新一节。选择过渡动画时不要选择太复杂的动画，整个演示文稿中幻灯片的过渡都向一个方向即可。

2. 重点动画

用动画来强调重点内容的方法被普遍运用在演示文稿的制作中。讲到某重点内容时添加相应的动画，在单击鼠标或鼠标指针经过该重点内容时使其产生一定的动作，会更容易吸引观众的注意力。

在设置重点动画时要避免动画过于复杂而影响表达效果，谨慎使用慢动作的动画。

10.2.2 动画的使用原则

在设置动画的时候，要遵循动画的醒目、自然、适当、简化及创意原则。

1. 醒目原则

设置动画是为了使重点内容更加醒目，因此在设置动画时要遵循醒目原则。

例如，用户可以给幻灯片中的图形设置【加深】动画，在播放幻灯片时图形就会加深颜色显示，更加醒目。

2. 自然原则

无论是使用动画样式，还是设置文字、图形元素的顺序，都要在设计时遵循自然原则。使用的动画不能显得生硬，也不能脱离具体的演示内容。

3. 适当原则

在演示文稿中设置动画要遵循适当原则，既不能每页、每个对象都添加动画，也不能在整个演示文稿中不使用任何动画。

滥用动画容易分散观众的注意力，打乱正常的演示过程。而不使用任何动画，可能会使观众感到枯燥，同时难以突出某些重点内容。因此，在演示文稿中使用动画要适当，应结合演示

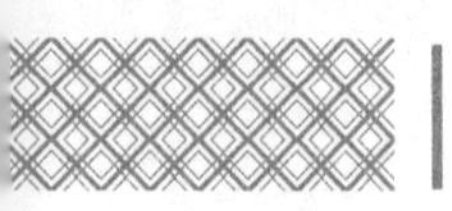

文稿的内容来设置动画。

4. 简化原则

有些时候演示文稿中某页幻灯片中的构成元素比较复杂，如使用大型的组织结构图、流程图等表达复杂内容的时候，尽管使用简单的文字、清晰的脉络去展示，但还是会显得繁杂。这时可以使用恰当的动画将这些大型图表化繁为简，运用逐步出现、讲解、再出现、再讲解的方式，引导观众的思维。

5. 创意原则

为了吸引观众的注意力，在演示文稿中设置动画是必不可少的。设置动画时要有创意，使动画与演示文稿的内容紧密结合，以产生更好的效果。

10.3 添加动画

在 WPS 演示中可以为多种对象添加动画。

10.3.1 添加文字动画

文字是幻灯片中主要的信息载体，如果文字内容较多，使用过多的动画效果会分散观众的注意力，对于标题类的文字则可以适当使用动画效果。下面以为标题应用动画效果为例介绍添加文字动画的具体操作步骤。

第 1 步 打开素材文件，选择第 1 张幻灯片中的“市场季度报告”文本框，单击【动画】选项卡下的 按钮，如下图所示。

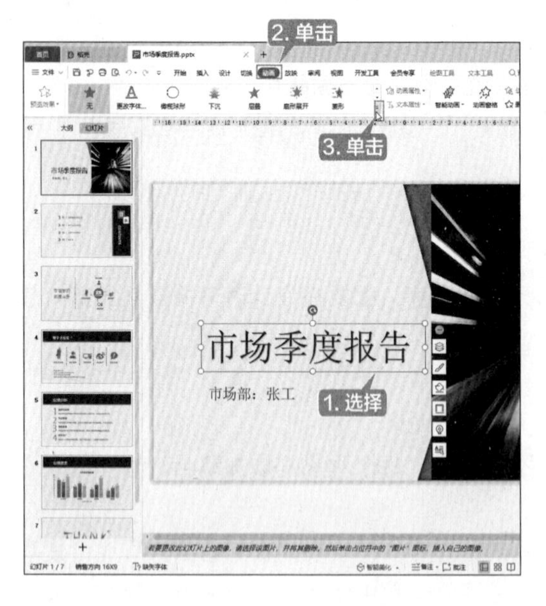

第 2 步 在弹出的下拉列表中，可以看到进入、强调、退出、动作路径和绘制自定义路径 5 种动画类型，如下图所示。另外，列表顶部的【最近使用】区域中显示了最近使用的动画效果，底部的【智能推荐】区域中会根据所选对象，推荐相关的动画效果。

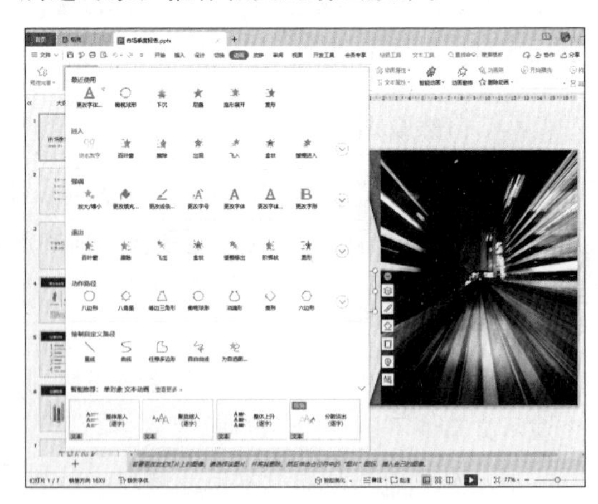

第 3 步 在动画列表中，单击【进入】区域中的【更多选项】按钮，如下图所示。

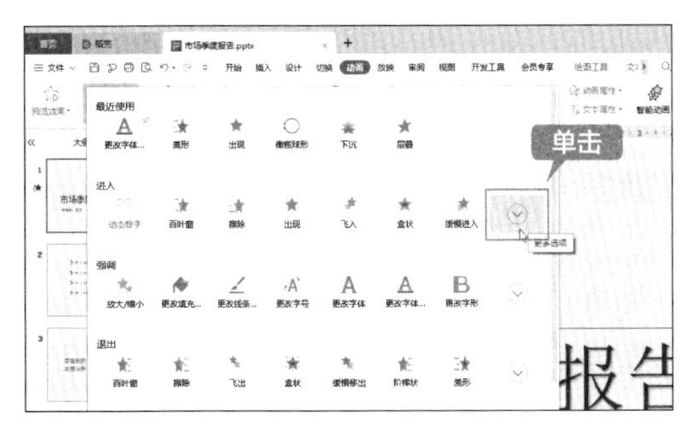

第 4 步 在展开的列表中，选择【基本型】区域中的【菱形】动画效果，如下图所示。

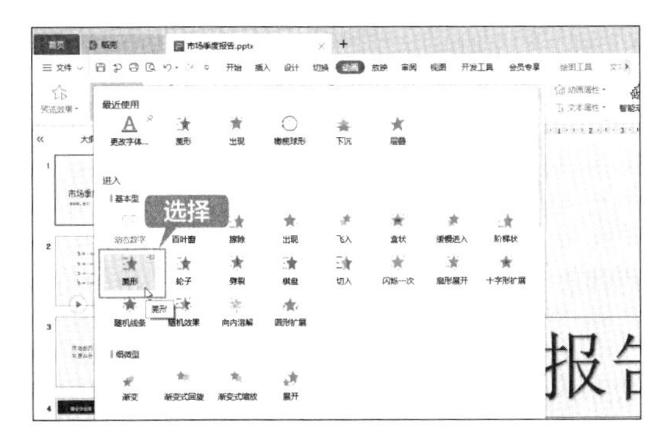

第 5 步 即可为所选文字添加该动画，此时幻灯片缩略图左上角会显示★图标，表示该页幻灯片中包含动画效果，如下图所示。

第 6 步 单击【动画】选项卡下的【预览效果】按钮，即可看到设置的动画效果，如下图所示。

10.3.2 添加图片动画

为图片添加动画效果可以提升图片的动感和美感。添加图片动画的具体操作步骤如下。

第 1 步 选择第 1 张幻灯片中的图片对象，单击【动画】选项卡下的 按钮，在弹出的列表中选择【进入】区域中的【百叶窗】动画效果，如下图所示。

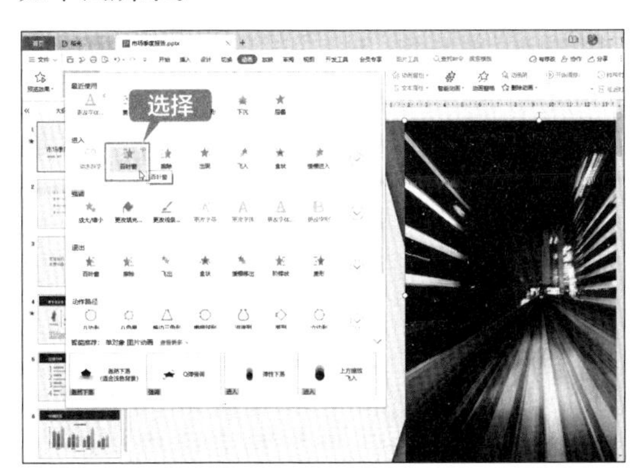

第 2 步 即可为图片添加动画效果，如下图所示。

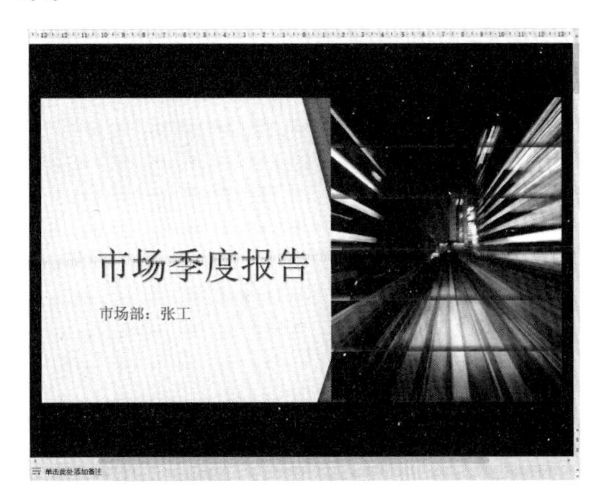

10.3.3 添加图表动画

为图表添加动画可以使图表的展现更加生动，下面通过对幻灯片中的柱形图进行简单调整，使图表分层次、分系列播放动画，具体操作步骤如下。

第1步 选择第6张幻灯片中的柱形图图表，单击【图表工具】选项卡下的【编辑数据】按钮，如下图所示。

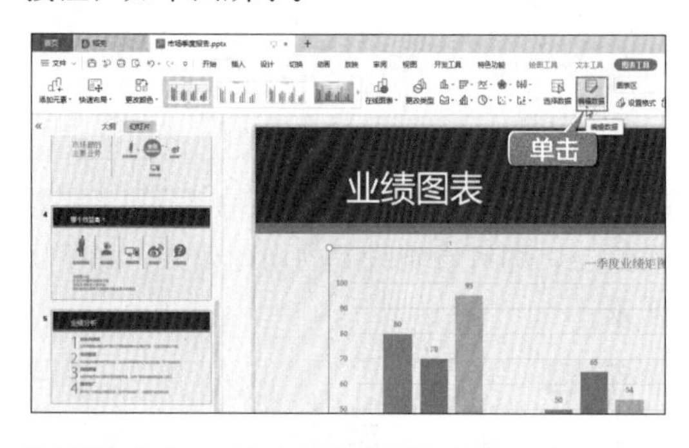

第2步 在打开的【WPS 演示中的图表】窗口中，清除业绩数据，并关闭该窗口，如下图所示。

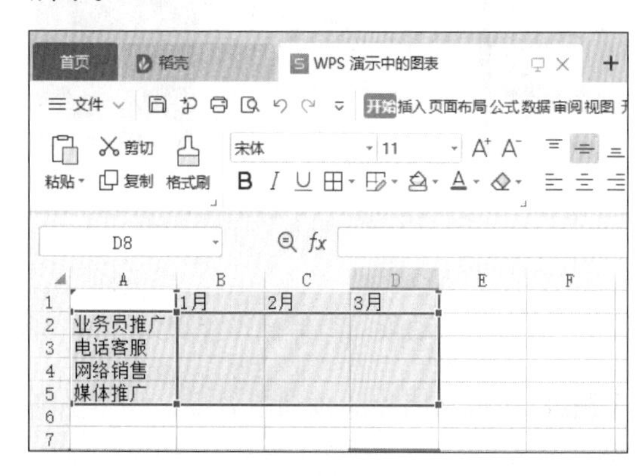

第3步 返回演示文稿，即可看到图表变成了一个空白的图表框架，如下图所示。

第4步 单击【插入】选项卡下的【形状】按钮，在弹出的列表中，选择【矩形】，如下图所示。

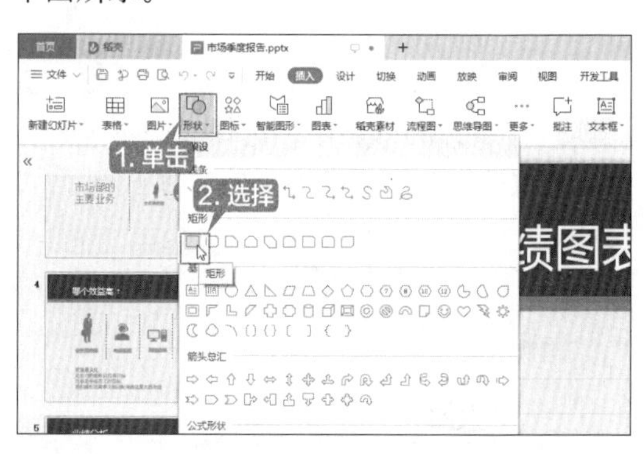

第5步 在图表框架上绘制1月的业绩矩形条，并填充颜色，效果如下图所示。

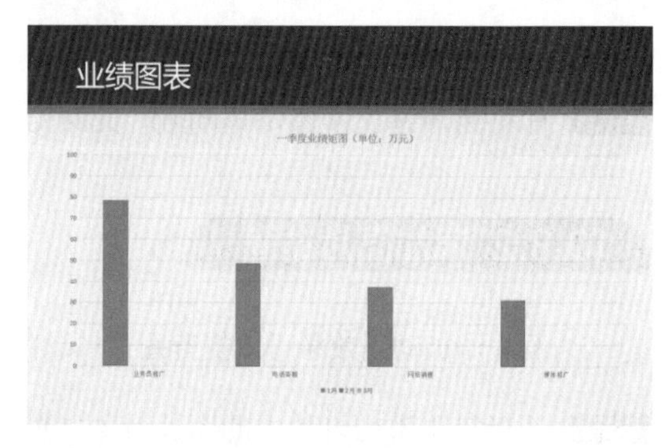

第6步 分别绘制2月、3月的8个矩形条，并填充颜色，效果如下图所示。

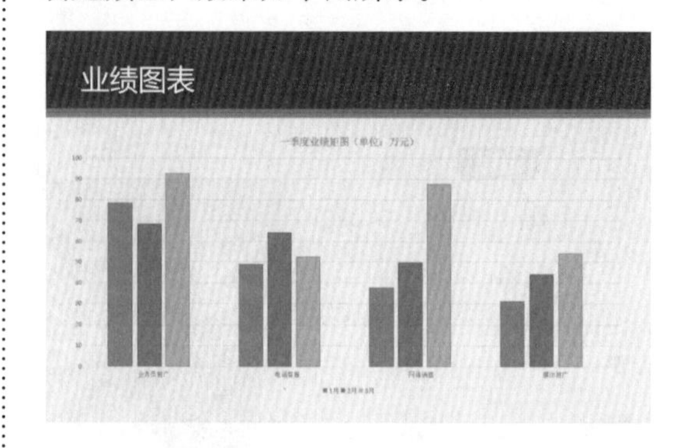

第 7 步 选中图表框架，单击【动画】选项卡下的 按钮，在弹出的列表中选择【进入】区域中的【出现】动画效果，如下图所示。

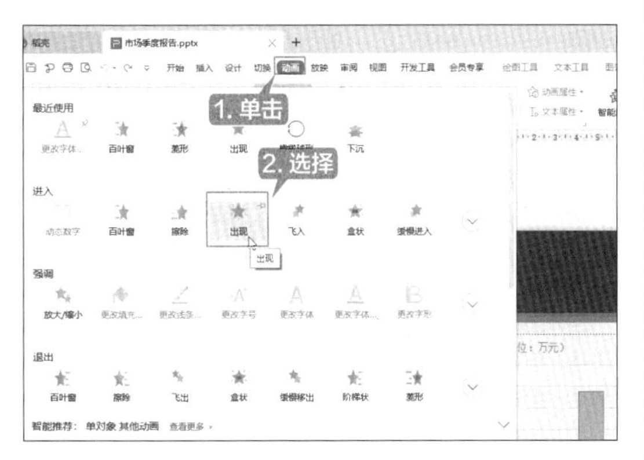

第 8 步 按住【Ctrl】键，选择 1 月的 4 个业绩矩形条，单击【动画】选项卡下的 按钮，在弹出的列表中选择【进入】区域中的【切入】动画效果，如下图所示。

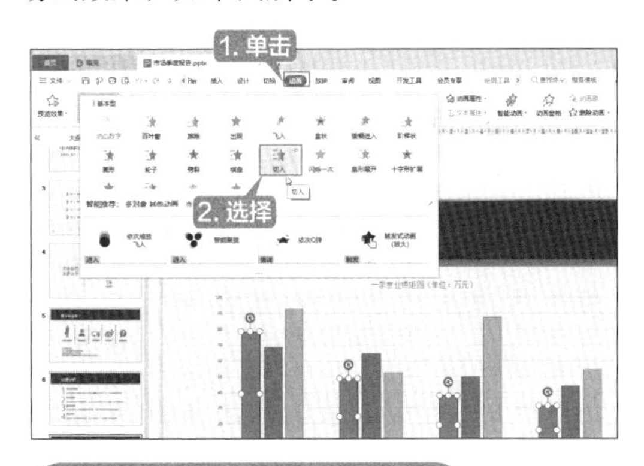

第 9 步 使用同样的方法，依次设置 2 月、3 月的业绩矩形条为【切入】动画效果，如下图所示。

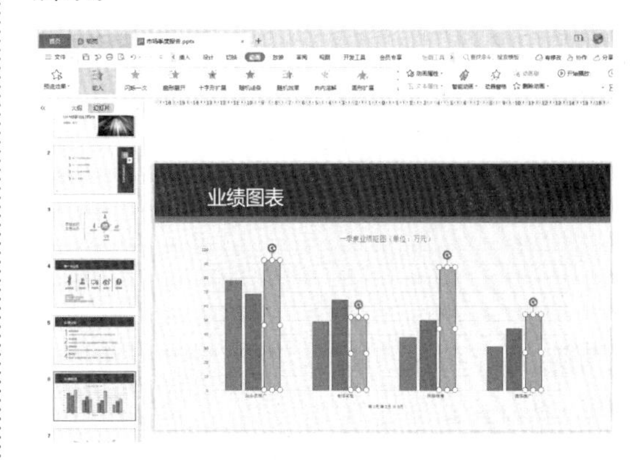

第 10 步 单击【动画】选项卡下的【预览效果】按钮 ，即可看到设置的动画效果，如下图所示。

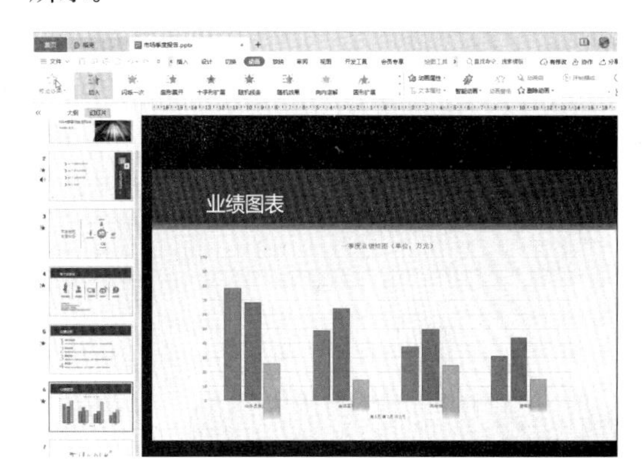

10.3.4 添加路径动画

路径动画可以根据用户的要求移动对象，下面介绍添加路径动画的具体操作步骤。

第 1 步 选择要添加动画的对象，单击【动画】选项卡下的 按钮，在下拉列表的【动作路径】区域中单击【更多选项】按钮，如下图所示。

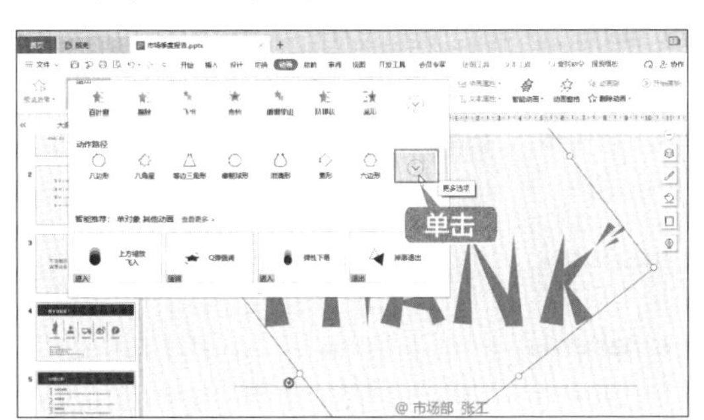

第 2 步 在展开的列表中，选择【直线和曲线】区域中的【向下】动画效果，如下图所示。

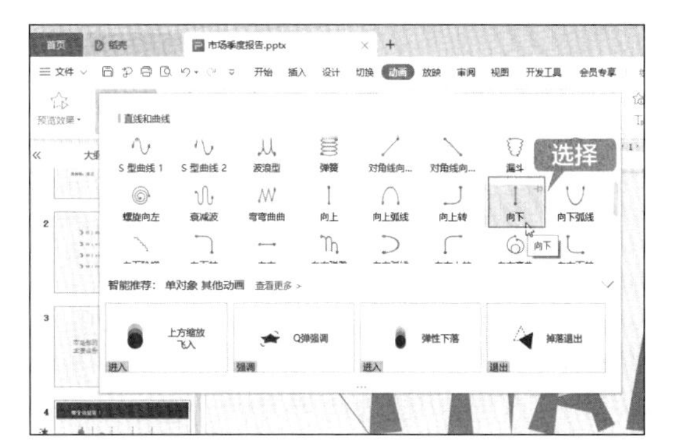

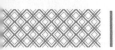

第 3 步 即可添加动作路径，其中绿色箭头为路径起点，红色箭头为路径终点，如下图所示。

第 4 步 单击创建的路径，此时在路径的起点和终点会各显示一个小圆点，将鼠标指针放置在小圆点上，鼠标指针变为双箭头↗形状，拖曳鼠标即可调整路径大小及方向，如下图所示。

第 5 步 另外，也可以在动画列表中的【绘制自定义路径】区域中选择一种路径选项，如选择【曲线】选项，如下图所示。

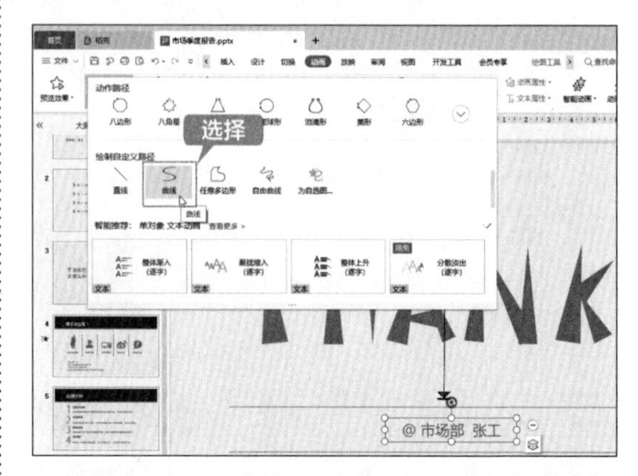

第 6 步 此时，即可拖曳鼠标进行动画路径绘制，如下图所示。绘制完成后，按【Enter】键进行确认，并自动测试动画效果。

10.3.5 使用智能动画

智能动画是 WPS 演示的特色功能，可以方便、快速地为所选对象添加动画，具体操作步骤如下。

第 1 步 使用鼠标框选要添加动画的对象，如下图所示。

第 2 步 单击【动画】选项卡下的【智能动画】按钮，在弹出的动画列表中，选择要应用的动画。例如，选择【推荐】→【依次出现】动画，单击缩略图中的【免费下载】按钮即可应用，如下图所示。

10.4 设置动画

为对象添加动画效果后，可以根据需要对添加的动画进行设置，如调整动画顺序、设置动画时间及删除多余动画等。

10.4.1 调整动画顺序

用户可以对幻灯片中已添加的动画的顺序进行调整，从而控制播放的顺序。

第 1 步 选择包含动画的幻灯片，单击【动画】选项卡下的【动画窗格】按钮，右侧即会弹出【动画窗格】，如下图所示。

第 2 步 选择需要调整顺序的动画，如选择动画 4，单击【重新排序】右侧的向上按钮或向下按钮进行调整，如下图所示。

> **提示**
>
> 也可以选中要调整顺序的动画，按住鼠标左键并拖曳到适当位置，释放鼠标即可调整动画顺序。

10.4.2 自定义动画

添加动画之后，可以在【动画窗格】中为动画设置开始、方向和速度。

第 1 步 在【动画窗格】中，选择要调整的动画，此时即可看到【开始】【方向】【速度】选项变为可选状态，如下图所示。

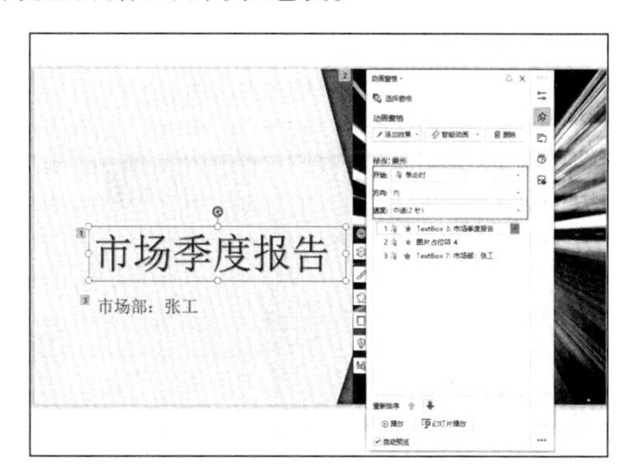

第 2 步 单击【开始】下拉按钮，在弹出的下拉列表中选择动画开始的方式，包括【单击时】【与上一动画同时】和【在上一动画之后】3 个选项，如下图所示。

提示

不同的动画效果，其【开始】【方向】【速度】设置项可能会有所不同。

第 3 步 单击【方向】下拉按钮，在弹出的下拉列表中选择动画的方向，包括【内（I）】和【外（O）】2 个选项，如下图所示。

第 4 步 单击【速度】下拉按钮，在弹出的下拉列表中选择动画播放的速度，包括【非常慢（5 秒）】【慢速（3 秒）】【中速（2 秒）】【快速（1 秒）】和【非常快（0.5 秒）】5 个选项，如下图所示。

10.4.3 删除动画

为对象添加动画效果后，可以根据需要删除动画，具体操作步骤如下。

第 1 步 选择含有动画的对象，单击【动画】选项卡下的【删除动画】按钮，在弹出的下拉列表中选择【删除选中对象的所有动画】选项，如下图所示。

提示

选择【删除选中幻灯片的所有动画】选项，会删除该页幻灯片的所有动画效果；选择【删除演示文稿中的所有动画】选项，会删除当前演示文稿中的所有动画效果。

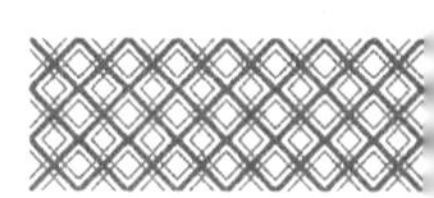

第 2 步 在弹出的提示框中，单击【确定】按钮即可删除，如下图所示。

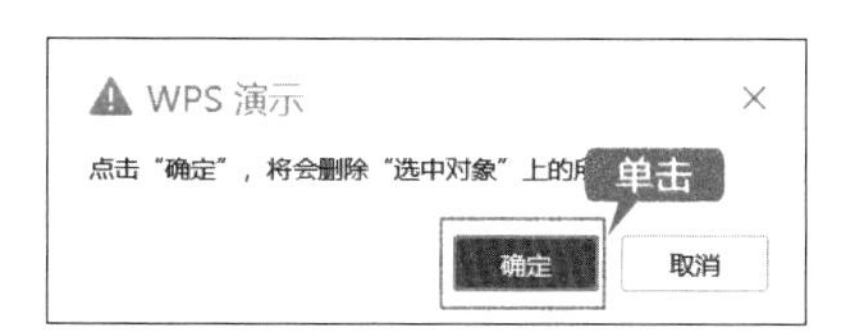

另外，也可以使用以下两种方法删除动画。

方法 1：单击【动画】选项卡下动画列表中的【无】选项，如下图所示。

方法 2：打开【动画窗格】，选择要删除的动画，单击【删除】按钮即可，如下图所示。

10.5 设置页面切换效果

动画是以单个对象为整体创建的，一个幻灯片页面中每个对象都可以分别设置不同的动画，而页面切换效果则是以整个幻灯片页面为对象，进行动画效果的设置。

10.5.1 添加切换效果

在市场季度报告演示文稿各页幻灯片之间添加切换效果的具体操作步骤如下。

第 1 步 选择第 1 张幻灯片，单击【切换】选项卡下的 ▿ 按钮，如下图所示。

第 2 步 在弹出的下拉列表中选择【百叶窗】效果，如下图所示。

第 3 步 即可为第 1 张幻灯片添加【百叶窗】切换效果，如下图所示。

第 4 步 单击【切换】选项卡下的【应用到全部】按钮，可将当前的切换效果应用到整个演示文稿中，也可以逐个为其他幻灯片添加切换效果，如下图所示。

10.5.2 设置切换效果

为幻灯片添加切换效果后，可以设置其显示效果，具体操作步骤如下。

第 1 步 选择第 1 张幻灯片，单击【切换】选项卡下的【效果选项】按钮，在弹出的下拉列表中选择【水平】选项，如下图所示。

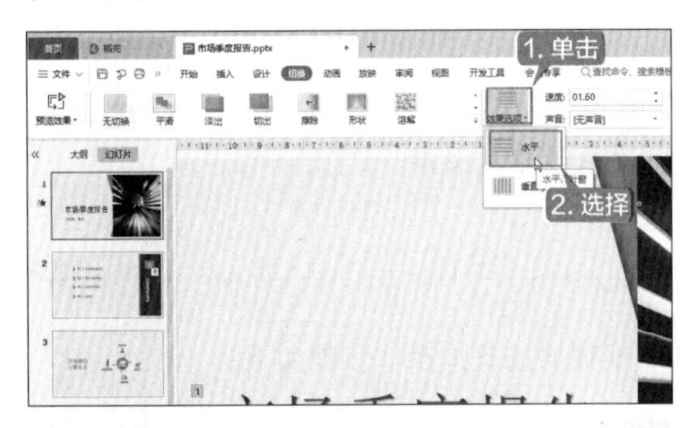

第 2 步 在【速度】微调框中输入“2.00”，然后单击【声音】下拉按钮，在弹出的下拉列表中选择【电压】选项，如下图所示。

10.5.3 设置换片方式

对于添加了切换效果的幻灯片，可以设置幻灯片的换片方式，具体操作步骤如下。

第 1 步 选中第 2 张幻灯片，勾选【切换】选项卡下的【自动换片】复选框，如下图所示。

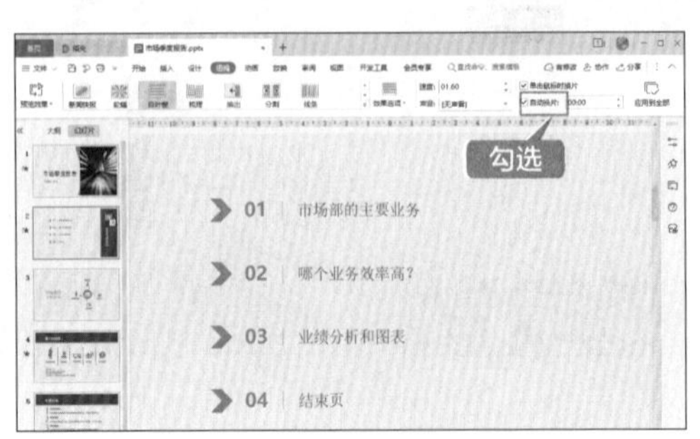

第 2 步 在【自动换片】微调框中设置自动切换时间为“00:05”，如下图所示。设置完成后，放映第 2 张幻灯片时即会在 5 秒后自动切换至第 3 张幻灯片。

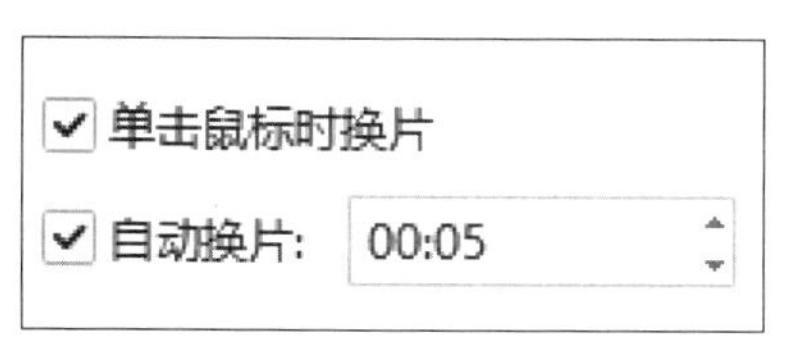

提示

【单击鼠标时换片】复选框和【自动换片】复选框可以同时勾选，这样切换时既可以单击鼠标切换，也可以在设置的自动切换时间后自动切换。

10.6 插入多媒体

在演示文稿中可以插入多媒体文件，如音频或视频。在市场季度报告演示文稿中添加多媒体文件可以使演示文稿内容更加丰富，起到更好的展示效果。

10.6.1 插入音频

在 WPS 演示中，除了支持嵌入和链接音频、背景音乐外，还包含音频库功能，用户可以选择在线音频文件。下面以插入音频库中的音频文件为例，介绍在演示文稿中插入音频的方法，具体操作步骤如下。

第 1 步 选择第 2 张幻灯片，单击【插入】选项卡下的【音频】下拉按钮，在弹出的菜单中包含了嵌入音频、链接到音频、嵌入背景音乐及链接背景音乐四种方式，用户可以将本地音频文件以嵌入或链接的方式插入幻灯片中。另外，用户也可以在【稻壳音频】区域中搜索或选择分类，下载需要的音频，如下图所示。

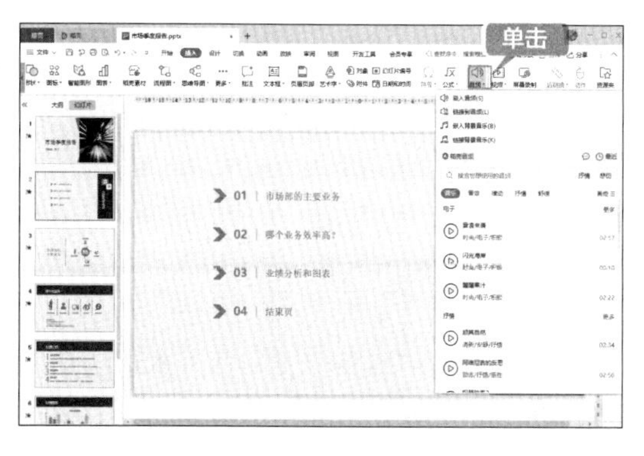

第 2 步 例如，在搜索框中输入“钢琴”，按【Enter】键即可搜索相关音频，如下图所示。

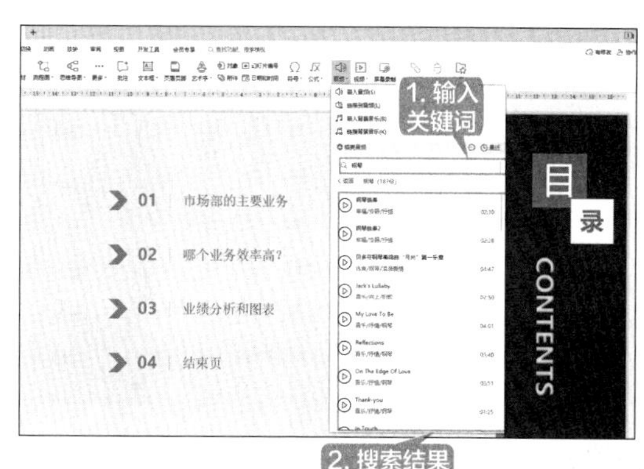

第 3 步 在搜索结果列表中，如果要试听音频，可以单击音频名称左侧的【点击播放】按钮，如下图所示。

第 4 步 即可播放音频。如果要应用该音频，单击其右侧的【立即使用】按钮，如下图所示。

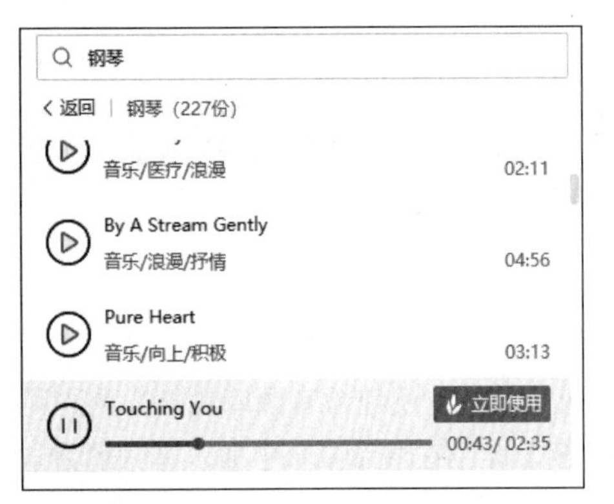

第 5 步 即可将音频插入到所选幻灯片中，如下图所示。

第 6 步 单击音频图标，可以通过鼠标拖曳调整其位置，也可以拖曳周围的控制点调整其大小，如下图所示为调整音频图标位置及大小后的效果。

第 7 步 选中音频图标，单击【音频工具】选项卡，可以播放音频、设置音量、裁剪音频等，这里设置音频【淡入】和【淡出】时间，如下图所示。

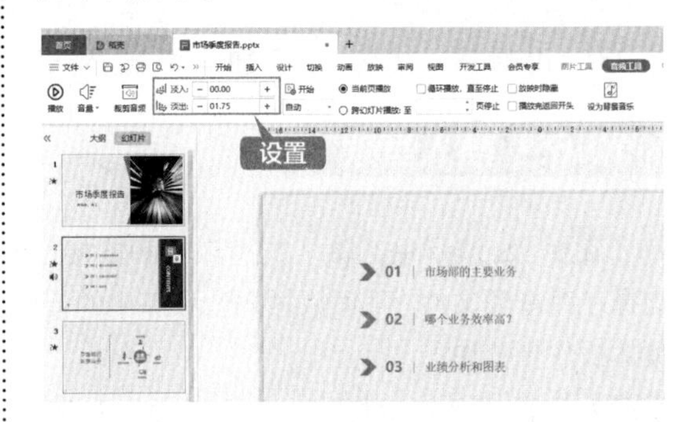

第 8 步 可以单击【设为背景音乐】按钮，将音频设置为背景音乐，背景音乐会一直播放到幻灯片结束，不会因为切换幻灯片而结束，如下图所示。

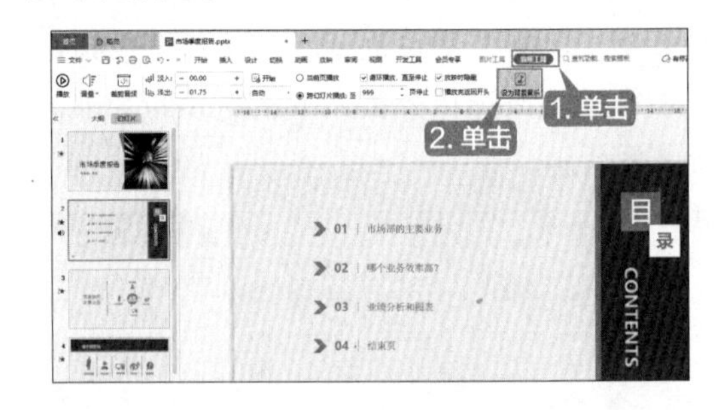

10.6.2 插入开场动画视频

在 WPS 演示中除了插入音频文件外，还可以插入视频文件。WPS 演示支持插入本地视频、网络视频、Flash 文件及开场动画视频。其中，开场动画视频是 WPS 演示中的特色功能，集成了众多视频模板，用户根据需要修改后即可使用。本节以插入开场动画视频为例，介绍在演示文稿中插入视频的操作方法。

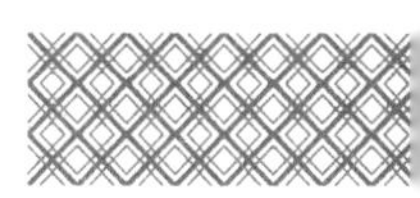

第 1 步 选择第 1 张幻灯片，单击【插入】选项卡下的【视频】下拉按钮，在弹出的下拉列表中选择【开场动画视频】选项，如下图所示。

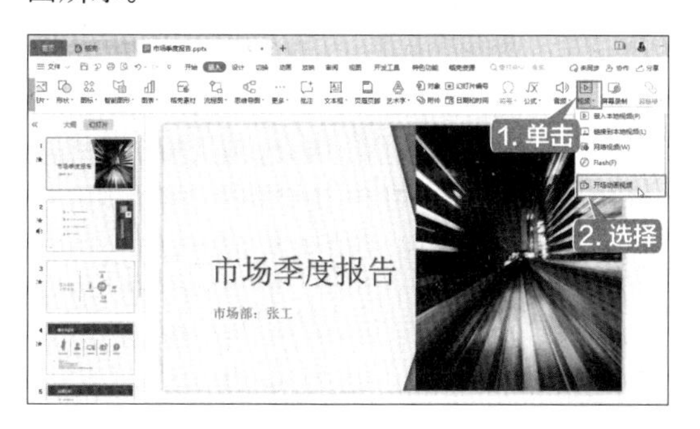

第 2 步 弹出如下图所示的对话框，可以看到其中的视频模板列表，选择【企业年会】选项，然后选择要应用的模板，单击【立即制作】按钮。

第 3 步 在弹出的制作对话框中替换图文素材，替换完成后，单击【生成视频】按钮，如下图所示。

第 4 步 弹出【视频设置】对话框，可以设置标题、格式、清晰度和水印，设置完成后单击【生成视频】按钮，如下图所示。

第 5 步 WPS Office 开始自动渲染视频，如下图所示。

第 6 步 视频渲染完成后，单击【插入】按钮，如下图所示。

第 7 步 即可将视频下载并插入到幻灯片中，调整视频画面大小，如下图所示。

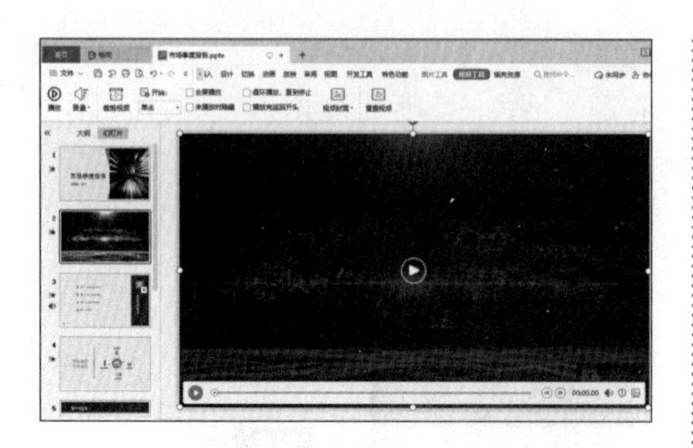

第 8 步 选中视频所在的幻灯片，向上拖曳至第 1 页，如下图所示。

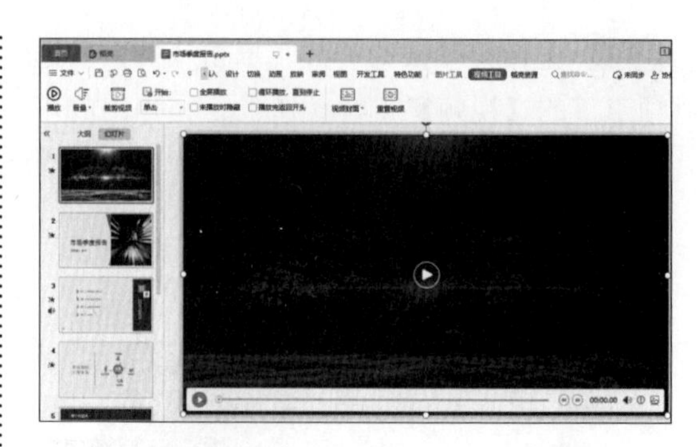

至此，市场季度报告演示文稿的动画及多媒体设置完毕，按【Ctrl+S】组合键保存文件即可。

举一反三

设计产品宣传展示演示文稿

下面以设计产品宣传展示演示文稿为例，介绍对动画、切换效果的应用，读者可以按照以下思路进行设计。

本节素材结果文件

	素材	素材 \ch10\ 产品宣传展示 .dps
	结果	结果 \ch10\ 产品宣传展示 dps

1. 为幻灯片中的图片添加动画效果

打开素材文件，为幻灯片中的图片添加动画效果，使产品展示更加引人注目，如下图所示。

2. 为幻灯片中的文字添加动画效果

为幻灯片中的文字添加动画效果。文字是幻灯片中的重要元素，使用合适的动画效果可以使文字很好地与其他元素融合在一起，如下图所示。

3. 为幻灯片添加切换效果

为各页幻灯片添加切换效果，使幻灯片之间的切换更加自然，如下图所示。

4. 设置切换效果

根据需要设置幻灯片的切换效果，如下图所示。

◇ 将常用动画固定到【最近使用】区域

在 WPS 演示中设置动画时，若经常使用某个动画效果，可以将其固定到【最近使用】区域，方便快速使用，具体操作步骤如下。

第 1 步 单击【动画】选项卡下的 按钮，在弹出的下拉列表中，将鼠标指针移至要固定的动画效果上，单击右上角显示的【固定到最近使用】按钮，如下图所示。

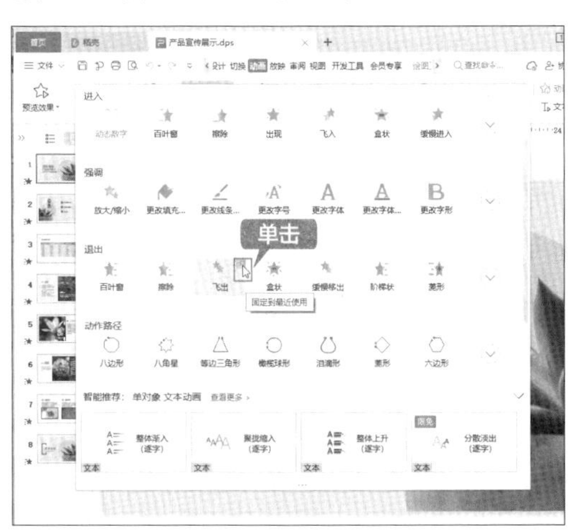

第 2 步 即可将其固定到【最近使用】区域中，如果要解除固定，可以单击动画效果右上角的【取消固定】按钮，如下图所示。

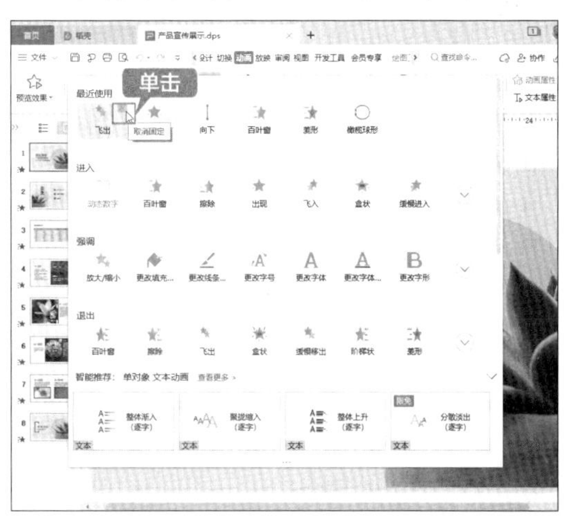

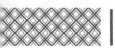

◇ 使用动画制作动态背景

在制作幻灯片时，可以使用动画效果制作出动态背景，具体操作步骤如下。

第 1 步 打开“素材 \ch10\ 动态背景 .dps”文档，如下图所示。

第 2 步 选择帆船图片，单击【动画】选项卡下的 按钮，在弹出的下拉列表中选择【绘制自定义路径】区域中的【自由曲线】选项，如下图所示。

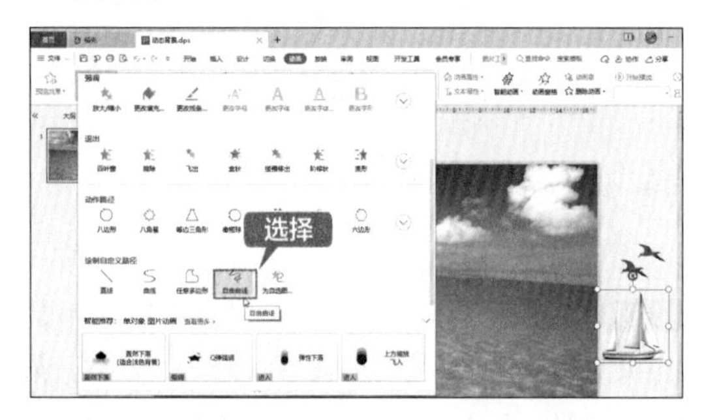

第 3 步 在幻灯片中绘制路径，按【Enter】键确认，如下图所示。

第 4 步 选择绘制的路径，打开【动画窗格】，设置【开始】为“与上一动画同时”，【速度】为“非常慢（5 秒）”，如下图所示。

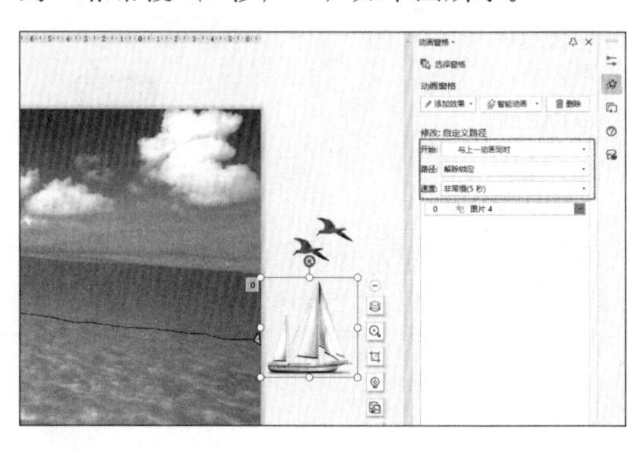

第 5 步 使用同样的方法分别为两只海鸥设置动画路径，设置【开始】为“与上一动画同时”，【速度】为“非常慢（5 秒）”，如下图所示。

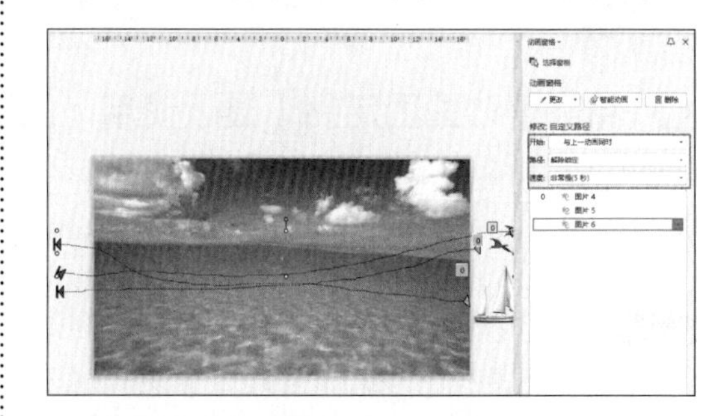

第 6 步 即可完成动态背景的制作，播放效果如下图所示。

第 11 章

放映幻灯片——活动执行方案演示文稿的放映

本章导读

幻灯片制作完成后就可以进行放映了，掌握幻灯片的放映方法与技巧并灵活使用，可以达到意想不到的效果。本章主要介绍演示文稿的放映方法，包括设置放映方式、放映开始位置及放映时的控制等内容。本章以活动执行方案演示文稿的放映为例，介绍如何放映幻灯片。

思维导图

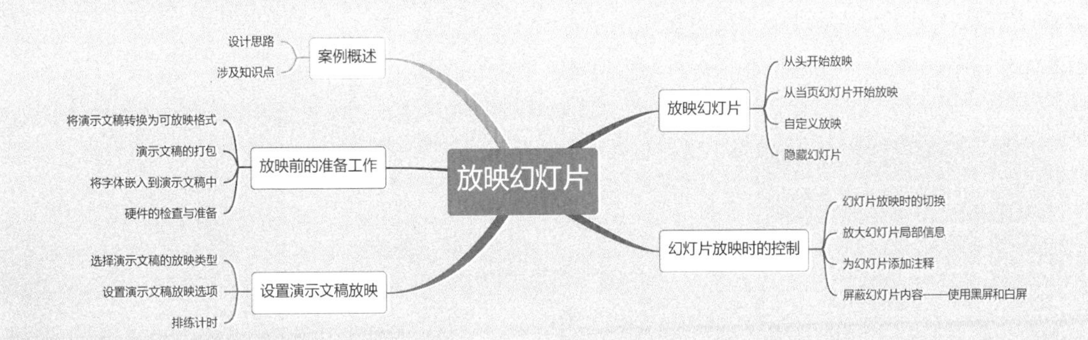

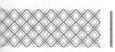

11.1 案例概述

放映活动执行方案演示文稿时要求做到简洁、清晰、重点明了，便于活动执行人员快速地接收演示文稿中的信息。

本章素材结果文件		
	素材	素材 \ch11\ 活动执行方案 .dps
	结果	结果 \ch11\ 活动执行方案 .dps

11.1.1 设计思路

放映活动执行方案演示文稿时可以按照以下思路进行。

① 做好演示文稿放映前的准备工作。

② 选择演示文稿的放映方式，并进行排练计时。

③ 自定义幻灯片的放映。

④ 使用画笔和荧光笔在幻灯片中添加注释。

⑤ 使用黑屏和白屏。

11.1.2 涉及知识点

本案例主要涉及的知识点如下图所示（脑图见“素材结果文件 \ 脑图 \ 11.pos”）。

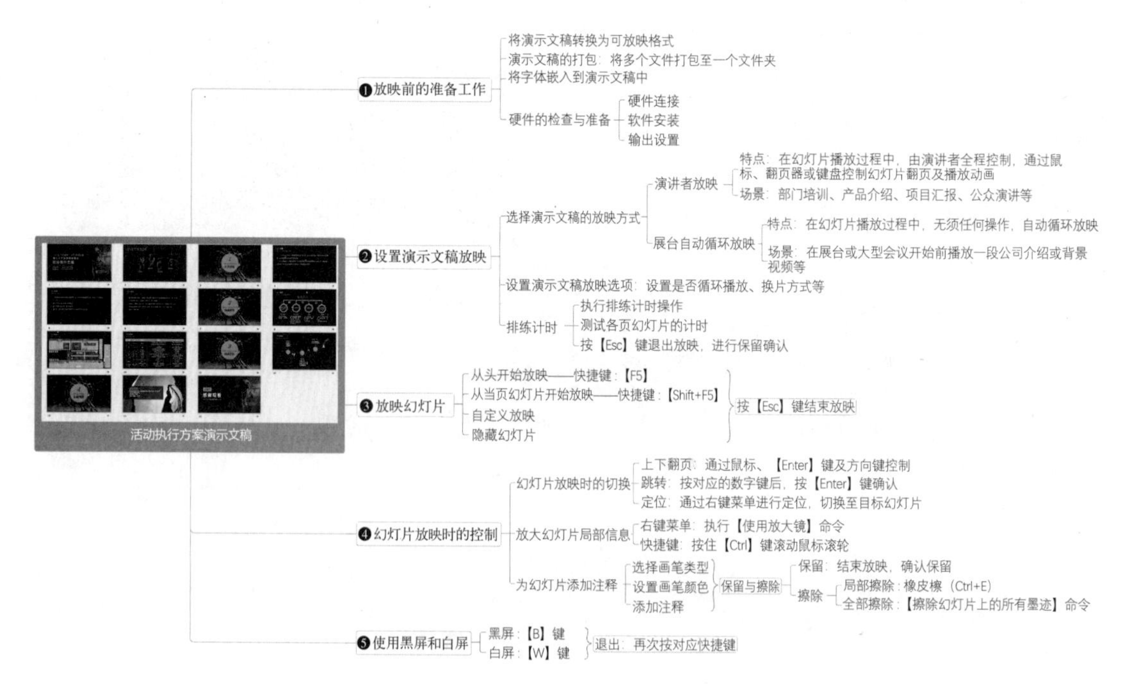

11.2 放映前的准备工作

在放映活动执行方案演示文稿之前，首先要做好准备工作，避免放映过程中出现意外。

11.2.1 将演示文稿转换为放映文件

放映演示文稿之前可以将演示文稿转换为放映文件,这样就能直接打开放映文件进行放映。将演示文稿转换为放映文件的具体操作步骤如下。

第 1 步 打开素材文件，选择【文件】→【另存为】→【其他格式】选项，如下图所示。

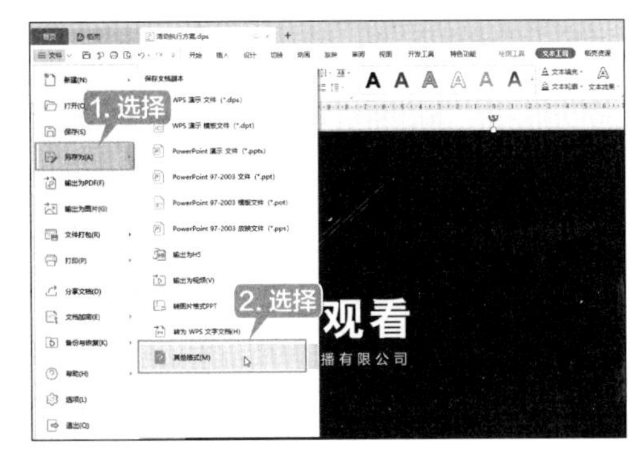

第 2 步 弹出【另存文件】对话框，设置文件名，单击【文件类型】下拉按钮，在弹出的下拉列表中选择【Microsoft PowerPoint 放映文件（*.ppsx）】选项，如下图所示。

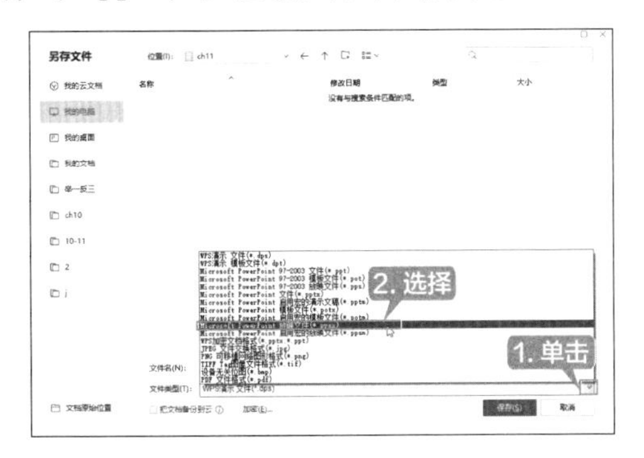

第 3 步 单击【保存】按钮，如下图所示。

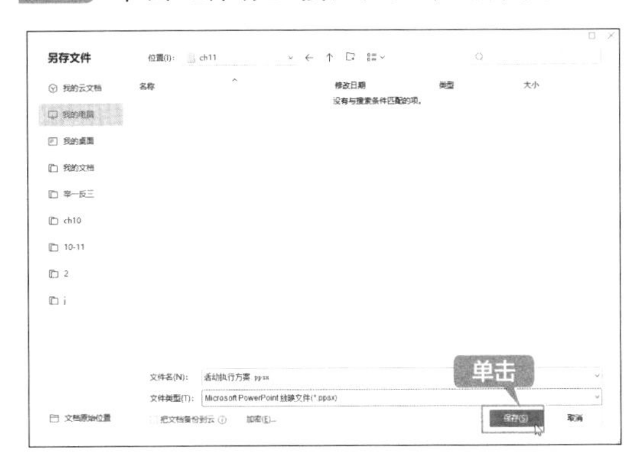

第 4 步 即可将演示文稿转换为放映文件，如下图所示。

11.2.2 演示文稿的打包

演示文稿的打包是将演示文稿中独立的文件集成到一起，生成一个独立运行的文件，避免文件损坏或无法调用等问题，具体操作步骤如下。

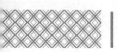

第 1 步 单击【文件】→【文件打包】→【将演示文档打包成文件夹】选项，如下图所示。

提示

选择【将演示文档打包成文件夹】选项，可以将演示文稿及相关的媒体文件复制到指定文件夹；选择【将演示文档打包成压缩文件】选项，可以将演示文稿及相关文件打包为一个压缩文件。

第 2 步 弹出【演示文件打包】对话框，输入文件夹名称，并单击【浏览】按钮，选择要保存的位置，然后单击【确定】按钮，如下图所示。

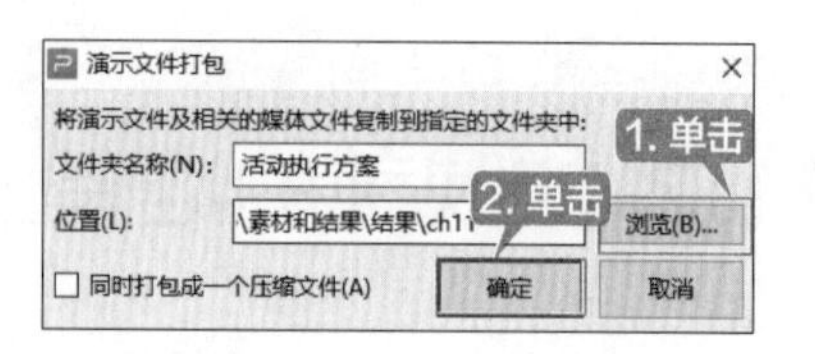

第 3 步 打包完成后，弹出如下图所示的对话框，若要查看该文件夹，可以单击【打开文件夹】按钮。

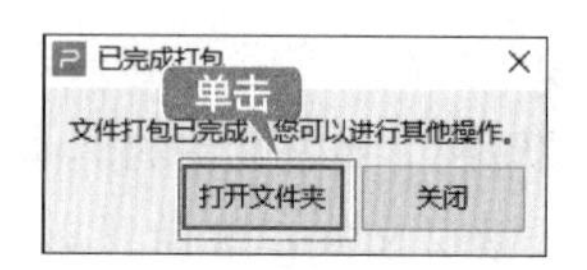

第 4 步 即可打开打包的文件夹，如下图所示。

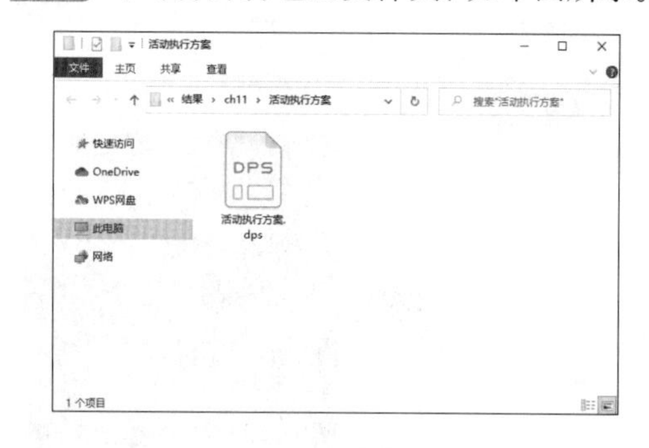

11.2.3 将字体嵌入到演示文稿中

为了获得更好的设计效果，用户通常会在幻灯片中使用一些非常漂亮的特殊字体，可是将演示文稿复制到演示现场进行放映时，这些字体变成了普通字体，甚至还因字体变化而导致格式变得不整齐，严重影响演示效果。对于这种情况，可以将这些特殊字体嵌入到演示文稿中，具体操作步骤如下。

第 1 步 单击【文件】→【选项】选项，如下图所示。

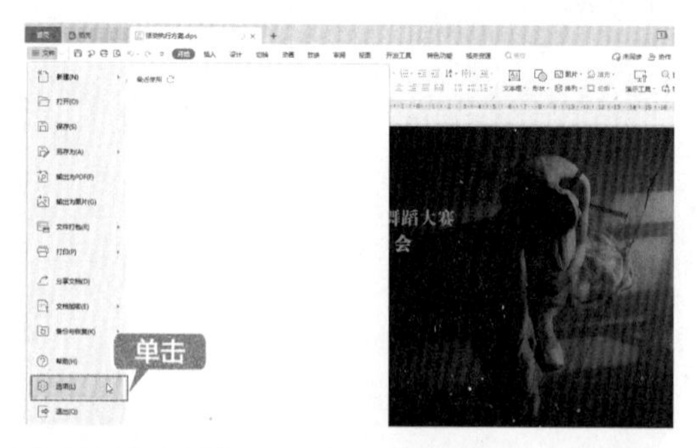

第 2 步 弹出【选项】对话框，选择【常规与保存】选项，在右侧的【共享该文档时保留保真度】区域中，勾选【将字体嵌入文件】复选框，并选择【嵌入所有字符】单选按钮，单击【确定】按钮，如下图所示。

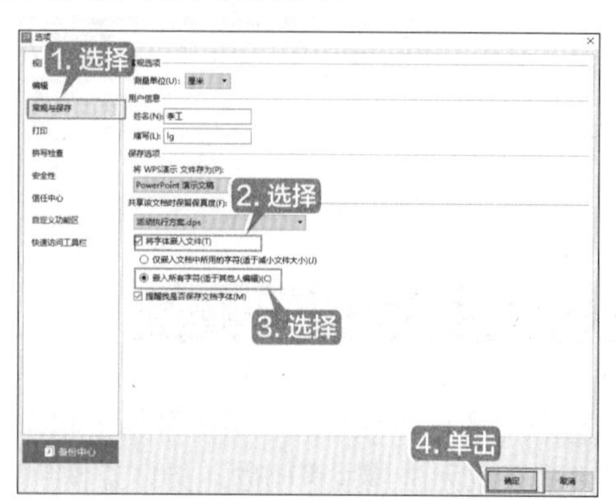

此时，再对演示文稿进行保存时，所有的字体都会嵌入演示文稿中。

11.2.4 硬件的检查与准备

在放映活动执行方案演示文稿前，要检查计算机硬件，并进行播放准备。

1. 硬件连接

大多数台式计算机只有一个 VGA 接口，因此可能要单独添加一个显卡并正确配置才能正常使用，而目前的笔记本电脑均内置了多监视器支持，使用笔记本电脑进行演示会更方便。在确定台式计算机或笔记本电脑可以多头输出信号的情况下，将外接显示设备的信号线正确连接到视频输出口上，并打开外接显示设备的电源，就可以完成硬件连接了。

2. 软件安装

对于支持多显示输出的台式计算机或笔记本电脑来说，计算机上的显卡驱动安装也是十分重要的，如果计算机没有正确安装显卡驱动，则可能无法使用多头输出显示信号功能。因此，需要安装并保证显卡驱动正常。

3. 输出设置

显卡驱动正确安装后，在任务栏的最右端会显示图形控制图标，单击该图标，在弹出的显示设置快捷菜单中执行【图形选项】→【输出至】→【扩展桌面】→【笔记本电脑 + 监视器】命令，即可完成以笔记本电脑屏幕作为主显示器，以外接显示设备作为辅助输出的设置。

11.3 设置演示文稿放映

用户可以对活动执行方案演示文稿的放映进行放映类型、排练计时等设置。

11.3.1 选择演示文稿的放映类型

在 WPS 演示中，演示文稿的放映类型包括演讲者放映和展台自动循环放映 2 种。

用户可以通过单击【放映】选项卡下的【放映设置】按钮，在弹出的【设置放映方式】对话框中进行放映类型、放映选项及换片方式等设置。

1. 演讲者放映

演讲者放映是指由演讲者一边讲解一边放映幻灯片，此放映类型一般用于比较正式的场合，如部门培训、专题讲座、产品介绍、项目汇报等。将演示文稿的放映类型设置为演讲者放映的具体操作步骤如下。

第 1 步 单击【放映】选项卡下的【放映设置】按钮，如下图所示。

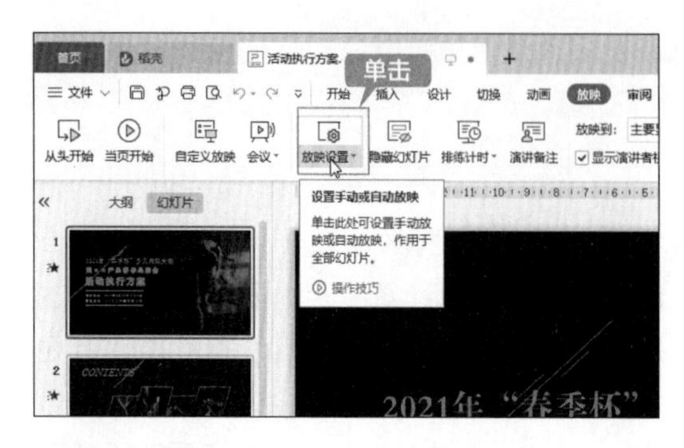

第 2 步 弹出【设置放映方式】对话框，【放映类型】默认设置即为【演讲者放映】，如下图所示。

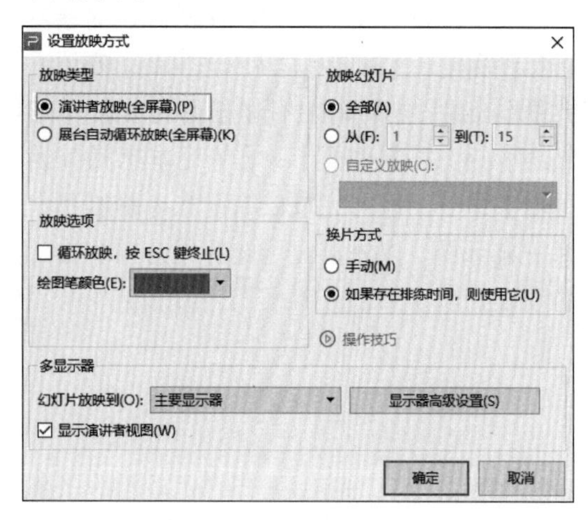

2. 展台自动循环放映

展台自动循环放映可以让多媒体幻灯片自动放映而不需要演讲者操作，如放映展览会的产品展示等。

单击【放映】选项卡下的【放映设置】按钮，在弹出的【设置放映方式】对话框的【放映类型】区域中选中【展台自动循环放映】单选按钮，即可将放映类型设置为展台自动循环放映，如下图所示。

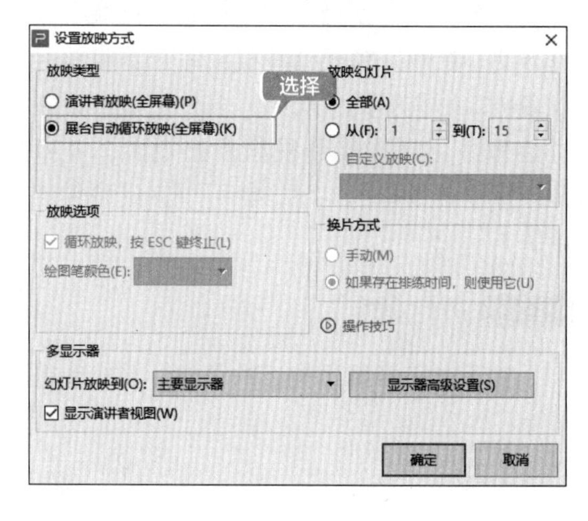

11.3.2 设置演示文稿放映选项

选择演示文稿的放映类型后，用户需要设置演示文稿的放映选项，具体操作步骤如下。

第 1 步 单击【放映】选项卡下的【放映设置】按钮，如下图所示。

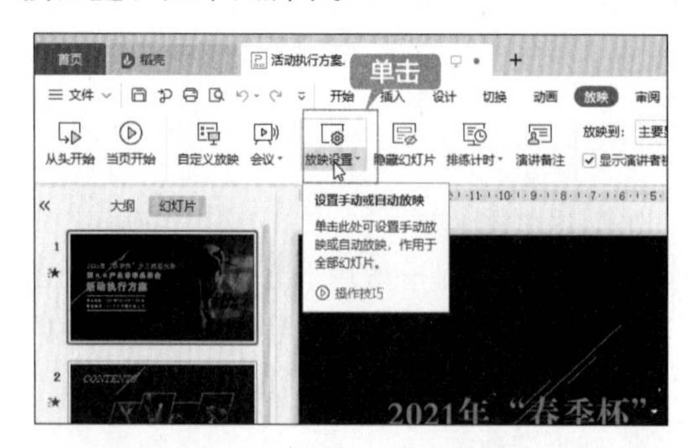

第 2 步 弹出【设置放映方式】对话框，选中【演讲者放映】单选按钮，如下图所示。

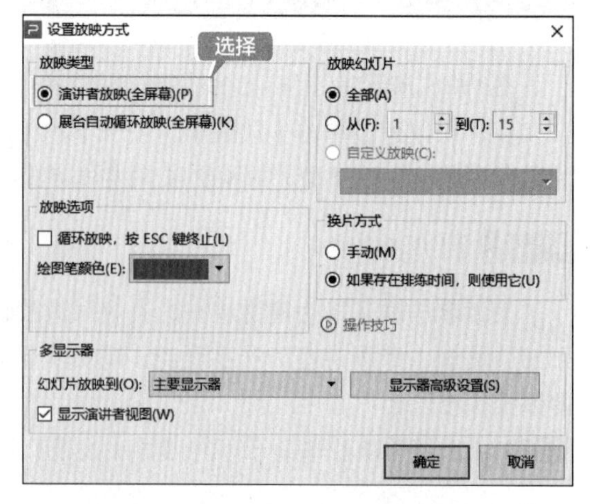

第 3 步 在【设置放映方式】对话框的【放映

选项】区域中勾选【循环放映，按 ESC 键终止】复选框，可以在最后一页幻灯片放映结束后自动返回第一页幻灯片循环放映，直到按【Esc】键结束放映，如下图所示。

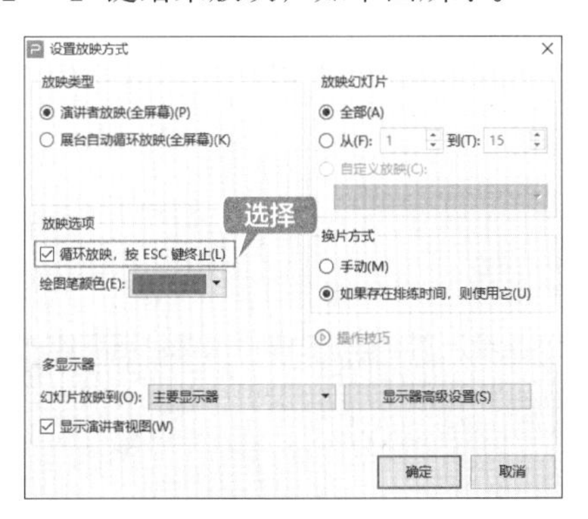

第 4 步 在【换片方式】区域中选中【手动】单选按钮，设置演示过程中的换片方式为手动，可以取消使用排练计时，如下图所示。

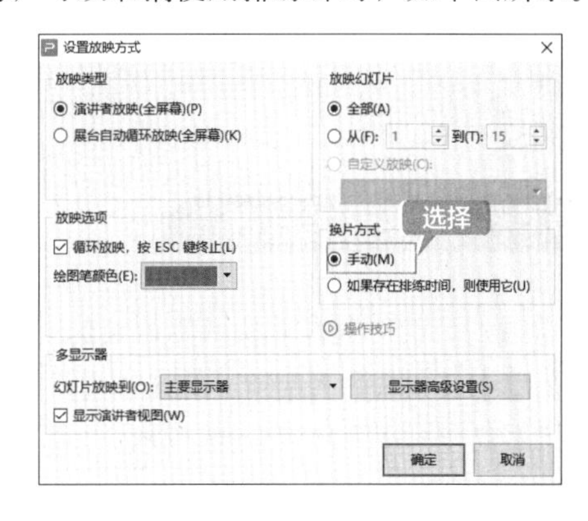

11.3.3 排练计时

在演示的排练过程中，演讲者可以借助 WPS 演示的排练计时功能，根据各部分信息内容的重要程度合理安排每一部分的演讲时间，控制整个演讲的节奏和语速，具体操作步骤如下。

第 1 步 单击【放映】选项卡下的【排练计时】下拉按钮，在弹出的菜单中选择【排练全部】选项，如下图所示。

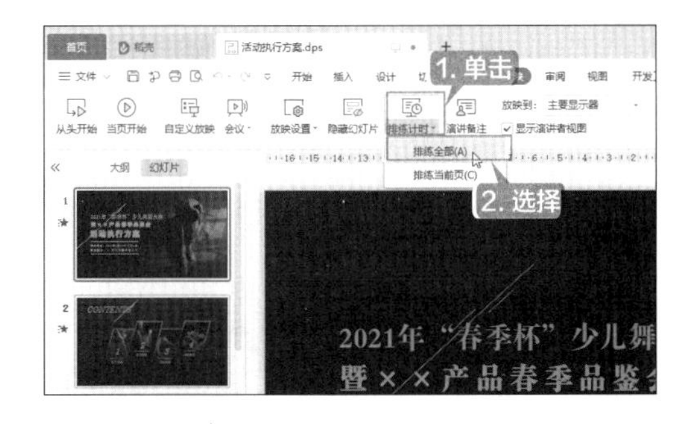

第 2 步 即可放映幻灯片，左上角会出现【预演】对话框，在【预演】对话框内可以控制暂停、继续等操作，如下图所示。

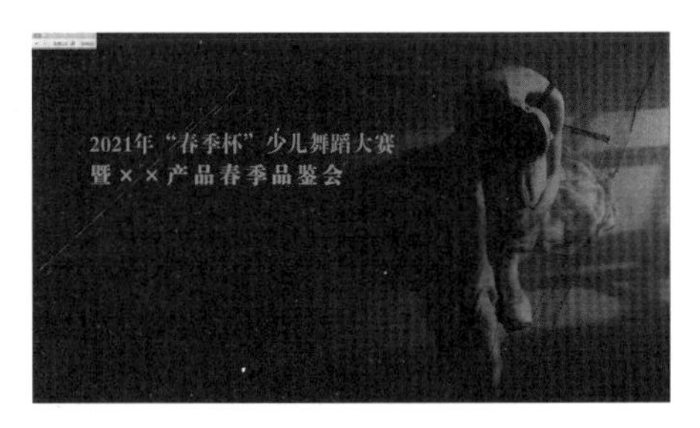

第 3 步 幻灯片放映完成后，弹出对话框，根据需要单击【是】或【否】按钮，选择是否保留幻灯片的排练时间，如下图所示。

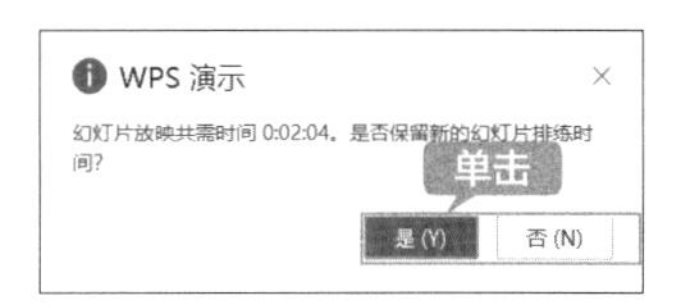

第 4 步 排练结束后，可以通过幻灯片浏览，查看每页幻灯片的排练时长。单击【视图】选项卡下的【幻灯片浏览】按钮即可进行查看，如下图所示。

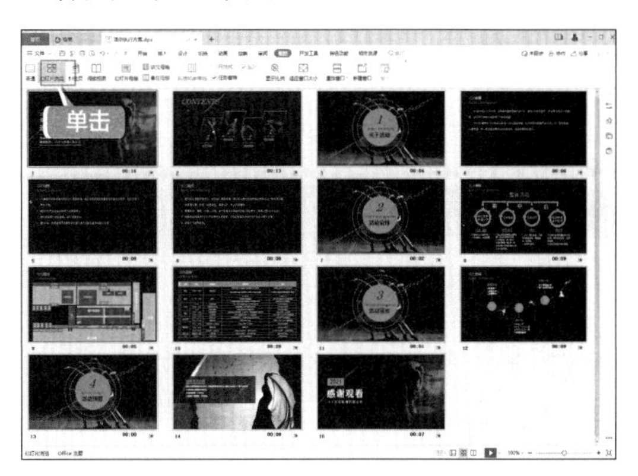

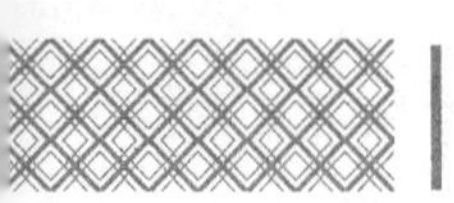

11.4 放映幻灯片

用户可以根据实际需要，选择幻灯片的放映方法，如从头开始放映、从当页幻灯片开始放映、自定义放映等。

11.4.1 从头开始放映

放映幻灯片一般是从头开始放映的，从头开始放映的具体操作步骤如下。

第 1 步 单击【放映】选项卡下的【从头开始】按钮 或按【F5】键，如下图所示。

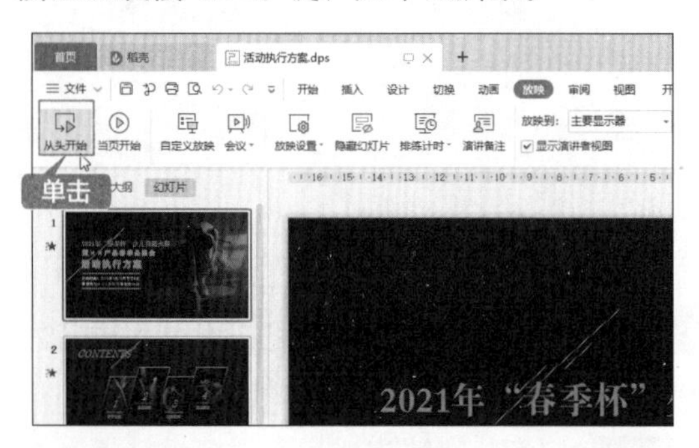

第 2 步 即可从头开始放映幻灯片，如下图所示。

第 3 步 单击鼠标、按【Enter】键或按空格键即可切换到下一页幻灯片，如下图所示。

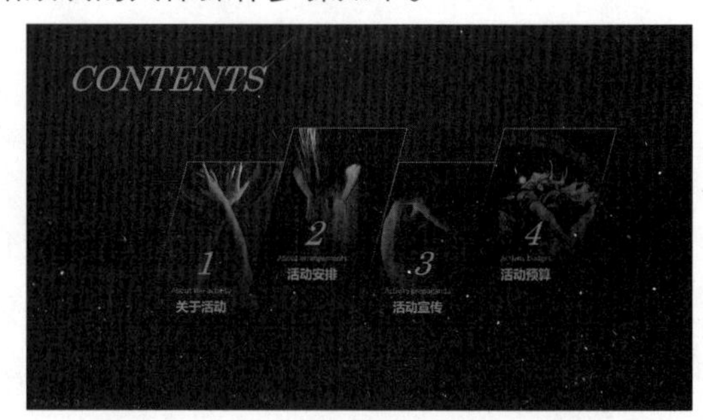

提示

按键盘上的上、下、左、右方向键或滚动鼠标滚轮也可以向上或向下切换幻灯片。

第 4 步 按【Esc】键则退出放映，返回幻灯片普通视图界面，如下图所示。

11.4.2 从当页幻灯片开始放映

在放映幻灯片时可以从选定的当页幻灯片开始放映，具体操作步骤如下。

第 1 步 选中第 3 张幻灯片，单击【放映】选项卡下的【当页开始】按钮 或按【Shift+F5】组合键，如下图所示。

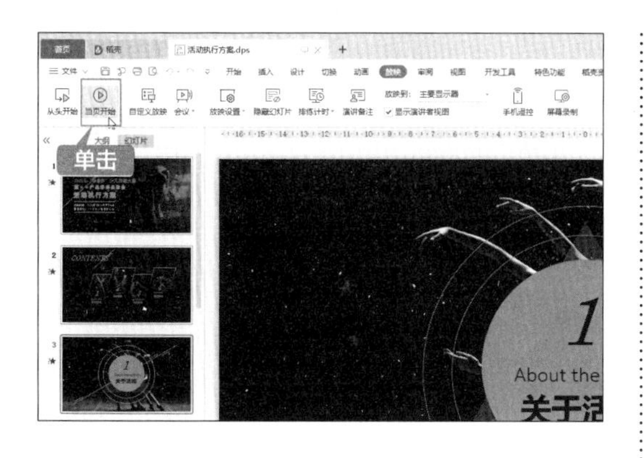

第 2 步 即可从当页幻灯片开始放映，如下图所示。

11.4.3 自定义放映

利用【自定义放映】功能，可以为幻灯片设置多种自定义放映方式。设置自定义放映幻灯片的具体操作步骤如下。

第 1 步 单击【放映】选项卡下的【自定义放映】按钮，如下图所示。

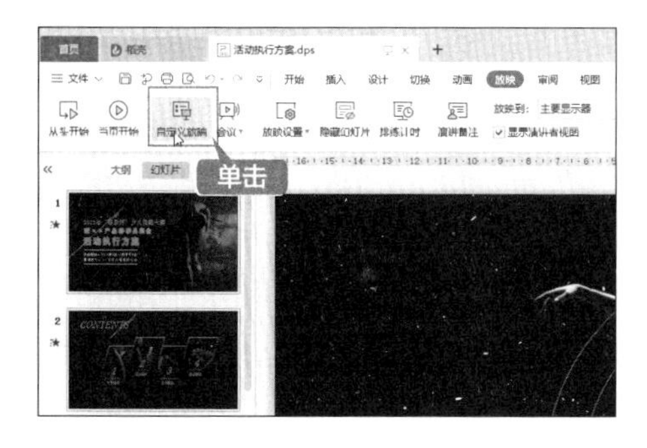

第 2 步 弹出【自定义放映】对话框，单击【新建】按钮，如下图所示。

第 3 步 弹出【定义自定义放映】对话框，可以命名幻灯片放映的名称，并在【在演示文稿中的幻灯片】列表框中选择需要放映的幻灯片，然后单击【添加】按钮即可将选中的幻灯片添加到【在自定义放映中的幻灯片】列表框中，单击【确定】按钮，如下图所示。

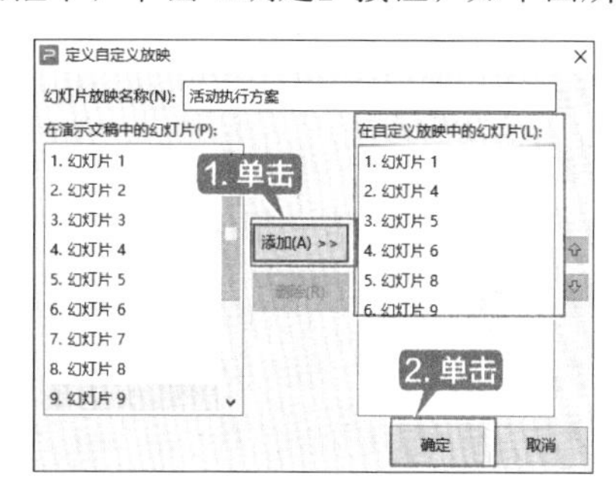

第 4 步 返回【自定义放映】对话框，选择自定义放映方案，然后单击【放映】按钮，如下图所示。

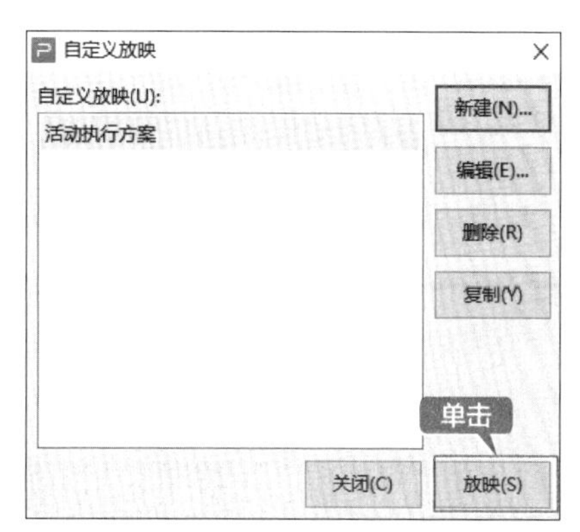

第 5 步 即可自定义放映幻灯片，如下图所示。

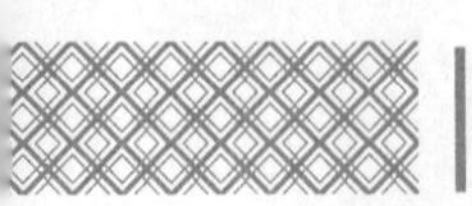

第 6 步 如果要对设置的自定义放映方案进行修改或删除，可以再次单击【自定义放映】按钮，打开【自定义放映】对话框，对自定义放映方案进行编辑或删除，如下图所示。

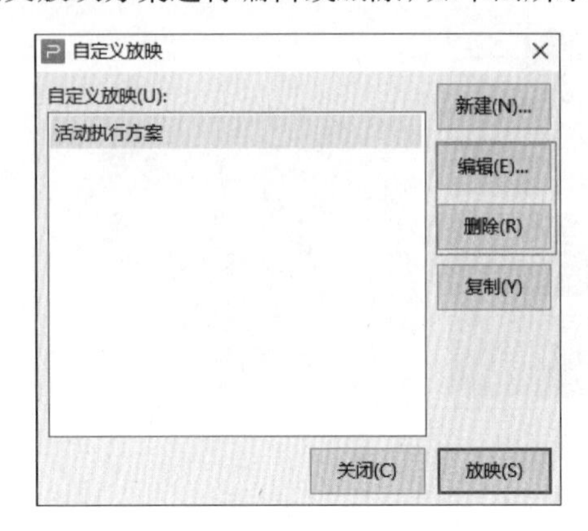

11.4.4 隐藏幻灯片

在放映演示文稿时，可以通过自定义放映选择播放其中的部分幻灯片，也可以隐藏部分幻灯片，放映时将不再显示，具体操作步骤如下。

第 1 步 选择要隐藏的幻灯片，单击【放映】选项卡下的【隐藏幻灯片】按钮，如下图所示。

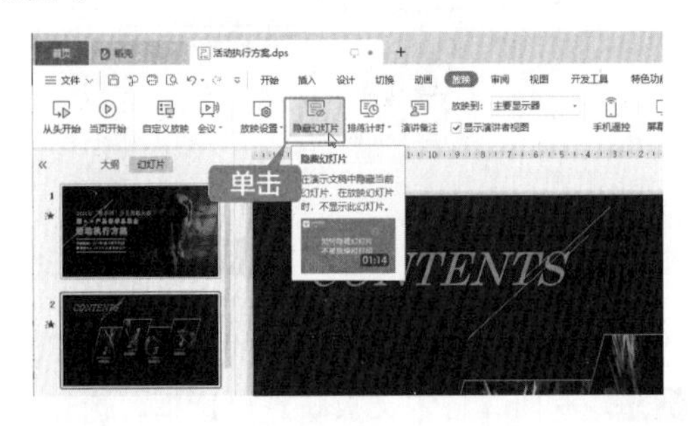

第 2 步 此时【幻灯片】窗格中，该页幻灯片缩略图左上角即会显示被隐藏标识，如下图所示。

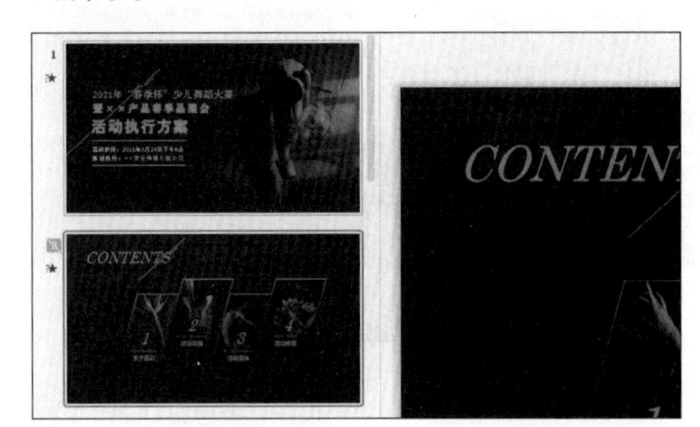

提示

如果要将隐藏的幻灯片正常显示，则选择该页幻灯片，再次单击【隐藏幻灯片】按钮即可。

11.5 幻灯片放映时的控制

在活动执行方案演示文稿的放映过程中，可以控制幻灯片的切换、放大幻灯片局部信息、为幻灯片添加注释等。

11.5.1 幻灯片放映时的切换

在放映幻灯片的过程中，可以通过鼠标、【Enter】键及方向键控制翻页，如果需要切换至

指定幻灯片页面，可以执行以下操作。

第 1 步 按【F5】键，即可放映演示文稿，如下图所示。如果需要跳转至某一页，如跳转至第 8 页，则按【8】数字键，然后按【Enter】键确认。

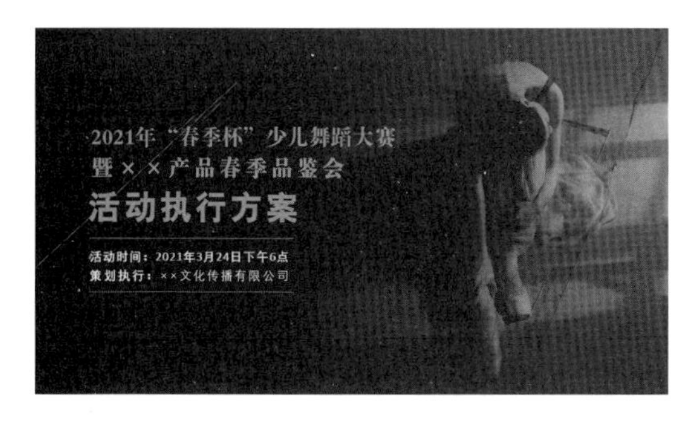

第 2 步 即可跳转至第 8 页幻灯片，如下图所示。

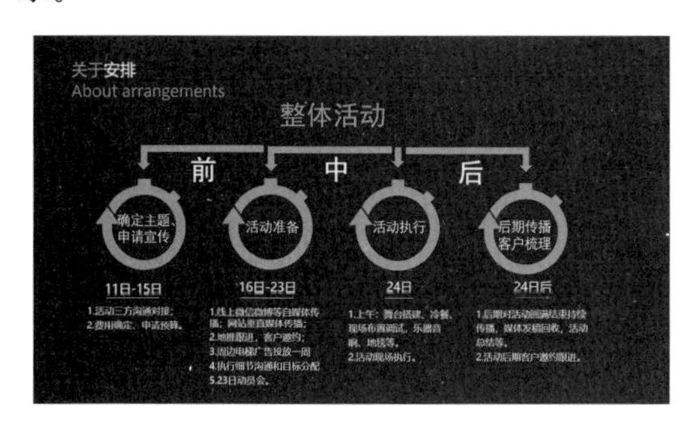

第 3 步 另外，也可以在放映幻灯片页面中右击，在弹出的菜单中，单击【定位】→【按标题】命令，然后选择要定位的幻灯片页面，如选择【14 幻灯片 14】，如下图所示。

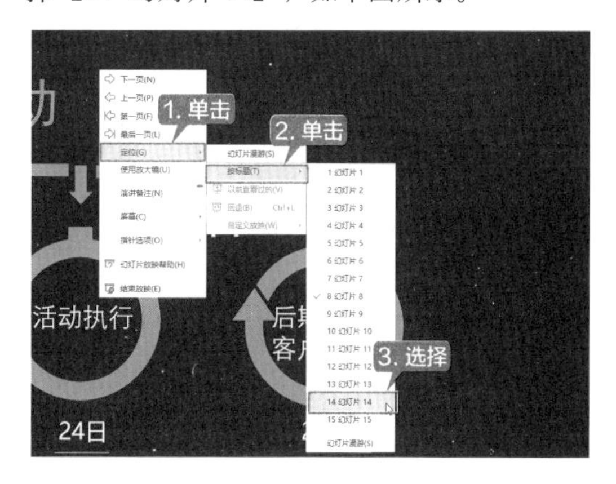

第 4 步 即可跳转至“幻灯片 14”，如下图所示。

11.5.2 放大幻灯片局部信息

在活动执行方案演示文稿的放映过程中，如果某页幻灯片文字信息较多，可以局部放大幻灯片，强调重点内容，具体操作步骤如下。

第 1 步 在放映幻灯片页面中右击，在弹出的快捷菜单中，单击【使用放大镜】命令，如下图所示。

第 2 步 此时，幻灯片页面即会放大显示。屏幕右下角会显示一个缩放窗口，该窗口中显示了该页幻灯片缩略图和一个红框，红框内是屏幕显示的区域，拖动红框可以自由调整要显示的幻灯片区域，如下图所示。

第 3 步 拖动缩放窗口中的红框调整显示区域的效果如下图所示。在缩放窗口中单击“+”按钮可以对当前幻灯片进行放大显示，单击“–”按钮则可以缩小显示，单击“=”按钮或直接在幻灯片页面上单击鼠标左键、右键都可以快速恢复原始大小。

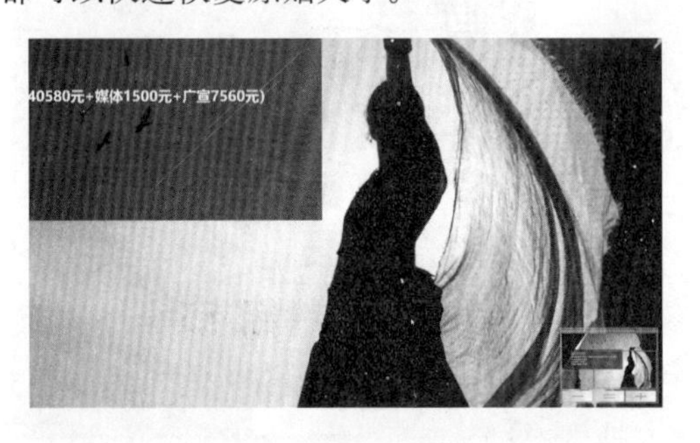

第 4 步 另外，按住【Ctrl】键并按键盘上的【↑】【↓】键或滚动鼠标滚轮，也同样可以放大或缩小幻灯片页面，且不会显示缩放窗口，如下图所示。在放大幻灯片后，可以通过按键盘上的【↑】【↓】【←】【→】键或按住鼠标左键拖曳来调整要显示的区域。

11.5.3 为幻灯片添加注释

要想使观看者更加了解幻灯片所展示的内容，可以在幻灯片中添加注释。添加注释的具体操作步骤如下。

第 1 步 放映幻灯片，单击左下角的 图标，在弹出的快捷菜单中选择【水彩笔】命令，如下图所示。

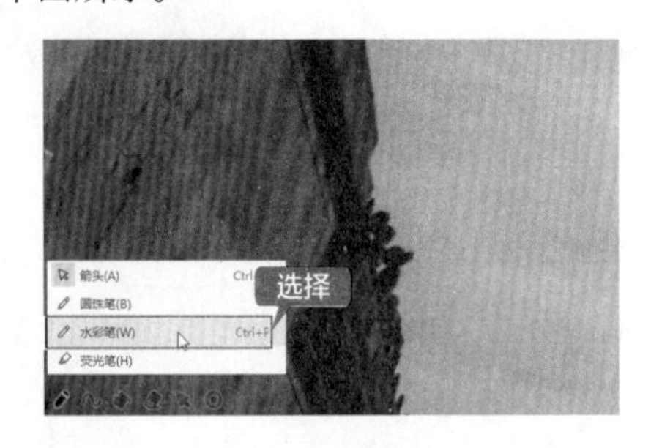

第 2 步 此时，鼠标指针变为水彩笔形状 ，单击左下角的 图标，在弹出的颜色列表中选择一种颜色，如这里选择【橙色】，如下图所示。

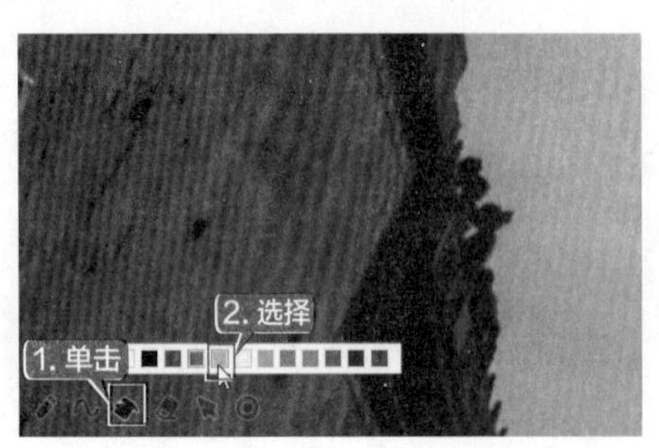

第 3 步 此时，水彩笔形状 的笔头颜色变为橙色，可以拖曳鼠标在幻灯片上添加注释，如下图所示。

第 4 步 单击左下角的 图标，在弹出的快捷菜单中选择【波浪线】命令，如下图所示。

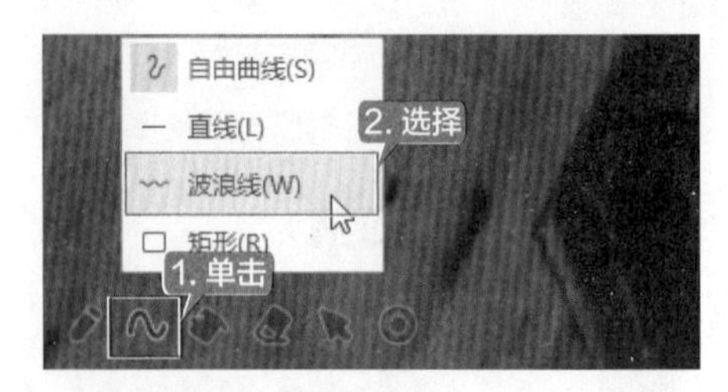

第 5 步 此时，鼠标指针变为 形状，可以拖曳鼠标在幻灯片上添加波浪线，如下图所示。

第 6 步 在放映幻灯片时，可以按【Ctrl+E】组合键执行【橡皮擦】命令，鼠标指针变为橡皮擦形状 时，在幻灯片中有注释的位置按住鼠标左键拖曳，即可擦除注释。单击左下角的 图标，在弹出的快捷菜单中选择【擦除幻灯片上的所有墨迹】命令，可以清除全部注释，如下图所示。

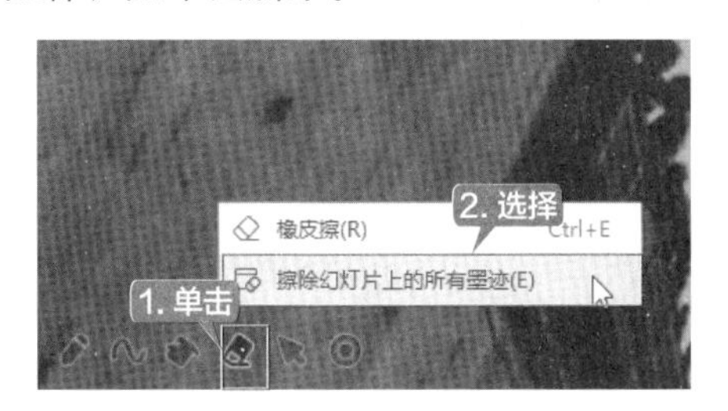

第 7 步 结束放映幻灯片时，会弹出对话框询问是否保留墨迹注释，单击【保留】按钮，如下图所示。

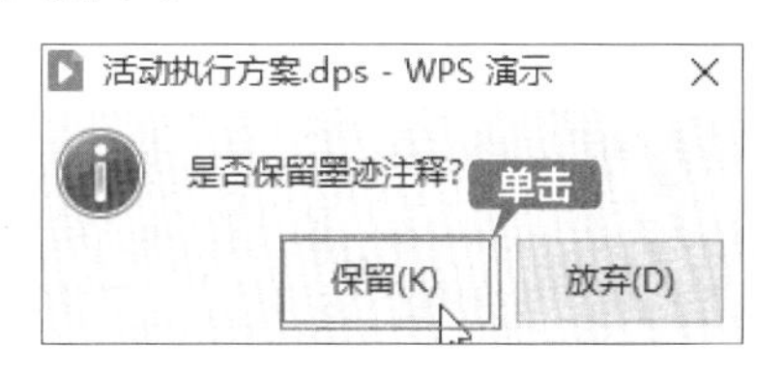

第 8 步 即可保留墨迹注释，如下图所示。

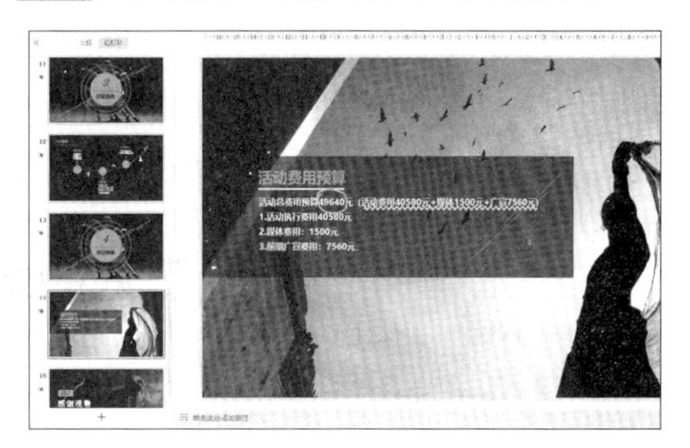

11.5.4 屏蔽幻灯片内容——使用黑屏和白屏

在演示文稿放映过程中，如果需要观众关注下面要放映的内容，可以使用黑屏和白屏来提醒观众。使用黑屏和白屏的具体操作步骤如下。

第 1 步 按【F5】键放映幻灯片，如下图所示。

第 2 步 在放映幻灯片时，按【W】键，即可使屏幕变为白屏，如下图所示。

第 3 步 再次按【W】键或按【Esc】键，即可返回幻灯片放映页面，如下图所示。

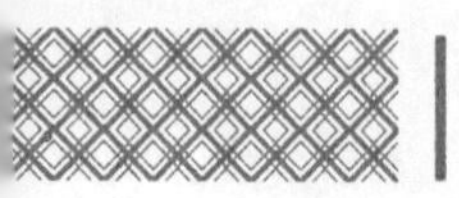

第 4 步 按【B】键，即可使屏幕变为黑屏，如下图所示。再次按【B】键或按【Esc】键，即可返回幻灯片放映页面。

员工入职培训演示文稿的放映

员工入职培训演示文稿主要用于对新入职员工进行岗前培训，帮助新员工快速适应新工作。WPS 演示为用户提供了多种放映功能，可以使用排练计时、自定义放映、放大幻灯片局部信息、添加注释等功能，方便幻灯片的展示。放映员工入职培训演示文稿时可以按照以下思路进行。

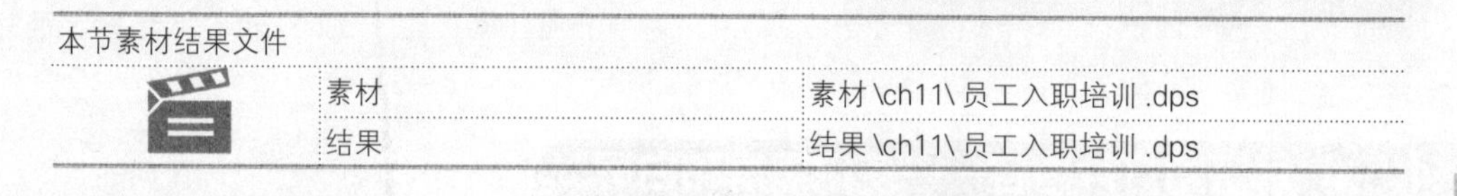

本节素材结果文件

	素材	素材 \ch11\ 员工入职培训 .dps
	结果	结果 \ch11\ 员工入职培训 .dps

1. 放映前的准备工作

打开素材文件，单击【文件】→【选项】选项，打开【选项】对话框，勾选【将字体嵌入文件】复选框，如下图所示。

2. 设置放映方式

选择演示文稿的放映类型，并设置演示文稿的放映选项，进行排练计时，如下图所示。

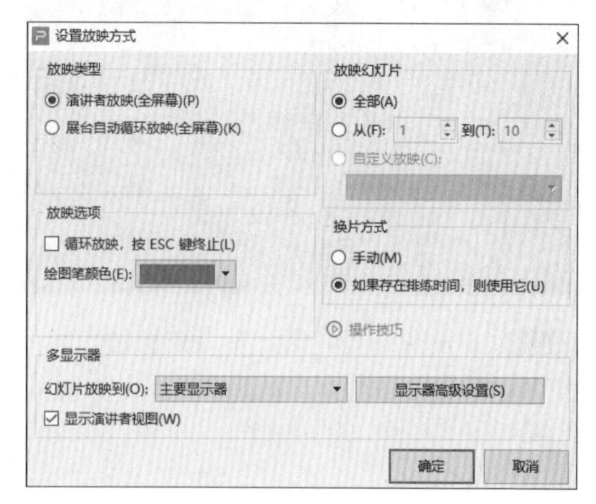

3. 放映幻灯片

选择从头开始放映、从当页幻灯片开始放映或自定义放映等方式放映幻灯片，如下图所示。

4. 幻灯片放映时的控制

在员工入职培训演示文稿的放映过程中，可以通过幻灯片跳转、放大幻灯片局部信息、为幻灯片添加注释等来控制幻灯片的放映，如下图所示。

◇ 放映幻灯片时隐藏鼠标指针

在放映幻灯片时可以隐藏鼠标指针，以得到更好的放映效果，具体操作步骤如下。

第 1 步 打开演示文稿，按【F5】键进入幻灯片放映界面，如下图所示。

第 2 步 单击左下角的 图标，在弹出的快捷菜单中，选择【自动】选项，鼠标停止移动时将自动隐藏鼠标指针，当再次移动鼠标时会显示鼠标指针，如下图所示。

提示

选择【永远隐藏】选项或按【Ctrl+H】组合键，在放映幻灯片时，可以永远隐藏鼠标指针。

◇ 将演示文稿转换为视频

演示文稿制作完成后，可以将其转换为视频，具体操作步骤如下。

第 1 步 单击【文件】→【另存为】→【输出为视频】选项，如下图所示。

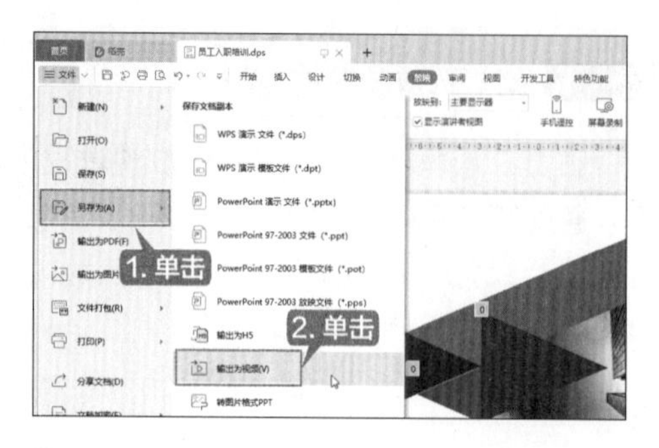

第 2 步 弹出【另存文件】对话框，选择保存路径并设置文件名后，单击【保存】按钮，如下图所示。

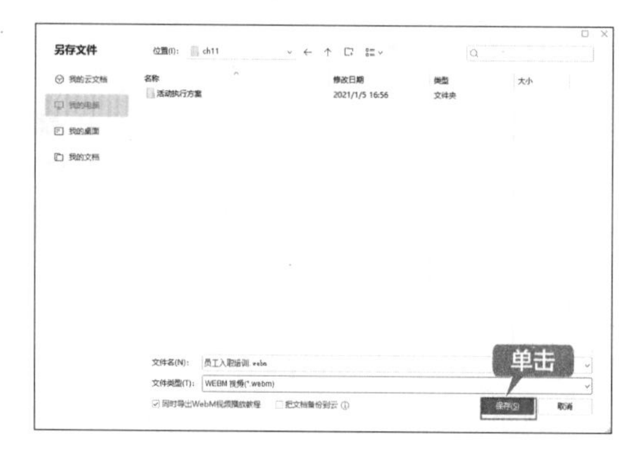

提示

WPS Office 目前仅支持将演示文稿转换为 WEBM 格式视频，需要在电脑中安装相应的解码器及音频插件才能使用。如果希望转换为 MP4 格式，可以单击【放映】→【屏幕录制】按钮，通过屏幕录制的形式，生成 MP4 格式视频，还支持麦克风录音、自定义录屏大小、摄像头及视频剪辑等。

第 3 步 当首次输出为视频时，会弹出提示框提示需要特定的解码器，单击【下载并安装】按钮，如下图所示。

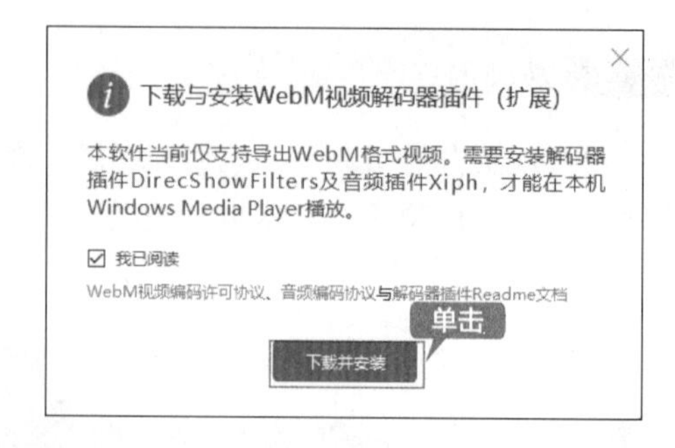

第 4 步 WPS Office 会自动下载并安装该解码器，完成后弹出提示框，单击【完成】按钮，如下图所示。

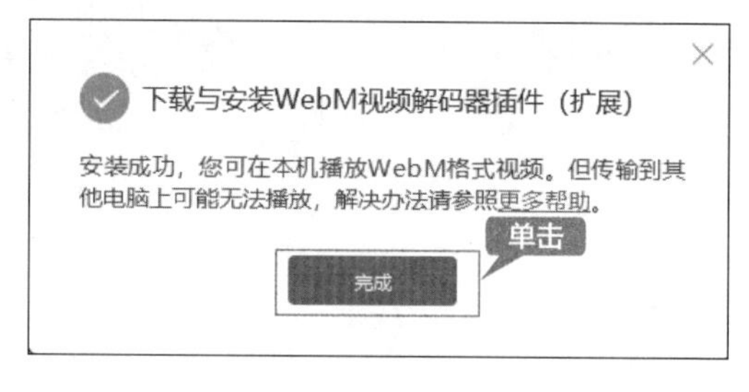

第 5 步 此时，WPS Office 会将该演示文稿输出为视频格式，并显示输出进度，如下图所示。

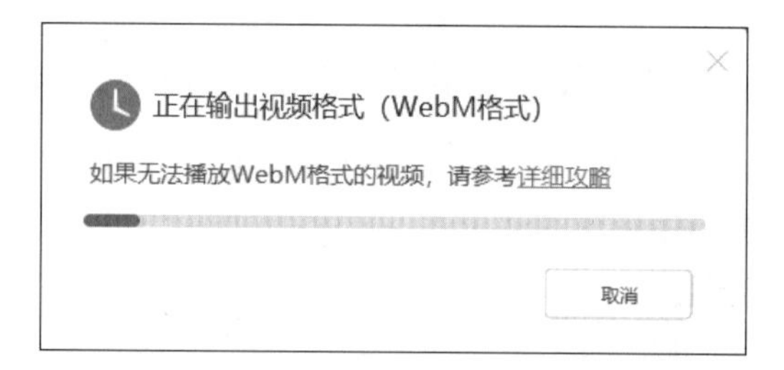

第 6 步 输出完成后，双击转换的文件，即可播放视频，如下图所示。

第4篇

PDF 等特色功能篇

第 12 章

玩转 PDF——轻松编辑 PDF 文档

本章导读

PDF 是一种便携式文档格式，可以更鲜明、准确、直观地展示文档内容，而且兼容性好，无法随意编辑，并支持多样化的格式转换，广泛应用于各种工作场景，如公司文件、学习资料、电子图书、产品说明、文章资讯等。本章主要介绍新建、编辑和处理 PDF 文档的操作技巧。

思维导图

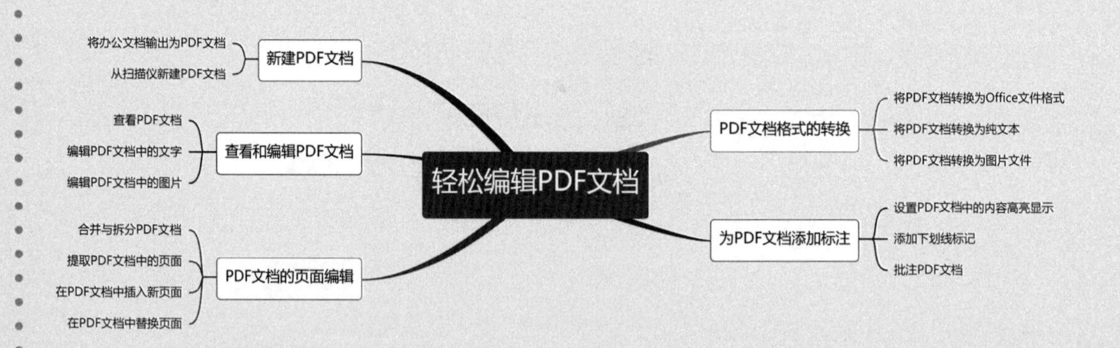

12.1 新建 PDF 文档

在学习编辑 PDF 文档之前，掌握如何新建 PDF 文档是非常有必要的，下面介绍新建 PDF 文档的方法。

12.1.1 将办公文档输出为 PDF 文档

WPS Office 支持将文字、表格及演示文档输出为 PDF 文档，具体操作步骤如下。

第 1 步 使用 WPS Office 打开要转换的办公文档，如这里打开演示文稿，单击【输出为 PDF】按钮，如下图所示。

第 2 步 弹出【输出为 PDF】对话框，选择要转换的页面范围，选择输出设置和保存目录，单击【开始输出】按钮，如下图所示。

提示

单击【添加文件】按钮，可以添加多个文件进行批量转换。在【输出设置】中，输出为“普通 PDF”后，可以通过编辑软件编辑 PDF 文档，而“纯图 PDF”则转换为图片形式，不可复制，也不可编辑。

第 3 步 即可开始输出，并显示输出状态，提示“输出成功”后，表示已经完成转换，如下图所示。

第 4 步 打开设置的保存目录文件夹，即可看到输出的 PDF 文档，如下图所示。

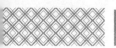

12.1.2 从扫描仪新建 PDF 文档

用户可以使用扫描仪将一些纸质文档扫描并创建为 PDF 文档，具体操作步骤如下。

第 1 步 将要扫描的纸质文档放入扫描仪中，打开 WPS Office，单击【新建】→【PDF】选项，在【新建 PDF】区域中，单击【从扫描仪新建】选项，如下图所示。

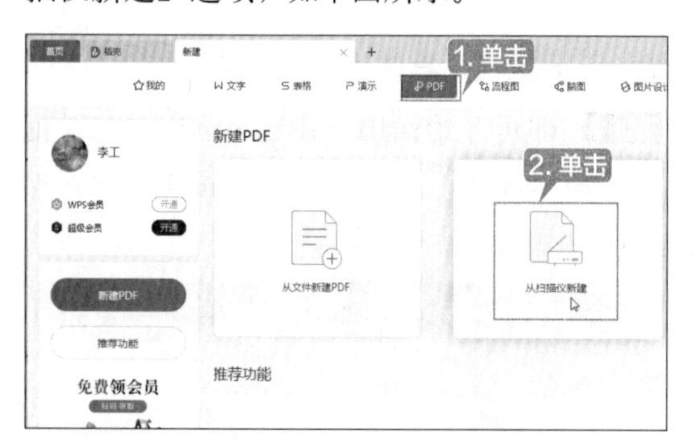

第 2 步 弹出【扫描设置】对话框，选择扫描仪，然后单击【确定】按钮，如下图所示。

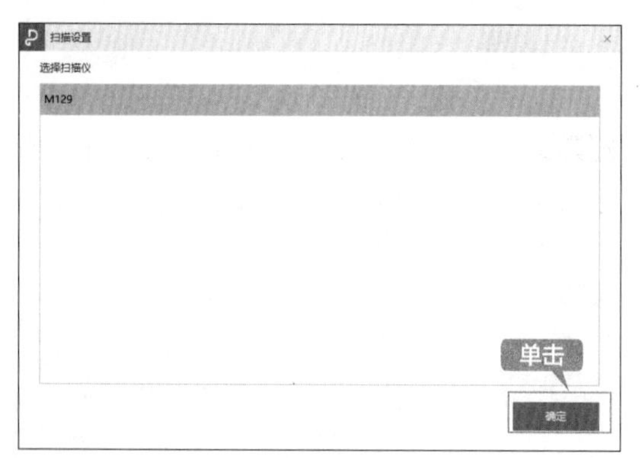

第 3 步 弹出如下图所示的对话框，设置扫描选项，单击【扫描】按钮。

第 4 步 即可对纸质文档进行扫描并显示扫描状态，如下图所示。

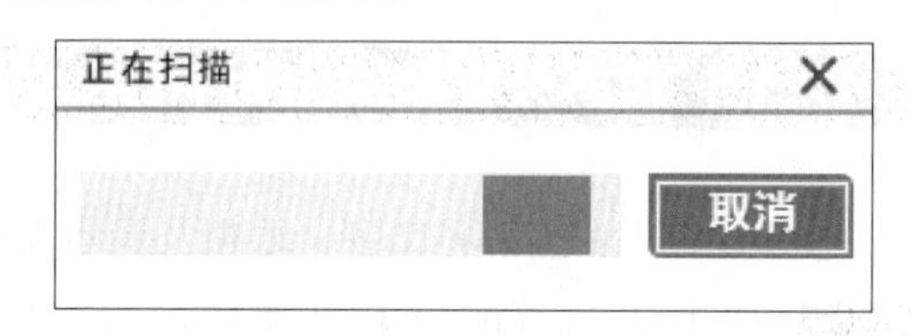

第 5 步 扫描完成后，即可新建一个 PDF 文档，如下图所示。

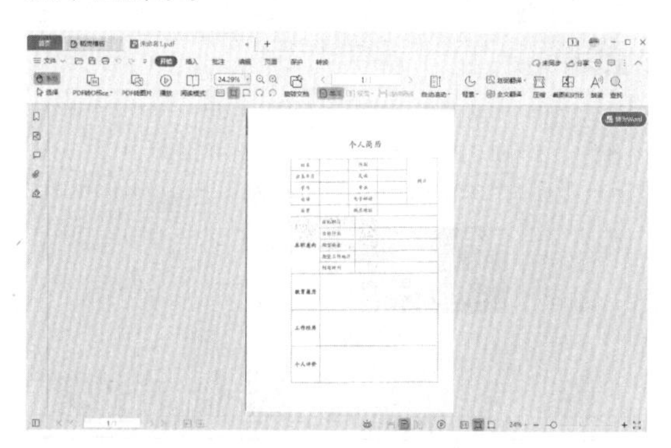

第 6 步 按【Ctrl+S】组合键，弹出【另存文件】对话框，设置文件名，单击【保存】按钮，即可保存新建的 PDF 文档，如下图所示。

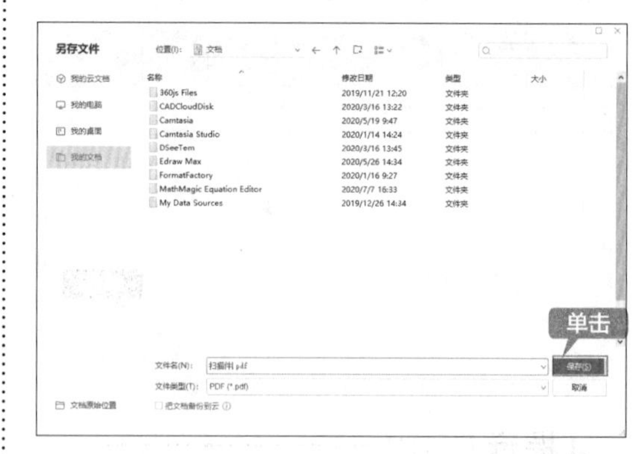

12.2 查看和编辑 PDF 文档

WPS Office 支持查看和编辑 PDF 文档，如阅读 PDF 文档，编辑文字、图片，添加水印和签名等。本节具体介绍查看和编辑 PDF 文档的操作方法。

12.2.1 查看 PDF 文档

查看 PDF 文档和查看文字、表格及演示文稿文档的方法一致，具体操作步骤如下。

第 1 步 双击 PDF 文档，WPS Office 即可打开该文档，如下图所示。

第 2 步 单击窗口左侧的【查看文档缩略图】按钮，即可打开【缩略图】窗格，显示文档各页内容的缩略图，用户可单击缩略图定位至相应页，如下图所示。

提示

也可以通过滚动鼠标滚轮阅读 PDF 文档，或通过左下角的页码控制按钮，切换阅读页面。

第 3 步 拖曳窗口右下角的控制柄，可以调整 PDF 文档的显示比例，方便阅读，如下图所示。

第 4 步 单击窗口右下角的【全屏】按钮或按【F11】键，即可全屏查看该 PDF 文档，如下图所示。

提示

再次按【F11】键或按【Esc】键，即可退出全屏视图。

12.2.2 编辑 PDF 文档中的文字

编辑 PDF 文档中的文字是最常用的编辑 PDF 操作之一，具体操作步骤如下。

第 1 步 打开“素材 \ch12\ 公司年中工作报告 .pdf”文档，单击【编辑】选项卡下的【编辑文字】按钮，如下图所示。

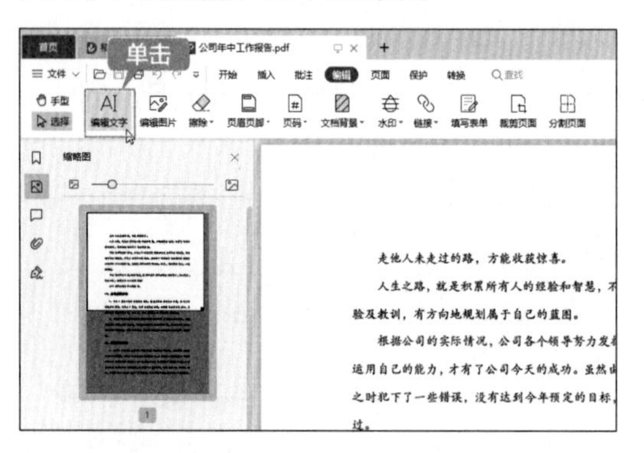

提示

编辑文字功能仅支持 WPS Office 会员使用。另外，纯图 PDF 是无法进行文字编辑的。

第 2 步 即可进入文字编辑模式，文本内容会显示在文本框中，如下图所示。

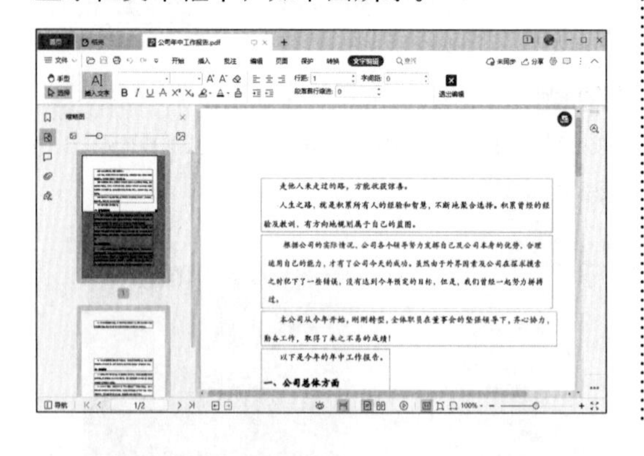

第 3 步 将光标定位至要修改的位置，如定位在第一段，输入“公司年中工作报告”，如下图所示。

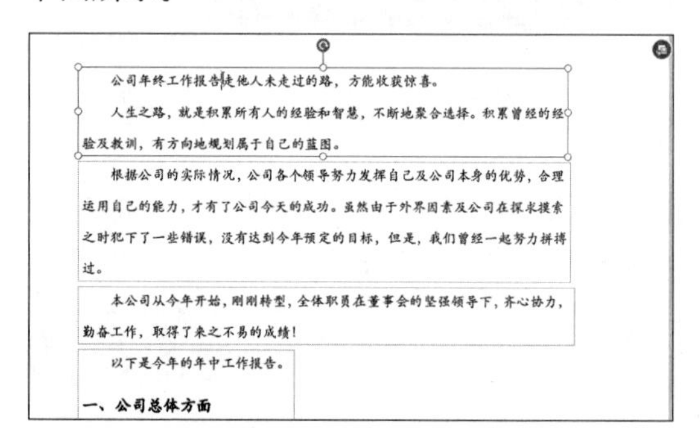

第 4 步 在输入的文本后按【Enter】键，使后面的内容另起一行，然后调整文字和段落的格式、文本框大小和位置，效果如下图所示。

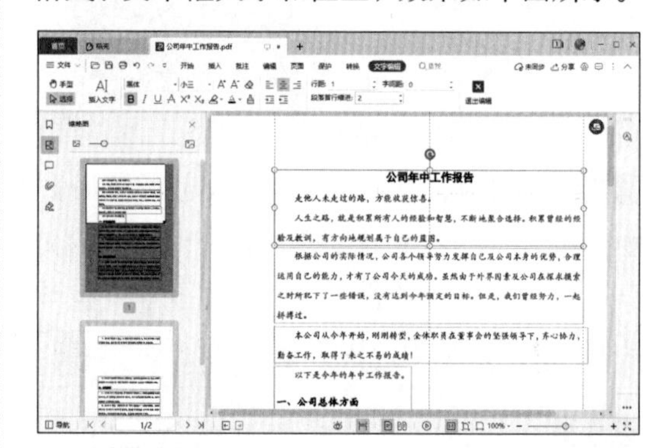

单击【退出编辑】按钮，即可完成编辑。使用同样的方法，可以修改和删除 PDF 文档中的内容。

12.2.3 编辑 PDF 文档中的图片

用户可以在 PDF 文档中插入和删除图片，并调整图片的大小及位置，具体操作步骤如下。

第 1 步 接 12.2.2 节的操作，单击【插入】选项卡下的【插入图片】按钮，如下图所示。

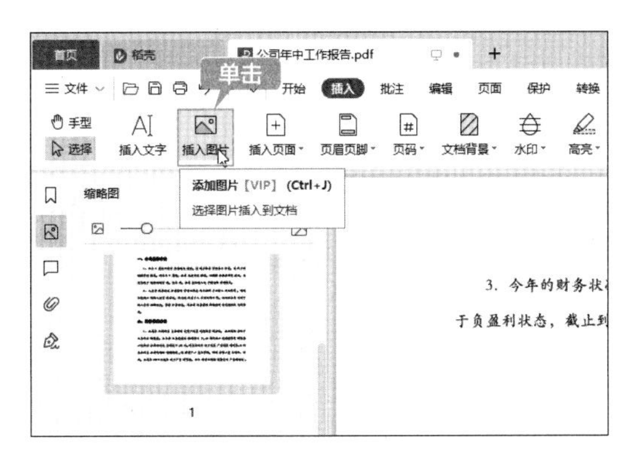

第 2 步 弹出【打开文件】对话框，选择要插入的图片，单击【打开】按钮，如下图所示。

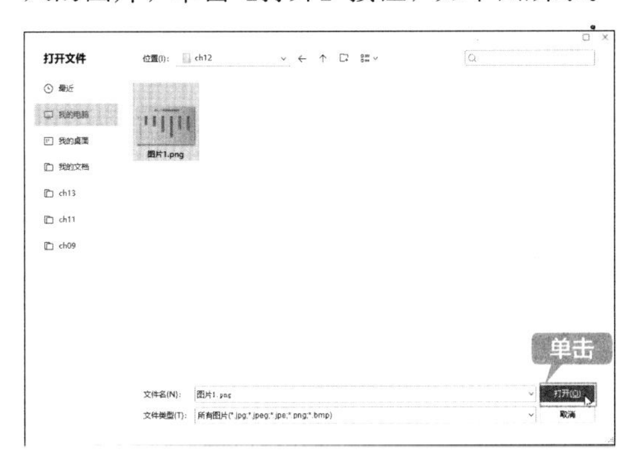

第 3 步 即可在该文档中插入图片，拖曳图片的控制点，调整图片的大小，如下图所示。

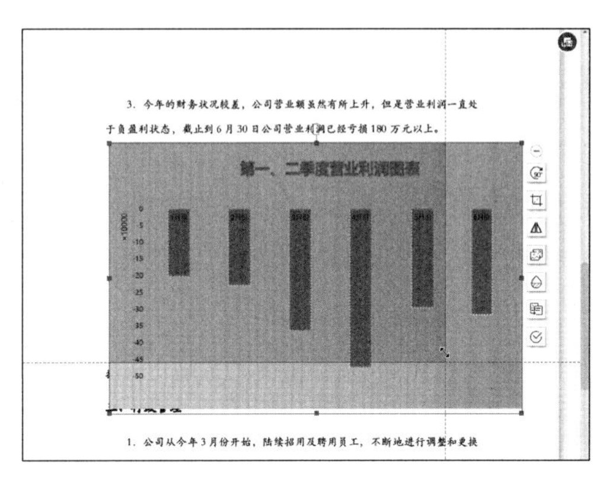

第 4 步 调整图片的大小后效果如下图所示。

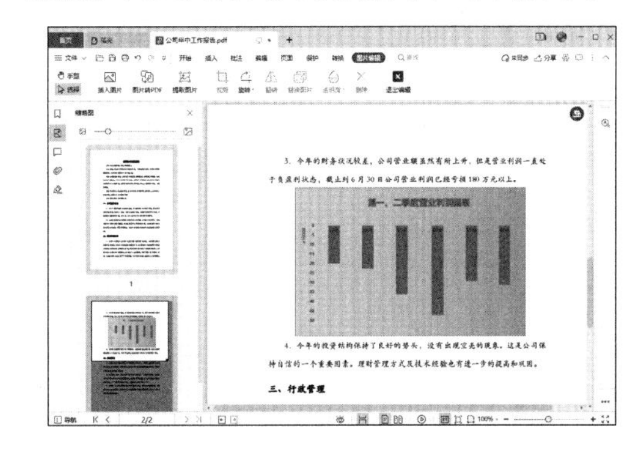

另外，用户可以在【图片编辑】选项卡下，执行裁剪、旋转、替换、删除图片等操作。

12.3 PDF 文档的页面编辑

在处理 PDF 文档时，页面编辑是最为常用的操作之一，如进行 PDF 文档的合并与拆分、页面替换、删除、调序等，下面介绍具体操作步骤。

12.3.1 合并与拆分 PDF 文档

PDF 文档并不像 WPS 文字文档一样可以通过自由复制或剪切文本实现文档的增减，编辑 PDF 文档需通过合并或拆分，将多个文档合并为一个文档或将一个文档拆分为多个文档，具体操作步骤如下。

1. 拆分 PDF 文档

第 1 步 打开“素材\ch12\施工组织设计文件 .pdf”文档，单击【页面】选项卡下的【PDF 拆分】按钮 PDF拆分 ，如下图所示。

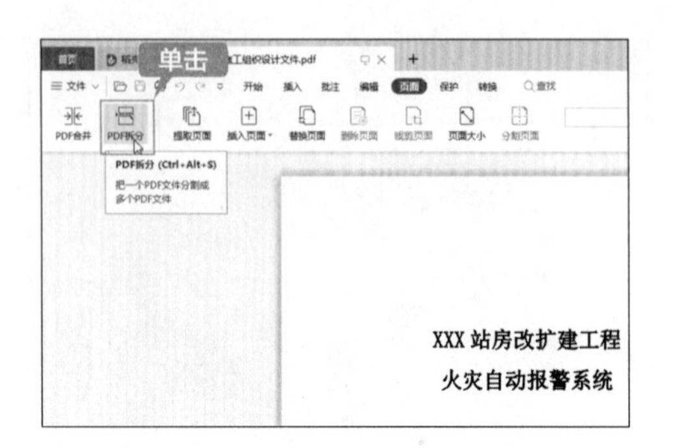

第 2 步 弹出【金山 PDF 转换】对话框，选择【PDF 拆分】选项，在右侧设置拆分的页码范围、拆分方式、每隔几页保存为一份文档、输出目录等，然后单击【开始转换】按钮，如下图所示。

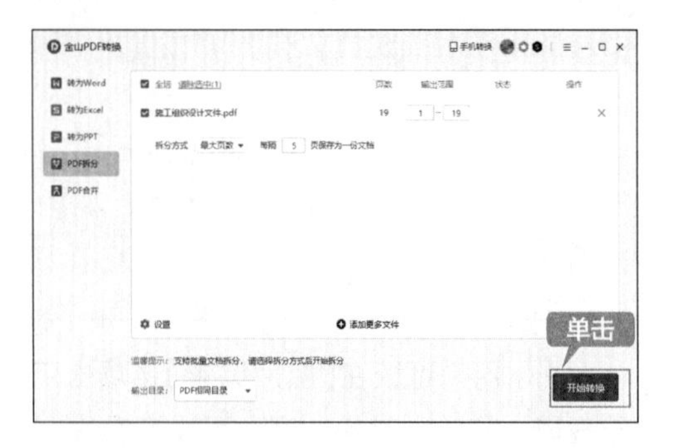

第 3 步 在对话框中，文档的状态提示“转换成功”时，表示拆分完成，可单击【操作】下方的【打开文件夹】按钮 ，如下图所示。

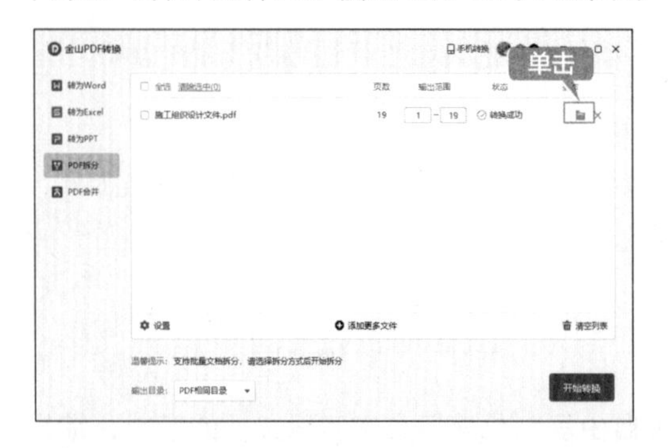

第 4 步 即可打开输出目录文件夹，并显示拆分的 4 个 PDF 文档，如下图所示。

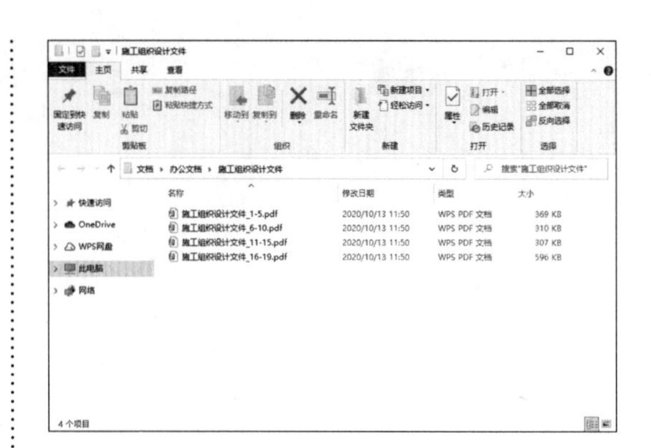

2. 合并 PDF 文档

第 1 步 拖曳鼠标选择要合并的 PDF 文档并右击，在弹出的快捷菜单中，单击【PDF 拆分 / 合并】命令，如下图所示。

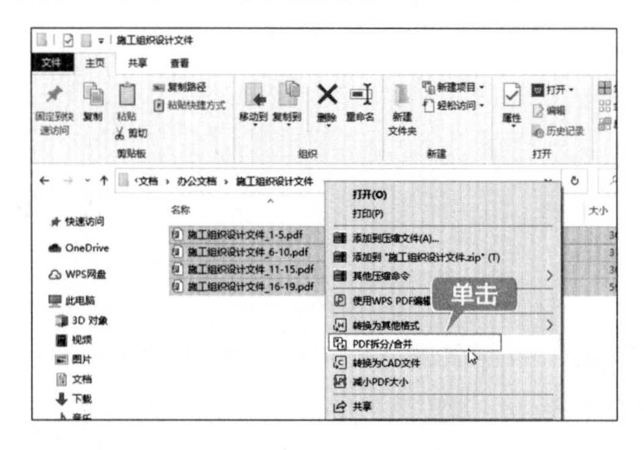

第 2 步 弹出【金山 PDF 转换】对话框，选择【PDF 合并】选项，即可在右侧看到选择的 PDF 文档，如下图所示。

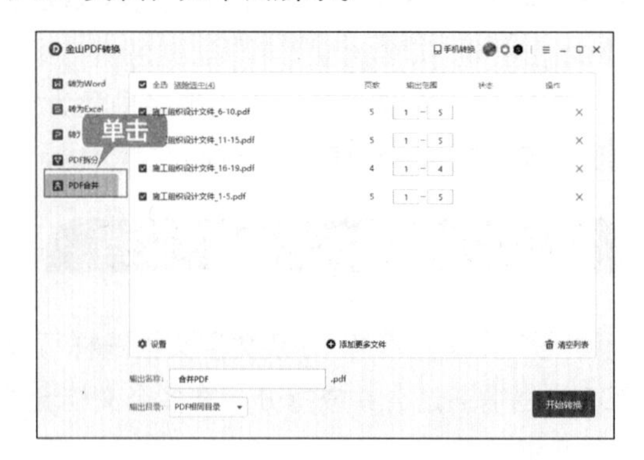

提示

用户可以单击【添加更多文件】按钮，添加 PDF 文档；也可以单击【操作】下面的【取消】按钮 ×，从列表中删除。

第 3 步 在 PDF 文档列表中，使用鼠标拖曳文档可以调整文档的顺序，如将列表中的第四个文档拖曳至第一个，调整好文档顺序后，设置输出文档的名称，然后单击【开始转换】按钮，如下图所示。

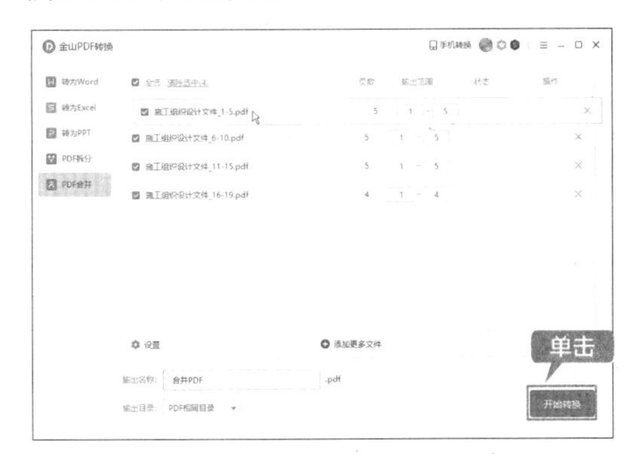

第 4 步 即可将所选的 PDF 文档合并，并自动打开合并后的文档，如下图所示。

12.3.2 提取 PDF 文档中的页面

用户可以将 PDF 文档中的任意页面提取出来，并生成一个新的 PDF 文档，具体操作步骤如下。

第 1 步 打开“素材 \ch12\ 施工组织设计文件 .pdf”文档，调整显示比例，选择要提取的页面，单击【页面】选项卡下的【提取页面】按钮 提取页面，如下图所示。

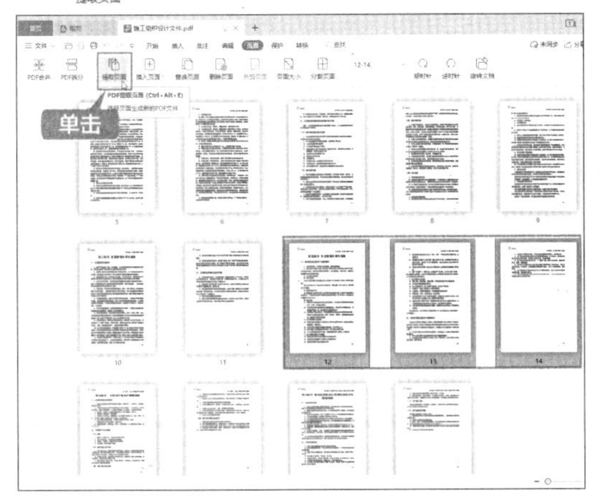

第 2 步 弹出【提取页面】对话框，用户可以设置【提取模式】【页面范围】【添加水印】【输出目录】等选项，然后单击【提取页面】按钮，如下图所示。

提示

如果希望从文档提取所选页面后，删除这些页面，可以勾选【提取后删除所选页面】复选框。

第 3 步 弹出提示框，表示文档已提取完成，用户可以单击【打开提取文档】按钮，打开提取出来的文档；也可以单击【打开所在目录】按钮，打开提取文档所在的文件夹。这里单击【打开提取文档】按钮，如下图所示。

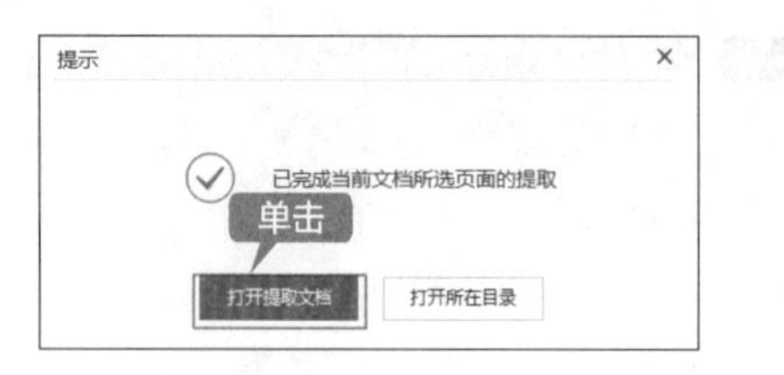

第 4 步 即可打开所选页面提取出来的 PDF 文档，如下图所示。

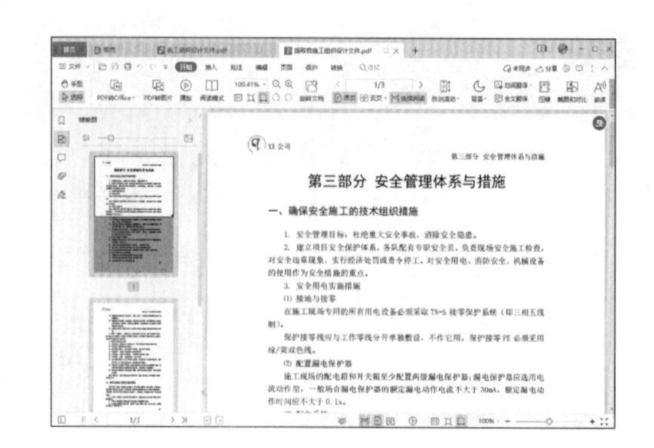

12.3.3 在 PDF 文档中插入新页面

在对 PDF 文档进行页面编辑时，可以使用【插入页面】功能，在当前文档中插入新页面，具体操作步骤如下。

第 1 步 打开“素材 \ch12\ 施工组织设计文件 .pdf”文档，单击【页面】选项卡下的【插入页面】按钮，在弹出的列表中单击【从文件选择】选项，如下图所示。

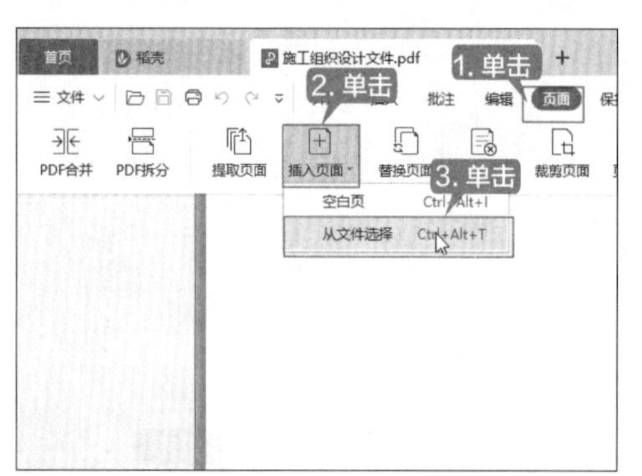

第 2 步 打开【选择文件】对话框，选择“素材 \ch12\ 插入页面 .pdf”文档，单击【打开】按钮，如下图所示。

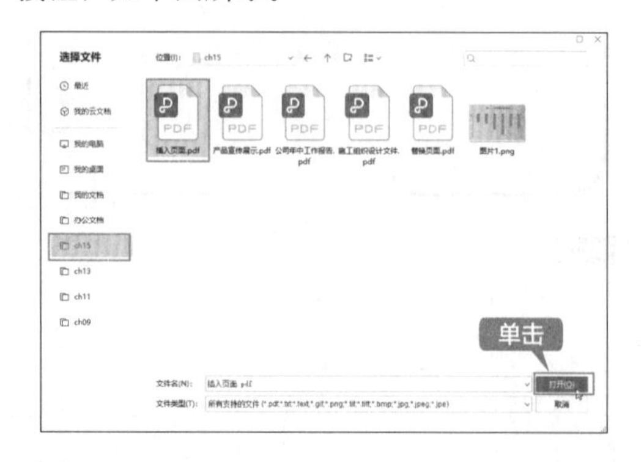

第 3 步 弹出【插入页面】对话框，选择要插入的位置，这里选择【页面】“15”，【插入位置】设置为“之后”，表示在第 15 页之后插入，单击【确认】按钮，如下图所示。

第 4 步 即可将所选 PDF 文档插入到指定位置，如下图所示。

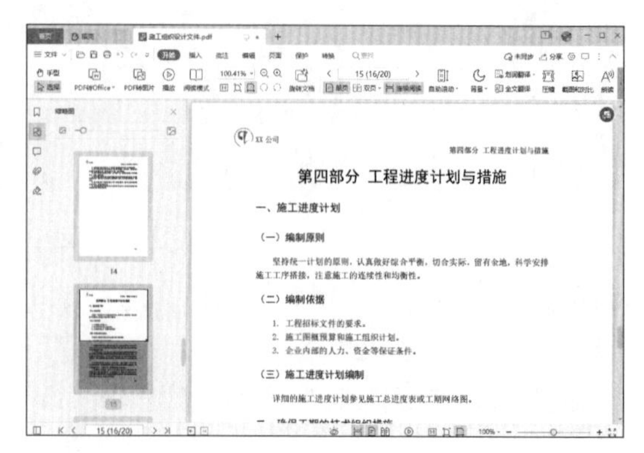

12.3.4 在 PDF 文档中替换页面

在编辑或修改 PDF 文档时，如果要对 PDF 文档中的页面进行替换，该如何操作呢？下面介绍具体操作方法。

第 1 步 打开素材文件，在【缩略图】窗格中选择要替换的页面，如这里选择第 16 页和第 17 页，右击所选页面，在弹出的快捷菜单中单击【替换页面】命令，如下图所示。

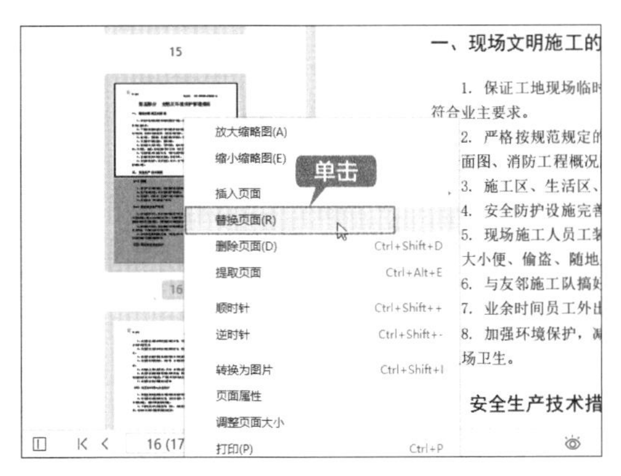

第 2 步 弹出【选择来源文件】对话框，选择替换的 PDF 文档“素材 \ch12\ 替换页面 .pdf”，单击【打开】按钮，如下图所示。

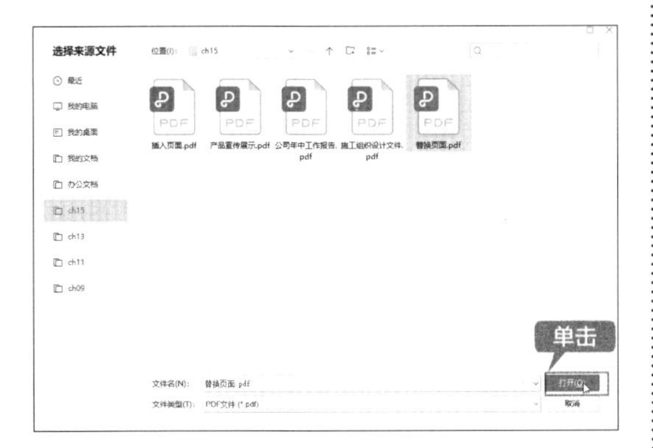

第 3 步 弹出【替换页面】对话框，设置来源文档的使用页面，然后单击【确认替换】按钮，如下图所示。

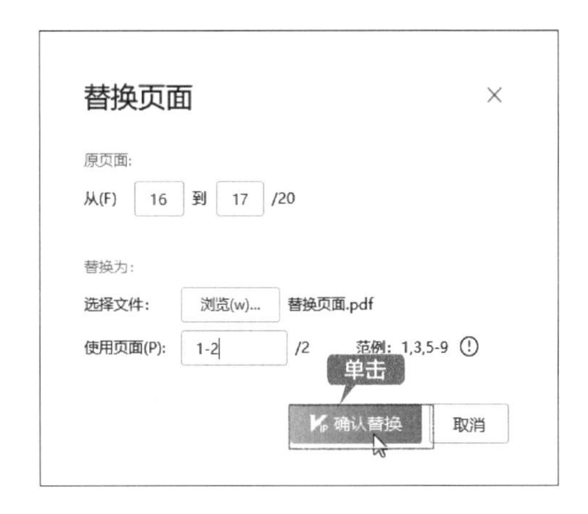

第 4 步 弹出提示框，确认无误后，单击【确认替换】按钮，如下图所示。

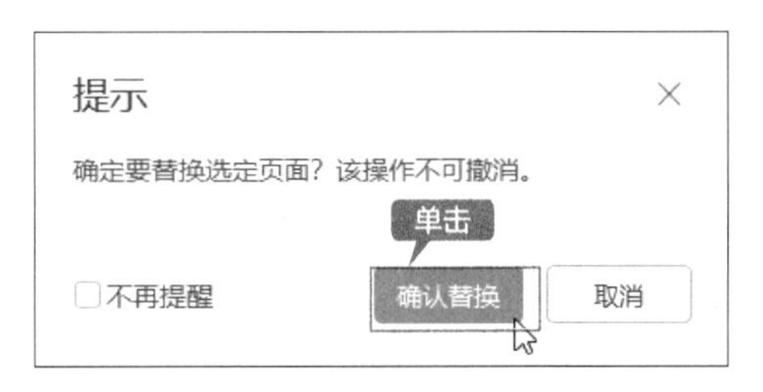

第 5 步 即可将选定页面替换为新页面，如下图所示。

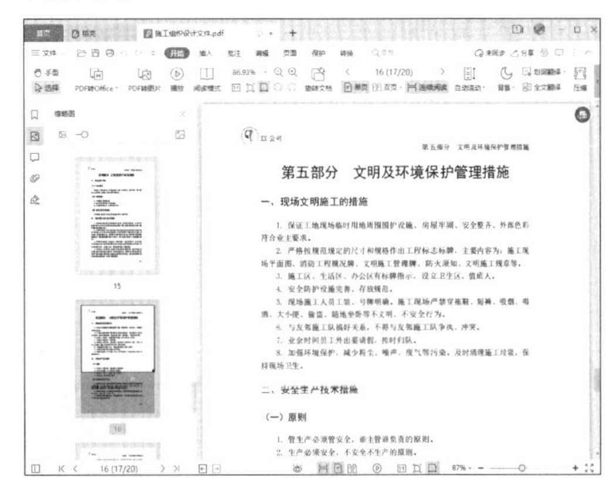

12.4 PDF 文档格式的转换

用户使用 WPS Office 可以将 PDF 文档转换为其他文档格式，如 Office 文件、纯文本及图片格式等，满足不同的使用需求。

12.4.1 将 PDF 文档转换为 Office 文件格式

将 PDF 文档转换为 Office 文件格式，可以方便对文档的编辑和使用。在转换时，需要根据文档内容决定要转换的 Office 文件格式，纯图 PDF 转换出的 Office 文件是不可编辑的。转换的具体操作步骤如下。

第 1 步 打开素材文件，单击【转换】选项卡下的【PDF 转 Word】按钮，如下图所示。

第 2 步 弹出【金山 PDF 转换】对话框，设置输出的页码范围、转换模式、输出目录等，然后单击【开始转换】按钮，如下图所示。

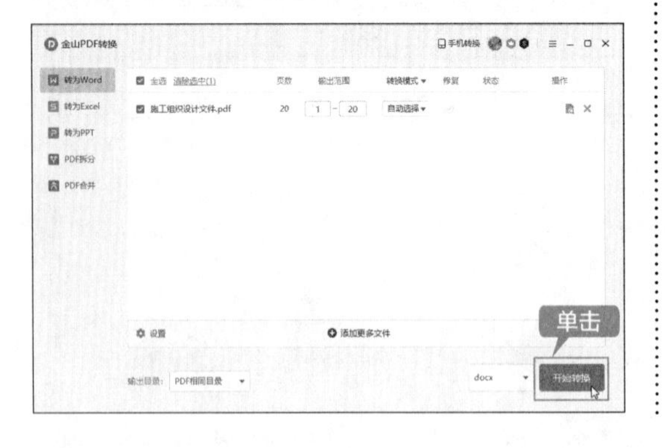

第 3 步 即可开始转换，并显示转换的进度，如下图所示。

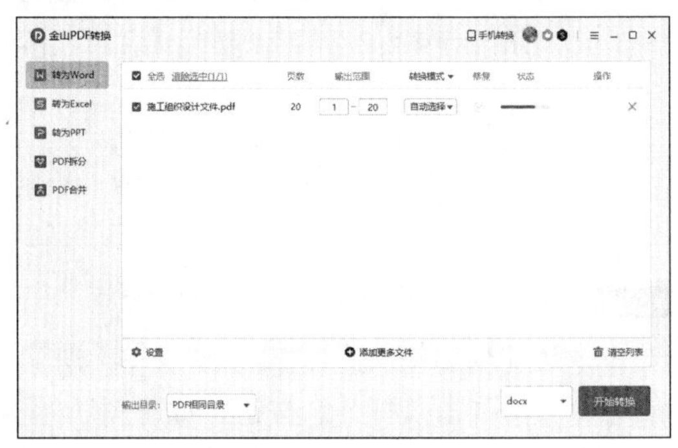

第 4 步 转换完成后自动打开文档，用户可以通过 WPS Office 对文档进行编辑，如下图所示。

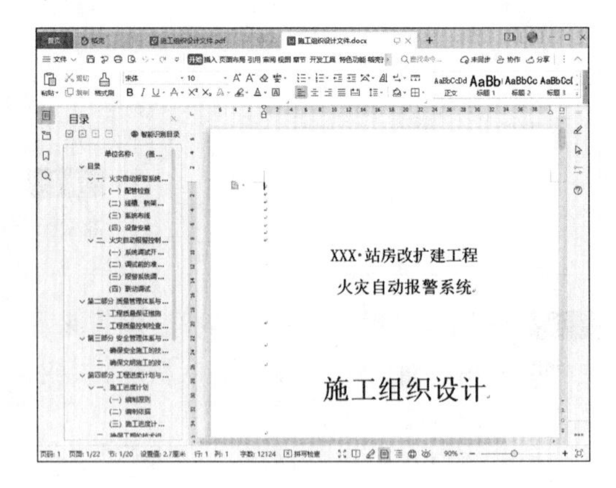

12.4.2 将 PDF 文档转换为纯文本

WPS Office 支持将 PDF 文档转换为纯文本格式，也就是 TXT 格式，具体操作步骤如下。

第 1 步 打开要转换的 PDF 文档，单击【转换】选项卡下的【PDF 转 TXT】按钮，如下图所示。

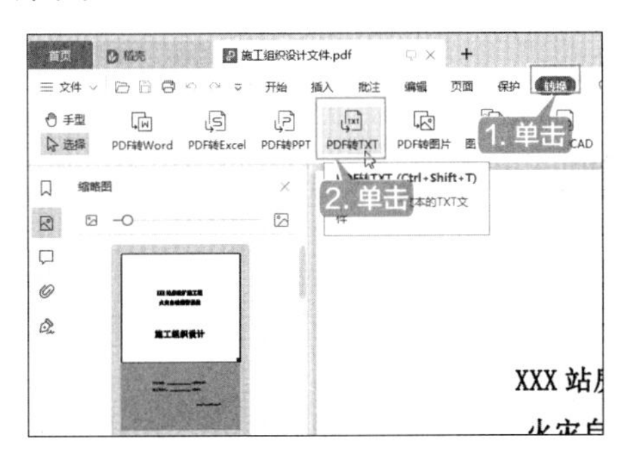

第 2 步 弹出【PDF 转 TXT】对话框，设置页面范围和输出目录，然后单击【转换】按钮，如下图所示。

第 3 步 弹出提示框，提示已完成转换，单击【打开文档】按钮，如下图所示。

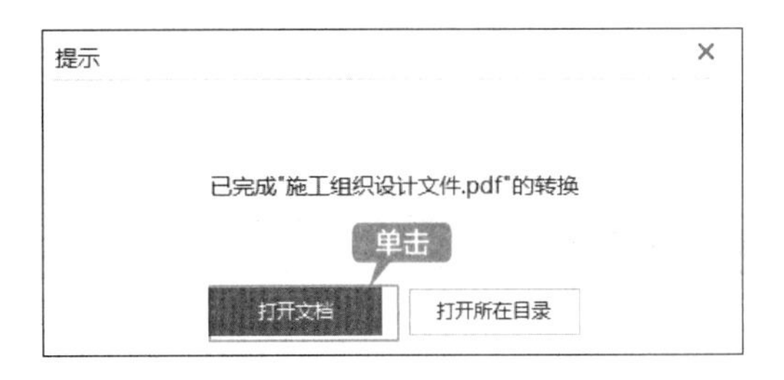

第 4 步 即可打开转换的 TXT 文件，如下图所示。

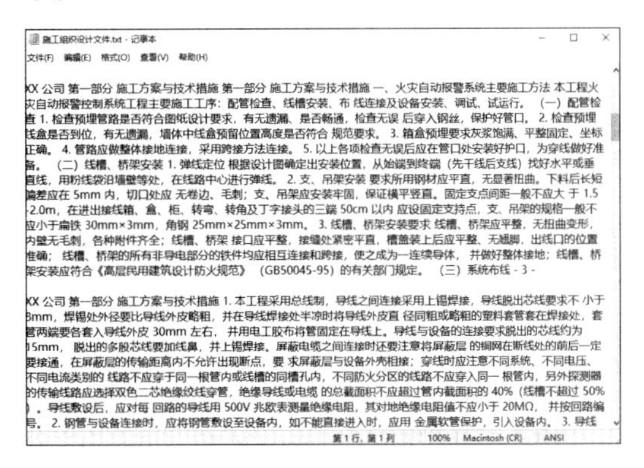

施工组织设计文件.txt - 记事本

文件(F) 编辑(E) 格式(O) 查看(V) 帮助(H)

XX 公司 第一部分 施工方案与技术措施 第一部分 施工方案与技术措施 一、火灾自动报警系统主要施工方法 本工程火灾自动报警控制系统工程主要施工工序：配管检查、线槽安装、布 线连接及设备安装、调试、试运行。 （一）配管检查 1. 检查预埋管路是否符合图纸设计要求，有无遗漏、是否畅通，检查无误 后穿入钢丝，保护好管口。 2. 检查预埋线盒是否到位，有无遗漏，墙体中线盒预留位置高度是否符合 规范要求。 3. 箱盒预埋要求灰浆饱满、平整固定、坐标正确。 4. 管路应做整体接地连接，采用跨接方法连接。 5. 以上各项检查无误后应在管口处安装好护口，为穿线做好准备。 （二）线槽、桥架安装 1. 弹线定位 根据设计图确定出安装位置，从始端到终端（先干线后支线）找好水平或垂直线，用粉线袋沿墙壁等处，在线路中心进行弹线。 2. 支、吊架安装 要求所用钢材应平直，无显著扭曲。下料后长短偏差应在 5mm 内，切口处应 无卷边、毛刺；支、吊架应安装牢固，保证横平竖直。固定支点间距一般不应大 于 1.5-2.0m，在进出接线箱、盒、柜、转弯、转角及丁字接头的三端 50cm 以内 应设固定支持点，支、吊架的规格一般不应小于扁铁 30mm×3mm，角钢 25mm×25mm×3mm。 3. 线槽、桥架安装要求 线槽、桥架应平整，无扭曲变形，内壁无毛刺，各种附件齐全；线槽、桥架 接口应平整，接缝处紧密平直，槽盖装上后应平整、无翘脚，出线口的位置准确； 线槽、桥架的所有非导电部分的铁件均应相互连接和跨接，使之成为一连续导体， 并做好整体接地；线槽、桥架安装应符合《高层民用建筑设计防火规范》 （GB50045-95）的有关部门规定。 （三）系统布线 - 3 -

XX 公司 第一部分 施工方案与技术措施 1. 本工程采用总线制，导线之间连接采用上锡焊接，导线脱出芯线要求不 小于 8mm，焊锡处外径要比导线外皮略粗，并在导线焊接处半凉时将导线外皮直 径同粗或略粗的塑料套管套在焊接处，套管两端要各套入导线外皮 30mm 左右， 并用电工胶布将管固定在导线上。导线与设备的连接要求脱出的芯线约为 15mm， 脱出的多股芯线要加线鼻，并上锡焊接。屏蔽电缆之间连接时还要注意将屏蔽层 的铜网在断线处的前后一定要接通，在屏蔽层的传输距离内不允许出现断点，要 求屏蔽层与设备外壳相接；穿线时应注意不同系统、不同电压、不同电流类别的 线路不应穿于同一根管内或线槽的同槽孔内，不同防火分区的线路不应穿入同一 根管内，另外探测器的传输线路应选择双色二芯绝缘绞线穿管，绝缘导线或电缆 的总截面积不应超过管内截面积的 40%（线槽不超过 50%）。导线敷设后，应对每 回路的导线用 500V 兆欧表测量绝缘电阻，其对地绝缘电阻值不应小于 20MΩ， 并按回路编号。 2. 钢管与设备连接时，应将钢管敷设至设备内，如不能直接进入时，应用 金属软管保护，引入设备内。 3. 导线

第 1 行，第 1 列 100% Macintosh (CR) ANSI

12.4.3 将 PDF 文档转换为图片文件

在编辑 PDF 文档时，可以将其转换为图片格式，其优点是不破坏布局，且避免他人编辑，具体操作步骤如下。

第 1 步 打开要转换的 PDF 文档，单击【转换】选项卡下的【PDF 转图片】按钮，如下图所示。

第 2 步 弹出【输出为图片】对话框，根据需求，设置输出参数，然后单击【输出】按钮即可将 PDF 文档输出为图片格式，如下图所示。

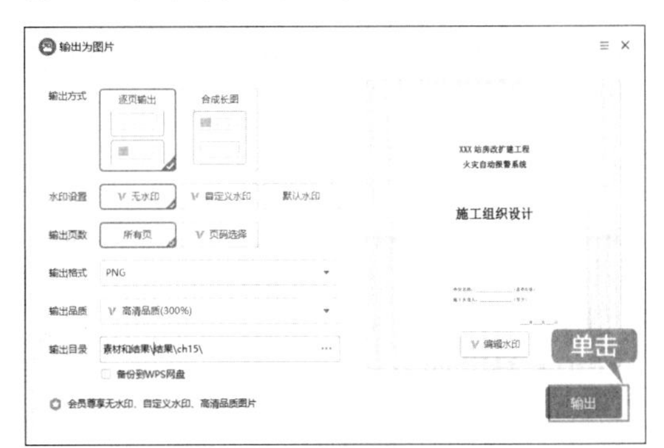

12.5 为 PDF 文档添加批注

用户可以像审阅文字文档一样，对 PDF 文档进行审阅，并添加批注，方便多人协作。

12.5.1 设置 PDF 文档中的内容高亮显示

在审阅 PDF 文档时，可以将重要的文本以高亮的方式显示，使其更为突出，具体操作步骤如下。

第 1 步 打开“素材\ch12\公司年中工作报告.pdf”文档，单击【批注】选项卡下的【选择】按钮 选择，即可对文本和对象进行选择。选择要设置高亮显示的文本，即会在其周围显示悬浮框，单击【高亮】按钮，如下图所示。

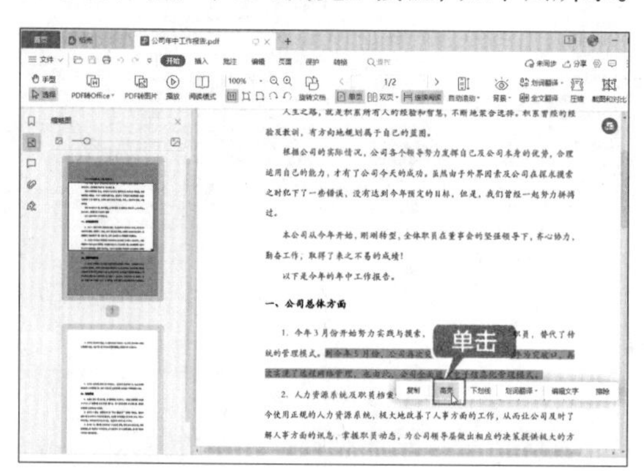

第 2 步 设置高亮显示后，文本即会添加黄色背景，如下图所示。

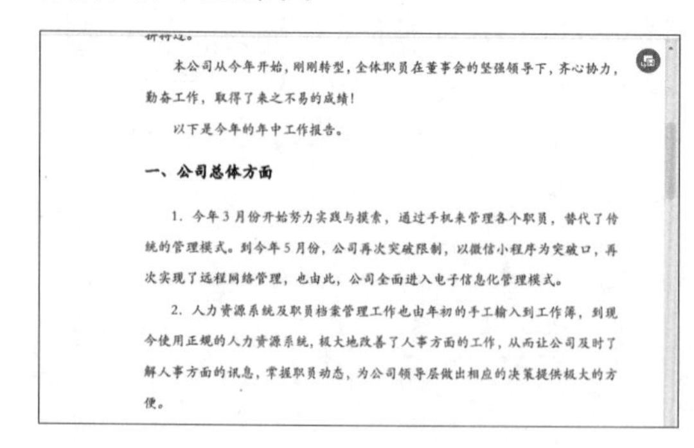

本公司从今年开始，刚刚转型，全体职员在董事会的坚强领导下，齐心协力，勤奋工作，取得了来之不易的成绩！

以下是今年的年中工作报告。

一、公司总体方面

1. 今年3月份开始努力实践与摸索，通过手机来管理各个职员，替代了传统的管理模式。到今年5月份，公司再次突破限制，以微信小程序为突破口，再次实现了远程网络管理，也由此，公司全面进入电子信息化管理模式。

2. 人力资源系统及职员档案管理工作也由年初的手工输入到工作簿，到现今使用正规的人力资源系统，极大地改善了人事方面的工作，从而让公司及时了解人事方面的讯息，掌握职员动态，为公司领导层做出相应的决策提供极大的方便。

> **提示**
>
> 用户可以通过【批注】选项卡下的【高亮】按钮 高亮，设置底纹颜色。

第 3 步 单击【批注】选项卡下的【区域高亮】按钮 区域高亮，拖曳鼠标选择要高亮显示的区域，如下图所示。

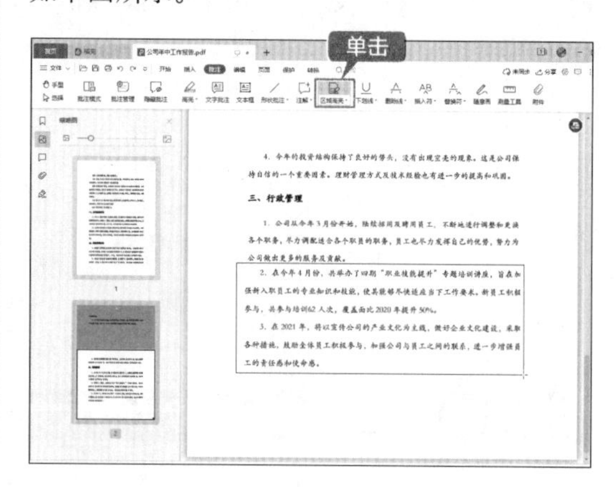

第 4 步 所选区域即会高亮显示，如下图所示。

三、行政管理

1. 公司从今年3月份开始，陆续招用及聘用员工，不断地进行调整和更换各个职务，尽力调配适合各个职员的职务，员工也尽力发挥自己的优势，努力为公司做出更多的服务及贡献。

2. 在今年4月份，共举办了四期“职业技能提升”专题培训讲座，旨在加强新入职员工的专业知识和技能，使其能够尽快适应当下工作要求。新员工积极参与，共参与培训62人次，覆盖面比2020年提升50%。

3. 在2021年，将以宣传公司的产业文化为主线，做好企业文化建设，采取各种措施，鼓励全体员工积极参与，加强公司与员工之间的联系，进一步增强员工的责任感和使命感。

> **提示**
>
> 选择设置的高亮显示框，按【Delete】键即可取消高亮显示。

12.5.2 添加下划线标记

添加下划线标记和设置高亮显示一样，都是为了突出重要文本，具体操作步骤如下。

第 1 步 选择要添加下划线标记的文本，单击悬浮框上的【下划线】按钮，如下图所示。

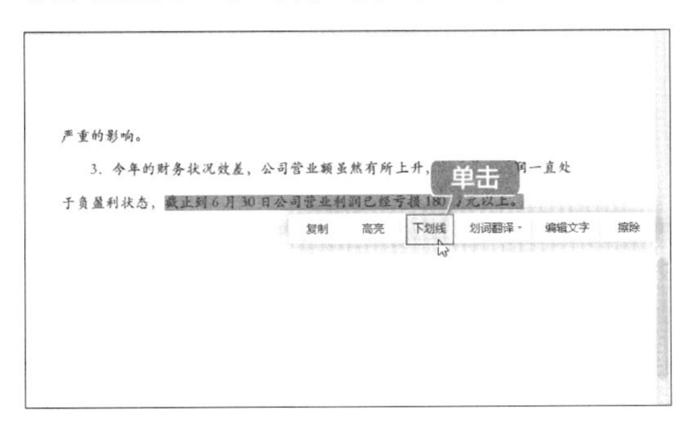

第 2 步 所选文本即会添加下划线标记，如下图所示。

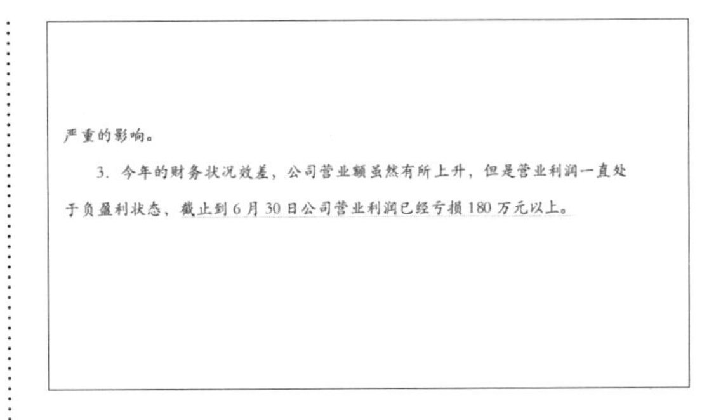

提示

用户可以单击【批注】选项卡下的【下划线】按钮 下划线，设置下划线的颜色和线型。

12.5.3 批注 PDF 文档

在查阅 PDF 文档时，可以在文档中直接添加批注或注解，对文档内容提出反馈，方便多人协作，有效地进行办公。

1. 添加注解

第 1 步 打开“素材 \ch12\ 公司年中工作报告 .pdf”文档，单击【批注】选项卡下的【注解】按钮 注解，如下图所示。

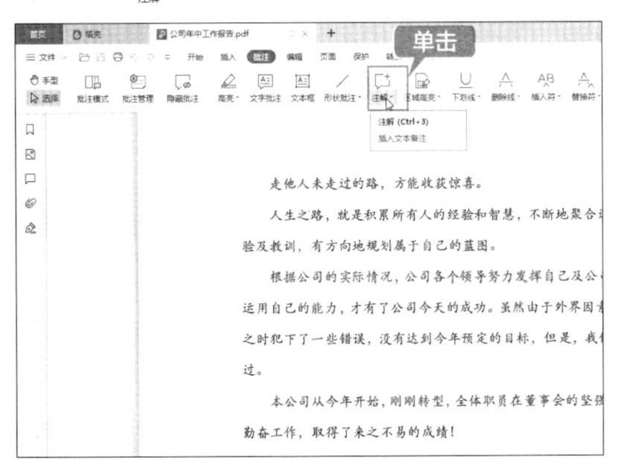

第 2 步 此时鼠标指针变为 形状，在需要添加注解的文本附近单击，在显示的注释框中输入要添加的内容，并单击注释框外任意位置确认。输入完成后，单击注释框右上角的【关闭注释框】按钮×，如下图所示。

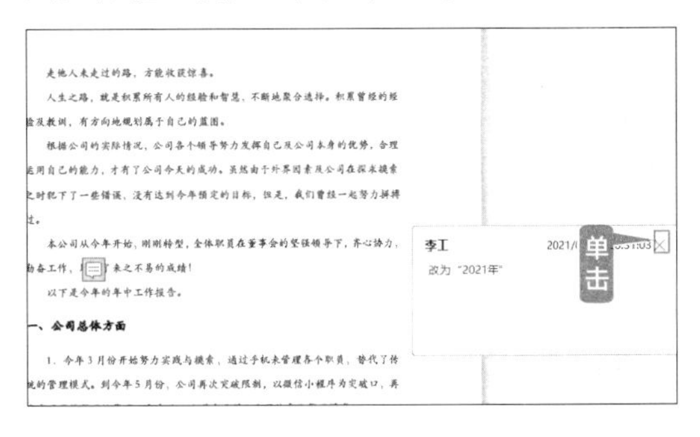

第 3 步 注释框即会隐藏，并以带颜色的小框

的形式显示在注解内容附近，使用鼠标可以拖曳小框位置，如下图所示。

本公司从今年开始，刚刚转型，
工作，取得了来之不易的成绩！
以下是今年的年中工作报告。

> **提示**
>
> 如果要再次查看，可以双击小框显示注解。

2. 添加附注

第1步 选择要添加附注的文本并右击，在弹出的快捷菜单中单击【下划线并附注】命令，如下图所示。

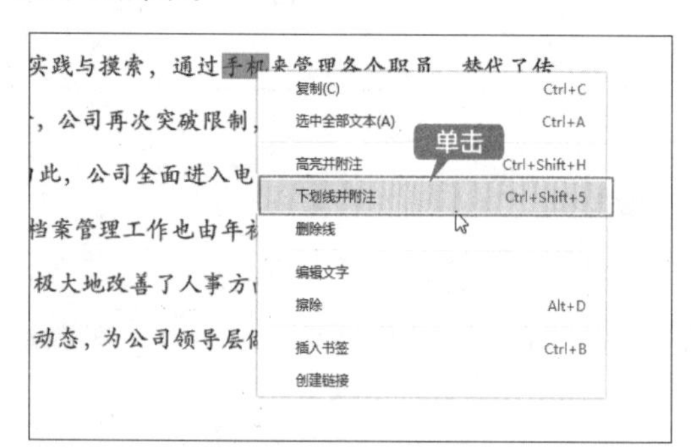

第2步 即可添加下划线，并可在注释框中输入文字，如下图所示。

1. 今年3月份开始努力实践与摸索，通过手机来管理各个职员……
统的管理模式。到今年5月份，公司再次突破限制，以微信小程……
次实现了远程网络管理，也由此，公司全面进入电子信息化管理……
2. 人力资源系统及职员档案管理工作也由年初的手工输入到工作薄，到现
今使用正规的人力资源系统，极大地改善了人事方面的工作，从而让公司及时了
解人事方面的讯息，掌握职员动态，为公司领导层做出相应的决策提供极大的方
便。
二、财务管理方面

> **提示**
>
> 使用同样的方法，也可以添加【高亮并附注】批注。

3. 添加形状批注

第1步 单击【批注】选项卡下的【形状批注】按钮，在弹出的快捷菜单中单击【矩形】选项，如下图所示。

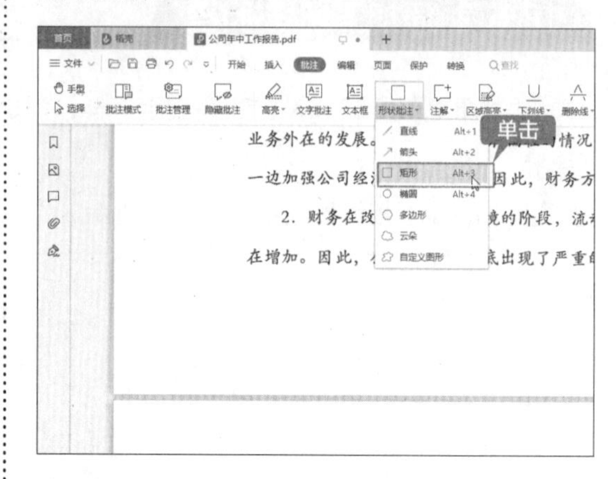

第2步 拖曳鼠标在目标文本上绘制一个矩形，双击矩形，在右侧显示的注释框中输入批注文字，即可完成形状批注的添加，如下图所示。

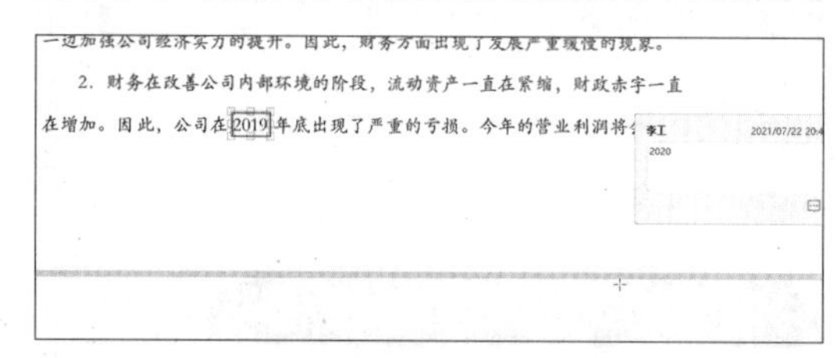

4. 批注模式和批注管理

第1步 单击【批注】选项卡下的【批注模式】按钮，即会进入 WPS PDF 的批注模式，此时对文档内容的任何编辑与批注，都会显示在右侧窗格中，如下图所示。

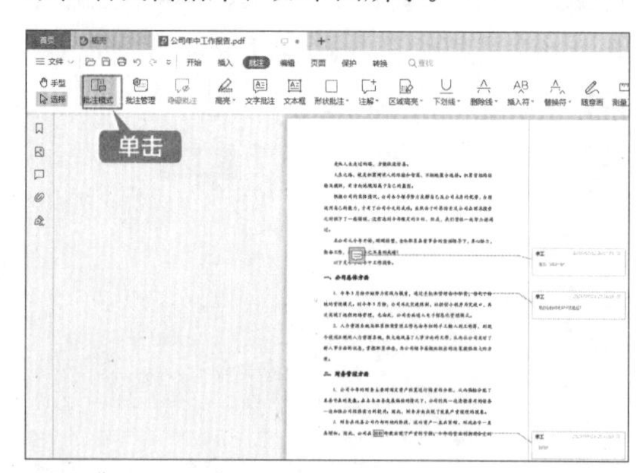

第2步 单击【批注】选项卡下的【批注管理】按钮，可以打开左侧的【批注】窗格，显示文档中所有批注内容，并可在该窗格中对批注进行管理，如下图所示。

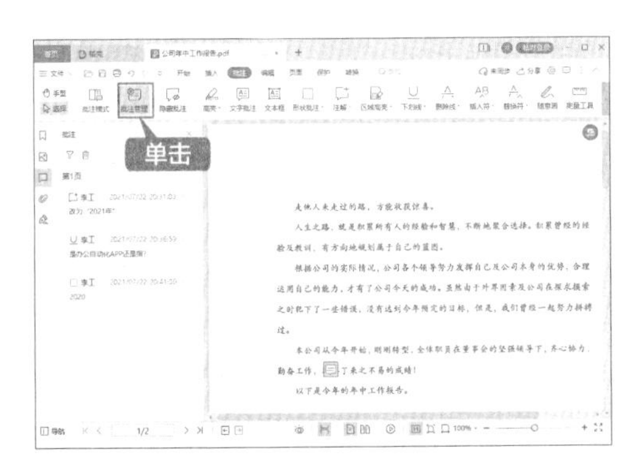

第 3 步 如果要对批注内容进行回复，可以选择要回复的批注信息，并单击下方显示的【点击添加回复】按钮，如下图所示。

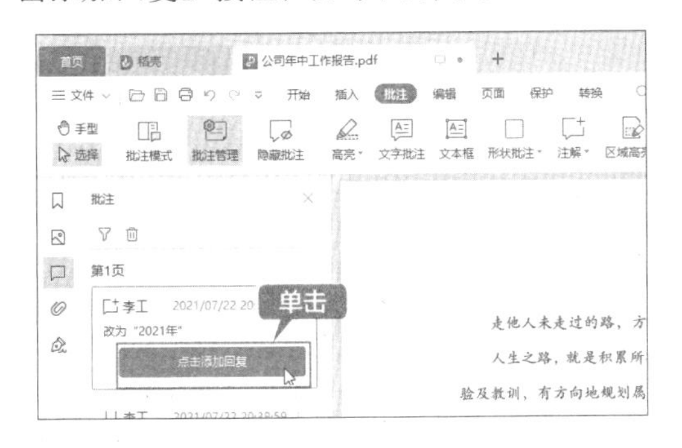

第 4 步 在下方显示的回复框中输入内容，并单击【确定】按钮，即可完成回复，如下图所示。

◇ 在 PDF 文档中添加水印

为了避免文档未经允许被他人使用，可以在文档上添加水印，以保护文档的安全，具体操作步骤如下。

第 1 步 单击【插入】选项卡下的【水印】按钮 水印 ，在弹出的下拉列表中，选择要添加的水印，如选择【内部资料】选项，如下图所示。

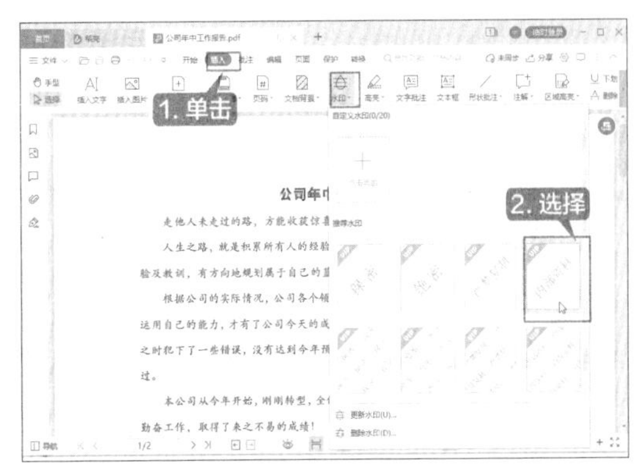

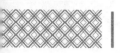

第 2 步 PDF 文档的各页中即会被添加水印，效果如下图所示。

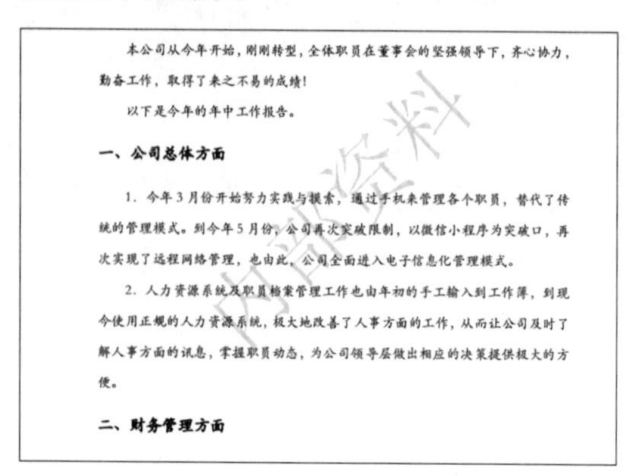

本公司从今年开始，刚刚转型，全体职员在董事会的坚强领导下，齐心协力，勤奋工作，取得了来之不易的成绩！

以下是今年的年中工作报告。

一、公司总体方面

1．今年 3 月份开始努力实践与摸索，通过手机来管理各个职员，替代了传统的管理模式。到今年 5 月份，公司再次突破限制，以微信小程序为突破口，再次实现了远程网络管理，也由此，公司全面进入电子信息化管理模式。

2．人力资源系统及职员档案管理工作也由年初的手工输入到工作簿，到现今使用正规的人力资源系统，极大地改善了人事方面的工作，从而让公司及时了解人事方面的讯息，掌握职员动态，为公司领导层做出相应的决策提供极大的方便。

二、财务管理方面

第 3 步 如果要更新水印，可以再次单击【水印】按钮，在弹出的列表中选择【更新水印】选项，弹出【更新水印】对话框，可以更改水印的文本、字体、字号、外观及位置等，修改后单击【确定】按钮，如下图所示。

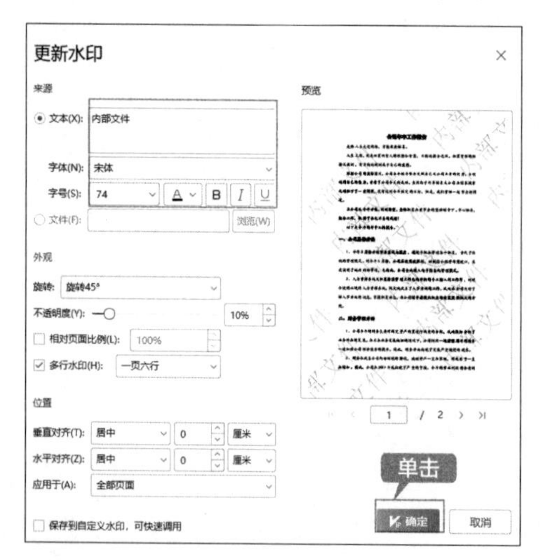

第 4 步 调整后，效果如下图所示。

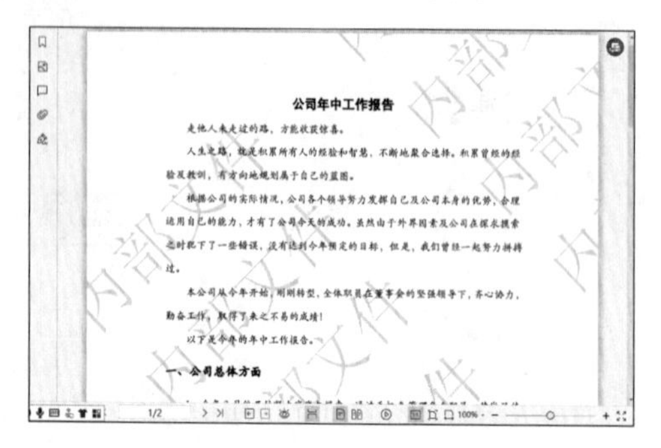

公司年中工作报告

走他人未走过的路，方能欣赏丽景。

人生之路，就是积累所有人的经验和智慧，不断地做出选择，积累曾经的经验及教训，有方向地规划属于自己的蓝图。

根据公司的实际情况，公司各个领导努力发挥自己及公司本身的优势，合理运用自己的能力，才有了公司今天的成功。虽然由于外界因素及公司在探求摸索之时犯下了一些错误，没有达到今年预定的目标，但是，我们曾经一起努力拼搏过。

本公司从今年开始，刚刚转型，全体职员在董事会的坚强领导下，齐心协力，勤奋工作，取得了来之不易的成绩！

以下是今年的年中工作报告。

一、公司总体方面

提示

如果不希望文档内容被他人复制，最简单的办法是将该文档添加水印后，转换为纯图 PDF，这样其他人就无法复制该文档了。但是用户应保存好普通 PDF 版本，以备修改时使用。

◇ 调整 PDF 文档中的页面顺序

在编辑和处理 PDF 文档时，如果文档页面排列顺序有误或插入页面时顺序有误，可以在【缩略图】窗格中拖曳所选页面至目标页面之前或之后的位置，释放鼠标即可完成调整，如下图所示。

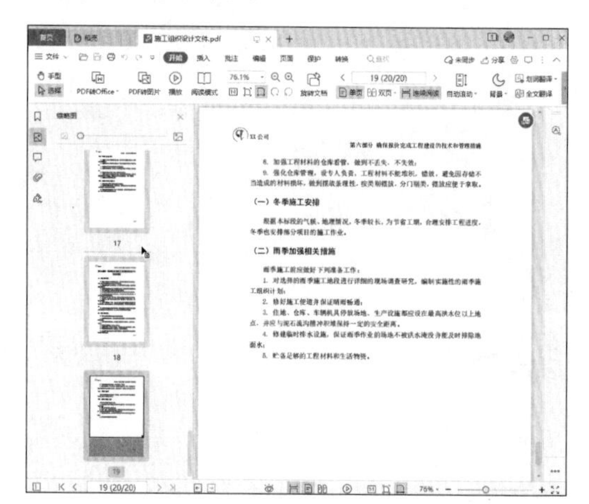

在调整过程中，如果 PDF 文档页面较多，建议将缩略图缩小，方便精准调整。如果调整错误，可以按【Ctrl+Z】组合键撤销上一步的操作。

第13章
WPS Office 其他特色组件的应用

本章导读

WPS Office除了可以满足用户对文字、表格和演示文档的处理需求外，还是一个“超级工作平台”，为用户提供了多种办公组件，如流程图、脑图、图片设计及表单等，能极大地提高办公效率，满足不同用户需求。本章将主要介绍这些特色组件的使用方法。

思维导图

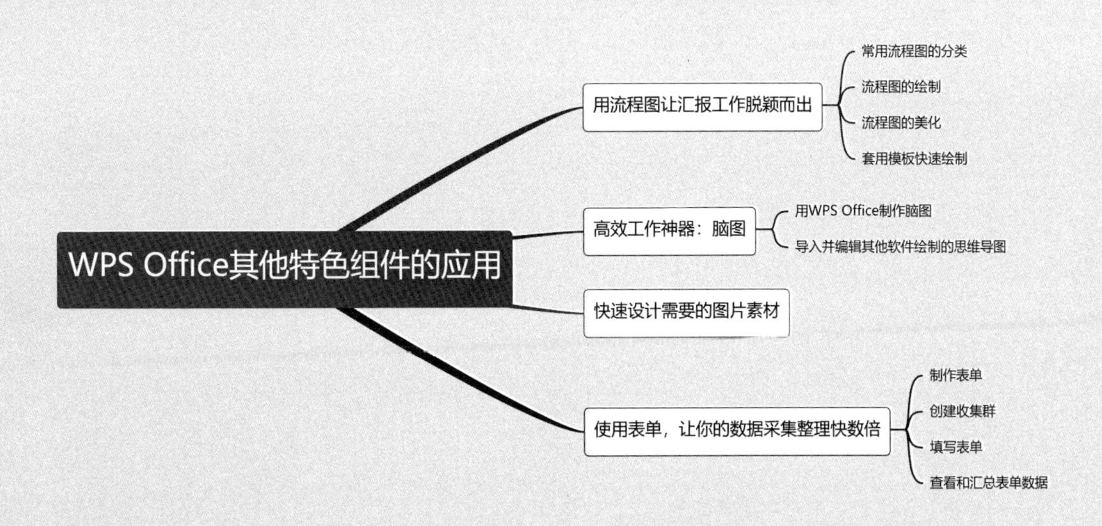

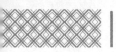

13.1 用流程图让汇报工作脱颖而出

流程图是对过程、算法、流程的一种图像表示。与文字相比，流程图具有直观、形象和易于理解的优点，它可以直观地描述一个工作过程的具体步骤，如工作流程、生产工序、产品交互流程等。在工作中，通过流程图来展示一些过程，可以让思路更清晰、逻辑更清楚。

13.1.1 常用流程图的分类

流程图的形态是多种多样的，按照描述内容的主体进行分类，一般可分为业务流程图、功能流程图和页面流程图，如下图所示。

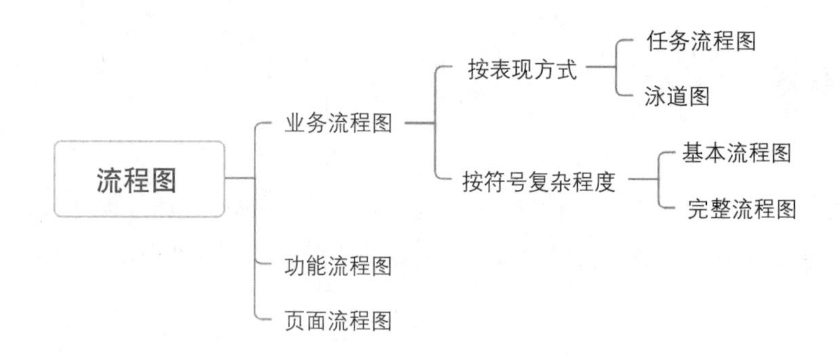

1. 业务流程图

业务流程图用于展示整个业务的逻辑流向。如下图所示为一个业务流程图，主要用于说明考试的整个流程。

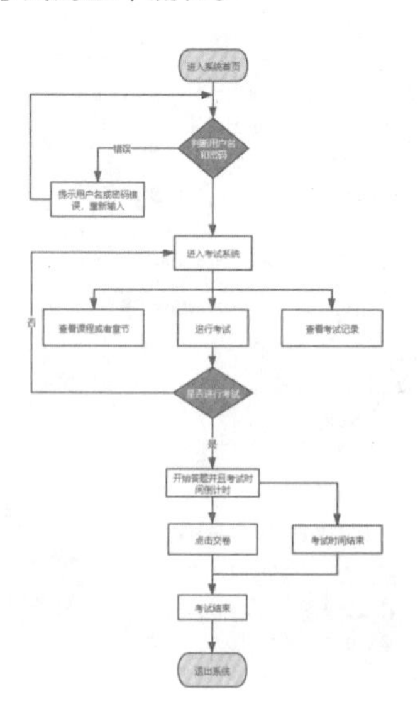

在业务流程图中，为了有效地表示各个流程活动由谁负责，以及之前是如何相互协同工作的，通常会用泳道图来实现。如下图所示为销售发货业务流程与风险控制流程图，它不仅体现了整个流程的逻辑，还体现了各个角色在流程中所承担的责任。

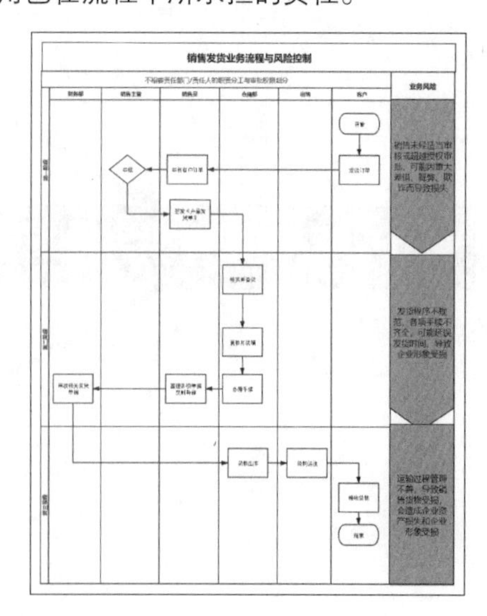

在制作业务流程图时，应注意流程中的先后顺序及流程的内容、方式、责任等的安排，这样才可以让读图人清晰地了解整个流程。

2. 功能流程图

功能流程图用于展示产品功能设计逻辑。如下图所示为试用期转正的流程图，该流程中会对部分步骤进行判断，根据不同的结果展开下一个步骤。

对比功能流程图与业务流程图可以发现，功能流程图以业务流程图为主线，但每个环节都有细化的功能逻辑，如判断是与否、业务状态、异常提示等。业务流程图可以总览业务全貌，而功能流程图可以厘清功能细节。

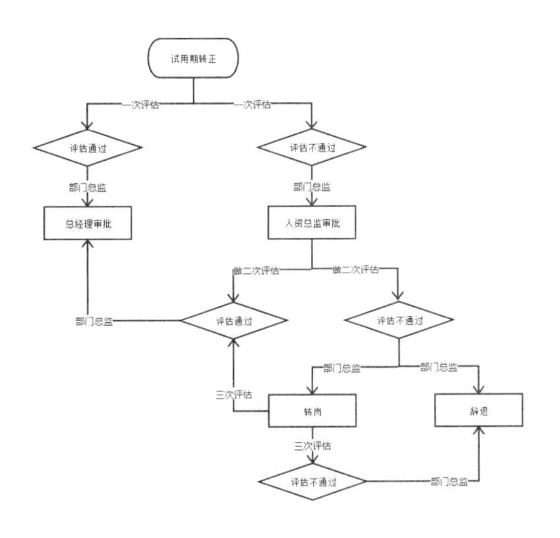

3. 页面流程图

页面流程图用于表示页面之间的流转关系，简单理解就是用户通过什么操作进入什么页面及后续的操作等。如下图所示为一个简单的页面流程图，与功能流程图相比可以发现，在页面流程图中用户可以看到系统中包含了哪些页面，页面流程图把系统呈现得更有体系；而功能流程图主要是进行逻辑判断，可以跨过多个页面进行交互，也可以存在某个页面中。

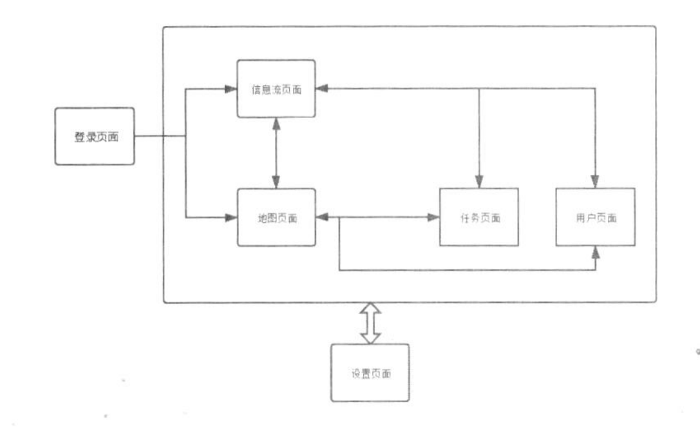

在绘制页面流程图时，不必陷入页面的条条框框设计上，而应以用户视角和完成任务为出发点，通过页面将流程交代清楚，注意流程的合理性。

13.1.2 流程图的绘制

了解了常用流程图分类后，下面介绍如何使用 WPS Office 绘制流程图，具体操作步骤如下。

第 1 步 在【新建】窗口中，选择【流程图】选项，进入【推荐模板】界面，单击【新建空白图】选项，如下图所示。

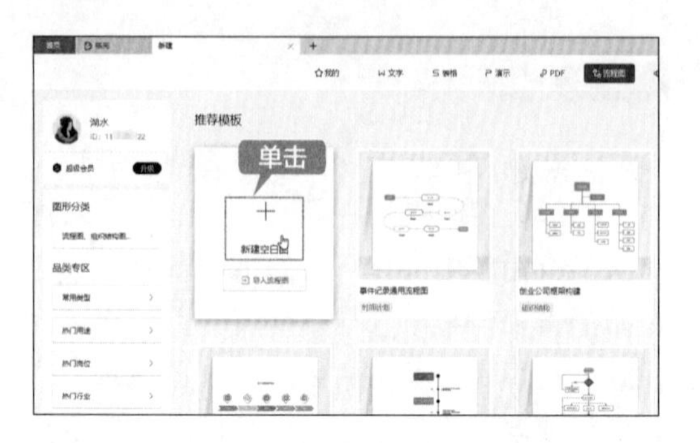

第 2 步 即可创建一个空白流程图，其中顶部为功能区，左侧为图形管理窗格，如下图所示。

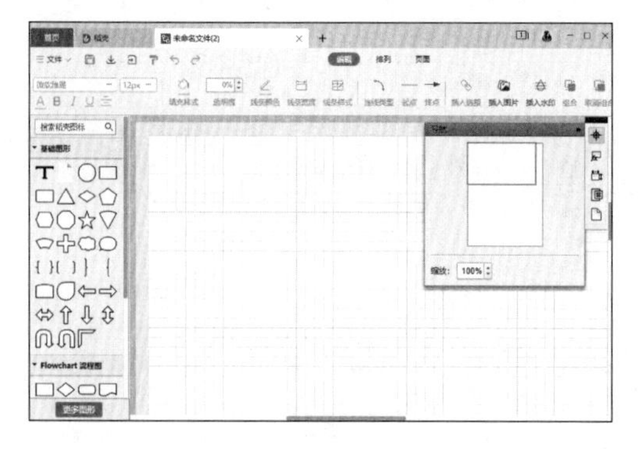

提示

单击【更多图形】按钮，可以根据需求，在该窗格中添加更多图形分类，方便绘制时使用。

第 3 步 将鼠标指针放置在左侧窗格中的图形上即会显示图形的名称。选择【Flowchart 流程图】中的“预备”图形，将其拖曳到绘图区，如下图所示。

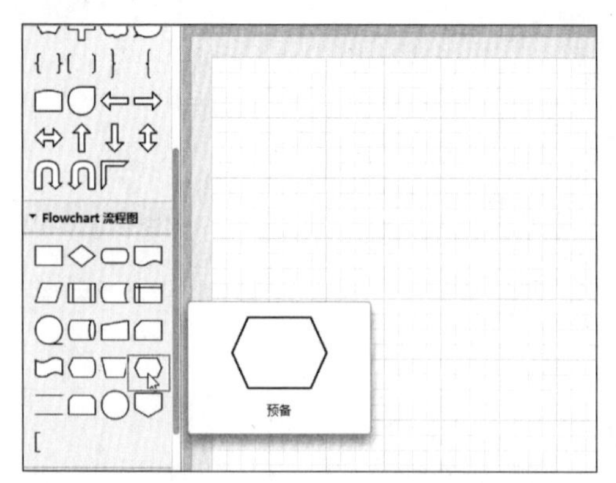

第 4 步 在图形中输入文字，这里输入“识别对象”，按【Ctrl+Enter】组合键或单击画布空白处确认，如下图所示。

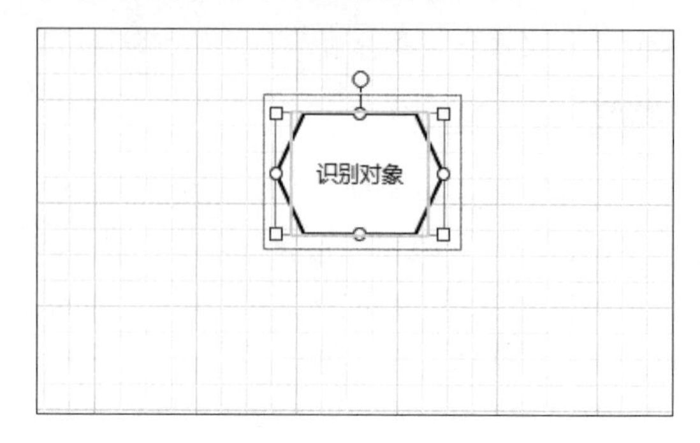

第 5 步 将鼠标指针移动到图形边框下方，当鼠标指针呈十字形时，按住鼠标左键向下拖曳至合适位置，形成箭头连线，如下图所示。

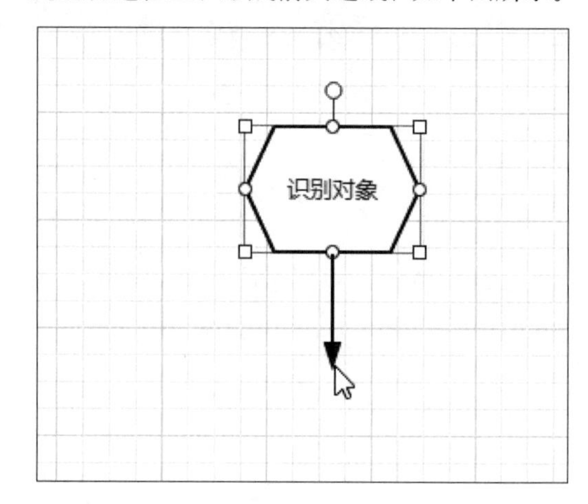

第 6 步 插入下一步的图形并拖曳到合适位置，如下图所示。

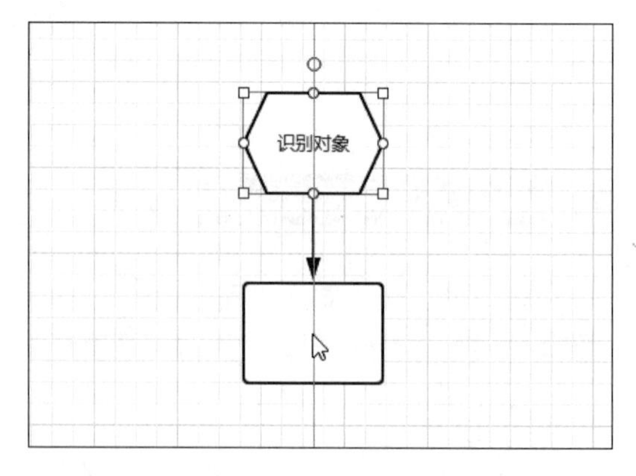

第 7 步 在图形中输入“调查业务流程”，调整图形大小并绘制箭头连线，然后在显示的图形框中选择【圆角矩形】图形，如下图所示。

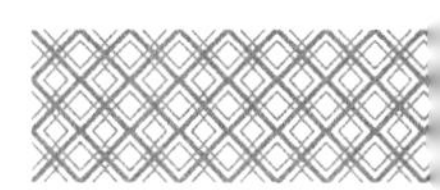

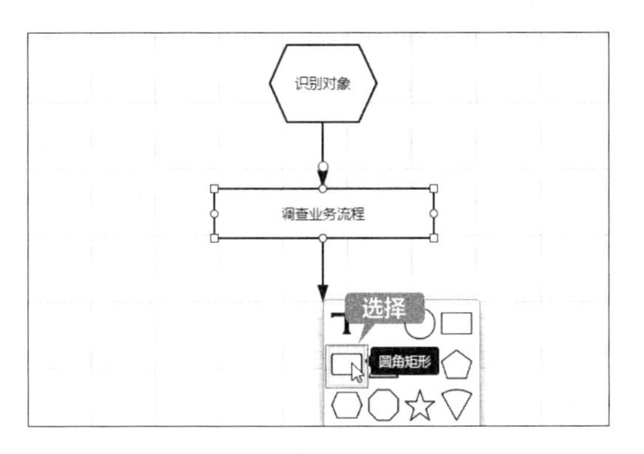

第 8 步 使用同样的方法，绘制其他流程图形并输入文字，效果如下图所示。

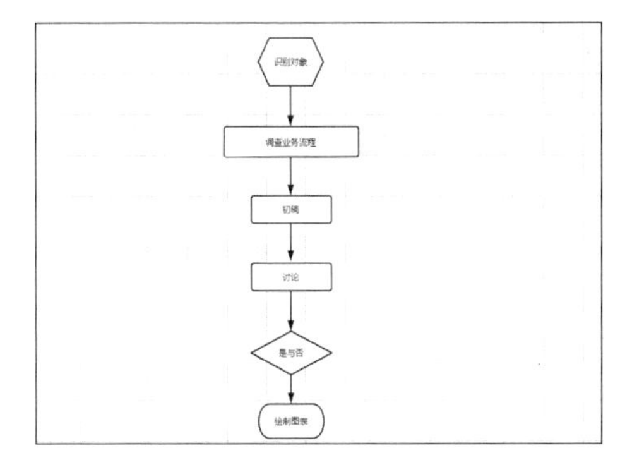

第 9 步 在右侧绘制一个图形并输入“修改”，然后绘制两条箭头连线，如下图所示。

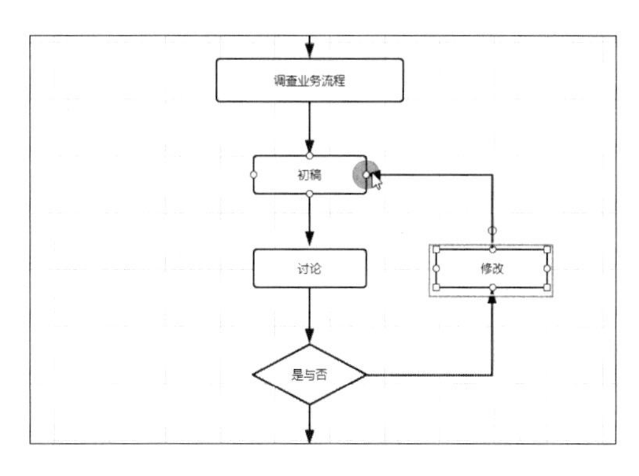

第 10 步 即可完成一个简单的流程图的绘制，效果如下图所示。

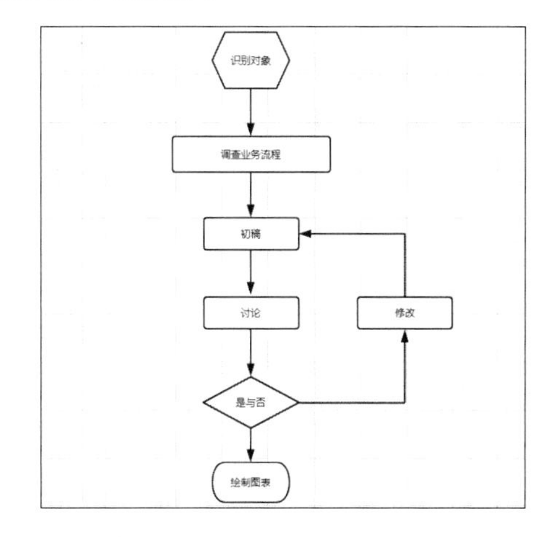

13.1.3 流程图的美化

流程图绘制完成后，初始状态是没有颜色的，用户可以通过设置字体、填充颜色、图形对齐排列等方式，对流程图进行美化，具体操作步骤如下。

第 1 步 选择“识别对象”图形，单击【编辑】选项卡下的【填充样式】按钮，在下拉列表中选择合适的填充颜色，如下图所示。

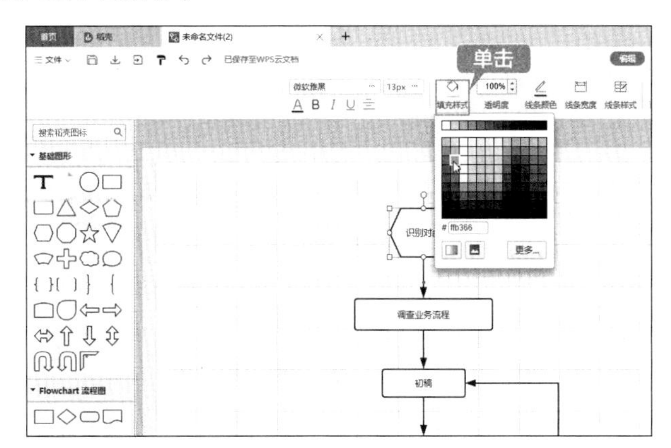

第 2 步 即可为所选图形填充颜色，如下图所示。

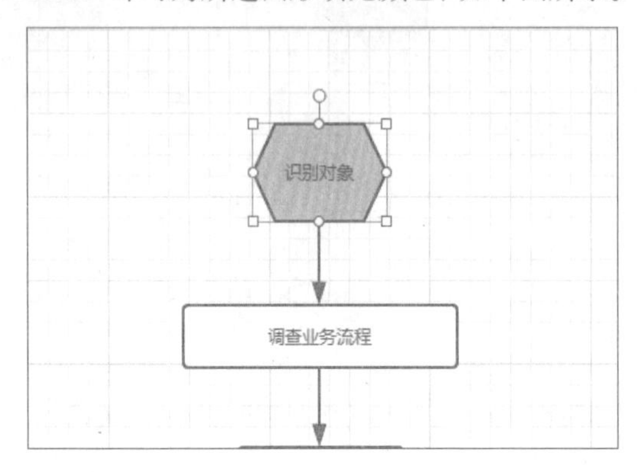

第 3 步 如果要为箭头连线填充颜色，则可选中箭头连线，单击【线条颜色】按钮 线条颜色，在下拉列表中选择合适的颜色，如下图所示。

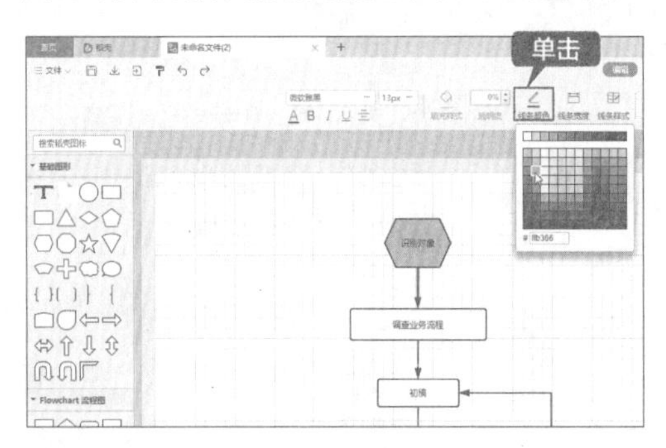

第 4 步 另外，WPS Office 内置了多种主题风格，可以直接套用填充颜色。按【Ctrl+Z】组合键撤销前面的图形和线条填充，按【Ctrl+A】组合键选中整个流程图，然后单击【编辑】选项卡下的【切换风格】按钮 切换风格，在弹出的列表中，选择合适的风格，如下图所示。

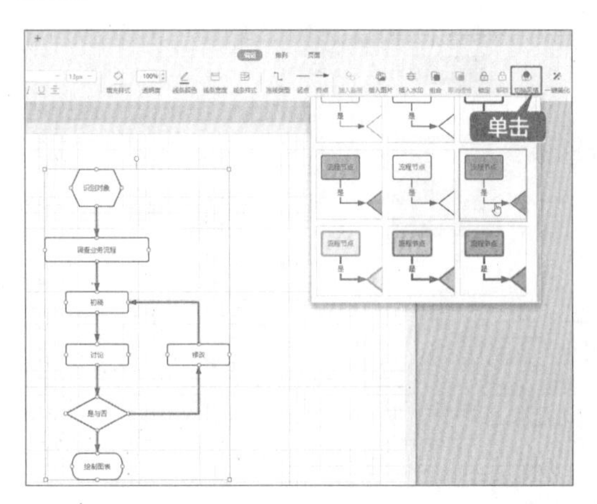

第 5 步 即可应用该风格，如下图所示。

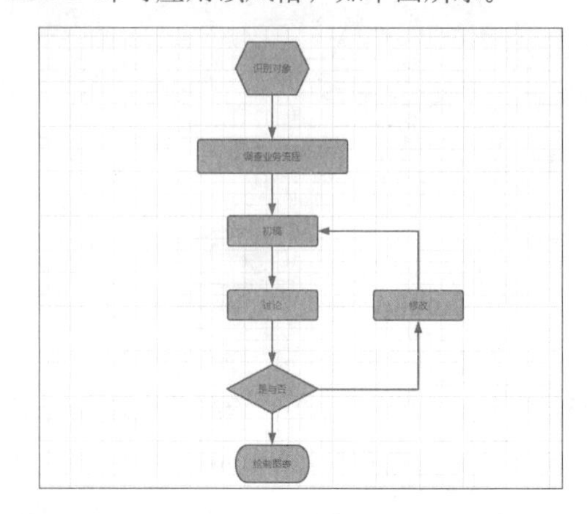

第 6 步 单击【一键美化】按钮 一键美化，可以优化图形布局、连线和大小，如下图所示。

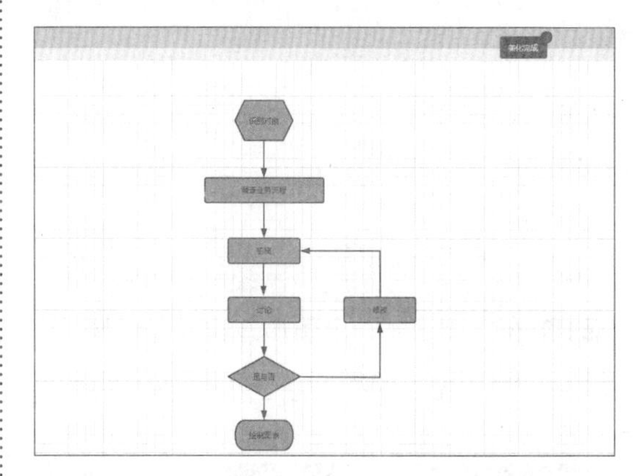

第 7 步 制作完成后，单击【文件】→【另存为 / 导出】选项，可以根据需求将图形转换为多种格式，这里选择“POS 文件”格式，方便下次编辑，如下图所示。

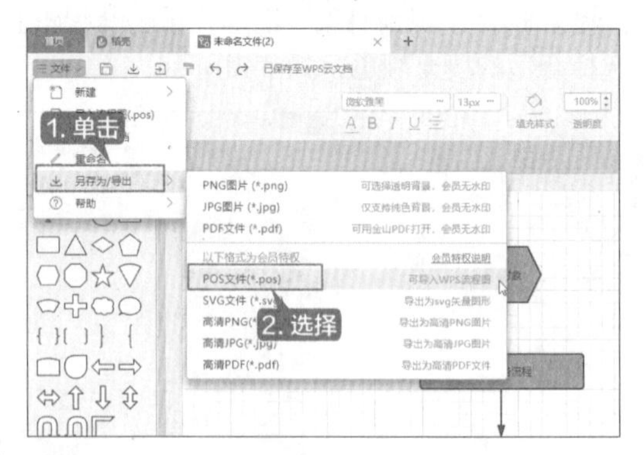

第 8 步 在弹出的【另存为】对话框中，选择保存路径并设置文件名后，单击【保存】按钮，如下图所示。

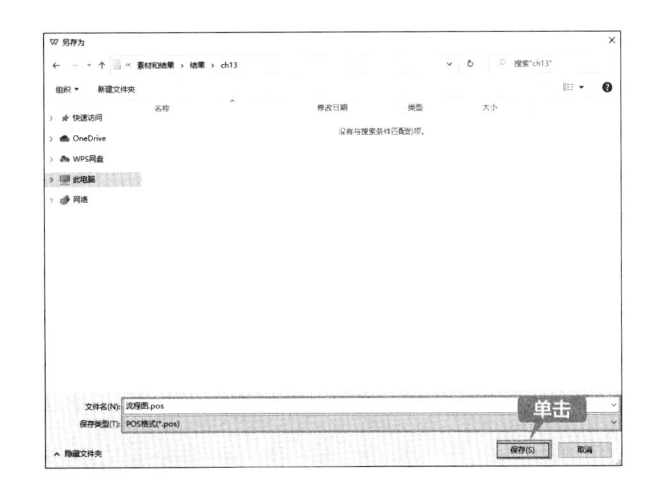

13.1.4 套用模板快速绘制

WPS Office 提供了海量模板，用户可以根据需求搜索和下载模板并进行调整，满足自己的工作需求。下面套用模板制作一个招聘流程图，具体操作步骤如下。

第 1 步 在【新建】窗口中，选择【流程图】选项，进入【推荐模板】界面，单击右侧的【更多模板】选项，如下图所示。

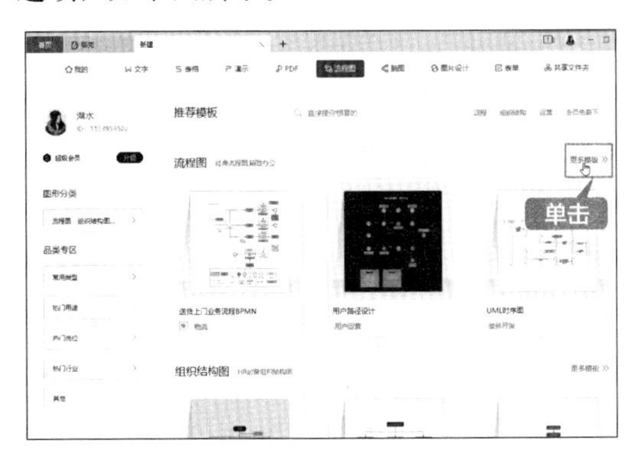

提示

用户可以在搜索框中输入关键词，搜索相关的模板。

第 2 步 即可查看更多的流程图模板，选择需要的模板，单击其缩略图右下角的【使用该模板】按钮，如下图所示。

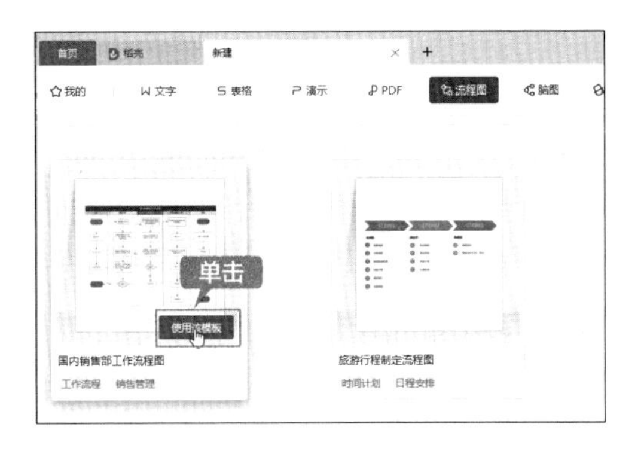

第 3 步 即可以该模板创建流程图，如下图所示。

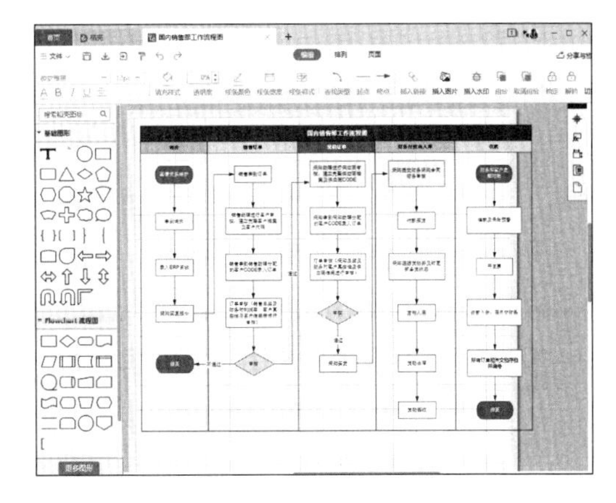

第 4 步 输入流程图内容并删除多余的图形和箭头连线，效果如下图所示。

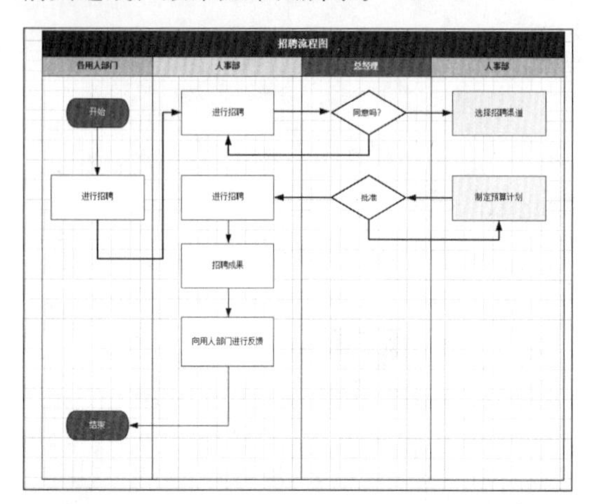

第 5 步 双击箭头连线添加逻辑判断，如下图所示。

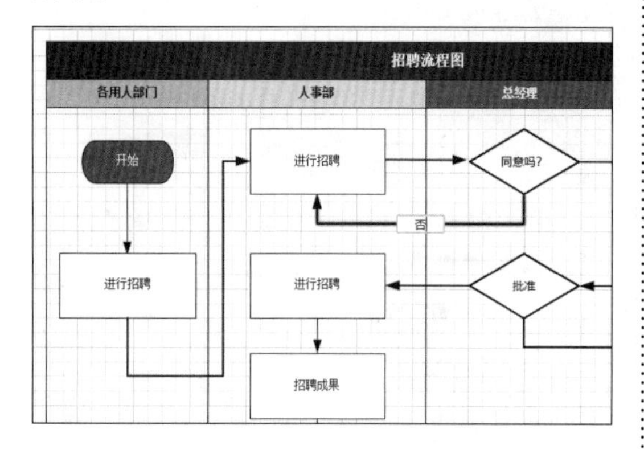

第 6 步 使用同样的方法，为流程图添加逻辑判断，效果如下图所示。

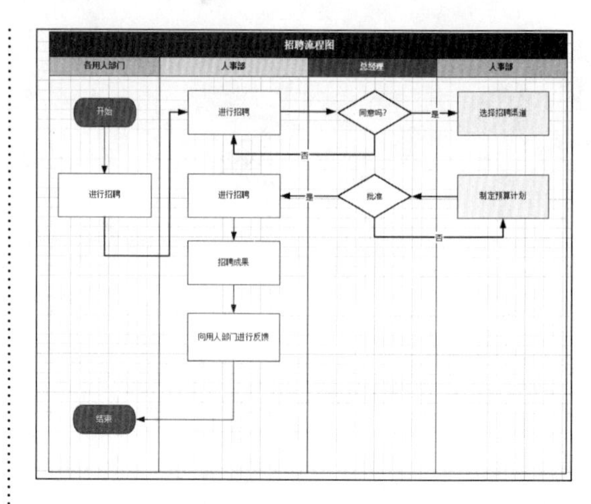

第 7 步 招聘流程图绘制完成后，根据需求对流程图进行美化，单击【一键美化】按钮调整流程图中的歪斜箭头连线及布局等，效果如下图所示。

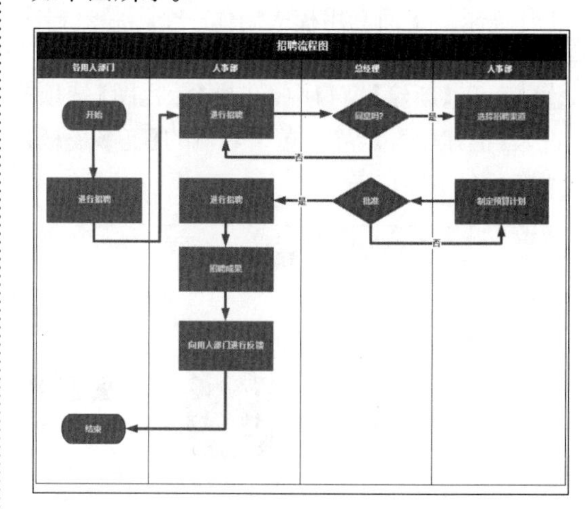

第 8 步 单击【文件】→【另存为 / 导出】→【POS 文件】选项，弹出【另存为】对话框，将流程图保存即可，如下图所示。

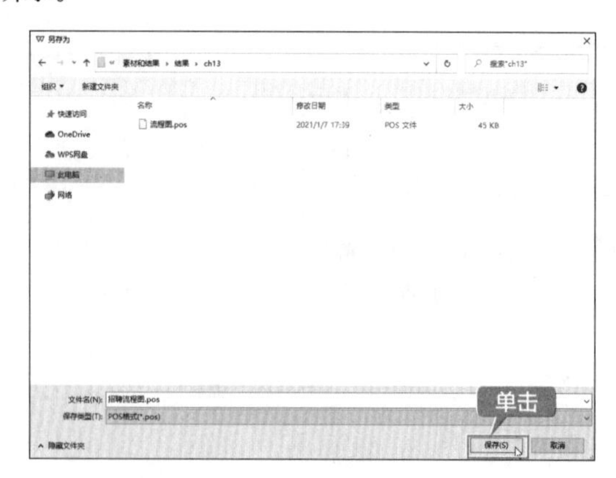

13.2 高效工作神器：脑图

脑图也称为思维导图，是表达发散性思维的有效图形思维工具，可以应用在学习、生活和工作等领域，如可以用脑图制作学习计划、旅行计划、活动筹划等，让你轻松掌握重点与重点间的逻辑关系，激发联想和创意，将零散的内容构建成知识网。

脑图主要是从一个中心主题向四周发散，将各级主题的关系用相互隶属与相关的层级图表现出来，把主题关键词与图像、颜色等建立记忆链接，其特点是图文并用，形式多样，表达主题相关的各层面的内容。如下图所示为“本周计划”脑图。

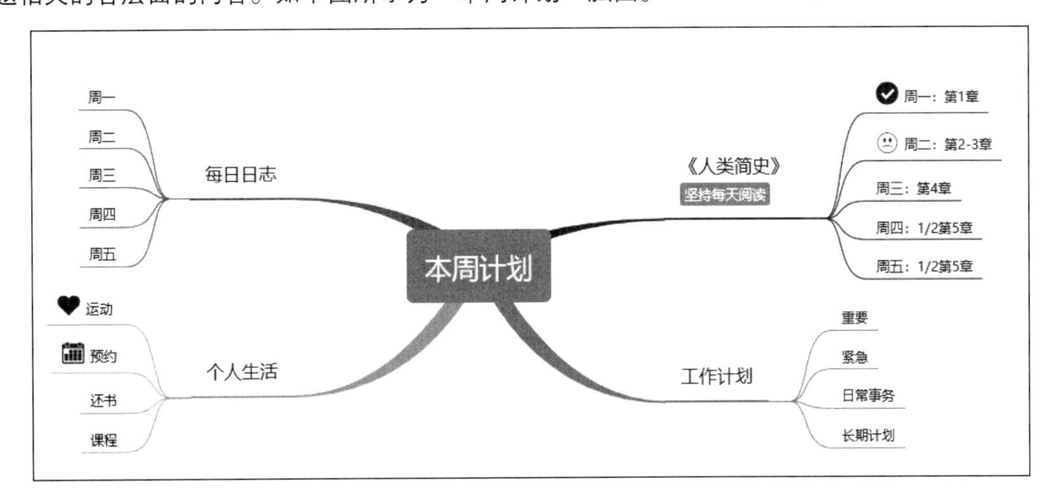

当需要记录思维过程、主题内容发散、零散内容汇总等时，可以选择使用脑图。

13.2.1 用 WPS Office 制作脑图

使用 WPS Office 制作脑图的具体操作步骤如下。

第 1 步 在【新建】窗口中选择【脑图】选项，进入【推荐模板】界面，单击【新建空白图】选项，如下图所示。

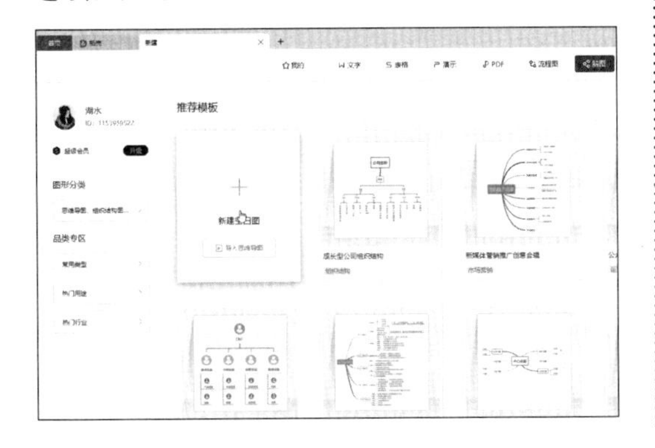

提示

用户可以根据需要，搜索并下载模板，在模板的基础上进行修改并使用。

第 2 步 即可创建一个空白脑图，画布中会显示一个“未命名文件（1）”主题框，如下图所示。

第 3 步 双击主题框，修改主题内容为“市场部会议记录”，按【Enter】键确认，如下图所示。

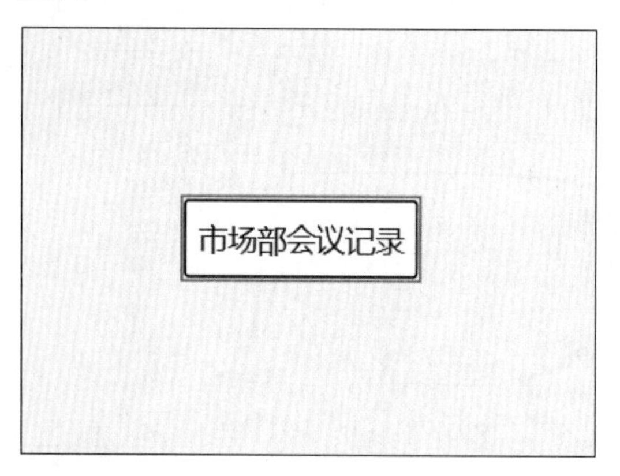

第 4 步 按【Tab】键，即可在主题后面创建子主题，如下图所示。

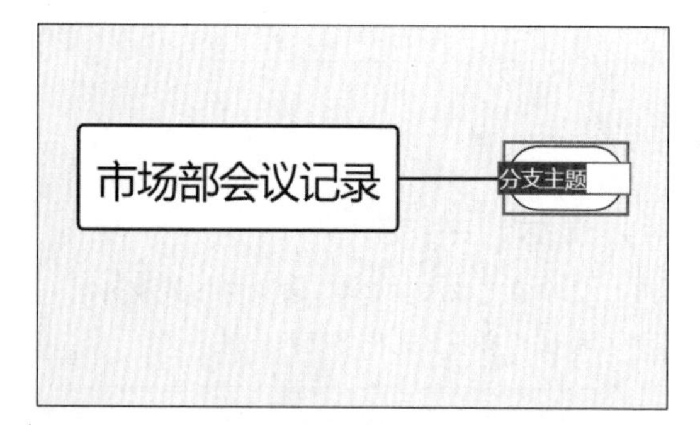

第 5 步 输入子主题内容，然后单击【插入】选项卡下的【更多图标】按钮，在弹出的列表中，选择要插入的图标。这里在【稻壳精选图标】右侧的搜索框中输入关键词“时间”，按【Enter】键搜索，然后选择要插入的图标，即可插入到子主题框中，如下图所示。

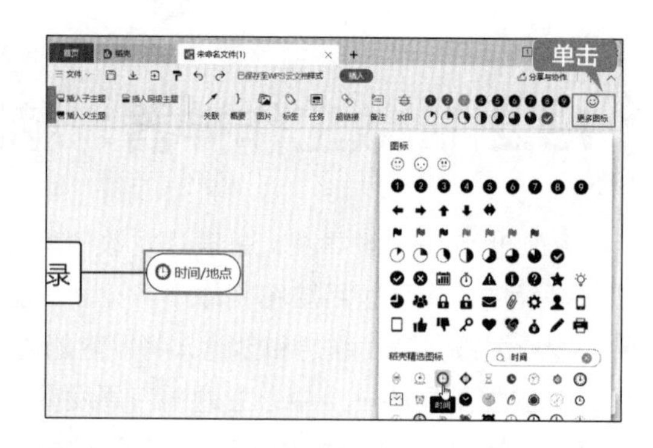

第 6 步 按【Tab】键创建子主题，并输入内容，如下图所示。

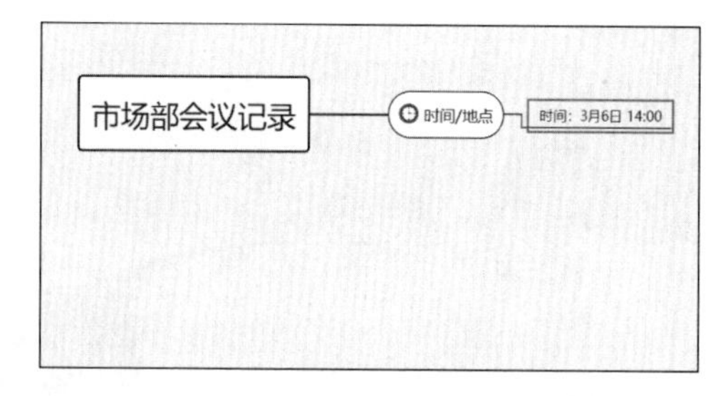

第 7 步 按【Enter】键创建同级主题，并输入内容，如下图所示。

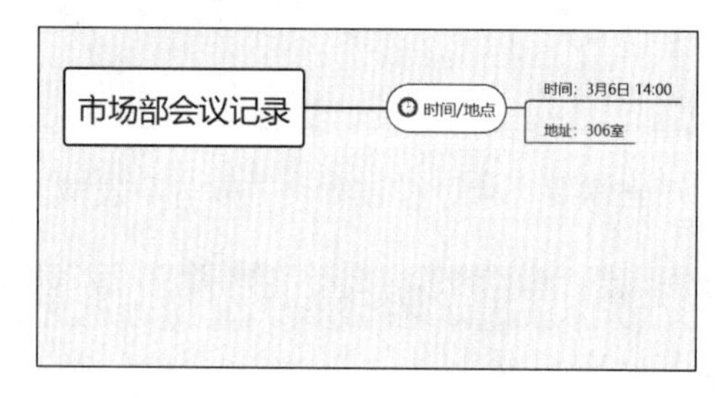

第 8 步 使用同样的方法绘制各主题结构，效果如下图所示。

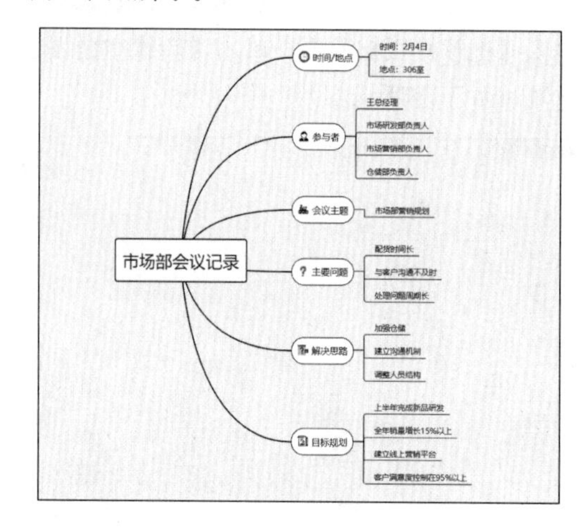

第 9 步 绘制完成后，脑图结构主要集中在右侧，且内容偏多，效果并不美观。单击【样式】选项卡下的【结构】按钮，在弹出的列表中，选择【左右分布】选项，如下图所示。

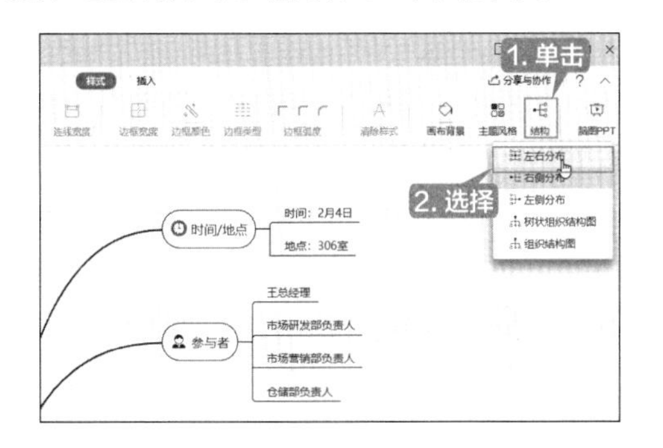

第 10 步 脑图即可以左右分布的结构显示，如下图所示。

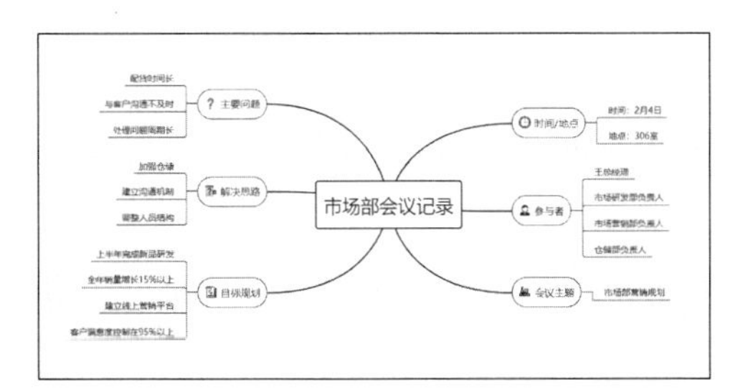

第 11 步 调整结构后，可以设置主题框、连线及字体的样式，美化脑图，也可以直接单击【样式】选项卡下的【主题风格】按钮，在弹出的列表中，选择合适的主题风格，如下图所示。

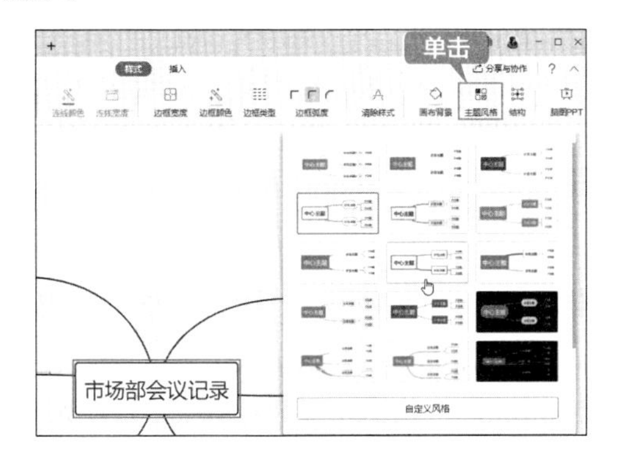

第 12 步 即可应用所选的主题风格，效果如下图所示。

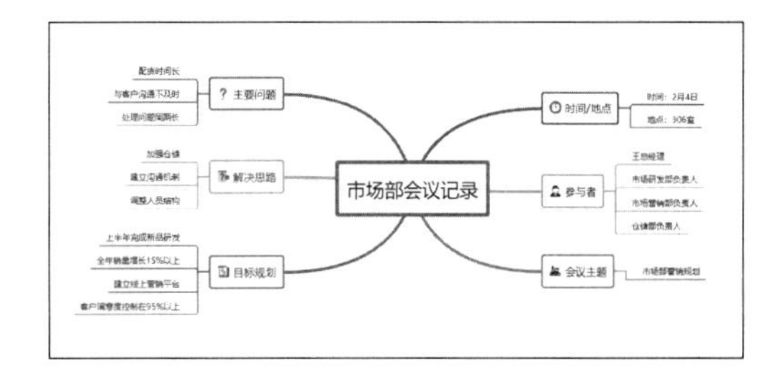

第 13 步 单击【文件】→【另存为 / 导出】选项，在子列表中，可以选择要保存的格式，这里选择【POS 文件】选项，如下图所示。

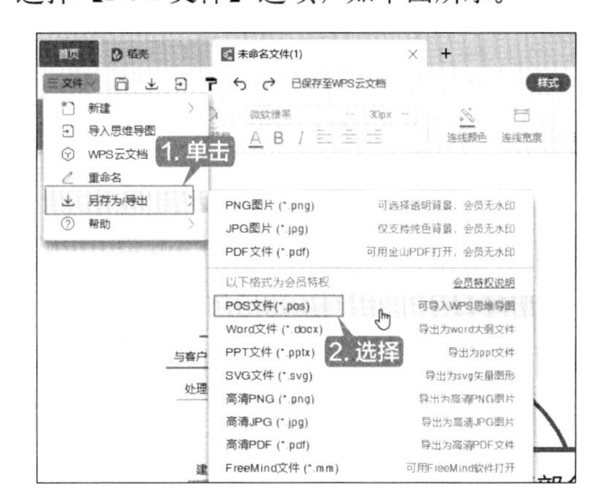

第 14 步 弹出【另存为】对话框，选择保存的位置并设置文件名后，单击【保存】按钮即可保存脑图，如下图所示。

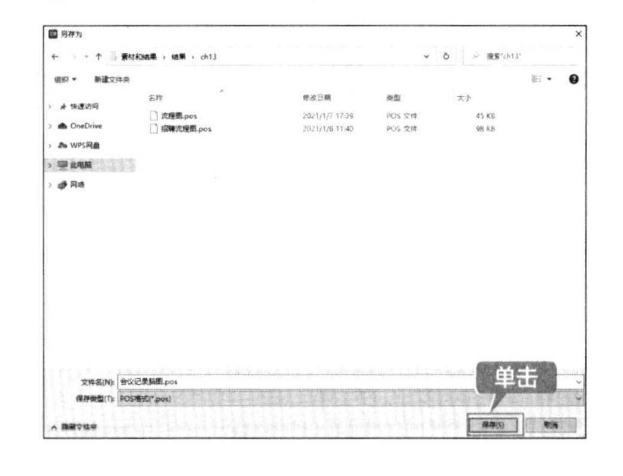

13.2.2 导入并编辑其他软件绘制的思维导图

WPS Office 除了支持 POS 格式外，还可以导入 XMind、MindManager、FreeMind、Kity

Minder 等常用思维导图软件绘制的文件，并进行编辑。

第 1 步 在【新建】窗口中，选择【脑图】选项，进入【推荐模板】界面，然后单击【新建空白图】选项中的【导入思维导图】按钮，如下图所示。

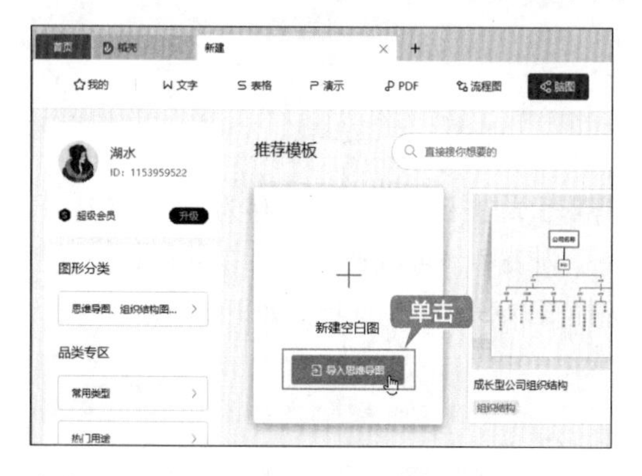

第 2 步 弹出【文件导入】对话框，单击【添加文件】按钮，如下图所示。

第 3 步 弹出【打开文件】对话框，选择“素材\ch13\思维导图.mmap”文件，然后单击【打开】按钮，如下图所示。

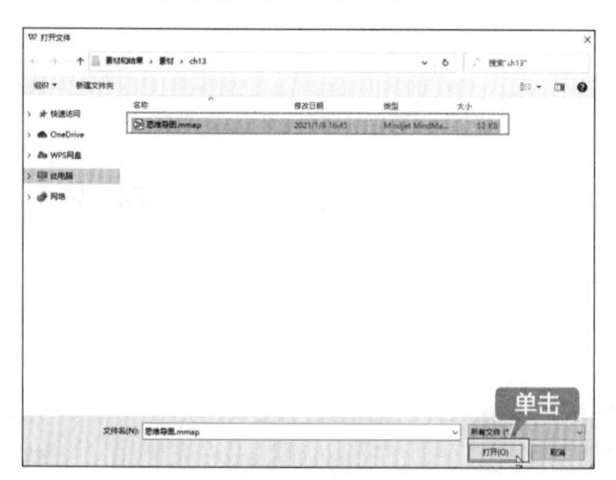

第 4 步 即可打开该思维导图，如下图所示。

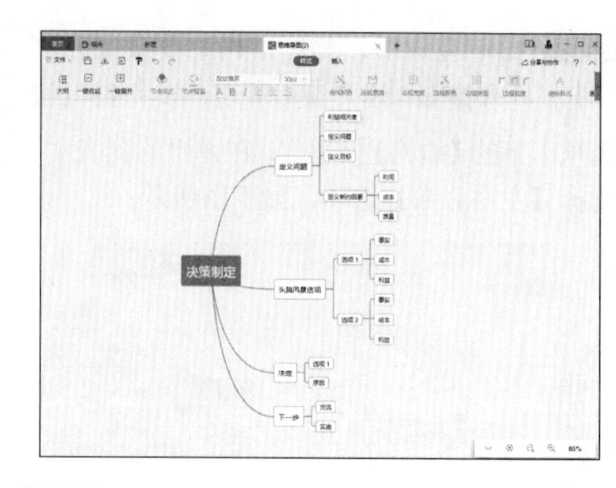

第 5 步 根据需要对思维导图进行编辑和美化，效果如下图所示。

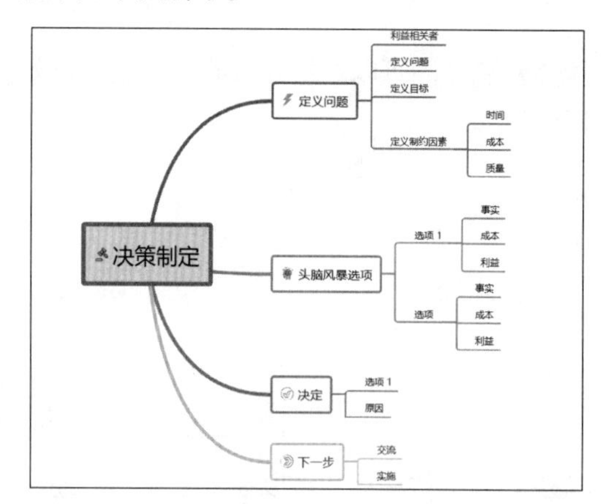

第 6 步 单击【文件】→【另存为 / 导出】→【POS 文件】选项，在弹出的【另存为】对话框中，选择保存位置并设置文件名后，单击【保存】按钮保存文件，如下图所示。

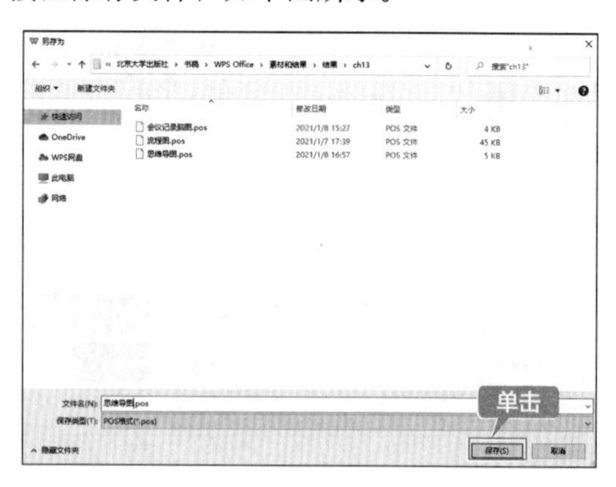

13.3 快速设计需要的图片素材

在 WPS Office 中，用户可以通过图片设计功能，设计图片素材，满足工作使用需求。本节以制作一个春节放假通知为例，为读者提供思路和方法，具体操作步骤如下。

第 1 步 在【新建】窗口中，选择【图片设计】选项，在其界面中可以通过分类对模板进行查找，也可以在搜索框中直接输入关键词搜索模板，这里输入“放假通知”，按【Enter】键，如下图所示。

第 2 步 即可进入搜索结果界面，用户可以在【全部场景】中选择不同的应用场景。将鼠标指针移至要下载的模板缩略图上，单击显示的【使用该模板】按钮，如下图所示。

第 3 步 即可下载该模板，如下图所示，可以看到模板由各分层素材组合而成，选择模板中的卡通形象，按【Backspace】键，可将其从模板中删除。

第 4 步 单击左侧的【素材】按钮，并在搜索框中输入关键词，如“牛”，按【Enter】键，即可显示搜索结果，如下图所示。

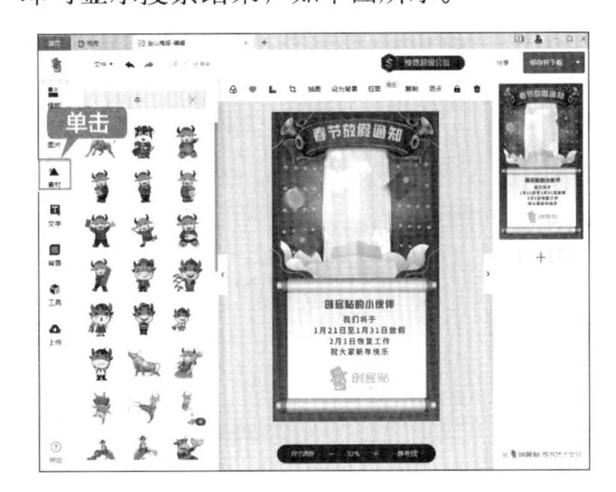

第 5 步 单击要使用的素材，即可将其应用到模板中，使用鼠标拖曳素材四周的控制点，调整素材的大小和位置，如下图所示。

第 6 步 双击文字，即可修改文字内容，如下图所示。另外，也可以通过顶部编辑栏，设置字体、字号及颜色等。

第 7 步 文字修改完成后，效果如下图所示。

第 8 步 单击界面右上角的【保存并下载】下拉按钮，在弹出的下拉框中，选择要保存的文件类型，并单击【下载】按钮，根据提示选择保存路径即可，如下图所示。

提示

如果使用的模板中有商用版权字体，则无法下载使用，可以修改相应的字体。

13.4 使用表单，让你的数据采集整理快数倍

表单是数据采集中较为常用的形式，可用于企事业单位、个人的营销、服务、管理和决策，如收集统计订单、日报周报、问卷、投票等，并可汇总至表格中。本节主要介绍如何使用 WPS Office 制作表单。

13.4.1 制作表单

在采集数据之前，首先需要制作表单，可以根据采集的问题或数据的需要，设计表单的内容。本小节以制作一个销售业绩统计表单为例，介绍其操作方法。

第 1 步 在【新建】窗口中，选择【表单】选项，进入其界面。用户可以新建空白表单，也可以应用表单模板，界面左侧显示了模板的类型，右侧为模板缩略图列表。这里选择【销售统计】区域下的【销售业绩统计表】模板，单击【立即使用】按钮，如下图所示。

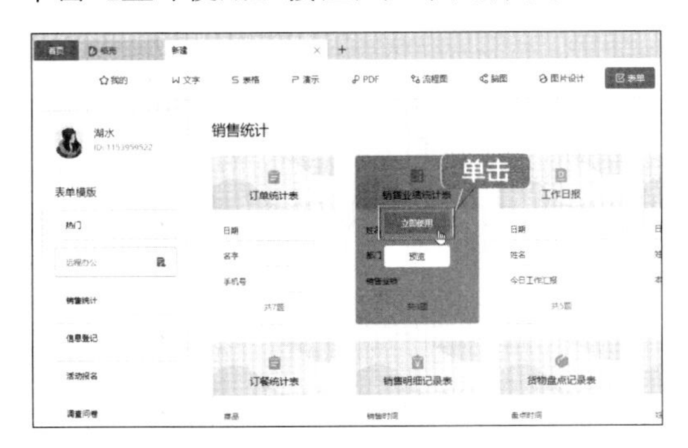

第 2 步 即可应用所选模板，如下图所示。

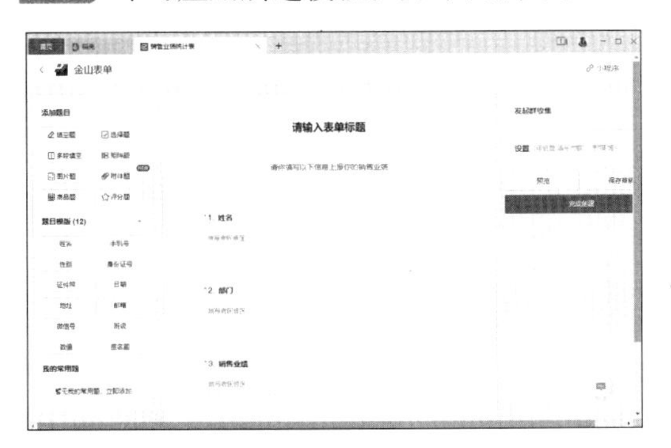

第 3 步 双击标题区域，即可输入标题，如下图所示。

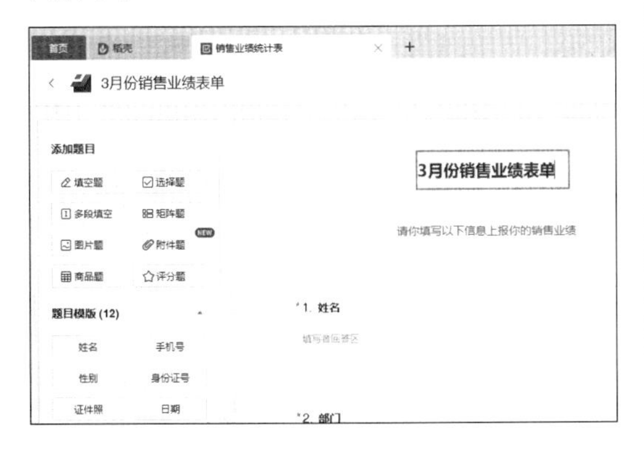

第 4 步 在回答区可以为填写者设置答题限制，如下图所示。

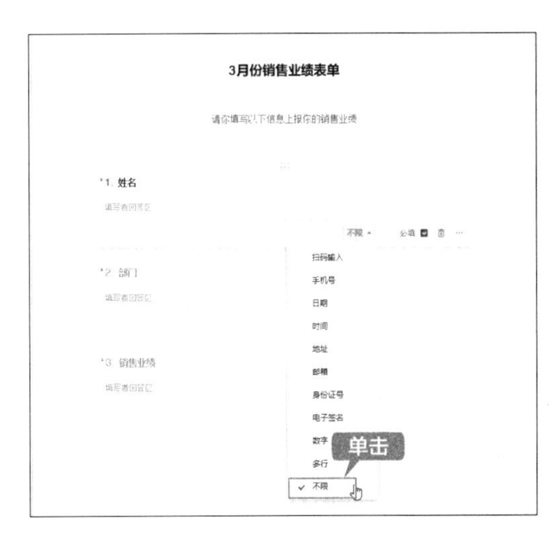

第 5 步 如果要设置填写次数、权限等，可以单击右侧的【设置】按钮⚙，如下图所示。

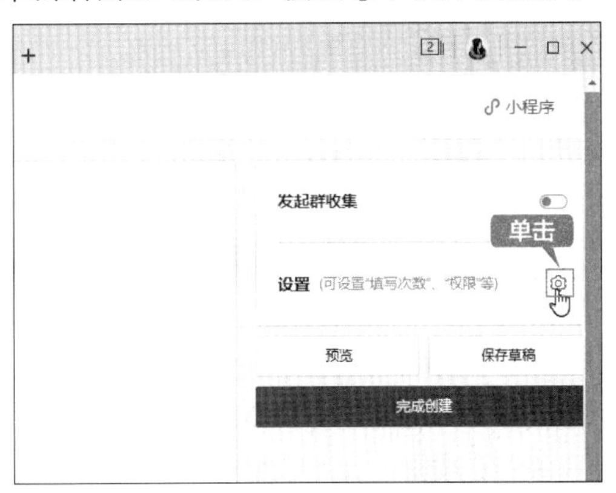

第 6 步 在弹出的【设置】对话框中，可以设置表单状态、填写者身份、填写权限和填写通知等，如下图所示。

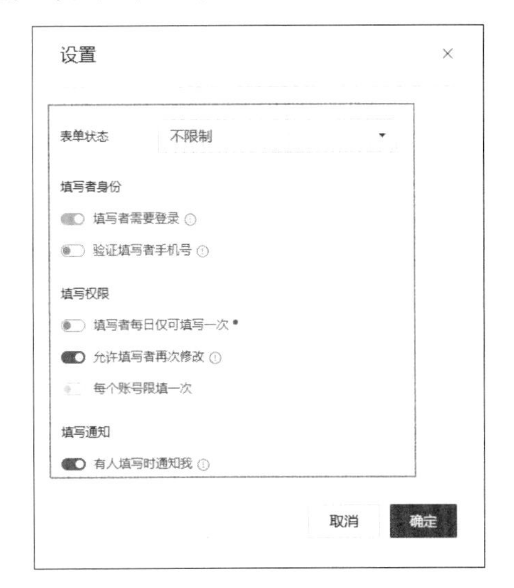

第 7 步 设置完成后，单击【完成创建】按钮，如下图所示。

第 8 步 即可弹出提示对话框，提示“创建成功”，此时可以设置填写人，也可以选择邀请方式发送给被邀请人，如链接、二维码、海报、微信及 QQ 等方式，将生成的链接或二维码分享给填写人即可，如下图所示。

13.4.2 创建收集群

创建收集群可以方便长期数据的采集。创建收集群后可以直接将表单发给群内所有人，无须逐个邀请，具体操作步骤如下。

第 1 步 接 13.4.1 节操作，在弹出的“创建成功”提示对话框中，选中【指定收集群可填】单选按钮，弹出【发起群收集】对话框，单击【新建收集群】按钮，如下图所示。

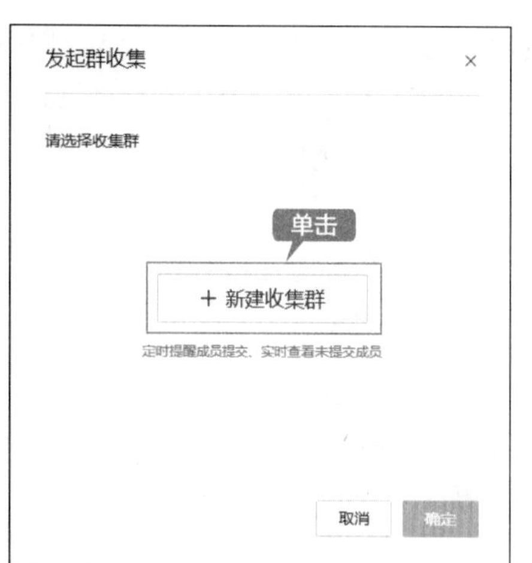

第 2 步 弹出【新建收集群】对话框，输入收集群名称，然后单击【确定】按钮，如下图所示。

第 3 步 返回【发起群收集】对话框，选择收集群后，单击【添加成员】按钮 ，如下图所示。

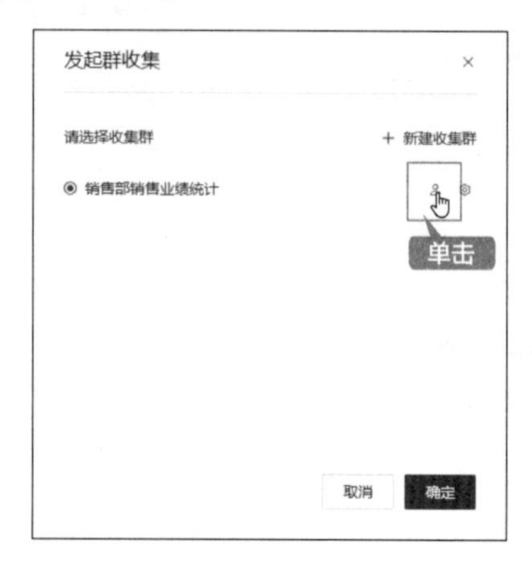

第 4 步 弹出【群成员管理】的对话框，显示已加入的成员列表，此时可通过邀请链接添加或从联系人中添加两种方式添加成员，这里选择【通过邀请链接添加】选项，如下图所示。

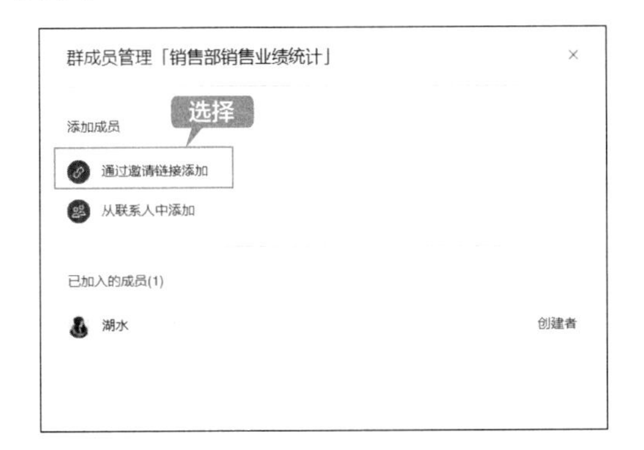

第 5 步 弹出链接信息，单击【复制】按钮，可通过微信、QQ 等将链接发送给被邀请人。被邀请人打开链接即可加入收集群，【已加入的成员】列表中会显示加入成员的情况，成员添加完成后，单击右上角的【关闭】按钮，如下图所示。

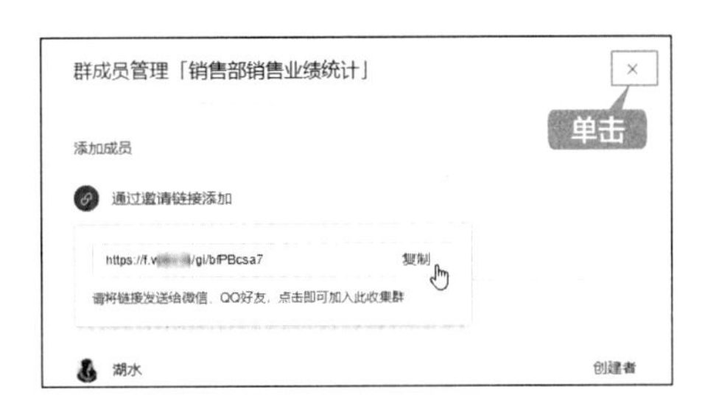

第 6 步 即可返回到【选择收集群】对话框，单击【确定】按钮即可完成创建，如下图所示。

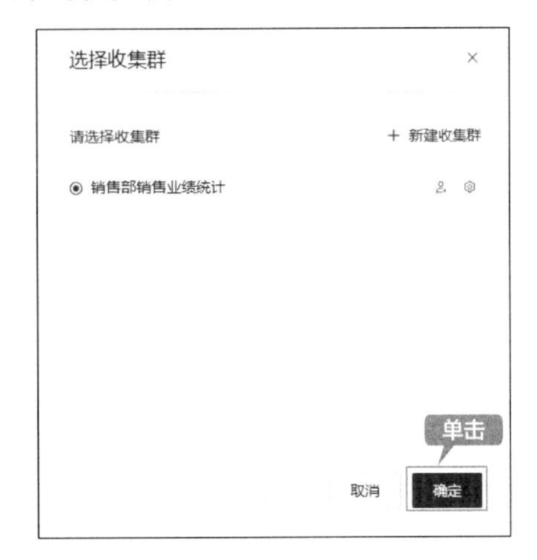

13.4.3 填写表单

下面以在收集群中填写表单为例介绍填写表单的方法，具体操作步骤如下。

第 1 步 被邀请人通过收到的链接或二维码，可以进入金山表单界面，其中显示了表单标题，点击【查看】按钮，如下图所示。

第 2 步 进入【填写页面】，在表单中填写信息，然后点击【提交】按钮，如下图所示。

中午12:46
填写页面
金山表单
请你填写以下信息上报你的销售业绩
*1. 姓名
张三
*2. 部门
销售1部
*3. 销售业绩
25.9万
点击
提交
保存草稿
举报
由金山文档旗下表单提供服务

第 3 步 弹出【提交】对话框，点击【确定】按钮，即可完成表单的填写，如下图所示。

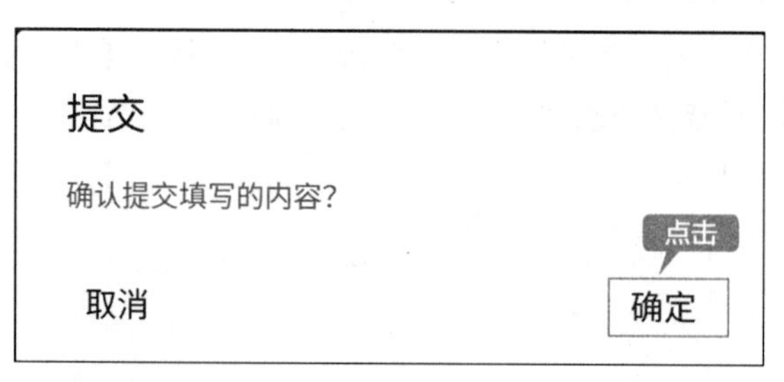

13.4.4 查看和汇总表单数据

数据收集完成后，可以查看和汇总表单上的数据，具体操作步骤如下。

第 1 步 打开 WPS Office，在【首页】界面中单击【文档】→【我的云文档】→【应用】→【我的表单】文件夹，即可看到一个表格文件和一个表单文件，其中表格文件是收集数据的汇总表，单击表单文件，如下图所示。

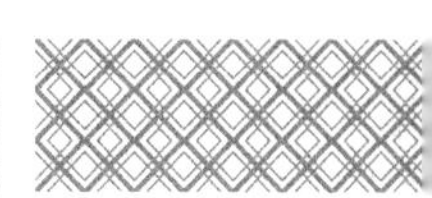

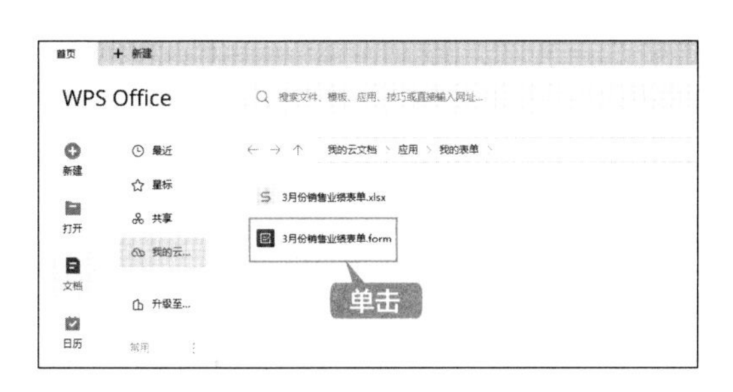

第 2 步 打开【金山表单】窗口，【数据统计】选项卡下显示了收集的表单的汇总数据，如下图所示。

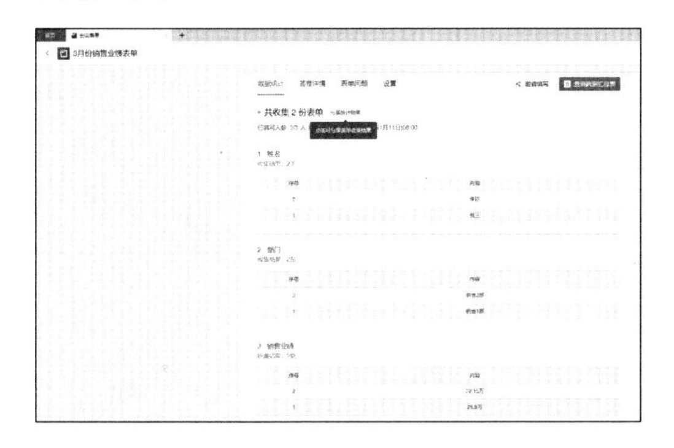

第 3 步 单击【答卷详情】选项卡，可以查看各份表单。如果要查看汇总表，可以单击【查看数据汇总表】按钮，如下图所示。

提示

另外，【表单问题】选项卡下显示了表单的问题，可以进行修改；【设置】选项卡下可以设置截止时间、填写权限及通知等。

第 4 步 即可打开表格窗口，其中汇总了详细数据信息，如下图所示。

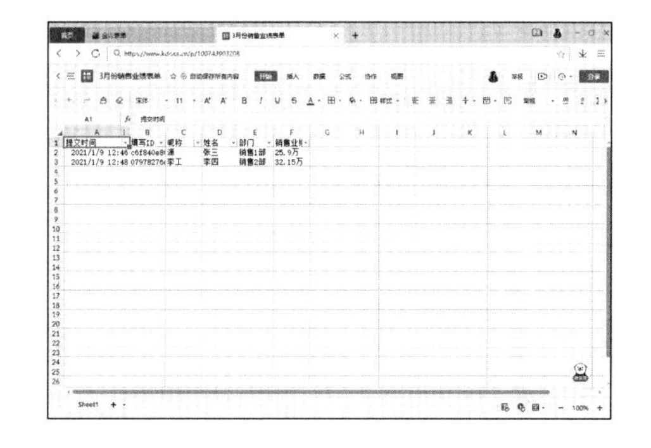

◇ 使用手机做思维导图：高效的大纲模式

使用 WPS Office 在手机中也可以快速制作思维导图，具体操作步骤如下。

第 1 步 在手机中打开 WPS Office，点击【应用】→【思维导图】按钮，如下图所示。

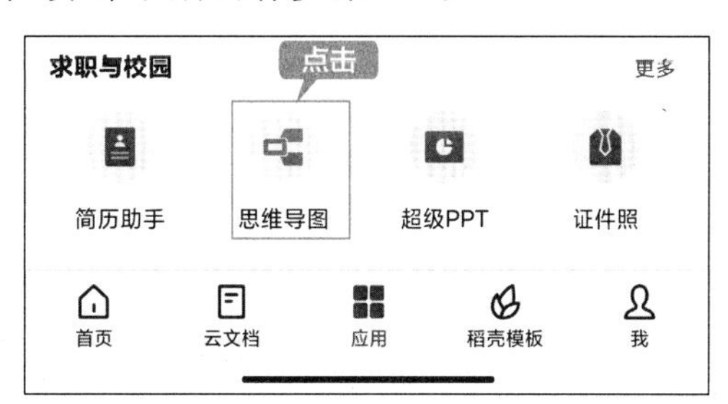

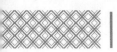

第 2 步 进入思维导图绘制界面，点击【大纲】按钮，如下图所示。

第 3 步 进入【大纲】界面，输入中心主题，然后输入子主题。点击底部的分级方向按钮可以设置主题的分级，还可以通过底部按钮设置字体样式和颜色，添加和删除图片，如下图所示。

第 4 步 各级主题设置完成后，点击界面右下角的【脑图】按钮，如下图所示。

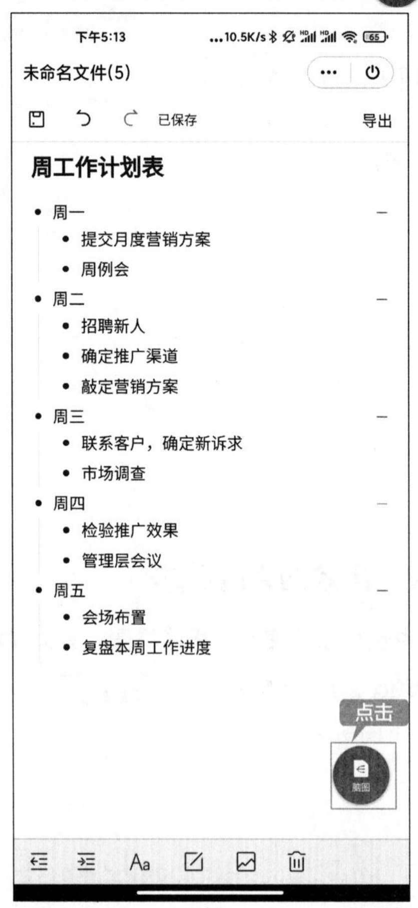

第 5 步 即可看到生成的脑图，点击右上角的 按钮，如下图所示。

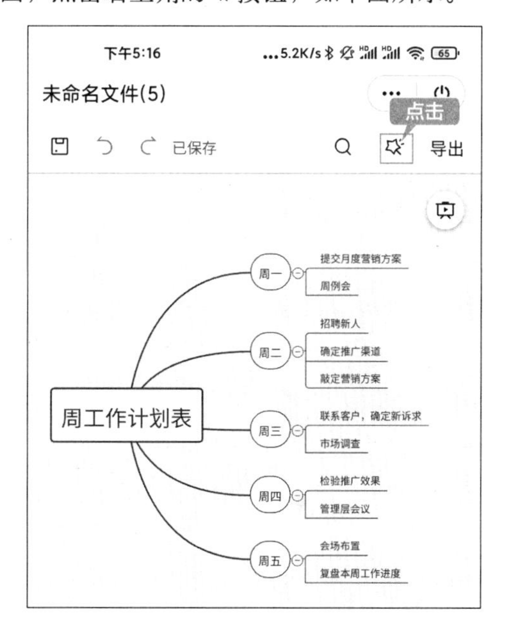

第 6 步 在界面下方弹出的窗格中，可以设置脑图的主题和结构，如下图所示。

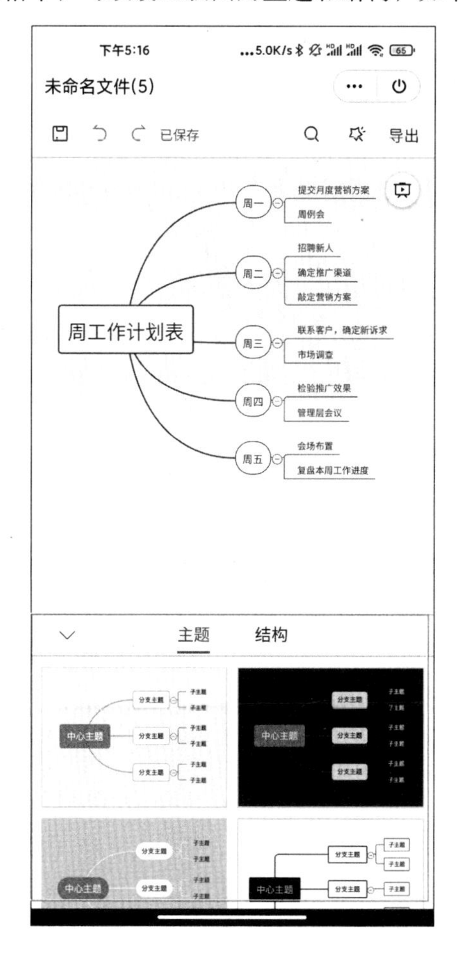

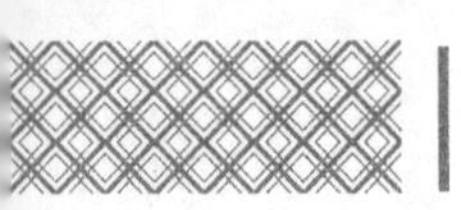

第 7 步 脑图制作完成后，点击左上角的【保存】按钮 ，即可将其保存，如下图所示。

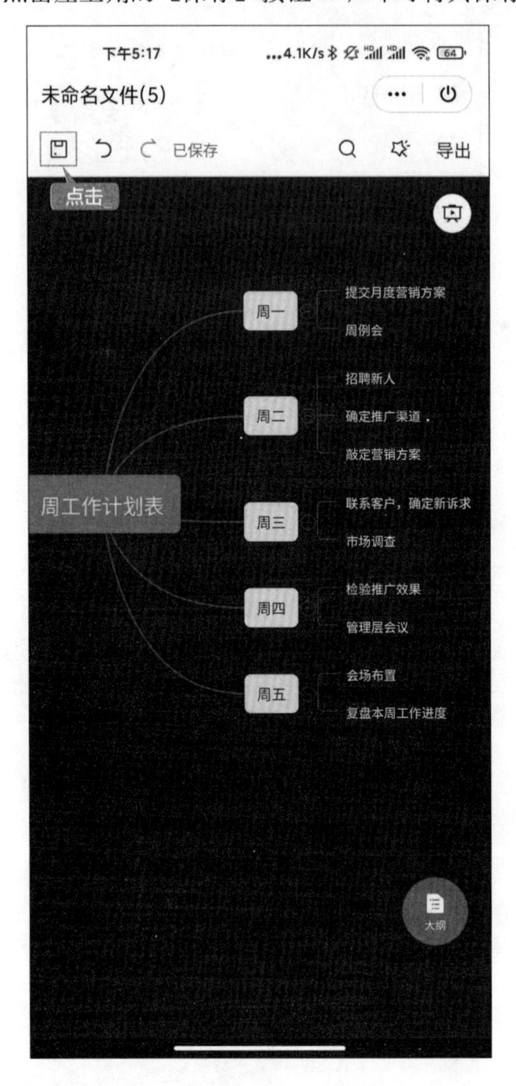

第 14 章 WPS Office 实用功能让办公更高效

本章导读

WPS Office 除了可以满足用户日常基本办公需求外，还针对一些常用的、复杂的工作，开发了相应的特色功能，以解决工作中遇到的棘手问题，使用户可以更高效地解决和完成工作。本章将对 WPS Office 中一些常用的特色功能进行介绍，其中部分功能需要付费会员方可使用，非付费会员也可以通过本章内容对 WPS Office 有更深一步的了解。

思维导图

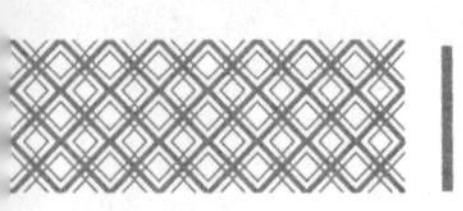

14.1 文档的输出转换

文档的输出转换是工作中最常用的操作之一，用户可以根据需求将文档转换为其他常用格式，如将文字、表格及演示文档转换为 PDF、输出为图片等，本节主要介绍如何将图片转为文字和文档的拆分合并。

14.1.1 提取图片中的文字——图片转文字

通过图片转文字功能，可以大大节省文本输入时间，如将手机拍摄的文字图片或扫描的文字图片转为可复制的文字，具体操作步骤如下。

第 1 步 在【文字文稿 1】窗口中，单击【会员专享】选项卡下的【图片转文字】按钮，如下图所示。

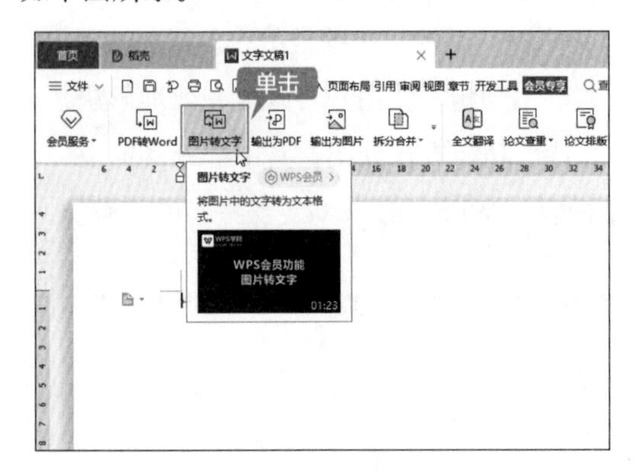

第 2 步 弹出【图片转文字】对话框，单击对话框中的添加文件图标，如下图所示。

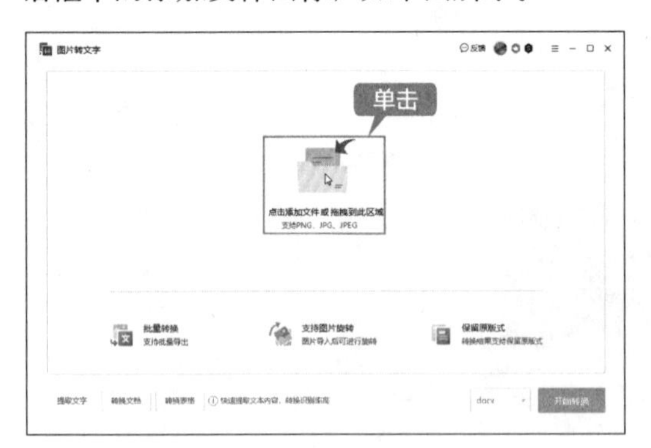

提示

用户也可以将要转文字的图片拖曳至对话框中间区域进行文件添加。

第 3 步 弹出【添加图片】对话框，选择要转换的图片，然后单击【打开】按钮，如下图所示。

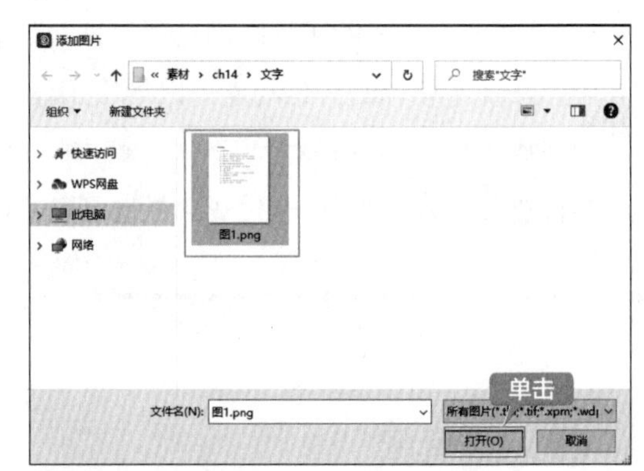

第 4 步 返回【图片转文字】对话框，默认选中【提取文字】选项，在右下角可以设置转换的格式，如文档格式、记事本格式、表格格式，默认为“docx”格式。用户可以单击右侧区域中的【预览转换结果】按钮，查看识别图片的文字信息。如果要转换为文档，则单击【开始转换】按钮，如下图所示。

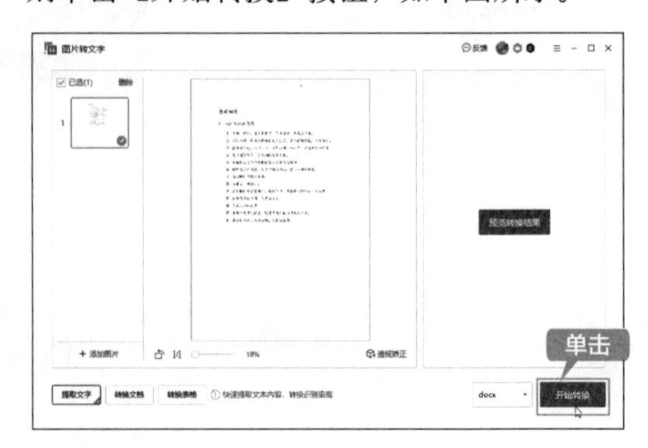

提示

如果仅需要提取图片中的文字，可以单击【预览转换结果】按钮，并在窗口右侧区域中进行复制；如果希望完整保留文字样式及排版，可以选择【转换文档】选项；如果希望保留版式，将其转换为表格，可以选择【转换表格】选项。

第 5 步 弹出【图片转文字】对话框，设置输出文档的名称及输出的位置，然后单击【确定】按钮，如下图所示。

第 6 步 即可进行转换，完成后，弹出如下图所示的对话框，单击【打开文件】按钮。

第 7 步 即可打开转换的文档，如下图所示。此时可以对比原图片进行文字核对，避免因为原图清晰度、字迹等问题出现识别错误。

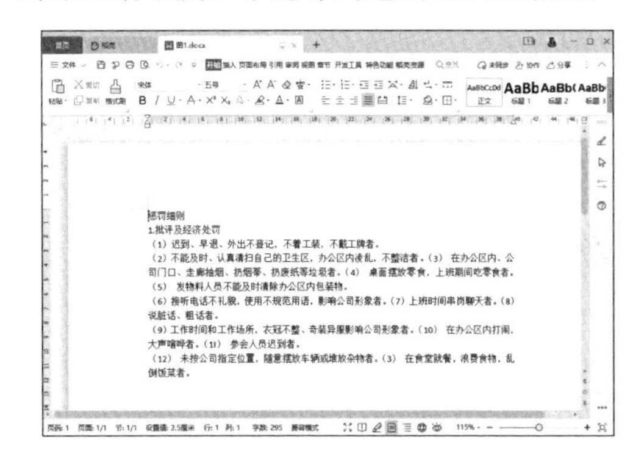

14.1.2 文档的拆分与合并

在处理文档时，经常需要将文档内容拆分为多个文档，方便对文档进行分析和归类。如果文档的内容不多，可以通过复制和粘贴实现；如果文档的内容较多，则可以使用文档的拆分合并功能，具体操作步骤如下。

1. 拆分文档

第 1 步 在【文字文稿 1】窗口中，单击【会员专享】选项卡下的【拆分合并】下拉按钮，在弹出的菜单中，选择【文档拆分】选项，如下图所示。

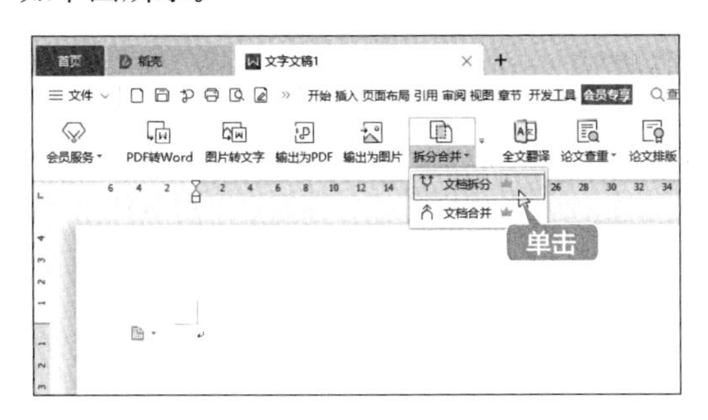

提示

菜单选项中含有 标识，表示该功能仅支持 WPS 会员使用。

第 2 步 弹出【文档拆分】对话框，单击对话框中的添加文件图标，如下图所示。

第 3 步 弹出【选择文件】对话框，选择需要拆分的文档，这里选择“素材 \ch14\ 公司奖惩制度 .docx”文档，单击【打开】按钮，如下图所示。

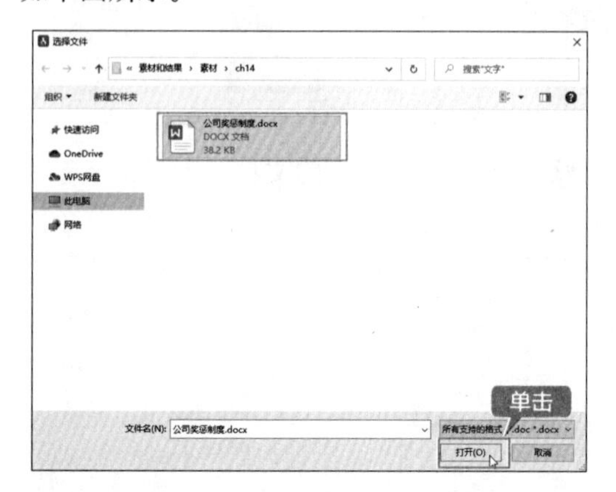

第 4 步 返回【文档拆分】对话框，单击【下一步】按钮，如下图所示。

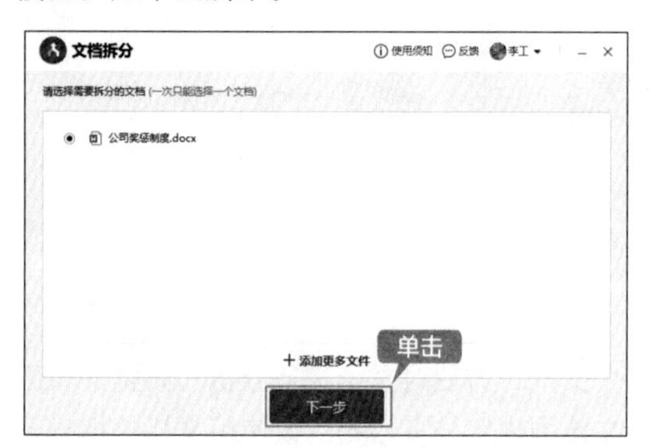

第 5 步 进入如下图所示的对话框，选择拆分方式，【平均拆分】可以设置每多少页保存为一份文档，【选择范围】可以设置页码划分范围，这里选中【选择范围】单选按钮，输入页码划分范围，以“,”分隔，然后选择输出的目录，并单击【开始拆分】按钮。

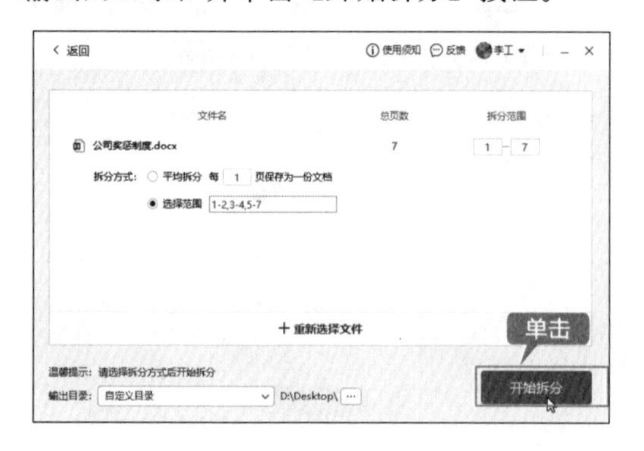

第 6 步 此时即可开始拆分文档，并显示拆分进度，如下图所示。

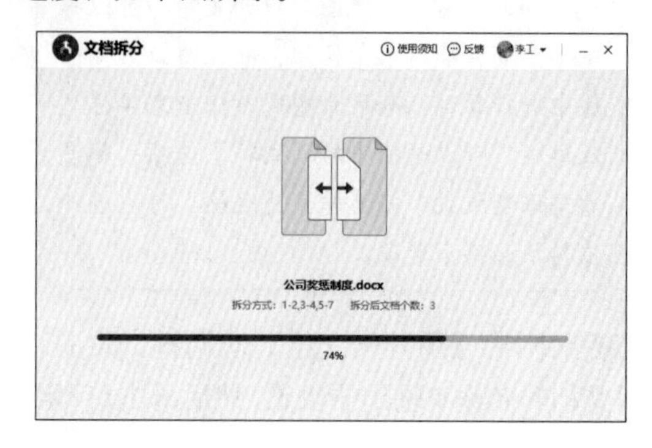

第 7 步 拆分完成后，显示如下图所示的提示，单击【打开文件夹】按钮。

第 8 步 即可打开以文档名称命名的文件夹，并显示拆分的文档，如下图所示。

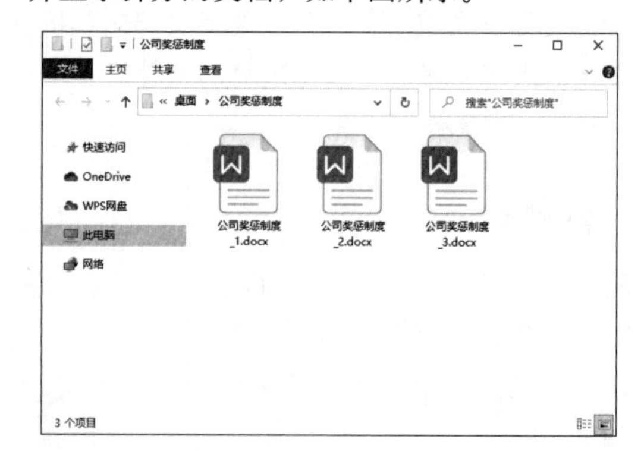

2. 合并文档

第 1 步 在【文字文稿 1】窗口中，单击【会员专享】选项卡下的【拆分合并】下拉按钮，在弹出的菜单中，选择【文档合并】选项，如下图所示。

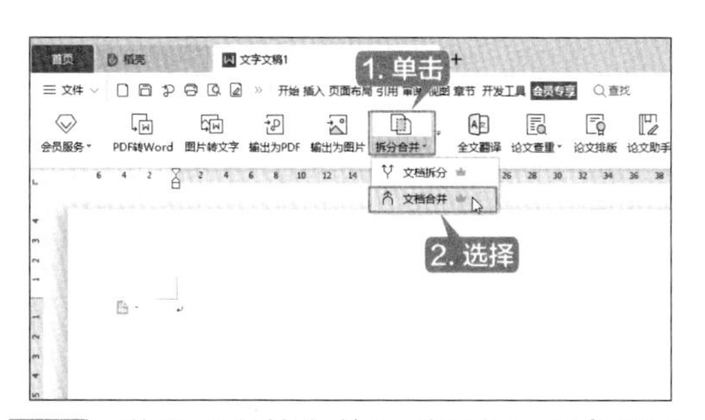

第 2 步 弹出【文档合并】对话框，选择要合并的文档，单击【下一步】按钮，如下图所示。

第 3 步 进入如下图所示的界面，设置合并范围、输出名称及输出目录，单击【开始合并】按钮。

第 4 步 合并完成后，显示如下图所示的信息，用户可以选择打开合并文件、文件夹或继续合并。

提示

除了上面介绍的两项输出转换功能外，用户还可以单击【会员专享】选项卡下的【更多】按钮，打开【文字特色功能】对话框，在【输出转换】中，可以执行更多的输出转换操作，如下图所示。

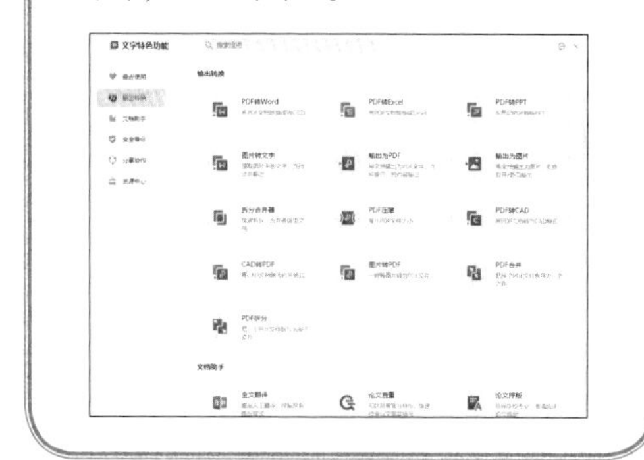

14.2 处理专业文字文档

对于一些专业的文字文档的编辑，如论文、简历等复杂且专业的文档，往往会给用户造成不小的困扰，而 WPS Office 的文档助手可以帮助用户准确且高效地处理专业文档。

14.2.1 快速且专业地翻译全文

当文档内容是外语时，可以使用 WPS Office 的全文翻译功能，将文档翻译为指定语言。目

前 WPS Office 支持 72 种语言的翻译，准确率也较高，且能够保留原文样式和排版，可以满足用户的日常工作需求。

第 1 步 打开要翻译的文档，单击【会员专享】选项卡下的【全文翻译】按钮，如下图所示。

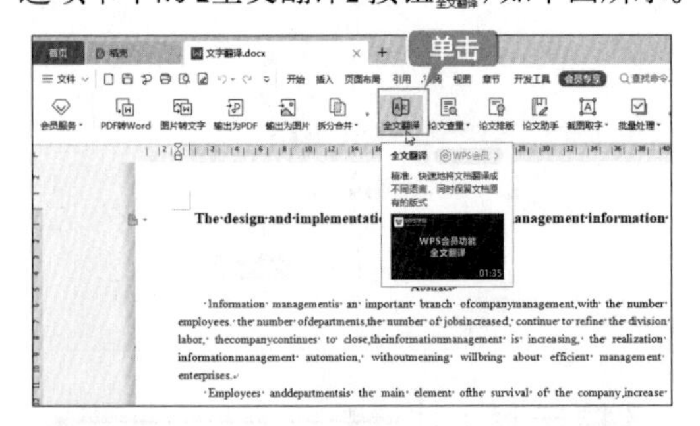

第 2 步 弹出【全文翻译】对话框，设置翻译语言和翻译页码，然后单击【立即翻译】按钮，如下图所示。

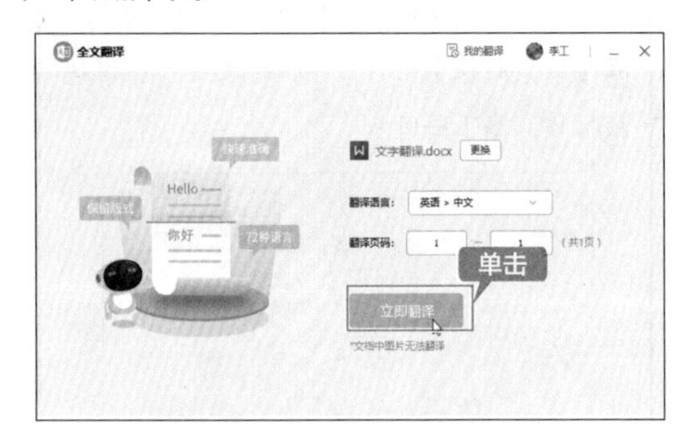

提示

单击【我的翻译】按钮，可以查看翻译的历史记录。另外，图片中的文字是无法翻译的，需要先将其转为文字。

第 3 步 翻译完成后即会显示原文和结果预览，单击【下载文档】按钮，如下图所示。

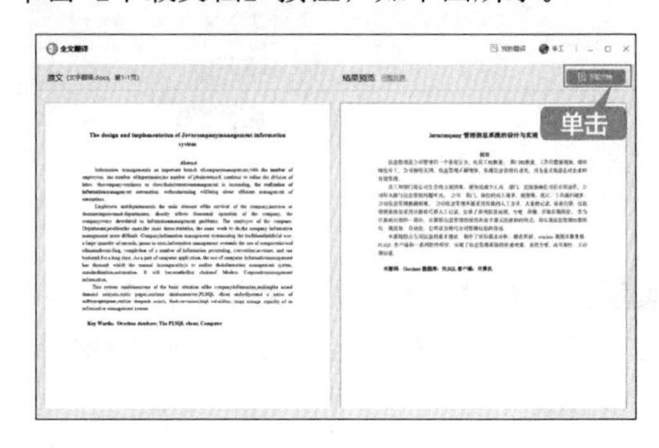

第 4 步 下载文档后，即可查看翻译后的文档，可以看到翻译后的文档中保留了原文的样式和排版，如下图所示。

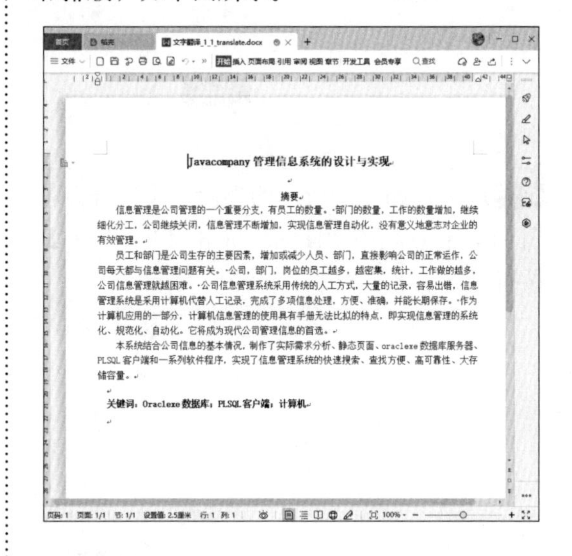

14.2.2 轻松对比文档差异

在工作中，经常需要对比两个文档，核对其内容的变动及差异，如果通过肉眼对比，既低效，也无法保证正确率，下面介绍如何使用 WPS Office 中的比较功能进行文档对比。

第 1 步 在【文字文稿 1】窗口中，单击【审阅】选项卡下的【比较】下拉按钮，在弹出的菜单中，单击【比较】选项，如下图所示。

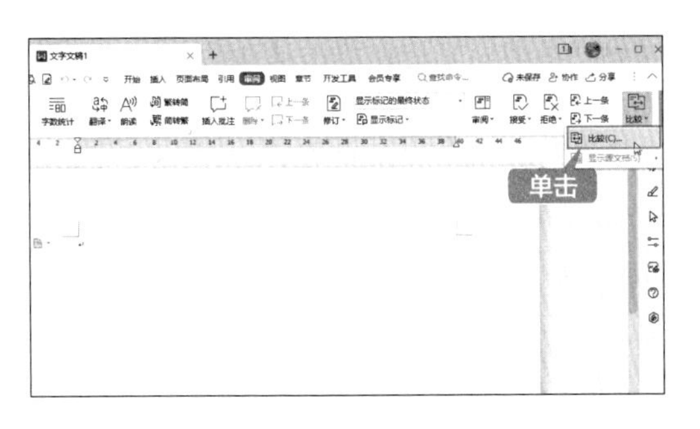

第 2 步 弹出【比较文档】对话框，单击按钮，选择原文档和修订的文档，然后单击【确定】按钮，如下图所示。

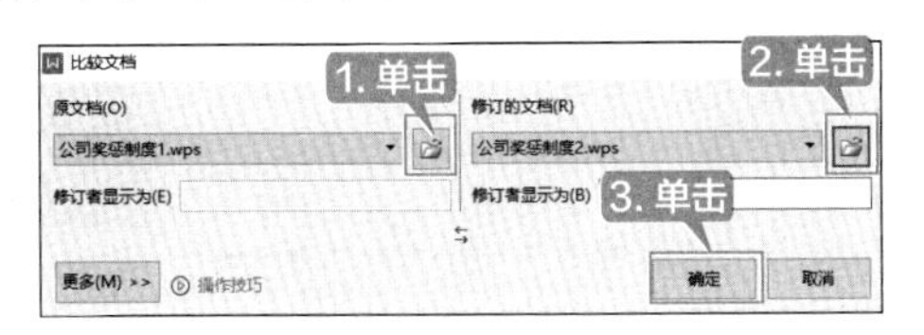

第 3 步 此时，即会显示 3 个窗口，分别为比较结果文档、原文档和修订的文档，其中左侧的比较结果文档窗口中，会显示修订的记录，如下图所示。

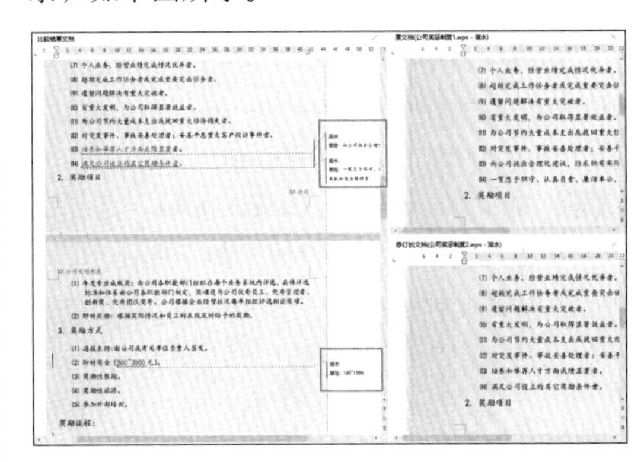

14.2.3 高效识别输入，截图提取文字

如果希望提取图片、不可编辑的 PDF 文档或网页上的文字时，可以通过 14.1.1 节的方法，将其转为文字文档，这种方法适合将全部文字转换为指定格式的文档。如果要提取部分文字时，可以使用截图取字功能，更为直接和高效，具体操作步骤如下。

第 1 步 打开要提取文字的文件或网页，这里打开一张图片，然后按【Alt+Tab】组合键切换至 WPS Office 的【文字文稿 1】窗口，单击【会员专享】选项卡下的【截图取字】下拉按钮，在弹出的下拉菜单中选择【截屏时隐藏当前窗口】选项，如下图所示。

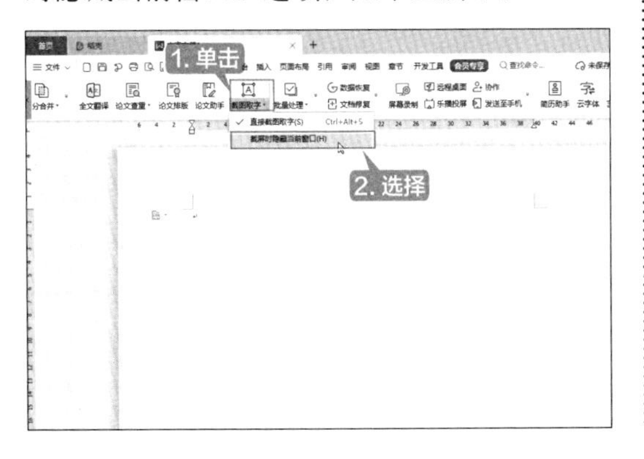

提示

【直接截图取字】选项适合截取本文档中的文字；而【截屏时隐藏当前窗口】选项适合截取其他文件上的文字。

第 2 步 按【Alt+Tab】组合键切换至目标窗口，此时会显示一个蓝色区域框，顶部显示区域框可选择的形状，如矩形区域截图、椭圆区域截图、圆角矩形截图及自定义截图，默认选择【矩形区域截图】选项，如下图所示。

第 3 步 拖曳鼠标即可选择截图区域，选择完成后单击【提取文字】按钮，如下图所示。

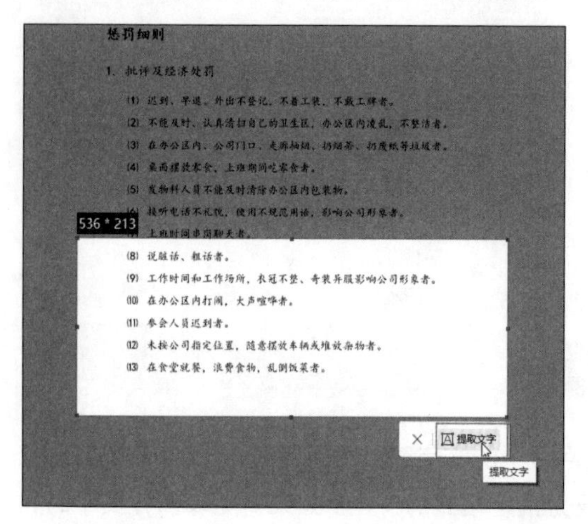

> **提示**
>
> 按【Esc】键或单击 × 按钮，可以退出截屏。

第 4 步 自动识别后，弹出【WPS 截图取字】对话框，显示了识别的文字。单击【复制】按钮，然后将光标移至目标位置，按【Ctrl+V】组合键，即可将复制的内容进行粘贴，如下图所示。

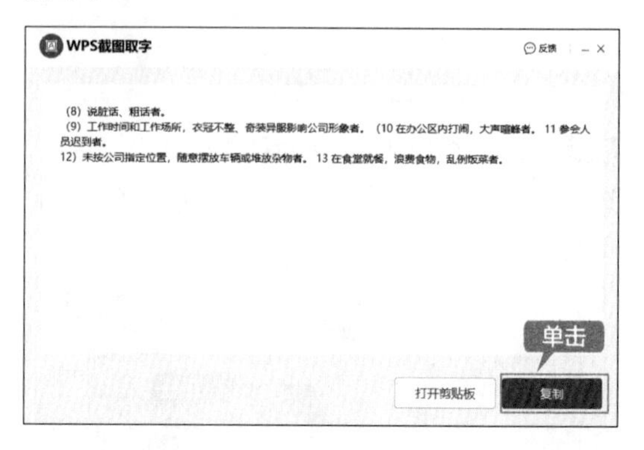

> **提示**
>
> 截图取字功能可以大大提高输入效率，不过需要注意与原文字进行核对，修正识别的错误或未识别的内容。

14.2.4 智能完成论文排版

论文是最常用的文档类型之一，对其进行排版是极为繁杂的，排版过程中涉及格式设置、插入页码、脚注尾注、提取目录等多种排版操作，对于一些排版新手，更是无从下手。WPS Office 的论文排版功能，可以根据指定样式范围，一键进行排版，帮助用户解决一大部分繁杂的操作，轻松应对各类论文排版。

第 1 步 打开要排版的论文文档，单击文档右侧显示的【论文排版】按钮或【会员专享】选项卡下的【论文排版】按钮 论文排版，如下图所示。

第 2 步 弹出【论文排版】对话框，用户可以在文本框中输入学校名称进行排版格式搜索，也可以单击【上传范文排版】选项，上传范文文档，如下图所示。

第 3 步 搜索到目标学校后，单击【开始排版】按钮，如下图所示。

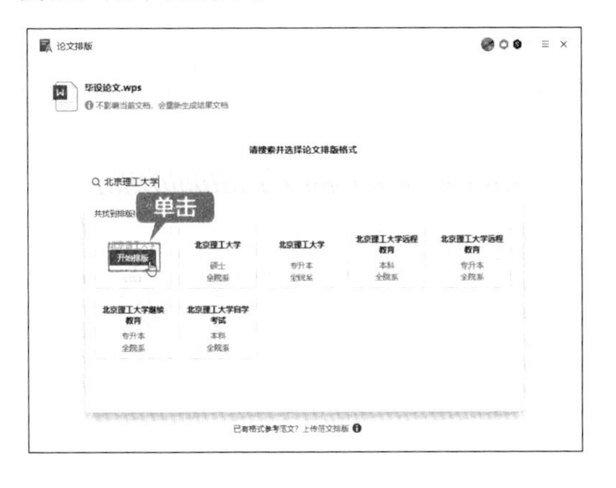

第 4 步 此时 WPS Office 会自动搜索模板并对论文文档进行排版，排版完成后，弹出如下图所示的对话框，单击【预览结果】按钮。

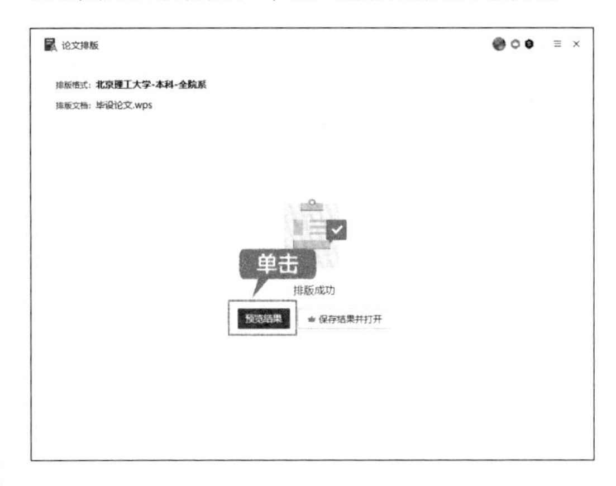

第 5 步 即可对比原文档及结果文档。确认无误后，单击【保存结果并打开】按钮，如下图所示。

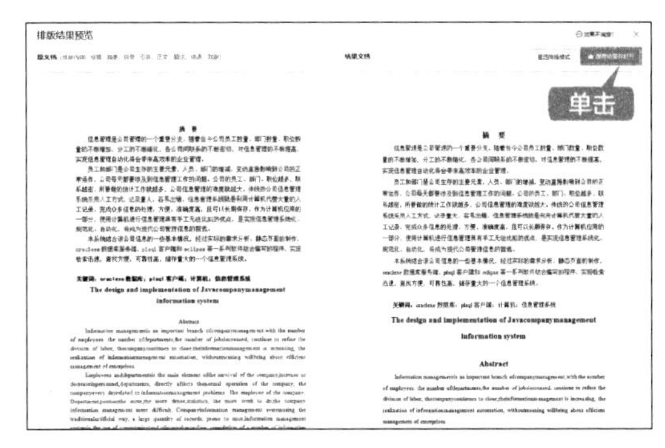

第 6 步 选择保存位置后，即可打开排版后的文档，如下图所示。用户可以根据需求添加封面、插入页眉页脚、插入目录等。

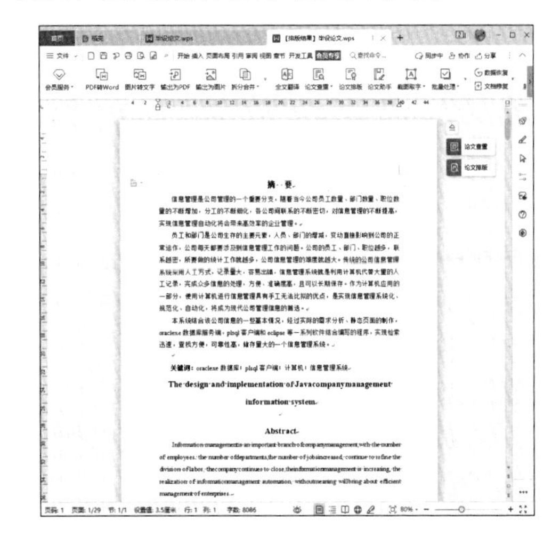

14.2.5 论文的查重

论文查重是对论文进行原创性核查的一个重要环节，主要检查论文的重复率。在撰写论文时，一般都需要对初稿进行查重检测，有很多用户使用非正规的查重系统，不仅浪费时间、金钱，还有可能导致论文外泄，因此，一定要选择正规的途径。WPS Office 支持论文查重功能，与多家查重品牌合作，依附于大数据实时检测，可以轻松解决问题。

第 1 步 打开要查重的论文，删除其中的非正文部分，如封面、摘要、参考文献及致谢等，单击文档界面右上角显示的【论文查重】按钮，如下图所示。

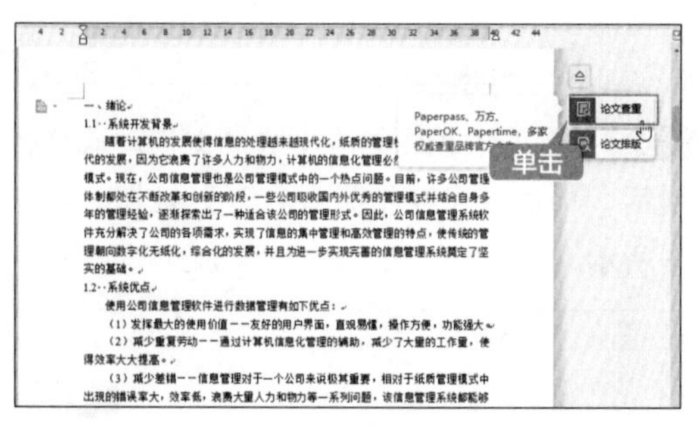

提示

查重一般仅检查正文部分，查重按字数收费，因此可以将非正文部分删除。

第 2 步 弹出【论文查重】对话框，默认选择【普通论文检测】选项，适用于学生毕业论文查重及未发表的论文查重。选择查重引擎后，单击【开始查重】按钮，然后支付费用，等待查重完成即可，如下图所示。

第 3 步 如果要进行职称评定、学术资格评定等论文的查重，则可单击【职称论文检测】选项，然后单击【开始查重】按钮进行查重，如下图所示。

14.2.6 用简历助手快速制作优质简历

WPS Office 中的简历助手可以帮助用户快速找到合适的模板，还提供了大量的工作经历、自我评价及项目经历等模块的范文，帮助用户快速制作出优质的简历。

第 1 步 启动 WPS Office，新建一个空白文档，单击【会员专享】选项卡下的【简历助手】按钮，如下图所示。

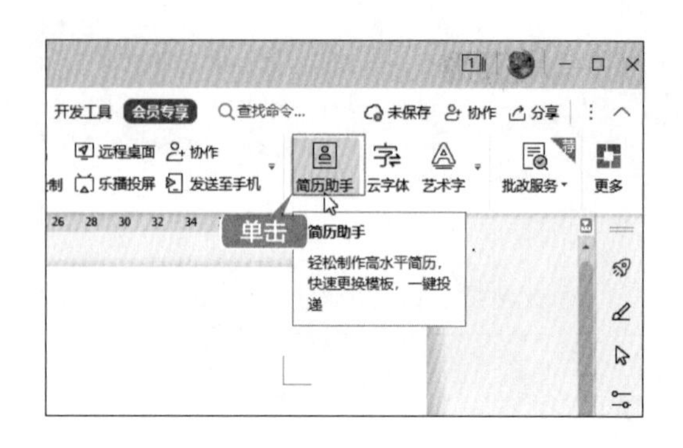

第 2 步 弹出【简历助手】窗口，默认选择【排版美化】选项卡，如下图所示。

第 3 步 在【排版美化】界面中，可以在【模板替换】区域中选择并应用其他简历模板。用户可以在模板中进行内容编辑，单击“姓名”信息，如下图所示。

第 4 步 即会弹出【基本信息】对话框，可以在其中编辑简历的基本信息内容，然后单击【保存】按钮，如下图所示。

第 5 步 即可看到编辑的简历信息内容，如下图所示。

第 6 步 使用同样的方法，可以编辑其他内容，如果需要增加某个模块的信息，如“工作经历”的信息，可单击其右侧的⊞按钮，如下图所示。

第 7 步 即可在“工作经历”中新增一栏。另外，单击顶端的【参考案例】选项卡，打开右侧的【案例参考】区域，可以选择相关的行业及职位，参考相关的案例，如下图所示。

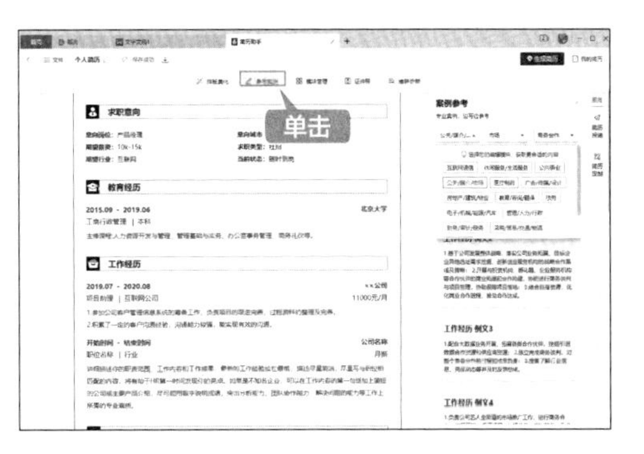

第 8 步 单击顶端的【模块管理】选项卡，可以根据需求，进行模块添加或删减，如下图所示。另外，也可以在线制作简历、措辞诊断等。

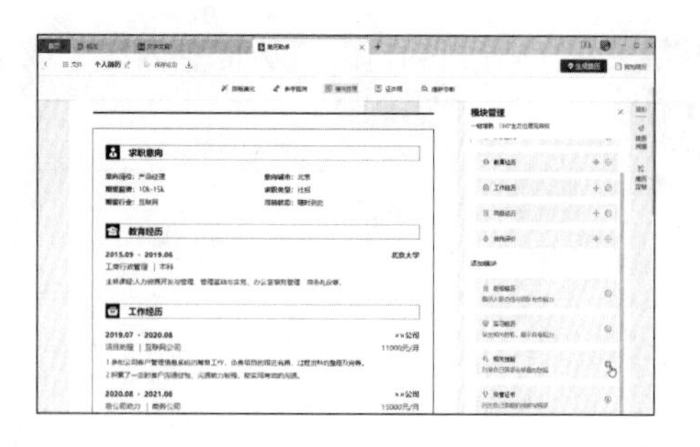

第 9 步 简历制作完成后，单击右上角的【生成简历】按钮，在弹出的设置框中，设置文档类型、名称及保存路径，然后单击【生成为文档】按钮，即可保存文档，如下图所示。

14.3 处理专业表格文档

在学习了如何处理专业文字文档后，用户对 WPS Office 强大的特色功能会有更深一层的了解，那么对于本节介绍的处理专业表格文档的特色功能的学习，就更加轻松了。

14.3.1 高效省时的表格神器：智能工具箱

WPS Office 的智能工具箱是针对用户在表格制作、数据输入、数据处理及数据分析等方面的需求开发的功能模块，可以帮助用户将烦琐或难以实现的操作变得更加简单高效。

在 WPS 表格界面，单击【智能工具箱】选项卡，即可看到其中集成的 11 项功能按钮，包括【插入】【填充】【删除】【格式】【计算】【文本】【目录】【数据对比】【高级分列】【合并表格】和【拆分表格】。单击任意一个按钮，即可弹出相应的下拉菜单，如下图所示。

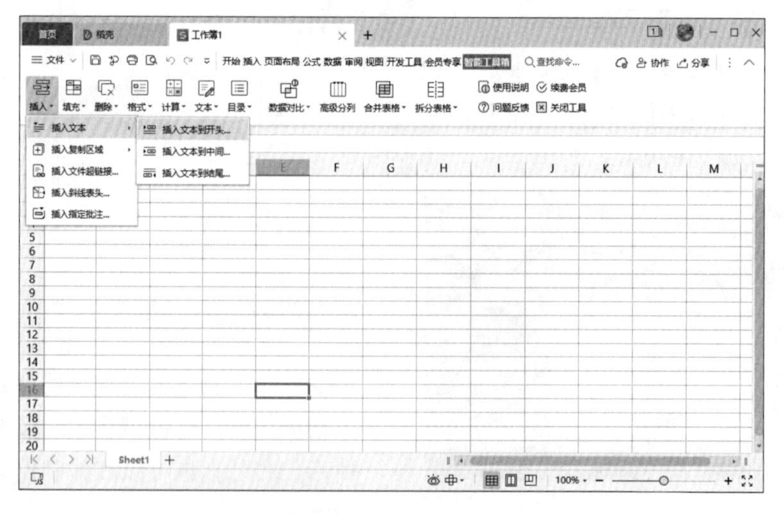

下面简单介绍智能工具箱中的 2 项功能，向读者展示它的强大、高效之处。

1. 快速生成序列

如果我们要在单元格区域中输入数字 1~20，最常用的方法是填充，而通过智能工具箱可以一键生成序列。

第 1 步 选择要输入数据的单元格区域，单击【智能工具箱】→【填充】→【录入 123 序列】选项，如下图所示。

第 2 步 即可快速录入数字 1 ～ 20。使用同样的方法也可以在 B 列和 C 列一键快速录入 ABC 序列和罗马数字序列，如下图所示。

	A	B	C	D	E	F	G
1	1	A	I				
2	2	B	II				
3	3	C	III				
4	4	D	IV				
5	5	E	V				
6	6	F	VI				
7	7	G	VII				
8	8	H	VIII				
9	9	I	IX				
10	10	J	X				
11	11	K	XI				
12	12	L	XII				
13	13	M	XIII				
14	14	N	XIV				
15	15	O	XV				
16	16	P	XVI				
17	17	Q	XVII				
18	18	R	XVIII				
19	19	S	XIX				
20	20	T	XX				

2. 高级分列

根据指定条件对数据进行分列，是处理表格数据时极为常见的操作，常用的方法是通过智能填充或函数进行分列，而通过智能工具箱中的【高级分列】功能，可以设置条件一键分列表格数据。

第 1 步 在表格中输入数据，单击【智能工具箱】→【高级分列】按钮，弹出【高级分列】对话框，选中【按字符类型分割（空格，数字，符号，英文，中文）】单选按钮，单击【确定】按钮，如下图所示。

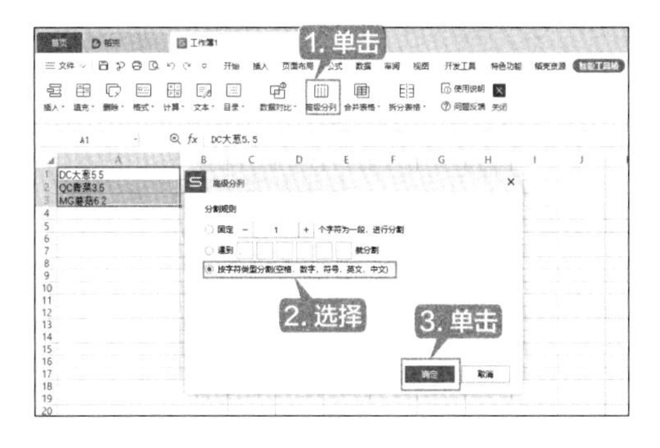

第 2 步 即可快速分列数据，如下图所示。

E19　fx

	A	B	C
1	DC	大葱	5.5
2	QC	青菜	3.5
3	MG	蘑菇	6.2
4			
5			
6			
7			

上面 2 个示例介绍了通过智能工具箱快速制表的方法，用户根据需求选择相应功能即可，这里不再一一举例。

单击【智能工具箱】→【使用说明】按钮，在弹出的【使用说明】对话框中，选择左侧功能，即可查看其使用方法，如下图所示。

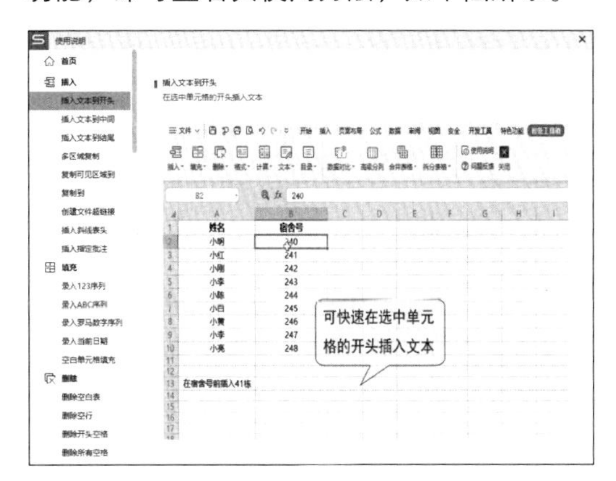

14.3.2 一键群发工资条

发放工资条是公司人力或财务人员每月必不可少的工作，不仅烦琐，而且工作量大，如果采用原始的打印、裁剪然后再发放的方法，就会更加麻烦。而通过 WPS 表格的【群发工资条】功能，可以直接将工资条分别发到每个员工的邮箱中。

在使用【群发工资条】功能发放工资条之前，要确保工资表制作完成，且表内必须包含姓名和邮箱两个必备信息，如下图所示。

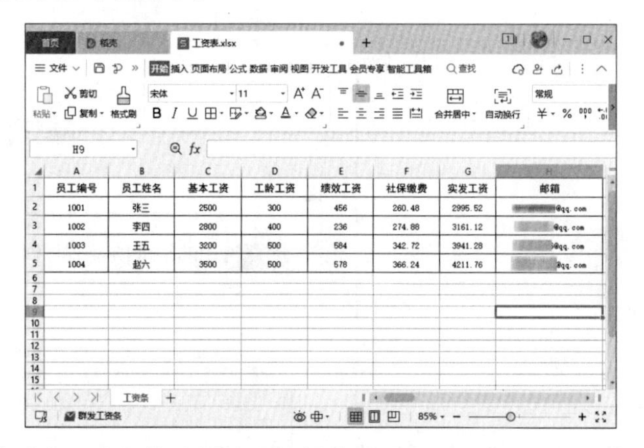

下面介绍使用【群发工资条】功能的具体操作步骤。

第 1 步 在 WPS 表格界面中单击【会员专享】→【群发工资条】下拉按钮，在弹出的菜单中，单击【邮件群发工资条】选项，如下图所示。

第 2 步 弹出【群发工资条】对话框，单击【导入工资表】按钮，如下图所示。

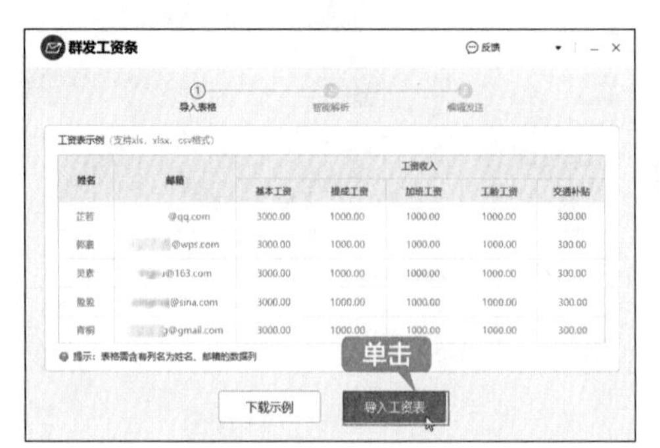

提示

导入的工资表目前仅支持 xls、xlsx 和 csv 格式。

第 3 步 弹出【打开工资表】对话框，选择要导入的工资表文件，单击【打开】按钮，如下图所示。

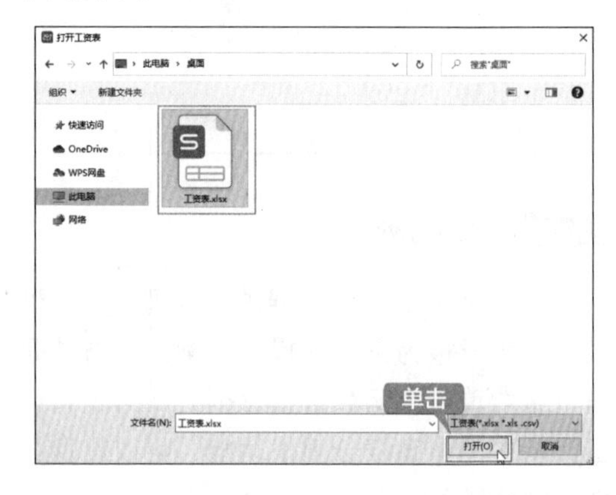

提示

读者可以使用"素材\ch14\工资条.xlsx"文件，并在表内的"邮箱"列输入自己的邮箱地址，用于操作练习。

第 4 步 返回【群发工资条】对话框，此时可以查看字段与数据是否正确，如有错误可以修改原工资表，重新导入；如果正确，单击【下一步】按钮，如下图所示。

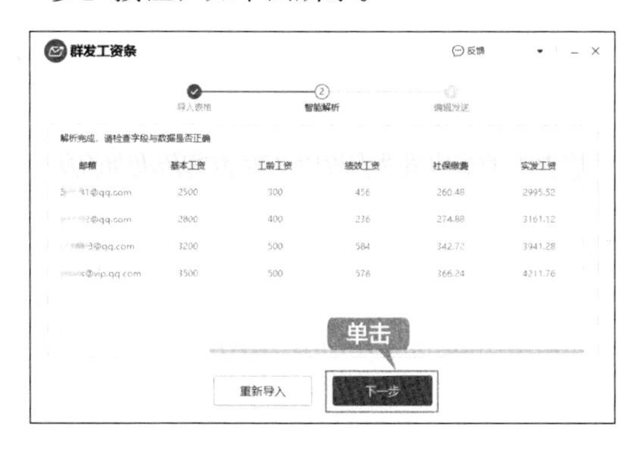

第 5 步 进入【编辑发送】界面，用户可以设置字段、编辑正文及切换横竖版等。如果初次使用该功能，设置完成后，单击【发件人设置】按钮，如下图所示。

第 6 步 弹出【发件人设置】对话框，输入发件人邮件及授权码，然后单击【确定】按钮，如下图所示。

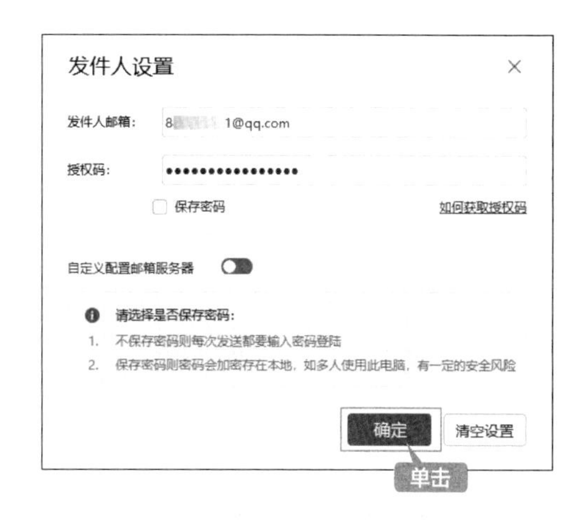

提示

单击对话框中的【如何获取授权码】，可以查看不同邮箱的授权码的获取方法。

第 7 步 返回【编辑发送】界面，单击【发送邮件】按钮，如下图所示。

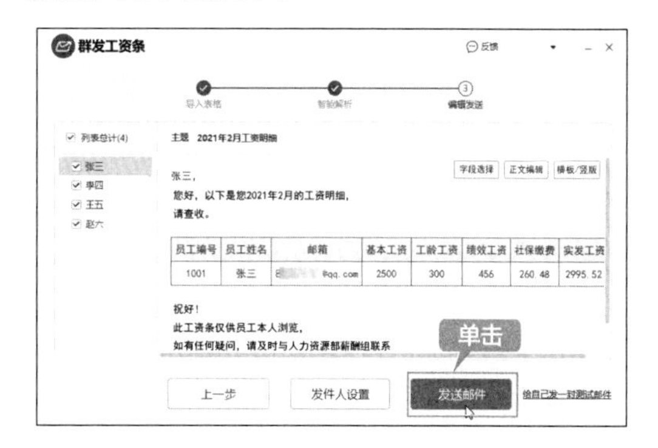

第 8 步 即可群发工资条，并显示发送状态，如下图所示。

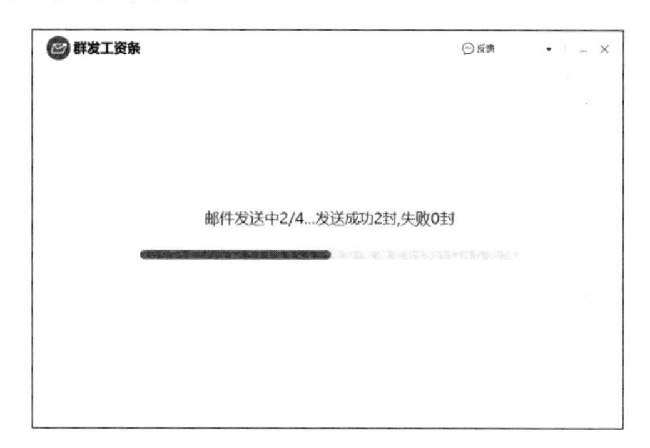

第 9 步 发送完成后，即会显示发送状态，如下图所示。

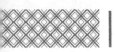

第 10 步 此时，被设置为发件人的员工即会收到邮件，打开邮件可以查看工资明细，如下图所示。

14.3.3 用 HR 助手提取身份证信息

HR 助手主要针对人力资源管理工作中表格制作与数据处理方面的常用需求，提高工作效率。本小节以身份证信息提取功能为例，对 HR 助手的使用进行介绍。

第 1 步 打开 WPS Office，新建一个空白表格，并输入身份证数据，然后单击【会员专享】→【HR 助手】按钮 HR助手，如下图所示。

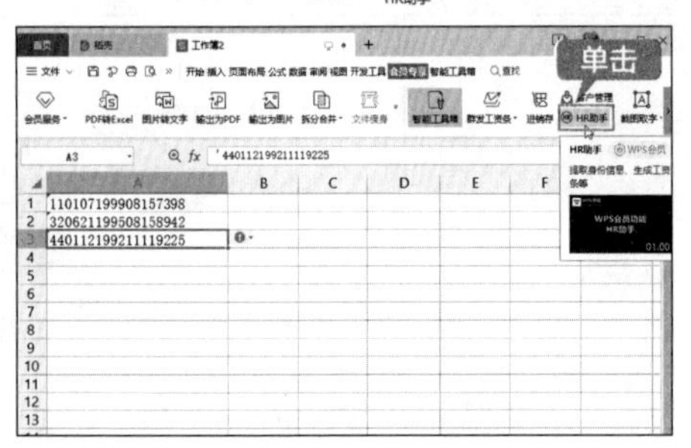

提示

以上身份证号码为虚拟数据，仅供本例学习使用。

第 2 步 此时，界面右侧即会显示【HR 助手】窗格，其下方区域为功能选项，如下图所示。

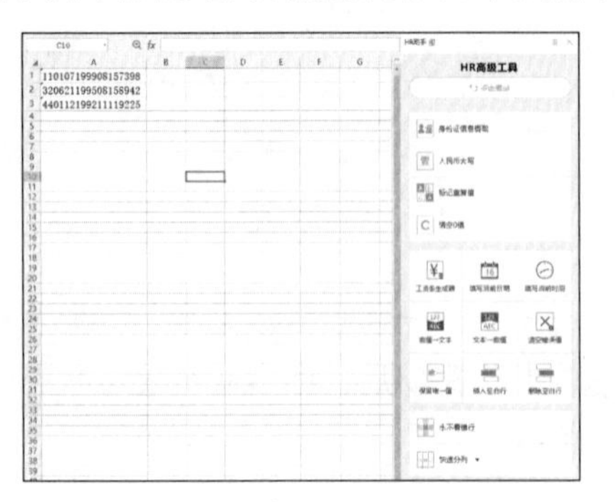

第 3 步 选择身份证数据单元格区域，然后单击【HR 助手】窗格中的【身份证信息提取】选项，如下图所示。

提示

单击选项后的【演示】图标，可以查看该功能的使用方法。

第 4 步 即可将身份证信息提取到后面的单元格区域中，如下图所示。

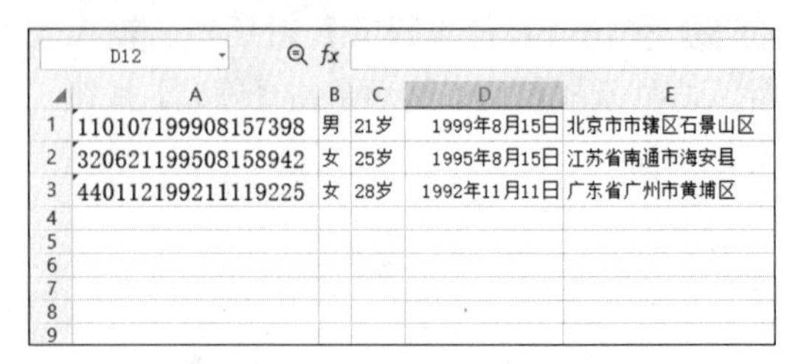

	A	B	C	D	E
1	110107199908157398	男	21岁	1999年8月15日	北京市市辖区石景山区
2	320621199508158942	女	25岁	1995年8月15日	江苏省南通市海安县
3	440112199211119225	女	28岁	1992年11月11日	广东省广州市黄埔区

14.3.4 辅助计算的财务助手

财务助手主要用于财务数据的整理和计算，如计算个人所得税、计算年终奖、生成工资条等。在第 8 章中计算个人所得税和制作工资条时，使用了大量函数，且步骤烦琐，而使用财务助手中的功能，无须输入函数，简单快捷。

第 1 步 打开“素材 \ch14\ 工资计算表 .xlsx”文件，单击【会员专享】→【文档助手功能】按钮，如下图所示。

员工姓名	基本工资	工龄工资	五险一金	奖金	应发工资	个人所得税	实发工
张××	¥6,500.0	¥900.0	¥715.0	¥4,800.0	¥11,485.0		
王××	¥5,800.0	¥700.0	¥638.0	¥2,660.0	¥8,522.0		
李××	¥5,800.0	¥700.0	¥638.0	¥8,300.0	¥14,162.0		
赵××	¥5,000.0	¥400.0	¥550.0	¥4,500.0	¥9,350.0		
钱××	¥4,800.0	¥400.0	¥528.0	¥4,500.0	¥9,172.0		
孙××	¥4,200.0	¥200.0	¥462.0	¥9,800.0	¥13,738.0		
李××	¥4,000.0	¥200.0	¥440.0	¥2,100.0	¥5,860.0		

第 2 步 弹出【表格特色功能】对话框，选择【文档助手】区域下的【财务助手】图标，如下图所示。

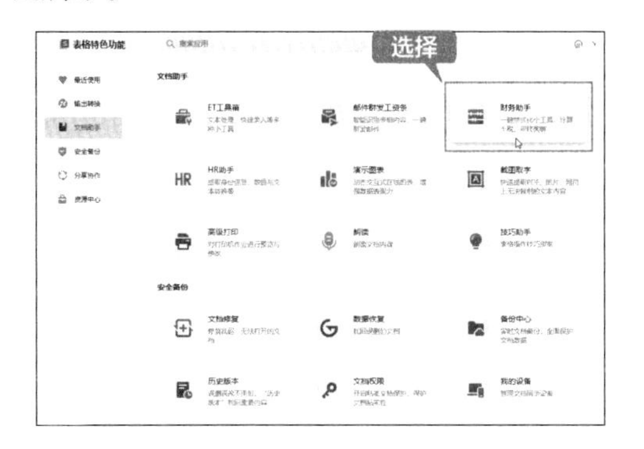

第 3 步 表格界面右侧即会弹出【高级财务助手】窗格，单击【永不看错行】按钮，如下图所示。

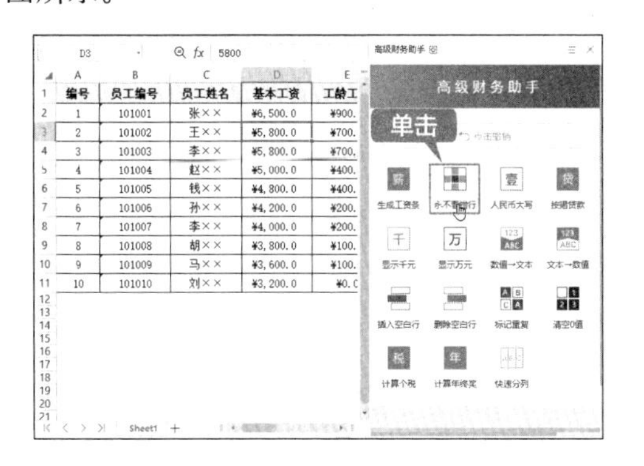

第 4 步 此时，选中单元格时，可以看到行和列显示浅黄色标识，如下图所示。

基本工资	工龄工资	五险一金	奖金	应发工资	个人所得税	实发工资
¥6,500.0	¥900.0	¥715.0	¥4,800.0	¥11,485.0		
¥5,800.0	¥700.0	¥638.0	¥2,660.0	¥8,522.0		
¥5,800.0	¥700.0	¥638.0	¥8,300.0	¥14,162.0		
¥5,000.0	¥400.0	¥550.0	¥4,500.0	¥9,350.0		
¥4,800.0	¥400.0	¥528.0	¥4,500.0	¥9,172.0		
¥4,200.0	¥200.0	¥462.0	¥9,800.0	¥13,738.0		
¥4,000.0	¥200.0	¥440.0	¥2,100.0	¥5,860.0		
¥3,800.0	¥100.0	¥418.0	¥2,380.0	¥5,862.0		
¥3,600.0	¥100.0	¥396.0	¥720.0	¥4,024.0		
¥3,200.0	¥0.0	¥352.0	¥0.0	¥2,848.0		

提示

单击【视图】→【阅读视图】按钮，在弹出的颜色面板中，可以设置合适的标识颜色。

第 5 步 在【高级财务助手】窗格中，单击【计算个税】按钮，弹出【个人所得税计算器】对话框，单击【选择】按钮，如下图所示。

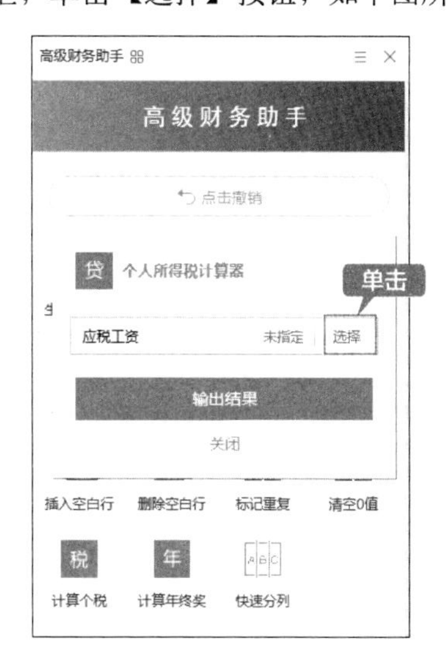

第 6 步 使用鼠标选择应税工资单元格区域，

并单击【选择区域】对话框中的【确定】按钮，如下图所示。

	D	E	F	G	H	I	J
1	基本工资	工龄工资	五险一金	奖金	应发工资	个人所得税	实发工资
2	¥6,500.0	¥900.0	¥715.0	¥4,800.0	¥11,485.0		
3	¥5,800.0	¥700.0	¥638.0	¥2,660.0	¥8,522.0		
4	¥5,800.0	¥700.0	¥638.0	¥8,300.0	¥14,162.0		
5	¥5,000.0	¥400.0	¥550.0	¥4,500.0	¥9,350.0		
6	¥4,800.0	¥400.0	¥528.0	¥4,500.0	¥9,172.0		
7	¥4,200.0	¥200.0	¥462.0	¥9,800.0	¥13,738.0		
8	¥4,000.0	¥200.0	¥440.0	¥2,100.0	¥5,860.0		
9	¥3,800.0	¥100.0	¥418.0	¥2,380.0	¥5,862.0		
10	¥3,600.0	¥100.0	¥396.0	¥720.0	¥4,024.0		
11	¥3,200.0	¥0.0	¥352.0	¥0.0	¥2,848.0		

选择区域
选择应税额区域
$H$2:$H$11
单击
确定
取消

第 7 步 单击【个人所得税计算器】对话框中的【输出结果】按钮，如下图所示。

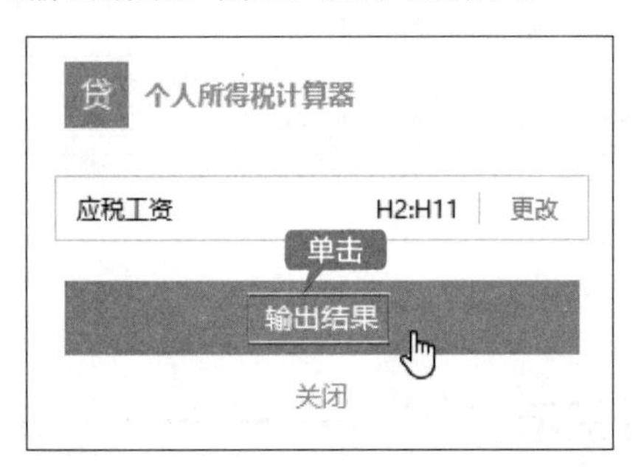

第 8 步 弹出【选择区域】对话框，选择输出结果的单元格区域，然后单击对话框中的【确定】按钮，如下图所示。

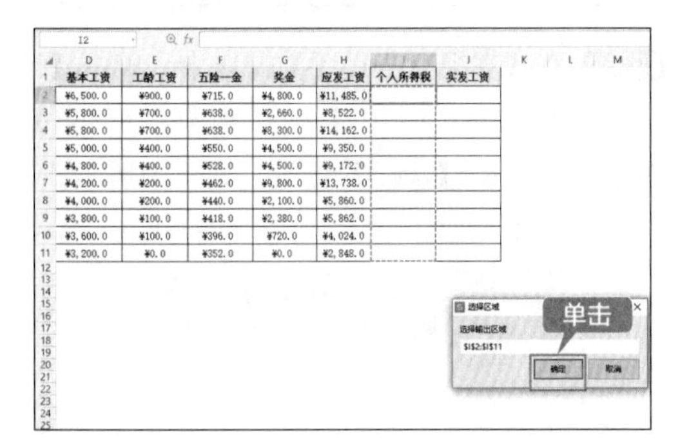

	D	E	F	G	H	I	J
1	基本工资	工龄工资	五险一金	奖金	应发工资	个人所得税	实发工资
2	¥6,500.0	¥900.0	¥715.0	¥4,800.0	¥11,485.0		
3	¥5,800.0	¥700.0	¥638.0	¥2,660.0	¥8,522.0		
4	¥5,800.0	¥700.0	¥638.0	¥8,300.0	¥14,162.0		
5	¥5,000.0	¥400.0	¥550.0	¥4,500.0	¥9,350.0		
6	¥4,800.0	¥400.0	¥528.0	¥4,500.0	¥9,172.0		
7	¥4,200.0	¥200.0	¥462.0	¥9,800.0	¥13,738.0		
8	¥4,000.0	¥200.0	¥440.0	¥2,100.0	¥5,860.0		
9	¥3,800.0	¥100.0	¥418.0	¥2,380.0	¥5,862.0		
10	¥3,600.0	¥100.0	¥396.0	¥720.0	¥4,024.0		
11	¥3,200.0	¥0.0	¥352.0	¥0.0	¥2,848.0		

第 9 步 即可快速计算得到个人所得税，如下图所示。

	D	E	F	G	H	I	J
1	基本工资	工龄工资	五险一金	奖金	应发工资	个人所得税	实发工资
2	¥6,500.0	¥900.0	¥715.0	¥4,800.0	¥11,485.0	¥438.5	
3	¥5,800.0	¥700.0	¥638.0	¥2,660.0	¥8,522.0	¥142.2	
4	¥5,800.0	¥700.0	¥638.0	¥8,300.0	¥14,162.0	¥706.2	
5	¥5,000.0	¥400.0	¥550.0	¥4,500.0	¥9,350.0	¥225.0	
6	¥4,800.0	¥400.0	¥528.0	¥4,500.0	¥9,172.0	¥207.2	
7	¥4,200.0	¥200.0	¥462.0	¥9,800.0	¥13,738.0	¥663.8	
8	¥4,000.0	¥200.0	¥440.0	¥2,100.0	¥5,860.0	¥25.8	
9	¥3,800.0	¥100.0	¥418.0	¥2,380.0	¥5,862.0	¥25.9	
10	¥3,600.0	¥100.0	¥396.0	¥720.0	¥4,024.0	¥0.0	
11	¥3,200.0	¥0.0	¥352.0	¥0.0	¥2,848.0	¥0.0	

第 10 步 关闭【个人所得税计算器】对话框，在 J2 单元格中输入“=H2-I2”，按【Enter】键计算实发工资，如下图所示。

J2 =H2-I2

	D	E	F	G	H	I	J
1	基本工资	工龄工资	五险一金	奖金	应发工资	个人所得税	实发工资
2	¥6,500.0	¥900.0	¥715.0	¥4,800.0	¥11,485.0	¥438.5	¥11,046.5
3	¥5,800.0	¥700.0	¥638.0	¥2,660.0	¥8,522.0	¥142.2	
4	¥5,800.0	¥700.0	¥638.0	¥8,300.0	¥14,162.0	¥706.2	
5	¥5,000.0	¥400.0	¥550.0	¥4,500.0	¥9,350.0	¥225.0	
6	¥4,800.0	¥400.0	¥528.0	¥4,500.0	¥9,172.0	¥207.2	
7	¥4,200.0	¥200.0	¥462.0	¥9,800.0	¥13,738.0	¥663.8	
8	¥4,000.0	¥200.0	¥440.0	¥2,100.0	¥5,860.0	¥25.8	
9	¥3,800.0	¥100.0	¥418.0	¥2,380.0	¥5,862.0	¥25.9	
10	¥3,600.0	¥100.0	¥396.0	¥720.0	¥4,024.0	¥0.0	
11	¥3,200.0	¥0.0	¥352.0	¥0.0	¥2,848.0	¥0.0	

第 11 步 使用填充功能填充其他单元格区域的实发工资，然后选择 A1:J1 单元格区域，单击【高级财务助手】窗格中的【生成工资条】按钮，如下图所示。

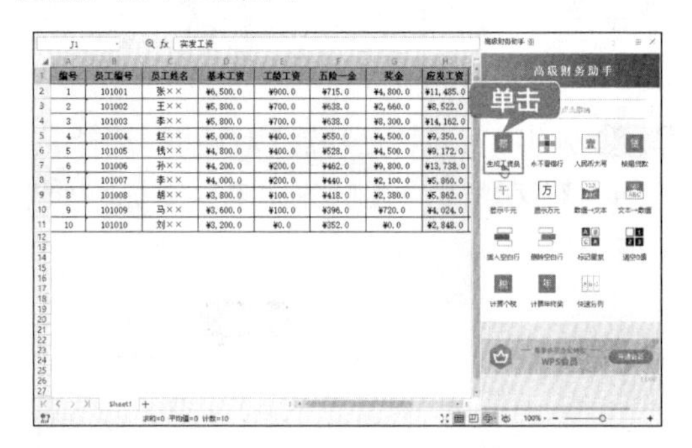

	A	B	C	D	E	F	G	H
1	编号	员工编号	员工姓名	基本工资	工龄工资	五险一金	奖金	应发工资
2	1	101001	张××	¥6,500.0	¥900.0	¥715.0	¥4,800.0	¥11,485.0
3	2	101002	王××	¥5,800.0	¥700.0	¥638.0	¥2,660.0	¥8,522.0
4	3	101003	李××	¥5,800.0	¥700.0	¥638.0	¥8,300.0	¥14,162.0
5	4	101004	赵××	¥5,000.0	¥400.0	¥550.0	¥4,500.0	¥9,350.0
6	5	101005	钱××	¥4,800.0	¥400.0	¥528.0	¥4,500.0	¥9,172.0
7	6	101006	孙××	¥4,200.0	¥200.0	¥462.0	¥9,800.0	¥13,738.0
8	7	101007	李××	¥4,000.0	¥200.0	¥440.0	¥2,100.0	¥5,860.0
9	8	101008	胡××	¥3,800.0	¥100.0	¥418.0	¥2,380.0	¥5,862.0
10	9	101009	马××	¥3,600.0	¥100.0	¥396.0	¥720.0	¥4,024.0
11	10	101010	刘××	¥3,200.0	¥0.0	¥352.0	¥0.0	¥2,848.0

第 12 步 即可打开一个工作表，显示生成的工资条，按【Ctrl+S】组合键将该表格保存，如下图所示。

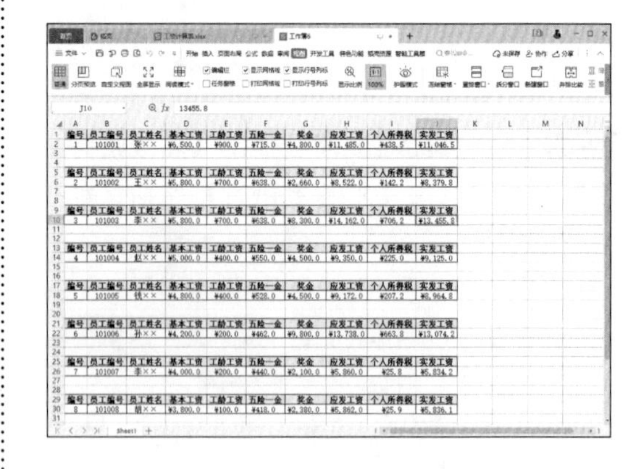

14.4 处理专业演示文档

在 WPS 演示中，教学工具箱、总结助手等特色功能可以帮助用户处理专业演示文档。

14.4.1 巧用教学工具箱制作分类游戏

WPS 演示中的教学工具箱不仅可以满足常见教学题型的制作，还可以强化互动效果，本小节以制作分类题为例，介绍教学工具箱的使用方法。

第 1 步 启动 WPS Office，新建一个空白演示文稿，单击【会员专享】→【教学工具箱】按钮，如下图所示。

第 2 步 界面右侧即会弹出【教学工具箱】窗格，单击【分类题】选项，如下图所示。

第 3 步 弹出【插入分类题】对话框，可以设置题干内容和左右侧类别，在【子类别】区域中输入内容后，按【Enter】键添加子分类，如下图所示。

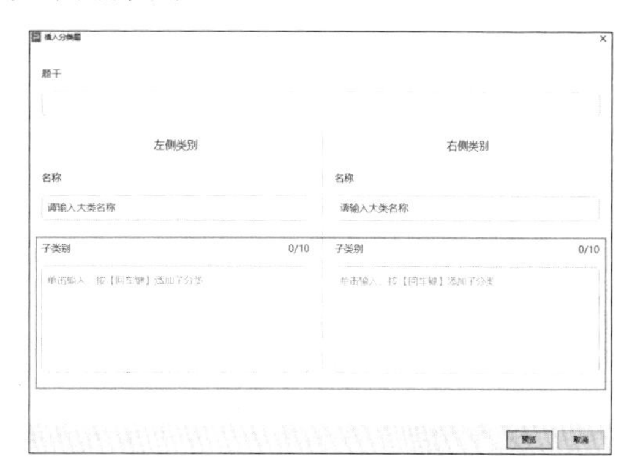

第 4 步 输入内容后，单击【预览】按钮，如下图所示。

第 5 步 打开【预览分类题】对话框预览效果，确认无误后，单击【确定】按钮，如下图所示。

第 6 步 即可将分类题插入到幻灯片中，放映当页幻灯片即可查看分类题效果。根据题干要求，拖动子分类到左右侧类别框中，单击【判断对错】按钮，即可判断对错；如果提示错误，则可单击【重新作答】按钮，如下图所示。

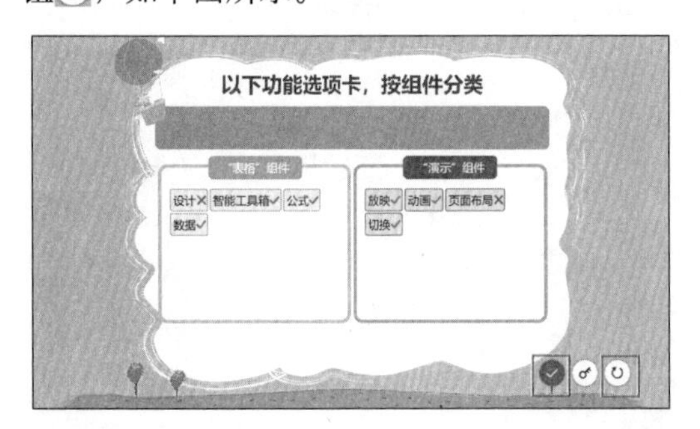

第 7 步 重新进行分类后，如果分类正确，则显示正确符号"✔"，如下图所示。

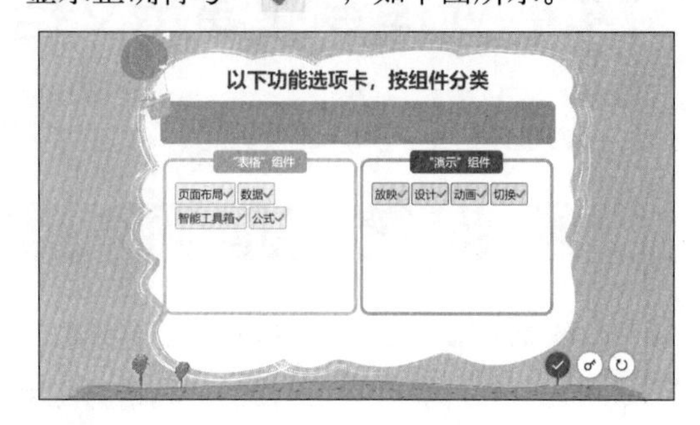

第 8 步 另外，单击右下角的【查看答案】按钮，可以查看正确答案，如下图所示。

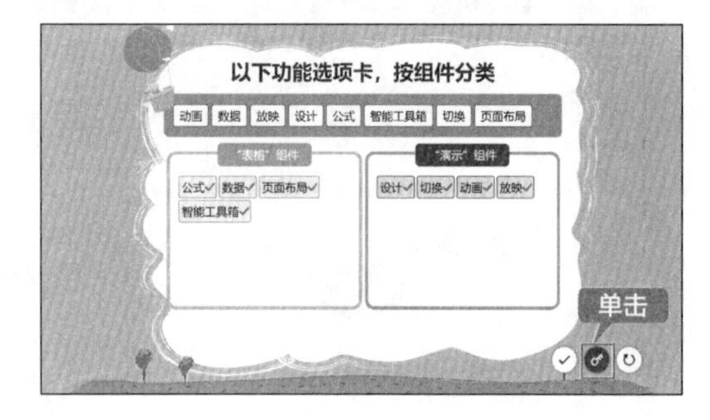

14.4.2 各类总结必备工具：总结助手

WPS Office 的总结助手中提供了许多总结模板，可以帮助用户处理各类行业、各种风格的工作总结报告。

第 1 步 启动 WPS Office，新建一个空白演示文稿，单击【会员专享】→【总结助手】按钮，如下图所示。

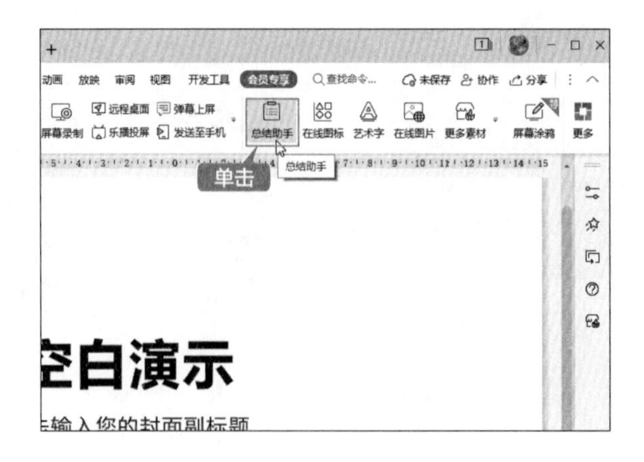

第 2 步 文档界面右侧即会打开【总结助手】窗格，单击【封面】右侧的下拉按钮，可以选择【多页】【单页】及【免费模板】三大项。如果要使用成套资源，可以选择【套装】选项；如果要使用部分总结单页，可以选择对应项；非会员可以直接选择【免费模板】下的【套装】选项，如下图所示。

第 3 步 如果对风格和行业有要求，可以在搜索框中输入关键词进行查找，如输入“销售”，按【Enter】键确认，即可筛选结果。在合适的模板缩略图上，单击显示的【下载模板】按钮，如下图所示。

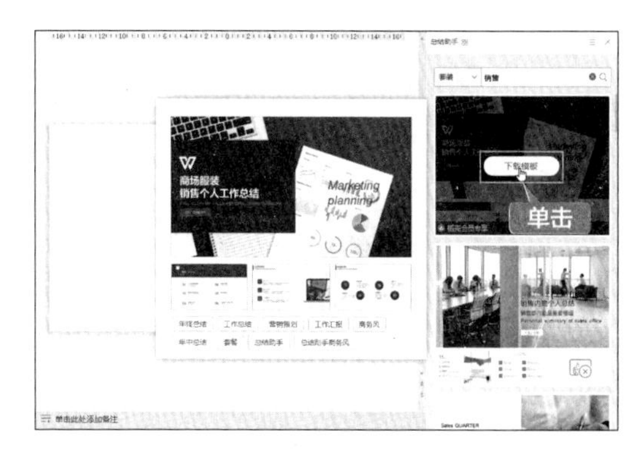

第 4 步 即可下载所选模板，如下图所示。

14.5 保护你的文档数据安全

文档数据的安全一直是用户最为关注和备受困扰的问题之一，WPS Office 针对文档的安全防护做了很多改善和升级，对文档的保存、加密、权限、溯源等提供了安全解决方案，为用户提供更加安全的办公环境。

14.5.1 修复损坏的文档

在使用 WPS Office 时，如果出现某个文档无法打开或打开后出现乱码的情况，可以尝试使用 WPS Office 的文档修复功能对其进行修复，具体操作步骤如下。

第 1 步 在文档界面中，单击【文件】→【备份与恢复】→【文档修复】命令，如下图所示。

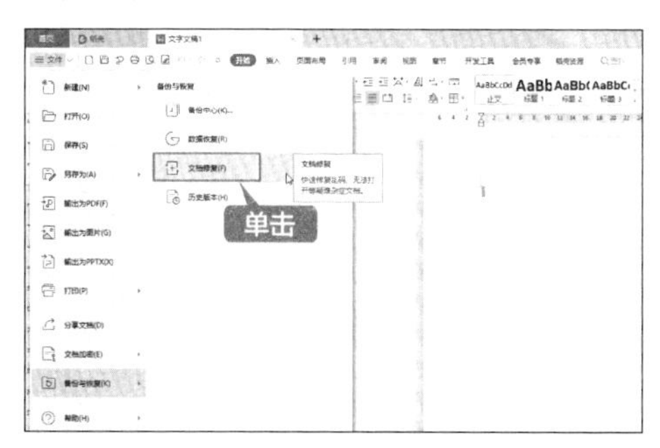

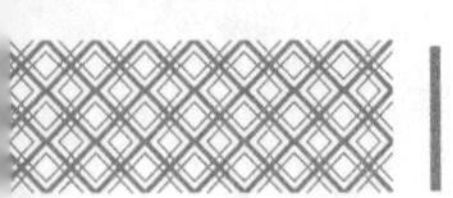

提示

也可以在【应用中心】对话框中【安全备份】区域下，单击【文档修复】按钮，打开【文档修复】对话框。

第 2 步 弹出【文档修复】对话框，单击添加文档图标，或将文档拖入该区域内，如下图所示。

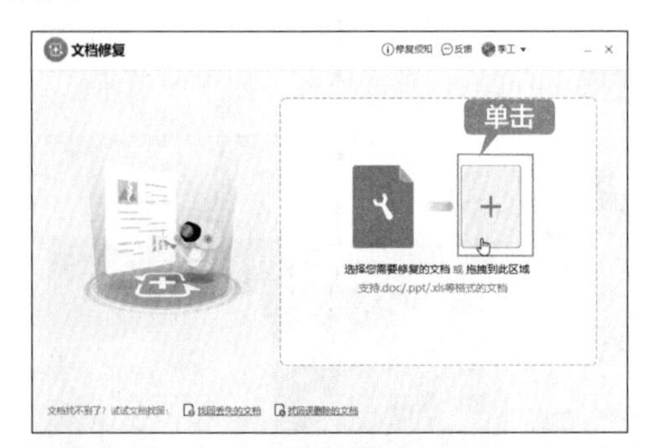

第 3 步 弹出【打开】对话框，选择要修复的文档，然后单击【打开】按钮，如下图所示。

第 4 步 WPS Office 即会对文档进行解析，弹出对话框和【文档修复】提示框，单击【确定】按钮，如下图所示。

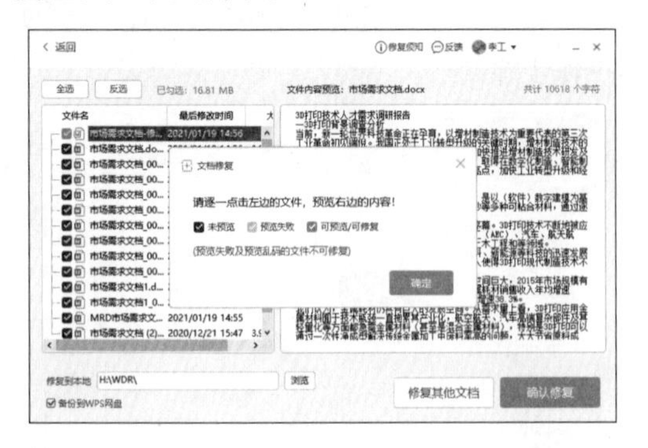

第 5 步 在对话框中，左侧显示了解析的文档列表，右侧为文件内容预览。在左侧列表中勾选要修复相关文档的复选框，并设置文件保存位置，然后单击【确认修复】按钮，如下图所示。

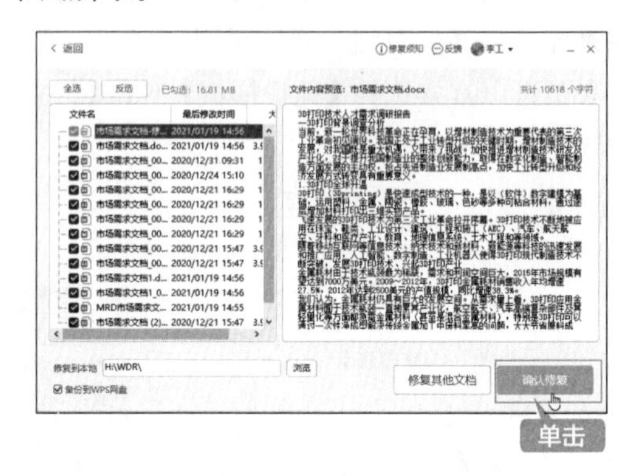

提示

左侧文档列表中，除了包含要修复的文档外，还包含了曾经编辑并自动删除的版本，方便用户选择和修复，找到最佳的文档版本。

第 6 步 文档开始修复，并显示修复进度，如下图所示。

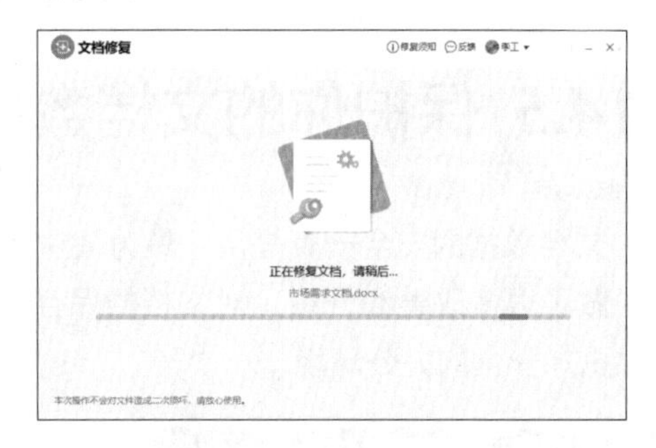

第 7 步 修复完成后，提示“文档修复成功”信息。如果要查看修复的文档，可以单击【查看文档】按钮，如下图所示。

第 8 步 即可打开修复文档所在的文件夹，用户可以逐个打开文档进行查看，如下图所示。

14.5.2 使用历史版本功能

在工作中，一个文档经常会被修改多次，如果希望返回上一次修改的版本，且没有保存，可以通过 WPS Office 的历史版本功能，轻松找到之前每一次修改的版本，了解文档的修改记录。

如果要使用历史版本功能，必须先将文件上传至 WPS 云空间或开启文档云同步功能（开启方法参见 16.1.1 小节），此后再对文档进行任何修改，都会保存其历史记录。

第 1 步 打开一个文档，单击【会员专享】→【更多】按钮，打开【应用中心】对话框，单击【安全备份】→【历史版本】按钮，如下图所示。

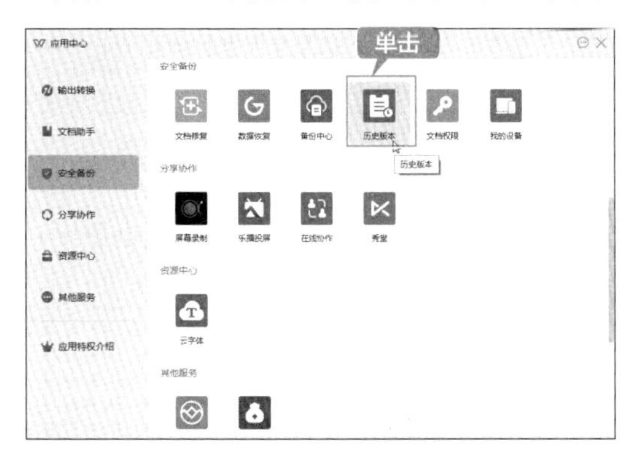

第 2 步 弹出如下图所示的对话框，单击【另存为云文档】按钮。

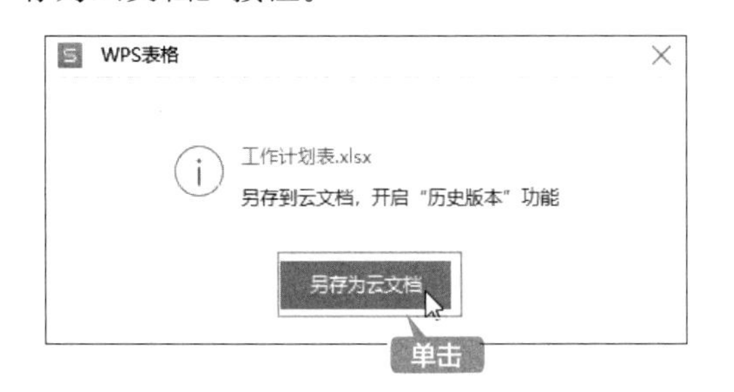

第 3 步 弹出【另存文件】对话框，选择保存在 WPS 网盘中的位置，然后单击【保存】按钮，如下图所示。

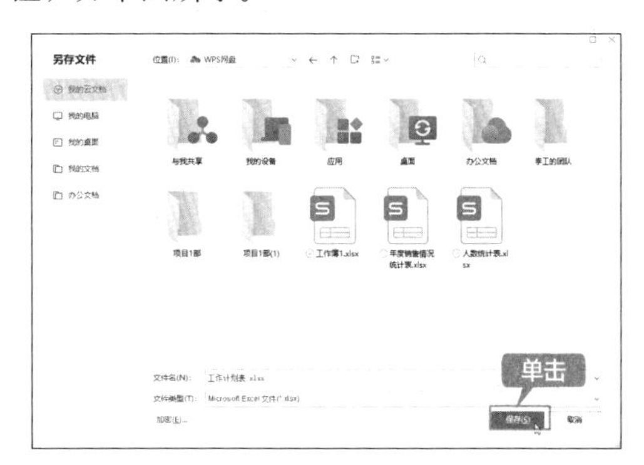

提示

如果开启了文档云同步功能，则不需要再对文档进行文档云储存，WPS Office 会实时记录文档的修改变动。

第 4 步 再对文档进行修改时，WPS Office 界面右上角的同步图标会显示为"有修改"状态，待同步完成后，将文档保存即可，如下图所示。

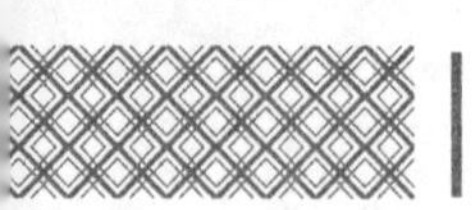

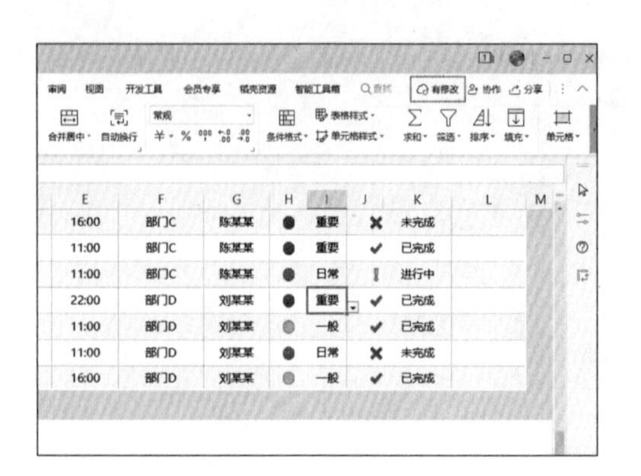

第 5 步 单击界面右上角的按钮，在弹出的【版本信息】框中，单击【历史版本】按钮，如下图所示。

第 6 步 打开【历史版本】对话框，其中显示了文档的编辑时间，如下图所示中显示的“4”，表示该日期内有 4 次变动，单击【展开】按钮 >。

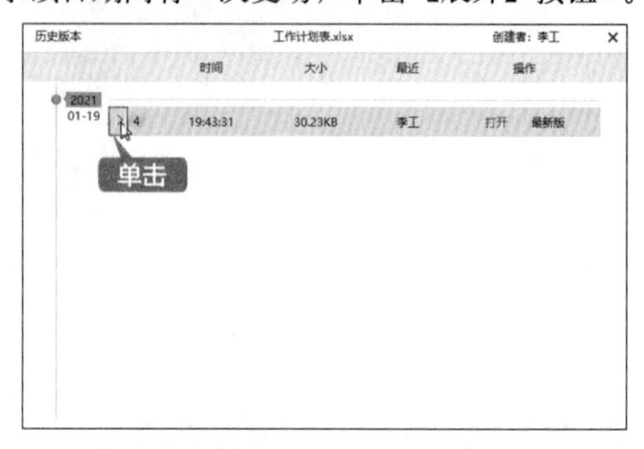

第 7 步 即可看到各版本修改的时间、大小、作者等。用户可以单击版本右侧的【预览】按钮，查看该版本文档，如下图所示。

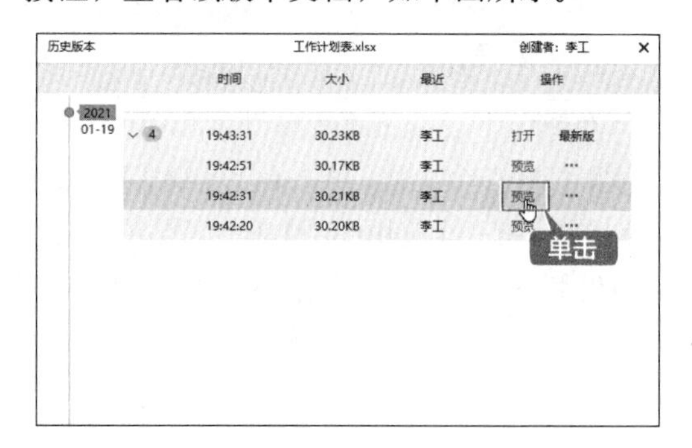

第 8 步 单击···按钮，在弹出的菜单中，选择【导出】命令，可以将该版本文档导出到电脑中；选择【恢复】命令，可以将文档恢复至该版本，如下图所示。

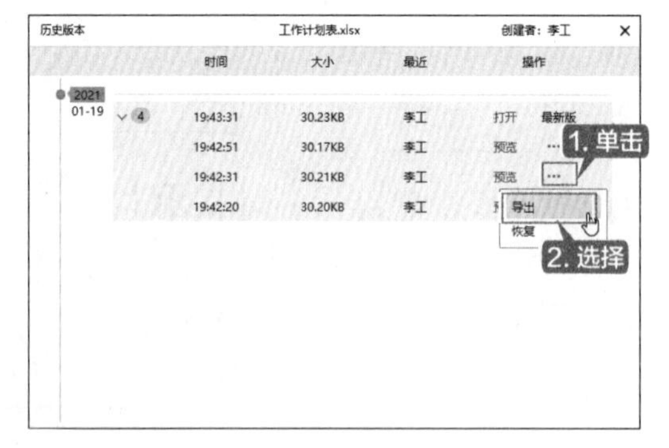

14.5.3 对文档进行加密

为了保障文档的安全，WPS Office 提供了文档权限加密和密码加密两种保护方式，其中文档权限加密是以当前登录账号作为加密方式，仅支持该账号访问文档，如果其他人需要查看或

编辑文档，需要授予权限；密码加密是为文档添加密码保护，输入密码即可查看或编辑该文档。

本小节以 WPS 表格为例，介绍对表格文档的加密，其他类型文档的设置方法相同。

1. 设置文档权限加密

第 1 步 单击【文件】选项，在弹出的菜单中，选择【文档加密】→【文档权限】命令，如下图所示。

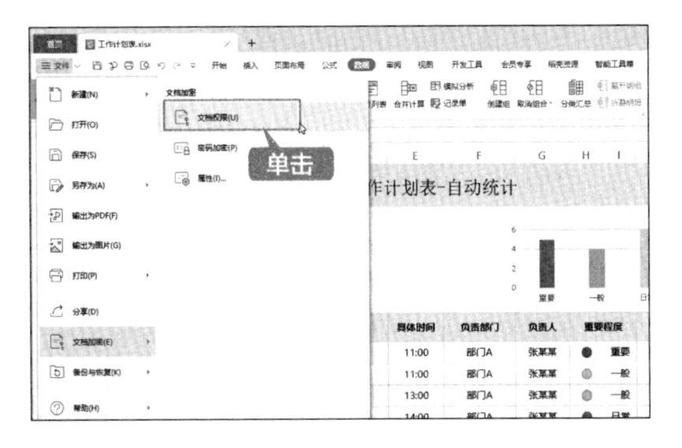

第 2 步 弹出【文档权限】对话框，单击【私密文档保护】右侧的 按钮，如下图所示。

第 3 步 弹出【账号确认】提示框，确认当前登录账号是否为本人账号，此处建议使用个人常用账号登录并保护文档，勾选【确认为本人账号，并了解该功能使用】复选框，然后单击【开启保护】按钮。若当前账号非本人账号或常用账号，可以单击【重新登录】按钮，退出当前账号并重新登录，如下图所示。

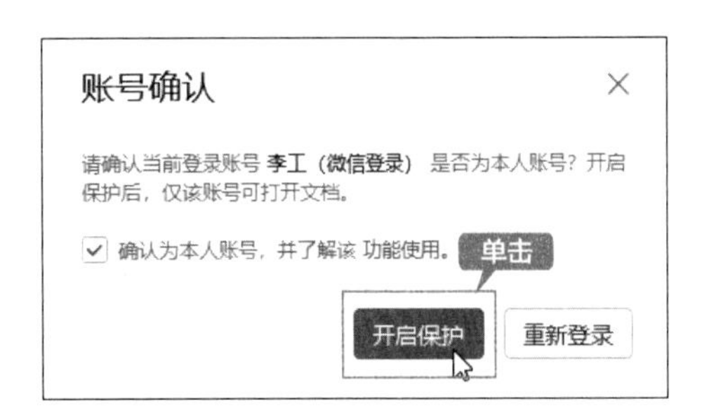

第 4 步 返回【文档权限】对话框，【私密文档保护】右侧显示为“已保护”状态，表示已开启保护。另外，文档的标签上会显示“加密”标识 。如果要指定其他人查看或编辑文档，则单击【添加指定人】按钮，如下图所示。

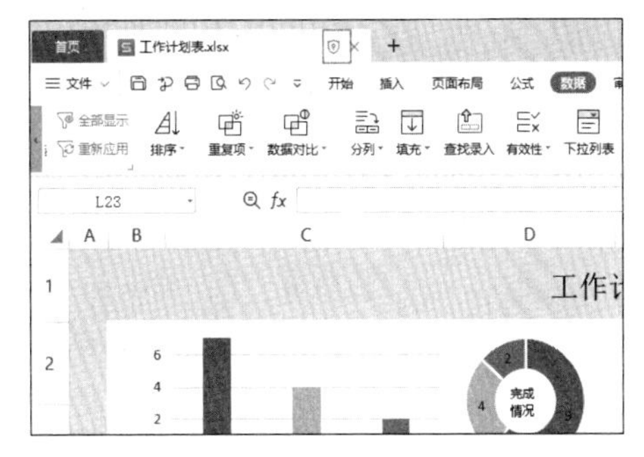

第 5 步 弹出【添加指定人】对话框，可以通过 WPS 账号和链接邀请的方式添加私密文档的权限，设置完成后，单击【确定】按钮，如下图所示。

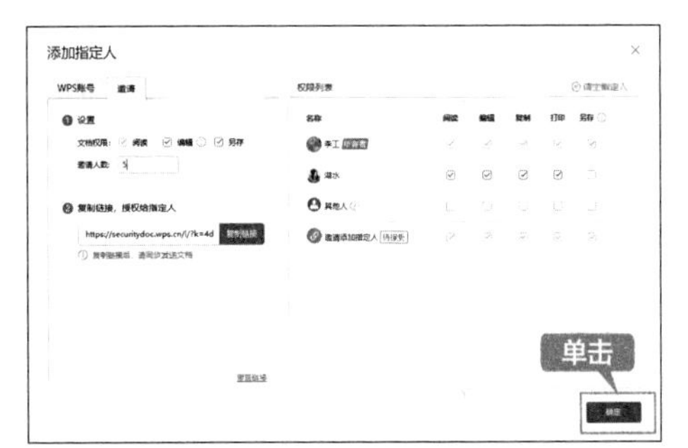

第 6 步 弹出如下图所示的提示框，单击【确认】按钮。

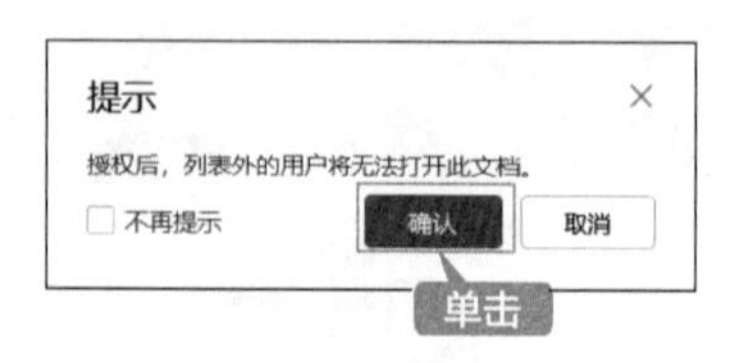

第 7 步 返回【文档权限】对话框，可以看到指定人的信息。如果要修改和删除指定人，可以单击【修改指定人】按钮，如下图所示。

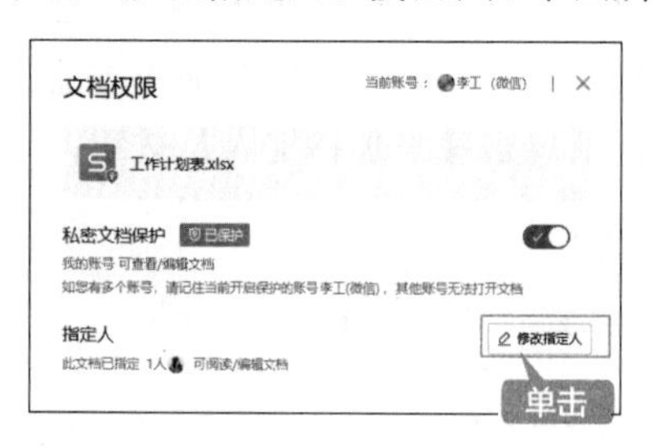

2. 设置密码加密

第 1 步 打开要加密的文档，单击【文件】选项，在弹出的菜单中，选择【文档加密】→【密码加密】命令，如下图所示。

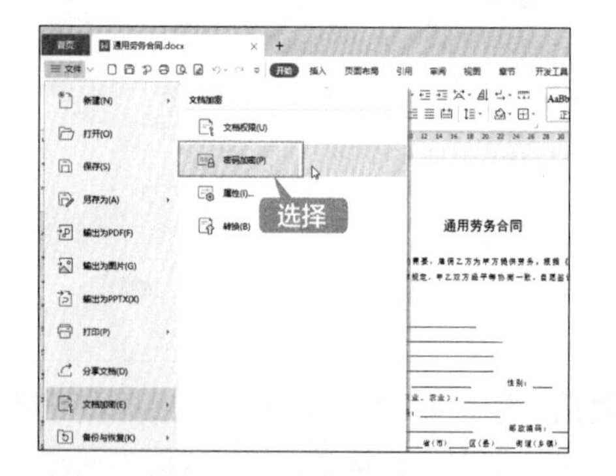

第 2 步 弹出【密码加密】对话框，分别设置【打开权限】和【编辑权限】的密码，然后单击【应用】按钮，如下图所示。

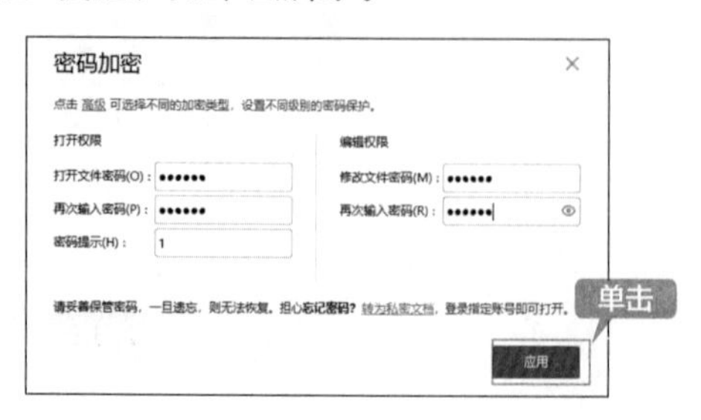

> **提示**
>
> 用户可以单击【高级】选项，选择不同的加密类型，设置不同级别的密码保护。另外，设置密码加密后，密码一旦遗忘，就无法恢复，因此请妥善保管密码。若担心忘记密码，可以单击【转为私密文档】选项，将文档进行账号加密。

第 3 步 当再次打开该文档时，弹出【文档已加密】对话框，输入文档的打开权限密码，单击【确定】按钮，如下图所示。

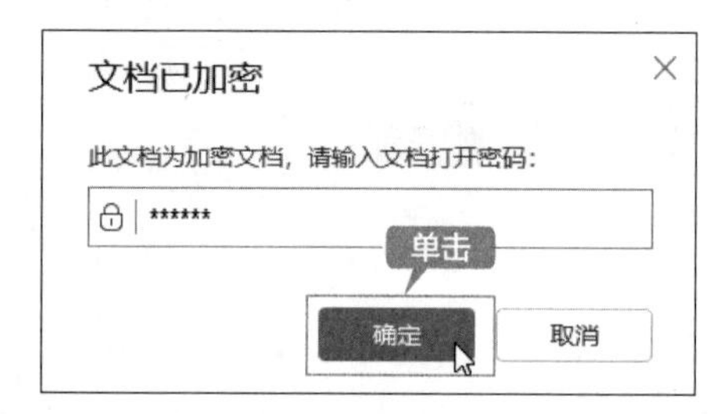

第 4 步 对话框中提示“请输入密码，或者只读模式打开”，输入编辑权限密码，单击【解锁编辑】按钮。如果没有编辑权限密码，可以单击【只读打开】按钮，如下图所示。

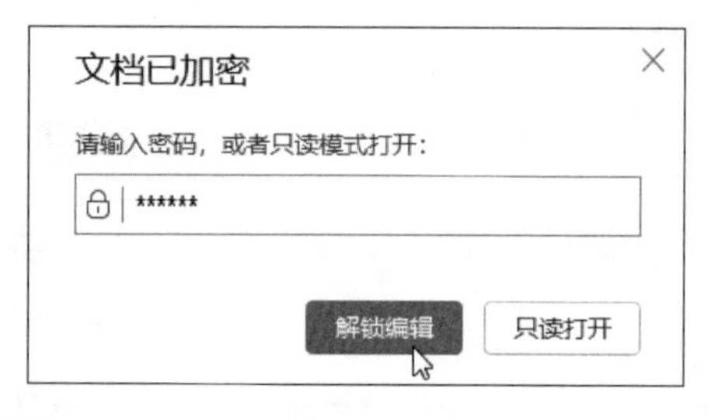

第 5 步 即可打开该文档，如下图所示。

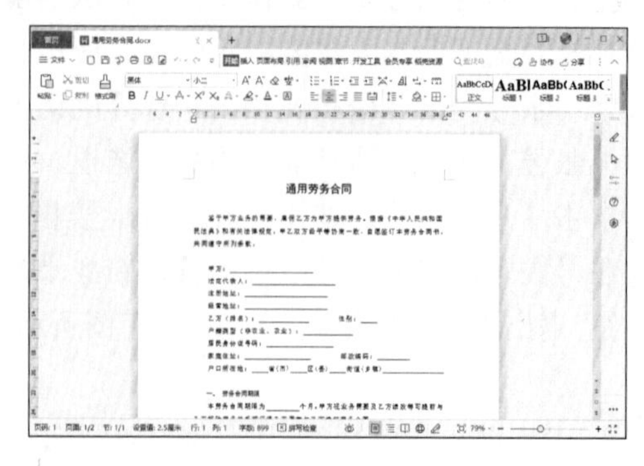

第5篇

办公实战篇

第 15 章 WPS Office 办公应用实战

本章导读

本章通过几个具有代表性的案例，将前面所学内容进行综合运用，以提升运用 WPS Office 的熟练程度。

思维导图

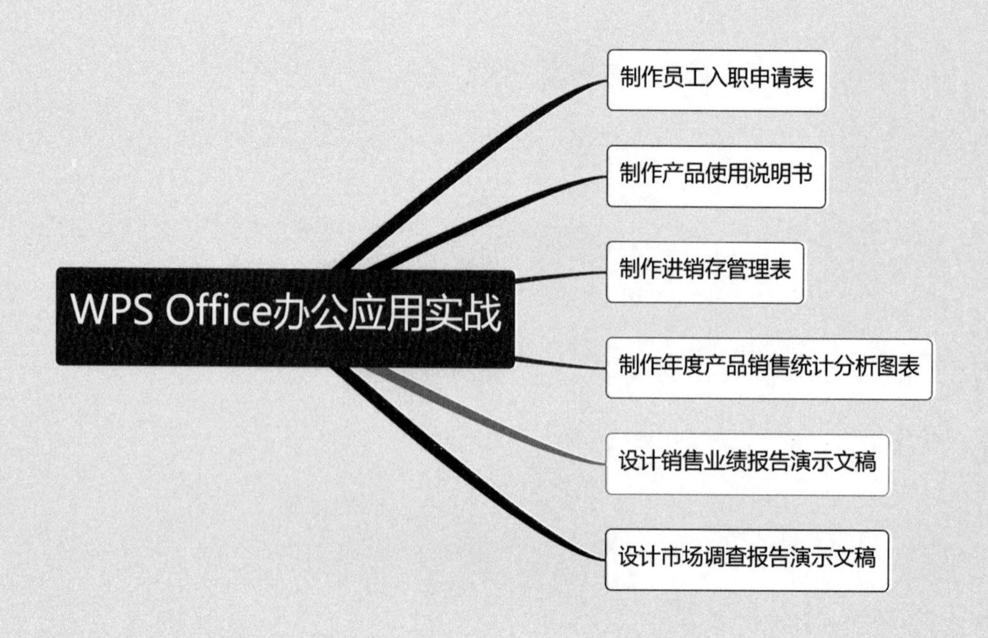

15.1 制作员工入职申请表

员工入职申请表是一种常用的应用文书，是公司决定录用员工后，员工入职前申请岗位时所填写的表格。

制作员工入职申请表的具体操作步骤如下。

1. 页面设置

第 1 步 新建一个文字文档，并将其另存为“员工入职申请表 .wps”，如下图所示。

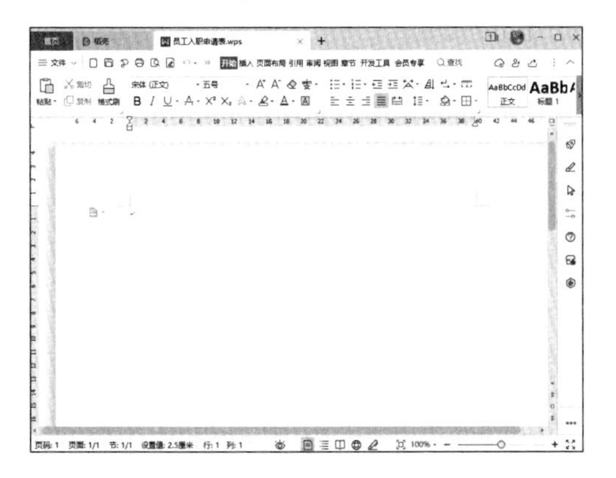

第 2 步 单击【页面布局】选项卡，在页边距设置区域中，将【上】【下】【左】【右】的边距值设置为“1.2 cm”，如下图所示。

2. 创建空白表格

在准备阶段进行项目分类时，可以提前规划好行数和列数，以避免后期大面积修改表格。制作员工入职申请表时可以先绘制一个 11 行 7 列的表格，然后根据需要调整表格。使用【插入表格】对话框创建表格的具体操作步骤如下。

第 1 步 在文档中输入“员工入职申请表”文本，根据需要设置字体和字号，并输入入职部门、岗位、填表日期等文本，如下图所示。

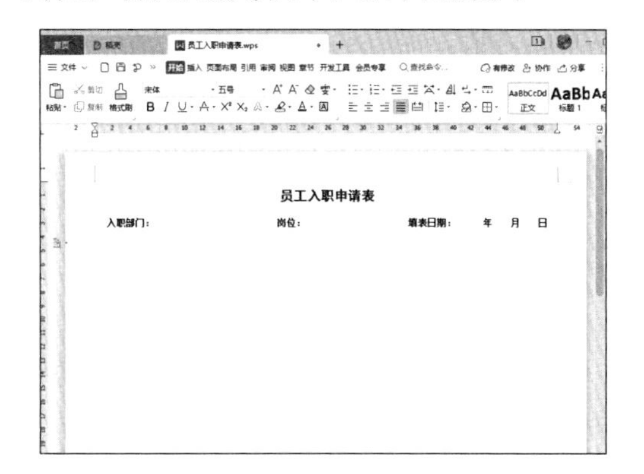

第 2 步 将光标定位至要创建表格的位置，单击【插入】→【表格】按钮，在下拉列表中选择【插入表格】选项，如下图所示。

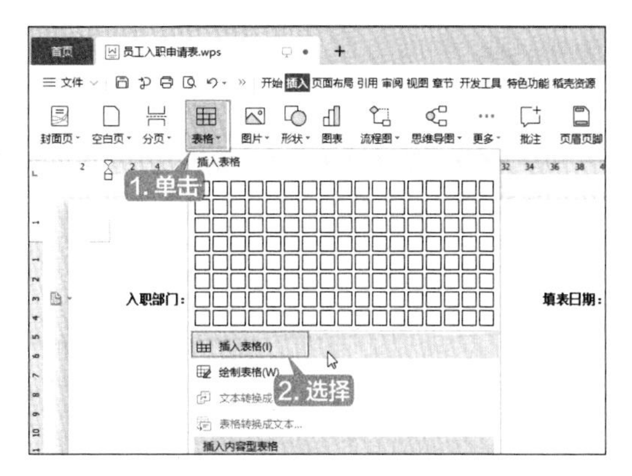

第 3 步 弹出【插入表格】对话框，在【表格尺寸】区域中设置【列数】为“7”，【行数】为“11”，单击【确定】按钮，如下图所示。

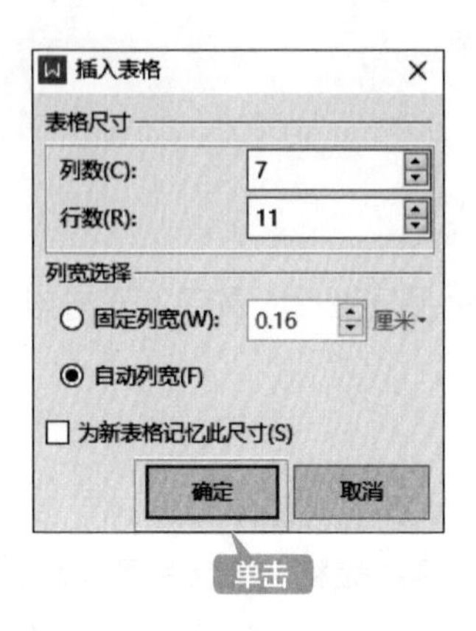

第 4 步 创建 11 行 7 列空白表格的效果如下图所示。

入职申请表

入职部门：　岗位：　填表日期：　年　月　日

3. 搭建框架

在员工入职申请表的个人基本信息区域中需要贴照片，可以合并单元格留出贴照片的区域。如果某些项目需要填写的内容较多，也可以将该项目后的单元格区域合并。表格的最后 3 行可以输入家庭成员、教育背景、工作经历等内容，通过拆分单元格将最后 3 行的第 2 列拆分为 4 行 4 列的单元格，具体操作步骤如下。

第 1 步 选择第 7 列第 1~4 行的单元格区域，如下图所示。

第 2 步 单击【表格工具】→【合并单元格】按钮合并单元格，如下图所示。

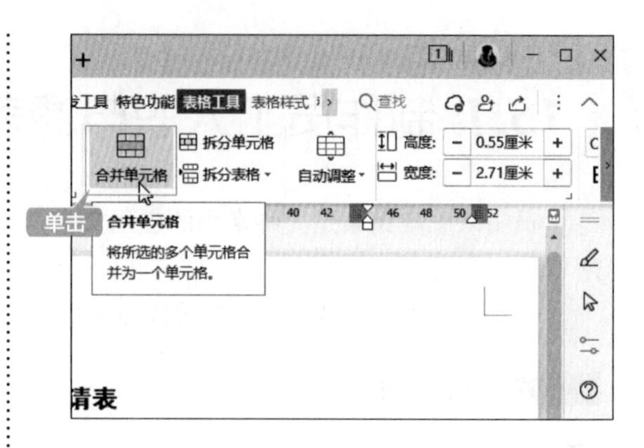

第 3 步 即可看到将所选单元格区域合并后的效果，如下图所示。

第 4 步 重复上面的操作，将其他需要合并的单元格区域合并，如下图所示。

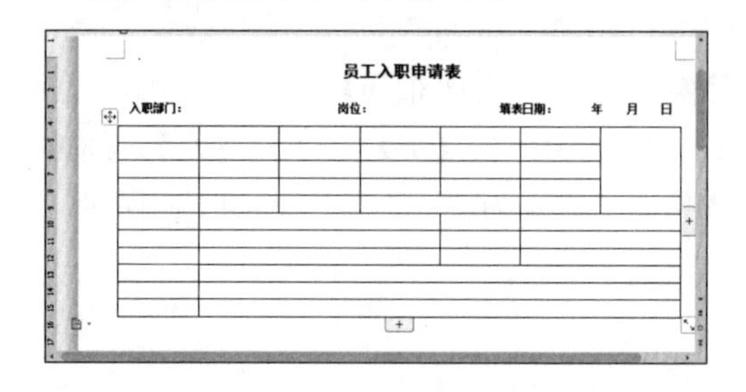

第 5 步 将光标定位在倒数第 3 行第 2 列的单元格内并右击，在弹出的快捷菜单中选择【拆分单元格】命令，如下图所示。

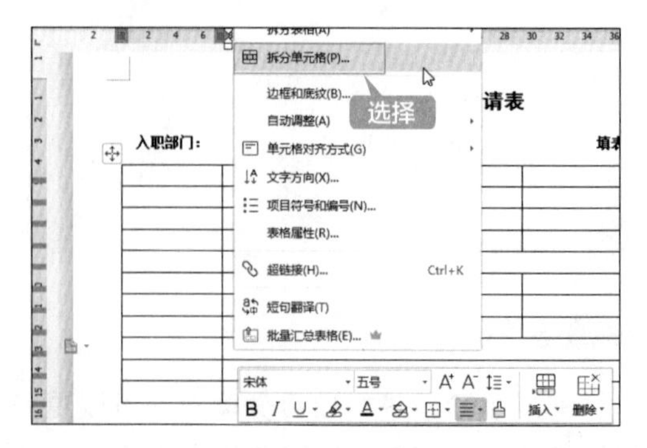

第 6 步 弹出【拆分单元格】对话框，设置【列

数】为“4”，【行数】为“4”，单击【确定】按钮，如下图所示。

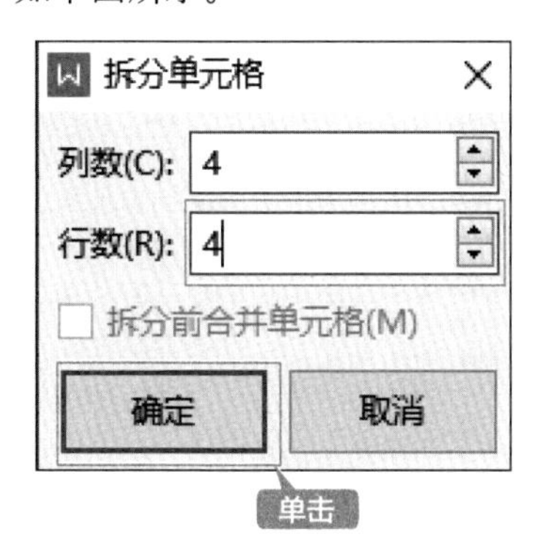

第 7 步 即可看到将所选单元格拆分为 4 行 4 列的单元格后的效果，如下图所示。

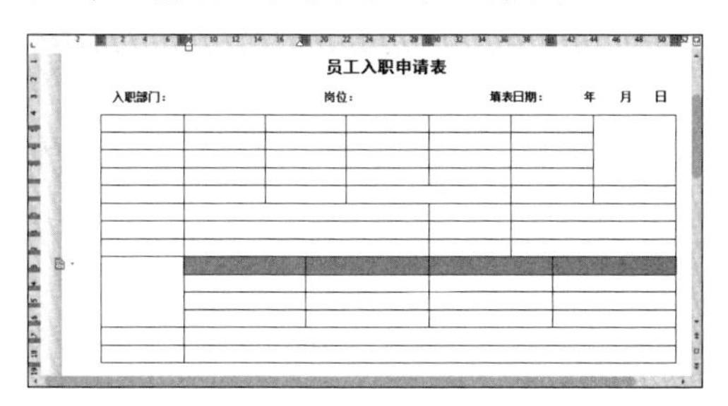

第 8 步 使用同样的方法拆分其他单元格，如下图所示。

4. 调整表格

调整表格的行与列是编辑表格时常用的操作，如添加 / 删除行和列，调整列宽和行高等。在员工入职申请表中需要在最后一行后新添加 5 行，具体操作步骤如下。

第 1 步 将光标定位在最后一行任意单元格中，单击【表格工具】→【在下方插入行】按钮，如下图所示。

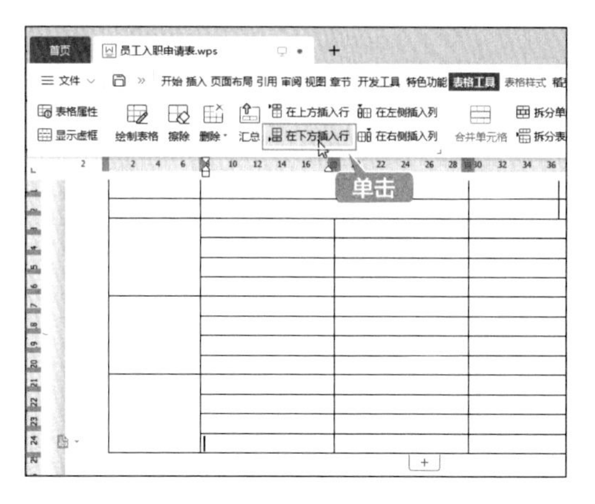

第 2 步 即可看到插入新行后的效果，如下图所示。

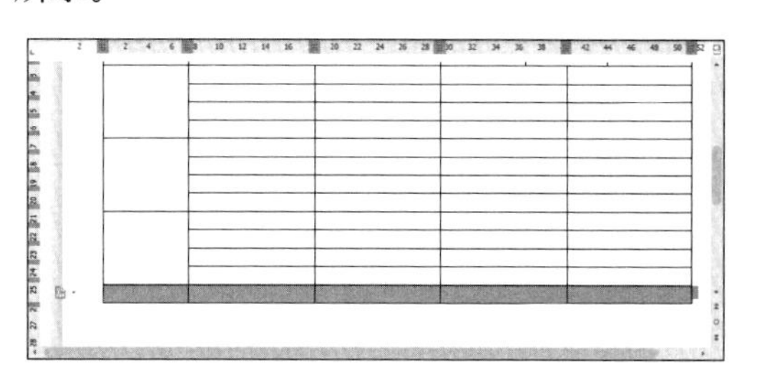

第 3 步 使用同样的方法再插入 4 行，将插入的 5 行表格进行合并单元格操作，如下图所示。

第 4 步 将最后一行拆分为 3 行 6 列的单元格区域，并依次合并最后一行中相邻的两个单元格。至此，就完成了对表格框架的构建，如下图所示。

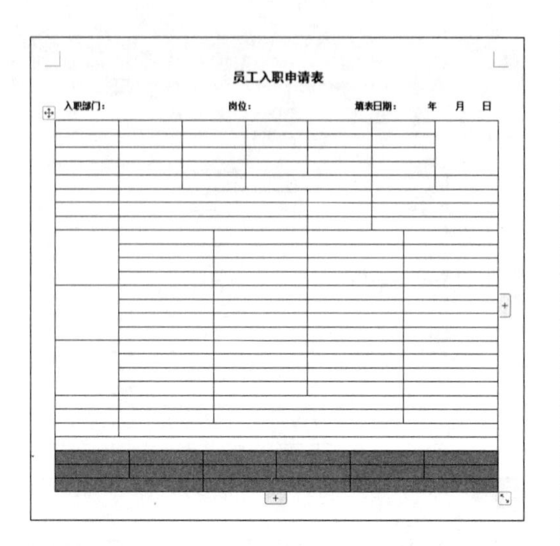

第5步 员工入职申请表框架搭建完成后，在表格中根据实际需要输入相关文字内容，如下图所示。

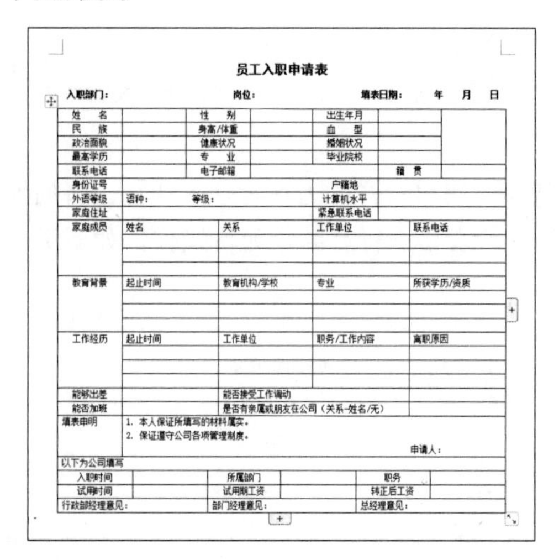

第6步 选择最后一行，在【表格工具】选项卡下设置【高度】为“2.3厘米”，如下图所示。

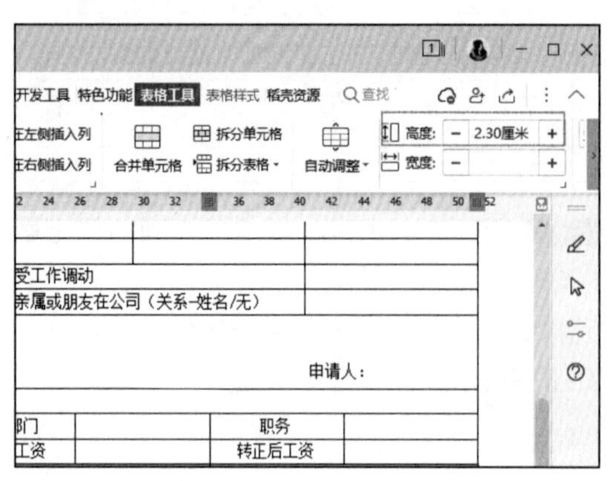

第7步 根据需要调整其他行的行高，使表格占满一页。调整后的效果如下图所示。

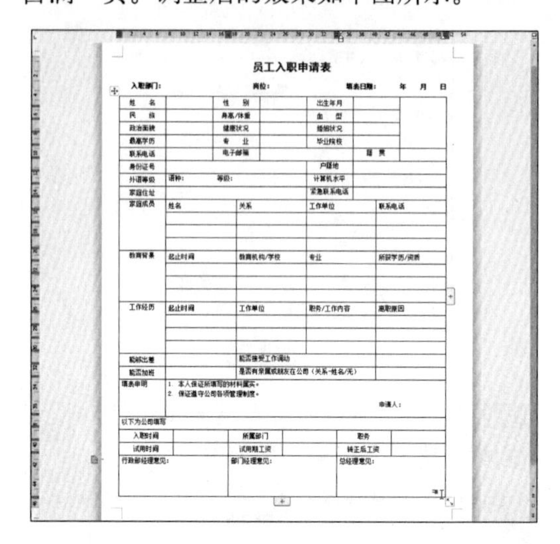

提示

将鼠标指针放置在表格右下角，当鼠标指针变为↘形状时，按住鼠标左键拖曳，可以快速调整整个表格的大小。

5. 表格的美化

表格创建完成后，可以对表格进行美化操作，如设置表格样式、设置表格框线、添加底纹等，具体操作步骤如下。

第1步 单击表格左上角的【全选】按钮，选择整个表格，单击【表格样式】选项卡下的按钮，在弹出的下拉列表中选择一种样式，如下图所示。

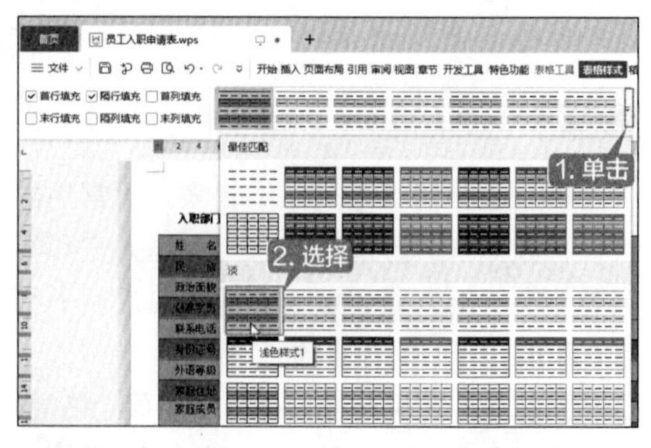

第2步 即可看到应用表格样式后的效果，如

下图所示。

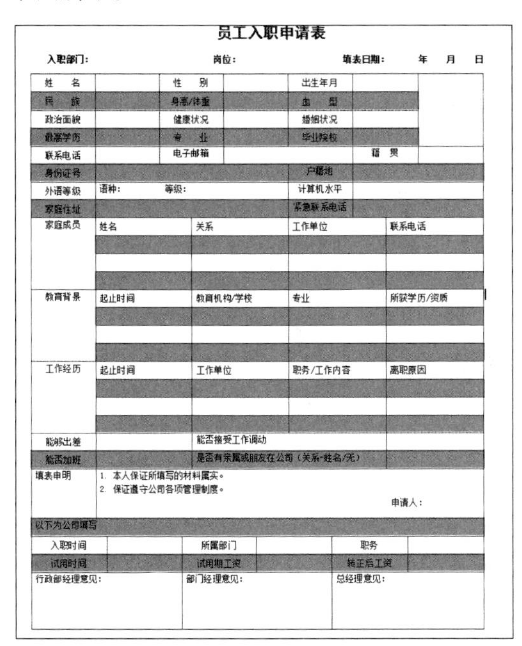

员工入职申请表

入职部门：　　岗位：　　填表日期：　年　月　日

姓　名		性　别		出生年月		
民　族		身高/体重		血　型		
政治面貌		健康状况		婚姻状况		
最高学历		专　业		毕业院校		
联系电话		电子邮箱			籍　贯	
身份证号				户籍地		
外语等级	语种：	等级：		计算机水平		
家庭住址				紧急联系电话		
家庭成员	姓名	关系		工作单位	联系电话	
教育背景	起止时间	教育机构/学校		专业	所获学历/资质	
工作经历	起止时间	工作单位		职务/工作内容	离职原因	
能否出差		能否接受工作调动				
能否加班		是否有亲属或朋友在公司（关系-姓名/无）				
填表申明	1. 本人保证所填写的材料属实。 2. 保证遵守公司各项管理制度。 申请人：					
以下为公司填写						
入职时间		所属部门		职务		
试用时间		试用期工资		转正后工资		
行政部经理意见：		部门经理意见：		总经理意见：		

第 3 步 单击【表格样式】→【边框】下拉按钮 边框，在弹出的列表中，选择【边框和底纹】选项，如下图所示。

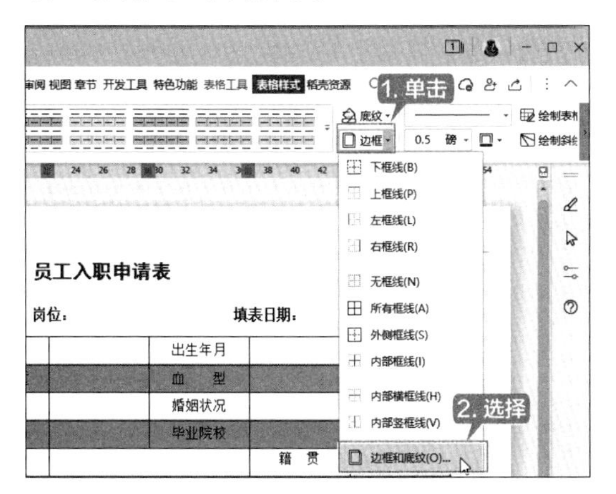

第 4 步 弹出【边框和底纹】对话框，在【边框】选项卡下，取消内部框线显示，设置【线型】为虚线样式，并单击 按钮，然后单击【确定】按钮，如下图所示。

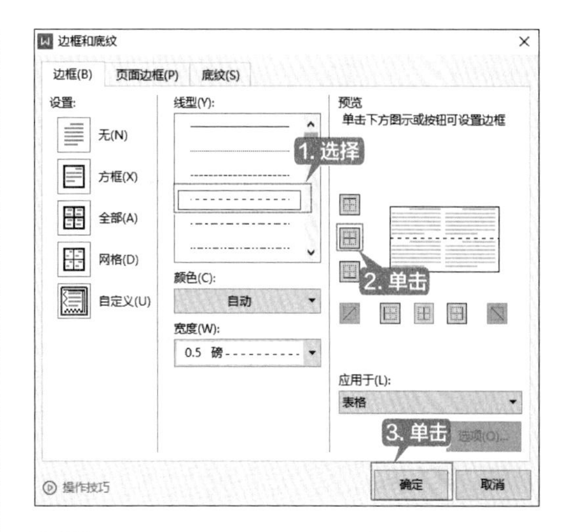

第 5 步 在【表格样式】选项卡下，将边框线设置为【双实线】，然后单击【绘制表格】按钮，此时鼠标指针变为 形状，在第四行下方绘制边框线，如下图所示。

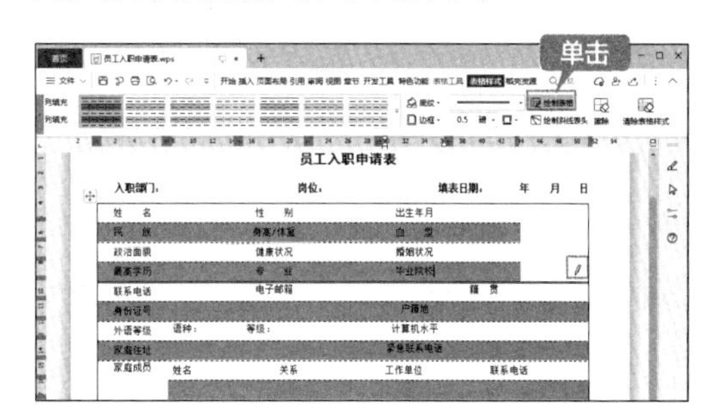

第 6 步 在不同分类项目下方绘制边框线，如下图所示。

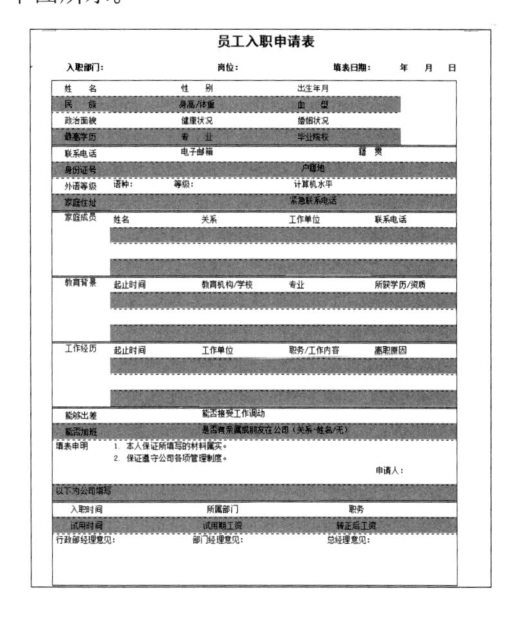

第 7 步 选择倒数第 4 行，单击【表格样式】→【底纹】下拉按钮，在弹出的下拉列表中选择一种底纹颜色，如下图所示。

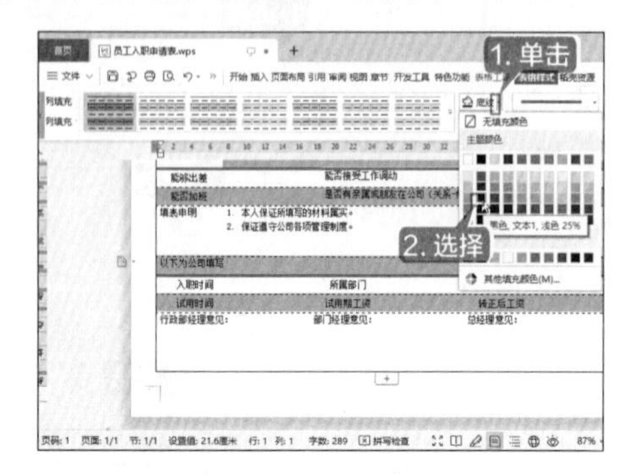

第 8 步 更改单元格底纹颜色后的效果如下图所示。

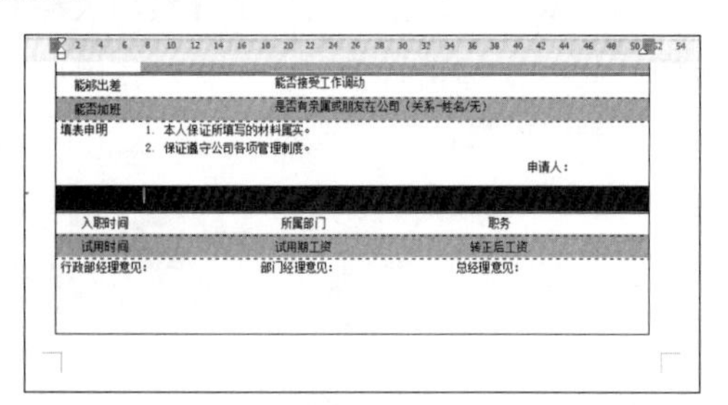

提示

底纹颜色与字体颜色相近时，会看不清文字内容，可以更改字体的颜色或选择其他底纹颜色。

6. 设置字体及对齐方式

设置表格内容的字体及对齐方式，是美化表格的常用方法。

第 1 步 选择整个表格，设置所有文字的【字体】为“黑体”，【字号】为“五号”，【字体颜色】为“黑色”，并添加【加粗】效果，如下图所示。

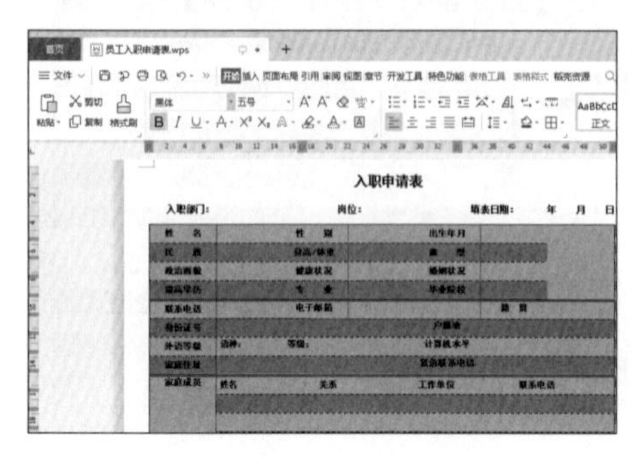

第 2 步 设置倒数第 4 行中文字的【字体颜色】为“白色”，如下图所示。

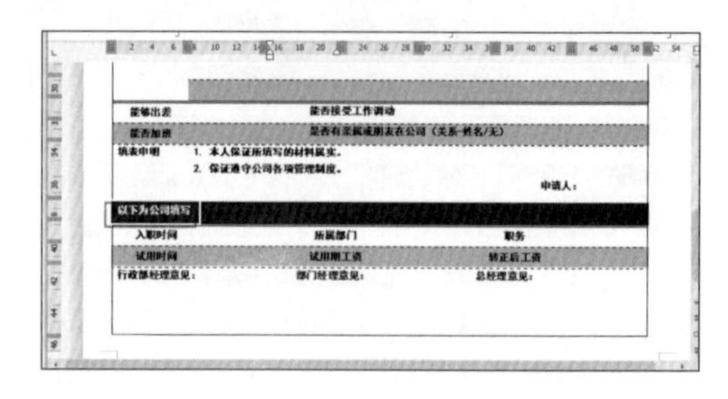

第 3 步 选择整个表格，单击【表格工具】→【对齐方式】下拉按钮，在弹出的列表中单击【水平居中】选项，如下图所示。

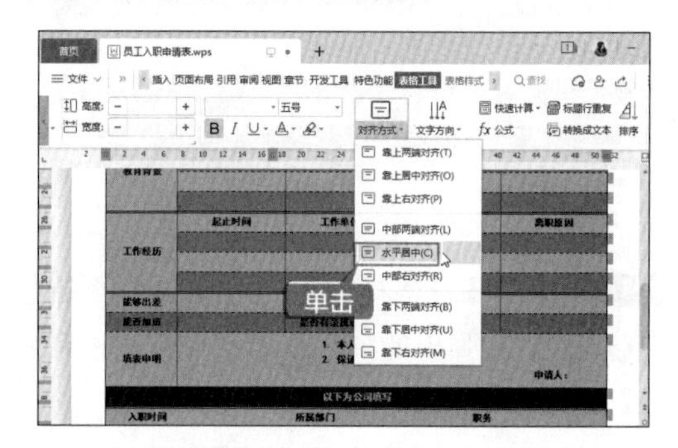

第 4 步 调整最后一行整行和倒数第 5 行第 2 列内容的【对齐方式】为“靠上两端对齐”，最终效果如下图所示。

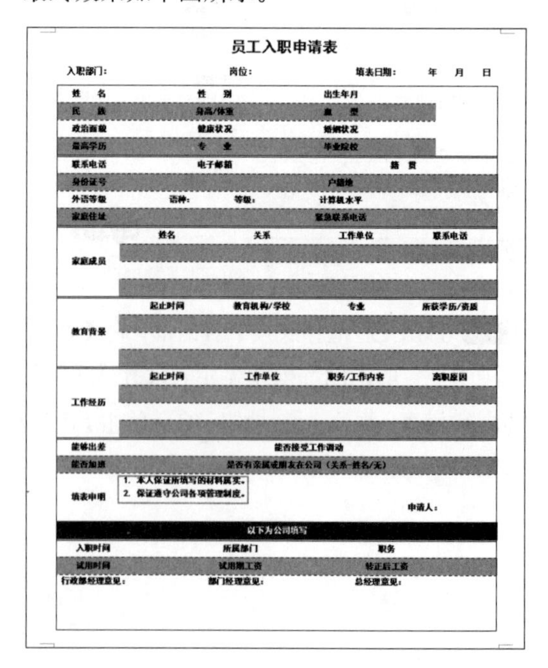

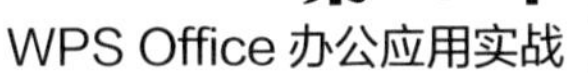

15.2 制作产品使用说明书

产品使用说明书是介绍公司产品的说明文档，帮助用户正确使用公司产品，本节将使用 WPS Office 制作一份产品使用说明书。

1. 页面设置

第 1 步 打开“素材 \ch15\ 使用说明书 .wps”文档，并将其另存为“产品使用说明书 .wps”，如下图所示。

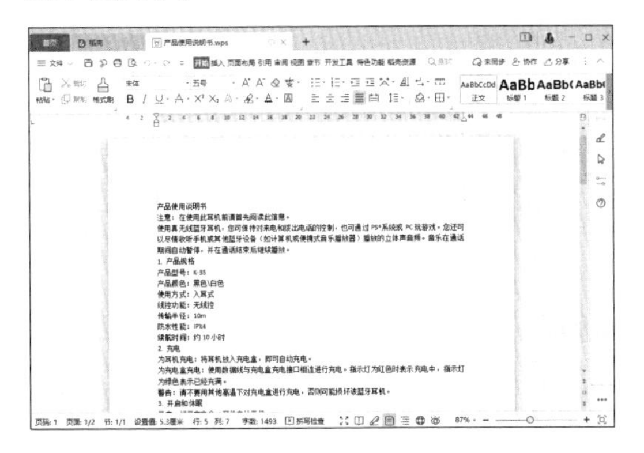

第 2 步 单击【页面布局】→【页面设置】对话框按钮 ⌟，如下图所示。

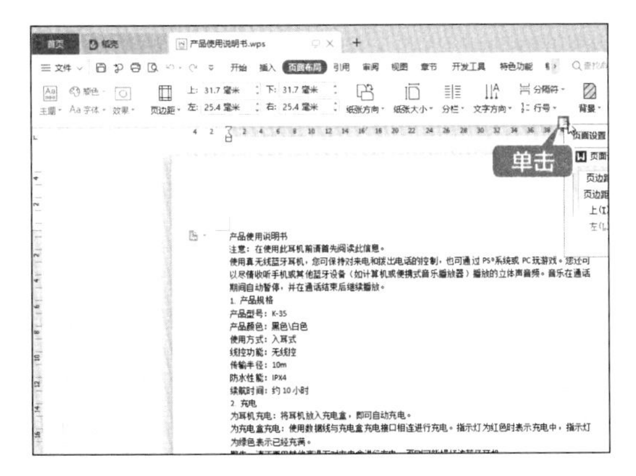

第 3 步 弹出【页面设置】对话框，在【页边距】选项卡下设置【上】和【下】的边距为“1.3”厘米，【左】和【右】的边距为“1.4”厘米，设置【方向】为“横向”，如下图所示。

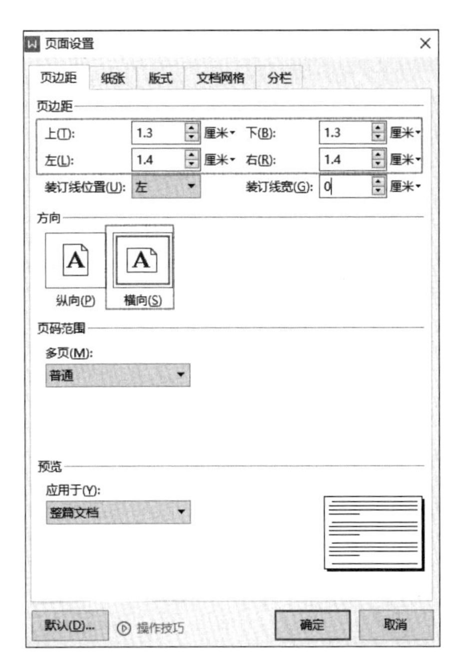

第 4 步 在【纸张】选项卡下的【纸张大小】下拉列表中选择【A6】选项，如下图所示。

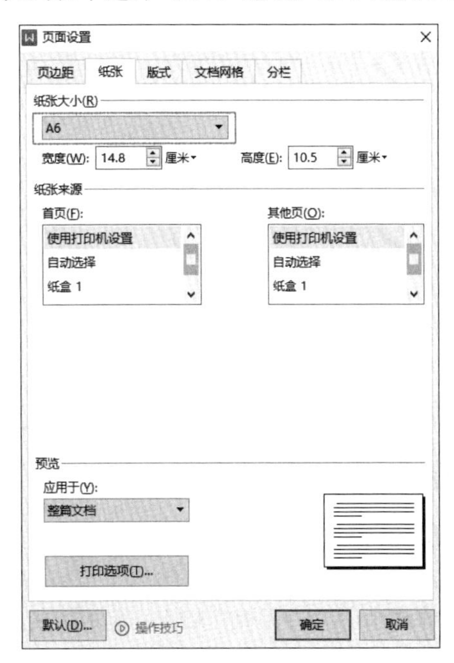

第 5 步 在【版式】选项卡下的【页眉和页脚】区域中勾选【首页不同】复选框，并设置页眉和页脚【距边界】均为“1”厘米，如下图所示。

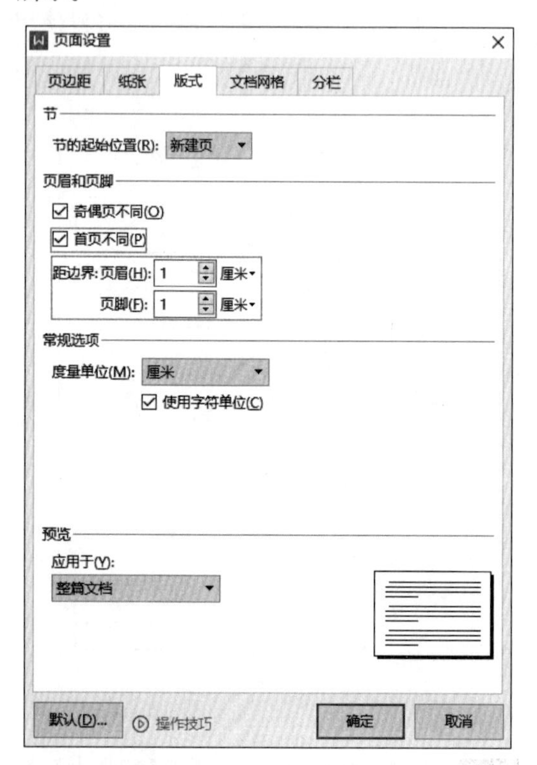

第 6 步 单击【确定】按钮，完成页面的设置，效果如下图所示。

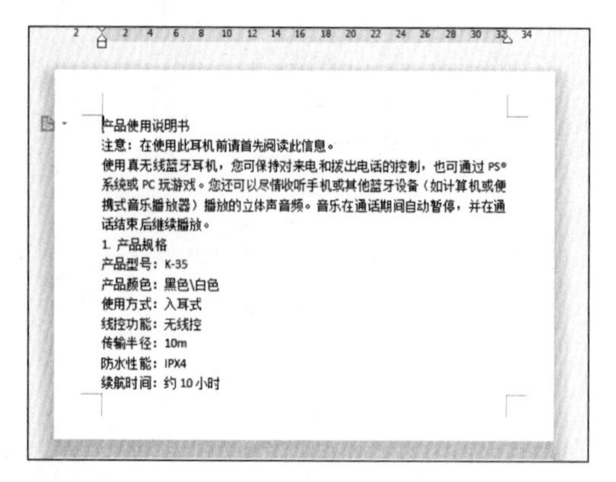
产品使用说明书
注意：在使用此耳机前请首先阅读此信息。
使用真无线蓝牙耳机，您可保持对来电和拨出电话的控制，也可通过 PS® 系统或 PC 玩游戏。您还可以尽情收听手机或其他蓝牙设备（如计算机或便携式音乐播放器）播放的立体声音频。音乐在通话期间自动暂停，并在通话结束后继续播放。
1. 产品规格
产品型号：K-35
产品颜色：黑色\白色
使用方式：入耳式
线控功能：无线控
传输半径：10m
防水性能：IPX4
续航时间：约 10 小时

2. 设置标题样式

第 1 步 选择第一行的标题行，单击【开始】选项卡下【样式】组中的 按钮，在弹出的下拉列表中选择“标题”样式，如下图所示。

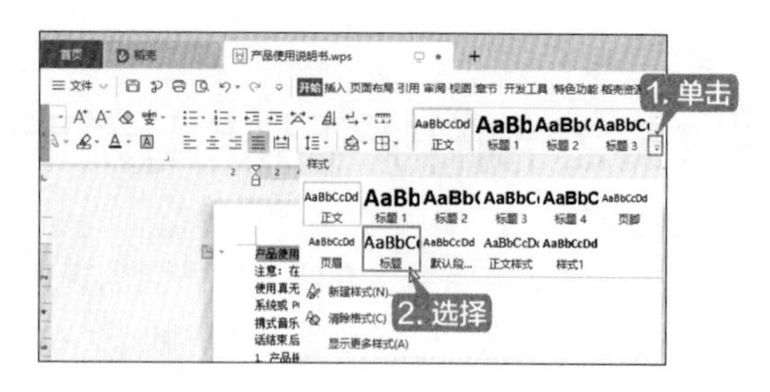

第 2 步 即可应用该样式，效果如下图所示。

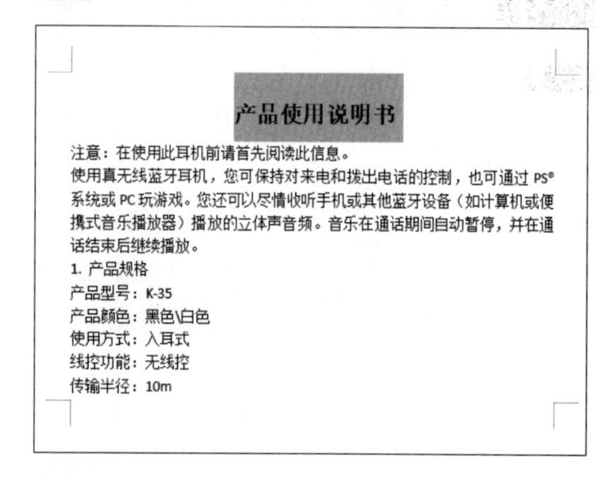
产品使用说明书
注意：在使用此耳机前请首先阅读此信息。
使用真无线蓝牙耳机，您可保持对来电和拨出电话的控制，也可通过 PS® 系统或 PC 玩游戏。您还可以尽情收听手机或其他蓝牙设备（如计算机或便携式音乐播放器）播放的立体声音频。音乐在通话期间自动暂停，并在通话结束后继续播放。
1. 产品规格
产品型号：K-35
产品颜色：黑色\白色
使用方式：入耳式
线控功能：无线控
传输半径：10m

第 3 步 选择“1. 产品规格”段落，单击【任务窗格】中的【样式和格式】按钮 ，打开【样式和格式】窗格，单击【新样式】按钮，如下图所示。

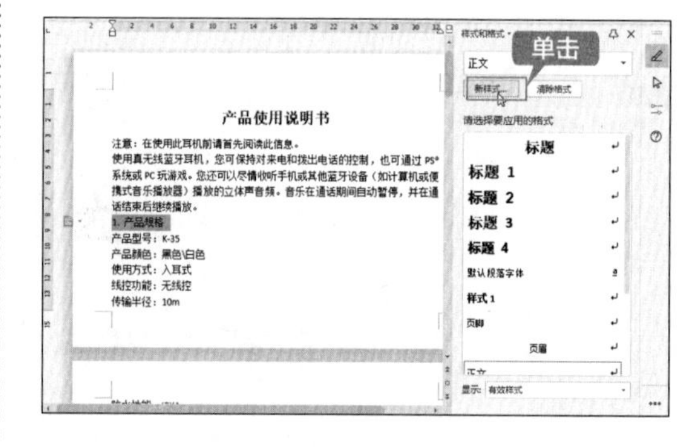

第 4 步 弹出【新建样式】对话框，输入样式名称，在【样式基于】下拉列表中选择【无样式】选项，设置【字体】为“黑体”，【字号】为“五号”，设置【加粗】效果，单击左下角的【格式】下拉按钮，在弹出的下拉列表中选择【段落】选项，如下图所示。

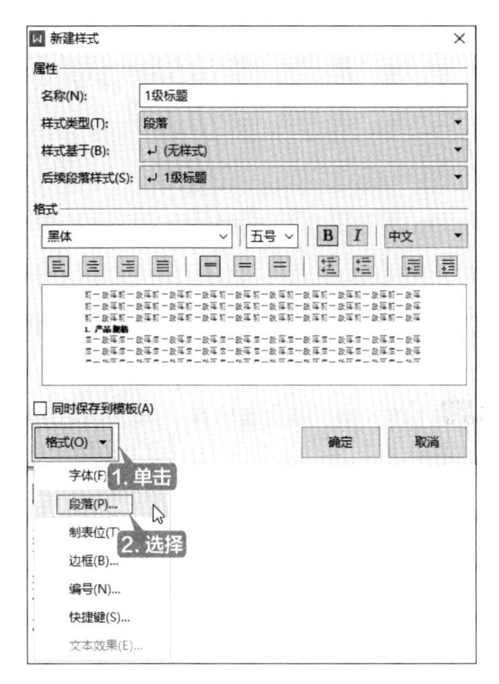

第 5 步 弹出【段落】对话框，在【常规】区域中设置【大纲级别】为“1 级”，在【间距】区域中设置【段前】为“1”行、【段后】为“1”行、【行距】为“单倍行距”，单击【确定】按钮，如下图所示。返回【新建样式】对话框，单击【确定】按钮完成设置。

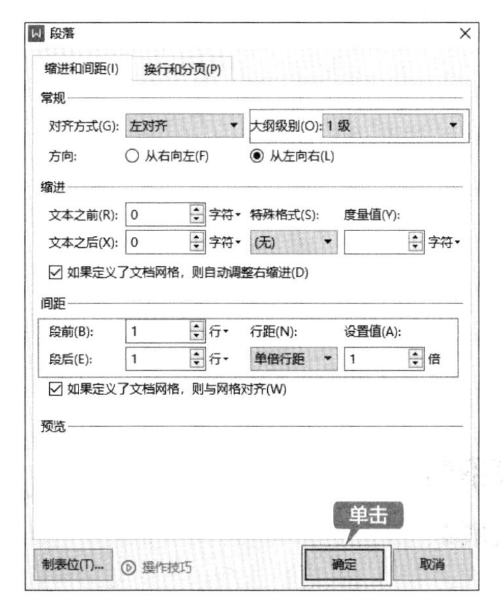

第 6 步 应用该样式，效果如下图所示。

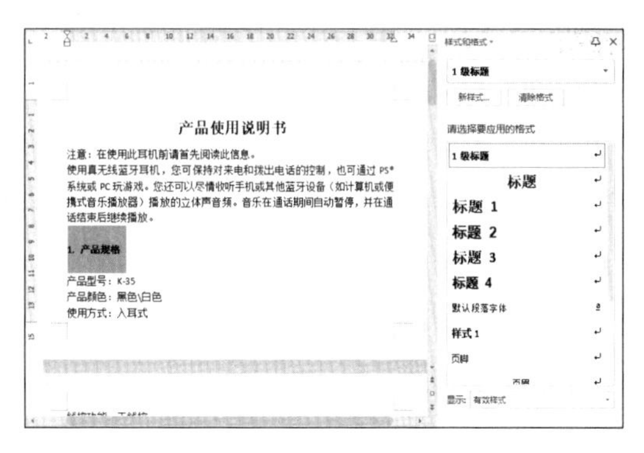

第 7 步 为其他标题应用“1 级标题”样式，如下图所示。

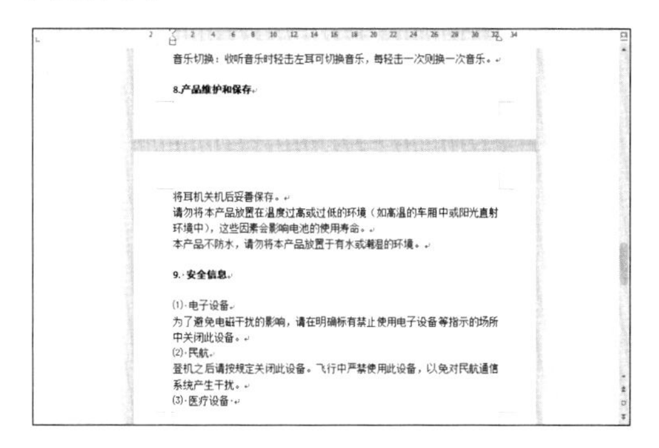

3. 设置正文段落格式

第 1 步 打开【样式和格式】窗格，单击【新样式】按钮，弹出【新建样式】对话框，在【名称】文本框中输入“正文样式”，设置【字体】为“楷体”、【字号】为“五号”，单击【格式】下拉按钮，在下拉列表中选择【段落】选项，如下图所示。

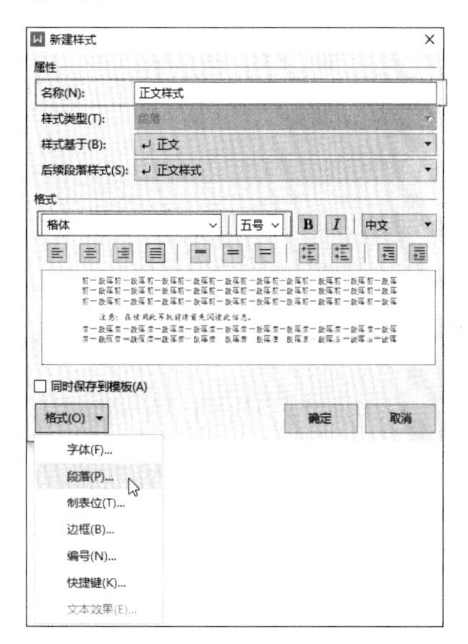

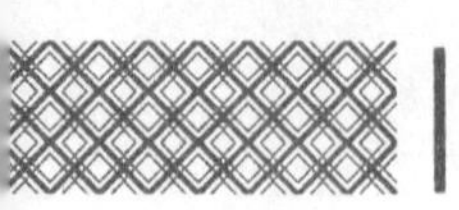

第 2 步 弹出【段落】对话框，在【缩进和间距】选项卡中设置【特殊格式】为“首行缩进”，【度量值】为“2”字符，【行距】为“固定值”，【设置值】为“20”磅，设置完成后单击【确定】按钮，如下图所示。返回【新建样式】对话框，单击【确定】按钮完成设置。

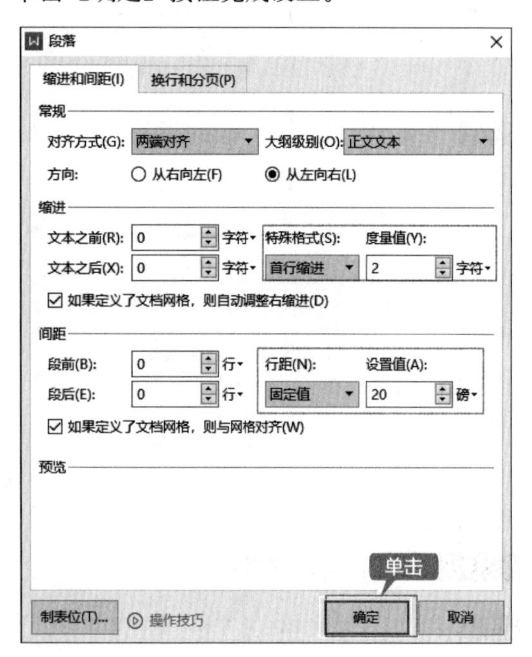

第 3 步 为正文应用该样式，如下图所示。

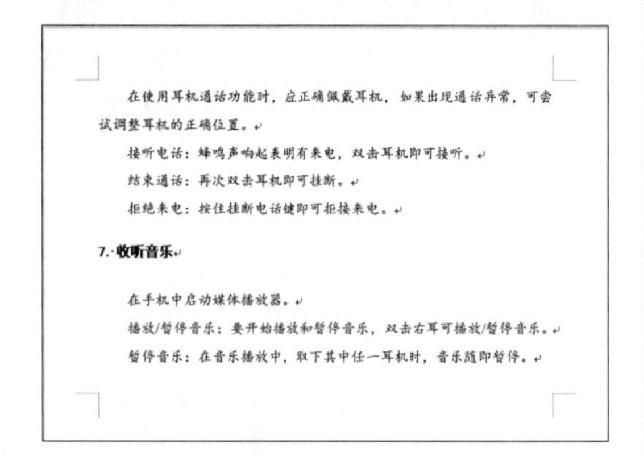

第 4 步 在制作说明书的过程中，如果有需要用户特别注意的内容，可以用特殊的字体或颜色显示，选择第一页的“注意：”文本，将【字体颜色】设置为“红色”，并将其【加粗】显示，如下图所示。

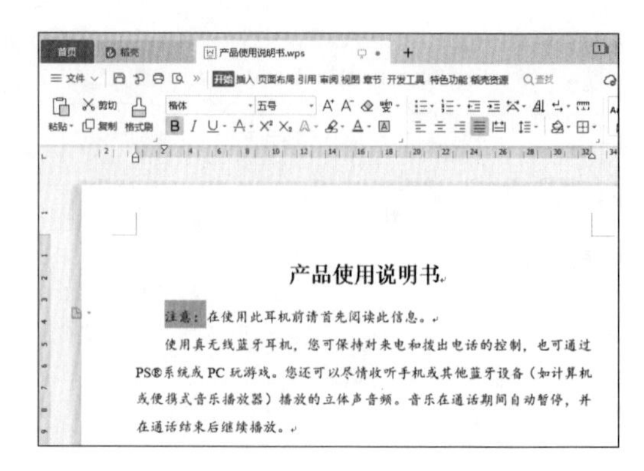

第 5 步 使用同样的方法设置其他文本，如下图所示。

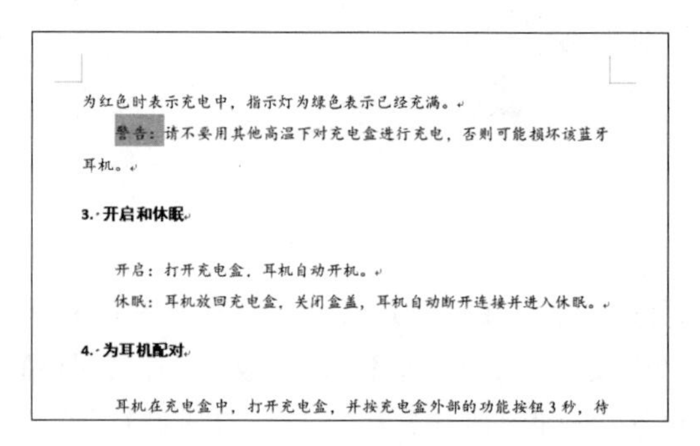

第 6 步 选择最后的 7 段文本，将【字体】设置为“华文中宋”，【字号】设置为“五号”，如下图所示。

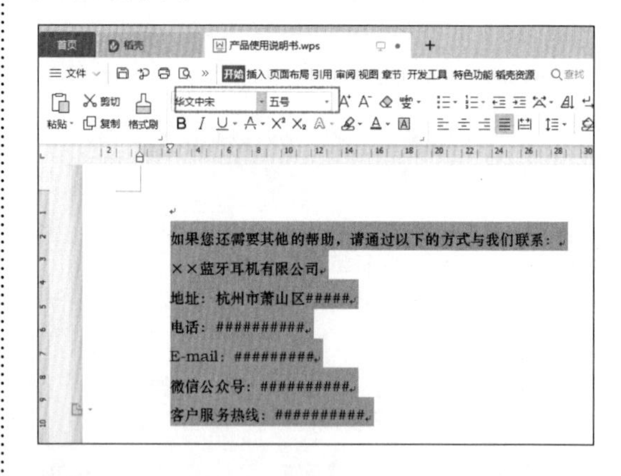

4. 添加项目符号和编号

第 1 步 选择“4. 为耳机配对”标题下的部分内容，单击【开始】选项卡下的【编号】下拉按钮 ，在弹出的下拉列表中选择一种编号样式，如下图所示。

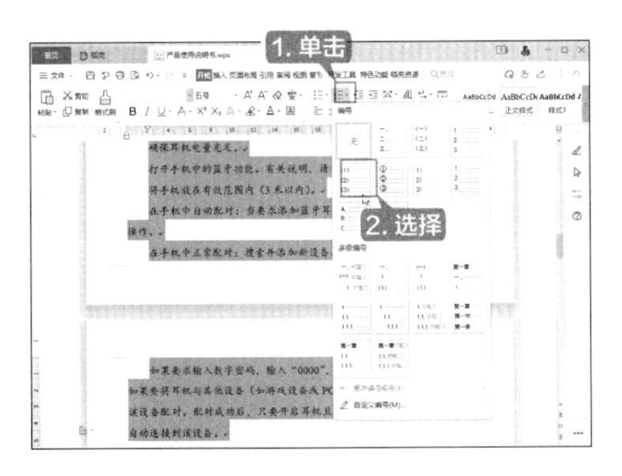

第 2 步 添加编号后，可以根据情况调整段落格式，调整后效果如下图所示。

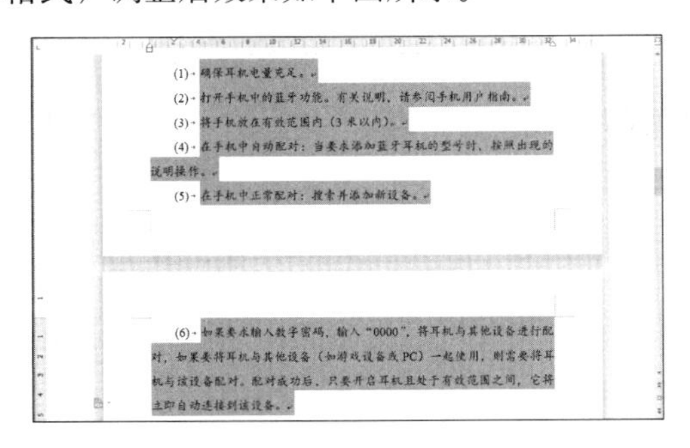

第 3 步 选择“6. 通话”标题下的部分内容，单击【开始】选项卡下的【项目符号】下拉按钮☷▾，在弹出的下拉列表中选择一种项目符号样式，如下图所示。

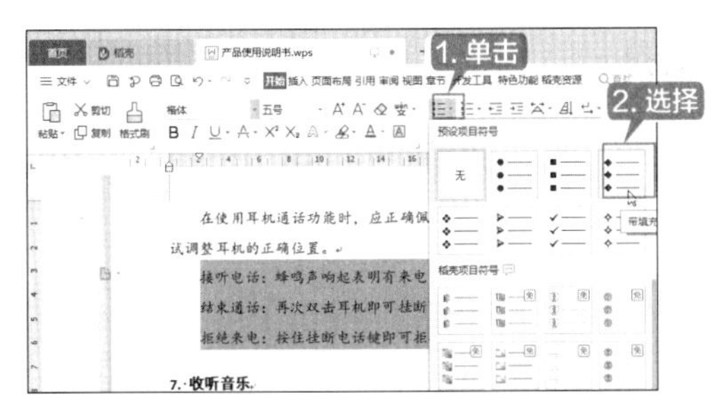

第 4 步 添加项目符号后，可以根据情况调整段落格式，调整后效果如下图所示。

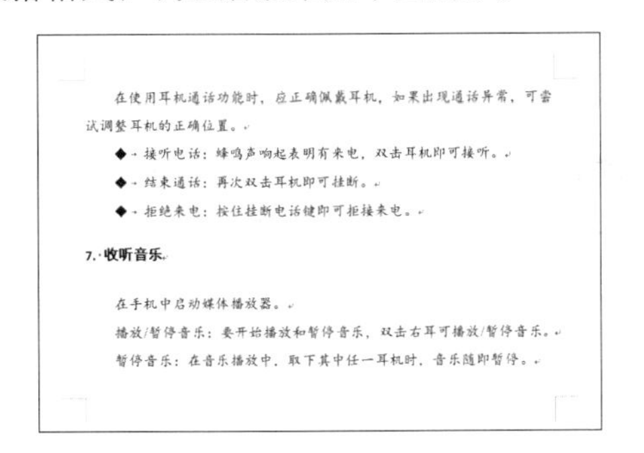

5. 设置图文混排

第 1 步 将光标定位至“二、产品参数”标题下方，然后单击【插入】→【图片】→【本地图片】按钮，将“素材 \ch15\ 图 1.jpg”插入文档中，如下图所示。

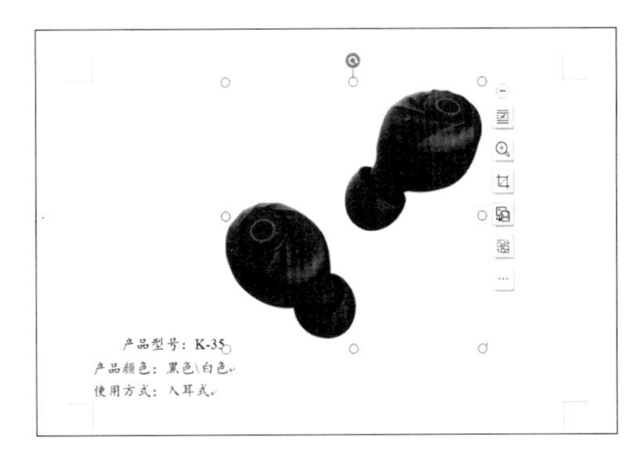

第 2 步 选中插入的图片，单击图片右侧显示的【布局选项】按钮，在弹出的列表中选择【四周型环绕】选项，如下图所示。

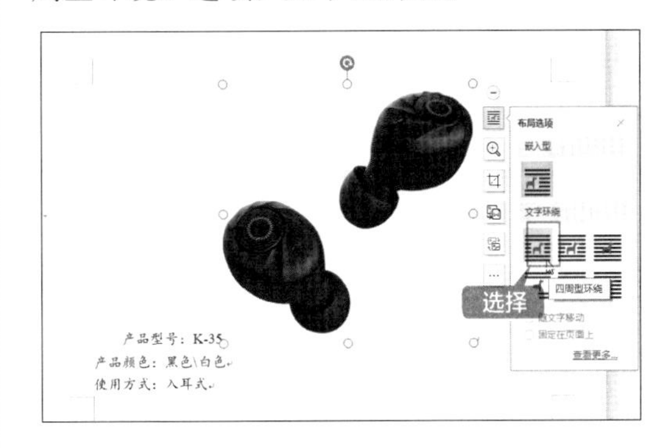

第 3 步 根据需要调整图片的位置和大小，效果如下图所示。

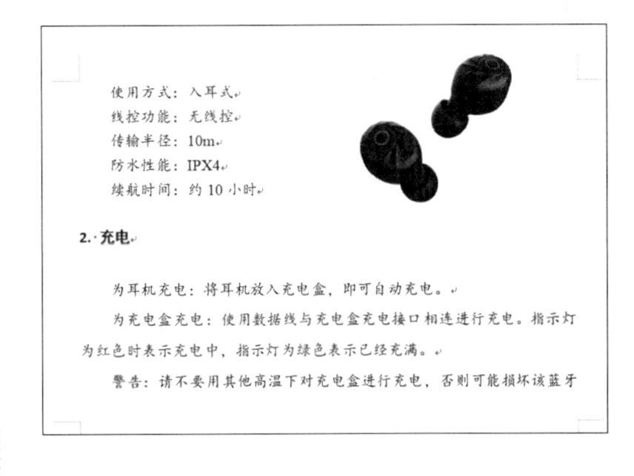

6. 插入页眉和页脚

第 1 步 制作产品使用说明书时，需要让某些特定的内容单独显示一页，这时就需要插入分页符。将光标定位在第 1 页的标题后，按【Ctrl+Enter】组合键，即可看到将标题单独显示在一页的效果，如下图所示。

产品使用说明书

分页符

第 2 步 调整“产品使用说明书”文本的位置，使其位于页面的中间，如下图所示。

产品使用说明书

分页符

第 3 步 使用同样的方法，在其他需要单独显示一页的内容前插入分页符，并根据情况对图文进行调整，如下图所示。

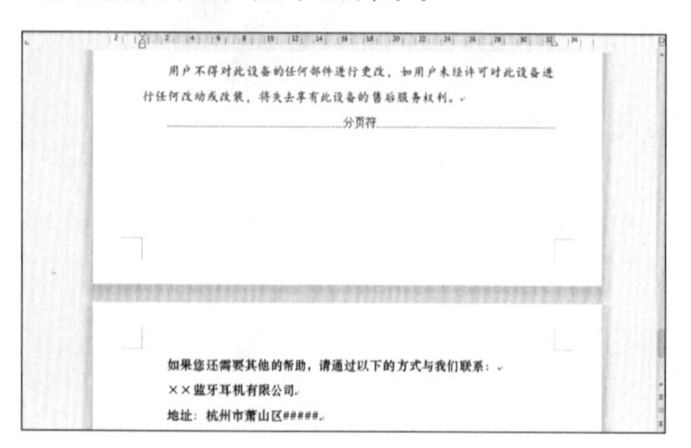

第 4 步 在第 2 页后新建一页空白页，如下图所示。

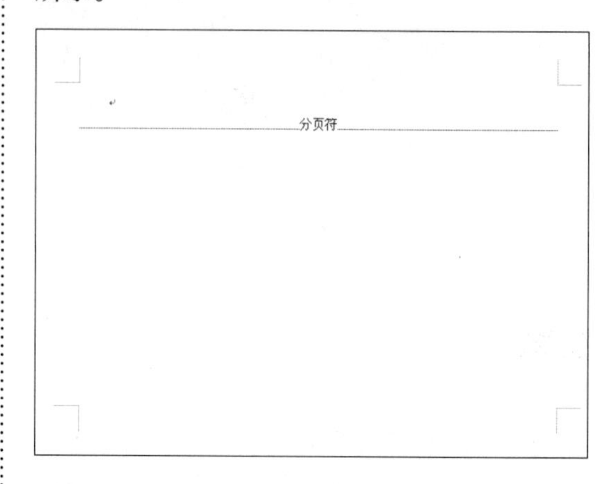

第 5 步 单击【插入】→【页眉页脚】按钮，如下图所示。

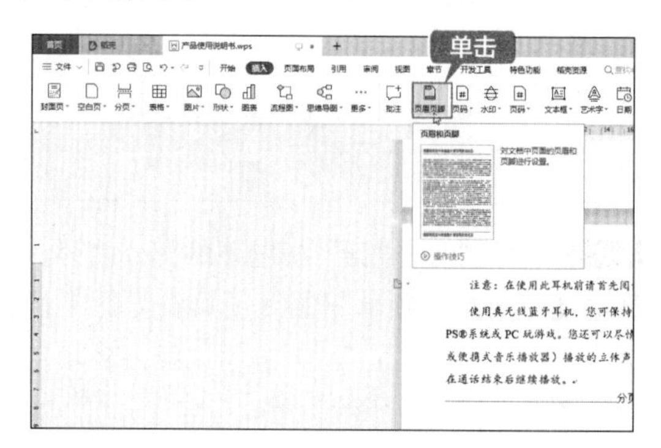

第 6 步 进入页眉页脚编辑状态，在奇偶页的页眉中输入“产品使用说明书”，如下图所示。

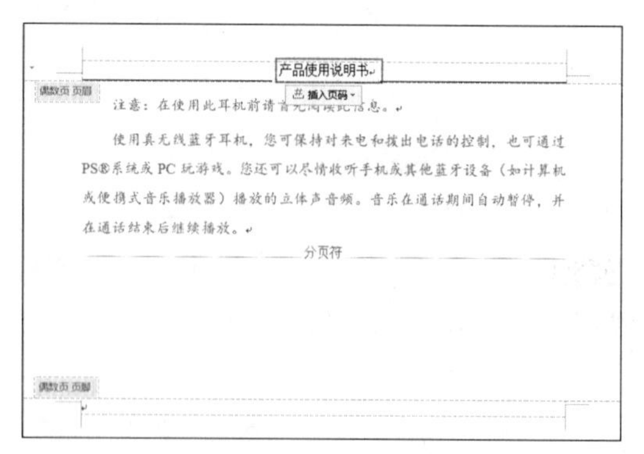

第 7 步 在【页眉页脚】选项卡下，单击【页码】下拉按钮，在弹出的列表中，单击【页脚】区域中的【页脚中间】选项，如下图所示。

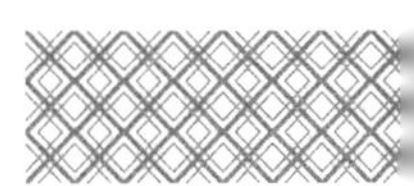

第 8 步 即可插入页码，如下图所示。

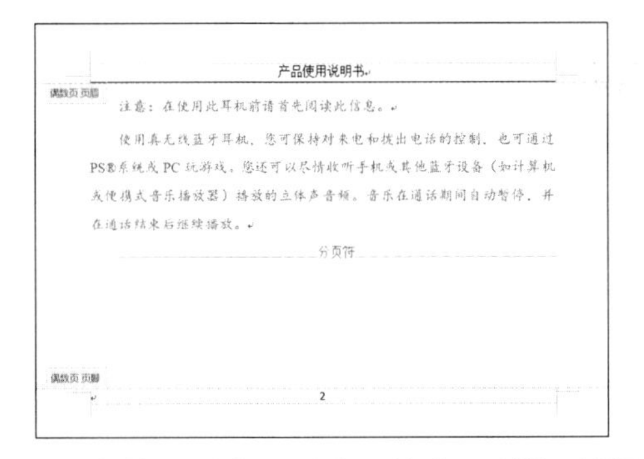

第 9 步 在第 3 页空白页上，单击【删除页码】下拉按钮，在弹出的下拉列表中，选择【本页及之前】选项，如下图所示。

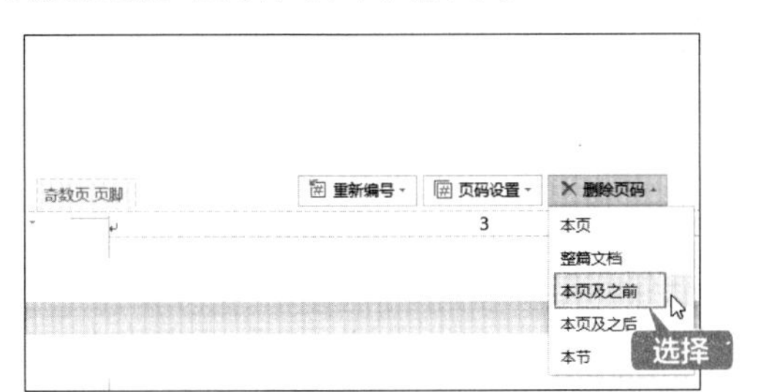

第 10 步 此时，文档的第 3 页及之前的页码都被删除，第 4 页将从“1”开始编码，完成后单击【页眉页脚】→【关闭】按钮，如下图所示。

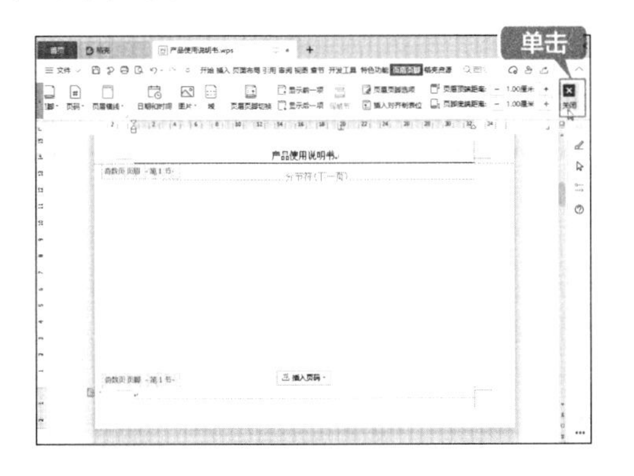

7. 提取目录

第 1 步 将光标定位在第 3 页中，输入“目录”文本，并根据需要设置字体的样式。

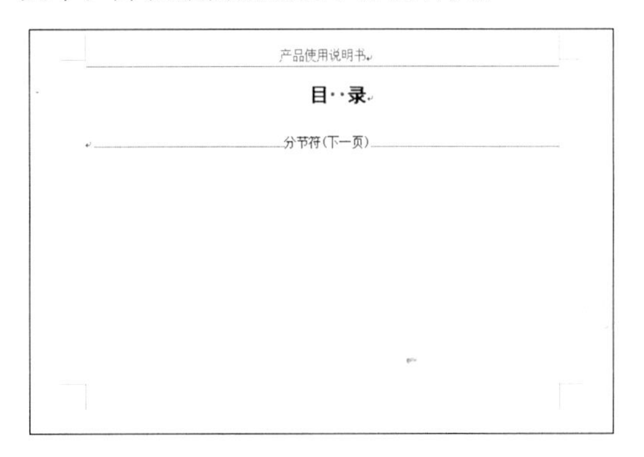

第 2 步 单击【引用】选项卡下【目录】下拉按钮，在弹出的下拉列表中选择【自定义目录】选项，如下图所示。

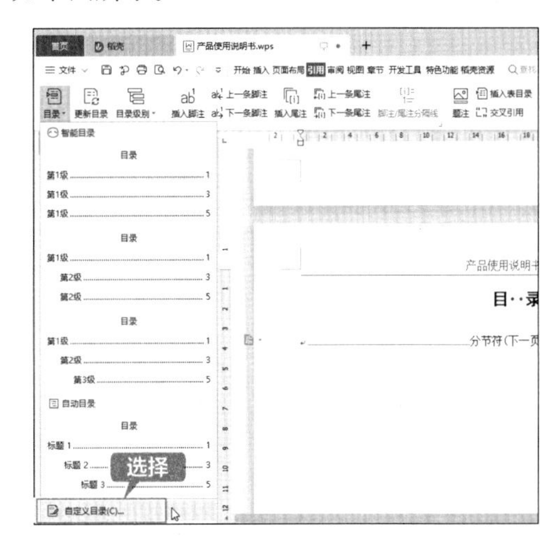

第 3 步 弹出【目录】对话框，设置【显示级别】为“1”，单击【确定】按钮，如下图所示。

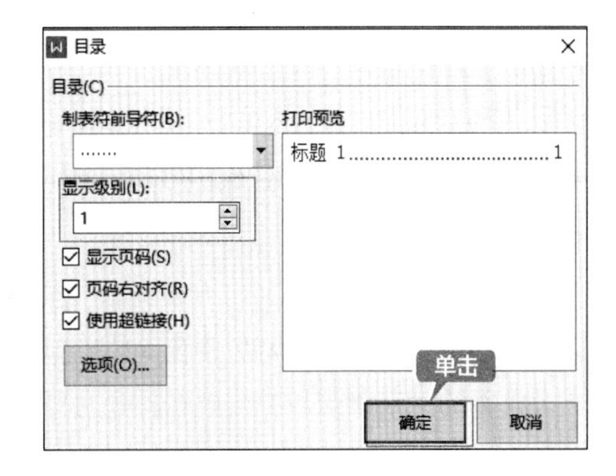

第 4 步 提取目录后的效果如下图所示。

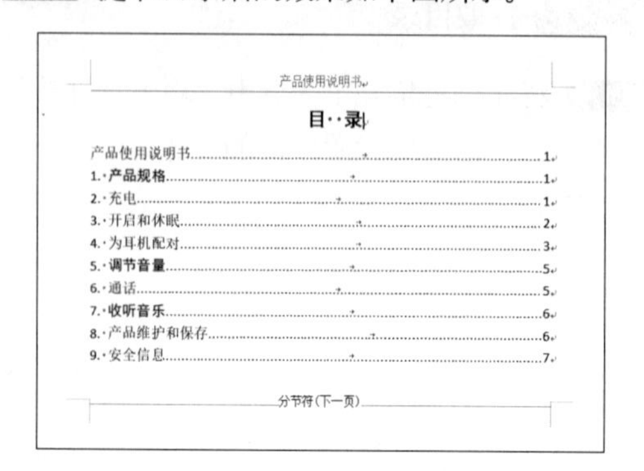

第 5 步 首页中的“产品使用说明书”文本设置了大纲级别，因此在提取目录时会将其以标题的形式提取。如果要取消该文本在目录中的显示，可以选择文本并右击，在弹出的快捷菜单中选择【段落】选项，打开【段落】对话框，在【常规】区域中设置【大纲级别】为“正文文本”，单击【确定】按钮，如下图所示。

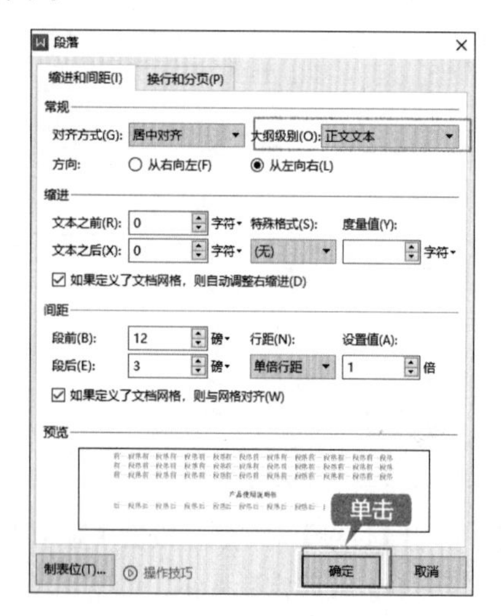

第 6 步 选择目录，按【F9】键，弹出【更新目录】对话框，选中【更新整个目录】单选按钮，单击【确定】按钮，如下图所示。

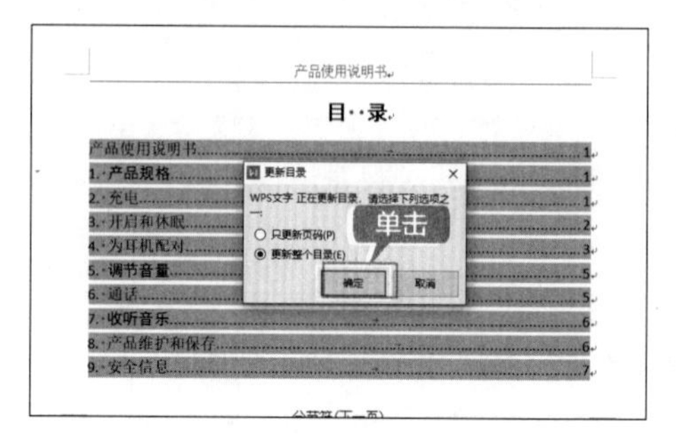

第 7 步 更新目录后的效果如下图所示。

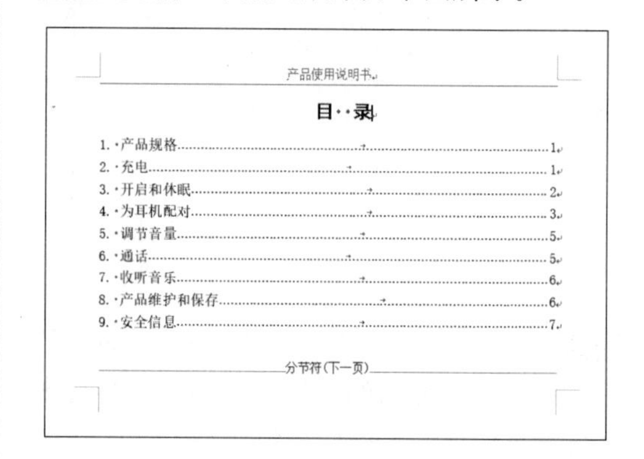

第 8 步 根据需要适当调整文档，保存调整后的文档，最终效果如下图所示。

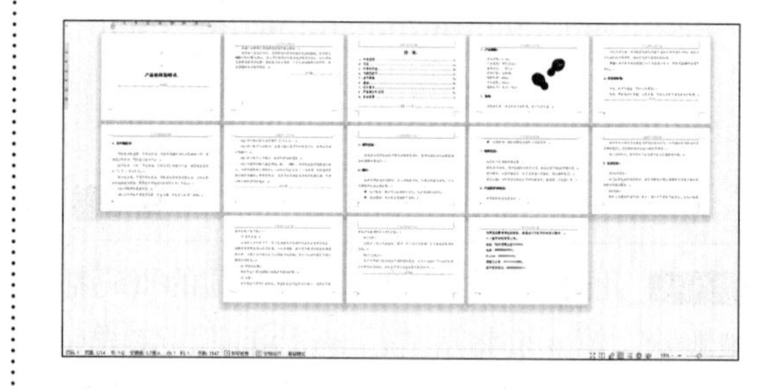

15.3 制作进销存管理表

为了更直观地了解企业进销存信息，制作进销存管理表成为了企业管理中必不可少的工作。对于一些小型企业来说，可以使用 WPS 表格代替专业的进销存软件来制作进销存管理表，从而节约成本。进销存管理表中一般包括上月结存、本月入库、本月出库及本月结存等内容。

1. 建立表格

第 1 步 打开 WPS Office，新建一个空白工作簿，并保存为“进销存管理表 .et”，如下图所示。

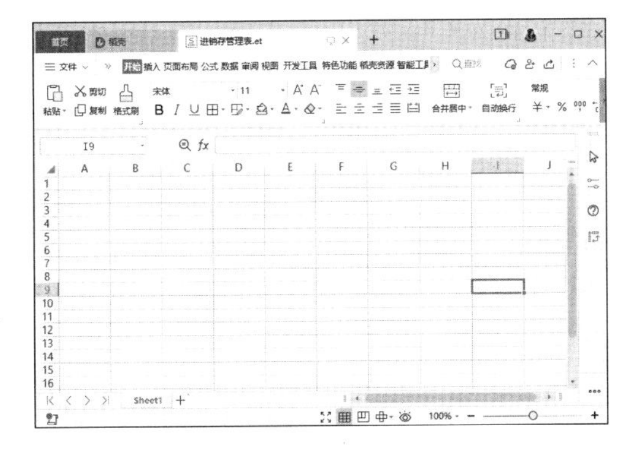

第 2 步 选中 A1 单元格，输入“1 月份进销存管理表”，按【Enter】键完成输入，然后输入表头内容，如下图所示。

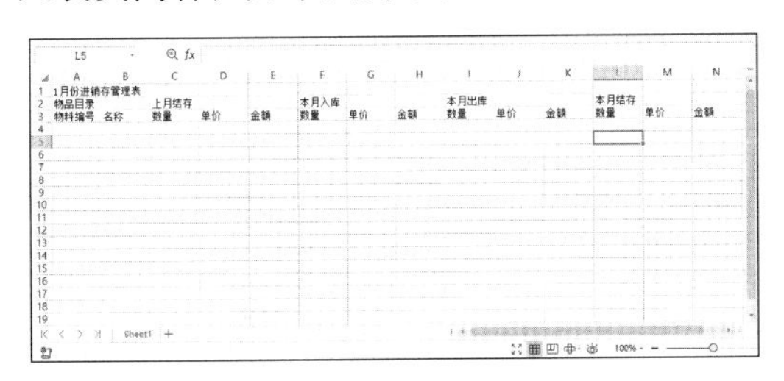

第 3 步 单击工作表标签右侧的【新建工作表】按钮 +，新建一个空白工作表，并将其重命名为“数据源”，然后在该表中输入如下图所示的内容。

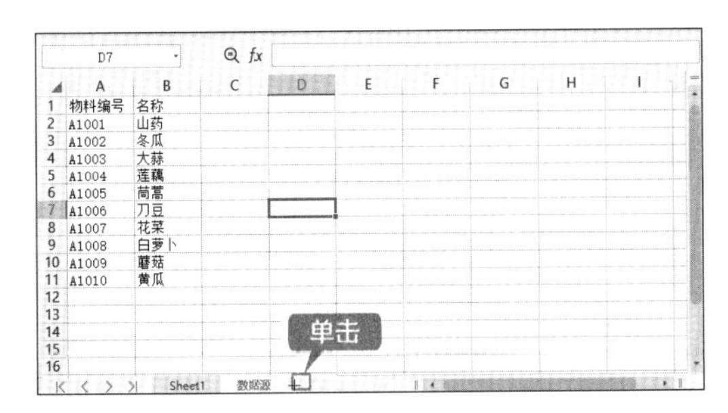

第 4 步 定义名称。在“数据源”工作表中，选中 A2:A11 单元格区域，然后选择【公式】→【指定】选项，即可打开【指定名称】对话框，在对话框中勾选【首行】复选框，单击【确定】按钮，如下图所示。

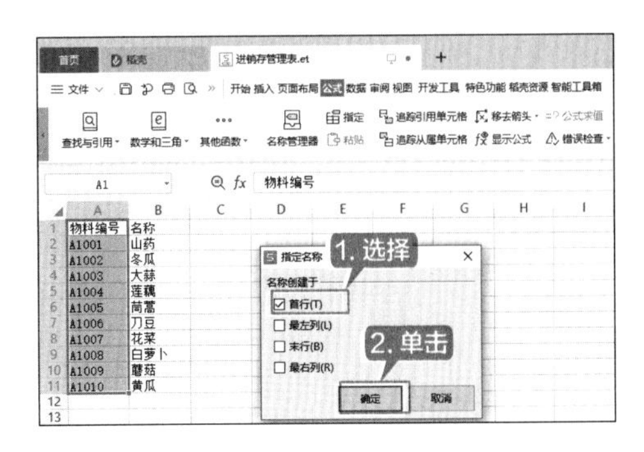

第 5 步 即可将选中单元格的名称定义为“物料编号”。使用同样的方法将 B2:B11 单元格区域指定名称，可以单击【公式】→【名称管理器】按钮，在打开的【名称管理器】对话框中查看自定义的名称，如下图所示。

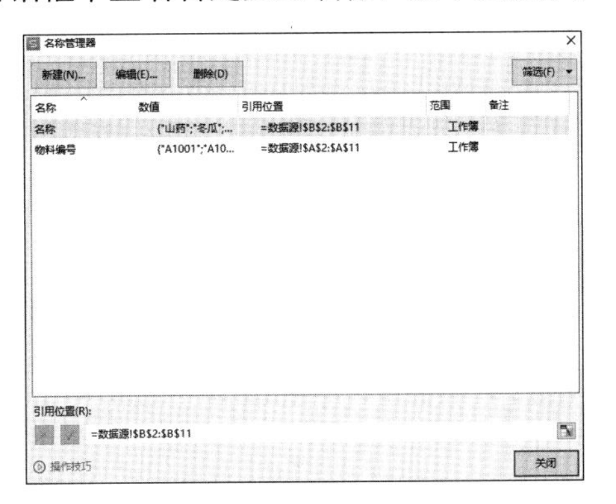

第 6 步 选择“Sheet1”工作表，选中 A4:A13 单元格区域，单击【数据】→【有效性】下拉按钮，在弹出的列表中选择【有效性】选项，即可打开【数据有效性】对话框，选择【设置】选项卡，在【允许】下拉列表中选择【序列】选项，在【来源】文本框中输入“= 物料编号”，单击【确定】按钮，如下图所示。

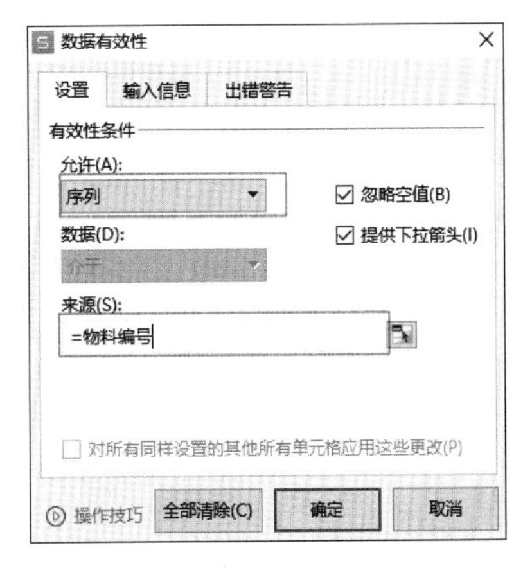

第 7 步 即可为选中的单元格区域设置下拉列表，如下图所示。

A4

	A	B	C	D	E	F
1	1月份进销存管理表					
2	物品目录		上月结存			本月入库
3	物料编号	名称	数量	单价	金额	数量
4						

A1001
A1002
A1003
A1004
A1005
A1006
A1007
A1008
A1009

第 8 步 在 A4 单元格中选择物料编号，然后选中 B4 单元格，输入公式“=IF(A4="","",VLOOKUP(A4,数据源!$A$1:$B$11,2,))”，按【Enter】键确认，即可查找与 A4 单元格对应的名称，如下图所示。

B4　=IF(A4="","",VLOOKUP(A4,数据源!$A$1:$B$11,2,))

	A	B	C	D	E	F	G	H	I
1	1月份进销存管理表								
2	物品目录		上月结存			本月入库			本月出库
3	物料编号	名称	数量	单价	金额	数量	单价	金额	数量
4	A1001	山药							

2. 使用公式

第 1 步 在 A5:A13 单元格区域中选择物料编号，然后将 B4 单元格中的公式填充至 B5:B13 单元格区域，如下图所示。

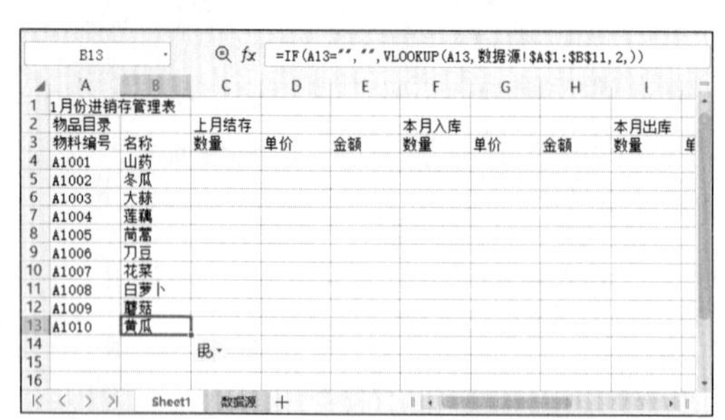

B13　=IF(A13="","",VLOOKUP(A13,数据源!$A$1:$B$11,2,))

	A	B	C	D	E	F	G	H	I
1	1月份进销存管理表								
2	物品目录		上月结存			本月入库			本月出库
3	物料编号	名称	数量	单价	金额	数量	单价	金额	数量
4	A1001	山药							
5	A1002	冬瓜							
6	A1003	大蒜							
7	A1004	莲藕							
8	A1005	茼蒿							
9	A1006	刀豆							
10	A1007	花菜							
11	A1008	白萝卜							
12	A1009	蘑菇							
13	A1010	黄瓜							

第 2 步 分别输入上月结存、本月入库、本月出库中的“数量”“单价”数据，如下图所示。

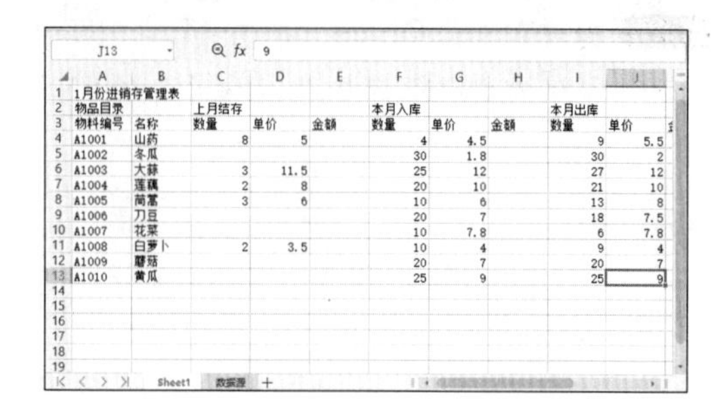

J13　9

	A	B	C	D	E	F	G	H	I	J
1	1月份进销存管理表									
2	物品目录		上月结存			本月入库			本月出库	
3	物料编号	名称	数量	单价	金额	数量	单价	金额	数量	单价
4	A1001	山药	8	5		4	4.5		9	5.5
5	A1002	冬瓜				30	1.8		30	2
6	A1003	大蒜	3	11.5		25	12		27	12
7	A1004	莲藕	2	8		20	10		21	10
8	A1005	茼蒿	3	6		10	6		13	8
9	A1006	刀豆				20	7		18	7.5
10	A1007	花菜				10	7.8		6	7.8
11	A1008	白萝卜	2	3.5		10	4		9	4
12	A1009	蘑菇				20	7		20	7
13	A1010	黄瓜				25	9		25	9

第 3 步 选中 E4 单元格，输入公式“=C4*D4”，按【Enter】键确认，即可计算出上月结存的金额，如下图所示。

E4　=C4*D4

	A	B	C	D	E	F
1	1月份进销存管理表					
2	物品目录		上月结存			本月入库
3	物料编号	名称	数量	单价	金额	数量
4	A1001	山药	8	5	40	4
5	A1002	冬瓜				30
6	A1003	大蒜	3	11.5		25
7	A1004	莲藕	2	8		20
8	A1005	茼蒿	3	6		10
9	A1006	刀豆				20
10	A1007	花菜				10

第 4 步 利用自动填充功能，完成其他单元格数据的计算，如下图所示。

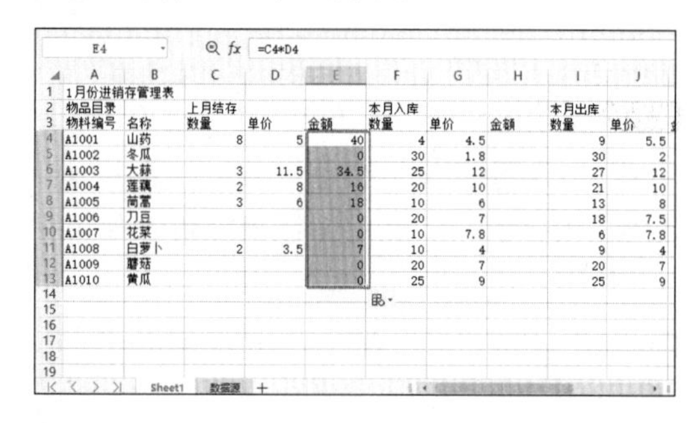

E4　=C4*D4

	A	B	C	D	E	F	G	H	I	J
1	1月份进销存管理表									
2	物品目录		上月结存			本月入库			本月出库	
3	物料编号	名称	数量	单价	金额	数量	单价	金额	数量	单价
4	A1001	山药	8	5	40	4	4.5		9	5.5
5	A1002	冬瓜			0	30	1.8		30	2
6	A1003	大蒜	3	11.5	34.5	25	12		27	12
7	A1004	莲藕	2	8	16	20	10		21	10
8	A1005	茼蒿	3	6	18	10	6		13	8
9	A1006	刀豆			0	20	7		18	7.5
10	A1007	花菜			0	10	7.8		6	7.8
11	A1008	白萝卜	2	3.5	7	10	4		9	4
12	A1009	蘑菇			0	20	7		20	7
13	A1010	黄瓜			0	25	9		25	9

第 5 步 使用同样的方法计算本月入库和本月出库的金额，如下图所示。

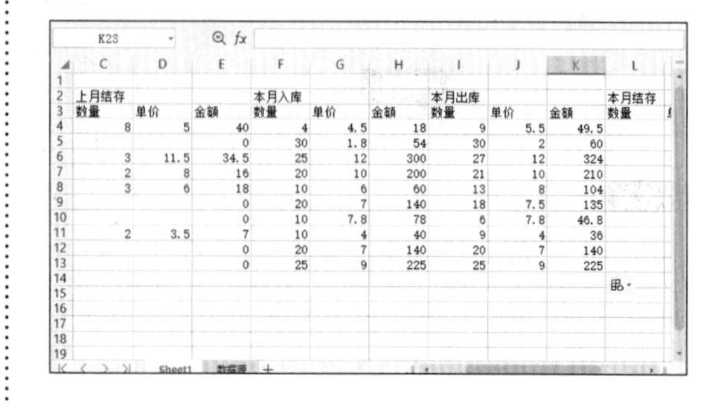

K23

	C	D	E	F	G	H	I	J	K	L
1										
2	上月结存			本月入库			本月出库			本月结存
3	数量	单价	金额	数量	单价	金额	数量	单价	金额	数量
4	8	5	40	4	4.5	18	9	5.5	49.5	
5			0	30	1.8	54	30	2	60	
6	3	11.5	34.5	25	12	300	27	12	324	
7	2	8	16	20	10	200	21	10	210	
8	3	6	18	10	6	60	13	8	104	
9			0	20	7	140	18	7.5	135	
10			0	10	7.8	78	6	7.8	46.8	
11	2	3.5	7	10	4	40	9	4	36	
12			0	20	7	140	20	7	140	
13			0	25	9	225	25	9	225	

第 6 步 选中 L4 单元格，输入公式“=C4+F4−I4”，按【Enter】键确认，即可计算出本月结存的数量，然后利用自动填充功能，计算出其他单元格中的数量，如下图所示。

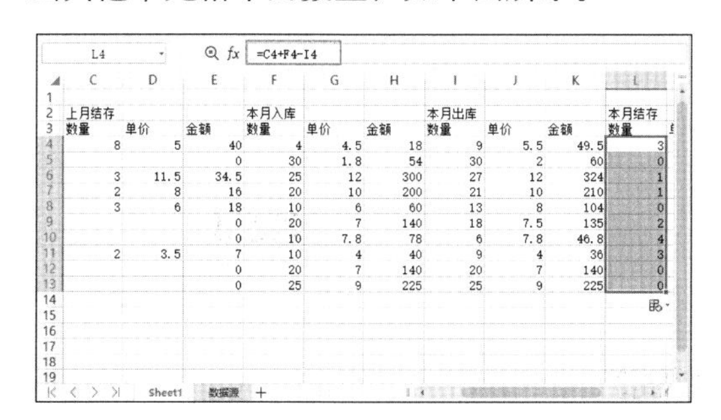

第 7 步 选中 N4 单元格，输入公式“=E4+H4−K4”，按【Enter】键确认，即可计算出本月结存的金额，然后利用自动填充功能，计算出其他单元格中的金额，如下图所示。

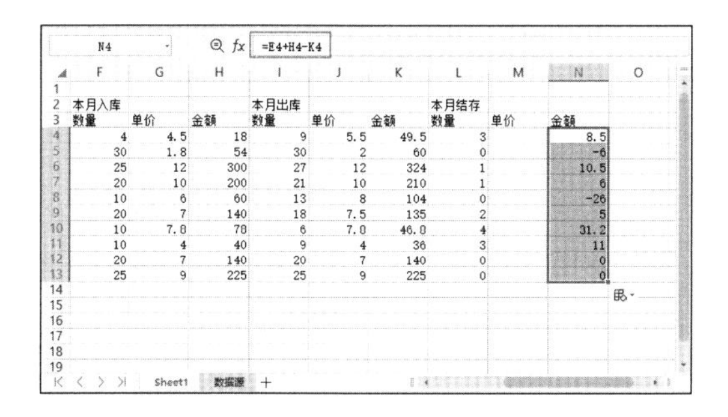

第 8 步 选中 M4 单元格，输入公式“=IFERROR(N4/L4,"")”，按【Enter】键确认，即可计算出本月结存中的单价，利用自动填充功能，计算出其他单元格中的单价。将 M4:M13 单元格区域的单元格格式设置为“数值”，小数位数为“2”，如下图所示。

3. 设置单元格格式

第 1 步 选中 A1 单元格，设置【字体】为“华文中宋”，【字号】为“20”，在【字体颜色】下拉列表中选择一种字体颜色，单击【加粗】按钮，如下图所示。

第 2 步 分别将 A1:N1、A2:B2、C2:E2、F2:H2、I2:K2 和 L2:N2 单元格区域设置为“合并居中”，效果如下图所示。

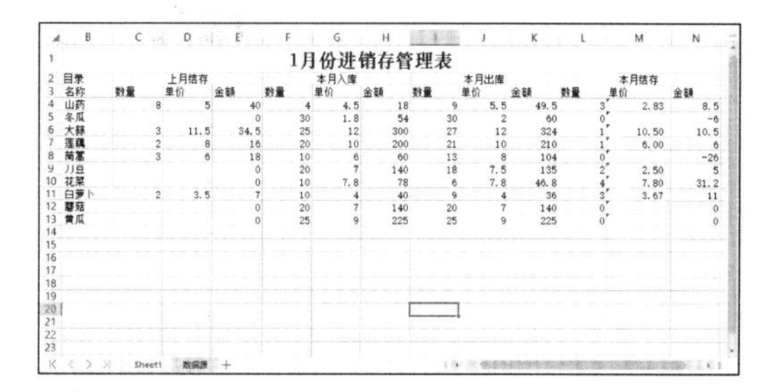

第 3 步 选中 A2:N2 单元格区域，设置【字体】为“宋体”，【字号】为“12”，单击【加粗】按钮，如下图所示。

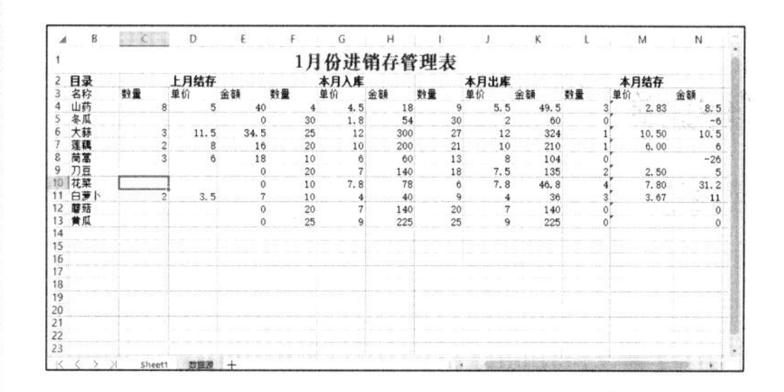

第 4 步 选中 A3:N13 单元格区域，设置为“居中对齐”，即可将选中的内容设置为居中对齐显示。根据表格数据情况调整行高和列宽，效果如下图所示。

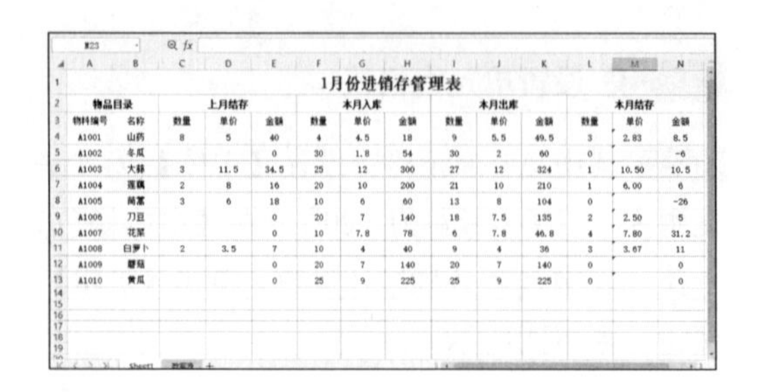

4. 套用表格样式

第 1 步 选中 A2:N13 单元格区域，单击【开始】→【表格样式】按钮，在弹出的下拉列表中选择一种表格样式，如下图所示。

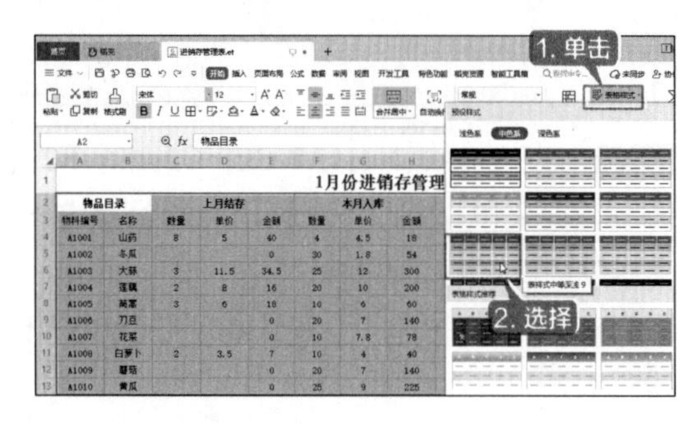

第 2 步 弹出【套用表格样式】对话框，单击【确定】按钮，如下图所示。

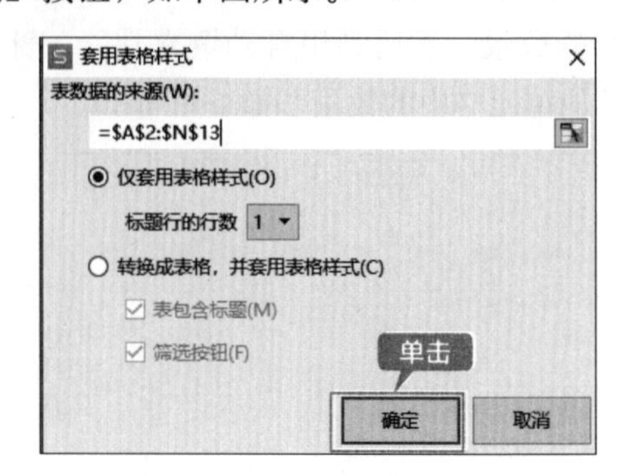

第 3 步 即可套用选择的表格样式，效果如下图所示。至此，“进销存管理表”工作簿制作完毕，按【Ctrl+S】组合键保存即可。

15.4 制作年度产品销售统计分析图表

数据透视表是一种快捷、强大的数据分析工具，它允许用户通过简单、直接的操作分析数据库和表格中的数据。本节将介绍使用数据透视表分析年度产品销售数据的方法。

1. 创建数据透视表

第 1 步 打开“素材 \ch15\ 年度产品销售统计分析图表 .xlsx”工作簿，选择数据区域的任意一个单元格，单击【插入】选项卡下的【数据透视表】按钮，如下图所示。

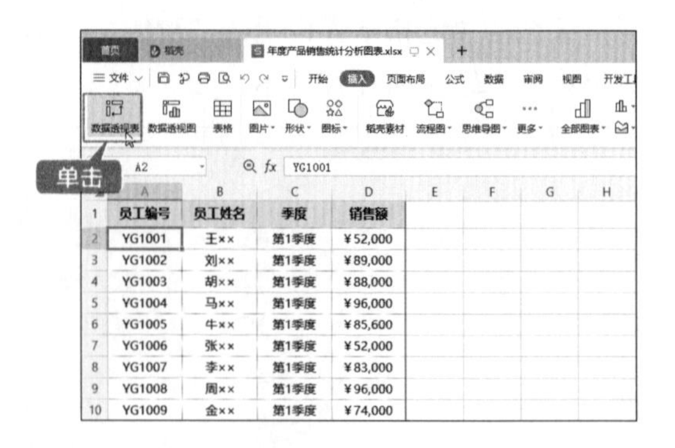

第 2 步 弹出【创建数据透视表】对话框，在【请选择要分析的数据】区域中选中【请选择单元格区域】单选按钮，选择 A1:D41 单元格

区域，在【请选择放置数据透视表的位置】区域中选中【现有工作表】单选按钮，并选择要放置数据透视表的位置为 F3 单元格，单击【确定】按钮，如下图所示。

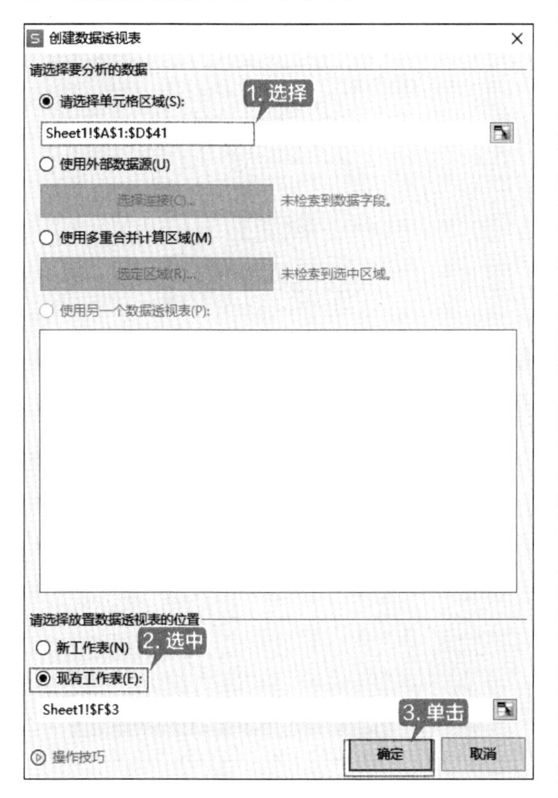

第 3 步 弹出数据透视表的编辑界面，工作表中会出现数据透视表，在其右侧是【数据透视表】窗格，如下图所示。

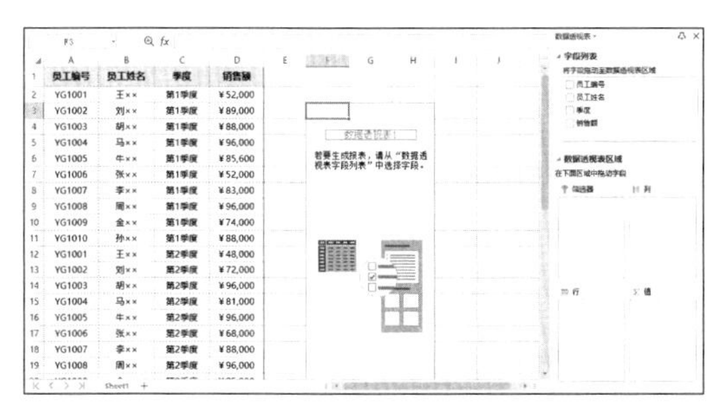

第 4 步 在【数据透视表】窗格中将“员工编号”拖曳至【筛选器】列表中，将“季度”拖曳至【列】列表中，将“员工姓名”拖曳至【行】列表中，将“销售额”拖曳至【值】列表中，如下图所示。

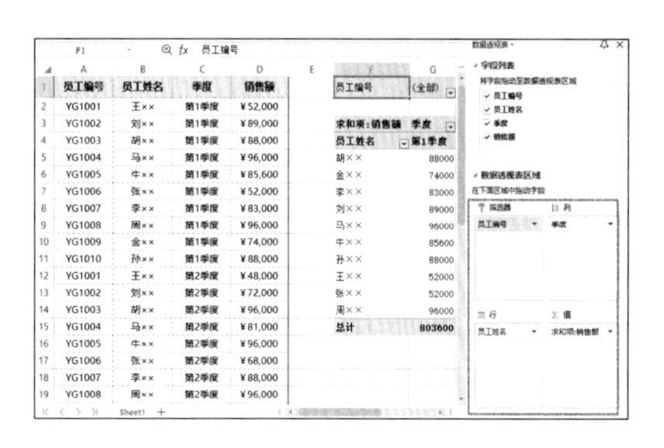

第 5 步 此时，即可看到创建的数据透视表，如下图所示。

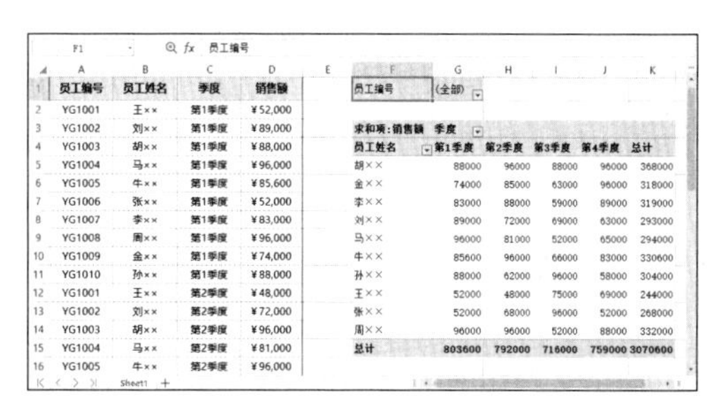

第 6 步 单击【季度】后的下拉按钮，在弹出的下拉列表中仅勾选“第 1 季度”和“第 2 季度”两个复选框，单击【确定】按钮，如下图所示。

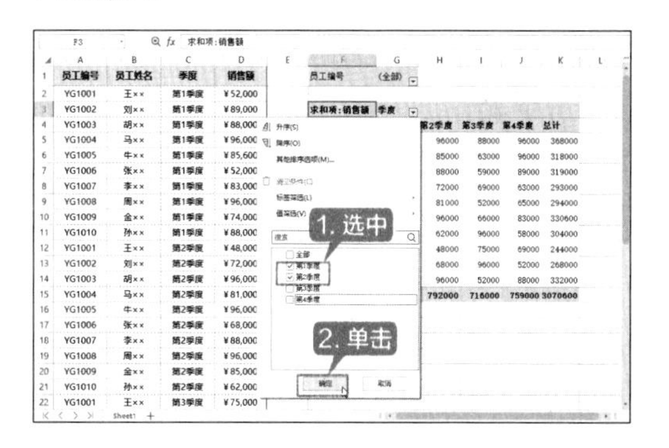

第 7 步 即可看到数据透视表中仅显示上半年每位员工的销售情况，如下图所示。

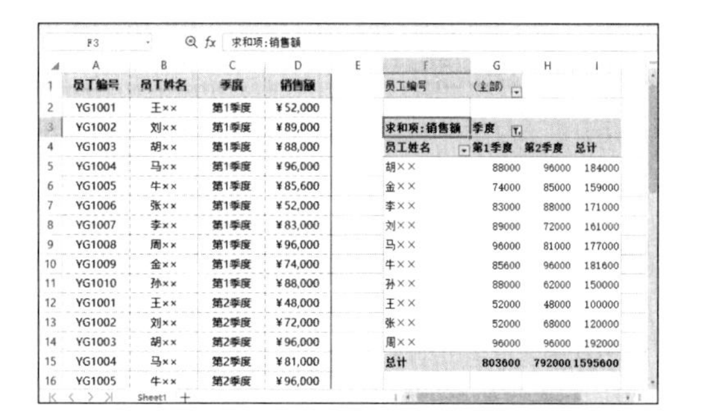

第 8 步 单击【员工编号】后的下拉按钮，在弹出的下拉列表中勾选【选择多项】复选框，然后勾选要查看的员工编号前的复选框，单击【确定】按钮，如下图所示。

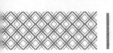

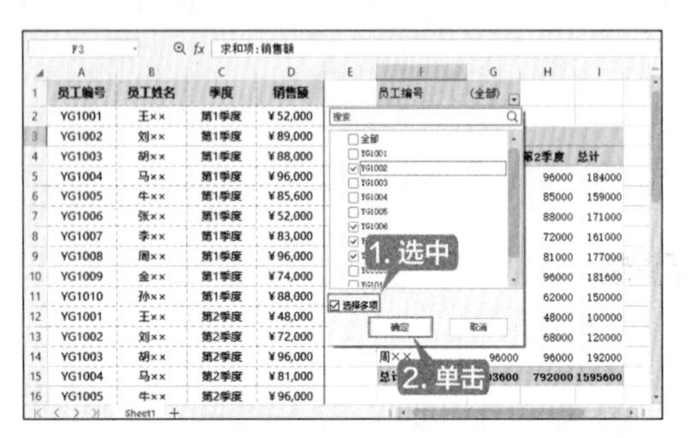

第 9 步 即可筛选出所选员工上半年的销售情况，如下图所示。

	A	B	C	D	E	F	G	H	I
1	员工编号	员工姓名	季度	销售额		员工编号	(多项)		
2	YG1001	王××	第1季度	¥52,000					
3	YG1002	刘××	第1季度	¥89,000		求和项:销售额	季度		
4	YG1003	胡××	第1季度	¥88,000		员工姓名	第1季度	第2季度	总计
5	YG1004	马××	第1季度	¥96,000		李××	83000	88000	171000
6	YG1005	牛××	第1季度	¥85,600		刘××	89000	72000	161000
7	YG1006	张××	第1季度	¥52,000		张××	52000	68000	120000
8	YG1007	李××	第1季度	¥83,000		周××	96000	96000	192000
9	YG1008	周××	第1季度	¥96,000		总计	320000	324000	644000
10	YG1009	金××	第1季度	¥74,000					
11	YG1010	孙××	第1季度	¥88,000					
12	YG1001	王××	第2季度	¥48,000					
13	YG1002	刘××	第2季度	¥72,000					
14	YG1003	胡××	第2季度	¥96,000					

第 10 步 如果要显示所有的数据，只需再次执行同样的操作，勾选【全部】复选框即可，如下图所示。

	F	G	H	I	J	K
1	员工编号	(全部)				
2						
3	求和项:销售额	季度				
4	员工姓名	第1季度	第2季度	第3季度	第4季度	总计
5	胡××	88000	96000	88000	96000	368000
6	金××	74000	85000	63000	96000	318000
7	李××	83000	88000	59000	89000	319000
8	刘××	89000	72000	69000	63000	293000
9	马××	96000	81000	52000	65000	294000
10	牛××	85600	96000	66000	83000	330600
11	孙××	88000	62000	96000	58000	304000
12	王××	52000	48000	75000	69000	244000
13	张××	52000	68000	96000	52000	268000
14	周××	96000	96000	52000	88000	332000
15	总计	803600	792000	716000	759000	3070600

2. 更改数据透视表样式

第 1 步 选择数据透视表内任意一个单元格，单击【设计】选项卡下的【其他】按钮，在弹出的下拉列表中选择一种样式，如下图所示。

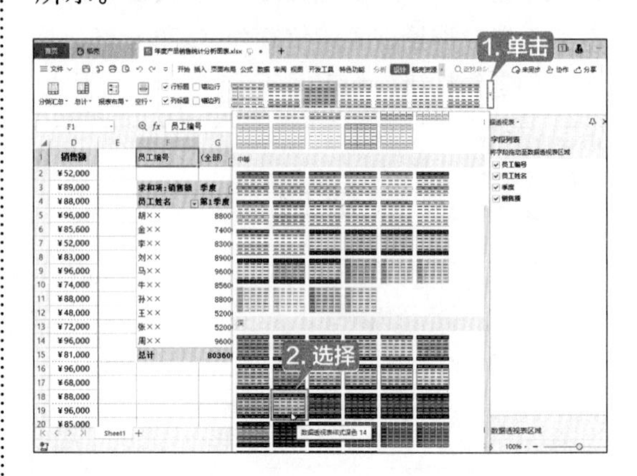

第 2 步 即可将选择的数据透视表样式应用到数据透视表中，如下图所示。

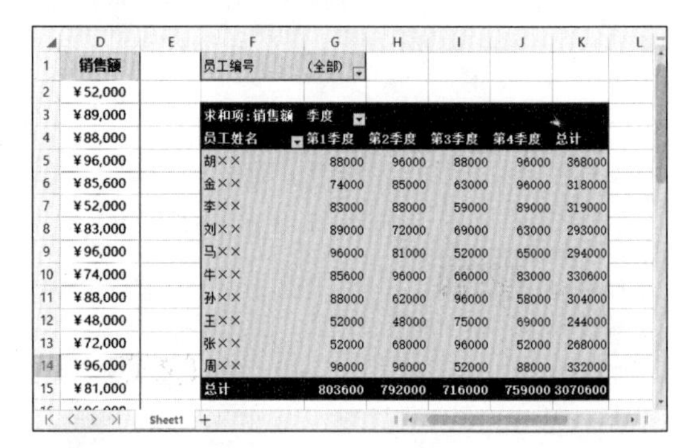

	D	E	F	G	H	I	J	K
1	销售额		员工编号	(全部)				
2	¥52,000							
3	¥89,000		求和项:销售额	季度				
4	¥88,000		员工姓名	第1季度	第2季度	第3季度	第4季度	总计
5	¥96,000		胡××	88000	96000	88000	96000	368000
6	¥85,600		金××	74000	85000	63000	96000	318000
7	¥52,000		李××	83000	88000	59000	89000	319000
8	¥83,000		刘××	89000	72000	69000	63000	293000
9	¥96,000		马××	96000	81000	52000	65000	294000
10	¥74,000		牛××	85600	96000	66000	83000	330600
11	¥88,000		孙××	88000	62000	96000	58000	304000
12	¥48,000		王××	52000	48000	75000	69000	244000
13	¥72,000		张××	52000	68000	96000	52000	268000
14	¥96,000		周××	96000	96000	52000	88000	332000
15	¥81,000		总计	803600	792000	716000	759000	3070600

第 3 步 单击【分析】→【字段设置】按钮，弹出【值字段设置】对话框，在【值字段汇总方式】列表框中选择【最大值】类型，单击【确定】按钮，如下图所示。

第 4 步 即可在【总计】行和列中分别显示季

度或员工销售业绩的最大值，如下图所示。

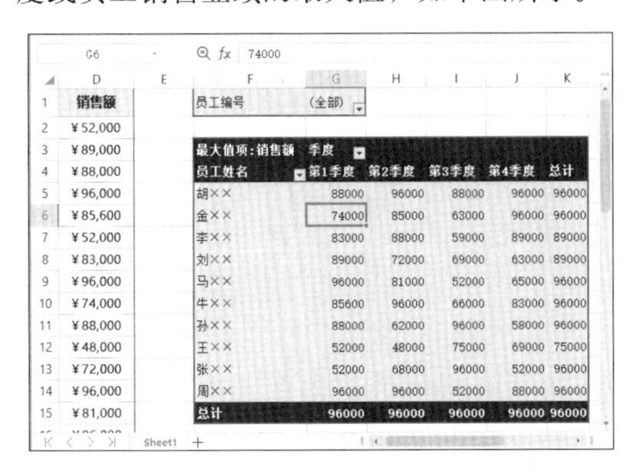

最大值项:销售额	季度				
员工姓名	第1季度	第2季度	第3季度	第4季度	总计
胡××	88000	96000	88000	96000	96000
金××	74000	85000	63000	96000	96000
李××	83000	88000	59000	89000	89000
刘××	89000	72000	69000	63000	89000
马××	96000	81000	52000	65000	96000
牛××	85600	96000	66000	83000	96000
孙××	88000	62000	96000	58000	96000
王××	52000	48000	75000	69000	75000
张××	52000	68000	96000	52000	96000
周××	96000	96000	52000	88000	96000
总计	96000	96000	96000	96000	96000

3. 创建数据透视图

第 1 步 选择数据透视表中的任意一个单元格，单击【插入】选项卡下的【数据透视图】按钮，如下图所示。

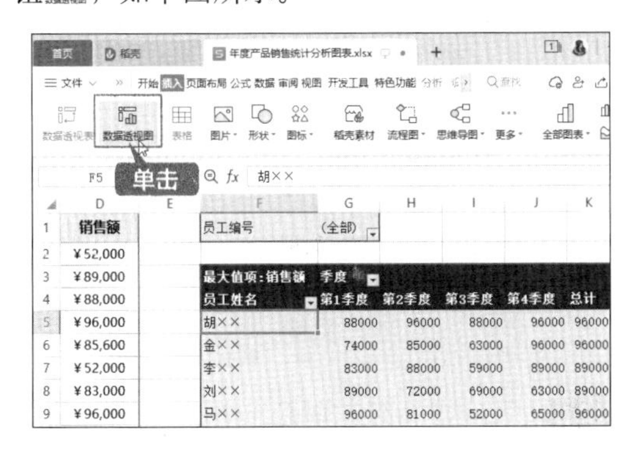

第 2 步 弹出【插入图表】对话框，选择【柱形图】下的【簇状柱形图】选项，单击【插入】按钮，如下图所示。

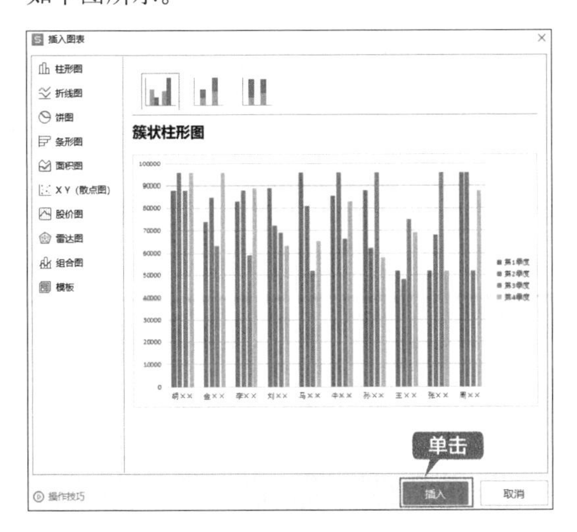

第 3 步 即可根据数据透视表创建数据透视图，根据情况调整数据透视图的大小及位置，如下图所示。

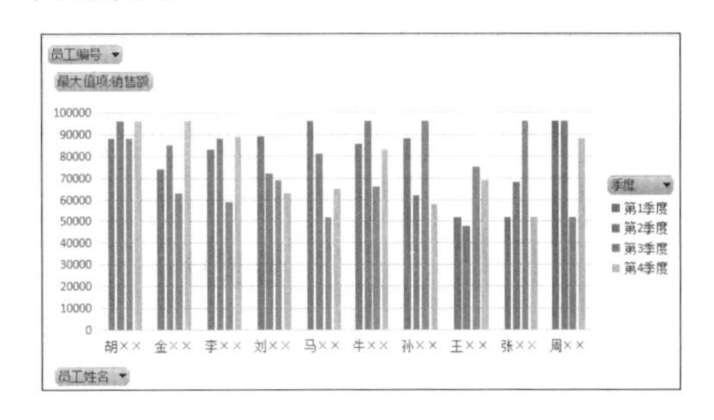

第 4 步 在【数据透视图】窗格中单击【最大值项：销售额】后的下拉按钮，在弹出的列表中选择【值字段设置】选项，如下图所示。

第 5 步 弹出【值字段设置】对话框，更改【值字段汇总方式】为“求和”，单击【确定】按钮，如下图所示。

第 6 步 插入数据透视图之后，还可以进行数

据的筛选。单击数据透视图中【员工姓名】后的下拉按钮，在弹出的列表中选择【值筛选】→【大于】命令，如下图所示。

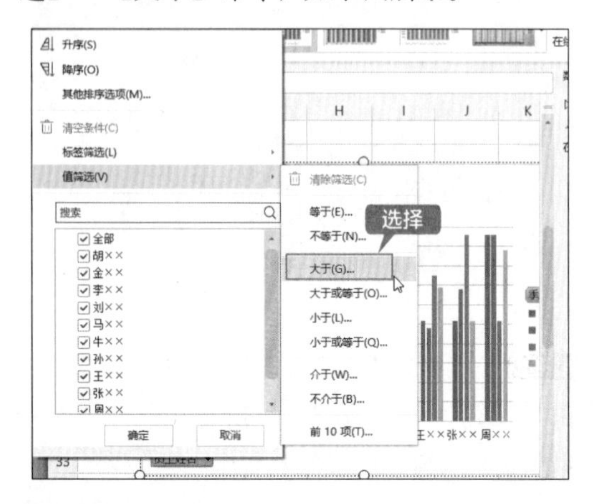

第 7 步 弹出【值筛选（员工姓名）】对话框，设置值为“300000”，单击【确定】按钮，如下图所示。

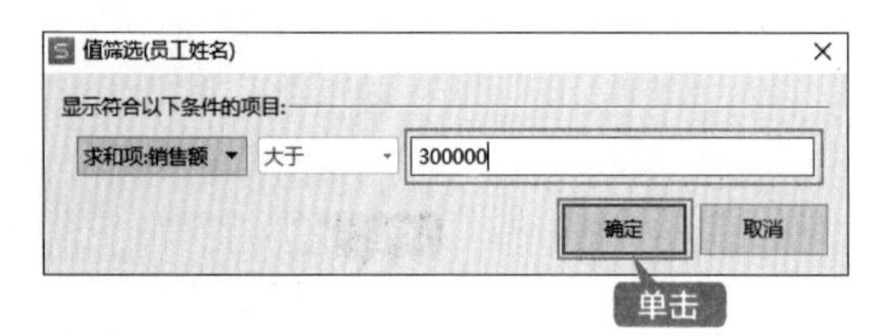

第 8 步 即可筛选出年销售额大于 300000 的员工的各季度销售额，如下图所示。

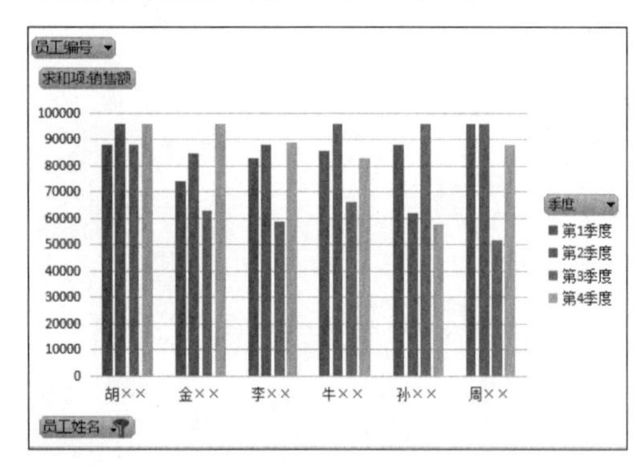

第 9 步 单击数据透视图中【员工姓名】后的下拉按钮，在弹出的列表中选择【值筛选】→【清除筛选】命令，即可显示所有数据，如下图所示。

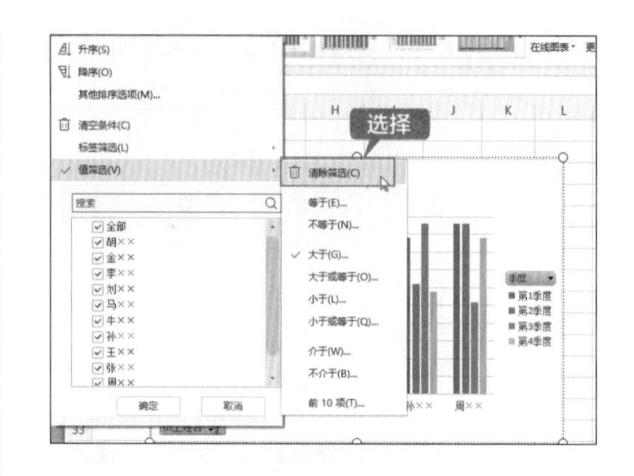

4. 美化数据透视图

第 1 步 选择插入的数据透视图，单击【图表工具】→【更改颜色】按钮，在弹出的下拉列表中选择一种颜色，如下图所示。

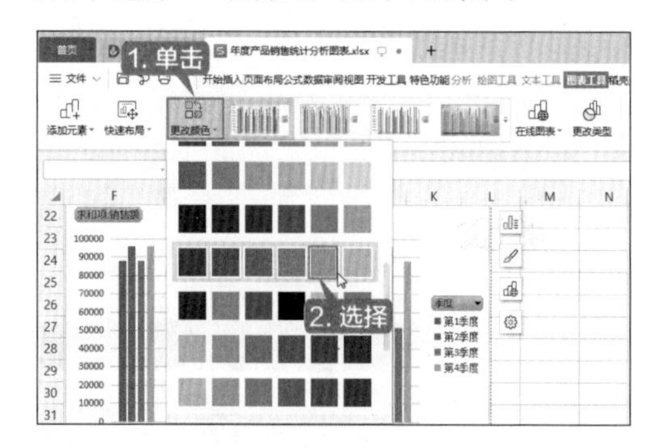

第 2 步 即可将选择的颜色应用到数据透视图中，如下图所示。

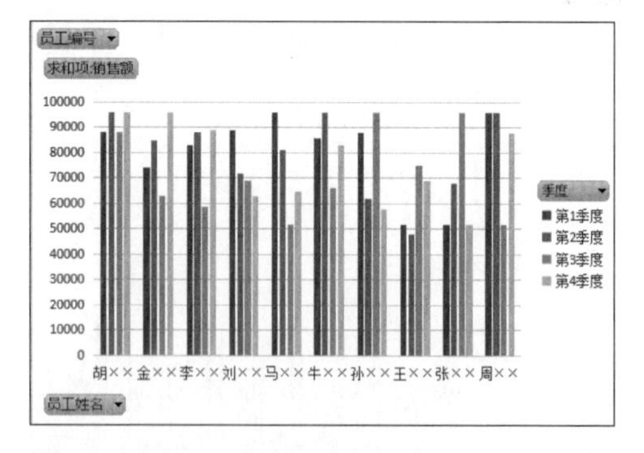

第 3 步 单击【图表工具】选项卡下的【其他】按钮，在弹出的下拉列表中选择一种样式，即可更改数据透视图的样式，如下图所示。

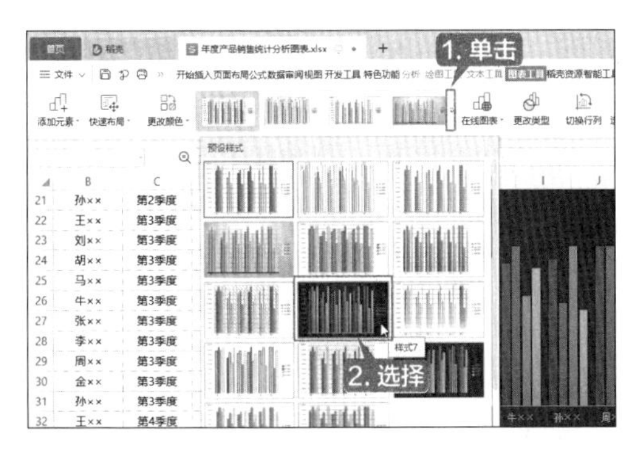

第 4 步 至此，就完成了使用数据透视表分析年度产品销售数据的操作，最后将制作完成的工作表保存即可，如下图所示。

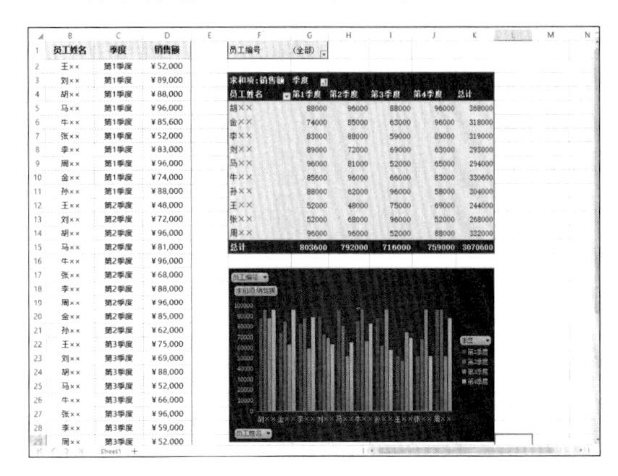

15.5 设计销售业绩报告演示文稿

销售业绩报告演示文稿主要用于展示公司某产品的销售业绩情况。本节以制作销售业绩报告演示文稿为例，介绍 WPS 演示的操作技巧。

1. 制作封面和目录幻灯片

第 1 步 打开“素材\ch15\销售业绩报告.potx”模板文件，单击幻灯片中的文本占位符，添加幻灯片标题“××产品销售业绩报告”，在【开始】选项卡下设置标题文本的【字体】为“华文中宋”，【字号】为“50”，并在【文本工具】选项卡下设置字体的文本效果，如下图所示。

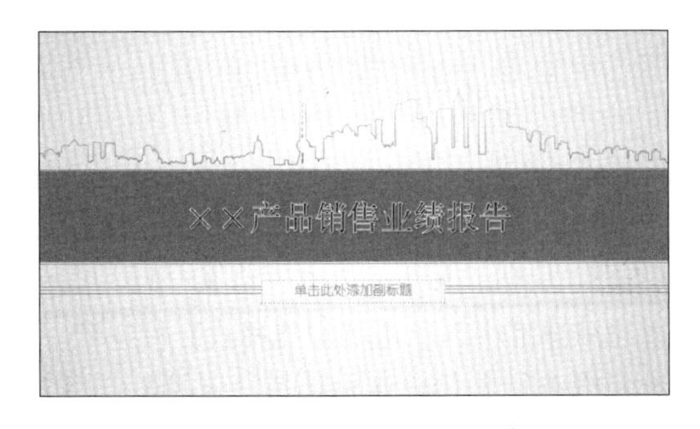

第 2 步 在副标题文本框中输入副标题文本，并设置文本格式，调整文本框的位置，效果如下图所示。

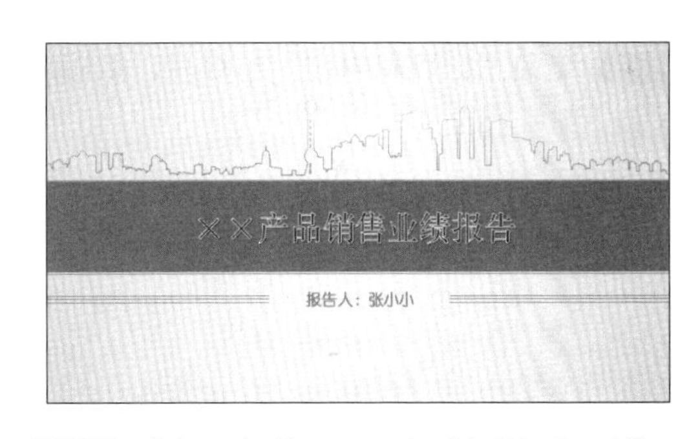

第 3 步 选择幻灯片 2，双击“标题 1”形状，即可进入文字编辑状态，如下图所示。

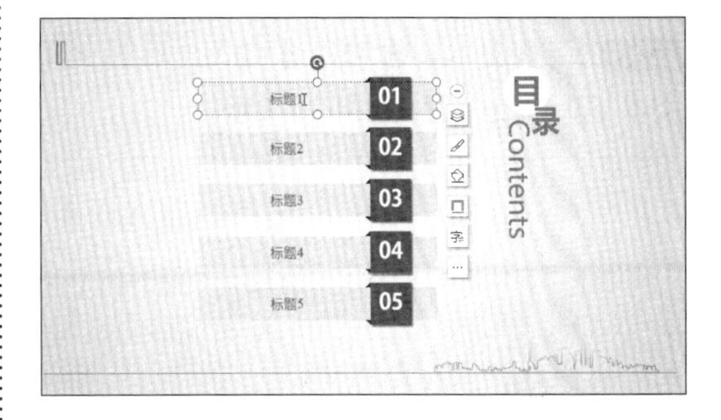

第 4 步 编辑目录中的文本，如下图所示。

2. 制作正文幻灯片页面

第 1 步 新建“标题和内容”幻灯片，输入标题及正文内容，如下图所示。

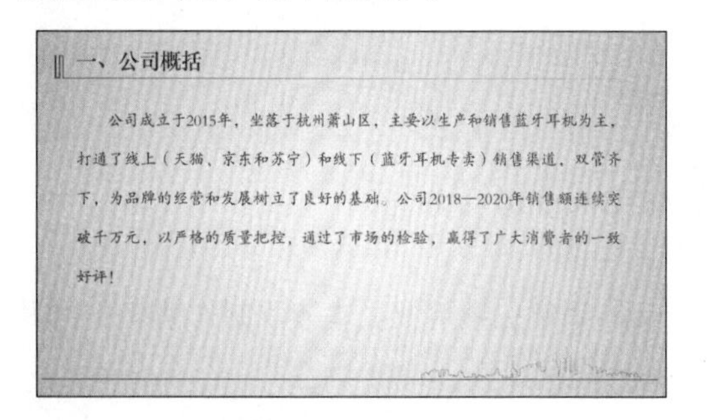

第 2 步 新建“标题和内容”幻灯片，然后输入如下图所示的文本。

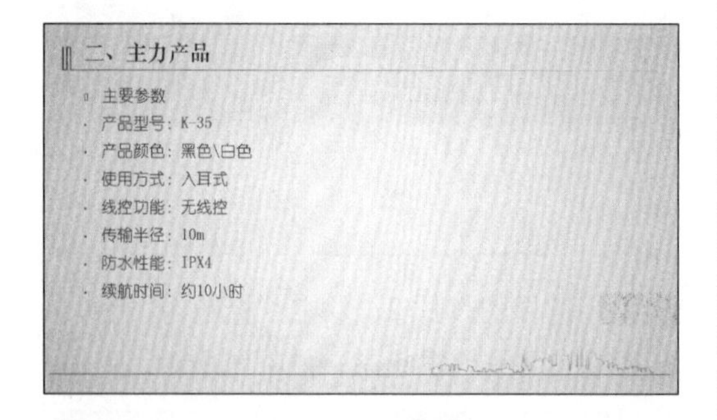

第 3 步 调整文本字体和段落格式，然后调整文本框大小及位置，如下图所示。

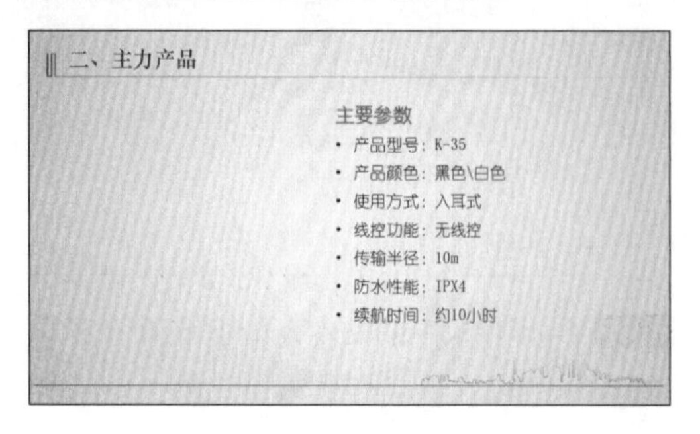

第 4 步 单击【插入】→【图片】按钮，选择“素材\ch15\图 1.jpg”，将其插入到幻灯片中，并调整大小及位置，效果如下图所示。

第 5 步 新建“标题和内容”幻灯片，输入标题后，创建一个 6 行 3 列的表格，输入表格数据，如下图所示。

销售渠道	销售平台	销售金额（：万元）
线上	天猫商城	43.56
	京东商城	27.65
	苏宁易购	15.72
线下	萧山区专卖店	9.73
	江干区专卖店	12.68

第 6 步 根据需要合并单元格，然后适当调整行高和列宽，并设置内容水平居中显示，效果如下图所示。

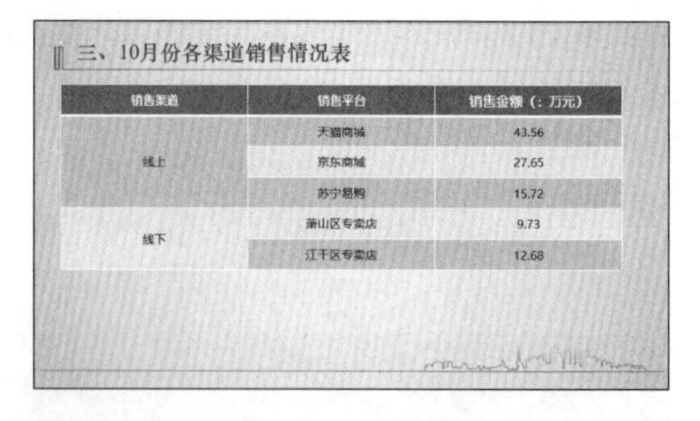

销售渠道	销售平台	销售金额（：万元）
线上	天猫商城	43.56
	京东商城	27.65
	苏宁易购	15.72
线下	萧山区专卖店	9.73
	江干区专卖店	12.68

第 7 步 另外，也可以选中表格某一行，在旁边的悬浮框中，单击【智能样式】按钮，对表格进行美化，这里选择【强调】→【外侧描边】选项，对表格添加样式和效果，如下图所示。

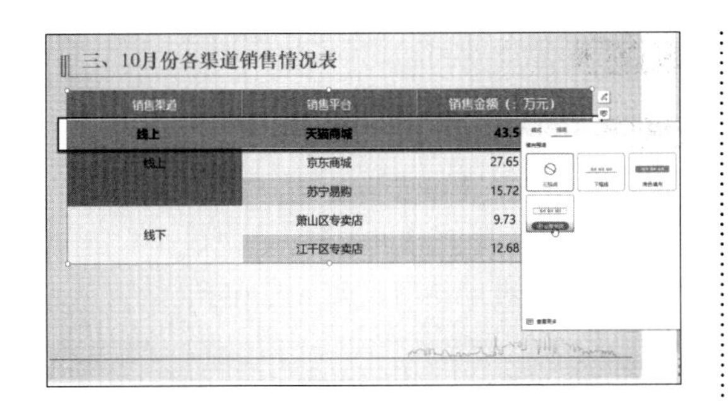

销售渠道	销售平台	销售金额（：万元）
线上	天猫商城	43.5
线上	京东商城	27.65
	苏宁易购	15.72
线下	萧山区专卖店	9.73
	江干区专卖店	12.68

第 8 步 应用智能样式的效果如下图所示。

三、10月份各渠道销售情况表

销售渠道	销售平台	销售金额（：万元）
线上	天猫商城	43.56
线上	京东商城	27.65
	苏宁易购	15.72
线下	萧山区专卖店	9.73
	江干区专卖店	12.68

3. 添加数据图表页面

第 1 步 新建“标题和内容”幻灯片，并输入该页幻灯片的标题“四、各季度销售情况对比”，单击幻灯片中的【插入图表】按钮，如下图所示。

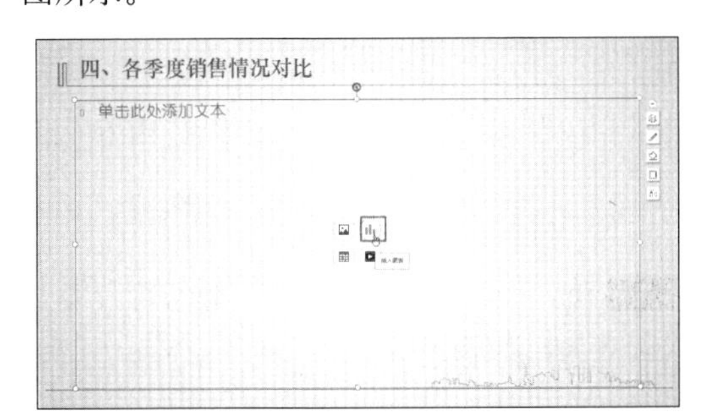

第 2 步 在弹出的【插入图表】对话框中，选择【柱形图】→【簇状柱形图】选项，单击【插入】按钮，即可插入一个图表，然后单击【图表工具】选项卡下的【编辑数据】按钮，即可打开一个工作簿，在其中输入数据，如下图所示。

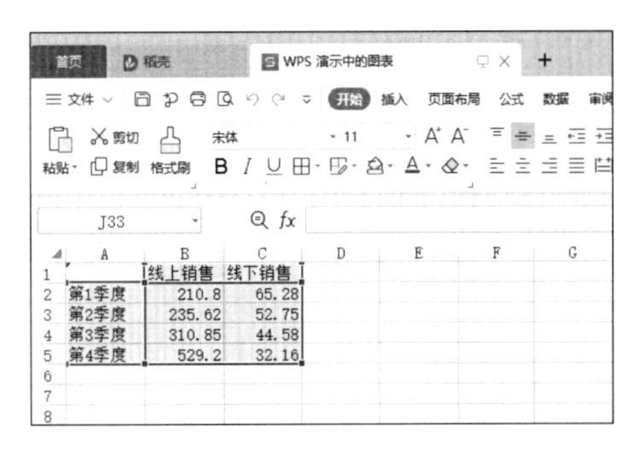

	A	B	C
1		线上销售	线下销售
2	第1季度	210.8	65.28
3	第2季度	235.62	52.75
4	第3季度	310.85	44.58
5	第4季度	529.2	32.16

第 3 步 关闭工作簿，即可更新图表中的数据，根据需求调整图表的大小、颜色、元素等，如下图所示。

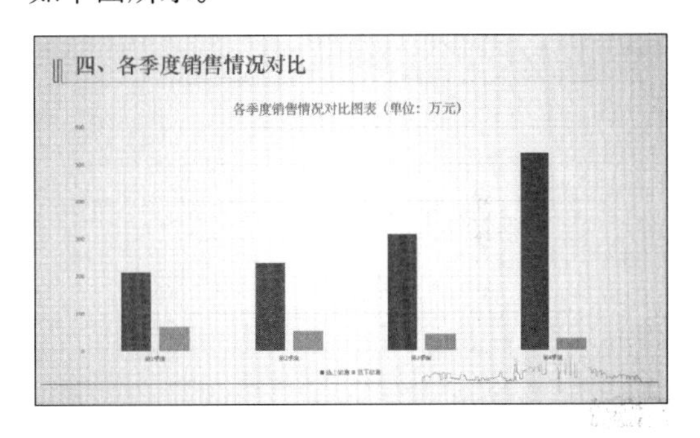

4. 添加形状页面和结束页

第 1 步 新建“标题和内容”幻灯片，输入该页幻灯片的标题“五、展望未来”，删除内容文本框，然后插入一个【上箭头】形状，单击【绘图工具】选项卡下的【其他】按钮，为形状应用样式，如下图所示。

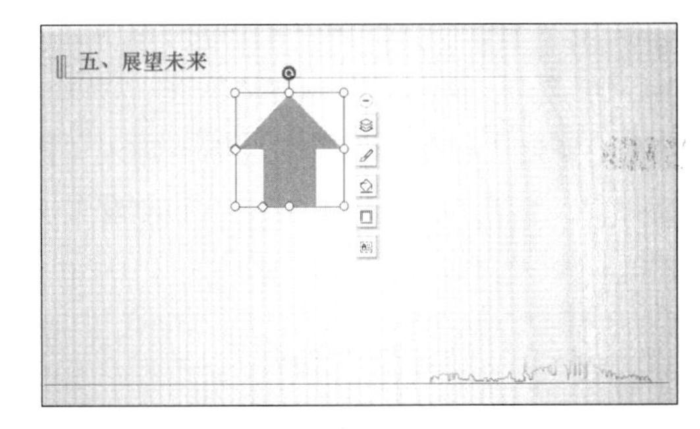

第 2 步 插入矩形形状，并设置形状样式，如下图所示。

第 3 步 选择插入的形状并复制粘贴 2 次，调整形状的位置，设置形状的样式，如下图所示。

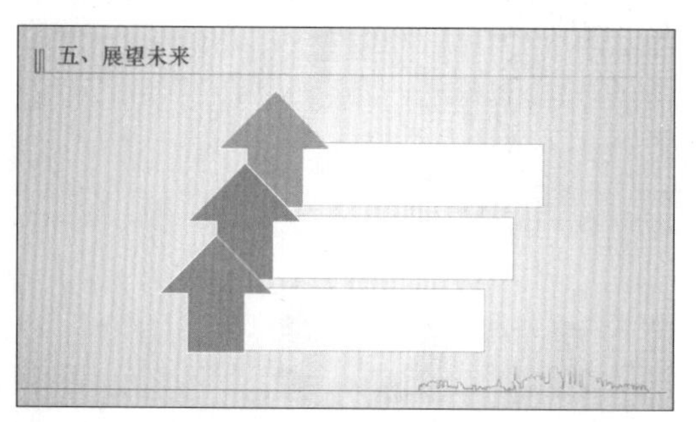

第 4 步 在形状中输入文字，并根据需要设置文字样式，效果如下图所示。

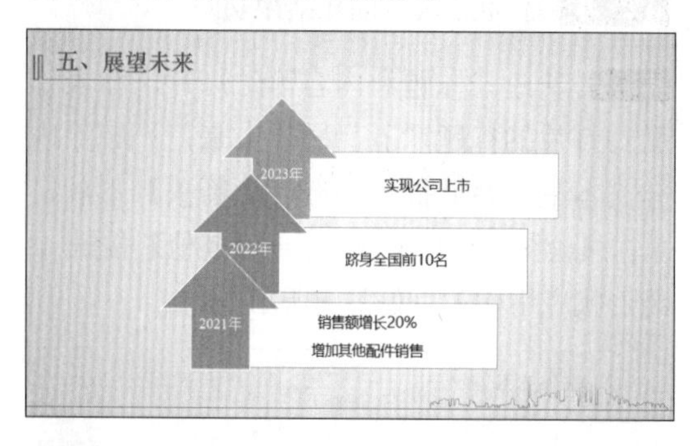

第 5 步 新建"标题幻灯片"页面，输入"谢谢观看！"和"报告人：张小小"，设置文字和艺术字样式，如下图所示。

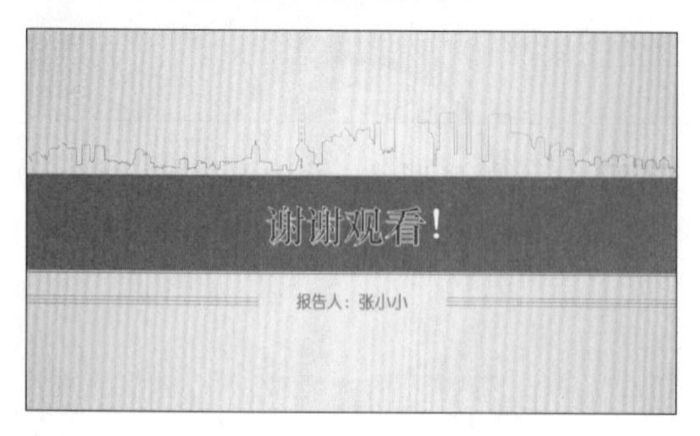

5. 添加动画和切换效果

第 1 步 选择第 1 张幻灯片中要添加进入动画的文字，单击【动画】选项卡下的按钮，在弹出的下拉列表的【进入】区域中选择【轮子】选项，添加进入动画，如下图所示。

第 2 步 单击【动画】→【动画窗格】按钮，在弹出的窗格中，设置动画的开始、辐射状和速度，如下图所示。

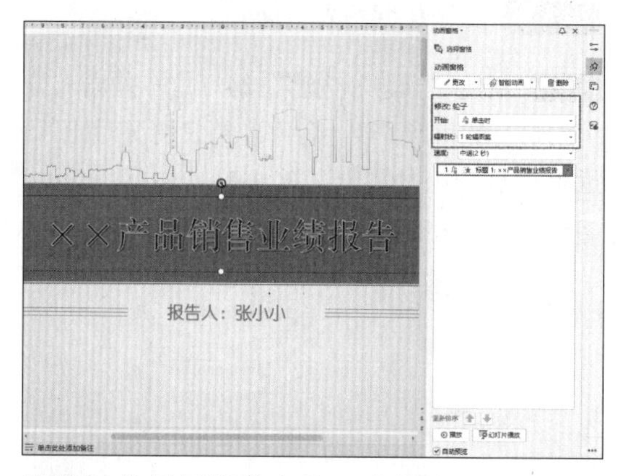

第 3 步 使用同样的方法，为其他幻灯片添加动画效果，如下图所示。

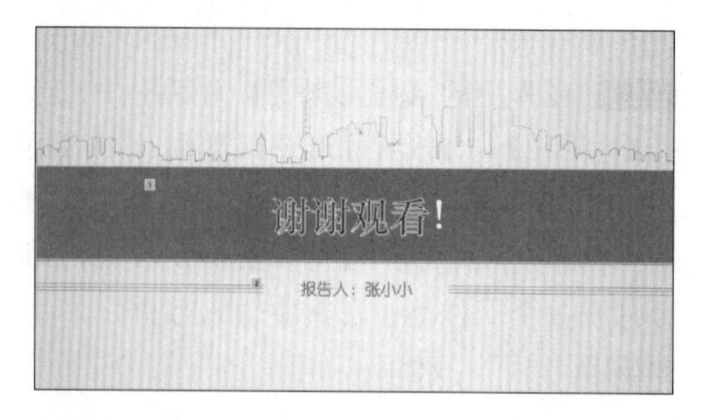

第 4 步 选择所有幻灯片，单击【切换】选项卡下的按钮，在弹出的列表中，选择【随机】切换效果，如下图所示。

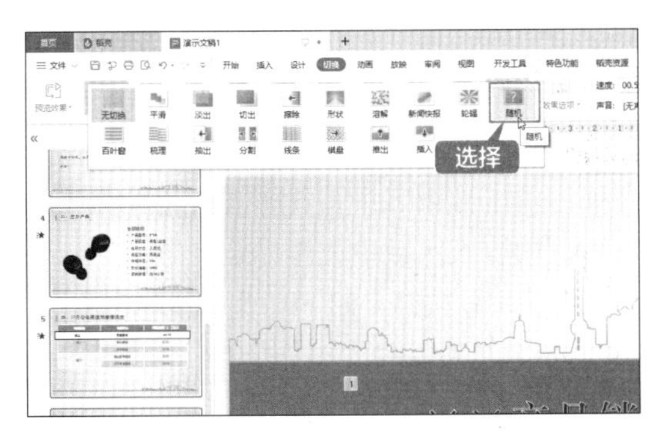

第 5 步 即可为所有幻灯片添加随机切换效果。

至此，就完成了销售业绩报告演示文稿的制作，将制作完成的演示文稿保存即可，如下图所示。

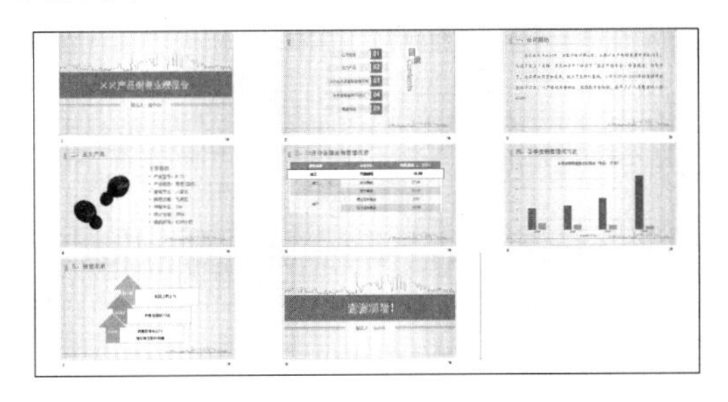

15.6 设计市场调查报告演示文稿

市场调查报告演示文稿能给企业的市场经营活动带来有效的导向作用，是市场营销部门经常制作的演示文稿类型。设计市场调查报告演示文稿的具体操作步骤如下。

1. 制作封面幻灯片

第 1 步 打开 WPS Office，新建一个空白演示文稿，将其保存为“市场调查报告 .pptx”，如下图所示。

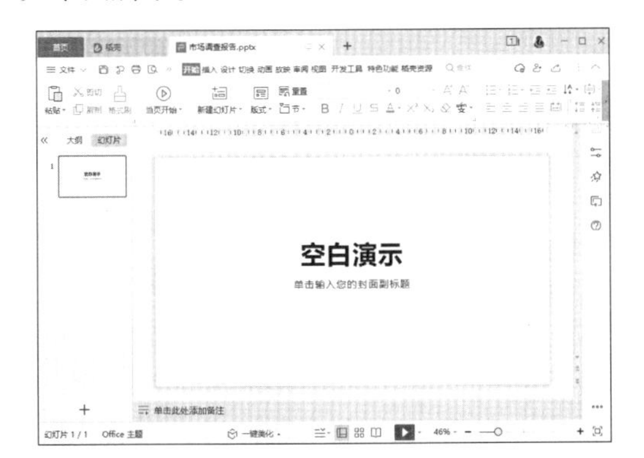

第 2 步 单击【开始】→【新建幻灯片】按钮，在弹出的下拉列表中，选择【主题页】→【封面页】选项，可以选择风格特征，这里选择【商务】风格，右侧即会显示相关的封面页，将鼠标指针移至封面页缩略图上，单击显示的【立即下载】按钮，如下图所示。

第 3 步 进入如下图所示的预览界面，单击【立即下载】按钮。

提示

WPS 会员可以进行智能创作，如下载多个页面、更改字体及应用动画等。

第 4 步 即可应用该封面页，如下图所示。

第 5 步 删除空白页，并在封面页中输入标题“市场调查报告”，如下图所示。

第 6 步 为标题应用艺术字效果，如下图所示。

第 7 步 输入副标题并调整字体格式，效果如下图所示。

2. 制作目录幻灯片

第 1 步 单击【开始】→【新建幻灯片】按钮，在弹出的下拉列表中，选择【新建】选项，在右侧的版式区域中选择目录页面，并单击【立即使用】按钮，如下图所示。

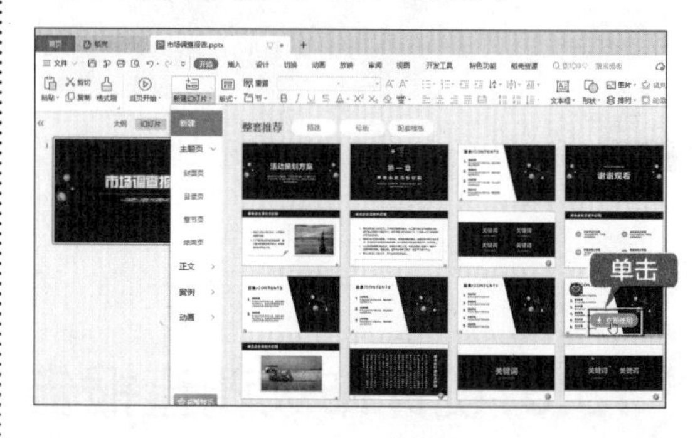

第 2 步 即可创建一个目录幻灯片，如下图所示。

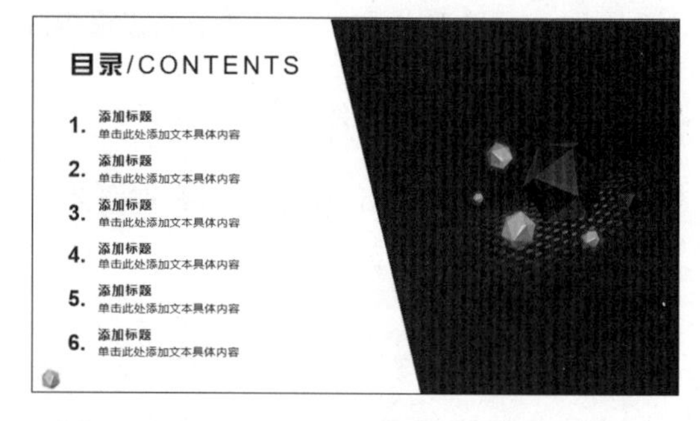

第 3 步 在目录幻灯片中输入目录内容，如下图所示。

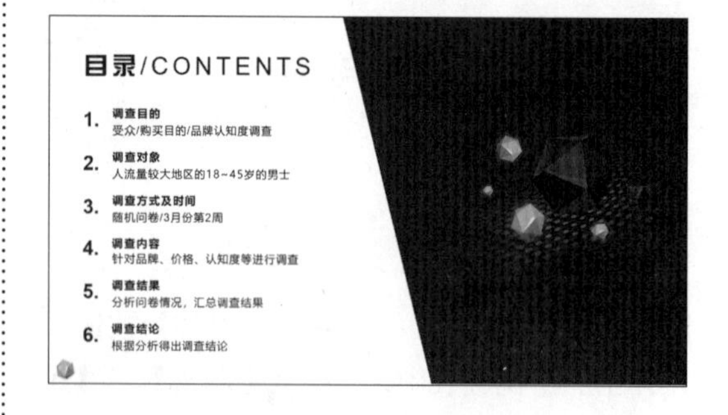

3. 制作调查目的和调查对象页面

第 1 步 新建“标题和内容”幻灯片，输入标题“1. 调查目的”，并设置字体颜色，如下图所示。

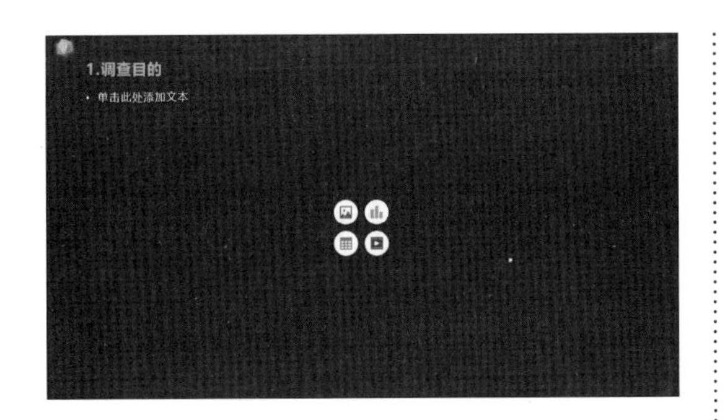

第 2 步 打开“素材\ch15\市场调查报告.txt”文档，将“调查目的”下的内容复制到幻灯片中，并设置【字体】为“幼圆”，【字号】为“18”，【行距】为“1.5 倍行距”，根据需要调整文本框的位置，如下图所示。

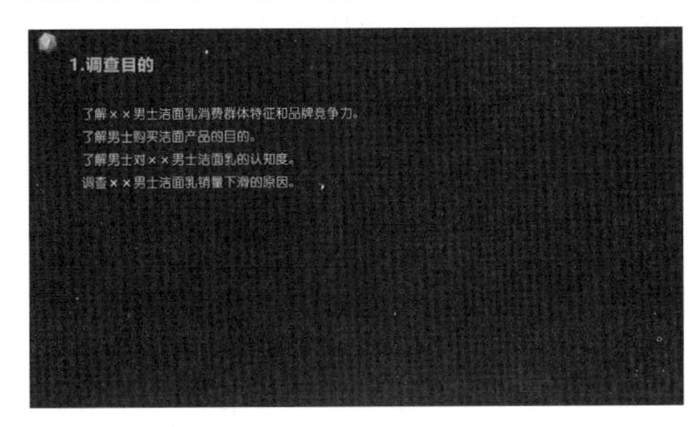

第 3 步 添加编号，效果如下图所示。

第 4 步 新建“标题和内容”幻灯片，输入标题“2. 调查对象”。根据需要设置标题样式，然后输入“市场调查报告.txt”文档中的相关内容，如下图所示。

第 5 步 单击【插入】→【图表】按钮，创建一个饼图，然后单击【图表工具】→【编辑数据】按钮，打开一个工作簿，在其中输入数据，如下图所示。

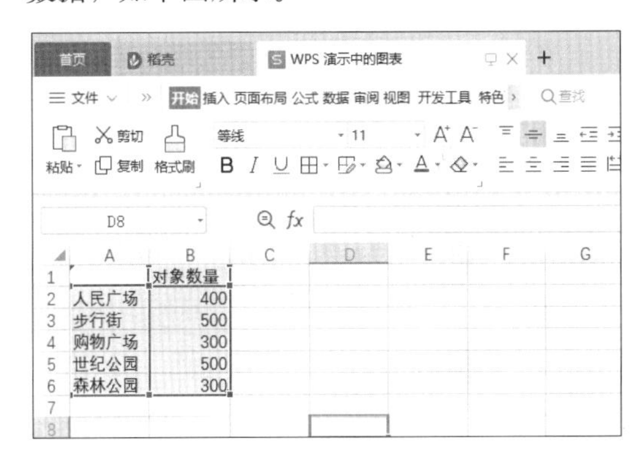

第 6 步 关闭工作簿，即可更新图表中的数据，如下图所示。

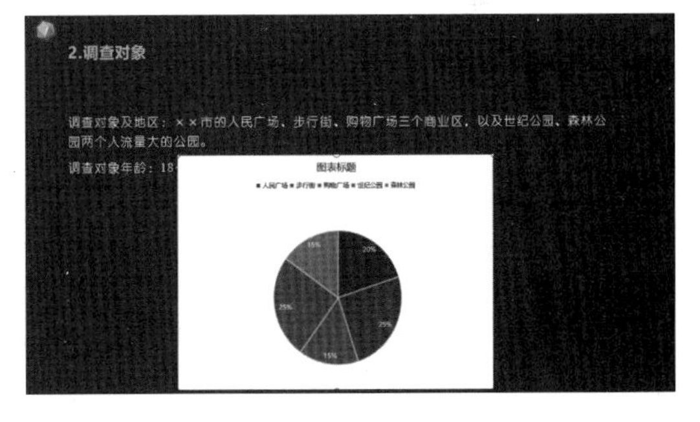

第 7 步 选中图表，单击【图表工具】选项卡下的 按钮，在弹出的下拉列表中，选择要应用的样式，如下图所示。

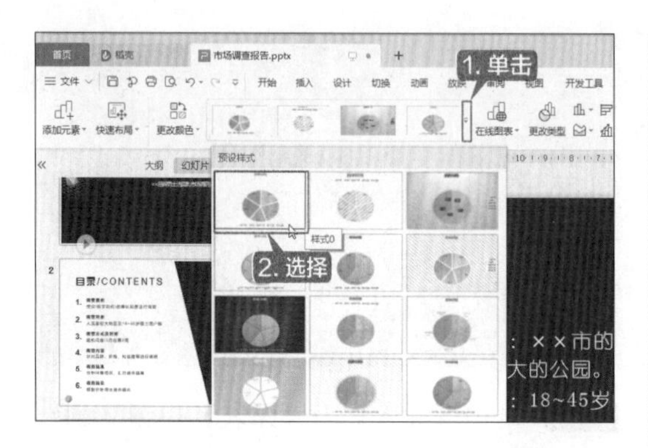

第 8 步 调整文本框和图表的位置，设置图表的字体颜色及布局，效果如下图所示。

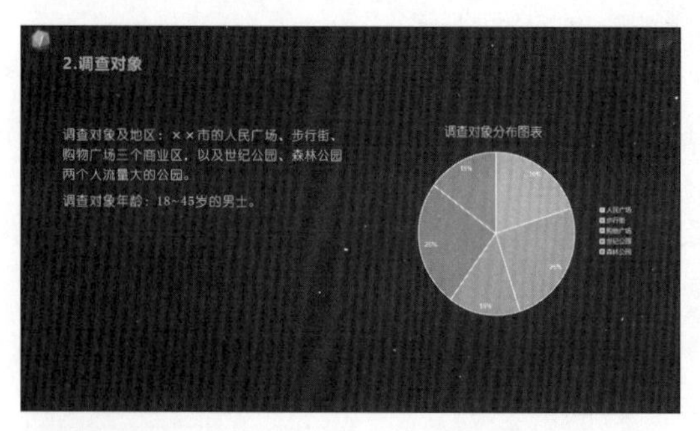

4. 制作调查方式及时间幻灯片

第 1 步 新建“标题和内容”幻灯片，输入标题“3. 调查方式及时间”。根据需要设置标题样式，然后输入“市场调查报告 .txt”文档中“调查方式及时间”的相关内容，如下图所示。

第 2 步 选择内容文本，修改字体，并应用“试卷”项目符号，如下图所示。

第 3 步 插入一个 6 行 2 列的表格，输入相关内容，然后适当调整表格的大小，如下图所示。

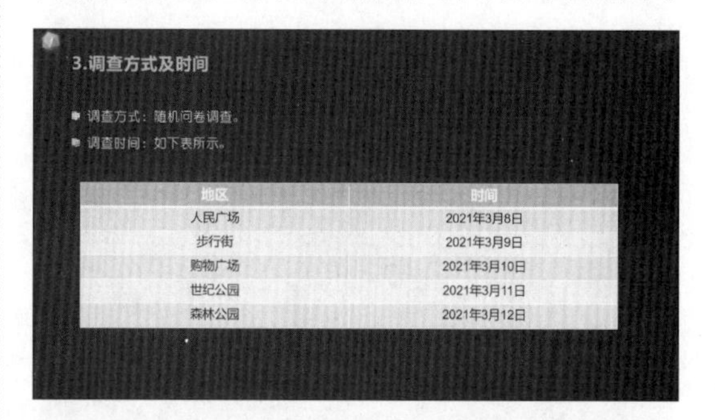

第 4 步 选中表格，在【表格样式】选项卡下，为表格应用预设样式，如下图所示。

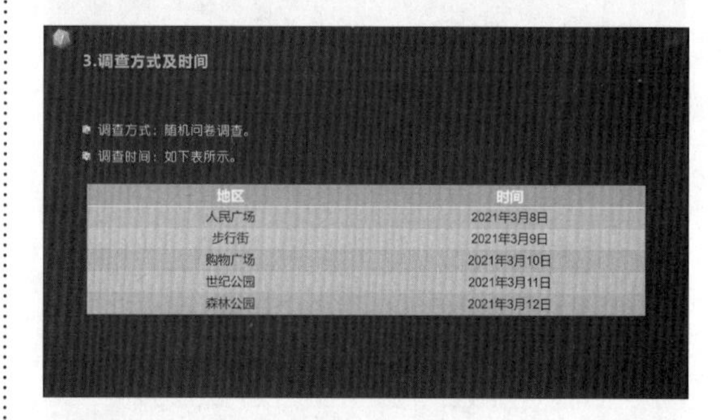

5. 制作其他幻灯片页面

第 1 步 新建“标题和内容”幻灯片，输入标题“4. 调查内容”，输入“市场调查报告 .txt”文档中的相关内容，设置字体样式，效果如下图所示。

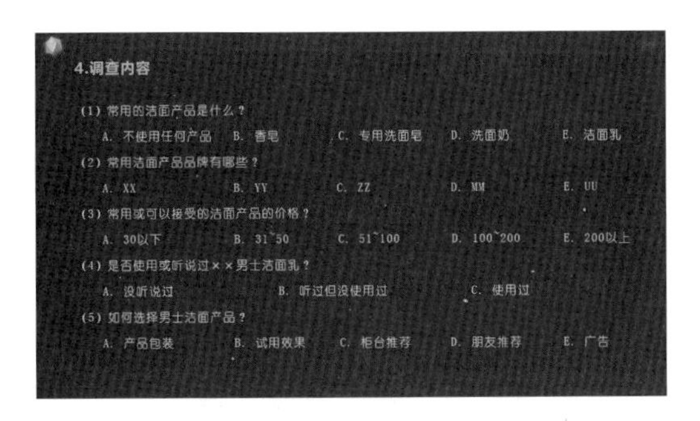

第 2 步 使用同样的方法制作“调查结果”幻灯片，效果如下图所示。

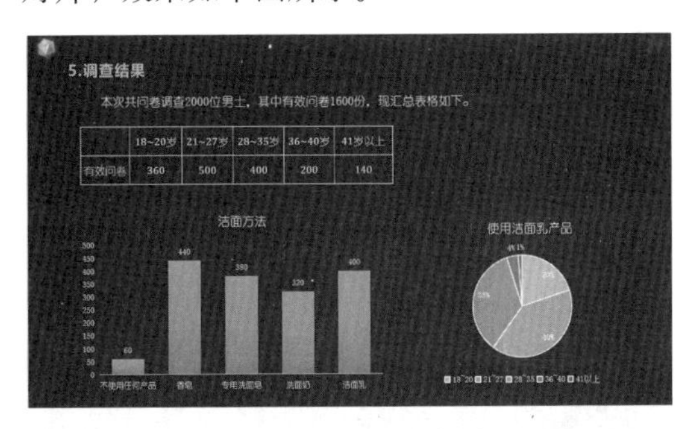

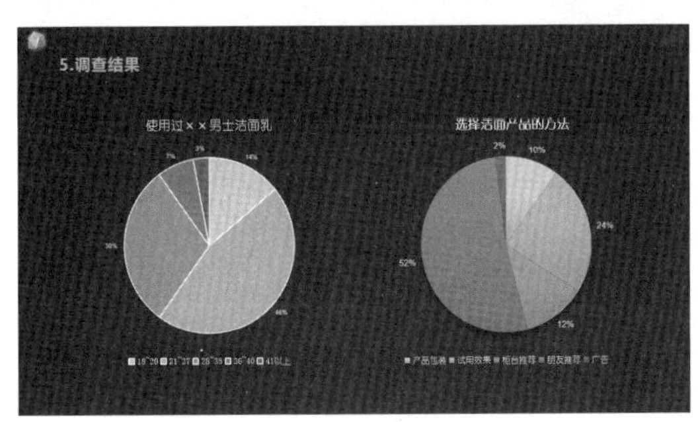

第 3 步 新建一个结束页幻灯片，输入相关文字，效果如下图所示。

6. 添加切换和动画效果

第 1 步 选择要设置切换效果的幻灯片，这里选择第 1 页幻灯片，单击【切换】选项卡下的 按钮，在弹出的下拉列表中选择【百叶窗】效果，即可自动预览该效果，如下图所示。

第 2 步 单击【切换】选项卡下的【效果选项】按钮，在弹出的下拉列表中选择【垂直】选项，设置“垂直百叶窗”切换效果，如下图所示。

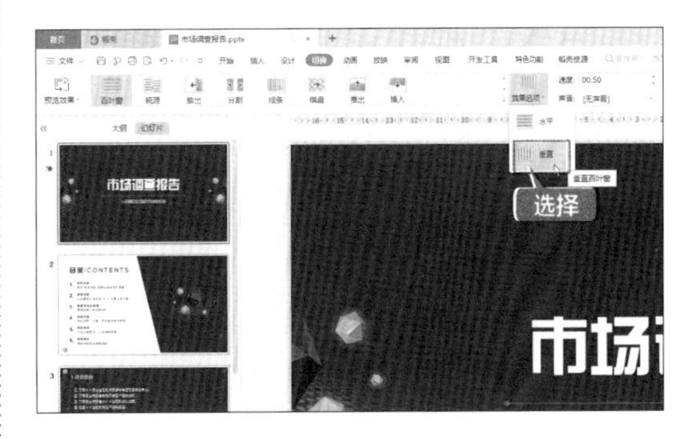

第 3 步 在【切换】选项卡下，设置【速度】为“1.25”，设置【声音】为“打字机”，如下图所示。

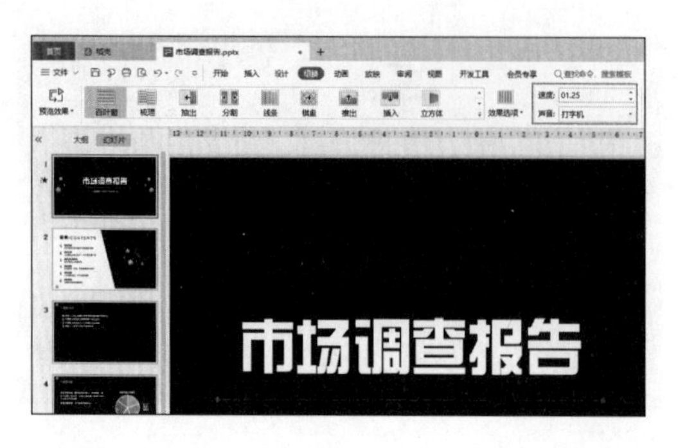

第 4 步 选择第 1 页幻灯片中要添加进入动画效果的文字，单击【动画】选项卡下的 按钮，在弹出的下拉列表中选择【进入】区域中的【飞入】选项，添加进入动画效果，如下图所示。

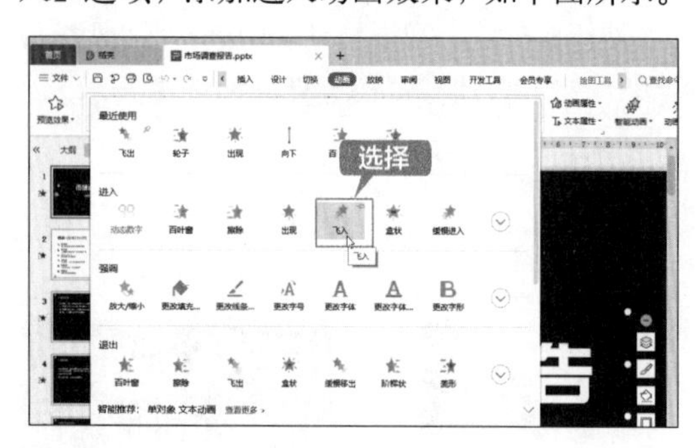

第 5 步 使用同样的方法为其他幻灯片设置切换效果和动画效果，如下图所示。

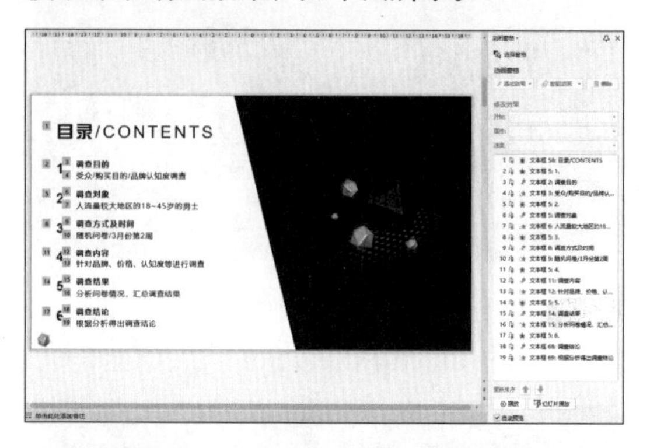

第 6 步 至此，就完成了市场调查报告演示文稿的制作，效果如下图所示。按【Ctrl+S】组合键保存演示文稿即可。

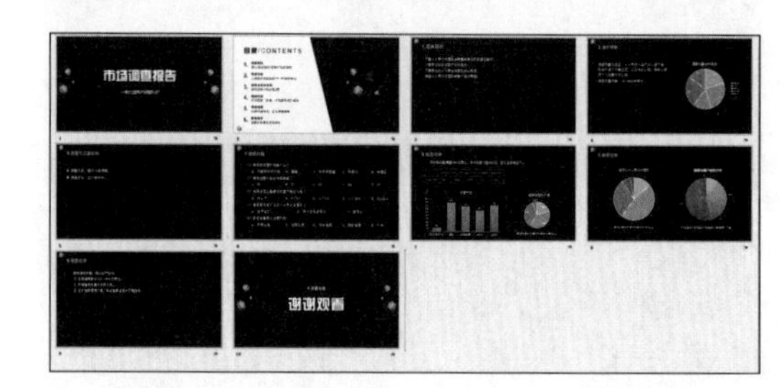

第 16 章

WPS Office 云办公——在家高效办公的技巧

本章导读

使用移动设备可以随时随地进行办公，及时完成工作。依托于云存储，WPS Office开启了跨平台移动办公时代。电脑中存储的文档，通过云文档同步成在线协同文档，可以随时随地使用多个设备打开该协同文档进行编辑，大大提高了工作效率。

思维导图

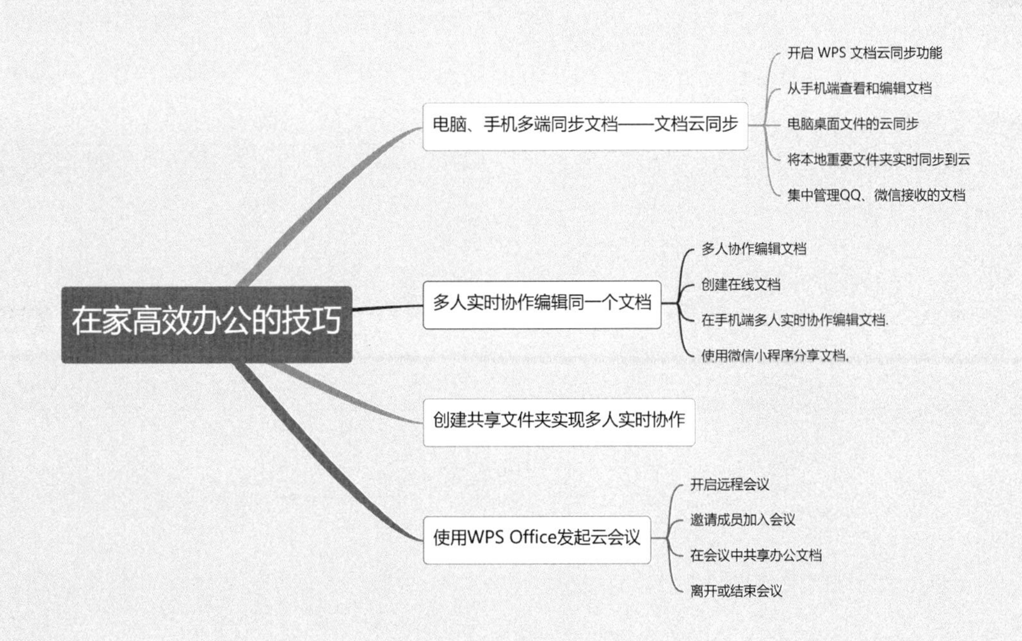

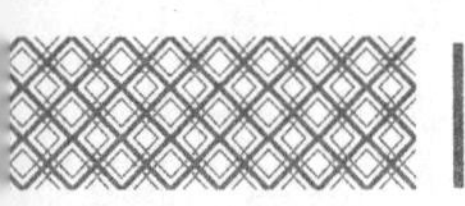

16.1 电脑、手机多端同步文档——文档云同步

WPS Office 支持云同步功能，使同一个账号可以在任何终端查看、编辑、同步该账号中的文档，不仅确保了文件不会丢失，能够实时同步，而且还可以在任何地方通过手机、平板电脑或笔记本电脑等，第一时间处理紧急文件，实现多端办公，提高办公效率。

16.1.1 开启 WPS 文档云同步功能

实现文档云同步主要是通过账号进行数据同步的，使用该功能仅需注册并登录 WPS Office 账号，开启文档云同步功能即可，具体操作步骤如下。

第 1 步 打开 WPS Office，单击右上角的【您正在使用访客账号】按钮，如下图所示。

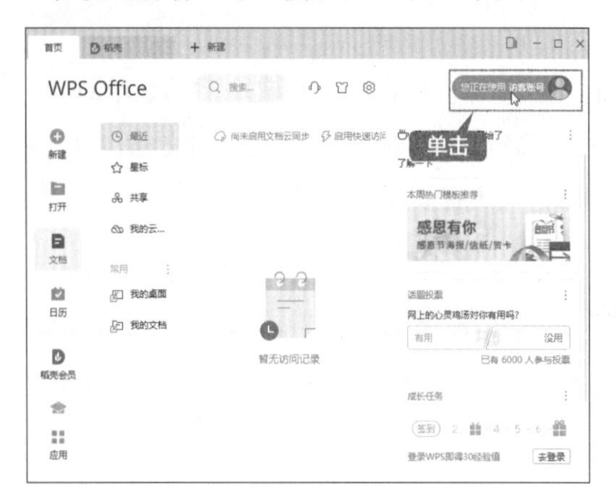

第 2 步 弹出【WPS Office 账号登录】对话框，可以使用微信、手机验证、手机 WPS 扫码授权登录，也可以单击【其他登录方式】选项，使用账号密码、QQ、钉钉等方式登录，这里使用微信授权登录，使用手机微信【扫一扫】功能，扫描二维码登录，如下图所示。

第 3 步 登录 WPS Office 账号后，单击【全局设置】按钮 ，在弹出的菜单中，单击【设置】选项，如下图所示。

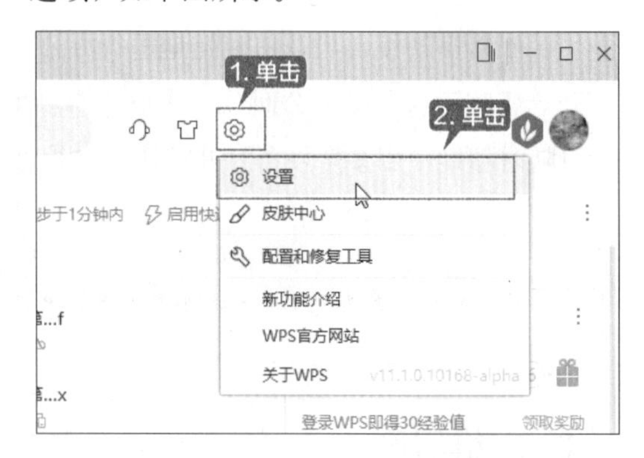

第 4 步 进入【设置中心】页面，在【工作环境】区域中，单击【文档云同步】右侧的开关，开关显示为 表示该功能已打开，如下图所示。

16.1.2 从手机端查看和编辑文档

开启文档云同步功能后，文件保存到电脑本地磁盘时会同步到云端，此时在手机端也可以查看和编辑同一文档，具体操作步骤如下。

第 1 步 在手机端打开 WPS Office 移动版，并使用同一账号登录，如下图所示。

第 2 步 在【首页】界面的【最近】列表中，即会同步电脑中保存的文档。如果列表中没有该文档，下拉刷新即可显示。选择需要查看和编辑的文档并点击，如下图所示。

第 3 步 即可进入阅读界面。如果要对文档进行编辑，则点击左上角的【编辑】按钮，如下图所示。

走他人未走过的路，方能收获惊喜。

人生之路，就是积累所有人的经验和智慧，不断地聚合选择。积累曾经的经验及教训，有方向地规划属于自己的蓝图。

根据公司的实际情况，公司各个领导努力发挥自己及公司本身的优势，合理运用自己的能力，才有了公司今天的成功。虽然由于外界因素及公司在探求摸索之时犯下了一些错误，没有达到今年预定的目标，但是，我们曾经一起努力拼搏过。

本公司从今年开始，刚刚转型，全体职员在董事会的坚强领导下，齐心协力，勤奋工作，取得了来之不易的成绩！

以下是今年的年中工作报告。

一、公司总体方面

1. 今年 3 月份开始努力实践与摸索，通过手机来管理各个职员，替代了传统的管理模式。到今年 5 月份，公司再次突破限制，以微信小程序为突破口，再次实现了远程网络管理，也由此，公司全面进入电子信息化管理模式。

2. 人力资源系统及职员档案管理工作也由年初的手工输入到工作薄，到现今使用正规的人力资源系统，极大地改善了人事方面的工作，从而让公司及时了解人事方面的讯息，掌握职员动态，为公司领导层做出相应的决策提供极大的方便。

二、财务管理方面

1. 公司今年的财务主要对固定资产购置进行偏重的分配，从而偏轻分配了业务外在的发展。在本来业务发展偏轻的情况下，公司仍然一边清偿原有的债务一边加强公司经济实力的提升。因此，财务方面出现了发展严重缓慢的现象。

2. 财务在改善公司内部环境的阶段，流动资产一直在紧缩，财政赤字一直在增加。因此，公司在 2019 年底出现了严重的亏损。今年的营业利润将会受到

严重的影响。

3. 今年的财务状况效差，公司营业额虽然有所上升，但是营业利润一直处于负盈利状态，截止到 6 月 30 日公司营业利润已经亏损 180 万元以上。

第 4 步 进入编辑模式后，可以对文档内容进行编辑，如这里输入一个标题，并设置标题的字体和段落格式，点击【保存】按钮 ，即可完成编辑并保存该文档，如下图所示。。

第 5 步 当从电脑端打开该文档时，即会在右上角弹出提示框，提示“文档有更新”，单击【立即更新】按钮，如下图所示。

第 6 步 WPS Office 会自动更新并打开当前文档的最新版本，如下图所示。

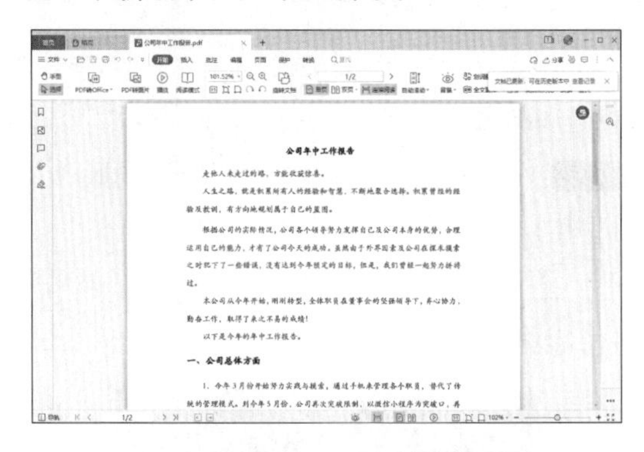

另外，用户单击界面右侧的按钮，在弹出的版本信息窗口中，选择【历史版本】选项，可以查看文档修改的版本信息，还可以自由选择时间预览或直接恢复所需的版本，如下图所示。

16.1.3 电脑桌面文件的云同步

在日常办公中，我们经常会将常用文档或当前工作文档保存在电脑桌面上，以方便随时使用，但是如果电脑操作系统出现问题，可能无法保证文档的安全。

WPS Office 的“桌面云同步”功能，可以智能同步桌面文件，不限于办公文档，不仅可以在操作系统损坏的情况下，找到原桌面文档，还可以实时更新同步桌面最新状态，使关联设备可以随时访问同步的文件。该功能支持在多台电脑中开启，可实现多台电脑的桌面文档同步，大大提高了用户的办公效率和文档的安全性。

第 1 步 启动 WPS Office，桌面右下角会显示一个 WPS Office 图标，单击该图标，如下图所示。

第 2 步 即可打开【WPS 办公助手】对话框，单击【效率云办公】区域中的【桌面云同步】，如下图所示。

第 3 步 弹出【WPS– 桌面云同步】对话框，显示了整理的桌面文件数量，单击【开启桌面云同步】按钮，如下图所示。

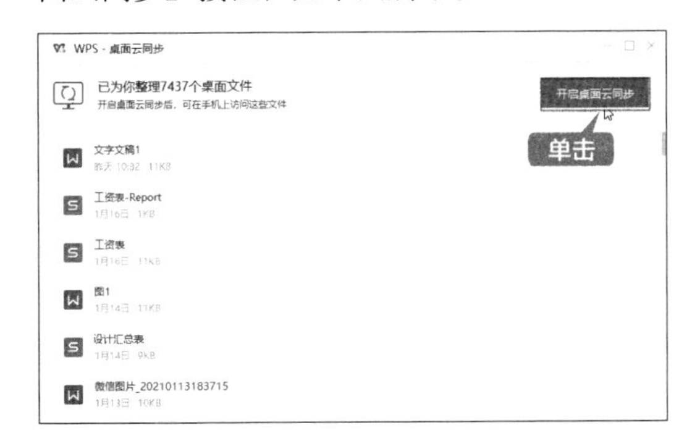

第 4 步 弹出【WPS 办公助手】提示框，单击【开启云同步】按钮，如下图所示。

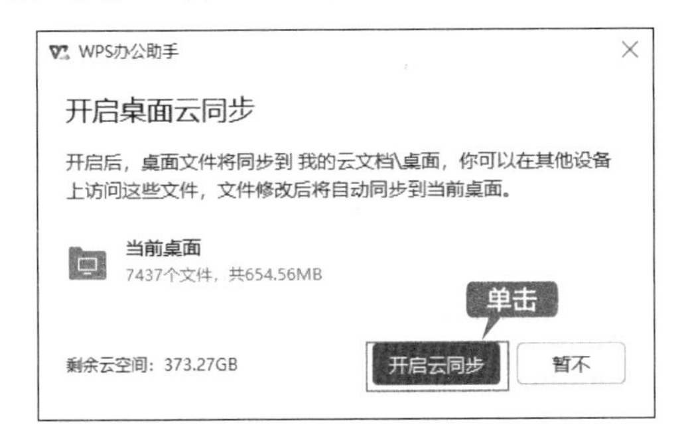

提示

开启云同步后，桌面文件会被存储在 WPS 云空间中，普通会员拥有 1GB 容量，且同步的单个文件大小不能超过 10M，黄金会员和超级会员拥有更多容量。如果用户是普通会员，建议提前将一些较占空间的文件移至电脑的其他磁盘分区中。

第 5 步 此时，WPS Office 即会开始同步桌面的文件，同步时间与桌面文件数量及大小有关，用户只需等待完成即可。单击【同步设置】按钮，可以查看同步进度，也可以进行暂停操作，如下图所示。

第 6 步 同步完成后，打开关联设备，如启动手机中的 WPS Office，点击界面底部的【云文档】按钮，进入【云文档】界面，即可看到新增了一个以“桌面”命名的文件夹，如下图所示。

第 7 步 点击进入该文件夹，即可看到其中显示了与电脑桌面一致的各类文件及文件夹，点击任意一个文件或文件夹均可查看。如果对文档进行修改，电脑桌面上的相应文件也会同步更新。另外，也可以将手机中的文件上传至电脑桌面，点击【上传】按钮，如下图所示。

第 8 步 软件底部即会弹出【上传文件】对话框，可以上传相册中的图片、手机中的文件、最近打开的文档及云端文件，这里点击【手机文件】按钮，如下图所示。

第 9 步 进入【手机存储】界面，浏览手机本地文件夹，选择要上传的文件，点击【确定】按钮，如下图所示。

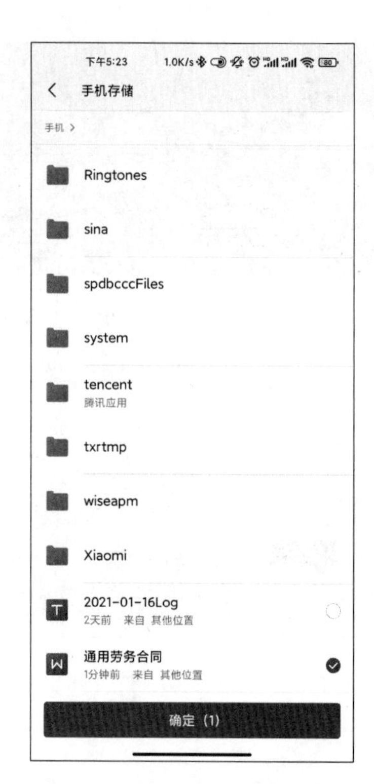

第 10 步 返回【桌面】文件夹，即可看到已上传的文件，如下图所示。

第 11 步 此时，电脑端的 WPS Office 会自动同步下载该文件，并显示在电脑桌面上，如下图所示。

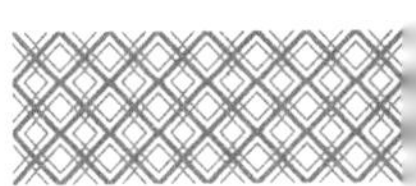

16.1.4 将本地重要文件夹实时同步到云

除了将桌面文件同步到云空间外，WPS Office 还支持将指定文件夹同步到云空间，方便用户随时访问。WPS 普通会员可以添加 1 个文件夹，WPS 超级会员可以添加 5 个文件夹，具体操作步骤如下。

第 1 步 启动 WPS Office，单击桌面右下角的 WPS Office 图标，如下图所示。

第 2 步 打开【WPS办公助手】对话框，单击【效率云办公】区域中的【同步文件夹】，如下图所示。

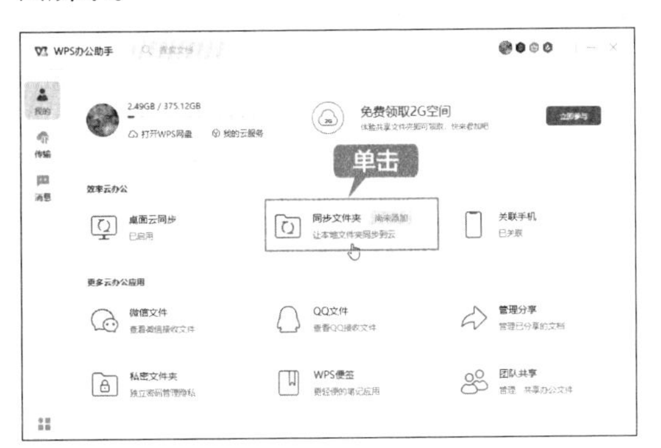

第 3 步 打开【WPS - 同步文件夹】对话框，单击【添加同步文件夹】按钮，如下图所示。

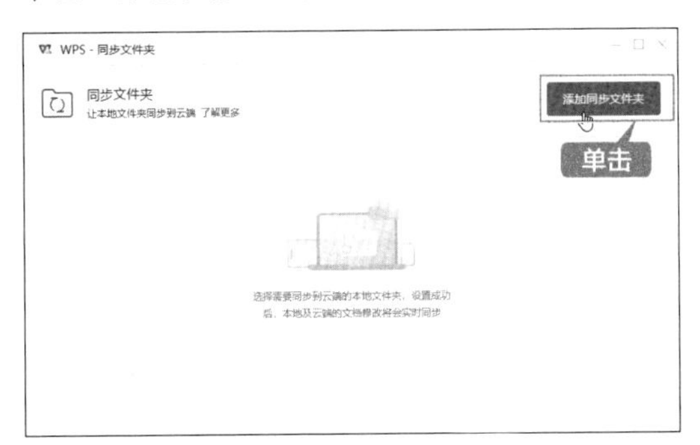

第 4 步 在弹出的对话框中，单击【选择文件夹】按钮，如下图所示。

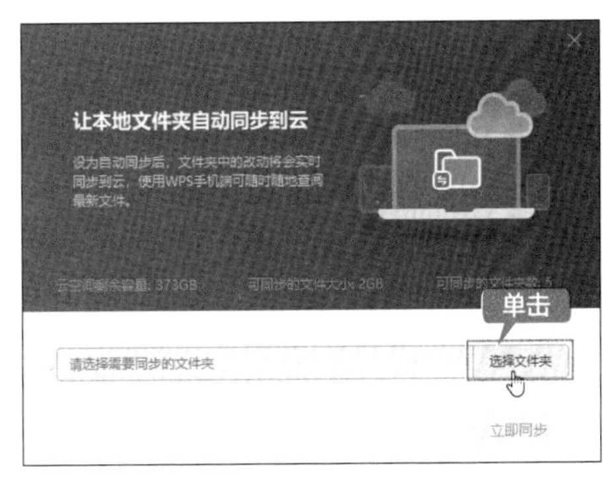

第 5 步 弹出【选择文件夹】对话框，选择要添加的文件夹，然后单击【选择文件夹】按钮，如下图所示。

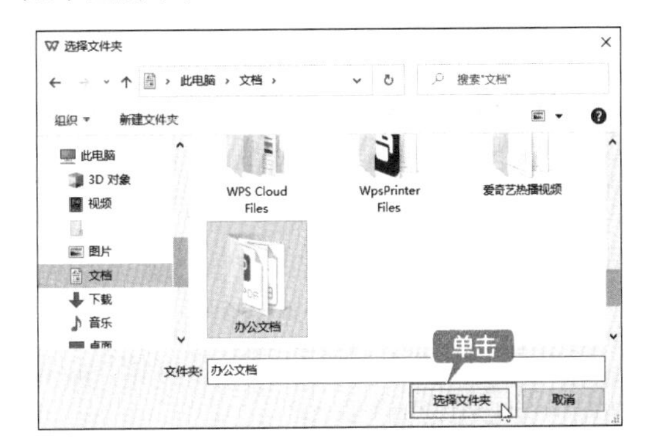

第 6 步 返回如下图所示的对话框，单击【立即同步】按钮。

第 7 步 弹出【已成功添加同步文件夹】对话框，单击【查看同步文件夹】按钮，如下图所示。

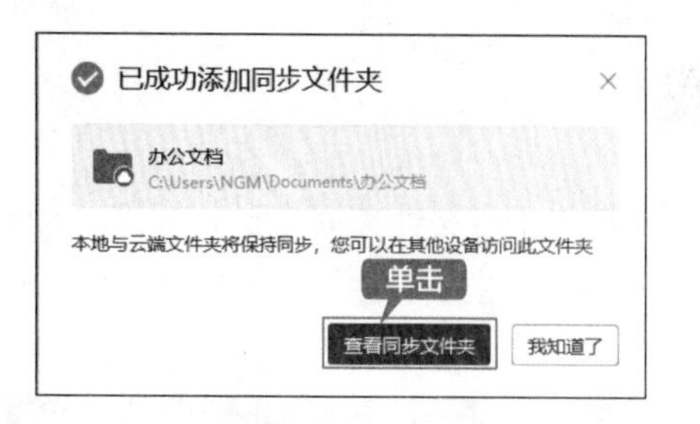

第 8 步 打开该文件夹，可以看到文件夹菜单栏下显示了空间容量及账号等信息，如下图所示。

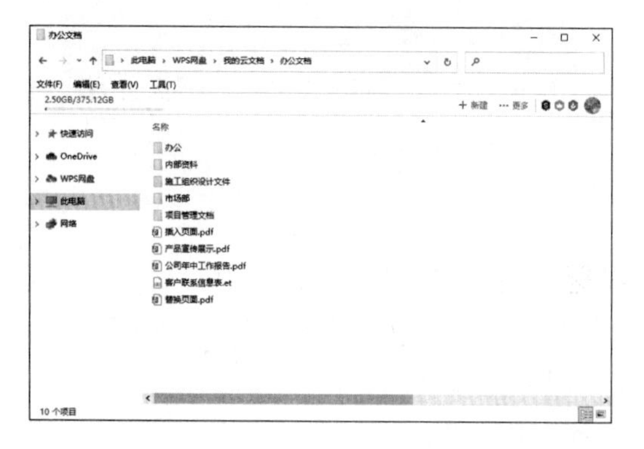

提示

WPS Office 手机版可以在【云文档】界面访问与电脑本地同名的文件夹，方法与 16.1.3 节中访问方法相同，这里不再赘述。

另外，除了上述方法，还可以使用以下两种方法添加同步文件夹。

1. 从 WPS 网盘添加

第 1 步 打开【此电脑】窗口，双击【WPS 网盘】，如下图所示。

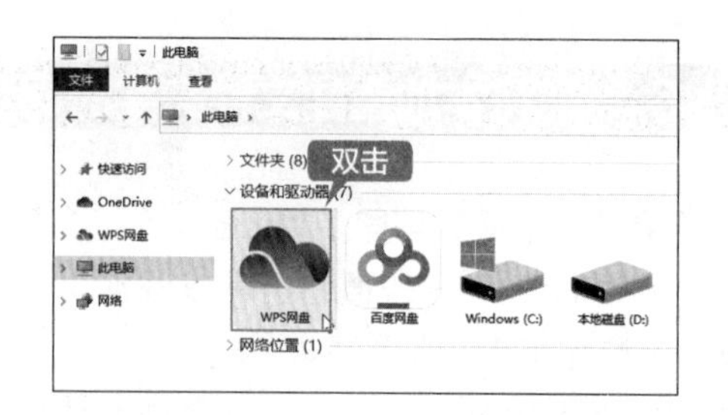

第 2 步 打开 WPS 网盘，可以看到网盘中的同步文件夹，双击【添加同步文件夹】图标，可以根据提示添加同步文件夹，如下图所示。

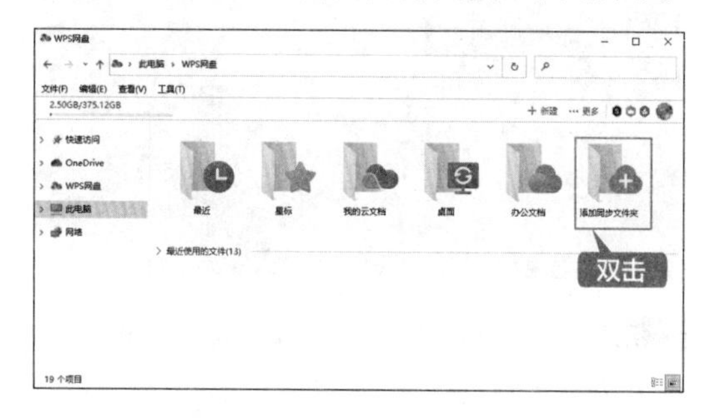

2. 通过快捷菜单添加

右击要同步的文件夹，在弹出的快捷菜单中，单击【自动同步文件夹到“WPS 云文档”】命令，即可根据提示添加，如下图所示。

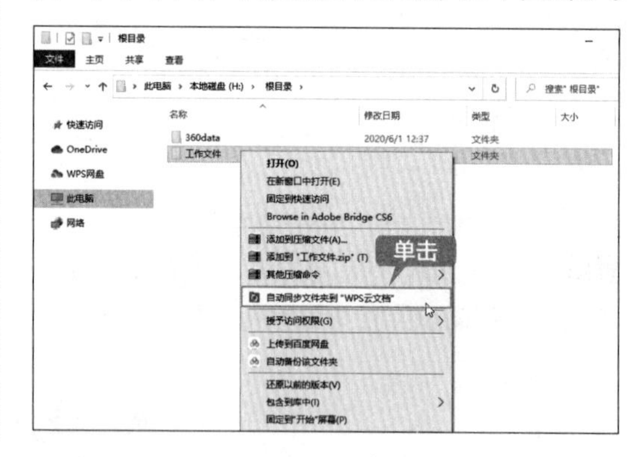

16.1.5 集中管理 QQ、微信接收的文档

QQ 和微信是工作中常用的沟通工具，常用于发送和接收各类文档，WPS Office 强化了办公助手功能，可以帮用户集中管理 QQ、微信接收的文档，对于管理文档极为方便。

第 1 步 启动 WPS Office，单击桌面右下角的 WPS Office 图标，如下图所示。

第 2 步 打开【WPS 办公助手】对话框，单击【更多云办公应用】区域中的【微信文件】，如下图所示。

第 3 步 弹出【WPS- 文档雷达】对话框，单击【开启云备份】按钮，如下图所示。

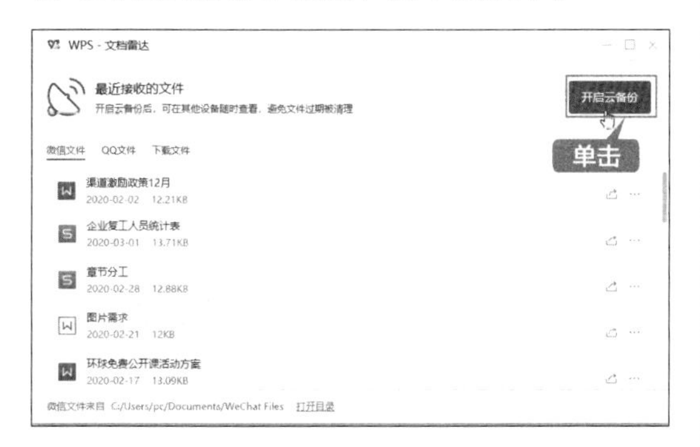

第 4 步 弹出【WPS 办公助手】对话框，分别将微信文件、QQ 文件及下载文件右侧的开关设置为“开启”状态，然后单击【确定】按钮，如下图所示。

第 5 步 弹出【已开启云备份】提示，单击【我知道了】按钮，关闭该提示框，如下图所示。

第 6 步 返回【WPS- 文档雷达】对话框，微信文件、QQ 文件及下载文件即会自动同步至 WPS 云空间。如果要查看备份的文件，可以单击【查看备份文件】按钮，如下图所示。

第 7 步 即可查看备份文件，文件名称前有 ⊘ 标识表示已上传云空间，如下图所示。

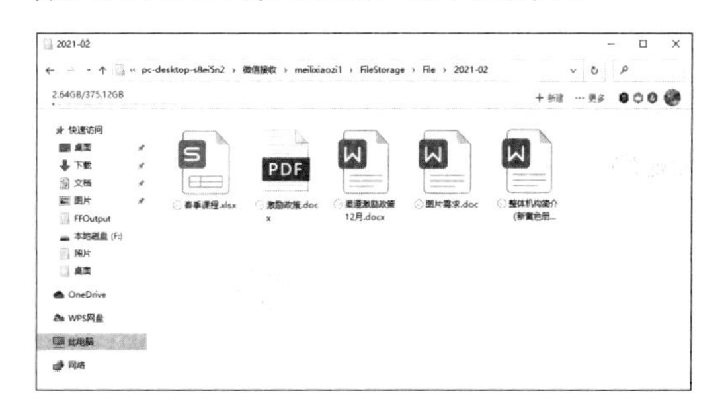

第 8 步 在手机或其他登录设备中，在【云文档】→【应用】→【雷达备份】文件夹下进入设备名称文件夹即可看到【微信接收】文件夹，进入该文件夹即可查看微信接收的文件，如下图所示。

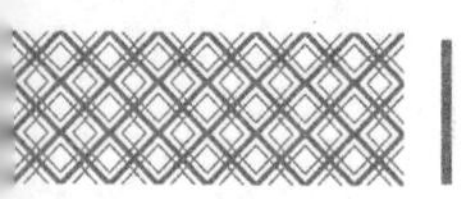

16.2 多人实时协作编辑同一个文档

在日常办公中，需要多人处理同一个文档时，最常用的方法是通过文档传输的形式，传输到不同人手里进行编辑，文档会产生多个版本，不仅不易保存，而且容易出错。WPS Office 支持多人实时协作编辑同一个文档，不用反复传输文档，就可以进行协同编辑，大大提高了办公效率。

16.2.1 多人协作编辑文档

多人协作编辑文档的具体操作步骤如下。

第 1 步 打开“素材 \ch16\ 各公司销售目标达成分析图表 .et”文件，如下图所示。

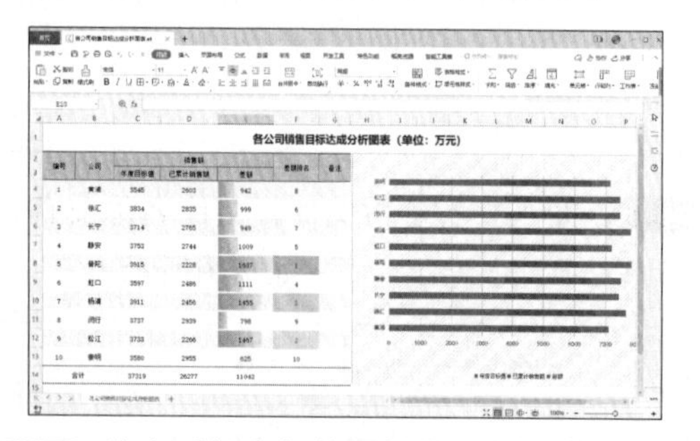

第 2 步 单击顶部右侧的【协作】按钮 协作，如下图所示。

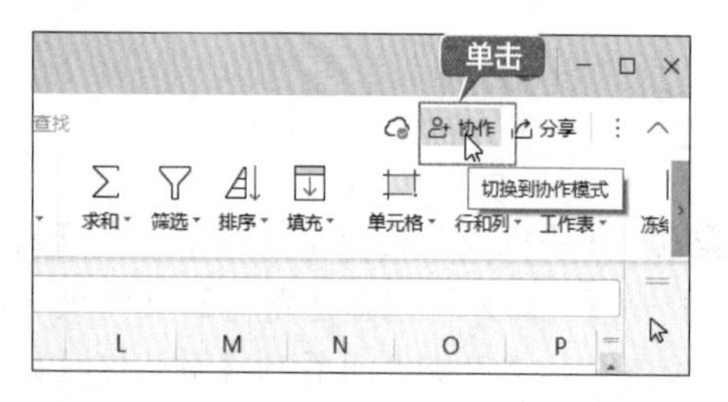

第 3 步 该文档即可进入协作模式，单击【分享】按钮 分享，如下图所示。

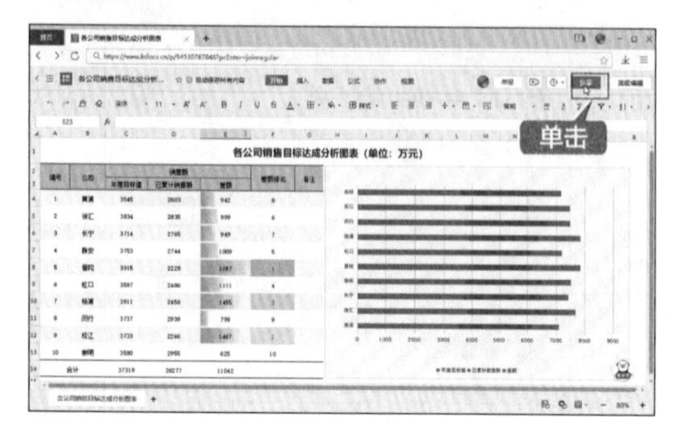

第 4 步 弹出【分享】对话框，设置分享范围，并单击【创建并分享】按钮，如下图所示。

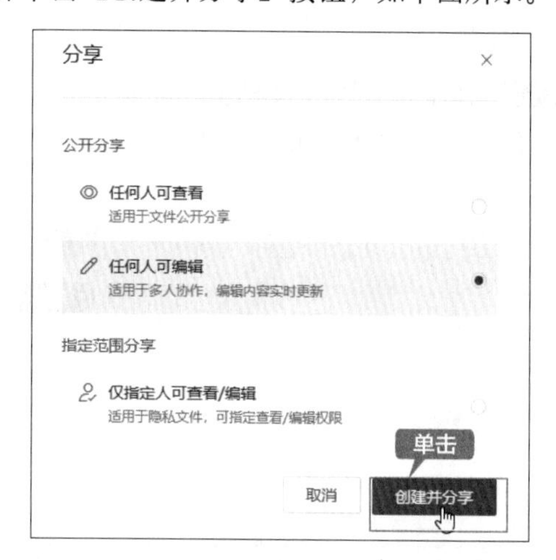

第 5 步 即可生成分享链接，单击【复制链接】按钮，将复制的链接分享给其他协作者，如下图所示。

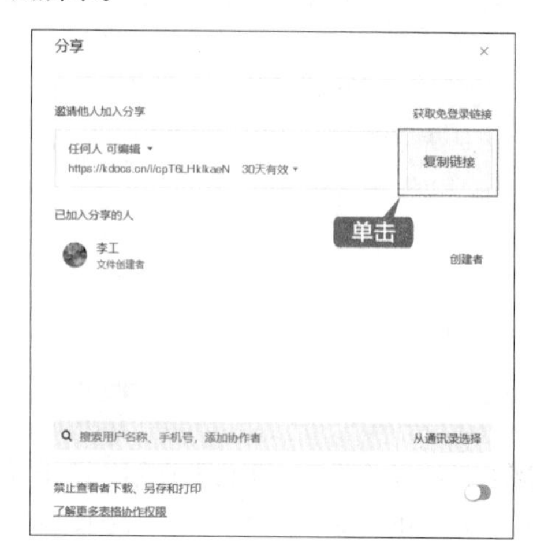

第 6 步 协作者可以将链接粘贴至浏览器地址栏中，按【Enter】键，进入如下图所示的页面，单击【确认加入】按钮。

提示

如果要使用 WPS Office 进行协同编辑，可以将链接粘贴至在线文档的地址栏中，按【Enter】键即可进入该文档，创建在线文档的方法将会在 16.2.2 节介绍。

第 7 步 进入【账号登录】页面，登录账号，如下图所示。

第 8 步 协作者即可在文档中进行编辑，该文档也会实时保存和更新，如下图所示。

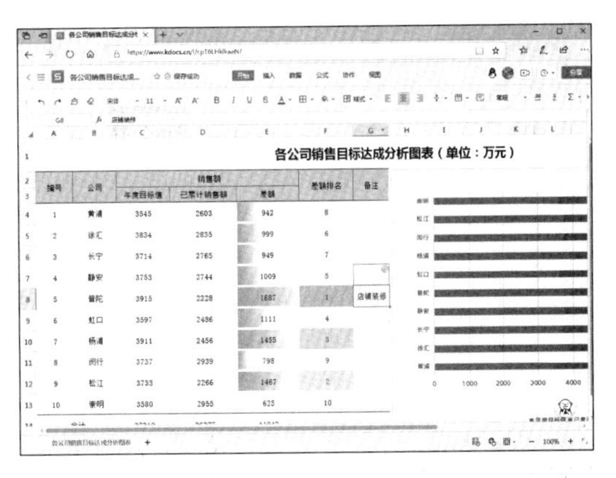

第 9 步 协作者修改后，如果要查看修改记录，可以单击【历史记录】按钮 ，在弹出的下拉列表中，选择要查看的历史记录选项，如这里单击【今天的改动】选项，如下图所示。

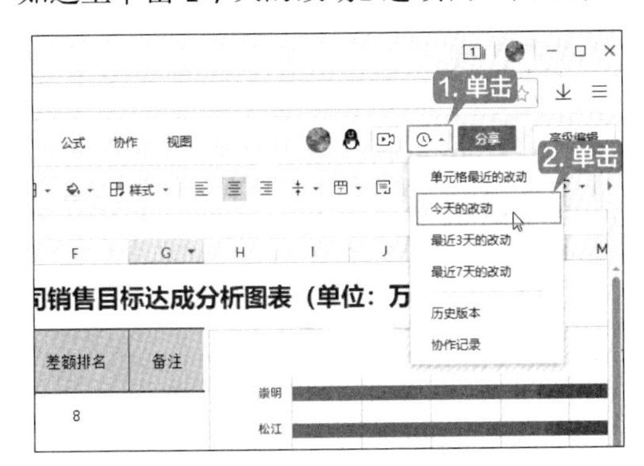

第 10 步 即可看到改动的标记，如下图所示。

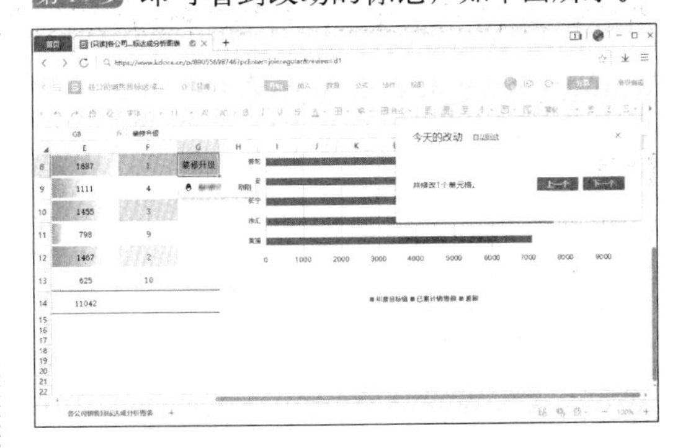

16.2.2 创建在线文档

WPS Office 支持创建在线文档，可以多人同时编辑，并会自动保存文档。

第 1 步 打开 WPS Office，选择【新建】→【文字】选项，单击【推荐模板】区域中的【新建在线文档】选项，如下图所示。

第 2 步 即可进入在线文档页面，页面中包含了链接地址栏，用户可以在下方新建空白文档，也可以使用在线模板创建文档。这里单击【空白文字文档】选项，如下图所示。

第 3 步 即可新建一个空白文字文档，并可对文档进行编辑，如果需要协作编辑，单击【分享】按钮，即可创建链接进行分享，如下图所示。

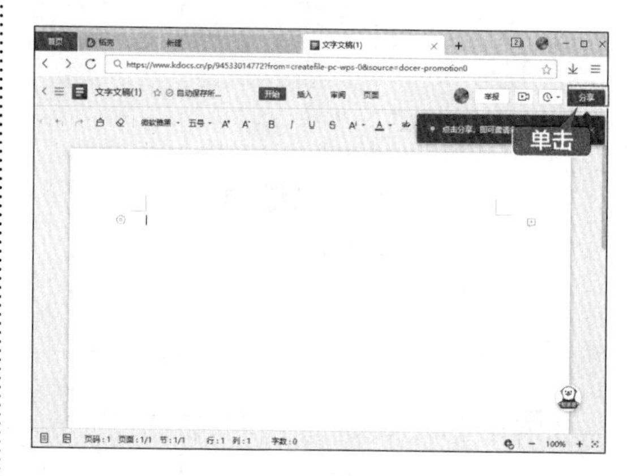

提示

创建分享链接的方法与 16.2.1 节的第 4 ~ 10 步相同，这里不再赘述。

16.2.3 在手机端多人实时协作编辑文档

手机版 WPS Office 也支持多人实时协作编辑同一个文档，具体操作步骤如下。

第 1 步 打开手机版 WPS Office，登录 WPS 账号后，进入【首页】，查找需要进行编辑的文档。选择“各公司销售目标达成分析图表”文档，点击文档右侧的 ⋮ 按钮，如下图所示。

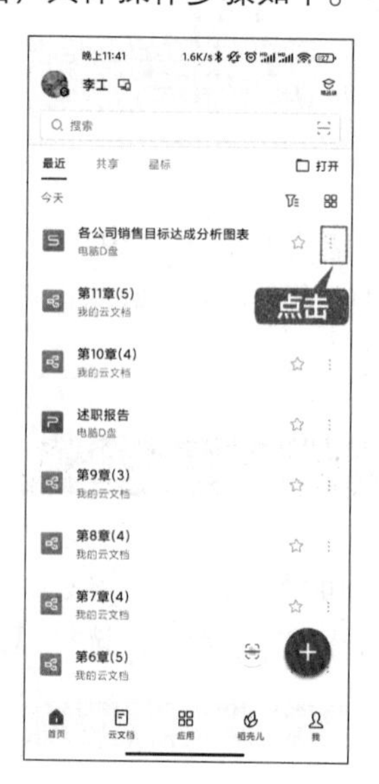

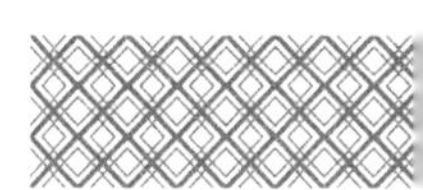

第 2 步 手机界面中立即弹出菜单，点击【多人编辑】选项，如下图所示。

第 3 步 进入【多人编辑】界面，用户可以添加指定成员或邀请好友加入对文档的编辑，这里点击【邀请好友】按钮，如下图所示。

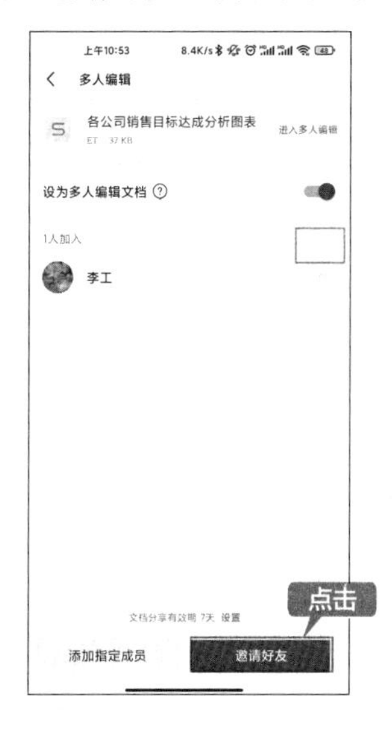

第 4 步 弹出【邀请好友】菜单，用户可以选择一种方式分享给对方，这里选择【邮件发送】方式，如下图所示。

第 5 步 此时，即可启动手机中的邮件 APP，进入邮件编辑页面，正文内容包含了协作文档的链接，用户可以根据需求编辑内容，然后选择要发送的参与协作人员邮箱，点击【发送】按钮即可，如下图所示。对方收到邮件后，打开链接即可参与编辑。

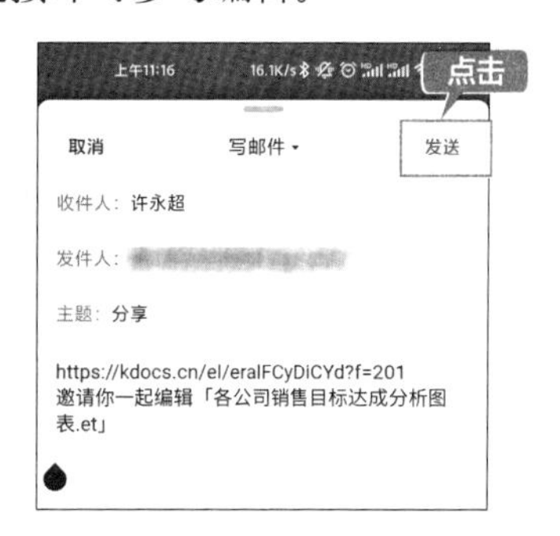

16.2.4 使用微信小程序分享文档

金山公司的 WPS Office 除了电脑版、手机版外，还开发了“金山文档”微信小程序，集成了手机版 WPS Office 的功能，用户无须下载 APP，就可以在微信中使用 WPS Office 的基本功能。

下面通过对“各公司销售目标达成分析图表 .et”文档的操作，介绍使用微信小程序分享文

档的方法。

第 1 步 打开手机版 WPS Office，登录 WPS 账号后，进入【首页】，选择“各公司销售目标达成分析图表”文档，点击文档右侧的 ⋮ 按钮，如下图所示。

第 2 步 弹出菜单，点击【分享给好友】区域下的【微信】按钮，如下图所示。

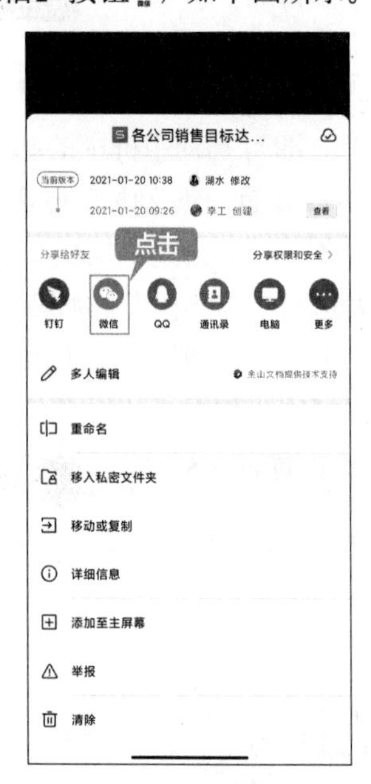

第 3 步 弹出【发送到微信】菜单，可以选择发送的形式，链接形式分享是以微信小程序的方式分享给对方，而且支持文档版本自动更新，而以文件、图片和 PDF 文档的形式分享是以文件方式发送。这里点击【分享给朋友】选项，如下图所示。

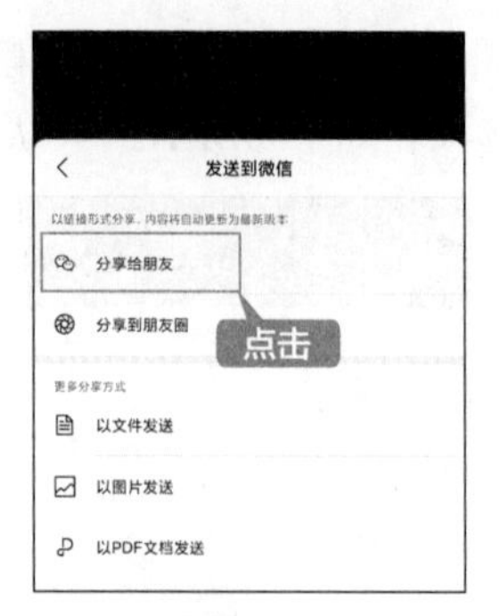

第 4 步 进入【发送到微信】界面，设置权限、封面和文档分享有效期，然后点击【发送微信好友】按钮，如下图所示。

第 5 步 在打开的微信联系人列表中选择联系人后，弹出【发送给】对话框，点击【发送】按钮，如下图所示。

第 6 步 完成发送后，即可看到文档以小程序的形式发送给了所选择的联系人。收到分享的文档后，对方即可看到如下图所示的小程序。

第 7 步 此时即可使用小程序打开文档进行相应的查看或编辑操作，如下图所示。

编号	公司	年度目标值	已累计销售额
1	黄浦	3545	2603
2	徐汇	3834	2835
3	长宁	3714	2765
4	静安	3753	2744
5	普陀	3915	2228
6	虹口	3596	2486
7	杨浦	3911	2456
8	闵行	3737	2939
9	松江	3733	2266
10	崇明	3580	2955
合计		37318	26277

16.3 创建共享文件夹实现多人实时协作

如果一个固定的团队需要经常协作处理文档，那么上面介绍的协同办公中，传输和邀请环节就显得格外麻烦。WPS Office 支持创建共享文件夹，可以邀请多人加入团队共享该文件夹，团队中任何人进行任何文档操作，其他成员都可以实时查看和编辑文件夹内的文档，提高了协同办公的效率。

第 1 步 在电脑端打开 WPS Office，进入其首页界面，单击【文档】→【共享】→【共享文件夹】中的【立即创建】按钮，如下图所示。

第 2 步 弹出【新建共享文件夹】对话框，输入文件夹名称，单击【创建并邀请】按钮，如下图所示。

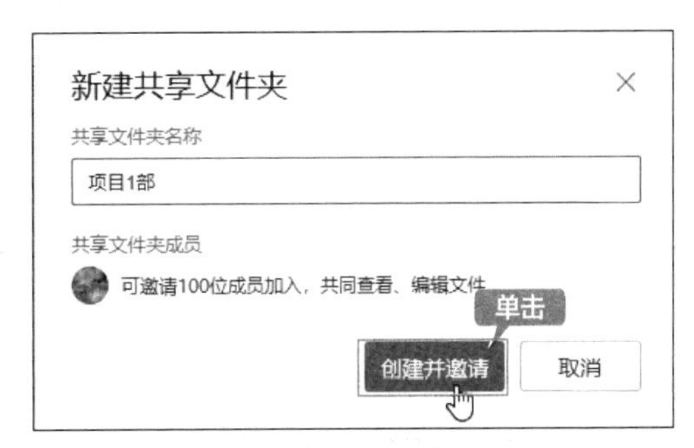

第 3 步 弹出如下图所示的对话框，可以通过微信、QQ 及链接的方式邀请团队成员。复制链接发出邀请后，关闭该对话框。

第 4 步 进入创建的共享文件夹中，单击【上传文件】或【上传文件夹】按钮，可以向共享文件夹中上传文件或文件夹，其他成员也可以看到。这里单击【上传文件】按钮，上传一个文档，如下图所示。

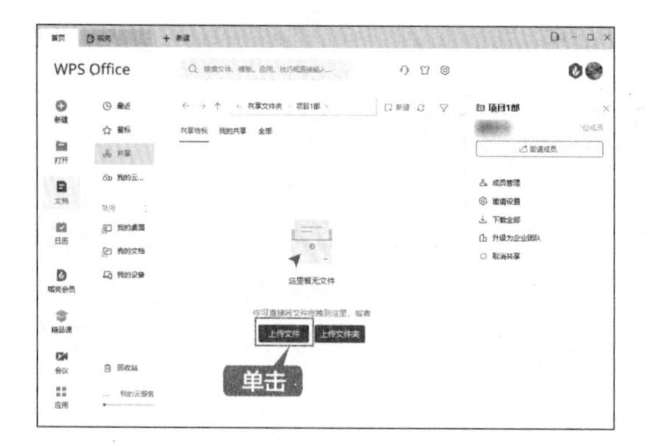

第 5 步 即可看到共享文件夹中的文档，如下图所示。

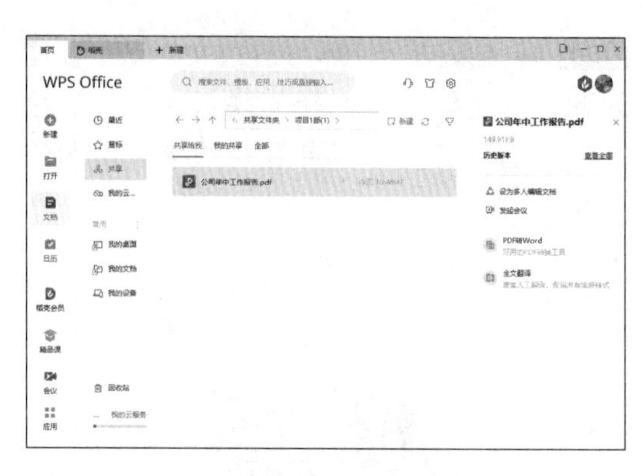

第 6 步 团队成员即可在自己的电脑端或手机端查看该文档，如下图所示为手机端显示的共享文件，在手机端点击⊕按钮，也可以在共享文件夹中上传文档。

16.4 使用 WPS Office 发起云会议

使用 WPS Office 中的金山会议功能，可以创建云会议，实现快速入会、文档共享、会议管控等，帮助用户通过云会议实现远程协同工作，无论在家还是在公司，都可以随时沟通。

16.4.1 开启远程会议

用户可以通过电脑端或手机端中的 WPS Office 发起远程会议。

1. 电脑端

第 1 步 在 WPS Office【首页】界面，单击左侧栏的【会议】图标，如下图所示。

提示

如果左侧栏没有【会议】应用图标，可以从【应用中心】添加。

第 2 步 进入【金山会议】页面，单击【发起会议】按钮，如下图所示。

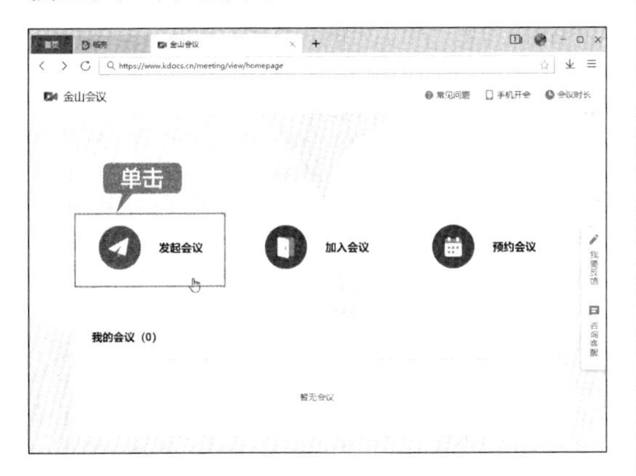

提示

单击【加入会议】按钮，可以通过 10 位数字的加入码或邀请链接加入到已开启的会议中。单击【预约会议】按钮，可以填写会议主题、开始时间及预计时长，开启预约会议，也可以将其同步到金山日历中，用于日程提醒。

第 3 步 即可进入会议界面，如下图所示。

2. 手机端

第 1 步 打开 WPS Office 手机版，点击底部的【应用】按钮，然后点击【演示播放】区域中的【会议】按钮，如下图所示。

提示

用户还可以通过金山会议 APP 发起和参加远程会议。

第 2 步 即会进入【金山会议】应用界面，点击【发起会议】按钮，即可开启远程会议，如下图所示。

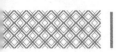

16.4.2 邀请成员加入会议

发起会议人开启会议后，即可邀请成员加入会议。下面以电脑端为例介绍邀请成员的方法，手机端的操作方法相同。

第 1 步 在【金山会议】页面中，单击【邀请】按钮，如下图所示。

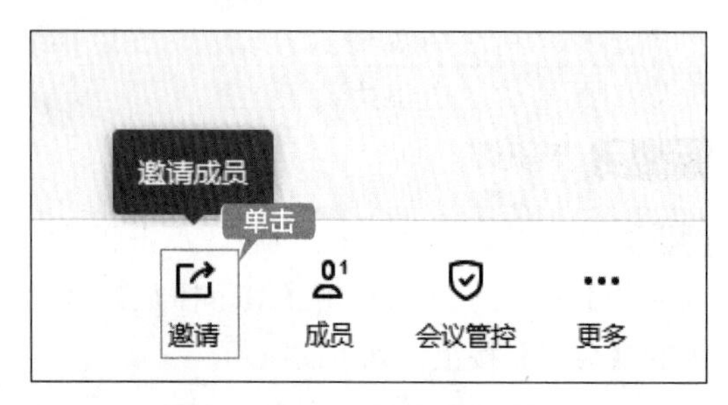

第 2 步 右侧即会弹出【邀请成员】窗格，单击【复制邀请信息】按钮，如下图所示。

提示

用户也可以将下方二维码发送给被邀请人，被邀请人可以通过 WPS Office、金山会议、QQ 及微信等手机 APP 扫码加入。

第 3 步 将复制的邀请信息发送给被邀请人，被邀请人可以通过加入码或链接加入会议，加入会议后，在会议界面中即可看到被邀请人的成员信息，如下图所示。

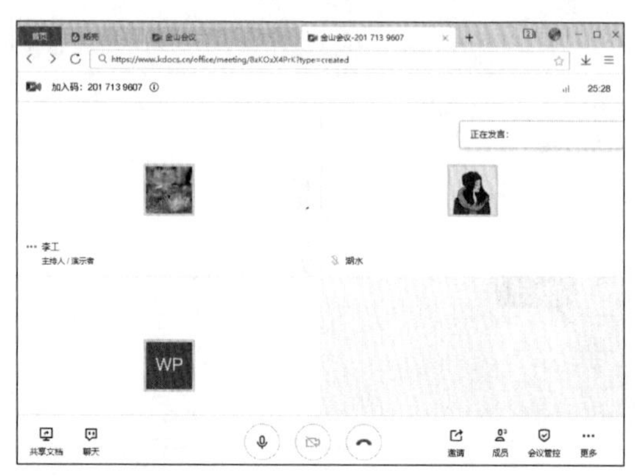

第 4 步 单击右下角的【会议管控】按钮，弹出【会议管控】窗格，可以对会议进行控制，如下图所示。

提示

如果将【锁定会议】右侧的开关设置为“开启”状态，则不允许其他人再加入会议；如果需要将除主持人外的其他成员全部静音，可以单击底部的【全员禁麦】按钮；如果需要指定会议演示者，可以单击【指定演示者】选项，指定成员为演示者，该成员可以共享文档，并进行演示；如果需要移交主持人权限，可以单击【移交主持人】选项，指定主持人即可；如果希望将某个成员移出会议，则可单击【将成员移出会议】选项进行操作。

16.4.3 在会议中共享办公文档

在会议中，主持人或演示者可以将文档共享至参会成员的屏幕中，方便对文档内容进行演示和讨论，提高会议的质量。

第 1 步 单击会议界面左下角的【共享文档】按钮，如下图所示。

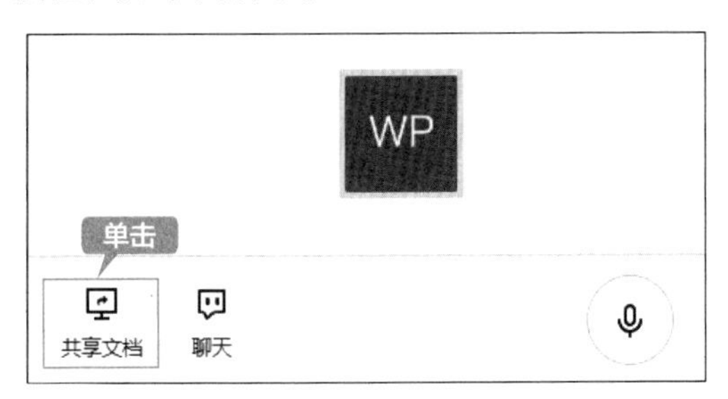

第 2 步 弹出【共享文档】对话框，单击【从云文档中选择】选项，如下图所示。

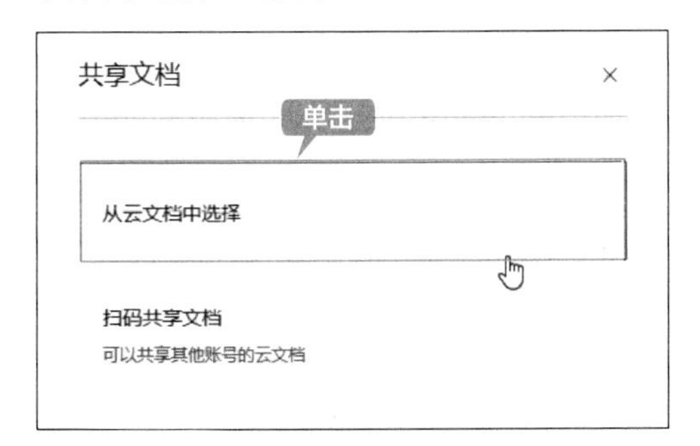

提示

用户还可以共享其他账号的云文档，只需使用 WPS Office 或金山会议 APP 扫描弹出的二维码即可。

第 3 步 弹出【选择文件】对话框，选择要共享的文档，单击【确定】按钮，如下图所示。

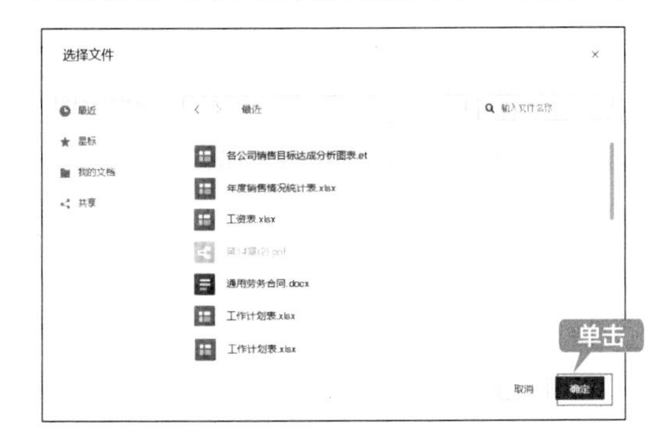

第 4 步 此时，会议窗口中将会显示该文档，主持人或演示者对文档进行操作时，参会成员的屏幕中也会同步显示。如果要对文档进行协同编辑，可以单击【更多】按钮，如下图所示。

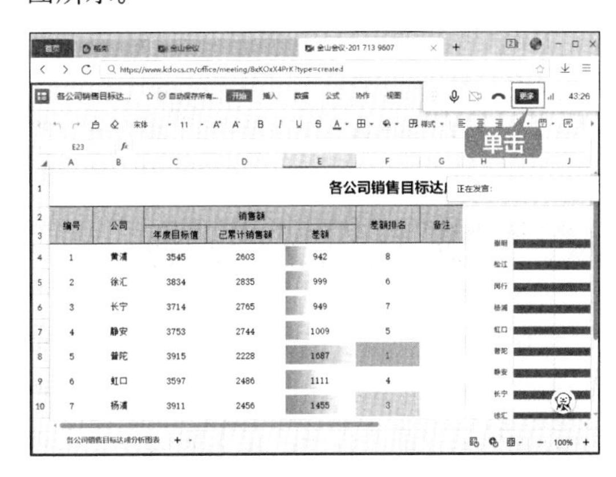

第 5 步 在展开的控制栏中，设置文档的权限为“任何人 | 可编辑”，此时所有参会成员都可以对文档进行编辑，如下图所示。

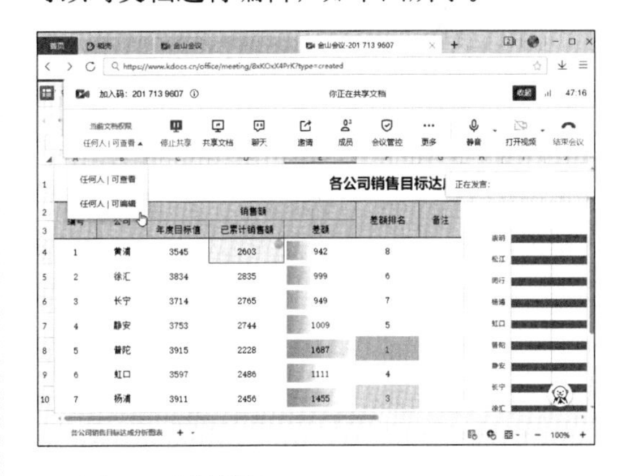

提示

单击【停止共享】按钮，可以结束文档共享。

第 6 步 此时，参会成员如果需要对文档进行编辑，可以在会议界面中对文档进行修改，如下图所示为在手机端进行修改。

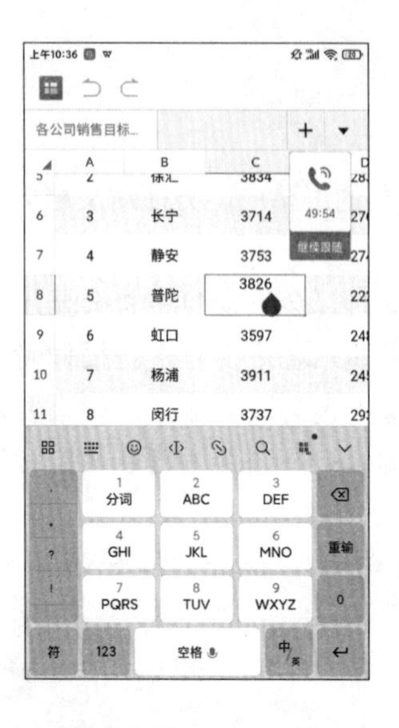

第 7 步 其他成员即会看到修改者修改后的文档，并显示修改者的头像及名字，如下图所示。

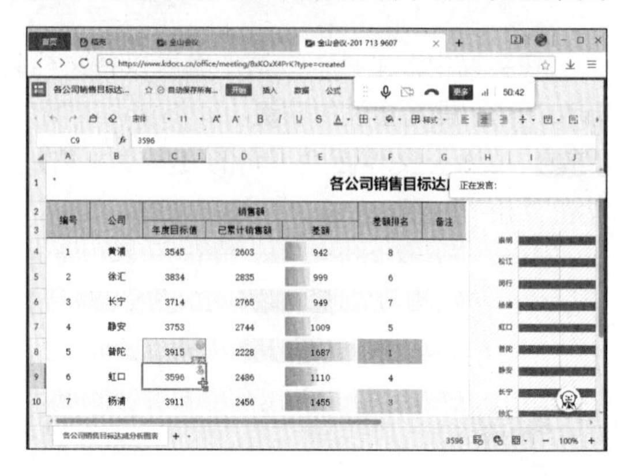

16.4.4 离开或结束会议

当参会成员需要离开会议时，可以在会议界面中单击【离开会议】按钮。如下图所示为手机端中的【离开会议】按钮，点击该按钮即可离开会议。

如果要全员结束会议，会议发起人可以单击【结束会议】按钮，在弹出的菜单中选择【全员结束会议】即可，如下图所示。

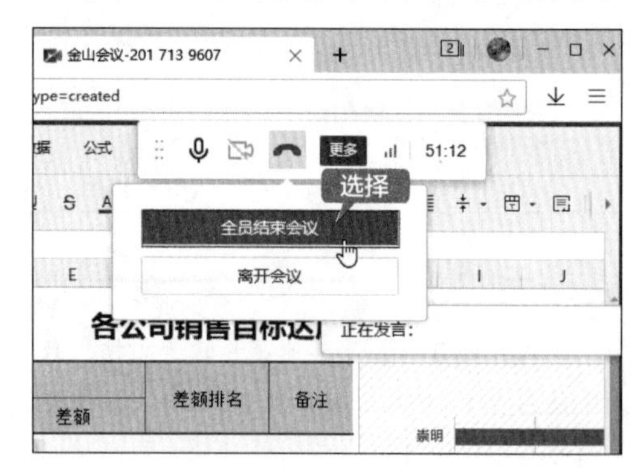